全国高等农林院校教材

生 物 化 学

龙良启　孙中武
宋　慧　甘　莉　主编

U0207261

科学出版社
北　京

内 容 简 介

　　本书为高等农林院校生物化学课程的教科书，以普通生物化学内容为主线，适度联系专业实际，注重基础知识，并引入了生物化学的新进展。内容包括生物分子的结构与功能，生物分子的代谢、代谢调控及其能量转换，生物信息传递表达及信号转导机理，生物化学与分子生物学主要技术等，共 15 章。

　　本书可供农林院校有关专业的师生及生物、医学等专业的师生阅读参考。

图书在版编目（CIP）数据

生物化学/龙良启等主编. —北京：科学出版社，2005.9
（全国高等农林院校教材）
ISBN 978-7-03-015062-2

Ⅰ. 生… Ⅱ. 龙… Ⅲ. 生物化学-高等学校-教材 Ⅳ. Q5

中国版本图书馆 CIP 数据核字（2005）第 029090 号

责任编辑：周　辉　甄文全　王日臣　沈晓晶/责任校对：钟　洋
责任印制：徐晓晨/封面设计：耕者设计工作室

科 学 出 版 社 出版
北京东黄城根北街 16 号
邮政编码：100717
http://www.sciencep.com

北京虎彩文化传播有限公司 印刷
科学出版社发行　各地新华书店经销
*
2005 年 9 月第 一 版　　开本：787×1092 1/16
2018 年 8 月第十次印刷　　印张：27
字数：624 000

定价：**59.00 元**
（如有印装质量问题，我社负责调换）

《生物化学》编写组

主　　编　龙良启　孙中武　宋　慧　甘　莉

编写人员（按姓氏笔画排名）

　　　　　甘　莉　龙良启　孙中武　毕　冰

　　　　　余　涛　宋　慧　张方东　杨玉焕

　　　　　姜秀云　柴晓杰　崔喜艳　熊传喜

前　言

    21 世纪自然科学酝酿着重大变革，这种重大变革将始于生命科学，因此，21 世纪是生命科学的时代。生物化学是现代生物学的基础，它研究的是生物体化学组成和生命现象本质，它与许多学科尤其是现代分子生物学交叉渗透，成为生命科学发展的支柱。农林科学是生命科学的主要方面，因此，坚实的生物化学基础已成为农业和林业等多种学科发展的共同需要。生物化学是高等农林院校多种专业的重要专业基础课程。

    本书根据教育部"全国高等农林院校生物学系列课程改革"课题的精神，为适应高等农林教育改革的需要，由华中农业大学、东北林业大学和吉林农业大学的身处教学一线的教师协作编写。为了适应各相关专业教学需要，编写过程中，以普通生物化学内容为主线，适度联系专业实际；突出了糖、脂、蛋白质、核酸等生物分子的基础知识；增加光合作用内容，完善了生物化学自身体系；将维生素和代谢调控内容划入有关章节；在注重基础知识的同时，注意引入近年来生物化学的新进展，特别是有关分子生物学的新的基本知识及主要研究技术。为了方便学生学习，本书由甘莉教授制作了相应课件光盘。

    本书编写得到了科学出版社和华中农业大学教务处的帮助，同时也得到了华中农业大学、东北林业大学、吉林农业大学各级领导的关怀和支持。特别要感谢华中农业大学教务处徐跃进、冯永平、吕守华和李合生教授的大力支持，感谢杨在清教授在百忙之中对本书进行了审阅，科学出版社李锋编审等对本书出版付出了艰辛的劳动。本书编写中还参考并采用了所列参考书目的部分内容，在此一并致谢。

    本书编写过程中，虽然在主观上注意基本概念、基本理论与基本技能的表述，密切联系实际，尽力反映本学科进展。但是，由于生物化学发展很快，内容繁多，而且新技术和新方法不断涌现，书中不妥和错误之处在所难免。竭诚希望广大教师和同学们提出宝贵意见，不吝赐教。

编写组

2005.1

目　　录

1 生物化学导论

本章提要　生物化学是生命的化学。生物是一个高度复杂和组织化的分子系统。这个分子系统主要是由生物大分子组成的。生物的多样性是生物体中生物分子多样性及其结构复杂性决定的。但生物体内生物分子及其化学变化不是无序的。生命的化学有着自己的规律。

生命最突出的属性是自我复制和新陈代谢。自我复制依赖的遗传信息都存在于由核酸序列组成的基因中。代谢包含生物体内发生的所有化学反应，酶是反应的催化剂，物质的化学变化伴随着能量的生成和利用。生物化学的基本内容包括生物分子的化学、代谢和分子遗传。

1.1　生物化学是生命的化学

生物化学——生命的化学，是在分子水平上研究生命的化学本质及生命活动过程化学变化规律的科学。

生物化学源远流长。现代生物化学起始于 18 世纪初，20 世纪初成为一门独立的学科。现代生物化学的形成是人们对生命认识的一次飞跃。很长一段时期内人们曾经认为生命有机体不同于非生命体系，生命有一种特殊的"生活力"，即"生机论"（Vitalism）。1777 年 Antoine-Laurent de Lavoisier 进行的有关呼吸和燃烧的实验首先对"生机论"提出了挑战。实验证明呼吸和燃烧这两个过程都是将有机物质氧化分解为二氧化碳和水，虽然呼吸比燃烧过程慢，但本质上没有区别。半个世纪后，1828 年 Friedrich Wöhler 在实验室里成功地将无机化合物合成了尿素，1896 年 Eduard Budhner 发现酵母的无细胞抽提液能进行发酵，1926 年 J. B. Summer 从刀豆中提取、纯化了脲酶并确定了酶的作用机制，这一系列研究使人们彻底摒弃了"生机论"。

现代生物化学谱系中有两个体系，一个体系来自医学和生理学，一个体系来自有机化学。生物化学的发展可分为静态生物化学、动态生物化学与机能生物化学等阶段。生物化学的发展中的两个重大发现使生物化学成为一门成熟的、具有预见力的、充满活力的学科，一个是代谢途径的多酶系统与能量转移的统一假说，另一个是遗传的分子基础。

1953 年 James Watson 和 Francis Crick 提出了 DNA 双螺旋结构模型。DNA 双螺旋结构的提出，阐明了遗传的分子基础，DNA 双螺旋的概念更加密切了生物化学、细胞生物学和遗传学的关系，引发了生物化学与生物学一场革命性的变化，推动了一门新的独立学科——分子生物学的形成和发展。

自 20 世纪 50 年代以来，生物化学的发展与时俱进。随着 20 世纪 70 年代分子生物学逐步形成，生物化学与分子生物学的相互渗透，生命科学各个领域发生了根本变化，面目一新。生物化学发展到今天，已经建立了一套完整的理论、技术与应用体系。生命科学成为了自然科学的带头学科，生物化学与分子生物学成为了生命科学的核心。生物化学不仅是阐明生命核心过程的基础学科，例如基因到蛋白质的信息流、蛋白质分子三维结构与功能、代谢与能量转换机制、DNA 重组、基因组与功能基因组、蛋白质组等研究在生命起源、细胞分化等生命科学领域的突破性的作用，而且在疾病诊断与治疗、农业的品种与品质的改良以及轻工、食品加工等研究中得到了广泛应用，还将发挥着越来越重要的作用。

1.2 生命的基本化学特征

1.2.1 所有生物都含有多种不同种类的生物分子

生物的多样性是由生物体中生物分子的多样性及其结构的复杂性决定的。例如大肠杆菌含有约 5000 种不同分子，其中蛋白质约 3000 种，核酸 1000 种。生物分子有小有大，有简单有复杂，它们或以简单形式存在，或形成不同聚合物。无论怎样，各种形式的生物分子都具有自己独特的、专一的功能。尽管生物分子存在许许多多类型，但生命体系还是遵循一种基本的分子经济学原则，即各种类型生物的生物分子出现的复杂性不会超出其生物功能的需要，各种类型生物的生物分子的数量一般情况下也不会超过赋予细胞生命属性和一定条件下物种的特征所需要的数量。

1.2.2 所有生物都是一个复杂和高度组织化的分子系统

生物是由生物分子组成的，生物体含有多种生物分子，但生物体内生物分子不是无序的，即便是最简单的单细胞生物也含有多种不同生物分子的组织化结构。不仅如此，生物分子的组织化还包括生物分子的化学变化的组织化。在任何一个单细胞内，生物分子都有几百个不同化学反应同时组合在一起，并能对多种代谢途径进行精确调控。多细胞生物则具有一个更加复杂的组织化结构与控制系统。

1.2.3 所有生物要求酶作为代谢反应催化剂

酶是催化剂，是催化大多数细胞内代谢反应的蛋白质。它是进化中为催化功能而特别建造的一类生物分子。酶作为生物催化剂，无论是催化的专一性，还是催化效率，都大大超过无机催化剂。酶的专一性决定细胞内分子相互作用的专一性，分子相互作用的专一性来自分子间的结构互补。酶催化的反应类型包含有生物分子的化学变化和伴随的能量转移。一个细胞内有数百种不同的酶促反应，通常它们以 2 ~ 20 个反应步骤连接成专一的反应序列，称之为代谢途径（metabolic pathway）。代谢途径交织成网，能精确地自我调节，复杂的调控系统也在协调代谢途径时构成独特的网络。酶促反应是生物体进行生物分子的大量代谢过程和形成生理特征的基础，如视觉、生长、繁殖、神经冲动传导、肌肉收缩和受精等都包含有大量的酶促反应过程。

1.2.4　所有生物都需要能量供应

生物活动需要能量，能量转换遵循热力学定律。太阳是地球上所有生物能量的最终来源。植物通过光合作用利用太阳能合成糖类，动物则通过饲料不断获得营养物质和能量。生物从营养物中获得的能量是以自由能的形式存在的能量，并利用这些化学能驱动生命过程。生物体体内未利用的能量则以热能或其他形式散发，返回到环境中，从而增加环境的无序和熵。生物细胞如同恒温的化学引擎，以消耗无序的能量来维持它们的机体活动，并使环境更加无序和混乱。自然界通过生物的活动构成物质与能量的循环，一般来说，生物与环境能和谐共处。

1.2.5　所有生物的遗传信息都编码在基因中

生命的世代交替是生命的自我复制，自我复制是生命最突出、最特别的属性。自我复制过程所依赖的遗传信息都存在于由核酸序列组成的基因中。DNA 是大部分生物的遗传物质，DNA 中的遗传信息是由其碱基序列编码的。由于核酸特有的自我复制性质，生物体可以复制自己，将其遗传信息传给下一代，并产生在性状和内部结构上与亲代一致的生物体。遗传信息的传递和表达将二维线性的 DNA 与机体三维空间属性联系起来，遗传信息传递和表达的精确调控使生物体适应无序的环境。

根据生命的上述化学特点，生物化学可以分成 3 个主要的基础领域：生物分子的化学、代谢（物质与能量）和分子遗传。

1.3　生命化学的逻辑

生物化学的迅速发展和生物化学技术的进步表明生命的化学有着自己的规律，我们称之为生命化学的逻辑。

1.3.1　生物体内的化学反应遵循普通物理化学规律

在生物体内，生物分子的物理化学性质、化学反应机理、产物和反应物的能量关系等所有这些体内的生物化学反应过程就像在体外和实验室中所进行的反应一样，并遵循同样的普通的物理、化学规律。

1.3.2　结构与功能的高度统一

每一种生物各有一套特定的分子，因而保存自己显著的特征。也就是说，为了执行生物体某种专一功能，其分子一定拥有一种专一的结构形式。这种结构与功能相互依存与高度统一的关系存在于各种层次的生物分子中，如氨基酸与脂肪酸等小分子、蛋白质与核酸等大分子以及超分子装配物生物膜和亚细胞的细胞器等。

1.3.3　细胞是生命的基本单位

细胞是生物生命的结构与功能单位。活细胞是由无生命的分子组成的，这些分子经过装配、组织化、分子间相互作用而赋予细胞以活的生命形式。生物细胞按其结构的差异分为原核（prokaryote）和真核（eukaryote）两种类型。原核细胞结构相对比较简单，主要有质膜（plasma membrane）、细胞壁（cell wall）、微绒毛（pili）、纤毛（cilia）、核糖体（ribosome）、拟核（nucleoid）、原生质（protoplasm）等成分，细菌还含有质粒（plasmid）。真核细胞有质膜、细胞器（organelle）、细胞骨架（cytoskeleton）、原生质等成分。细胞器主要指内质网（endoplasmic reticulum）、高尔基体（Golgi apparatus）、溶酶体（lysosome）、过氧化物体（peroxisome）、线粒体（mitochondria）、细胞核（nucleus）等。植物细胞还有细胞壁、叶绿体（chloroplast）、液泡（vacuole）、乙醛酸循环体（glyoxysome）。细胞骨架包括微管（microtubule）、微蛋白丝（microfilament）、中间纤维（intermediate filament）。细胞的组织层次可用图 1-1 表示。

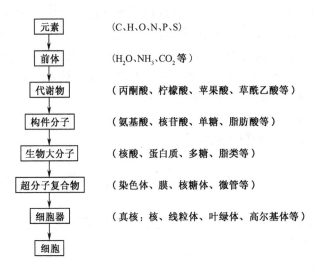

图 1-1　细胞分子组织层次

1.3.4　生命多样性和生物化学类似性的统一

生命在形态上虽然有明显不同，生物分子也多种多样，但很突出的一点是不同的细胞、不同的生物机体之间普遍存在着生物化学类似性。也就是生命在整体水平上存在着极大差异，而在分子水平上又存在着令人惊异的类似性。这种差异和分子水平上类似性的辩证统一是生物的特征。

生物化学类似性首先表现在生物体各种不同类型细胞中含有相同种类重要的生物分

子，它们在功能上是一致的。如核酸是存储遗传信息的物质；酶是代谢反应的催化剂；蛋白质作为结构成分和功能大分子；脂类可作为储存能量和组成细胞膜的成分；糖类是储存能量的物质和参与分子识别。

生物化学的类似性还远远不止生物分子种类间的一般类似性，生物化学类似性还表现在相同功能生物分子精细结构的类似性，如不同的生物体中具有相同功能的一些蛋白质有着类似的氨基酸序列；亲缘关系相近的生物有着相似的 DNA 核苷酸序列。生物化学类似性还表现在细胞内的一些基本代谢过程有许多相同的代谢反应和代谢途径，营养物中的能量利用、蛋白质合成、呼吸、膜的物质转运、遗传物质的复制等过程在不同生物体也都基本相同。生物化学类似性还表现在不同个体和不同生物体编码基因的遗传密码也基本上是通用的。

生物化学的类似性使得人们有足够的理由认为所有的生命形式都起源于一个共同的祖先，也使得人们能从一种生物获得的信息与成果应用于另一种生物的研究。如目前大量来自于对原核生物研究获得的知识已直接地或做某些修改后应用于真核生物。

1.3.5 蛋白质与核酸在生命系统中的中心地位

生命的最基本特征是能进行新陈代谢与自我复制。就遗传这一生命过程来说，在糖、脂、蛋白质、核酸、维生素、水、无机盐等生命物质中，核酸是第一位的。但是，如果没有蛋白质的作用，遗传信息的传递和表达也无从谈起，新陈代谢也无法进行。蛋白质种类繁多、分布广泛，因而有足够的能力担负多种多样任务。因此，蛋白质是"功能大分子"，核酸为"遗传大分子"，它们是与生命直接相关的最重要分子。分子生物学是以蛋白质和核酸的结构与功能及其相互关系为中心，在分子水平研究生命过程本质的一门科学。

1.4 生物分子的特征

1.4.1 主要的生物分子由轻元素组成

自然界中存在 90 多种化学元素，其中约 30 种是生物必需的。这些元素原子质量相对较轻，属轻元素。按原子总数的百分比计算，生物体含量最多是碳、氢、氧、氮 4 种元素，占细胞总物质的 99% 以上。生命分子之所以在化学进化过程中选择了这些元素，一方面是因为它们本身的结构具有分子的适宜性，可以借助共用电子对形成共价键，而且是最强的共价键；另一方面生命分子选择这些元素是因为它们在自然界中广泛存在，具有可获得性。适宜性与可获得性的统一是化学进化过程的选择性基础。

最初的生命来自海洋，海水中含量最多的 9 种元素中有 6 种是生物含量最丰富的元素。原始的海水成分非常类似第一次出现的生命的液体介质。生命分子中有些元素也是大气的组成成分，这些元素在生命出现之前可能就存于大气之中。原始的大气可能就是甲烷、氨、水、氢等，这些物质也是生命起源的材料。

生命体内还存在多种微量元素，虽然在生命体内所占比例很小，但对生命来说是绝对必需的，特别在某些酶催化反应中发挥重要的作用。

1.4.2 生物大分子是含碳的化合物

生物体含量最多是碳、氢、氧、氮4种元素，生物体细胞干重约一半是碳元素，碳元素是组成生命分子基本结构的化学元素。在生物学中最有意义的是碳原子通过共用电子对形成非常稳定的碳—碳键，每个碳原子可与1个、2个或3个碳原子形成单键，2个碳原子还可以共用2个或3个电子对形成共价双键或三键，使分子形成线形、支链或环状等结构。大多数生物分子具有碳—碳共价连接的碳骨架，并和氢原子结合形成碳氢化合物。碳氢化合物的碳骨架非常稳定，氢原子可以被多种功能基替换，产生不同的衍生物。一个分子的碳骨架加上功能基的其他原子或基团将赋予分子特殊的化学性质。含有共价键的碳骨架分子称为有机化合物，生物大分子大部分是有机化合物。由于碳原子可形成4个共价单键，排列呈四面体，单键可以自由旋转，所以，生物分子可能具有多种多样的构象，但在特定的生理条件下只具有特定的构象。许多生物分子含有不同类型的功能基，每种功能基都有自己的物理特性和化学反应性。如氨基酸含有至少两种不同类型的功能基，即氨基和羧基。依靠氨基酸的两个功能基的化学性质可以和其他氨基酸缩合成肽或蛋白质。

1.4.3 生物大分子由单体组成

细胞内分子中最突出的特点是具有多种多样的生物大分子。生物大分子是由相对简单的单体（构件分子）通过聚合形成的高分子量的多聚物。单体是一种结构简单的成分，如蛋白质的单体是多种氨基酸，RNA的单体是4种核苷酸，DNA由另外4种核苷酸单体组成，而每种核苷酸则由3种更简单的成分组成，即含氮的有机碱、五碳糖和磷酸。主要的生物大分子由大约30种单体组成，这是一种分子组成的内在单纯性。由这种单纯性可以推知生物来自共同祖先，因此，这30种单体被视为原始的生物分子。大分子的合成是细胞主要的耗能活动，大分子可以进一步装配成超分子复合物。超分子体系和细胞器是细胞的功能单位，如核糖体、膜、核和其他细胞器。

1.4.4 非共价键在生物分子结构中的重要性

生物分子中除了连接原子的共价键外，非共价键对其结构与功能产生很大的影响。非共价键指氢键、静电作用、范德华力、疏水相互作用等。

1.4.4.1 氢键

氢键（hydrogen bond）是一个电负性原子与另一个电负性原子上共价结合的氢原子间的静电吸引所形成的键。电负性原子多为氧原子和氮原子。氢键虽然比离子键等共价键弱，但比其他非共价键强。

1.4.4.2 静电作用

静电作用（electrostatic interaction）是在两个相反的电荷原子或基团之间的作用力。静电作用产生的键为离子键（ionic bond）。像其他非共价键一样，它们在决定生物分子形状和功能中起着非常重要的作用，例如，氨基（—NH_2）和羧基（—COO^-）之间的相互作用是决定蛋白质三维结构的一种重要因素。

1.4.4.3 范德华力

范德华力（Van der Waal's force）是一类原子或基团之间的相对较弱的瞬时静电作用，它出现在永久或诱导的偶极之间。分子间距离处于范德华半径时吸引力最大，如果分子进一步靠近就会产生排斥力。范德华力大小决定于原子是否易于极化，带有未共享电子对的电负性原子是否容易极化。范德华力有3种形式：偶极与偶极的相互作用，它是一种定向效应，是一种电负性原子之间的作用力，使分子自身定向排列，即一个分子的正极端朝向另一分子的负极端，氢键实际也是一种特别的偶极与偶极作用的非共价键；永久偶极与诱导偶极的作用，它是一种诱导效应，永久偶极通过破坏其电子分布，诱导邻近分子产生瞬时极性，这种作用比偶极与偶极的作用力弱；诱导偶极与诱导偶极的作用是一种随机扩散力，非极性分子的电子运动会引起邻近的分子的瞬时电荷的不平衡，一个分子的瞬时偶极会使邻近分子电子极化，诱导偶极与诱导偶极的作用是一种特别弱的作用力。

1.4.4.4 疏水相互作用

疏水相互作用（hydrophobic interaction）也是一种分子间的作用。非极性物质与水混合时，非极性物质由于疏水作用就会被包裹成一小滴，它们缔合成一小滴并非是缔合的非极性分子间的弱吸力，而是由水的溶剂性质所决定的。分子形成小滴是能量上一种最有利的构象。疏水相互作用对活细胞有特殊效应，如生物膜含有的固醇类、磷脂与蛋白质，疏水相互作用是生物膜结构的最重要的基础，蛋白质稳定与折叠中疏水相互作用也起着重要作用。

1.5 水——生命的溶剂

生命的出现与水的关系并非偶然，没有水就没有生命。地球表面2/3为海洋。地球上最初的生命就是出现在远古的海洋中。从地球出现生命的第一天起，水在生物体的生长和繁衍中就一直起着重要的作用。

水是生物体中含量最丰富的物质，水占生命有机体重量的70%以上。水存在于细胞的各个部分，它是生物体内的代谢反应、化学能的传递、体内运输的介质。在许多的代谢反应中，水既是参与反应的反应物，又是产物。细胞的各种结构与功能也与水的存在密切相关。也就是说，水具有的某些独特性质使它特别适合作为活细胞内外环境的一种主要成分。水最重要的性质是它的极性和内聚性。

1.5.1 水的分子结构

水的性质源于水的分子结构。水中每个氢原子与氧原子以单一共价键相连。两个氢原子与氧原子不是共线性结合，而是以 104.5° 的夹角伸出，因而水分子的电荷分布具有不对称性，即氢与氧的电负性明显不同。电负性是指构成的化学键中一个原子将电子吸向自身方向的趋势。由于电负性不同，氧原子周围的电子密度降低。水分子中氧趋于带负电（δ⁻），两个氢原子趋于带正电（δ⁺）。沿着 O—H 轴的电荷部分被分离为一端是正，另一端是负，从而构成偶极（见图1-2）。因为水分子是弯曲成三角形结构，水分子的两个偶极不会相互抵消，所以整个水分子仍呈偶极状态。由于水分子始终保持着偶极性，水就成为一种永久偶极分子（dipole）。

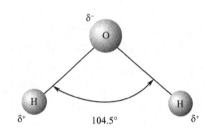

图 1-2　水分子的结构

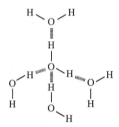

图 1-3　水分子之间的氢键

1.5.2 水分子的相互作用

水是偶极分子，分子与分子之间可以非共价键相互作用，非共价键相互作用包括氢键、静电作用、范德华力和疏水相互作用。水的氢键是氢原子与氧原子之间的、具有一定极性的价键（如图1-3）。氢原子核对邻近分子的氧原子的孤电子对产生弱的吸力，而构成水分子之间的桥。水的分子结构使其具有形成大量氢键的能力。

1.5.3 水有独特的物理性质

水有液态、固态、气态三种状态。与质量相近的氢化物和大部分普通液体比较，水的熔点、沸点、蒸发热和表面张力较高。这是因为氢键赋予水的特有性质。每个水分子可与另外 4 个水分子形成氢键，这 4 个水分子又可与其他水分子形成氢键。具有强的氢键结合的液态水是流动的，这是因为液态水分子排列是短距离的，且氢键可发生高速形成与断裂。冰态水和液态水有微小的差别，冰融化时氢键部分被破坏，温度升高，增加氢键的断裂，水分子蒸发加速。达到沸点时，水分子彼此游离而汽化。液态水的高蒸发热、高介电常数表明 100℃时水分子间仍有强的氢键。

蒸发热（heat of vaporization）是在 1 个大气压（1 个大气压 = $1.013\,25 \times 10^5$ Pa）条件下蒸发 1mol 液体所需的能量。比热容是指 1g 物质升高 1℃所需的能量。水的蒸发热和比热容大，所以水是温度的有效调节剂。水可吸收和储存太阳的热能，并慢慢释放，调节气温。水在生物体内的热量调节中也起着重要作用，生物体高含水量与水的高比热容相结合，有利于维持生物体温恒定，水的高蒸发热可使生物体蒸发水分散失多余热量以维持体温。

1.5.4　水的溶媒性质

水是生物体内最好的溶剂。水的偶极结构和能形成氢键，使水能溶解许多能电离的极性物质。如 NaCl 是通过离子作用结合在一起的。由于水吸引 Na^+、Cl^-，使 NaCl 解离并溶于水。带有解离基团的有机分子和带有极性功能基的许多中性有机分子也能溶于水，主要是它们能和水形成氢键，如水和醛、酮的羰基以及乙醇的羟基之间形成氢键。水的介电常数很高（介电常数是衡量降低离子间引力的常数），能溶解多种极性物质，所以称水为万能溶剂。

非极性物质不溶于水是因为它们缺乏极性功能基，这一性质明显地影响它们在水中的溶解性。如脂肪酸盐是两性分子，它们含有离子化的羧基和非极性的烃链。脂肪酸盐在水中会形成一种微团（micell）的结构（图1-4）。微团中极性部分称头部，和外周的水分子接触，非极性部分叫尾部。许多生物分子是两性分子，如蛋白质、色素、某些维生素，两性分子在水中自动重排的趋势在生物体内普遍存在。

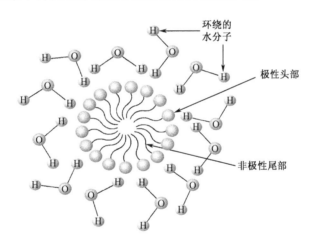

图 1-4　微团结构示意图

溶液中的离子的水合作用主要是静电作用。由于水是极性分子，被吸向带电荷离子。水分子环绕聚集在正离子和负离子周围构成一层外壳，称为溶剂化球（solvation sphere）。由于离子被水合，离子之间吸力降低，带电离子溶于水中。可溶性蛋白质能与水形成水合膜，使之具有胶体性质。

1.5.5　水的电离与缓冲溶液

1.5.5.1　水的电离

水是难电离的物质，但水分子能有限地解离成 H^+ 和 OH^-。H^+ 实际并不存在于水中，水分子中的氢可通过氢键结合到邻近水分子的氧原子上，水中质子与一个水分子结合形成水合氢离子 H_3O^+，通常用 H^+ 代表。

$$H_2O \longrightarrow H^+ + OH^-$$

纯水的解离常数为 1.0×10^{-14}。用电导测量法，在 25℃ 时水的氢离子浓度为 1.0×10^{-7} mol·L^{-1}，溶液含有等量 H^+ 和 OH^- 离子。氢离子浓度变动范围为 $10^{-14} \sim 10^{-1}$ mol·L^{-1}。通常以氢离子浓度的负对数来表示，即 pH 值。

$$pH = -\lg c(H^+)$$

中性溶液 pH 值为 7.0，pH 值大于 7.0 呈碱性，pH 值小于 7.0 呈酸性。根据 Brönsted-Lowry 的广义酸碱概念，酸是质子供体，碱是质子受体。许多生物分子是广义的酸或碱。氢离子是生物体系中最重要的离子之一。pH 值决定生物大分子的结构与活性，影响大多数生物化学反应的速度，氢离子在能量生成中也起着主要的作用，从而决定细胞与组织的行为。

1.5.5.2 缓冲溶液

由于生命过程受氢离子浓度的影响很大，保持生物体内 pH 值恒定就显得十分重要。调节体内 pH 值恒定是生物体独特的、基本的生命活动之一。例如，哺乳动物血浆 pH 值非常恒定，血浆 pH 值为 7.4，正常变动范围为 7.35 ~ 7.45。为了维持生物体内 pH 值恒定在正常范围，细胞内外有很完善的缓冲体系，最普通的缓冲剂是由弱酸和其弱酸盐组成，如 NaH_2PO_4/Na_2HPO_4、$NaHCO_3/H_2CO_3$、CH_3COONa/CH_3COOH 和蛋白质与蛋白质盐组成的缓冲体系等。生物体是一个开放的体系，它还通过各种生理活动调节体内酸碱平衡，如人和动物的呼吸作用调节 $NaHCO_3/H_2CO_3$ 比值，肾通过重吸收和主动分泌排泄 H^+ 或 NH_3 来维系体内酸碱平衡，血液缓冲体系、肺、肾的协调统一，完成对体液 pH 值灵敏而又精确的调节，从而适应体内外环境的急剧变化。

生物化学与分子生物学实验中，缓冲液也是十分重要的。实验中经常使用的缓冲液由无机化合物或有机化合物配制而成。其中一些叫做生物缓冲液或优良缓冲液，例如 TRIS、HEPES、PIPES 等。它们的 pK_a' 一般为 6 ~ 8，且不随温度改变而改变、无毒性、无抑制作用、不被酶和水所分解，具有较好的稳定性。

2 蛋 白 质

本章提要 蛋白质是以 L 型 α-氨基酸为基本结构单位的生物大分子。蛋白质的结构分为初级结构和高级结构。一级结构决定其高级结构,高级结构又选择一级结构。蛋白质具有多种多样的生理功能,一级结构与功能的关系表现蛋白质前体的激活、生物的进化等方面,变构效应反映了蛋白质高级结构与功能的关系。蛋白质有多种重要的理化性质,理化性质的差异是蛋白质分离提取的依据,蛋白质分离提取方法是重要的生物化学技术。

19 世纪中叶,荷兰化学家 G. Mulder 从动植物体中提出一种共有的物质,并认为这种物质在有机界中是最重要的。根据瑞典化学家的建议,Mulder 将这种物质命名为"protein",即蛋白质。

蛋白质在生物体内占有特殊的地位。蛋白质和核酸是构成细胞内原生质(protoplasm)的主要成分。而原生质是生命现象的物质基础。

2.1　蛋白质分子的组成

组成蛋白质分子的元素主要有碳(50% ~ 55%)、氢(6% ~ 8%)、氧(20% ~ 24%)、氮(15% ~ 17%)、硫(0 ~ 4%)。有些蛋白质中,还含有微量的磷、铁、铜、钼、碘、锌等元素,各种蛋白质的氮含量比较恒定,平均值为 16%。

2.1.1　氨　基　酸

蛋白质是生物大分子。蛋白质纯品经酸、碱或蛋白酶的彻底水解,可以产生各种氨基酸,因此氨基酸(amino acid)是组成蛋白质的基本单位。参与蛋白质组成的常见氨基酸只有 20 种,除脯氨酸为亚氨基酸外,其余均为 α-氨基酸,其结构通式如下:

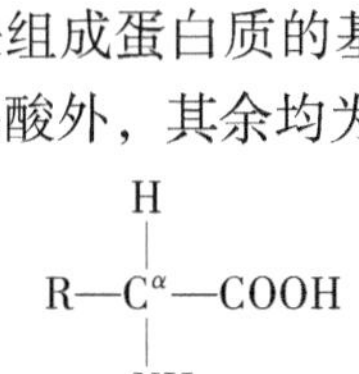

$$\begin{array}{c} H \\ | \\ R-C^{\alpha}-COOH \\ | \\ NH_2 \end{array}$$

由通式可见,各种氨基酸在结构上的差异表现在 R 侧链上,不同的氨基酸,其 R 基的化学结构不同。除甘氨酸外,其余 19 种氨基酸的 α 碳原子都是不对称碳原子(asymmetric carbon),因此具有旋光性。实际上,天然蛋白质中的所有氨基酸都是 L 型氨基酸，不过这并不意味着生物界不存在 D 型氨基酸，例如：某些细菌所产生的抗菌素就含有 D 型氨基酸。

2.1.1.1 氨基酸的分类

（1）常见氨基酸

蛋白质中的常见氨基酸有 20 种，根据侧链 R 基极性和电荷的不同，可以将其分为四类（表 2-1）。

表 2-1　常见氨基酸的名称、结构及分类

分类	R 基化学结构	名称	三字符或一字符		相对分子质量	等电点
R 基为非极性的氨基酸	H_3C—	丙氨酸 alanine	Ala	A	89	6.02
	H_3C—CH— $\;\;\;\;\;$ CH$_3$	缬氨酸 valine	Val	V	117	5.97
	H_3C—CH—CH_2— $\;\;\;\;\;$ CH$_3$	亮氨酸 leucine	Leu	L	131	5.98
	H_3C—CH$_3$—CH— $\;\;\;\;\;$ CH$_3$	异亮氨酸 isoleucine	Ile	I	131	6.02
	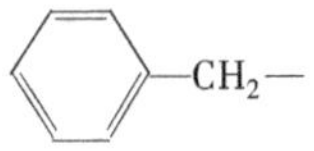 —CH$_2$—	苯丙氨酸 phenylalanine	Phe	F	165	5.48
	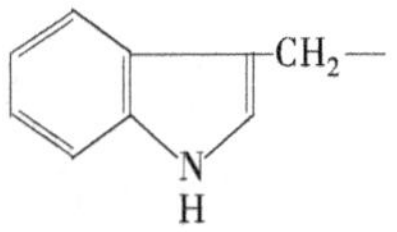 —CH$_2$—	色氨酸（甲硫氨酸） tryptophan	Trp	W	204	5.89
	H_3C—S—CH_2—CH_2—	蛋氨酸 methionine	Met	M	149	5.75
	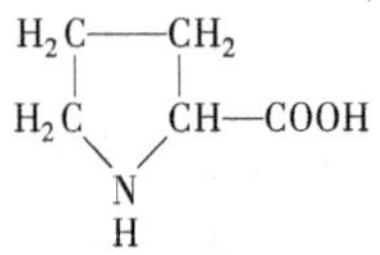 脯氨酸结构	脯氨酸 proline	Pro	P	115	6.30
R 基为极性不带电荷的氨基酸	H—	甘氨酸 glycine	Gly	G	75	5.97
	HO—CH_2—	丝氨酸 serine	Ser	S	105	5.68
	H_3C—CH— $\;\;\;\;\;$ OH	苏氨酸 threonine	Thr	T	119	6.53

分类	R基化学结构	名称	三字符或一字符		相对分子质量	等电点
R基为极性不带电荷的氨基酸	HS—CH$_2$—	半胱氨酸 cysteine	Cys	C	121	5.02
	HO—⟨⟩—CH$_2$—	酪氨酸 tyrosine	Tyr	Y	181	5.66
	H$_2$N—C(=O)—CH$_2$—	天冬酰胺 asparagine	Asn	N	132	5.41
	H$_2$N—C(=O)—CH$_2$—CH$_2$—	谷氨酰胺 glutamine	Gln	Q	146	5.65
R基为极性带正电荷的氨基酸	(咪唑环) HC=C—CH$_2$— ...	组氨酸 histidine	His	H	155	7.59
	$\overset{+}{N}$H$_3$—CH$_2$—CH$_2$—CH$_2$—CH$_2$—	赖氨酸 lysine	Lys	K	146	9.74
	H$_2$N—C(=NH$_2^+$)—NH—CH$_2$—CH$_2$—CH$_2$—	精氨酸 arginine	Arg	R	174	10.76
R基为极性带负电荷的氨基酸	$^-$OOC—CH$_3$—	天冬氨酸 aspartic acid	Asp	D	133	2.97
	$^-$OOC—CH$_2$—CH$_2$—	谷氨酸 glutamic acid	Glu	E	147	3.22

（2）稀有氨基酸

除常见的 20 种氨基酸外，还有一些仅存在于少数蛋白质中的稀有 L 型氨基酸，它们都是常见氨基酸的衍生物。例如：胶原蛋白和弹性蛋白中的 4 -羟脯氨酸和 5 -羟赖氨酸，肌球蛋白中 $\varepsilon - N -$甲基赖氨酸。它们没有相对应的遗传密码，是在蛋白质生物合成以后，通过有关酶的催化修饰而形成的。

（3）非蛋白质的氨基酸

除了参与蛋白质组成的 20 种氨基酸之外，还在各种组织和细胞中找到 150 多种其他氨基酸。这些氨基酸大多是蛋白质中存在的 L 型 α -氨基酸的衍生物。但也有一些 β、γ、δ -氨基酸及 D 型氨基酸，如细菌细胞壁的肽聚糖中发现有 D -谷氨酸和 D -丙氨酸；在一种抗生素短杆菌肽中含有-苯丙氨酸。这些氨基酸中有一些是重要的代谢物前体或中间产物。如 β -丙氨酸是遍多酸的前体；瓜氨酸和鸟氨酸是尿素循环的中间体。有些氨基酸，像 γ -氨基丁酸是传递神经冲动的化学介质。但是大部分这类氨基酸的生物学意义还不清楚，有待进一步研究。

2.1.1.2　氨基酸的主要理化性质

（1）氨基酸的两性解离及等电点

氨基酸分子既含有酸性的羧基（—COOH），又含有碱性的氨基（—NH₂）。其—COOH能释放出质子（H⁺），而变成—COO⁻；其—NH₂能接受质子，而变成—NH₃⁺。因此，氨基酸在水中通常以兼性离子（zwitterion），亦称偶极离子（dipolarion）形式存在。现以甘氨酸为例：

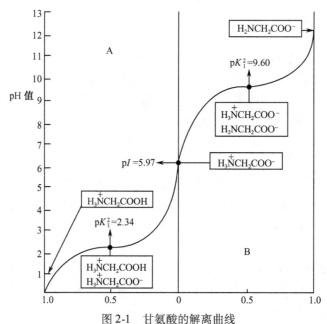

公式中 K_{a1} 和 K_{a2} 分别代表 α 碳上的—COOH 和—$\overset{+}{N}H_3$ 的表观解离常数

物质的表观解离常数可以用测定滴定曲线的实验方法求得。当 1 mol 甘氨酸溶于水时，溶液的 pH 值约等于6。如果用标准氢氧化钠溶液进行滴定，以加入的氢氧化钠对 pH 值作图，则得滴定曲线 B 段（图 2-1），在 pH =9.6 处有一拐点，即 pK_{a2}。如果用标准盐酸滴定，以加入的盐酸对 pH 作图，则得滴定曲线 A 段，在 pH =2.34 处有一拐点，即 pK_{a1}。从甘氨酸的解离公式或解离曲线可以看到，氨基酸的带电状况与溶液的 pH 值有关，改变 pH 值可以使氨基酸带正电荷或负电荷，也可以使它处于正负电荷数相等即净电荷为零的兼性离子状态。对某种氨基酸来讲，当溶液在某一特定的 pH 值时，氨基

图 2-1　甘氨酸的解离曲线

方框内表示在解离曲线拐点处的 pH 值时所具有的离子形式

酸以两性离子的形式存在，正电荷数与负电荷数相等，净电荷为零，在直流电场中，既不向正极移动，也不向负极移动，这时溶液的 pH 值称为该氨基酸的等电点（isoelectric point，pI）。

上述甘氨酸的 pI = $(pK_{a1} + pK_{a2})/2$，即 $(2.34 + 9.6)/2 = 5.97$。在一定的实验条件下，等电点是氨基酸的特征常数。不同的氨基酸，由于 R 基结构的不同，有不同的等电点（表2-1）。当氨基酸处于等电点状态时，由于静电引力的作用，其溶解度最小，容易发生沉淀。利用这一特性可以从各种氨基酸的混合物溶液中分离制取某种氨基酸。

（2）氨基酸的光吸收特性

参与蛋白质组成的 20 种氨基酸在可见光区都没有光吸收；在近紫外光区（200～400 nm），色氨酸、酪氨酸和苯丙氨酸有明显的光吸收能力。色氨酸、酪氨酸和苯丙氨酸的最大吸收波长（λ）分别为 279 nm、278 nm、259 nm。绝大多数蛋白质中都含有这些氨基酸，所以也有紫外吸收能力，一般最大光吸收在波长 280 nm。因此，利用紫外光吸收法可以定量地测定这三种自由氨基酸的含量和蛋白质的含量。

（3）氨基酸的化学反应

氨基酸的化学反应主要是指 α 氨基和 α 羧基以及 R 基团所参与的反应。在此，重点介绍蛋白质化学中具有重要意义的几种氨基酸的化学反应。

1）茚三酮反应（ninhydrin reaction）

在弱酸条件下，α-氨基酸与茚三酮共热，氨基酸被水合茚三酮氧化脱羧、脱氨，生成醛、CO_2 和 NH_3，生成的还原型茚三酮再与剩余的水合茚三酮及 NH_3 作用，生成蓝紫色化合物。其反应如下：

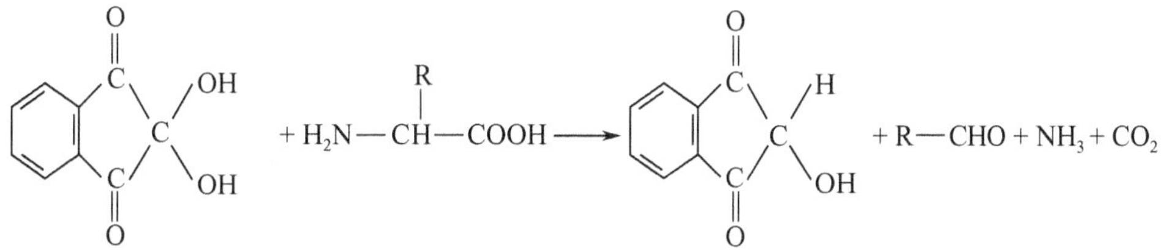

水合茚三酮　　　　　　　　　　　　　　　　　还原茚三酮

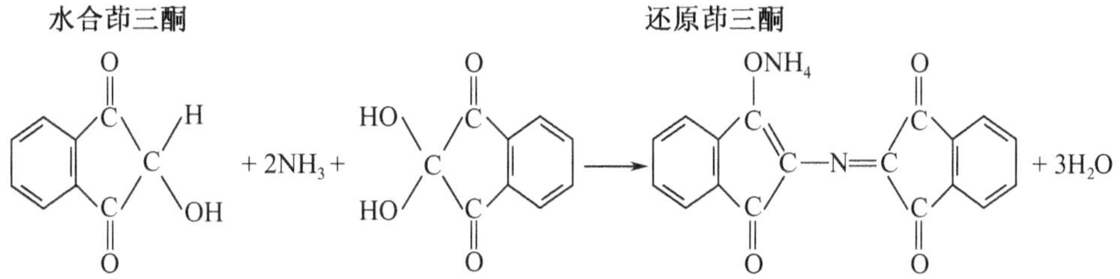

还原茚三酮　　　　　水合茚三酮　　　　　紫色物质

所有具有游离 α 氨基的氨基酸及肽都具有此反应；而脯氨酸及羟脯氨酸因 α 氨基被束缚，与茚三酮反应，生成黄色产物。氨基酸与茚三酮反应非常灵敏，几微克氨基酸即能显色。应用纸层析、离子交换层析等技术分离氨基酸时，常利用茚三酮反应定性或定量测定各种氨基酸。

2）桑格尔反应（Sanger reaction）

在弱碱性条件下，氨基酸的 α-NH$_2$ 易与2,4-二硝基氟苯（2,4-dinitrofluorobenzene，DNFB）反应，生成黄色的2,4-二硝基苯氨基酸（dinitrophenyl amino acid，DNP-氨基酸）。

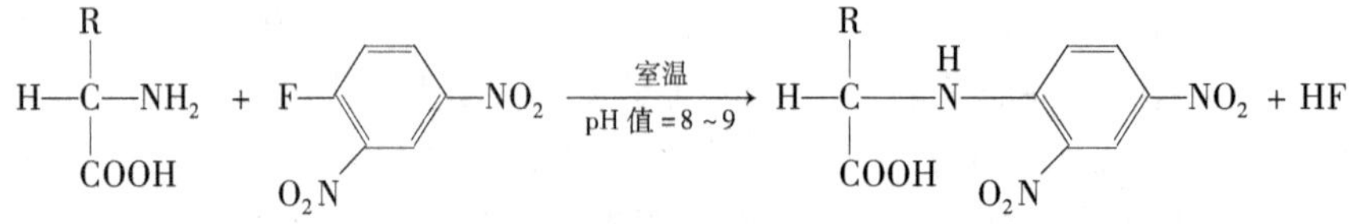

氨基酸　　　　　2,4-二硝基氨苯　　　　　　　　DNP-氨基酸

此反应可用来鉴定多肽或蛋白质 N 端的氨基酸。英国生物化学家 Sanger 等第一个采用此法确定了胰岛素的一级结构，因此被称为桑格尔反应。

近年来，试剂 5-二甲氨基萘-1-磺酰氯（简称丹磺酰氯 5-dimethylaminonaphthalene-1-sulfonyl chloride，DNS）被越来越多地代替 DNFB 用于测定蛋白质 N 端氨基酸。该反应产生的 5-二甲氨基萘磺酰氯氨基酸有强烈的荧光，可用荧光分光光度计快速检测，灵敏度比 DNFB 法高 100 倍。

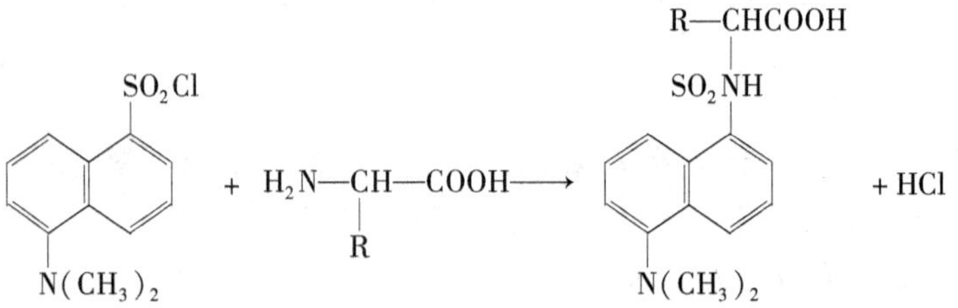

DNS-Cl　　　　　　　　　　　　　　DNS-氨基酸

3）埃德曼反应（Edman reaction）

在弱碱条件下，氨基酸的 α-NH$_2$ 易与苯异硫氰酸酯（phenylisothiocyanate，PITC）反应，生成相应的苯氨基硫甲酰氨基酸（phenylthiocarbamoyl，PTC-氨基酸），后者在硝基甲烷中与酸作用发生环化，生成相应的苯乙内酰硫脲（phenylthiohydantoin，PTH）衍生物 PTH-氨基酸。PTH-氨基酸可采用层析法鉴定。

蛋白质多肽链 N 端氨基酸上的 α 氨基也可与 PITC 反应，生成 PTH-氨基酸和比原来少一个氨基酸残基的多肽链，该多肽链新的 N 端氨基酸又可继续与 PITC 反应，生成第二个 PTH-氨基酸和少了一个氨基酸残基的多肽链，如此重复多次，就测定出多肽链

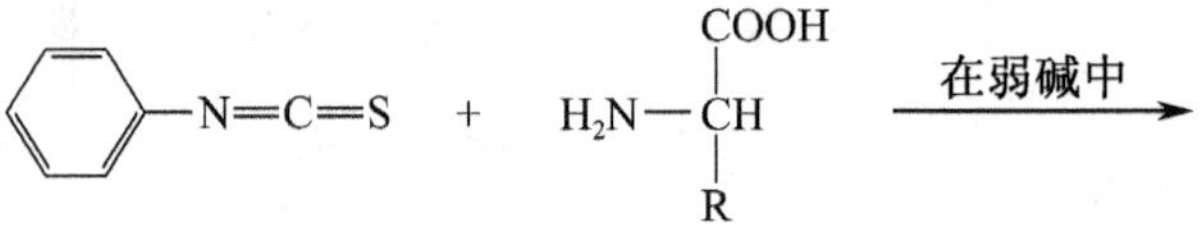

苯异硫氰酸酯

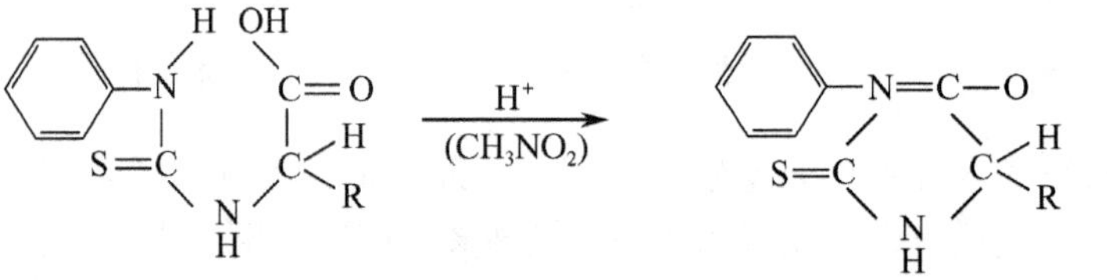

苯氨基硫甲酰衍生物　　　　　　　　苯乙内酰硫脲衍生物
（PTC-氨基酸）　　　　　　　　　　（PTH-氨基酸）

N 端氨基酸排列顺序。此反应又称埃德曼降解法（Edman degradation），它是"蛋白质顺序自动分析仪"的工作原理。

2.1.2　肽

2.1.2.1　肽与肽链

由 1 个氨基酸分子的 α 羧基与另 1 个氨基酸分子的 α 氨基脱水缩合而成的化合物称为肽（peptide）。由两个氨基酸分子缩合而成的肽，称为二肽。其中，包含 1 个肽键。所谓肽键（peptide bond）是指 α 羧基与 α 氨基脱水缩合而成的酰胺键：

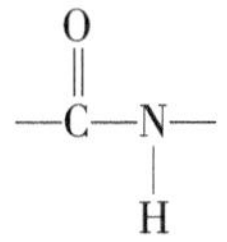

$$\overset{\overset{\textstyle O}{\|}}{—C—N—}\\ \quad\ \ |\\ \quad\ \ H$$

由 3 个氨基酸残基组成的肽称为三肽，以此类推，氨基酸残基数少于 10 个的肽称为寡肽（oligopeptide），含有 10 个以上氨基酸的肽，统称为多肽（polypeptide）。由许多氨基酸残基通过肽键彼此连接而成的链状多肽，称为多肽链（polypeptide chain）。通常，1 条多肽链都有 1 个游离的 $\alpha\text{-}NH_2$ 基和 1 个游离的 $\alpha\text{-}COOH$ 基，前者叫 N 端，后者叫 C 端。在书写多肽链结构时，总是从左到右，将 N 端放在肽链的左端，C 端放在右端。

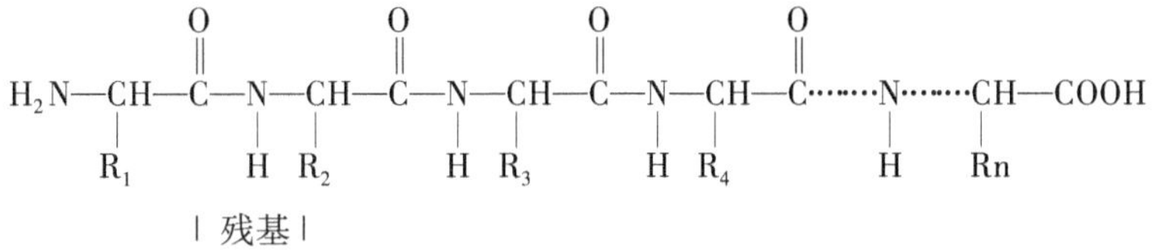

$$H_2N—CH—\overset{\overset{\textstyle O}{\|}}{C}—N—CH—\overset{\overset{\textstyle O}{\|}}{C}—N—CH—\overset{\overset{\textstyle O}{\|}}{C}—N—CH—\overset{\overset{\textstyle O}{\|}}{C}\cdots\cdots N\cdots\cdots CH—COOH$$
$$\quad\ \ |\qquad\ \ |\ \ |\qquad\ \ |\ \ |\qquad\ \ |\ \ |\qquad\qquad\ |\qquad |$$
$$\quad\ R_1\qquad H\ R_2\qquad H\ R_3\qquad H\ R_4\qquad\qquad H\qquad Rn$$

|残基|

多肽链

2.1.2.2　天然活性肽

除蛋白质水解可产生长短不一的各种肽段之外，在生物体内还存在许多游离状态的天然肽，它们各自具有特殊的生物学功能，叫活性肽（active peptide），在生命活动中发挥重要作用。

谷胱甘肽（glutathione，GSH）是由谷氨酸、半胱氨酸和甘氨酸形成的三肽，广泛存在于真核生物中。谷胱甘肽的第一个肽键与一般肽键不同，由谷氨酸 γ 羧基与半胱氨酸的氨基组成（图 2-2），分子中半胱氨酸的巯基是该化合物的主要功能基团。所以，谷胱甘肽参与生物体内的氧化还原过程，作为某些氧化还原酶的辅因子（cofactor），或者保护巯基酶，或者防止过氧化物积累等。此外，GSH 的巯基还有嗜核特性，能与外源的嗜电子毒物如致癌剂或药物结合，从而阻断这些化合物与 DNA、RNA 或蛋白质结合，以保护机体，免遭毒物损害。

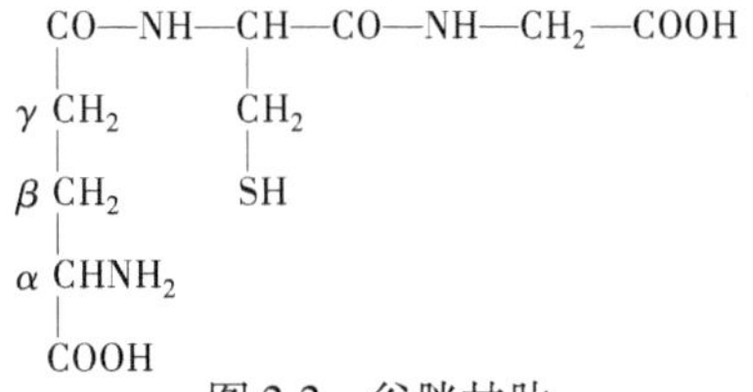

$$\begin{array}{l}
\qquad\qquad CO—NH—CH—CO—NH—CH_2—COOH\\
\gamma\ CH_2\qquad\quad\ \ CH_2\\
\qquad\ |\qquad\qquad\quad |\\
\beta\ CH_2\qquad\quad\ \ SH\\
\qquad\ |\\
\alpha\ CHNH_2\\
\qquad\ |\\
\quad COOH
\end{array}$$

图 2-2　谷胱甘肽

有些抗生素（antibiotics）也属于肽类或肽的衍生物，例如短杆菌肽 S（gramicidin S），多黏菌素 E（polymyxin E）和放线菌素 D（actinomycin D）等。

在动物体内发现的许多激素也属于肽类物质，如催产素、加压素和促甲状腺素释放激素等以及近年来引人注意的具有类吗啡作用的脑啡肽等。某些蕈类产生的剧毒毒素也是肽类化合物，如 α-鹅膏蕈碱。活性肽越来越多地引起人们的兴趣，随着研究的深入，更多的活性肽将被应用。

2.1.3　蛋白质的分类

2.1.3.1　按组成分类

（1）简单蛋白质

简单蛋白质经过水解之后，只产生各种氨基酸。根据溶解度的不同，可以分为清蛋白、球蛋白、谷蛋白、醇溶蛋白、组蛋白、精蛋白以及硬蛋白 7 小类。

（2）结合蛋白质

结合蛋白质由蛋白质和非蛋白质两部分结合而成。根据非蛋白质部分的不同，将其分为核蛋白、糖蛋白、脂蛋白、磷蛋白、黄素蛋白、色蛋白以及金属蛋白 7 小类。

2.1.3.2　按分子对称性分类

（1）球状蛋白质

球状蛋白质分子对称性好，外形接近球状或椭圆状，溶解度较好，能结晶，大多数蛋白质属于这一类。

（2）纤维状蛋白质

纤维状蛋白质对称性差，分子类似细棒或纤维。它又分成可溶性纤维状蛋白质和不溶性纤维状蛋白质，前者如肌球蛋白和纤维蛋白原等，后者包括胶原、弹性蛋白以及角蛋白等。

2.1.3.3　按生物功能分类

近年来有些学者提出依据蛋白质的生物功能进行分类，把蛋白质分为酶、运输蛋白质、营养和储存蛋白质、收缩蛋白质或运动蛋白质、结构蛋白质和防御蛋白质等。

2.2　蛋白质的分子结构

2.2.1　蛋白质分子的结构层次

蛋白质是由许多氨基酸通过肽键连接形成的生物大分子。20 种氨基酸以不同的数量、比例和排列顺序构成了成千上万种蛋白质。因此，由氨基酸排列顺序及肽链的空间排布等所构成的蛋白质分子结构，才真正体现蛋白质的个性，是每种蛋白质所具有的独特生理功能的结构基础。现在认为，蛋白质分子具有明显的结构层次，各个结构层次之间的关系可表示如下：

一级结构（primary structure，多肽链上的氨基酸排列顺序）
↓
二级结构（secondary structure，多肽链主链骨架的局部空间结构）
↓
超二级结构（supersecondary structure，二级结构单位的集合体）
↓
结构域（structural domain，多肽链上可以明显区分的球状区域）
↓
三级结构（tertiary structure，整个多肽链上所有原子的空间排布）
↓
四级结构（quarternary structure，由球状亚基或分子缔合而成的聚合体结构）

2.2.2　蛋白质的一级结构

2.2.2.1　一级结构的基本概念

蛋白质多肽链中氨基酸的排列顺序称为蛋白质的一级结构。一级结构中的主要化学键是肽键，有些蛋白质还包含二硫键。现以胰岛素为例说明蛋白质的一级结构。

胰岛素（isulin）是动物胰脏中胰岛 β 细胞分泌的一种低相对分子质量的激素蛋白，其主要功能是降低血糖含量。1953 年 Sanger 等人首先完成了牛胰岛素的全部化学结构的测定工作，这是蛋白质化学研究史上的一项重大成就。牛胰岛素的分子质量为5700Da，分子含有两条多肽链，一条称 A 链（含 21 个氨基酸残基），另一条称 B 链（含 30 个氨基酸残基）；这两条多肽链通过两个链间二硫键连接起来，其中一条多肽链（A 链）上还有一个链内二硫键。牛胰岛素分子的整个化学结构如图 2-3 所示。

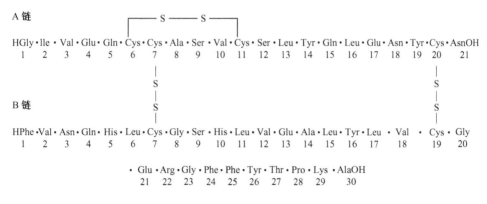

图 2-3　牛胰岛素的化学结构

2.2.2.2　一级结构测定的一般程序

测定蛋白质氨基酸的顺序，主要根据 Sanger 实验室中发展起来的方法进行。其测定程序为：①测定蛋白质的分子质量和它的氨基酸组成。②测定多肽链 N 端和 C 端。③用两种不同裂解点的裂解方法（如胰蛋白酶裂解法和溴化氰裂解法）分别将很长的多肽链裂解成两套较短的肽段。④分离提纯所产生的肽段，分别测定它们的氨基酸顺序。⑤应用肽段序列重叠法确定各种肽段在多肽链中的排列次序，即确定多肽链中氨基酸排列顺序。⑥确定二硫键在多肽链中的位置。

2.2.3 蛋白质的二级结构

2.2.3.1 肽单位平面结构和二面角

Pauling 和 Corey 在利用 X 射线衍射技术研究组成蛋白质的肽键时发现，肽键具有部分双键性质，不能自由旋转，肽键的 4 个原子和与其相连的两个 α 碳原子都处于同一个平面内，此刚性结构的平面称肽平面（peptide plane）或酰胺平面（amide plane）。多肽链主链骨架上的重复结构称为肽单位（peptide unit）。每一个肽单位实际上就是肽平面。肽平面内的 C=O 与 N—H 呈反式排列，各原子间的键长和键角都是固定的。肽链主链上只有 α 碳原子连接的两个单键，如 C_α—N_1 键和 C_α—C_2 键，能自由旋转。绕 C_α—N_1 键旋转的角度称 Φ（角），绕 C_α—C_2 键旋转的角度称 ψ（角），这两个构象角称为二面角（dihedral angle）。原则上，Φ 和 ψ 可以取 $-180° \sim +180°$ 之间任一值。这样，多肽链的所有可能构象都能用 Φ 和 ψ 来描述（图 2-4）。需要指出的是，并不是任意二面角（Φ、ψ）所决定的肽链构象都是被允许的，例如 $\psi = 0°$，$\Phi = 0°$ 时构象会造成一些原子之间的空间重叠，实际上不能存在。因此，多肽链构象的数目受到限制，加之肽平面的刚性结构以及侧链 R 基团的大小及电荷情况的影响，使得天然蛋白质分子中只存在一种或少数几种稳定的构象。

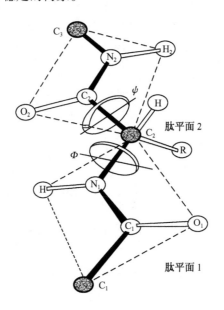

图 2-4 相邻两个肽平面上的二面角

2.2.3.2 二级结构的基本类型

（1）α 螺旋（α-helix）

Pauling 和 Corey（1951）研究羊毛、猪毛、羽毛等的 α-角蛋白时，提出了 α 螺旋结构。这是蛋白质中最常见的一种二级结构形式。具有下列特征（图2-5）：

a. 主链骨架围绕一个中心轴一圈又一圈地上升，从而形成了一个螺旋式的构象，每圈包含 3.6 个氨基酸残基，每圈螺距 0.54nm，每个氨基酸残基沿轴上升 0.15nm，绕轴旋转 100°。

b. 相邻的螺旋之间形成链内的氢键。即：一个肽平面上的 C═O 基的氧原子与其前面的第三个肽平面上的 N—H 基的氢原子形成一个氢键，C═O···H—N。氢键封闭环本身包含 13 个原子。α 螺旋允许所有肽键都能参与链内氢键的形成。因此，α 螺旋是相当稳定的。通常用 S_n 表达式描述螺旋，S 表示螺旋每圈包含的氨基酸残基数，n 表示每个氢键间包含的原子数，上述 α 螺旋可表示为 3.6_{13}。

c. 与 α 碳原子相连的 R 侧链位于 α 螺旋的外侧，对 α 螺旋的形成和稳定性有较大的影响。一般来说，甘氨酸、脯氨酸不易形成 α 螺旋结构。两个或两个以上相邻的氨基酸残基上带有相同的电荷时不易形成 α 螺旋结构，如多聚赖氨酸和多聚谷氨酸。两个或两个以上相邻的氨基酸残基上带有较大的侧链时，会阻止 α 螺旋结构的形成。

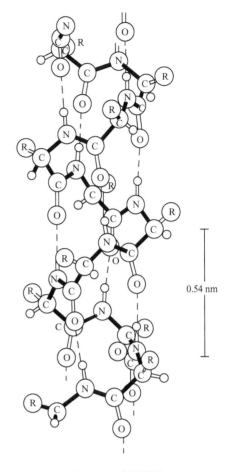

0.54 nm

图 2-5　α 螺旋结构

d. α 螺旋有左手和右手之分。天然蛋白质中的 α 螺旋绝大多数都是右手螺旋，因为构成右手 α 螺旋的所有 α 碳原子的二面角都取 $\Phi = -55° \pm 20°$、$\psi = -55° \pm 20°$（其中很多 α 碳原子二面角取 $\Phi = -57°$、$\psi = -47°$ 左右），这种构象稳定。

（2）β 折叠（β-pleated sheet）

β 折叠，也称 β 折叠片、β 结构或 β 构象，它是蛋白质中第二种最常见的二级结构（图2-6）。两条或多条几乎完全伸展的多肽链侧向聚集在一起，相邻肽链主链上的—NH 和 C═O 之间形成有规则的氢键，这样的多肽构象就是 β 折叠。β 折叠的特征如下：

a. 在 β 折叠中，所有的肽键都参与了链间氢键的形成，氢键与肽链的长轴近于垂直。

b. β 折叠中，多肽主链是比较伸展的，呈锯齿状折叠构象；相邻的两个氨基酸残基之间的轴心距为 0.35nm。侧链 R 交替地分布在片层平面的上方和下方，以避免相邻

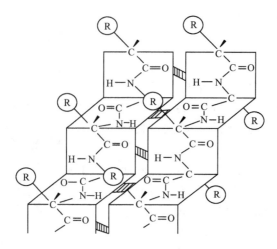

图 2-6　β 折叠片示意图

侧链 R 之间的空间障碍。

c. β 折叠结构有平行式和反平行式两种，在反平行式的 β 折叠结构中，相邻肽链的走向相反，但氢键近于平行。在平行式的 β 折叠结构中，相邻肽链的走向相同，氢键不平行。

（3）β 转角（β-turn）

β 转角也称 β 回折或 β 发夹结构，存在于球蛋白中。其突出特点是多肽链中的一段主链骨架以 180° 返回折叠，使得氨基酸残基的 C ═O 与第四个残基的 NH 之间形成氢键。（图 2-7）

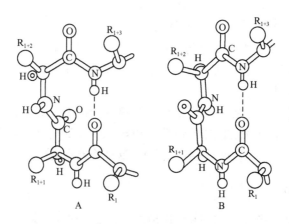

图 2-7　两种主要类型的 β 转角

A. Ⅰ型 β 转角；B. Ⅱ型 β 转角

（4）无规卷曲

除上述三种结构外，在球蛋白分子中，还存在一些无确定规律性的盘曲，即无规卷曲（nonregular coil）。在这部分肽段中，不同氨基酸残基扭角不同，因而表现出多种构象，有利于多肽链形成灵活的、具有特异生物活性的球状结构。

2.2.4 纤维状蛋白质的结构

纤维状蛋白质（fibrous protein）广泛地分布于脊椎和无脊椎动物体内，它是动物体的基本支架和外保护成分。纤维状蛋白质种类很多，有的溶于水，如肌球蛋白和纤维蛋白原等。有的不溶于水，如角蛋白、胶原蛋白和弹性蛋白等。

2.2.4.1 角蛋白

角蛋白（keratin）是外胚层细胞的结构蛋白质。有 α-角蛋白和 β-角蛋白两种。

α-角蛋白主要存在于动物的毛发、蹄子、爪、羽毛、指甲等组织中。它的基本结构单位是原纤维（fibril）。原纤维是由三股右手 α 螺旋向左缠绕形成的左手超螺旋结构。原纤维再排列成 "9＋2" 的电缆式结构，称微纤维（microfibril），直径为 8nm（图 2-8）。成百根这样的微纤维又结合成一不规则的纤维束，称大纤维（macrofibril），其直径为 200nm。一根毛发周围是一层鳞状细胞（scale cell），中间为皮层细胞（cortical cell）。皮层细胞横截面直径约为 20μm。在这些细胞中，大纤维沿轴向排列。所以一根毛发具有高度有序的结构。毛发中的二硫键较少，使得毛发特别柔软；而爪、指甲中的角蛋白分子中二硫键特别多，使得这些组织坚硬而不能弯曲。

β-角蛋白存在于蚕丝、蜘蛛丝中，如丝心蛋白就是一种 β-角蛋白，其结构是典型的反

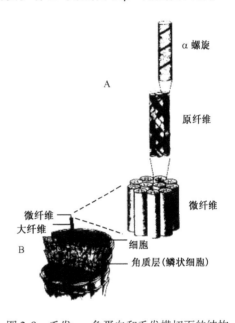

图 2-8 毛发 α-角蛋白和毛发横切面的结构
A. 毛发 α-角蛋白；B. 毛发横切面

平行 β 折叠片。在这种蛋白质分子中，反平行式 β 折叠片以平行的方式堆积成多层结构。链间主要以氢键连接，层间主要靠范德华力维系。丝心蛋白的一级结构分析表明，它主要由甘氨酸、丝氨酸和丙氨酸组成，每隔一个残基就是甘氨酸。这意味着所有的甘氨酸位于折叠片平面的一侧，丝氨酸和丙氨酸在平面的另一侧。还有一些大侧链的氨基酸，如酪氨酸、脯氨酸等。这些氨基酸往往构成丝心蛋白分子中无序区。无序区的存在，赋予丝心蛋白以一定的伸展性。

2.2.4.2 胶原蛋白

胶原蛋白（collagen）又称胶原，以胶原纤维的形式广泛存在于动物的皮肤、软骨和腱等结缔组织中，是细胞基质中的结构蛋白。其基本单位为原胶原蛋白（protocollagen），分子由 3 条 α 肽链缠绕成特有的右手 3 股螺旋构象，其中每股链自身是一种左手螺旋二面角 Φ（ $-60°$）、ψ（ $+140°$），这与其一级结构中存在大量 Gly-X-Y 序列有关。

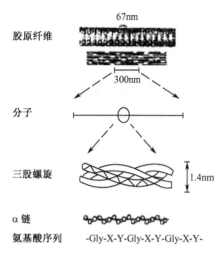

胶原纤维

67nm

300nm

分子

三股螺旋

1.4nm

α 链

氨基酸序列 -Gly-X-Y-Gly-X-Y-Gly-X-Y-

图 2-9 右手三股螺旋和胶原
蛋白结构特征

其中 X 多为脯氨酸（Pro），Y 多为羟脯氨酸（Hyp）。许多原胶原分子首尾相连，排列成束形成胶原纤维，其中连接处呈阶梯状错开（图 2-9），原胶原分子间常存在赖氨酸（Lys）残基形成的共价键交联。在力学性能上胶原纤维不易被拉伸。

胶原蛋白是一个蛋白质家族，已报道的成员有近 20 个。不同类型的胶原在组成或结构上有一些差别。如 I 型胶原的三股螺旋由两条 I 型的 α1 链和一条 I 型 α2 链构成；而 II 型胶原由三条相同的 II 型 α1 链构成。另外，还存在由不同型的 α 链杂交构成的三股螺旋胶原。还有一些胶原是非纤维胶原，其分子中的三股螺旋是不连续的。这些结构上的差异与胶原蛋白功能的多样性相适应。

2.2.4.3 肌球蛋白与肌动蛋白

肌球蛋白是一种很长的棒状分子，有两条彼此缠绕的 α 螺旋肽链的尾巴和一个复杂的"头"。尾巴是由两条相对分子质量为200 000的肽链组成，称为重链（heavy chain，H 链）。头是球形的，含有重链的末端和四条轻链（light chain，L 链）。肌球蛋白分子的头部具有 ATP 酶活性，催化 ATP 水解成 ADP 和磷酸，并释放能量。许多肌球蛋白分子装配在一起形成骨骼肌的粗丝（thick filament）。肌球蛋白也存在于非肌肉细胞内。

在骨骼肌中与粗丝紧密缔合在一起的是细丝（thin filament），它由肌动蛋白组成。肌动蛋白以两种形式存在，球状肌动蛋白（G 肌动蛋白）和纤维状肌动蛋白（F 肌动蛋白）。纤

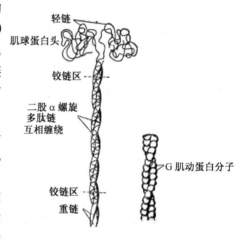

轻链

肌球蛋白头

铰链区

二股 α 螺旋
多肽链
互相缠绕

G 肌动蛋白分子

铰链区

重链

图 2-10 F 肌动蛋白分子的示意图

维状肌动蛋白实际上是一根由 G 肌动蛋白分子（相对分子质量为 46 000）缔合而成。两根 F 肌动蛋白细丝彼此卷曲形成双股绳索结构（图 2-10）。

2.2.5 蛋白质的超二级结构和结构域

近年来在蛋白质分子结构研究中发现了介于蛋白质二级结构与三级结构之间的两种结构，超二级结构和结构域。它们广泛存在于球状蛋白中。

2.2.5.1 超二级结构（supersecondary structure）

在蛋白质中，某些相邻的二级结构单位（α螺旋、β折叠、β转角、无规卷曲）组合在一起，相互作用，从而形成有规则的二级结构集合体，充当更高层次结构的构件，称为超二级结构。其基本组合形式如图2-11所示。

（1）αα 组合形式

αα 组合由两股或三股右手α螺旋彼此缠绕而成的左手超螺旋。它是α-角蛋白、肌球蛋白、纤维蛋白原中的超二级结构。

（2）βαβ 组合形成

βαβ 组合由两段平行的β折叠股和一段连接链（如α螺旋）组成。在蛋白质中，最常见的是两个βαβ聚合体组合在一起，形成βαβαβ结构，被称为 Rossmann 折叠。如乳酸脱氢酶、丙酮酸脱氢酶、枯草杆菌蛋白酶等均有此种结构。

（3）βββ 组合形式

βββ 组合由三条或多条反平行式β折叠链通过β转角（或其他肽段）连接而成，也称β曲折（β-meander）。葡萄球菌核酸酶和乳酸脱氢酶的活性部位含有这种结构。

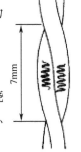
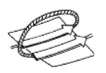

A.复绕α螺旋　　B. βαβ
C.右手性βcβ　　D. βββ
E. β折叠桶

图2-11　各种形式的超二级结构

2.2.5.2 结构域

对于较大的球蛋白分子，在超二级结构的基础上，多肽链进一步卷曲折叠成几个空间上可以区分的相对独立、近似球状的三维实体。这种相对独立的球状区域，称为结构域。较大的球蛋白分子常包含2个或2个以上的结构域，例如：免疫球蛋白（抗体）分子包含12个结构域。较小的球蛋白分子常包含1个结构域，如肌红蛋白分子。

2.2.6　蛋白质的三级结构

蛋白质的三级结构（tertiary structure）是指整条肽链中全部氨基酸残基的相对空间位置，也就是整条肽链所有原子在三维空间的排布位置。它是建立在二级结构、超二级结构乃至结构域基础上的球状蛋白的高级空间结构。

肌红蛋白是典型的具三级结构的蛋白质（图2-12），在动物肌肉中起到运氧和储氧的功能。它由一条多肽链（153个氨基酸残基）和一个血红素辅基构成。分子质量为17.8 kDa，大小为 4.5nm×3.5nm×2.5nm，多肽链主链骨架包含长短不等的A、B、C、D、E、F、G、H 8个α螺旋。分子中几乎80%的氨基酸残基都是位于α螺旋结构中，

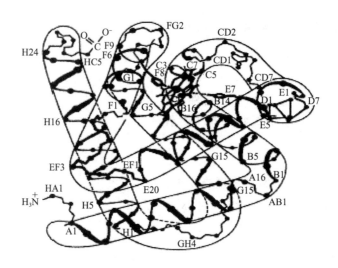

图 2-12　肌红蛋白分子三级结构

α 螺旋之间的拐弯处（AB、CD、EF、FG、GH）是无规卷曲。具非极性侧链基团的氨基酸残基被埋于分子内部；而具极性侧链基团的氨基酸残基几乎全部分布于球状分子表面，与水分子结合，使肌红蛋白在水溶液中具有良好的可溶性。

　　分子表面有一个深陷的洞穴。该洞穴由 C、E、F、G 4 个螺旋段构成，洞穴周围分布许多疏水性侧链基团的氨基酸残基，从而为洞穴构成了疏水性环境。血红素或称铁卟啉（ironporphyrin）辅基处于疏水的洞穴内。维持肌红蛋白分子二级结构和三级结构的作用力是范德华力、疏水相互作用、氢键、离子键和配位键。

2.2.7　蛋白质的四级结构

　　由两个或两个以上具有三级结构的亚基或亚单位（subunit）通过非共价键彼此缔合在一起而形成的具有特定三维结构的聚集体，称蛋白质的四级结构。通常亚基只有一条多肽链，但有的亚基由两条或多条多肽链组成，这些多肽链相互以二硫键相连。组成

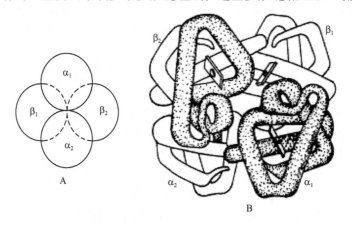

图 2-13　血红蛋白分子四级结构

蛋白质四级结构的亚基可以是相同的，也可以是不同的。亚基的数目一般为偶数，个别为奇数。具有四级结构的蛋白质又被称为寡聚蛋白质。

血红蛋白是具有四级结构的蛋白质（图 2-13），它是血液中红细胞的主要成分，能够运输 O_2 与 CO_2。Perutz 利用 X 射线衍射技术证明，血红蛋白（hemoglobin）是由相同的两条 α 链和两条 β 链组成的四聚体（$α_2β_2$），分子质量 65kDa。α 链（141 个氨基酸残基）和 β 链（146 个氨基酸残基）的一级结构差异虽大，但它们三级结构的卷曲折叠却大致相同，并和肌红蛋白极其相似。每个亚基均含相似的 α 螺旋区（约占 80%），在疏水凹穴中各含 1 个与组氨酸配位结合的血红素。在血红蛋白分子中，4 个亚基以次级键相互精确嵌合，组装成近似四面体的功能结构，而且 4 个亚基的接触面又形成一个具有极性基团为界沿的中央腔。

2.2.8　维持蛋白质空间构象的作用力

蛋白质分子构象主要靠非共价键维持，如：氢键、范德华力、疏水相互作用以及离子键。此外，在某些蛋白质中，还有二硫键、配位键参与维持构象（图 2-14）。

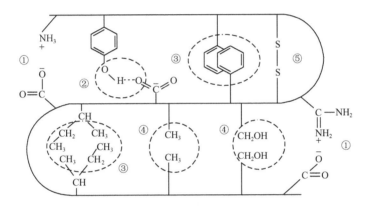

图 2-14　维持蛋白质分子构象的化学键
①离子键；②氢键；③疏水键；④范德华力；⑤二硫键

2.2.8.1　氢键

多发生于多肽链中负电性很强的氮原子或氧原子的孤对电子与 N—H 或 O—H 的氢原子间的相互吸引力。氢键对维持蛋白质分子的二级结构（如：α 螺旋、β 折叠、β 转角）起主要的作用，对维持三、四级结构也有一定的作用。

2.2.8.2　范德华力

范德华力的实质是静电引力。它包括取向力、诱导力和色散力。范德华力参与维持蛋白质分子的三、四级结构。

2.2.8.3　疏水相互作用

疏水相互作用又称疏水键。通常指疏水基团之间的相互作用力。实际上，它是疏水基团或疏水侧链为避开水分子而相互靠近聚集形成的力。疏水作用对维持蛋白质分子的三、四级结构起主要作用。

2.2.8.4 离子键

离子键（ionic bond）又称为盐键。它是正负电荷之间的一种静电相互作用力。在一定条件下，蛋白质分子中的—NH_3^+与—COO^-可以形成离子键。在蛋白质分子中，离子键的数量较少，主要在侧链上发挥作用。

2.2.8.5 配位键

指在两个原子之间由其中的一个原子单独提供电子对而形成的一种特殊的共价键称为配位键（coordinate bond）。在金属蛋白质分子，如血红蛋白等，金属离子与多肽链的连接，往往是配位键。配位键在一些蛋白质中，参与维持三、四级结构。

2.2.8.6 二硫键

指两个硫原子之间的共价键。在一些蛋白质中，二硫键（disulfide bond）对稳定蛋白质分子构象起重要的作用。

2.3　蛋白质分子结构与功能的关系

蛋白质具有多种多样的生理功能。如酶蛋白具有催化作用、激素蛋白具有调节代谢作用、血红蛋白具有运输气体作用、抗体蛋白具有免疫作用、受体蛋白具有传递化学信息的作用、神经蛋白能传导神经冲动、肌肉蛋白具有伸缩作用、病毒蛋白能够感染疾病等。所有这些功能，实际上都是蛋白质分子的各种天然结构所表现的特性。

2.3.1 蛋白质一级结构与功能的关系

2.3.1.1 蛋白质的一级结构决定其高级结构

20世纪60年代初美国科学家Christian Anfinsen进行的牛胰核糖核酸酶复性的经典实验证明了蛋白质的高级结构是由其一级结构决定的。天然的核糖核酸酶是由124个氨基酸组成的一条肽链的蛋白质，含有4对二硫键（图2-15）。Anfinsen用8 mol·L^{-1}尿素和β-巯基乙醇处理核糖核酸酶，二硫键被还原，肽链完全伸展，变性的核糖核酸酶失去了活性。如果用透析方法将尿素和β-巯基乙醇除去，松散的多肽链循其特定的氨基酸顺序，卷

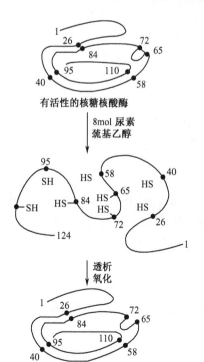

图2-15　牛核糖核酸酶一级结构与空间结构的关系

曲折叠成天然酶的空间构象，4 对二硫键也正确配对，这时酶活性又逐渐恢复至原来水平。概率的计算表明，8 个—SH 结合成 4 对二硫键，可随机组合成 105 种可能的配对方式，然而现在只形成了天然核糖核酸酶分子中唯一的那种配对方式，从而表明了核糖核酸酶的氨基酸排列顺序在天然状态下，能决定其肽链的高级结构，并由此确定了二硫键的正确位置。

2.3.1.2　一级结构与生物进化

研究不同来源的具有同一功能的蛋白质即同源蛋白质，不仅能了解蛋白质结构与功能的关系，而且可以根据它们在一级结构上的差异程度，判断它们在亲缘关系上的远近，为研究生物进化提供有价值的证据。

对同源蛋白质的一级结构氨基酸排列顺序的研究发现，有许多位置的氨基酸顺序对所有种属来说都是相同的，这种共有的、不变的氨基酸残基顺序结构正是同源蛋白质具有相同生物功能的基础。而那些对生物功能不起决定作用的氨基酸残基，在不同种属间差异十分明显，且亲缘关系愈远，差异愈大。

细胞色素 c 就是一个最典型的例子，它广泛存在于需氧生物细胞的线粒体中，由 104 个氨基酸残基组成，是一种含血红素辅基的单链蛋白质（图 2-16）。在生物氧化时，细胞色素 c 在呼吸链的电子传递系统中起传递电子的作用。

对 50 多种不同生物来源的细胞色素 c 的一级结构做了比较研究，发现 35 个氨基酸在各种生物中是保守的。其中有第 14 位和第 17 位的 2 个半胱氨酸，第 18 位的组氨酸和第 80 位的甲硫氨酸以及第 48 位的酪氨酸和第 59 位的色氨酸等，研究表明这几个氨基酸都是保证细胞色素 c 功能的关键部位。如肽链上第 14 位和第 17 位上 2 个半胱氨酸通过共价键与血红素的乙烯基相连；第 48 位酪氨酸和第 59 位的色氨酸通过氢键与血红素的丙酸基相连；第 18 位组氨酸和第 80 位甲硫氨酸通过配位键与血红素中的铁离子相连。这些守恒残基可能对于维持蛋白质的特定构象和发挥生物功能起着重要作用。对那些可变的氨基酸残基，不同种属差异很大。

Dickerson 等根据各种生物细胞色素 c 氨基酸顺序的异同之处，绘出了生物界的进化树（evolutionary tree），也叫生物系统发育树（phylogenetic tree），与经典的形态分类进化树十分一致。由此可见，蛋白质的进化反映了生物的进化。

2.3.1.3　一级结构与分子疾病

多肽链的氨基酸顺序与生物功能密切相关，如果一级结构发生变化往往导致生物功能随之改变。例如：在非洲普遍流行的镰刀型红细胞贫血病，就是由于血红蛋白一级结构变异而产生的一种分子病（遗传病）。病人的异常血红蛋白（HbS）与正常人的血红蛋白（HbA）相比；仅仅是 β 亚基（β 链）第 6 位的氨基酸残基不同。

HbA　H_2N- Val-His-Leu-Thr-Pro-Glu-Glu-Lys……

HbS　H_2N- Val-His-Leu-Thr-Pro-Val-Glu-Lys……

红细胞镰刀状的形成是由于 β 链第 6 位的 Glu 换成了 Val，使 HbS 的每一 β 链表面具有密集的疏水支链。这些疏水支链使 HbS 分子聚合形成长链，由许多长链进一步聚集成多股螺旋将红细胞挤扭成镰刀状，于是，运输氧的功能下降，细胞脆弱而溶血，严

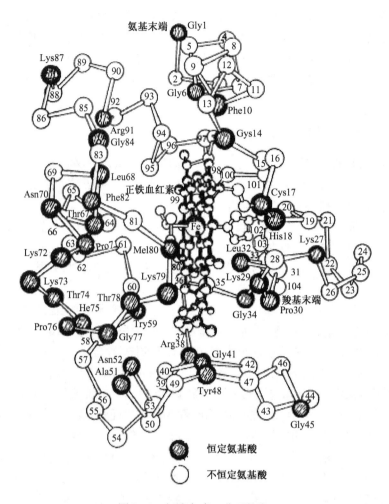

图 2-16　细胞色素 c 分子构象

重的可能致死。

2.3.1.4　一级结构与蛋白质的前体激活

许多具有一定功能的蛋白质，如酶蛋白、激素蛋白等，在生物体内常常以无活性的前体形式产生和储存。在一定条件下，这些前体经蛋白酶水解，切去部分肽段后，变成具有生物活性的蛋白质。例如，具有生物活性的胰岛素由 51 个氨基酸残基组成，其前体胰岛素原却是由 84 个氨基酸残基组成的一条多肽链。在专一性水解酶作用下，胰岛素原被切除部分肽链（C 肽链），形成特定的构象，表现出完整的生物活性（图 2-17）。

2.3.2　蛋白质空间结构与功能的关系

体内各种蛋白质特殊的生理功能是与其空间构象有着密切的关系。肌红蛋白和血红蛋白是阐述蛋白质空间结构和功能关系的典型例子。

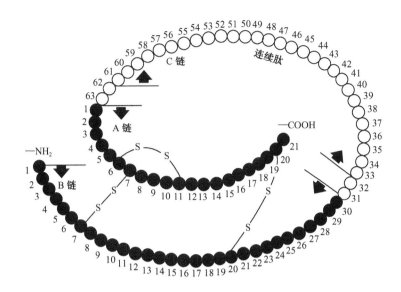

图 2-17 胰岛素原一级结构

2.3.2.1 肌红蛋白和血红蛋白的结构

如前所述，肌红蛋白和血红蛋白都是含有血红素辅基的蛋白质。肌红蛋白是一个只有三级结构的单链蛋白质。血红蛋白是由四个亚基（$\alpha_2\beta_2$）组成的寡聚蛋白，虽然血红蛋白各亚基的空间构象与肌红蛋白极为相似，并且二者都是氧的载体，但由于血红蛋白具有四级结构，它的四个亚基彼此相互作用而使其具有肌红蛋白所不具有的特殊功能。

2.3.2.2 血红蛋白的变构与输氧功能

血红蛋白（Hb）与肌红蛋白（Mb）一样具有结合氧的能力，但结合特性有很大差别。以氧分压为横坐标，结合氧的饱和度为纵坐标，可以得到这两种蛋白质的氧结合曲线。血红蛋白为 S 形曲线，而肌红蛋白为双曲线（图 2-18），可见肌红蛋白易与 O_2 结

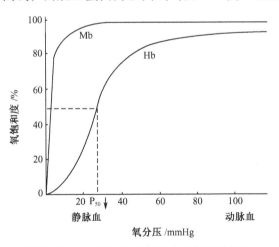

图 2-18 血红蛋白和肌红蛋白的氧结合曲线

$1\,mmHg = 1.33322 \times 10^2\,Pa$

合，而血红蛋白与 O_2 的结合在 O_2 分压较低时较难。血红蛋白与氧结合的 S 形曲线提示血红蛋白的 4 个亚基与 4 个 O_2 结合时有 4 个不同的平衡常数。血红蛋白最后一个亚基与 O_2 结合时其常数最大，从 S 形曲线的后半部呈直线上升可证明此点。根据 S 形曲线的特征可知，血红蛋白中第一个亚基与 O_2 结合以后，促进第二及第三个亚基与 O_2 的结合，当前 3 个亚基与 O_2 结合后，又大大促进第四个亚基与 O_2 结合，这种效应称为正协同效应（positive cooperativity）。

用 X 射线晶体衍射技术分析血红蛋白和氧合血红蛋白的三维结构，揭示血红蛋白和氧合血红蛋白的分子构象是不同的。前者是紧密型构象（T）；后者是松弛型构象（R）。二者可以相互转变：

$$紧密型构象 \xrightarrow{\text{氧分压}} 松弛型构象$$
$$（低亲和力型） \qquad （高亲和力型）$$

在血红蛋白分子构象中，4 个亚基之间通过 8 对盐键相互连接。使血红蛋白分子的三、四级结构受到了较大的约束，成为紧密型构象（T），从而使其氧亲和力小于单独的 α 亚基或 β 亚基的氧亲和力，成为低亲和力型，血红蛋白与氧结合后，其三、四级结构发生了较大变化。维持和约束四级结构的盐键全部断裂，每个亚基的三级结构发生了变化，整个分子的构象由紧密型变成了松弛型，提高了氧亲和力，成为高亲和力型。肌红蛋白分子没有四级结构，不存在亚基之间的相互作用，因此，其氧结合曲线必然是双曲线。

2.4　蛋白质的重要性质

由于蛋白质是由氨基酸组成的大分子化合物，因此有些性质与氨基酸相同，如两性解离、等电点、侧链基团的反应等；但也有其特殊的性质，如胶体性质、沉淀、变性等。

2.4.1　蛋白质的胶体性质

蛋白质是高分子化合物，分子质量通常在 $10 \sim 1000 kDa$，分散于水中的颗粒直径为 $1 \sim 100 nm$，恰在胶体颗粒的范围内。蛋白质分子表面有许多亲水的基团，实验证明，每一克蛋白质约可以结合 $0.3 \sim 0.5 g$ 的水，使蛋白质分子表面形成一层水合膜。由于这层水合膜的存在，蛋白质颗粒彼此不能接近，因而增加了蛋白质溶液的稳定性，阻碍蛋白质胶粒的沉淀。蛋白质分子表面具有许多可解离的基团，在适当的 pH 值条件下，都带有相同的净电荷，与其周围电性相反的离子形成稳定双电层。由于水化层和双电层这两种稳定的因素，蛋白质溶液成为亲水的胶体溶液。胶体溶液的一个很重要的性质是胶体颗粒不能通过半透膜。所谓半透膜是指这类膜上具有小孔，只允许水及小分子物质通过，而蛋白质等大分子不能通过。动物体内的各种膜、人造火棉胶、羊皮纸、玻璃纸等都是半透膜。在生产实践中可用这种半透膜做成的透析袋除去蛋白质样品中所混有的小分子物质，达到纯化蛋白质的目的。

2.4.2 蛋白质的两性性质和等电点

蛋白质和氨基酸一样是两性电解质。蛋白质分子在电场中的移动方向，取决于蛋白质分子组成中碱性氨基酸和酸性氨基酸的含量，而且还受所在溶液 pH 值的影响。在酸性溶液中蛋白质分子的酸性基团游离度小，蛋白质带正电荷而向负极移动；反之当溶液为碱性时则由于碱性基团游离度小，蛋白质带负电荷而向正极移动；在某一 pH 值时，蛋白质分子中所带的正电荷数与负电荷数相等，在电场中不移动，此时溶液的 pH 值即为该蛋白质的等电点。不同蛋白质，由于氨基酸组成不同，因而有各自的等电点。处于等电点时，蛋白质分子的净电荷为零，失去胶体稳定的条件，分子间易相互结合成为较大的聚集体而沉淀析出。因而，常常利用蛋白质在等电点时溶解度最小来分离和提纯蛋白质。

$$\underset{NH_3^+}{\overset{COOH}{Pr}} \underset{OH}{\overset{H^+}{\rightleftharpoons}} \underset{NH_3^+}{\overset{COO^-}{Pr}} \underset{H^+}{\overset{OH^-}{\rightleftharpoons}} \underset{NH_2}{\overset{COO^-}{Pr}}$$

2.4.3 蛋白质的变性与复性

蛋白质因受某些物理或化学因素的影响，其特定的构象破坏，而导致理化性质改变、生物活性丧失的现象称为蛋白质的变性作用（denaturation）。强酸、强碱、剧烈搅拌、重金属盐、有机溶剂、脲、胍类、高温、高压、超声波等都可使蛋白质变性。蛋白质的变性只有蛋白质分子空间构象的改变，而无肽键的断裂等化学结构的改变，即变性不涉及一级结构，而是二级、三级、四级结构的改变，仅涉及次级键、二硫键的变化。蛋白质发生变性后表现生物活性丧失、溶解度降低、结晶能力丧失、分子形状改变、黏度增加，扩散系数降低，易被蛋白酶水解等，但主要的表现是生物活性丧失。

变性的蛋白质当除去变性因素后，可重新恢复原来的天然构象，这一现象称蛋白质的复性（renaturation）。变性蛋白能否复性，这一问题至今仍有疑问，目前能被大多数人接受的观点是：蛋白质变性的可逆性与导致变性的因素、蛋白质的种类以及蛋白质分子结构改变的程度都有关系。

2.4.4 蛋白质的沉淀

由于受到某些因素的影响，蛋白质从溶液中析出的现象称为沉淀（precipitation）。引起蛋白质沉淀的方法有以下几种。

2.4.4.1 盐析

向蛋白质溶液中加入一定量的中性盐，而使蛋白质发生沉淀的作用称为盐析（salting out）。因为这些盐类与水的亲和力大，又是强电解质，当一定浓度的中性盐加到蛋白质溶液中，一方面与蛋白质争夺水分，破坏蛋白质颗粒表面的水合膜；另一方面，由于这些盐的离子浓度相对比较高，可以大量中和蛋白质颗粒上的电荷，这样就使蛋白质成了既不含水合膜又不带电荷的颗粒而容易沉淀。

常用的中性盐有硫酸铵、氯化钠、硫酸钠。各种蛋白质盐析时所需的盐浓度及 pH 值不同，故可用于混合蛋白质各组分的分离。

盐析法应用广泛，简便安全，在一定条件下可以重新溶解，常用于制备有活性的蛋白质。

用盐析法得到的蛋白质，常需要脱盐和浓缩。最直接的脱盐法是用透析，电透析可加快透析速度。近年来，用葡聚糖凝胶脱盐，效果很好，速度很快。浓缩蛋白溶液最好用冷冻干燥法，也可用超过滤方法进行。

2.4.4.2　有机溶剂沉淀

在蛋白质溶液中，加入较多量与水相溶的有机溶剂，这些溶剂与水亲和力大，能夺取蛋白质颗粒上的水分，使蛋白质溶解度降低而沉淀。常用的有机溶剂有乙醇、丙酮等。由于有机溶剂能使蛋白质变性失活，因此用有机溶剂沉淀分离蛋白质时，宜用稀浓度的有机溶剂并在低温下操作。加入有机溶剂时要搅拌均匀，以防局部浓度过高引起失活。用有机溶剂得到的蛋白质不宜在有机溶剂中放置过久，要立即加水溶解。由于使不同种蛋白质沉淀所需的有机溶剂浓度不同，因此通过调节溶剂的浓度也可使混合蛋白质达到分级沉淀的目的。

2.4.4.3　重金属沉淀

Cu^{2+}、Hg^{2+}、Pb^{2+}、Ag^+ 等可与蛋白质阴离子结合而产生沉淀。一般也使蛋白质变性。

在急救重金属盐中毒（如汞中毒）时，给予大量乳品或蛋清，就是使乳品或蛋清中的蛋白质在消化道中与重金属结合为变性的不溶解物，而阻止毒物的吸收。

2.4.4.4　酸类沉淀

三氯乙酸、过氯酸等可与蛋白质上正电荷结合，使蛋白沉淀。此法一般使蛋白质变性。

2.4.4.5　加热变性沉淀

加热使蛋白质变性，疏水基团暴露，可快速凝聚而形成凝块。

2.4.4.6　生物碱试剂沉淀

蛋白质在其等电点酸侧溶液中，带有正电荷，可与生物碱试剂（苦味酸）的酸根结合，生成不溶性蛋白质盐而沉淀。在生化检验工作中，常用这类试剂分离蛋白质。

2.4.5　蛋白质的呈色反应

蛋白质分子中的肽键，以及分子中氨基酸残基侧链基团，能与某些试剂作用发生颜色反应。应用这些反应，不仅可以确定蛋白质的存在，而且可以作为定量测定蛋白质的依据。

2.4.5.1　茚三酮反应

蛋白质溶液在 pH 值为 5~7，与茚三酮溶液加热煮沸时，即出现蓝紫色。此反应可用于蛋白质的定性与定量。

2.4.5.2　双缩脲反应

这是用以检测肽键存在的一种特征反应。双缩脲是二分子尿素加热缩合的产物，在碱性条件下能与 $CuSO_4$ 反应，生成蓝紫色的络合物。

由于蛋白质分子中含有许多与双缩脲结构相似的肽键，因此也能起双缩脲反应。凡是含有 2 个或 2 个以上肽键的化合物均有此反应，生成的蓝紫色或红紫色化合物可用分光光度法定量检测。

2.4.5.3　黄色反应

在蛋白质溶液中加浓硝酸可生成白色沉淀，热之变黄，最后溶解，使溶液变为黄色；遇碱则颜色加深而呈橙黄。这是由于蛋白质分子中含有酪氨酸、苯丙氨酸及色氨酸等，其苯环与硝酸作用生成硝基化合物，遇碱时形成盐，故转呈橙黄色。

2.4.5.4　米伦反应

向蛋白质溶液中加米伦试剂（亚硝酸汞、硝酸汞、亚硝酸及硝酸的混合液），蛋白质沉淀，加热则变为红色沉淀。此反应为酪氨酸的酚核所特有，因此，含有酪氨酸的蛋白质均呈米伦反应。

2.4.5.5　乙醛酸反应

色氨酸或含有色氨酸的蛋白质溶液，加入乙醛酸后，再慢慢加入浓硫酸，可见硫酸与混合液的交界面有紫色环出现。这是含吲哚基化合物的共同反应，也是色氨酸特有反应。

2.4.6　蛋白质的紫外吸收光谱特征

蛋白质不能吸收可见光，但能够吸收一定波长范围的紫外光。大多数蛋白质在 280nm 波长附近具有最大的光吸收。这与蛋白质中酪氨酸、苯丙氨酸及色氨酸对紫外光的吸收有关。因此，可以利用紫外分光光度法测定蛋白质浓度。

2.5　蛋白质的分离纯化和测定

2.5.1　蛋白质的分离纯化

蛋白质的分离纯化具有重要的理论和实际意义。工农业生产、医疗检验、蛋白质结构测定以及基因工程研究，都需要一定纯度的蛋白质或酶制剂。因此必须对样品中的目的蛋白进行分离提纯。

蛋白质的分离提纯是一项复杂的工作。因为所需要的蛋白质在细胞内是与很多其他蛋白质和非蛋白质共存的，又由于蛋白质在环境条件改变时容易引起变性，所以给分离提纯带来很大困难。尽管如此，分离提纯技术发展还是十分迅速，目前很多蛋白质已被分离纯化。下面所述为蛋白质分离纯化的一般程序。

2.5.1.1　材料的预处理及细胞破碎

要制备有活性的蛋白质，所用的材料必须新鲜、含量高。除体液外，一般材料都需要破碎，以使蛋白质从细胞释放出来。常用的破碎组织细胞的方法有机械破碎法、渗透破碎法、反复冻融法、超声波法及酶法等。

2.5.1.2　蛋白质的抽提

抽提或叫萃取是指将细胞破碎后的材料置于一定的条件及溶剂中，使被提取物释放出来的过程。抽提所用的缓冲液的 pH 值、离子强度、组成成分等条件的选择，应根据欲制备的蛋白质的性质而定。

2.5.1.3　蛋白质的粗分级

获得蛋白质粗制品的有效方法是根据蛋白质溶解度的差异进行的分离。常用的有下列几种方法。

（1）等电点沉淀法

利用蛋白质在等电点处溶解度最低的原理，调节混合蛋白质溶液的 pH 值，使所需要的蛋白质到达等电点而沉淀，其他蛋白质因远离等电点仍溶解在溶液中而得到分离。

（2）盐析法

盐析是蛋白质（包括酶类）分离纯化的常用技术，它的原理是蛋白质在高浓度盐类溶液中，其溶解度随盐浓度的增加而降低。各种蛋白质的溶解度不同，因而可利用不同浓度的高浓度盐类溶液沉淀分离各种蛋白质。

（3）有机溶剂沉淀法

中性有机溶剂如乙醇、丙酮，可与水混溶，它们的介电常数比水低。若向蛋白质混合溶液中加入这些溶剂，会增加相反电荷之间的吸引力，并能使大多数球状蛋白质在水溶液中的溶解度降低，进而从溶液中沉淀出来，因此可以用来沉淀蛋白质。在某一蛋白质的等电点附近，蛋白质分子主要以偶极离子形式存在，此时再加入乙醇或丙酮，增加了偶极离子间的静电吸引，从而使蛋白质分子相互聚集而沉淀出来，效果更好。此外，有机溶剂本身的水合作用会破坏蛋白质表面的水化层，也促使蛋白质分子变得不稳定而析出。由于有机溶剂会使蛋白质变性，使用该法时，要注意在低温下操作，选择合适的有机溶剂浓度。

2.5.1.4 蛋白质的细分级

（1）凝胶层析法

凝胶层析（gel chromatography）也称排阻层析、凝胶过滤和分子筛层析。它是使用一种具有多孔网状结构的葡聚糖凝胶。凝胶颗粒在合适溶剂中浸泡，充分吸液膨胀，然后装入层析柱内，使欲分离的混合物从柱顶流下，比网孔大的蛋白质分子不能进入凝胶内部而沿凝胶颗粒间的空隙最先流出柱外，比网孔小的分子可以进入凝胶颗粒内部，流速缓慢，后流出层析柱，从而使相对分子质量大小不同的物质得到分离。

（2）离子交换层析法

离子交换层析（ion-exchange chromatography）是根据蛋白质具有酸碱性质的特点，通过离子间的吸附和脱吸附而将各组分分开。它是从复杂的混合物体系中，分离性质相似的生物大分子的有效手段之一。离子交换层析包括离子交换剂平衡、样品物质加入和结合。改变条件以产生选择性吸附、取代、洗脱和离子交换剂再生等步骤。样品加入后用起始缓冲液将未被结合的物质从交换剂上洗掉。基于电荷不同的各种物质对离子交换剂有不同亲和力，通过改变洗脱液离子强度和 pH 值，控制这种亲和力，使这些物质按亲和力大小顺序依次从层析柱中洗脱下来。

（3）亲和层析

亲和层析（affinity chromatography）是在一种特制的具有专一吸附能力的吸附剂上进行的层析。某些蛋白质能与其相应的专一性配基进行特异的非共价的可逆结合。如酶的活性中心或别构中心能和专一性的底物、抑制剂、辅助因子和效应剂相结合，在一定条件下又能解离。亲和层析的基本方法是先将欲分离的蛋白质的专一配基，通过适当的化学反应共价连接在某些固相载体上，形成不溶性的带有配基的载体，将其装入层析柱，使含有待分离的蛋白质混合物从这样的层析柱上流过，该蛋白质即与专一的配基结合而吸附在带有此配基的载体表面上。混合液中其他不能被此特异配基结合的蛋白质或杂质，都能自由通过层析柱而被洗脱。最后换上含有自由配基的洗脱液，可将特异结合在载体配基上的蛋白质解离并洗脱下来，达到分离纯化的目的。

2.5.2 蛋白质含量的测定和纯度鉴定

蛋白质分离提纯后，还需要测定它的含量并鉴定它的纯度。

常用的测定蛋白质含量的方法有凯氏定氮法、福林酚试剂法、双缩脲法、紫外吸收法、考马斯亮蓝法以及生物活性测定法等。

蛋白质纯度鉴定是指蛋白质提纯后以一定可靠的指标表明它的纯度。常用的有各种电泳法、超离心沉降法等。如样品在不同 pH 值条件下进行电泳，都是以单一的泳速前进，并显示出一条区带，即均一性，这是蛋白质纯度的一个重要指标。同样，纯的均一蛋白质在离心力影响下，也是以单一的沉降速度运动的，在离心管中必呈现明显的分界线。

利用蛋白质的特殊生物学功能（酶的活性）进行纯度鉴定是有效的方法，其灵敏度多超过许多物理方法。其他如各种层析方法、免疫技术、分光光度分析、蛋白质化学结构分析等都能用来鉴定蛋白质的纯度。

总之，对蛋白质纯度的鉴定，应当根据实验的要求而定，一般单独用一种方法、一个条件来鉴定是不够的。蛋白质种类很多，其中有些性质相似，以致在同一条件下，两个蛋白质不能完全分开。在实际工作中最好选用两种以上的方法来鉴定。如果只有一种方法时，那就选用两种以上的条件。一般对某蛋白质的纯度要求越高，则检验纯度的方法应当越多、越可靠。

2.5.3　蛋白质相对分子质量的测定

测定蛋白质的相对分子质量有许多不同的方法，这里仅介绍几种常见的方法。

2.5.3.1　凝胶过滤法

凝胶过滤法分离蛋白质的原理是根据相对分子质量大小。由于不同排阻范围的葡聚糖凝胶有一特定的蛋白质相对分子质量范围，在此范围内，相对分子质量的对数和洗脱体积之间呈线性关系。因此，用几种已知相对分子质量的蛋白质为标准，进行色谱分析，以每种蛋白质的洗脱体积对它们的相对分子质量的对数作图，绘制出标准曲线（图2-19）。未知蛋白质在同样的条件下做色谱分析，根据其所用的洗脱体积，从标准曲线上可求出此未知蛋白质对应的相对分子质量来。

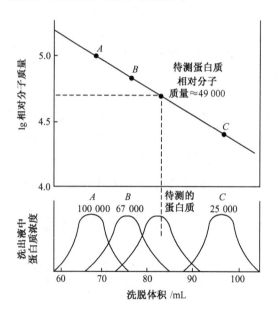

图2-19　洗脱体积与相对分子质量的关系

2.5.3.2　SDS–聚丙烯酰胺凝胶电泳法

蛋白质在聚丙烯酰胺凝胶中的泳动速度，决定于蛋白质分子的大小、形状和电荷数量。如果在聚丙烯酰胺凝胶电泳体系中加入一定量的 SDS，则蛋白质分子在电场中的迁移速度只决定于它的相对分子质量大小。对蛋白质做 SDS-聚丙烯酰胺凝胶电泳时，用一种染料（如溴酚蓝）作前沿物质。蛋白质分子的移动距离与前沿物质移动距离的比值，称为相对迁移率。相对迁移率与蛋白质相对分子质量的对数呈直线关系。用几种标准蛋白质相对分子质量的对数对相应的相对迁移率作图，得到标准曲线。根据测得的样品的相对迁移率，从标准曲线上可以查出样品的相对分子质量。

$$相对迁移率 = \frac{样品迁移距离}{指示染料（溴酚蓝）迁移距离}$$

2.5.3.3 沉降速度法

这一测定方法的理论依据是 Svedberg 方程。当某一单一组分物质在离心力的作用下沉降时，可以监测这组物质移动界面的移动动态，也就是说可以测量出这组物质移动界面的沉降速度。一种蛋白质分子在单位离心力场里的沉降速度为恒定值，被称为沉降系数（Svedberg）S。已测得许多蛋白质的 S 值为 $1 \times 10^{-13} \sim 200 \times 10^{-13}$ S。因此，采用 1×10^{-13} S 作为沉降系数的一个单位，用 S 表示。用超速离心法测得某种蛋白质的沉降系数之后，则可按照一定的公式，计算出该蛋白质的相对分子质量。

2.5.3.4 蛋白质最低相对分子质量的计算

如果蛋白质分子中所含的某一元素的质量分数已知，可根据下式计算其最低相对分子质量。

$$蛋白质最低相对分子质量 = \frac{元素的相对原子质量}{元素的质量分数} \times 100\%$$

3　酶

本章提要　酶是具有催化活性的蛋白质。酶除具有一般催化剂的特性外，还具有高特异性、高效性和酶活性可调节等特点。酶结合底物并催化其反应的部位叫做酶的活性部位。酶活性是酶催化反应的能力，酶活力以国际单位（IU）和"katal"单位表示。针对酶作用专一性原理 Koshland 提出了"诱导契合"假说。根据过渡态理论，酶的高效性是"酶-底物复合物"过渡态形式降低了反应活化能，酶催化高效性的贡献因子包括邻近效应和定向效应、酶和底物分子中的敏感键发生形变、共价催化、酸碱催化、静电效应和熵因子。酶促反应动力学是酶活性调节的主要方式之一，米氏方程是酶动力学的基本公式。酶原激活、多酶体系、调节酶都是酶活性调节的方式。抗体酶是一种具有催化功能的抗体。Ribozyme 是具有催化活性的 RNA。

生命活动的特征之一是新陈代谢，酶（enzyme）是新陈代谢中物质合成和分解反应的生物催化剂，它参与生命活动的全过程，在生命过程中发挥保卫作用，能清除有害物质，参与信号转导、调节生理过程等。因此，它是生物体内最重要的生物大分子之一。

酶的发现和提出始于 19 世纪。1833 年，Payen 发现从麦芽水提物中得到的一种热不稳定物质可以引起淀粉水解。1878 年 Kühne 首先提出"酶"（enzyme）的概念，Liebig 等人认为，发酵不一定需要活细胞，它是由其中某些物质——酶所引起的。1897 年 Büchner 兄弟用不含细胞的酵母汁成功地实现了发酵，证明发酵与细胞活动无关。此后，酶学迅速发展。1913 年 Michaelis 和 Menten 提出了酶促动力学原理和公式。1926 年 Sumner 首先从刀豆中提出脲酶（urease）结晶，第一次证明酶是有催化活性的蛋白质。Fischer 和 Koshland 等人的酶作用专一性学说，Jacob、Lwoff、Monod 关于酶合成调节的操纵子学说，Temin 和 Baltimore 逆转录酶的发现，酶结构与功能的关系以及酶活性的调节机理等许多问题得到了深入的研究与探讨。1982 年美国科学家 T. Cech 在对四膜虫的研究中又发现了 rRNA 的催化作用，打破了多年来人们认为生物催化剂的化学本质都是蛋白质的思想。酶这种生物催化剂也越来越受到人们的重视。目前已发现的酶达 4000 多种，酶已被广泛地应用于工农业生产及医药卫生领域中。

3.1　酶是催化剂

3.1.1　酶的化学本质

在 T. Cech 发现 rRNA 有催化活性以前，已发现的数千种酶几乎无一例外都是蛋白质，它们由氨基酸组成，相对分子质量大，具有高级空间结构和一般蛋白质的理化性质，能受多种理化因素作用而发生变性以致失活等。因此，酶被认为是具有催化作用的蛋白质。

近年来，随着人们对 RNA 转录后加工作用研究的深入，RNA 催化作用被发现。尽管目前已知的 RNA 催化剂数量极少，但它已打破了催化剂是蛋白质的垄断局面，催化剂不再只是蛋白质，还有核酸。

3.1.2 酶 的 组 成

对绝大多数酶而言，根据组成可将它们分为两大类：

1）单纯蛋白质酶 又称单成分酶。该酶水解产物只有氨基酸，酶活性仅决定于它的蛋白质空间结构，如脲酶、核糖核酸酶、胰凝乳蛋白酶等。

2）结合蛋白质酶 又称双成分酶。整个酶分子称为全酶（holoenzyme），除含酶蛋白（apoenzyme）外，还含有被称为辅助因子（cofactor）的非蛋白成分。即全酶＝酶蛋白＋辅助因子。辅助因子是酶表现催化活性所必需的，它在催化反应中对电子、原子和某些化学基团起传递作用，而酶蛋白则决定酶反应的专一性。只有酶以全酶形式存在时，它的活性才能充分表现出来，其成分缺一不可。

辅助因子主要有金属离子（Fe^{2+}、Zn^{2+}、Mg^{2+}、Cu^{2+}、Mn^{2+} 等）、金属有机化合物（如铁卟啉）和有机小分子化合物（如维生素 B 族衍生物等）。与酶蛋白结合松弛的辅助因子又称为辅酶（coenzyme），可通过透析或其他方法除去；以共价键与酶蛋白牢固结合的辅助因子又称为辅基（prosthetic group），不能用透析方法除去。

3.1.3 酶是生物催化剂

生物体内的新陈代谢是由一系列性质各异的化学反应完成的。这些化学反应在体外常常需要高温、高压或强酸、强碱条件下才能进行，有些甚至不能进行。而在活细胞的温和环境中却能高速而有序地完成，其根本原因在于生物体内存在生物催化剂——酶。

酶具有一般催化剂的特点：

a. 它是能改变化学反应速率的一种物质，而不是反应物或产物。

b. 它只能催化热力学上允许进行的化学反应（$\Delta G < 0$）。

c. 它能降低反应活化能（activation energy），加速化学反应的进程，缩短达到平衡所需时间，但不改变化学反应平衡点。

d. 它在反应后几乎不发生改变，大部分酶可恢复到它的初始状态，但也有的酶催化反应后，采用有毒的天然底物（substrate）类似物"自杀"。

酶的化学本质是生物大分子，因此它作为生物催化剂又有其特殊性，一方面它具有生物大分子的特征和特性，如不稳定性，易受外界条件的影响，它的催化活性与它的空间构象密切相关，凡是破坏酶分子空间构象稳定的因素如强酸、强碱、高温、X 射线、重金属等，都会影响酶催化活性，甚至使酶变性失活，所以酶促反应一般都要求条件温和，如常温、常压和接近中性溶液的环境，以避免失活；另一方面它又表现出催化反应的特异性。酶通常对其作用的反应物质（即底物）具有严格的选择性和不同寻常的高效性，酶催化的反应速度比非催化反应高 $10^8 \sim 10^{20}$ 倍，比其他催化反应高 $10^7 \sim 10^{12}$ 倍。酶活性可调节，其催化活性在细胞内受到严格的调节控制，使得酶催化反应在细胞内能有条不紊地进行。

3.2 酶的特异性

3.2.1 酶的活性部位

酶的催化作用包括三个基本步骤：首先底物与酶结合，然后酶催化底物发生化学反应，最后反应产物从酶上释放出来。

酶上结合底物并催化其反应的部位叫做酶的活性部位（active site）或活性中心（active center）。对于单成分酶，活性部位就是酶分子在三维结构上比较靠近的少数几个氨基酸残基或是这些残基上某些基团，它们在一级结构上可能相距很远，位于不同的多肽链上，但通过肽链的盘绕、折叠而在空间构象上相互靠近，形成一定的立体空间结构；对于双成分酶来说，除具上述特点外，辅助因子或它们分子上的某一部分结构，往往也是活性部位的组成部分。一般认为，酶的活性部位有两个功能部位：一是结合底物并决定酶的特异性的结合部位（binding site）；二是催化底物发生化学反应，使底物的敏感键断裂或形成新键，决定酶的催化能力的催化部位（catalytic site）。

酶活性部位的形成要求酶蛋白分子具有一定的空间构象，只有活性部位的功能基团处于适当的空间位置，酶才具有活性。因此，酶分子活性部位以外的部位虽然对酶的催化作用是次要的，但对于稳定活性部位的构象却十分重要。表 3-1 列出了某些酶活性部位的氨基酸残基。

表 3-1 某些酶的活性部位催化基团氨基酸残基

酶	氨基酸残基数	活性部位催化基团
牛胰核糖核酸酶 A	124	His12，His119，Lys41
溶菌酶	129	Asp52，Glu35
牛胰凝乳蛋白酶	245	His57，Asp102，Ser195
牛胰蛋白酶	238	His46，Asp90，Ser183
木瓜蛋白酶	212	Cys25，His159
胃蛋白酶	348	Asp32，Asp215
弹性蛋白酶	240	His45，Asp93，Ser188
枯草杆菌蛋白酶	275	His64，Ser221
羧肽酶 A	307	His69，Glu72，His196

3.2.2 酶作用专一性

酶作用专一性（specificity）又称特异性，是指酶具有高度的底物专一性和反应专一性，它是酶的重要特性之一，不同的酶在专一性上表现出很大的差异。酶的专一性取决于酶活性部位中各原子的精确有序排列。

3.2.2.1 酶作用专一性类型

（1）结构专一性

酶对底物分子化学结构的特殊要求和选择即为酶的结构专一性（structure specificity）。根据酶对底物的化学键及其两侧基团选择程度不同可分为三类。

1）绝对专一性（absolute specificity）　这类酶对底物的化学键及键两侧的基团都有要求，只作用于一种底物，而不作用任何其他物质。例如，脲酶只能催化尿素水解，而对尿素的各种衍生物（如尿素的甲基取代物或氯取代物）都不起作用。

2）键专一性（bond specificity）　酶只要求作用于一定的化学键，对键两端的基团无严格要求，具有这种专一性的酶对底物结构要求最低。例如，酯酶可以催化含有酯键化合物的水解，只是对各种化合物的酯键水解的速度不同。

3）基团专一性（group specificity）　又称"族专一性"，是指酶除要求作用于一定的键以外，对键两端的基团中的一个基团要求严格，对另一个则要求不严格。例如，α - D -葡萄糖苷酶不但要求 α 糖苷键，并且要求 α 糖苷键的一端必须有葡萄糖残基，而对键另一端的 R 基团则要求不严格。

具有键专一性和基团专一性的酶对底物化学结构的要求比绝对专一性略低一些，所以又被称为"相对专一性"（relative specificity）。

（2）立体异构专一性

有些酶不仅对底物化学结构有要求，而且对底物分子的立体构型也有一定要求，这叫立体构型专一性（stereo chemical specificity）。

1）光学专一性（optical specificity）　又称旋光异构专一性，当底物具有旋光异构体时，酶只作用于其中一种。这是酶反应中相当普遍的现象。例如，L -氨基酸氧化酶只能催化 L -氨基酸氧化，而对 D -氨基酸无作用。

2）几何异构专一性（geometrical specificity）　酶对底物的几何构型有严格的要求，如有些含双键的化合物有顺式和反式两种异构体，酶只作用其中的一种。例如，延胡索酸酶只催化反丁烯二酸加水生成苹果酸，而对顺丁烯二酸则无作用。

3.2.2.2 酶作用专一性假说

早期，Fischer 曾用"锁钥学说"（lock and key ）或"模板学说"（template theory）来解释酶作用的专一性。这种学说认为，底物分子或底物分子的一部分像钥匙那样，专一地插入到酶的活性部位，使底物分子进行化学反应的部位与酶分子上有催化功能的必需基团之间，在结构上具有紧密的互补关系（图3-1）。"锁钥学说"的缺陷在于，认为酶作用过程中酶分子结构是固定不变的，如果酶分子构象发生微小变化就破坏了酶与底物的锁钥关系。这一学说不能解释酶专一性中的所有现象，例如结构专一性等。

1958 年 Koshland 提出了"诱导契合"（induced fit）假说，认为酶的活性部位的构象不是刚性结构，当酶分子与底物分子接近时，酶分子受底物分子诱导，其构象发生有

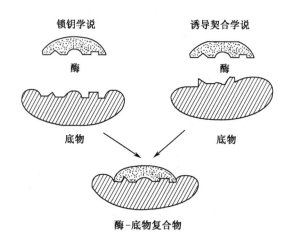

图 3-1　酶与底物结合的示意图

利于与底物结合的变化，使活性部位形成或暴露出来，酶与底物在此基础上互补结合，同时使起催化作用的基团或原子处于有利敏感键发生反应的最佳位置（图 3-1）。近年来，X 射线衍射分析的实验结果支持这一假说，证明了酶与底物结合时确有明显的构象变化。这一假说比较广泛地解释了酶专一性现象。

对于酶与底物相互作用的立体特异性需要用"多点亲和理论"解释。通常情况下，当有不对称活性部位的酶与缺少手性碳原子的有机化合物作用时，这种化合物有潜在的不对称反应能力。我们称这种有机化合物为"原手性化合物"，具有不对称反应能力的碳原子称为"原手性碳原子"。一个原手性碳原子是指这个碳原子上具有两个完全相同的取代基和两个不同的取代基，在手性中心信息方面，两个相同取代基团具有不相等的反应潜力。

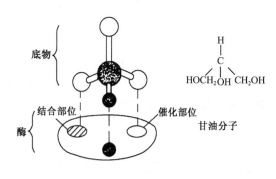

图 3-2　甘油激酶与甘油分子的三点附着示意图

在一个含有原手性碳原子的有机化学反应中，两个相同基团的反应过程各占 50%，产生的两种产物的量是相等的，除非有其他因素作用而不同。然而一个酶通常只与两个相同基团的一个反应，因此只会出现一种产物，早在 1948 年 Ogston 在研究柠檬酸在三羧酸循环中的转化时就已发现这个现象。Ogston 发现从柠檬酸只能形成两个可能的手性产物中的一个，因而提出酶的活性部位是不对称的，它含有一个最小的三位点，柠檬酸分子必须以一种特殊方式与之结合（图 3-2）。

酶和底物分子接触时至少需要三个位点，原手性碳原子的两个相同基团在空间上才能被固定，占据不相同的位置，一个基团是处于正确位置发生酶催化反应，另一个基团是处于不正确位置不发生反应。

3.2.3 酶的命名与分类

国际酶学委员会于1961提出了一个新的命名系统和分类原则。

按照国际系统命名法原则，每一种酶有习惯名称（recommended name）和一个系统名称（systematic name）。习惯名称简单，便于使用，系统名称则明确标明酶的底物及催化反应的类型，若酶反应中有两种底物，则这两种底物均需表明，用"："号将二者分开。例如，乙醇脱氢酶（习惯名称）写成系统名称时应写乙醇：NAD^+氧化还原酶。若底物之一是水时，可将水略去不写。

按照国际系统分类法分类原则，所有酶促反应按反应性质可分为六大类，分别用1，2，3，4，5，6的编号表示，根据底物中被作用的基团或键的特点，将每一大类又分为若干个亚类，按顺序编成1，2，3…数字，为了更精确地表示底物的性质，每一个亚类又可分为若干亚一亚类，仍用1，2，3…编号，最后该酶在此亚一亚类中的顺序号，仍用数字1，2，3…表示。因此，每一个酶的分类编号用4个数字组成，数字间用"."隔开，编号之前所冠"EC"为酶学委员会（Enzyme Commision）的缩写。现将酶的六大分类简略介绍如下。

（1）氧化还原酶类

氧化还原酶类（oxido-reductase）催化氧化还原反应（$A \cdot 2H + B \Longrightarrow A + B \cdot 2H$），这类酶包括脱氢酶、氧化酶、过氧化物酶、羟化酶及加氧酶等。例如，乳酸：NAD^+氧化还原酶（EC1.1.1.27），习惯名称乳酸脱氢酶，催化反应如下：

$$乳酸 + NAD^+ \Longrightarrow 丙酮酸 + NADH + H^+$$

（2）转移酶类

转移酶类（transferase）催化功能基团在分子间的转移反应（$AB + C \Longrightarrow A + BC$），包括转甲基酶、转氨酶等。例如，丙氨酸：$\alpha$-酮戊二酸氨基转移酶（EC2.6.1.2），习惯名称谷丙转氨酶。催化反应如下：

$$丙氨酸 + \alpha\text{-}酮戊二酸 \Longrightarrow 丙酮酸 + 谷氨酸$$

（3）水解酶类

水解酶类（hydrolase）催化水解反应（$AB + H_2O \Longrightarrow AOH + BH$），这类酶包括淀粉酶、核酸酶、蛋白酶及酯酶等。例如，亮氨酸氨基肽水解酶（EC3.4.1.1），习惯名称氨肽酶。催化反应如下：

$$亮氨酰\text{-}丙氨酰\text{-}肽 + H_2O \Longrightarrow 亮氨酸 + 丙氨酰\text{-}肽$$

（4）裂合酶类

裂合酶类（lyase）又称裂解酶类或解（合）酶。催化从底物上移去一个基团而形成双键的反应或其逆反应（$AB \Longrightarrow A + B$），包括醛缩酶、水化酶及脱氨酶等。例如，草酰乙酸转乙酰酶（EC4.1.3.8），习惯名称柠檬酸合酶。催化反应如下：

$$草酰乙酸 + 乙酰 CoA \Longrightarrow 柠檬酸 + H_2O + CoA$$

（5）异构酶类

异构酶类（isomerase）催化各种同分异构体的相互转变（A ⟶ B），包括顺反异构酶、消旋酶、差向异构酶、变位酶等。例如，葡萄糖-6-磷酸：己酮糖-6-磷酸异构酶（EC5.3.1.9），习惯名称己糖磷酸异构酶。催化反应如下：

葡萄糖-6-磷酸 ⟶ 果糖-6-磷酸

（6）合成酶类

合成酶类（ligase）又称连接酶。催化一切必须与 ATP（或相应的核苷三磷酸）分解相偶联、由小分子合成一种较大分子的反应（A + B + ATP ⟶ AB + ADP + Pi 或 A + B + ATP ⟶ AB + AMP + PPi）。这类酶包括羧化酶、CTP 合成酶、酪氨酸合成酶、谷氨酰胺合成酶等。例如，L-谷氨酸：氨连接酶（EC6.3.1.2），习惯名称谷氨酰胺合成酶。催化反应如下：

L-谷氨酸 + ATP + NH$_3$ ⟶ L-谷氨酰胺 + ADP + Pi

一切新发现的酶，都应按国际系统命名及分类法原则命名、分类及编号。酶的编号、系统名称、习惯名称、酶的来源、酶的性质等有关内容，可通过查阅《酶学手册》（*Enzyme Handbook*）或某些专著获得。

3.3 酶的高效性

3.3.1 酶催化高效性与反应活化能

根据过渡态理论（transition-state theory），在一个化学反应体系中，处于常态的反应物分子必须获得能量，使其成为具有高能状态的活化分子或过渡态分子，才能产生有效碰撞，发生化学反应，形成产物。分子由常态转变为活化态所需的能量称为活化能（E）。活化能是指在一定温度下，1mol 反应物全部进入活化态所需的自由能（G），单位是 kJ·mol^{-1}。通常可用加热或光照等方法使一部分反应物分子获得所需的活化能而成为活化分子。反应体系中活化分子数愈多，反应速度愈快。在酶参与的催化反应中，由于酶分子能与反应物分子结合形成短暂的"酶-底物复合物"过渡态形式，从而降低了反应活化能（图3-3）。这样，只需很少的能量就能使大量反应物进入"活化态"。所

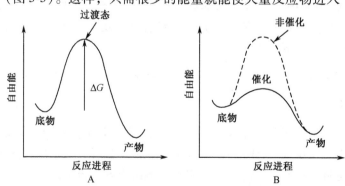

图3-3 简单催化反应与非催化反应的能量分布

以与非催化反应相比，在酶催化反应中，较低能量水平就可进行化学反应，从而加快了反应速度，如 H_2O_2 的分解反应（见表 3-2）。

表 3-2　H_2O_2 分解反应的活化能

催化方式	速率/（mol·L^{-1}·s^{-1}）	活化能/（kJ·mol^{-1}）
无催化剂	108	71.1
HBr	104	50.2
Fe^{2+}/Fe^{3+}	103	41.8
$Fe(OH)_2$三亚乙基四胺	103	29.3
酶催化	107	8.4

3.3.2　酶催化高效性的贡献因子

3.3.2.1　邻近效应和定向效应

由于酶和底物分子之间的亲和性，底物分子有向酶的活性部位靠近的趋势，同时也使底物分子间的反应基团相互靠近，从而降低了进入过渡态所需的活化能，这种邻近效应（proximity effect）也增加了活性部位区域的底物浓度。由于化学反应速度与反应物浓度成正比，在这种局部高浓度下，反应速度将会大幅度提高。

专一性底物向酶分子活性部位靠近时，会诱导酶分子构象发生改变，使酶活性部位的有关基团与底物的反应基团正确定向排列，同时使反应基团之间分子轨道以正确方位相互交叠，使反应易于进行，即定向效应（orientation effect）。可见，酶通过"邻近"效应和"定向"效应使分子间的反应变成类似分子内的反应，反应速度提高是必然的。而在游离的反应体系中做到"底物锚定"（substrate anchoring）非常难，见图 3-4。

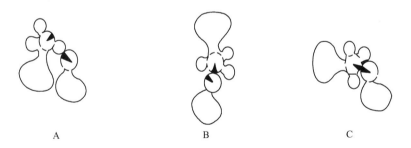

A　　　　　　　　　　B　　　　　　　　　　C

图 3-4　轨道定向（orbital-steering）假说示意图

A. 反应物的反应基团和催化剂的催化基团既不靠近，也不彼此定向；B. 两个基团靠
近，但不定向，还不利于反应；C. 两个基团既靠近，又定向，大大有利于底物的形
成转变态，加速反应

3.3.2.2　酶使底物分子中的敏感键发生变形

根据 Koshland 的"诱导契合"学说，当酶遇到底物时，底物可诱导酶发生空间构

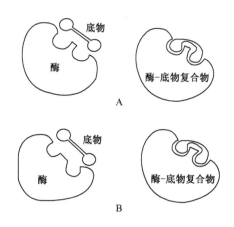

图 3-5 底物与酶结合时的构象变化
A. 底物分子发生变形；B. 底物与酶均发生变形

象的变化，有利于催化作用。事实上，不仅酶构象受底物作用而变化，底物分子也常常受酶作用而变化，酶中的某些基团或离子，可使底物分子内敏感键中的某些基团的电子云密度增高或降低，使某些键的键能减弱，产生键的扭曲，甚至使底物分子发生变形（strain and distortion）（图 3-5）。酶分子的构象变化与底物分子发生变形，使酶与底物更容易形成过渡态，降低反应活化能，加快反应速度。

3.3.2.3 共价催化

某些酶与底物结合形成一个反应活性很高的共价中间产物，这个中间产物很易变成过渡态，因而反应活化能大大降低，底物可以越过较低的"能阈"而形成产物。按照酶对底物攻击使用的基团种类不同，共价催化（covalent catalysis）可分为亲核催化与亲电催化两类。但酶促反应中常发生的是亲核催化。

（1）亲核催化

亲核催化是由酶分子中具有非共用电子对的基团或原子，攻击底物分子中缺少电子而具有部分正电性的原子，并利用非共用电子对形成共价键，从而产生不稳定的过渡态中间物，以提高反应速度。酶分子中具有催化功能的亲核基团主要是：组氨酸的咪唑基、丝氨酸的羟基、半胱氨酸的巯基。此外，许多辅助因子也具有亲核中心。以咪唑基为例，咪唑基催化对硝基苯乙酸酯的水解反应时，首先咪唑基攻击底物分子中的羰基碳原子，形成共价键，产生不稳定的乙酰咪唑中间物，同时转换出一个对硝基苯，第二步是中间物迅速水解，产生乙酸，并使催化剂（咪唑基）再生，反应过程如图 3-6 所示。

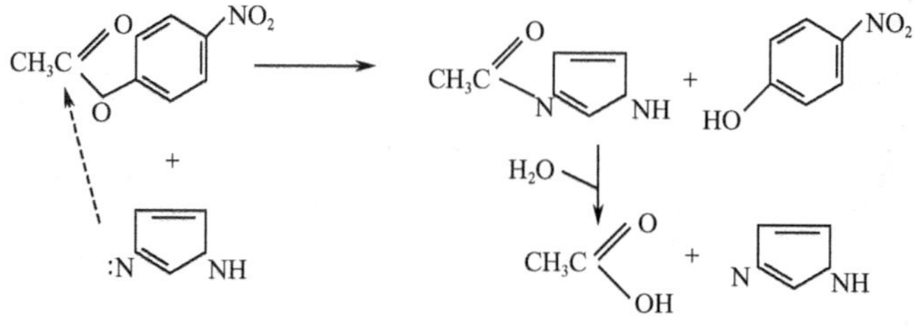

图 3-6 咪唑基的亲核催化

（2）亲电催化

亲电催化是由酶分子上的亲电基团攻击底物分子中的富含电子的原子，形成过渡态中间化合物。通常酶分子上的亲电基团是辅助因子中的金属离子（如 Fe^{3+}、Mg^{2+}、Mn^{2+}）、磷酸吡哆醛等，此种催化方式在酶促反应中并不多见。

3.3.2.4 酸碱催化

酸碱催化剂是有机反应中最普遍、最有效的催化剂之一，酸碱催化（acid-base catalysis）作用在酶催化反应中也普遍存在。由于细胞内酶促反应大多数是在接近中性的环境下进行的，因而狭义的酸碱催化剂 H^+ 和 OH^-，在酶促反应中的重要性比较有限。按照 Bronsted 理论，凡是能释放质子的都是酸，凡是能接受质子的都是碱，因此，酶分子中可以起广义酸碱催化的基团有羧基、氨基、巯基、酚（羟）基及咪唑基等，见表 3-3。

酸碱催化的反应速度受两种因素的影响：第一是酸碱的强度，即反应解离常数（pK 值）。最活泼的广义酸碱催化剂是组氨酸的咪唑基，它的 pK 值约为 6.0，这使它在接近生物体液的 pH 值下，既能作为质子供体，又能作为质子受体。第二是酸或碱提供或接受质子的速度，在此又是咪唑基具有特别高的效率，因为它供出或接受质子的速度十分迅速。由于咪唑基既能作为共价催化的功能基团，又能作为酸碱催化的功能基团，因此在许多酶活性部位中都有组氨酸残基。

表 3-3 酶分子中广义酸碱的功能基团

氨基酸残基	广义酸基团（质子供体）	广义碱基团（质子受体）
Glu，Asp	—COOH	—COO⁻
Lys，Arg	—NH₃⁺	—NH₂
Tyr	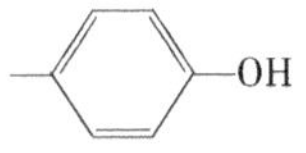 ⬡—OH	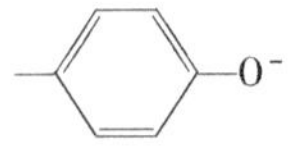 ⬡—O⁻
Cys	—SH	—S⁻
His	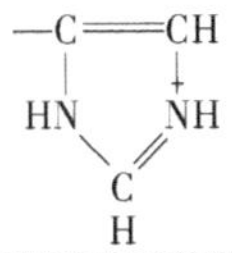 (咪唑环 HN、NH)	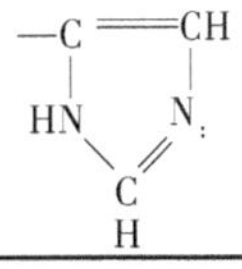 (咪唑环 HN、N)

3.3.2.5 静电效应

已知某些化学反应在低介电常数介质中的反应速度比在水中的反应速度快得多，这可能是由于在低介电环境中有利于电荷之间的相互作用，而极性的水对电荷往往有屏蔽作用。用 X 射线衍射法测定酶活性部位的资料表明，很多酶的活性部位位于酶分子的穴内，而穴内大多数氨基酸侧链基团呈非极性，构成了一个疏水的微环境，或是一个低介电常数区，使酶与底物带电基团之间的静电作用比在极性环境中明显提高，这种低介电常数区的非极性环境突出并稳定了酶活性部位起催化作用的极性基团，也稳定酶与底物过渡态，对于酶促反应的进行相当有利。

3.3.2.6 熵因子

生物化学家认为，酶催化作用的最重要因素之一是熵，在溶液中被催化的反应速度缓慢是因为把催化剂和底物聚在一起意味着熵的降低。各种酶反应发生在酶-底物复合物的某一区域，反应物与产物都束缚在酶分子活性部位上，因此酶反应所需的熵降低要比在溶液中进行反应所需的熵降低小得多。

以上这些因素都能使酶具有很高催化效率，但不同的酶还有其自身的特点，可能分别受一种或几种因素的影响，起作用的因素各不相同。

3.3.3　胰凝乳蛋白酶催化机理

胰凝乳蛋白酶是丝氨酸蛋白酶家族中的成员之一，它是研究得最早最彻底的一个酶，它与胰蛋白酶和弹性蛋白酶有着相似的结构和作用机理，但专一性不同。它在动物肠中催化蛋白质水解，裂解由芳香族氨基酸羧基端形成的肽键，分子质量为 2.5kDa，X 射线研究表明，它是一个紧密的椭圆形球体，大小为 4.5nm×3.4nm×3.8nm，结构中有部分反平行 β 折叠，很少 α 螺旋（图3-7）。

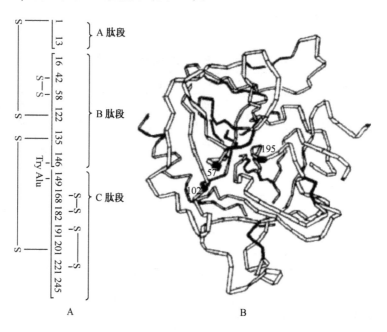

图 3-7　胰凝乳蛋白酶一级结构与三维结构示意图

A. 一级结构；B. 三维结构

3.3.3.1　酶活性部位的必需氨基酸

化学修饰法研究结果表明，该酶活性部位由 Ser195、His57 以及 Asp102 三个直接影响酶活性的必需氨基酸组成。X 射线晶体学研究显示，三个氨基酸残基在三维结构中相距很近，位于酶的"疏水口袋"中，并构成一个催化三联体，它们通过催化三联体使 Ser195 侧链基团的羟基离子化，使羟基上的氧原子成为很强的亲核基团，His57 位于 Asp102 和 Ser195 之间。

胰凝乳蛋白酶的"疏水口袋"结构有利于结合苯丙氨酸残基、色氨酸残基和酪氨酸残基的疏水侧链基团，并使底物分子结合在酶的正确位点上。

3.3.3.2　酶作用机理

胰凝乳蛋白酶水解肽键的过程经过两步置换反应：首先酶活性部位的 Ser195 羟基的氧原子处于强烈的亲核状态，对底物上的羧基碳进行亲核进攻，结果形成一个为时短暂的包括 Ser195 的羟基、底物酰基部分、底物氨基部分及 His57 咪唑基的四联体过渡态。酶-底物过渡态很快分解，C—N 共价键断裂，产生亲核置换的酰基-酶中间产物（酯化的 Ser195）及第一个产物——胺；第二步，水分子进入酶活性部位，His57 咪唑基对水分子中质子的吸引，使水分子中的羟基便于攻击酶与底物的酰基碳形成第二个四联体过渡态，进而发生酶的脱酰基作用，生成第二个产物——酸。最后 His57 咪唑基提供一个质子到 Ser195 的氧原子上，于是酶又恢复自由状态，再去进行下一轮催化（图 3-8）。

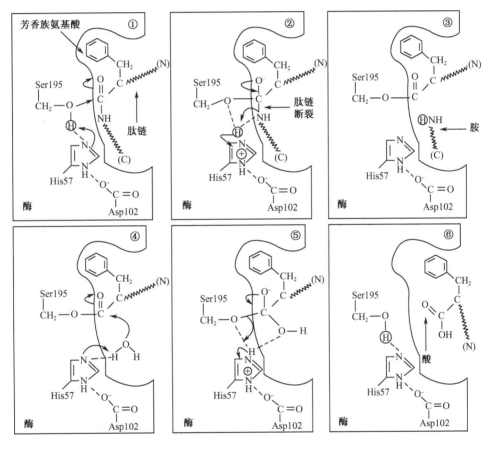

图 3-8　胰凝乳蛋白酶水解肽键的过程

在这个酶催化反应中，His57 的咪唑基起着广义酸碱催化剂作用。咪唑环中的两上氮原子可同时一个作为碱接受质子，另一个作为酸给出质子，通过电荷的转递、质子的转移加速反应进行，其反应速度约为非催化水解反应的 1000 倍。

3.4 酶活性调节——酶促反应动力学

酶促反应动力学 (kinetics of enzyme-catalyzed reaction) 研究酶促反应各步骤的反应速率以及底物浓度、产物浓度、温度、pH 值、抑制剂、激活剂等各种因素对反应速率的影响，从理论上阐明酶促反应的机制，在实际应用中加强对酶促反应的控制。因此，酶促反应动力学是酶活性调节的主要方式之一。而酶促反应进行的方向、可能性及限度则属于热力学的研究范畴。

3.4.1 有关动力学一般问题

3.4.1.1 反应速率及反应特征

反应速率是以单位时间内反应物或生成物浓度的改变来表示。

$$v = -\frac{dc}{dt} \quad 或 \quad v = +\frac{dc}{dt}$$

对于单分子反应，其速率方程是

$$v = -\frac{dc}{dt} = kc$$

式中，c 代表反应物的浓度 ($mol \cdot L^{-1}$)；k 是反应速率常数 (rate constant)，比值大小可以作为反应速率大小的衡量。

双分子反应的速率方程是

$$v = -\frac{dc}{dt} = kc_1c_2$$

一个化学反应的速率服从哪种分子反应速率方程，这个反应即为几级反应。反应级数 (reaction order) 与反应分子数并不完全一致，它是实验测得的。

凡是反应速率只与反应物的浓度一次方成正比的反应，就称为一级反应；凡是反应速率与反应物浓度二次方 (或两种物质浓度的乘积) 成正比的反应，就称为二级反应；若反应速率与反应物浓度无关，则该反应为零级反应。

3.4.1.2 稳态

所谓稳态 (steady state) 是指在一反应系列中，中间的某种组分被合成的速度与被分解的速度相等，则这种组分所处的反应状态即为稳态。

在生物化学的酶促反应中，酶催化的反应常常是代谢途径的系列反应，各反应物和产物之间彼此相互关联，一个反应的产物同时又是另一个反应的底物。此外，一个反应达到它的真实化学反应平衡点是非常困难的。所以酶促反应动力学研究中，更多地应用稳态理论而不是平衡态理论。

3.4.2 底物浓度对酶促反应速度的影响——米氏方程

3.4.2.1 中间复合物学说

研究底物浓度对酶促反应速度的影响时发现，在一定的 pH 值、温度及酶浓度条件下，底物浓度的变化对酶促反应速度的影响呈双曲线关系（图3-9）。当底物浓度较低时，反应速度与底物浓度的关系呈正比，表现为一级反应；随着底物浓度的增加，反应速度不再按比例升高，表现为混合级反应；如果再继续加大底物浓度，反应速度趋于极限，表现为零级反应。

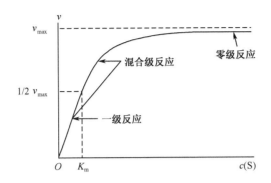

图 3-9　底物浓度与酶促反应速度之间的关系

c（S）底物浓度；v 反应速度；v_{max} 最大反应速度；K_m 米氏常数

对于底物浓度与酶促反应速度之间的关系，曾提出各种假说加以解释。目前普遍认为，可以利用"中间复合物"学说予以阐明。该学说认为，当酶催化某一反应时，酶（E）首先和底物（S）结合生成"中间复合物"（ES），即酶-底物复合物（enzyme-substrate complexes），这一过渡态物质再进一步分解，生成产物（P），并释放出酶（E）：

$$E + S \Longrightarrow ES \rightarrow P + E$$

根据"中间复合物"学说推论，在酶浓度恒定的条件下，底物浓度较低时，只有一部分酶与底物形成中间络合物 ES；底物浓度增加，单位时间内生成 ES 量也增加，反应速度取决于 ES 浓度，故反应速度也随之升高。但当底物浓度很高时，酶已全部与底物形成 ES，即使再增加底物浓度，反应速度也不会再升高而趋向于一个极限。因此，c（S）对 v 作图呈双曲线。

关于酶与底物形成"中间复合物"学说，已有直接实验证明。如过氧化氢酶、过氧化物酶都是含有铁卟啉的酶，各自都有特殊吸收光谱；当它们与底物结合成络合物时可测得与之不同波长的吸收光谱，当络合物分解时，又恢复原来的吸收光谱。由此说明，有中间复合物存在。

3.4.2.2　米氏方程推导

Michaelis 和 Menten 根据平衡态理论，总结前人的工作并做了大量的研究，于1913年提出了酶促动力学原理，将其归纳为一个数学公式即米氏方程。

$$v = \frac{v_{max} \times c\ (S)}{K_m + c\ (S)}$$

该方程表述了底物浓度与酶促反应速度间的定量关系。此后，Briggs 和 Haldane 对其加以补充和发展，该方程仍被称为米氏方程。但是 Briggs 和 Haldane 将方程的推导用稳态理论代替了平衡态理论。

Briggs 和 Haldane 米氏方程推导主要基于如下假设：

a. 酶与底物形成复合物（ES），并且 ES 在 S→P 反应中处于稳态。

b. 产物生成的速度与 ES 浓度成正比，即 $v = k_2 c(ES)$。ES 分解为产物的反应是总反应的限速反应。

c. 底物浓度远远大于酶浓度，对于形成 ES 所引起的底物浓度减少可忽略不计。

对一个酶促反应可表示为

$$E + S \underset{k_{-1}}{\overset{k_1}{\rightleftharpoons}} ES \underset{k_{-2}}{\overset{k_2}{\longrightarrow}} E + P$$

k_1，k_{-1}，k_2，k_{-2} 分别代表各反应的速度常数；ES 生成量与 E + S 和 E + P 有关，但 E + P 生成 ES 的速度极小，特别是反应初期更小，可忽略不计。因此，酶与底物结合生成 ES 的速度（v_f）为

$$v_f = k_1 \left[c(E_0) - c(ES) \right] \cdot c(S)$$

其中 $c(E_0)$ 表示总酶浓度，$c(E_0) - c(ES)$ 表示游离状态酶浓度，因为 $c(S) \gg c(ES)$，所以游离状态底物浓度近似用 $c(S)$ 表示。

ES 分解速度（v_d）可表示为

$$v_d = k_{-1} c(ES) + k_2 c(ES)$$

在稳态下，ES 生成速率与 ES 分解速率相等，ES 处于动态平衡时，$v_f = v_d$，即：

$$k_1 \left[c(E_0) - c(ES) \right] \cdot c(S) = (k_{-1} + k_2) \cdot c(ES)$$

将上式展开，整理得

$$c(ES) = \frac{k_1 c(E_0) \cdot c(S)}{k_{-1} + k_2 + k_1 c(S)}$$

用 K_m 表示 k_1、k_2、k_{-1} 三个速率常数的关系：

$$K_m = \frac{k_{-1} + k_2}{k_1}$$

则：

$$c(ES) = \frac{c(E_0) \cdot c(S)}{K_m + c(S)}$$

由于酶促反应速度 v 与 $c(ES)$ 成正比，所以

$$v = k_2 c(ES) = \frac{k_2 c(E_0) \cdot c(S)}{K_m + c(S)}$$

当底物浓度很高时，所有的酶都被底物饱和，形成 ES 复合物，即 $c(E_0) = c(ES)$，此时酶促反应速度达到最大，所以 $v_{max} = k_2 c(E_0)$

即：

$$v = \frac{v_{max} \cdot c(S)}{K_m + c(S)}$$

这就是米氏方程，K_m 称为米氏常数，V_{max} 为最大反应速度。米氏方程表明当已知 K_m 和 v_{max} 时，酶反应速度与底物浓度之间的定量关系。K_m 与 K_s 不同，K_s 为 ES 的解离常数：

$$K_s = \frac{c(S) \cdot c(E)}{c(ES)} = \frac{k_{-1}}{k_1}$$

3.4.2.3 米氏常数的意义

a. 当酶促反应处于 $v = 1/2 v_{max}$ 时，$K_m = c$（S）。由此可见，K_m 的物理意义是当酶反应速度达到最大反应速度一半时的底物浓度，它的单位与底物浓度一样为 $mol \cdot L^{-1}$ 或 $mmol \cdot L^{-1}$。K_m 一般为 $10^{-8} \sim 1.0\ mol \cdot L^{-1}$。

b. K_m 是酶的特征常数之一，它只与酶的性质有关，而与酶浓度无关。K_m 作为常数只是对一定底物、一定 pH 值、一定温度和离子强度条件的反应而言。测定酶的 K_m 值可以作为鉴别酶的一种手段，以区别不同来源或相同来源，生理状况不同而催化相同反应的酶是否属于同一酶。但必须在指定实验条件下测定。

c. K_m 不是酶的平衡常数，即 ES 复合物的解离常数 K_s。当 $k_{-1} >> k_2$ 时，$K_m \approx K_s$。$1/K_m$ 可近似地表示酶对底物亲和力的大小，$1/K_m$ 值愈大，表明酶对底物的亲和力愈大，因为 $1/K_m$ 愈大，K_m 愈小，达到最大反应速度一半所需的底物浓度也就愈小。

d. 如果一种酶有几种底物时，则对每种底物各有一特定 K_m 值，其中 K_m 值最小的底物称为该酶的最适底物或天然底物。最适底物能提供最大的反应速度而具有最小 K_m 值，因此 v_{max}/K_m 最大。

e. 在已知 K_m 值的情况下，应用米氏方程即可计算任何反应速度下的底物浓度，或任意底物浓度时的反应速度。例如，要求反应速度是最大反应速度的 90% 时，按照米氏方程计算，其底物浓度应为

$$90\% v_{max} = \frac{100\% v_{max} c（S）}{K_m + c（S）}$$

$$90\% K_m + 90\% c（S）= 100\% c（S）$$

$$c（S）= 9 K_m$$

如果已知某个酶的 K_m 值，可计算出在某一底物浓度下，其反应速度达到最大反应速度的百分数。例如，当 c（S）$= 3 K_m$ 时

$$v = \frac{v_{max} \times 3 K_m}{K_m + 3 K_m} = \frac{3 v_{max}}{4} = 75\% v_{max}$$

3.4.2.4 米氏常数的求法

从实验数据所得到的 $v \sim c$（S）曲线来直接决定速度的极限值 v_{max} 是很困难的，因此 K_m 值不易准确地由此法求得。为了克服这些困难，得到准确的 K_m 值，把米氏方程的形式加以改进，使它成为 $y = ax + b$ 的直线方程，然后用图解法求出 K_m 值。

双倒数作图（Lineweaver-Burk）法是最常用的方法，将米氏方程改写为

$$\frac{1}{v} = \frac{K_m}{v_{max}} \cdot \frac{1}{c（S）} + \frac{1}{v_{max}}$$

实验时，选择不同的 c（S）测定相对应的 v，求出两者的倒数，以 $1/v$ 对 $1/c$（S）作图，绘出直线，外推至与横轴相交，横轴截距即为 $-1/K_m$。此法方便而应用最广，但测定时需注意所选底物浓度应在 K_m 附近才能获得准确结果。当 c（S）$>> K_m$ 时，直线斜率太小不易外推。当 c（S）$<< K_m$ 时，直线与两轴交接近原点，不易测出 $-1/K_m$ 与 $1/v_{max}$（图 3-10）。一般来说，所选底物浓度还应考虑其倒数值是否为常数增量。

例如，当 $c(S)$ 为 1.0，1.25，1.66，2.5 时，则 $1/c(S)$ 为 0.1，0.8，0.6，0.4；若 $c(S)$ 为 10，8，6，4 时，则 $1/c(S)$ 为 0.1，0.125，0.167，0.25；那么在作图时这些点就会过于集中于 $1/v$ 轴附近，远离 $1/v$ 轴的地方却只有很少点，而恰恰是这些点对于决定所做直线的走向至关重要。

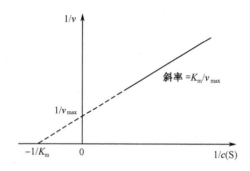

图 3-10　双倒数作图（Lineweaver-Burk）法

3.4.3　酶的抑制作用

凡是可使酶蛋白变性而引起酶活性丧失的作用，称为失活作用（inactivation）。凡是使酶活性下降，但不引起酶蛋白变性的作用称为抑制作用（inhibition）。所以，抑制作用与变性作用不同。能对酶活性起抑制作用的物质称为酶的抑制剂（inhibitor）。研究抑制剂对酶的作用十分重要，它有助于阐明酶活性部位功能基团及维持酶分子构象基团的性质、酶的底物专一性作用等。并且它还是毒理学、药理学、农业上杀虫剂等作用机理的理论基础。

抑制剂对酶活性的抑制作用包括不可逆抑制作用和可逆抑制作用两类。

3.4.3.1　不可逆抑制作用

不可逆抑制作用（irreversible inhibition）的抑制剂通常是以共价键与酶活性部位上的某些必需基团结合使酶失活，不能用透析、超滤等方法予以除掉，只有通过化学反应才能将抑制剂从酶分子上移去而使酶恢复活性，或恢复部分活性，也可能完全丧失活性。

不可逆抑制剂主要有：烷化剂类，如正碘乙酸，碘代乙酰胺（IAA）等，它们可使酶分子中的必需氨基酸上的氨基、巯基、羧基、硫醚基、咪唑基等侧链基团烷基化，达到抑制酶活性的目的（图 3-11）；酰化剂类，如酸酐、磺酰氯等可使酶蛋白的羟基、巯基、氨基、酚基等发生酰化反应；有机磷试剂，如敌百虫、敌敌畏、二异丙基氟磷酸（DFP）等专一作用于酶活性部位的丝氨酸羟基（图 3-12），如果与乙酰胆碱酯酶活性部位的丝氨酸作用，可引起一系列神经中毒症状，所以这类物质又称为神经毒剂。

$$I—CH_2—\overset{\overset{\displaystyle O}{\|}}{C}—NH_2 + E—SH \longrightarrow E—S—CH_2—\overset{\overset{\displaystyle O}{\|}}{C}—NH_2$$

图 3-11　碘代乙酰胺（IAA）对巯基酶的抑制作用

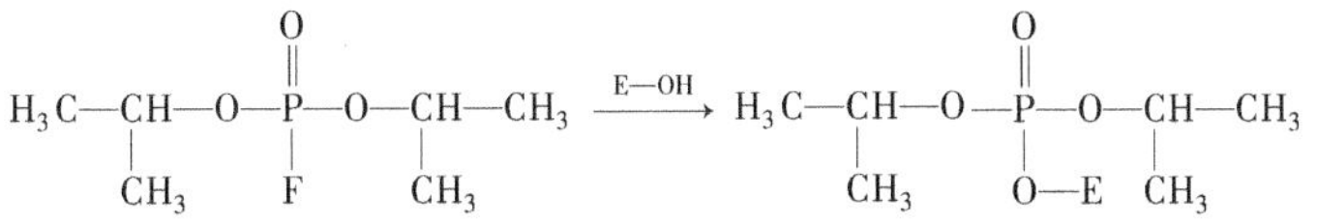

图 3-12　二异丙基氟磷酸（DFP）对丝氨酸酶的抑制作用

如果中毒，临床上可用解磷定药物解除有机磷化合物对羟基酶的抑制作用；使用二巯基丙醇（BAL）解除有机砷化合物引起的巯基酶中毒（图 3-13）。

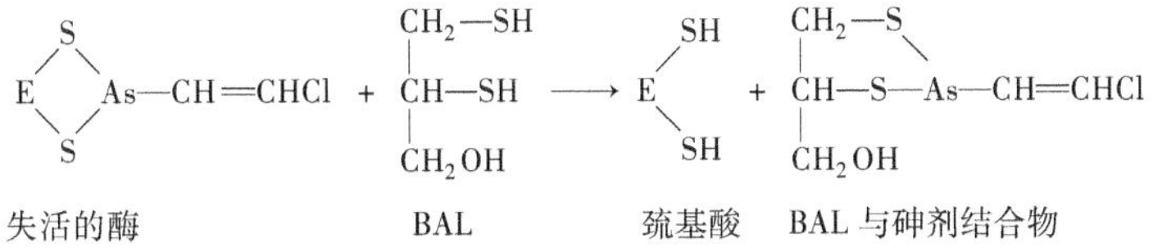

失活的酶　　　　　　BAL　　　　巯基酸　　BAL 与砷剂结合物

图 3-13　二巯基丙醇对巯基酶的解毒作用

还有一些不可逆抑制剂与底物结构类似，如对甲苯磺酰-L-赖氨酰氯甲酮（TL-CK）是对甲苯磺酰-L-赖氨酰氯甲酯（胰蛋白酶底物）结构类似物，它进入酶分子活性部位与 His57 共价结合可引起酶不可逆失活（图 3-14）。这类带有一个活泼基团能与酶分子必需基团结合的抑制剂称为 K_s 型抑制剂；"自杀性"底物也是一种不可逆抑制剂，称为 K_{cat} 型抑制剂，它被酶催化反应后，潜在的活性基团被激发而与酶分子的必需基团作用抑制酶活性。

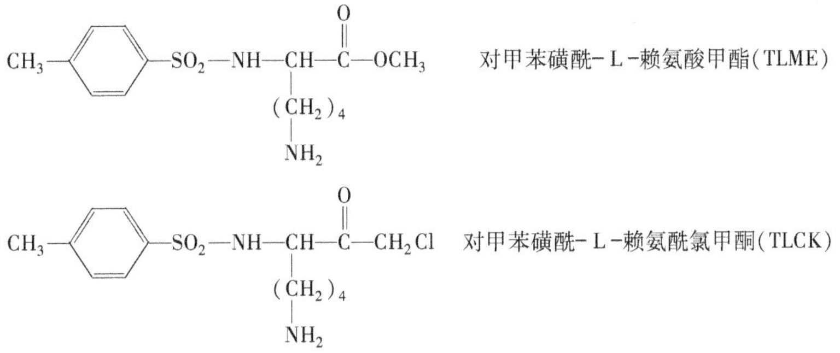

图 3-14　对甲苯磺酰-L-赖氨酰氯甲酮和对甲苯磺酰-L-赖氨酸甲酯的化学结构

3.4.3.2　可逆抑制作用

可逆抑制作用（reversible inhibition）的抑制剂通常以非共价键与酶或酶-底物复合物可逆地结合，使酶活性降低。通过采用透析、超滤等方法可除去抑制剂。

（1）竞争性抑制作用

这类抑制剂的化学结构与底物相似，与底物竞争酶的活性部位，从而影响底物与酶的正常结合，抑制程度取决于抑制剂与酶的相对亲和力和抑制剂与底物浓度的相对比例。由于是非共价可逆结合，因此可通过增大底物浓度来消除这种抑制作用，最典型实例是丙二酸对琥珀酸脱氢酶的抑制作用，丙二酸在结构上与酶的正常底物琥珀酸（丁二酸）十分相似，且与酶的亲和力大，当丙二酸与琥珀酸的浓度比为 1:5 时，酶的活性可被抑制 50%。

如果将抑制剂浓度用 c（I）表示，酶与抑制剂结合成复合物［EI］的反应平衡常数用 K_i 表示，在有竞争性抑制剂存在的情况下，米氏方程可表示为

$$E + S \Longleftrightarrow ES \longrightarrow P + E$$

$$v = \frac{v_{max} \cdot c\,(S)}{c\,(S) + K_m\left[1 + \dfrac{c\,(I)}{K_i}\right]}$$

通过 $1/v$ 对 $1/c$（S）作图，得到图 3-15 所示具有不同斜率的直线，这些直线在纵轴截距相同，在横轴截距不同。说明这类抑制剂不改变酶促反应的最大速度，v_{max} 不变，但却降低了酶与底物的亲和力，K_m 值增大。

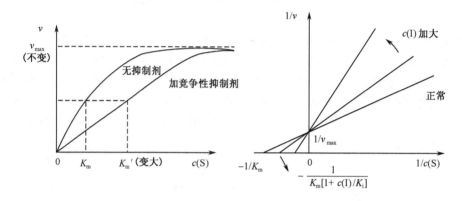

图 3-15　竞争性抑制曲线

竞争性抑制剂在可逆型抑制剂中最常见，也最重要，许多竞争性抑制剂由于其结构与天然代谢物十分相似，所以它们又被称为抗代谢物（antimetabolite），而用于消炎药物或抗癌药物的研制，例如：对氨基苯磺酸胺在结构上与叶酸合成前体对氨基苯甲酸十分相近，它被称为抗菌药物，与对氨基苯甲酸竞争二氢叶酸合成酶的活性部位，抑制二氢叶酸合成酶的活性，影响二氢叶酸的合成，以达到抑制细菌生长繁殖的目的。

（2）非竞争性抑制作用

这类抑制剂的特点是可以与酶活性部位以外的部位可逆地结合，这种结合不影响酶与底物的结合，即酶与抑制剂结合后可与底物结合，或酶与底物结合后又可与抑制剂结合，底物与抑制剂无竞争作用。但是，酶-底物-抑制剂复合物（ESI）不能进一步释放出产物。

非竞争性抑制作用（noncompetitive inhibition）的强弱取决于抑制剂的绝对浓度，而不能用增大底物浓度来消除。一些非竞争性抑制剂常与酶活性部位以外的巯基发生可逆结合，这些巯基对酶的活性很重要，与维持酶分子的构象有关。非竞争性抑制的动力学方程可表示为：

$$E + S \rightleftharpoons ES \longrightarrow P + E$$

$$v = \frac{v_{max} \cdot c(S)}{[K_m + c(S)]\left[1 + \dfrac{c(I)}{K_i}\right]}$$

上述符号结构：
$$\begin{array}{c} E + S \rightleftharpoons ES \longrightarrow P + E \\ +\quad\quad\quad + \\ I\quad\quad\quad I \\ K_i \Big\updownarrow \quad\quad \Big\updownarrow K_i \\ EI + S \rightleftharpoons ESI \end{array}$$

通过 $1/v$ 对 $1/c(S)$ 作图，得到图 3-16 所示的具有不同斜率的一些直线，这些直线以相同的截距与横轴相交，以不同截距与纵轴相交，说明这类抑制剂并没有改变酶与底物亲和力的大小，K_m 值不变。但形成复合物［ESI］后，由于不能进一步形成产物而使最大反应速度下降。

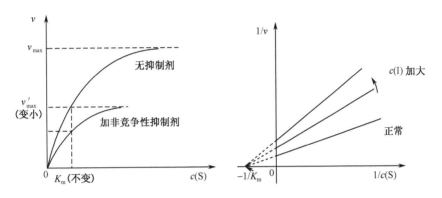

图 3-16 非竞争性抑制曲线

（3）反竞争性抑制作用

这类抑制剂不与游离酶结合，而只与酶-底物复合物结合，形成［ESI］，使酶不能催化底物形成产物，这类抑制作用较少见，它的动力学方程表示为

$$\begin{array}{c} S + E \rightleftharpoons ES \longrightarrow P + E \\ + \\ I \\ \Big\updownarrow K_i \\ ESI \end{array}$$

$$v = \frac{v_{max} \cdot c(S)}{K_m + c(S)\left[1 + \dfrac{c(I)}{K_i}\right]}$$

通过 $1/v$ 对 $1/c(S)$ 作图，得到图 3-17 所示的具有相同斜率的一些平行直线，说

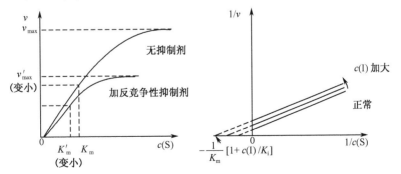

图 3-17 反竞争性抑制曲线

明这类抑制作用既降低了最大反应速度 v_{max}，又使 E + S→ES 平衡倾向于 ES，而使 K_m 值下降。

将无抑制剂和有抑制剂各种情况下的最大酶促反应速度与 K_m 值归纳于表3-4中。

表3-4 有无抑制剂存在时酶促反应进行的速度与 K_m

类 型	公 式	v_{max}	K_m
无抑制剂（正常）	$\dfrac{1}{v} = \dfrac{K_m}{v_{max}} \cdot \dfrac{1}{c(S)} + \dfrac{1}{v_{max}}$	v_{max}	K_m
竞争性抑制剂	$\dfrac{1}{v} = \dfrac{K_m}{v_{max}} \cdot \left[1 + \dfrac{c(I)}{K_i}\right] \cdot \dfrac{1}{c(S)} + \dfrac{1}{v_{max}}$	不变	增大
非竞争性抑制剂	$\dfrac{1}{v} = \dfrac{K_m}{v_{max}} \cdot \left[1 + \dfrac{c(I)}{K_i}\right] \cdot \dfrac{1}{c(S)} + \dfrac{1}{v_{max}} \cdot \left[1 + \dfrac{c(I)}{K_i}\right]$	减小	不变
反竞争性抑制剂	$\dfrac{1}{v} = \dfrac{K_m}{v_{max}} \cdot \dfrac{1}{c(S)} + \dfrac{1}{v_{max}} \cdot \left[1 + \dfrac{c(I)}{K_i}\right]$	减小	减小

3.4.4 pH 值对酶促反应速度的影响

3.4.4.1 反应速度与 pH 值关系

酶促反应速度受环境 pH 值影响。在某 pH 值下，酶促反应具有最大速度，称此 pH 值为酶的最适 pH 值（optimum pH）。通常反应速度与 pH 值关系曲线呈钟罩形（图 3-18）。最适 pH 值常因底物种类、浓度及缓冲液成分不同而不同。因此，它不是酶的特征常数。植物、微生物酶的最适 pH 值为 4.5～6.5，动物酶的最适 pH 值为 6.5～8.0。但也有例外，如胃蛋白酶最适 pH 值为 1.5，精氨酸酶最适 pH 值为 9.7。几种酶的最适 pH 值见表 3-5。

表3-5 几种酶的最适 pH 值

酶	底物及最适 pH 值
胃蛋白酶（pepsin）	鸡蛋清蛋白 1.5，血红蛋白 2.2
丙酮酸羧化酶（pyruvate carboxylase）	丙酮酸 4.8
延胡索酸酶（fumarase）	延胡索酸 6.5，苹果酸 8.0
过氧化物酶（catalase）	H_2O_2 7.6
胰蛋白酶（trypsin）	苯甲酰精氨酰胺 7.7，苯甲酰精氨酸甲酯 7.0
碱性磷酸酶（alkaline phosphate）	3－磷酸甘油 9.5
精氨酸酶（arginase）	精氨酸 9.7

3.4.4.2 pH 值对酶活性影响的主要表现

pH 值对酶活性的影响见图 3-18。pH 值对酶活性影响主要包括两个方面。

（1）pH 值对底物和酶解离状态的影响

酶和底物形成复合物（ES）需要酶分子活性部位和底物结合部位的某些电荷的相

互作用，环境的 pH 值对于酶活性部位基团的带电状态，以及底物分子的带电状态有着十分重要的影响，只有当 pH 值使二者所带电荷处于最佳结合状态时，酶-底物复合物形成速度最快，从而使反应速度达到最大。如果 pH 值削弱了酶或底物电离状态或者使它们带有相同电荷而互相排斥，都会导致反应速度下降。

（2）pH 值对酶和底物空间构象的影响

酶是生物大分子，极端的 pH 值环境会使酶变性丧失催化功能，不适的酸碱条件也会使酶分子空间构象发生变化而影响催化活性。对于蛋白质、核酸等生物大分子底物，若不适的 pH 值条件使它们变性或空间结构发生变化，它们将不能与酶结合，使催化反应不能进行（见图 3-18）。

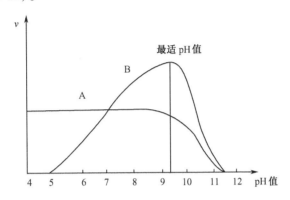

图 3-18　pH 值对酶及酶反应速度的影响
A. 酶稳定性——pH 值曲线；B. 酶活性——pH 值曲线

3.4.5　温度对酶促反应速度的影响

3.4.5.1　温度与酶促反应速度的关系

不同温度对酶促反应速度影响很大（见图 3-19）。一般情况是，反应速度随温度升高而加快，但对酶促反应来讲，温度的影响还有另一方面的作用，即随温度的升高也加速了酶的变性失活，只有二者达到动态平衡，反应速度才能达到最大值，此时的温度称为该酶的最适温度（optimum temperature）。最适温度受条件影响而改变，它也不是酶的特征常数，大多数酶的热稳定温度为 30～40℃，也有的酶耐高温，如 α-淀粉酶在 70℃条件下仍有很大活性。

3.4.5.2　温度对酶活性影响的主要表现

（1）温度升高反应速度加快

在一定的温度范围内，酶促反应与一般的化学反应一样，其温度系数 Q_{10}（反应温度提高 10℃，其反应速度与原来反应速率之比）多为 2，即温度每升高 10℃，反应速度提高 2 倍。

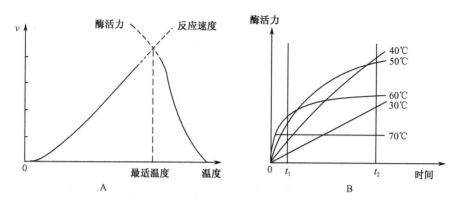

图 3-19　温度对酶反应速度的影响

A. 酶反应的最适温度；B. 酶反应最适温度与时间的关系

（2）温度升高酶稳定性下降

酶是生物大分子，随着温度的升高，由于维持酶分子空间构象的次级键断裂，酶分子逐渐变性而失活。酶活性与温度的关系表现出钟罩型曲线，在一定温度范围内，酶分子空间构象保持相对稳定而发挥催化功能，当温度升高超出了酶稳定的极限，随着酶分子的变性，反应速率骤然下降。此外，酶分子在一定温度范围内的稳定也是有时间限制的，随着反应时间的延长，酶分子的最适温度降低。

3.4.6　酶浓度对酶促反应速度的影响

在酶促反应中，当底物浓度足够大时，反应速度与酶浓度呈正比关系，为直线型。由米氏方程已知 $v_{max} = k_2 c(E)$，当 $c(S) \gg K_m$ 时，$v = v_{max} = k_2 c(E)$。

3.4.7　激活剂对酶促反应速度的影响

凡是能提高酶活性的物质都称为激活剂（activator）。其中大部分为无机离子或简单有机化合物。无机离子主要有 K^+、Na^+、Mg^{2+}、Zn^{2+}、Fe^{2+} 及 Ca^{2+} 等金属离子和 Cl^-、Br^- 等阴离子。通常阴离子的激活作用较金属阳离子弱。激活剂对酶的作用具有一定的选择性。一种激活剂对某种酶起激活作用，对另一种酶可能起相反的抑制作用；激活剂的浓度对酶活性也有影响，如果浓度太高，有可能从激活作用转为抑制作用；激活剂间还有拮抗现象。

简单有机分子的激活作用主要是两种情况：一种是作为巯基酶的还原剂，使酶的巯基保持还原态而提高酶的活性；另一种是金属的螯合剂，如 EDTA（乙二胺四乙酸），可解除重金属离子对酶的抑制作用，而恢复酶活性。

3.4.8　辅因子、维生素和激素对酶促反应速度的影响

对于结合蛋白酶而言，酶的活性部位常常有非蛋白成分参与催化作用，我们称这些

发挥催化作用的非氨基酸成分为辅因子，它们可能是金属离子或是小分子有机化合物，它们可以与酶共价结合或非共价结合，是酶在催化反应中不可缺少的成分。

水溶性维生素常常以辅酶的形式参与酶的催化作用，许多酶的辅因子是由维生素衍生而来。正是由于这一重要的作用，维生素在维持人类生命过程中是一类不可缺少的生物小分子。

激素对酶活性的影响，不仅表现在酶活性大小方面，而且对酶的合成也产生重要的影响，激素分子可以通过生物膜上的受体影响细胞内一系列酶的活性变化，使许多酶由无活性的形式转变为有活性的形式，如肾上腺素通过 cAMP 所引发的级联放大反应。

3.4.9 酶活力测定与酶活力单位

3.4.9.1 酶活力及其测定

酶催化反应的高效性可以通过酶活力表示。

酶活力（enzyme activity）是指酶催化一定化学反应的能力，又称酶活性。酶活力的大小可以用在一定条件下酶催化某一化学反应的速度来表示。酶催化的反应速度愈大，酶的活力也愈大。因此，测定酶活力就是测定酶促反应速度。

酶促反应速度可用在最适条件下，单位时间内底物的减少量或产物的增加量来表示，即浓度变化量/单位时间。在简单的酶促反应中，底物减少量与产物增加量是相等的。在反应中，产物从无到有，只要方法灵敏，即可准确测定产物浓度变化，将产物浓度对反应时间作图（见图 3-20）。从图中可知，反应速度只是在最初一段时间内产物浓度与时间呈直线关系，随反应时间延长酶反应速度逐渐下降（见图 3-21）。引起下降的原因很多，如底物浓度降低，产物浓度增加而加速逆反应进行，产物对酶的抑制，辅酶失活，酶在一定 pH 值、温度下会缓慢变性等等。因此，真正能代表酶催化能力的是反应初始阶段的速度，即反应初速度（initial velocity）。

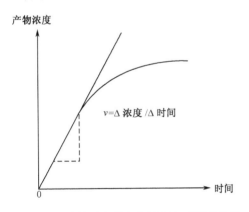

图 3-20　酶促反应的产物浓度与时间变化线

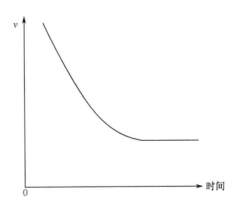

图 3-21　保温时间对酶促反应速度的影响

为了保证酶活力的测定是在初速度阶段，一般认为，在初速度时间范围内，底物浓度下降应不超过 5%，酶浓度相对底物浓度要小，反应时间尽可能短。

3.4.9.2 酶活力的表示方法

（1）酶活力单位

1961年国际酶学会议规定：一个酶活力单位（active unit）是指在特定条件下，1min内能转化1 μmol底物的酶量，如果底物有一个以上可以被作用的键，即指1min内转化底物中1 μmol有关基团的酶量。特定条件是指温度25℃，最适pH值，底物浓度为饱和浓度。该酶活力单位称为国际单位（IU）。1972年国际生化协会酶学委员会还推荐了一个新的单位"katal"（简称kat），一个kat单位指在一定条件下，每秒钟转化1mol底物的酶量：

$$1kat = 6 \times 10^7 IU \qquad 1IU = 16.67 nkat$$

酶活力单位（U）是规定在一定条件下（pH值、温度、底物浓度等）酶的催化能力，如果采用的实验条件（pH值、温度、缓冲液、底物等）不同，即使是同一种测定方法，所测得的酶单位数也有差异，如果采用的测定方法不同，所得的单位数亦不同。因此进行某种酶活力测定时，所采用的测活方法及测定条件必须与相应的规定一致，这样才有意义。

（2）酶的比活力

酶的比活力（specific activity）是指每毫克酶蛋白所含酶活力的单位数，用$U \cdot mg^{-1}$蛋白表示。它是酶制剂的一个纯度指标。对同一种酶来说，比活力愈高，表明酶纯度愈高，当增高到一个极限值时，可认为酶已纯化到均一程度，酶的比活力有时也用$U \cdot mL^{-1}$蛋白表示。在酶的分离纯化过程中，纯化的倍数可用每次比活力/第一次比活力表示。随着纯化过程的进行，酶的比活力增加，但酶的回收率下降。因此若想获得高纯度的酶，酶的比活力和回收率两者不可兼得。比活力是酶学研究及生产中经常使用的数据。

（3）酶的转换数

在米氏方程推导过程中，酶促反应速度可表示为：$v = k_2 c(ES)$和$v_{max} = k_2 c(E_0)$，将速度常数k_2用k_{cat}表示，k_{cat}称为酶的转换数（turnover number），代表单位时间内（每秒钟）每个酶分子将底物转换成产物的最大效率。k_{cat}与K_m一样，也是表示酶催化能力的特征常数，一般为$10^1 \sim 10^4 s^{-1}$。

（4）酶的专一性常数

将$v_{max} = k_2 c(E_0)$代入米氏方程[当$K_m \gg c(S) \gg c(E_0)$时]，得

$$v = (k_{cat}/K_m) c(E_0) c(S)$$

k_{cat}/K_m比值即是酶的专一性常数（specificity constant），表示单位时间内酶与底物接触的摩尔数。它可以衡量酶对不同底物的专一性，k_{cat}/K_m比值越大，酶对底物的专一性越强，反应活性越高。

3.5 酶活性调节——酶的类型

3.5.1 酶原与酶原激活

有些酶在细胞中首先合成的是无活性的前体形式，被称为酶原（proenzyme）。例如，胰凝乳蛋白酶原、胃蛋白酶原、胰蛋白酶原、凝血酶原等等，合成后的酶原一般转运到指定部位，再由其他蛋白水解酶进行有限水解而活化，这种水解常常通过切掉某段肽段或切断某个肽键，使酶的空间构象发生不可逆的变化，暴露出酶的活性部位，或使酶的活性部位构象有利于与底物分子作用，进而转变成有活性的酶形式，因此，酶原激活又被认为是一种不可逆的共价修饰调节（见图3-22）。

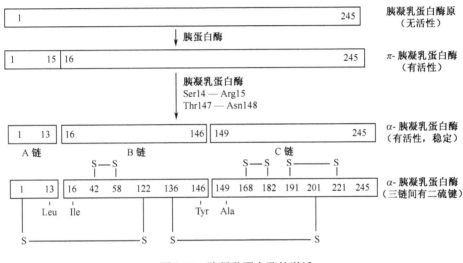

图 3-22 胰凝乳蛋白酶的激活

3.5.2 同 工 酶

同工酶（isoenzyme 或 isozyme）是指能催化相同的化学反应，但酶蛋白的分子结构、组成却有所不同的一组酶。一般为寡聚蛋白。这些酶在相对分子质量、理化性质、动力学反应等方面存在差别。同工酶可以存在于生物的同一种属、同一个体的不同组织中，也可以存在同一细胞不同亚细胞结构中。

不同基因编码产生的同工酶称为原级同工酶，例如乳酸脱氢酶（LDH）的 H 亚基和 M 亚基是由不同基因编码形成的两条多肽链，它们按不同比例组成了五种分子形式 H_4、H_3M、H_2M_2、HM_3、M_4，分别存在于不同的组织器官中。次级同工酶是指酶蛋白在合成后由于修饰加工而产生的不同分子形式。

由于同工酶在分子组成上的差别，在一定 pH 值条件下所携带电荷不同，荷质比和分子形状不同。因此，可用电泳方法将各同工酶组分彼此分离，得到特征的电泳图谱。

同工酶对生物体的代谢调控起着非常重要的作用，在农业上，同工酶作为遗传标志被用于优势杂交组合的预测，作物的生长发育、遗传分类等研究；在临床医学中被作为疾病诊断指标等。

3.5.3 多酶体系

在完整细胞的某一由连续反应组成的代谢过程中，催化各反应的酶彼此嵌合形成的复合物称为多酶体系（multiple enzyme），它有利于一系列反应的连续进行，使催化效率极大提高。多酶复合体中，各种酶互相配合，第一个酶作用的产物是第二个酶作用的底物，第二个酶作用的产物又是第三个酶作用的底物，直到复合体中的每一个酶都参与了自己所承担的化学反应，如丙酮酸脱氢酶复合体，脂肪酸合成酶复合体。

许多多酶体系都具有自我调节能力，多酶体系反应的总速度决定于其中反应速度最慢的那一步反应，该反应即为限速反应。

3.5.4 调 节 酶

一个代谢途径往往由多个反应组成，在这些反应中多数反应是可逆反应，但有一个或少数几个是不可逆反应，整个代谢途径就处于非平衡状态，表现反应为单向性。例如，生物体内的分解代谢与合成代谢并不是可逆过程。

对于可逆反应可由同一种酶催化，而不可逆反应往往是两种不同的酶催化正、反两个方向的反应，这样可以从分解与合成两个方向分别形成更有效的调节，当需要某一途径开放时，另一途径就关闭。这是生物体内普遍存在的一种代谢调节方式。

代谢途径中的这种不可逆反应，不仅使反应呈单向性，而且决定了代谢途径中的速率，这种限速反应是控制整个代谢途径速度快慢的关键。在大多数情况下，限速反应往往是代谢途径的第一步反应或分支处反应，催化限速反应的酶称为调节酶（regulatory enzyme）或关键酶（key enzyme），这种酶的活性可以进行灵敏的调节。对一个代谢途径的调节，常常只需调节某个或某些关键酶的活性，即可影响整个代谢途径的速度和方向。

3.5.5 反馈调节

代谢过程中的反馈调节是指反应链中某些中间产物或终产物对其前面某步反应速度的影响。使反应速度加快的称正反馈（positive feedback），使反应速度减慢的称负反馈，即反馈抑制（feedback inhibition），后一种是代谢调节中的普遍现象。反馈抑制的类型主要有以下几种形式。

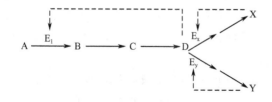

图 3-23　顺序反馈抑制机制

3.5.5.1 顺序反馈抑制

顺序反馈抑制（sequential feedback control）是指终产物 X 和 Y 积累后，通过分别抑制各自分支处的酶而使中间产物 D 积累，中间 D 进而抑制初始反应的酶（图 3-23）。例如，细菌中芳香族氨基酸的合成就是通过上述方式调节的。

3.5.5.2 累积反馈抑制

对于一个分支合成途径中的几个终产物，其中任何一个终产物积累都会对起始反应酶活性产生部分抑制作用，随着积累的终产物种类增加，酶被抑制的程度也随之增加，当所有终产物都积累时，酶活性受到了

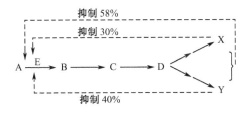

图 3-24　累积反馈抑制

最大抑制（图3-24），这种反馈抑制作用叫累积反馈抑制（cumulative feedback control）。大肠杆菌的谷氨酰胺合成酶活性可被代谢途径的 8 种终产物累积抑制。

3.5.5.3 协同反馈抑制

协同反馈抑制（concerted feedback control）是指终产物 X、Y 积累时，可以抑制各自分支处的酶；但只有 X、Y 同时积累才能抑制起始反应酶（图3-25）。例如，荚膜红假单孢菌中苏氨酸和赖氨酸对天冬氨酸激酶的抑制就属于此类抑制作用。

3.5.5.4 交叉调节

交叉调节（cross regulation）是一种更为复杂的反馈调节（图3-26）。当一种终产物积累时，它在抑制自身合成的同时，它还调节另一种终产物的合成速度，加快其合成。当两者都积累时，共同抑制起始反应酶。如嘌呤核苷酸的生物合成。

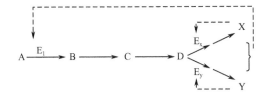

图 3-25　协同反馈抑制　　　　　　　图 3-26　交叉调节

3.5.6　共价修饰

共价修饰（covalent modification）是指在专一性酶的催化下，某种小分子基团共价地结合到被修饰酶分子上，使被修饰酶的活性发生改变，从而调节酶活性。共价结合的小分子基团也可被其他酶水解去除，被修饰酶的活性在这种修饰、去修饰作用下，发生激活态与失活态的可逆转变，这种通过共价修饰调节活性的酶，又称共价调节酶。糖原磷酸化酶和糖原合成酶活性调节就是这种通过共价修饰调节的典型例子（图3-27）。

糖原磷酸化酶有两种形式：有活性的四聚体 a 型和无活性的二聚体 b 型。两种形式的相互转变是通过磷酸基团的共价修饰与去修饰作用完成的。无活性的 b 型在磷酸化酶 b 激酶的催化下，在每个亚基上共价结合一个磷酸基团，酶分子构象发生改变，形成有活性的四聚体 a 型；a 型在磷酸化酶、磷酸脂酶的作用下，水解掉修饰的磷酸基

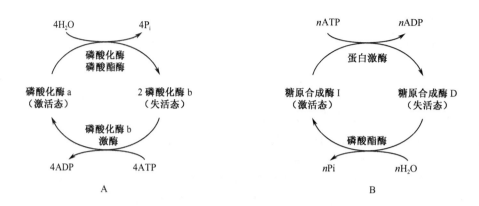

图 3-27　糖原磷酸化酶及糖原合成酶两种形式的相互转变

团，酶构象发生改变，解离成无活性的二聚体。

目前已知的共价修饰类型约有 6 种：①磷酸化/去磷酸化；②腺苷酰化/去腺苷酰化；③乙酰化/去乙酰化；④尿苷酰化/去尿苷酰化；⑤甲基化/去甲基化；⑥S-S/2SH。其中磷酸化修饰是最重要、最普遍的形式。某些酶的共价修饰见表 3-6。

表 3-6　某些酶的共价修饰

酶类	来源	修饰机理	活性变化
糖原磷酸化酶	真　核	磷酸化/脱磷酸化	增加/降低
磷酸化酶激酶	哺乳动物	磷酸化/脱磷酸化	增加/降低
糖原合成酶	真　核	磷酸化/脱磷酸化	降低/增加
丙酮酸脱氢酶	真　核	磷酸化/脱磷酸化	降低/增加
谷氨酰胺合成酶	大肠杆菌	腺苷酰化/脱腺苷酰化	降低/增加
黄嘌呤氧化酶	哺乳动物	S-S/SH	增加/降低

3.5.7　别　构　酶

3.5.7.1　别构调节与别构酶的动力学

别构酶（allosteric enzyme）又称变构酶，这是一类处于代谢反应的关键部位的调节酶，其活性变化对控制代谢反应速度具有十分重要的作用。已知的别构酶都是寡聚蛋白酶，具有两个或两个以上的亚基，酶分子中除有结合底物并催化反应的活性部位外，还有结合调节物（regulator）或效应物（effector）的别构部位（allosteric site）或调节部位（regulatory site）。别构部位起着调节酶催化活性的作用。活性部位和别构部位可能位于不同亚基上，也可能位于相同亚基的不同部位上。

调节物与酶分子中的别构部位非共价结合后，诱导出或稳定住酶分子的某种构象，使酶活性部位对底物的结合与催化作用受到影响，从而调节酶促反应速度及代谢过程，此效应称为酶的"别构效应"（allosteric effect），又称别构调节。

导致酶别构激活的调节物称为别构激活剂或正调节物（效应物），反之，称为别构抑制剂或负调节物。

有的别构酶的调节物分子就是底物，这种酶分子上有两个以上的底物结合中心，其调节作用取决于酶上有多少个底物结合中心被占据。通过底物对酶活性的调节称为同促效应（homotropic effect）；有的别构酶的调节物分子不是底物，而是底物以外的代谢物，它们对酶活性的调节称为异促效应（heterotropic effect），更多的别构酶受底物调节，又受底物以外的其他代谢物调节，兼有同促效应和异促效应。

对别构酶的动力学研究发现，大多数别构酶、尤其是同促效应别构酶，反应速度与底物浓度的关系不符合典型米氏方程。$v \sim c$（S）曲线呈 S 形。这种 S 形曲线表明，当酶结合一分子底物（或调节物）后，酶分子构象发生变化，新的构象大大提高了酶对后续底物分子（或调节物）的亲和性，使反应速度极大提高，表现为正同促效应，这种别构酶称为具有正协同效应（positive cooperative effect）别构酶。这种底物浓度的微小变化，所引起反应速度的变化几乎是"全"或"无"的，像电闸开关一样，这就是别构酶可以灵敏地调节酶促反应速度的原因所在。

另有一类别构酶，它们的酶促反应速度表现为对底物浓度变化极不敏感，其动力学曲线在表现上与双曲线相似，但意义不同，为表观双曲线。这种别构酶称为具有负协同效应（negative cooperative effect）别构酶。图 3-28 显示了正协同效应别构酶和负协同效应别构酶的动力学曲线与米氏方程酶动力学曲线的差异。

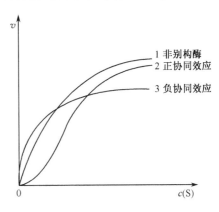

图 3-28　正协同效应与负协同效应别构酶的动力学曲线

3.5.7.2　别构酶的动力学模型

别构酶的 S 形动力学曲线比较复杂，至今已有多种假说，其中最重要的假说有两种：序变模型（sequential model）和协同模型（concerted model）。

（1）序变模型

序变模型也称 KNF 模型（由 D. E. Koshland，G. Nemethy 和 D. Filmer 提出）。认为酶分子中的亚基结合底物或调节物后，亚基构象发生变化。如第一个亚基结合底物后第一个亚基构象发生变化，并促进第二个亚基发生与底物结合的构象变化，如此顺序传递直至全部亚基构象依次发生有利于结合底物的变化（图 3-29），表现出 S 形动力学曲线。图中 R 形为有利于结合底物或正调节物构象，T 形是不利于结合底物的构象。当酶分子结合调节物后，或引起亚基发生有利于结合底物的构象变化，产生正协同效应，导致下一个亚基的亲和力更大；或引起亚基发生不利于结合底物的构象变化，则产生负协同效应，使下一个亚基的亲和力下降。

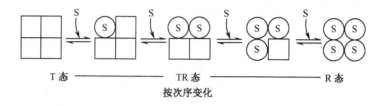

图 3-29　序变模型

（2）协同模型

协同模型又称齐变模型、MWC 模型（由 J. Monod，J. Wyman 和 J. P. Changeux 提出）。主张所有亚基或者全部呈不利于结合底物的 T 态，或者全部呈有利于结合底物的 R 态，两种状态间的转变对于每个亚基都是同时齐步发生的（图3-30）。正调节物（如底物）与负调节物（如产物）浓度的比例决定别构酶的构象状态：当无调节物时，平衡趋向于 T 态；当有少量底物时，平衡即向 R 态移动，可绘出 S 形动力学曲线。

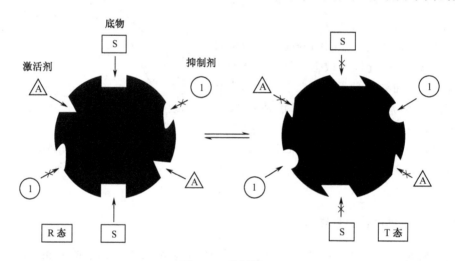

图 3-30　协同模型

协同模型比较好地解释了正协同效应，但不能解释负协同效应。相比之下，序变模型更适用于大多数别构酶。但是两种模型都不能圆满地解释别构酶表现出的复杂调节作用和动力学现象，别构酶的调节机理还有待于科学家的深入研究。

3.5.8　抗　体　酶

抗体酶（abzyme）又称催化性抗体（catalytic antibody），是一种具有催化功能的抗体分子，它具有抗体的高度选择性和酶的高效催化能力。它是利用现代生物学和生物化学的理论与技术交叉研究的成果。

根据酶催化反应的过渡态理论，酶与底物结合形成过渡态而降低反应活化能，从而达到加速催化反应的目的，而抗体具有与抗原高度特异结合的特性。如果已知某个化学反应的过渡态，并以此为抗原而制备出相应抗体，那么此抗体应具有催化该反应的能力。

1986 年美国加利福尼亚的 Scripps 临床研究所的 Richard lerner 小组和加州大学伯克利分校的 Peter Schultz 小组将这一梦想成为现实，他们根据过渡态理论和免疫学原理，运用单克隆抗体技术，成功地制备了具有酶催化活性的抗体，使所催化的反应速度提高了 $10^2 \sim 10^3$ 倍，并具有底物专一性及 pH 值、温度依赖性等酶催化反应特征。

抗体酶的制备方法很多，主要有诱导法、引入法和拷贝法等。

诱导法是根据反应过渡态理论设计过渡态类似物，并把它作为半抗原，通过间隔链（或臂）与载体蛋白（如牛血清白蛋白）偶联制成抗原，然后采用标准的单克隆抗体技术制备、分离和筛选抗体酶。诱导法的关键是根据催化反应机理正确设计过渡态。

引入法是将催化基团或辅因子引入到抗体的抗原结合部位上，可采用选择性化学修饰法。

拷贝法是用酶作为抗原免疫动物得到抗体酶的抗体，再将此抗体免疫动物并进行单克隆化，获得单克隆的抗体。对抗体筛选，可获得具有原来酶活性的抗体酶。

至今为止，已成功地获得了催化六类酶促反应的抗体酶，这些抗体酶的催化专一性相当高，超过一般酶反应的专一性，它们的催化速度有的可达到酶催化水平。但总的来说，由于抗体与底物结合后缺乏结构的动态变化，阻碍了产物的释放，所以催化效率一般低于天然酶，但比非催化反应快 $10^2 \sim 10^6$ 倍。

抗体酶的出现对深入研究酶作用机理和酶反应历程都起到了非常重要作用。通过抗体酶的研制，可以获得具有高度专一性的新型酶，抗体酶的出现使人工设计并制备出适应各种用途的，特别是自然界不存在的生物催化剂成为可能。抗体酶技术已受到各国高度重视，它已成为酶工程研究的前沿之一。

4 糖

本章提要　糖是多羟基的醛或酮及其聚合物和衍生物，自然界分布广泛、含量最多。糖类分为单糖、寡糖、多糖。单糖是含 3～7 个碳原子的糖，有 D-和 L-型两种构型。葡萄糖等有开链式和环状两种结构、α-和 β-型两种构型，环状结构可以透视式表示，环状结构有不同构象。生物化学上单糖较重要的反应是成苷作用和酯化作用，特别是磷酸酯。寡糖是 2～10 个单糖缩合成的聚合物。自然界中最常见的寡糖是双糖，重要的双糖有麦芽糖、乳糖和蔗糖。多糖分为同多糖和杂多糖。同多糖是由相同的单糖单位组成的多糖，植物和动物体的主要同多糖是淀粉、纤维素和糖原。杂多糖是指由不相同的单糖组成的多糖。黏多糖和糖蛋白是两种重要的杂多糖。黏多糖是己醛糖、氨基己糖和其他己糖作为结构单位组成的高分子化合物。透明质酸是黏多糖中结构最简单的一种。糖蛋白是由带比较短的分支的寡糖与多肽链共价连接而成的结合蛋白质。

糖是自然界分布广泛、含量最多的有机化合物，从细菌到高等动植物均含有，其中以植物体含量最多，约占其干重的 80%。整个自然界超过一半以上的有机碳化合物是以淀粉和纤维素两种碳水化合物形式存在的。

最初糖类化合物用 $C_n(H_2O)_m$ 通式来表示，统称为碳水化合物，后来发现有些糖如鼠李糖（$C_6H_{12}O_5$）和脱氧核糖（$C_5H_{10}O_4$）等不符合此通式，而符合上述通式的甲醛（CH_2O）、乙酸（$C_2H_4O_2$）却不是糖类物质，因此用"碳水化合物"称呼糖并不恰当，但因沿用已久，目前仍在应用。现在糖类化合物定义为多羟基的醛或酮及其缩聚物和某些衍生物。糖类化合物的分类依水解情况不同可分为单糖、寡糖、多糖。凡不能水解成更小分子的糖称为单糖，凡能水解成少数（2～10 个）单糖分子的称为寡糖，凡能水解为多个单糖分子的糖称为多糖。

糖类化合物有许多生物学功能，首先它是一切生物体维持生命活动所需能量的主要来源，其次糖类作为前体为生物体合成提供碳支架，糖类还可作为结构组成物质。近年来，随着分子生物学的发展，人们逐步认识到，糖类是涉及生命活动本质的生物分子之一，糖与蛋白质结合形成糖蛋白，与脂类结合形成糖脂，是细胞膜上"受体"分子的重要组成部分，是细胞识别和信息传递等重要生物学功能的参与者。

4.1　单　糖

单糖按其结构中含有醛基或酮基分为醛糖和酮糖，按所含碳原子数目分为丙、丁糖、戊糖、己糖、庚糖，其中戊糖和己糖在自然界中分布较广，是非常重要的单糖。最简单的单糖是甘油醛（醛糖）和二羟丙酮（酮糖）。

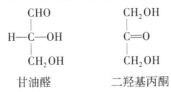

$$\begin{matrix} CHO \\ | \\ H—C—OH \\ | \\ CH_2OH \end{matrix} \qquad \begin{matrix} CH_2OH \\ | \\ C=O \\ | \\ CH_2OH \end{matrix}$$

甘油醛　　　　　二羟基丙酮

4.1.1 葡萄糖的结构

4.1.1.1 葡萄糖的开链结构和构型

我们命名一个单糖时常用 D-构型或 L-构型，它是以 $D-$，$L-$甘油醛为参照物，以距醛基最远的不对称碳原子为准，羟基在左面的为 L-构型，羟基在右边的为 D-构型（图 4-1）。

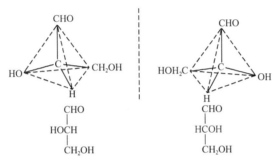

图 4-1　甘油醛的对映体

葡萄糖的分子式为 $C_6H_{12}O_6$，其中分子 C_2、C_3、C_4、C_5 是不对称碳原子。经研究知道，存在于自然界的葡萄糖，其伯醇羟基相连的不对称碳原子 C_5 上的—OH 在右边，故为 D-构型，其他四个不对称碳原子的空间排布如下：

$$\begin{matrix} CHO \\ | \\ H—C—OH \\ | \\ HO—C—H \\ | \\ H—C—OH \\ | \\ H—C—OH \\ | \\ CH_2OH \end{matrix}$$

D-葡萄糖

图 4-2 是几种 D-型醛糖的开链式结构。

4.1.1.2 变旋光现象和葡萄糖的环状结构

单糖可使平面偏振光（通过尼科尔棱镜后的普通光只能在一个平面上振动的光波）的偏振面发生旋转的性质为旋光性。任何一种具旋光性的物质在一定条件下均可使偏振光的偏振面旋转一定角度称为旋光度，它是一个物理常数，用 $[\alpha]_D^t$ 表示，旋转角度方

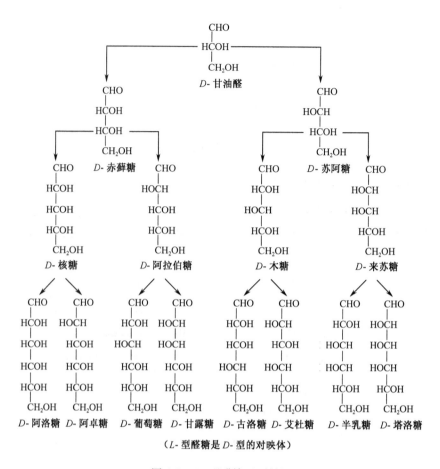

图 4-2　D-型醛糖（开链）

向向左称为左旋（ - ），向右的称为右旋（ + ）。

$$[\alpha]_D^t = \frac{\alpha_D^t}{c \times L}$$

式中：L 为旋光管的长度，单位 dm；c 为 100 mL 溶液中含溶质的质量（g）；α_D^t 为以钠光灯为光源，温度为 t 时测定的旋转角度。

　　葡萄糖以两种具有不同比旋光度的形式存在，一种 $[\alpha]_D^{20} = +112°$，称为 α-D-（ + ）葡萄糖；另一种 $[\alpha]_D^{20} = +18.7°$，称 β-D-（ + ）葡萄糖，将两种葡萄糖分别溶于水后，其比旋光度都逐渐转变为 52.5°，这种糖在溶液中自行改变比旋光度的现象称为变旋光现象，显然，葡萄糖的开链结构不能完全表达这两种不同的葡萄糖。实验证实，结晶状态的葡萄糖是以环状结构存在的，由于葡萄糖分子中同时存在羰基和羟基，就可以发生自身加成反应，生成环状的半缩醛结构，即 C_5 羟基上的氢原子加到羰基氧原子上去，形成半缩醛羟基，而 C_5 羟基的氧原子便与羰基上的碳原子相连成环，这个六元环状的半缩醛相当稳定，形成葡萄糖的环状结构。

　　在葡萄糖的环状结构中，由于比链状结构多出一个不对称碳原子（C_1），所以产生两种构型：α-型（半缩醛羟基在右边）和 β-型（半缩醛羟基在左边）。α-和 β-型是

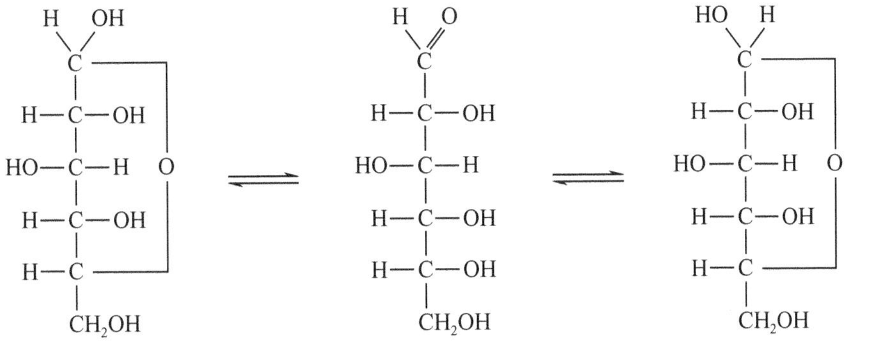

α-D- 葡萄糖 (36%)　　　　　D- 葡萄糖 (<0.024%)　　　　　β-D- 葡萄糖 (64%)

非对映体，又称端基异构体。在溶液中，环状结构和链状结构之间可以互变，形成一个平衡体系。在平衡过程中，由于 α-型和 β-型的量在不断变化，溶液的比旋光度也随着改变，直至达平衡时，α-型含 36%，β-型含 64% 就不再改变，比旋光度也就不再变了，环状结构可以解释变旋光现象，变旋光现象反映出环状结构的存在。

4.1.1.3　葡萄糖的环状结构和构象

X 射线衍射研究证实，α-D-葡萄糖和 β-D-葡萄糖中包含一个由五个碳原子和一个氧原子组成的环状结构，与杂环化合物吡喃的结构相似，称为吡喃环。Haworth 把吡喃环当作一个平面，连在环上的原子和原子团写在环的上方和下方以表示其空间位置的排布。这种结构称 Haworth 透视式。

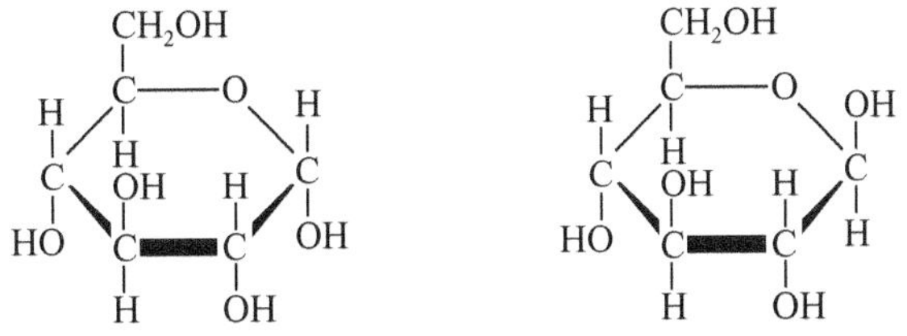

α-D- 葡萄糖　　　　　　　　　β-D- 葡萄糖

哈沃斯结构并不代表分子的真实形状，只表示每个手性原子的构型。由于葡萄糖半缩醛环上的 C—C—C 键角（111°）与环己烷的键角（109°）相似，故葡萄糖吡喃环和环己烷相似也有船式和椅式构象，其中椅式构象使扭张强度减到最低，因而较稳定。

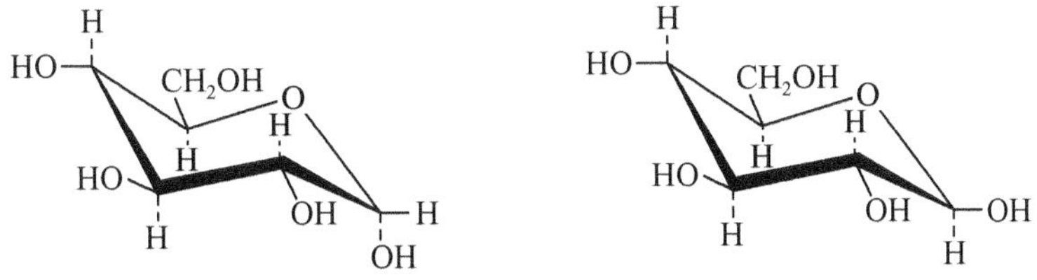

α-D(+)- 吡喃型葡萄糖　　　　　　β-D(+)- 吡喃型葡萄糖

┃ 直立链；╲ 平伏链

从构象式可见，β-D-吡喃葡萄糖的所有较大的原子团都在平伏键上，相互距离较远，空间斥力较小，因而β-型的构象是最稳定的。

4.1.2　果糖的结构

果糖是己酮糖，分子式为 $C_6H_{12}O_6$，其开链结构式如下：

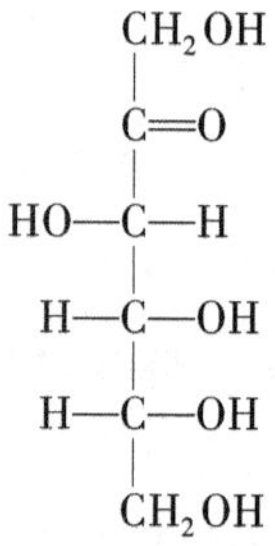

$$
\begin{array}{c}
CH_2OH \\
| \\
C\!=\!O \\
| \\
HO\!-\!C\!-\!H \\
| \\
H\!-\!C\!-\!OH \\
| \\
H\!-\!C\!-\!OH \\
| \\
CH_2OH
\end{array}
$$

D-果糖

果糖开链结构中的 C_6 羟基可与羰基形成环状半缩酮结构，因而果糖也有 α 和 β 两种构型，结晶的果糖是 β-D-吡喃果糖。

果糖的环状结构也可在 C_5-OH 和羰基之间形成，这样形成的环由四个碳原子和一个氧原子组成，叫做呋喃环。呋喃果糖也有 α 型和 β 型。结合状态的果糖主要以 β-D-呋喃果糖形式存在。在溶液中，果糖的环状结构可以通过开链互变而形成平衡体系。果糖也有变旋光现象，达平衡时 $[\alpha]_D^{20} = -92°$。

4.1.3　单糖的化学性质

单糖主要以环状结构存在，但在溶液中可与开链结构互变，因此单糖的化学反应有的以环状结构进行，有的以开链结构进行。

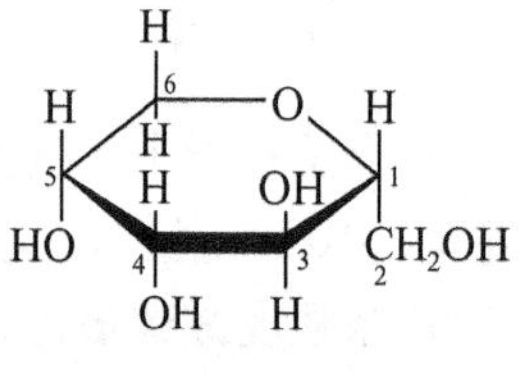

β-D- 吡喃果糖

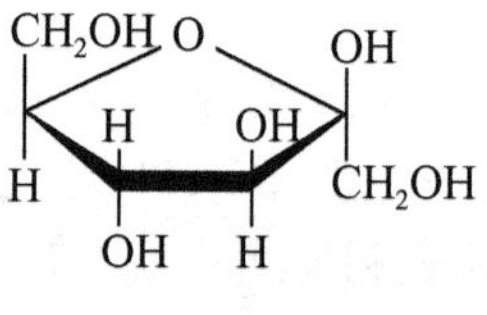

β-D- 呋喃果糖

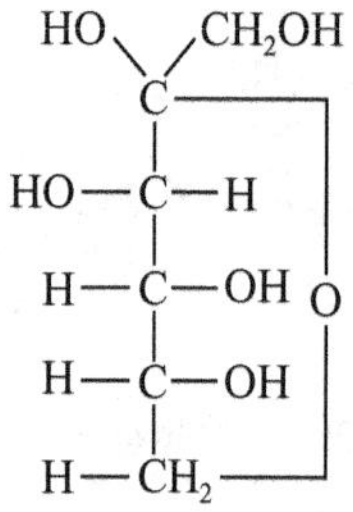

β-D- 吡喃果糖
（Fischer 式）

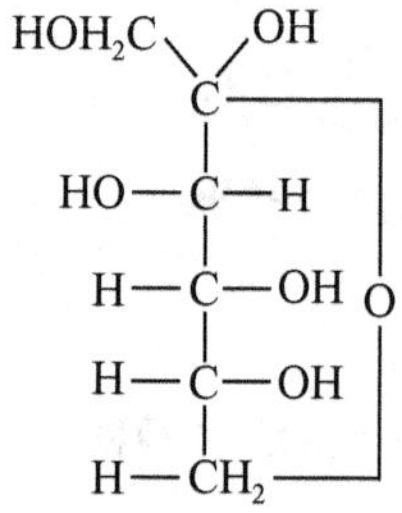

α-D- 吡喃果糖
（Fischer 式）

4.1.3.1 氧化反应

醛糖、酮糖都可被弱氧化剂氧化，能将 Fehling 试剂和 Benedict 试剂还原成砖红色氧化亚铜沉淀，能将 Tollen's 试剂还原成银镜。不同条件下，单糖的氧化产物不同，葡萄糖被氧化的情况如下：

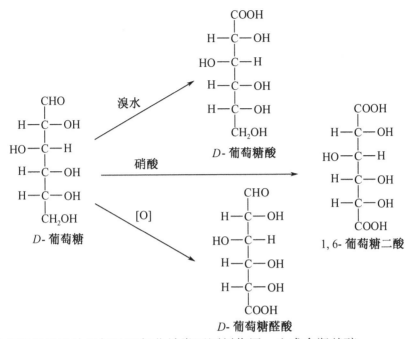

单糖的游离羰基易被钠汞氢及硼氢化钠类还原剂作用，生成多羟基醇。

而酮糖被还原成两种具有同分异构的糖醇，例如，果糖被还原成 *D*-山梨醇和*D*-甘露醇。

4.1.3.2 酯化作用

单糖为多元醇，与酸作用生成酯，生物化学上较重要的酯是磷酸酯，它们是糖代谢的中间产物，重要的己糖磷酸酯有：

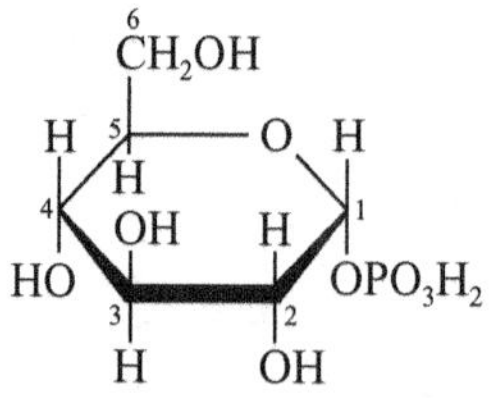

$\alpha\text{-}D\text{-}$ 葡萄糖 -1- 磷酸

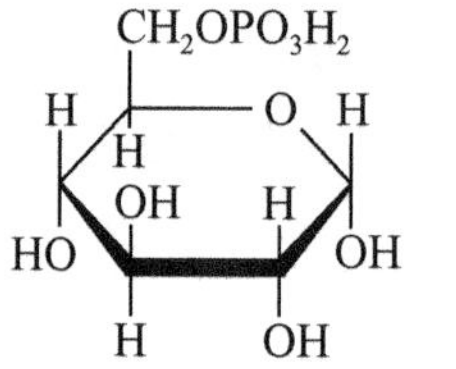

$\alpha\text{-}D\text{-}$ 葡萄糖 -6- 磷酸

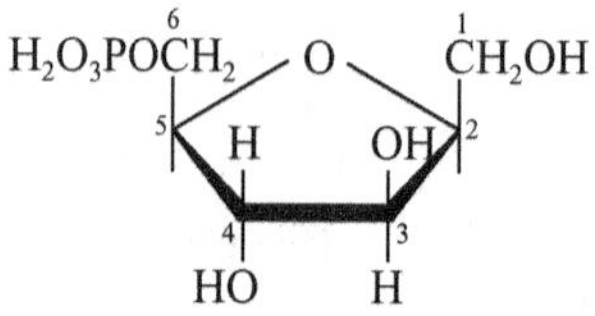

$\alpha\text{-}D\text{-}$ 果糖 -6- 磷酸

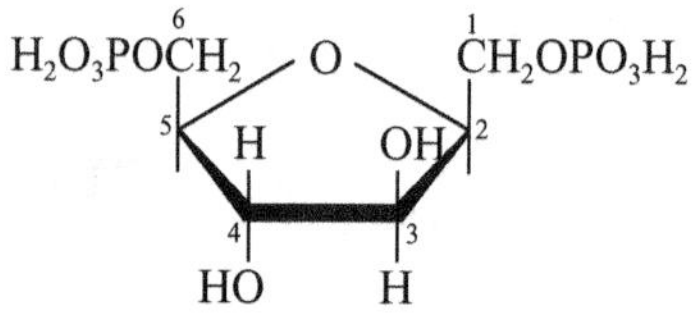

$\alpha\text{-}D\text{-}$ 果糖 -1,6- 二磷酸

4.1.3.3 成苷作用

糖的半缩醛羟基与醇及酚的羟基反应，失水形成缩醛式衍生物，通称糖苷。非糖部分称配糖体，如甲基等。如果配糖体也是单糖，如此缩合形成双糖，由于单糖有 α 与 β 型之分，生成的糖苷也有 α 与 β 两种形式。α 与 β 甲基葡萄糖苷是最简单的糖苷，天然存在的糖苷多为 β 型。

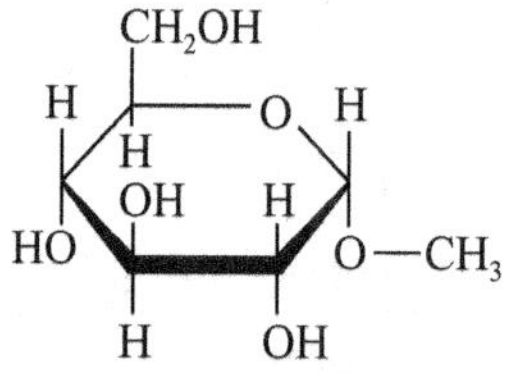

$\alpha\text{-}$ 甲基 -D- 葡萄糖苷

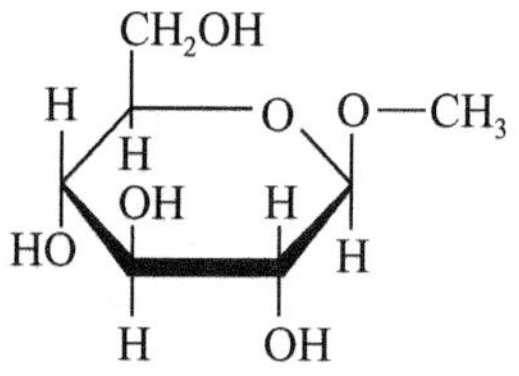

$\beta\text{-}$ 甲基 -D- 葡萄糖苷

4.1.4 单糖的衍生物

糖衍生物是指单个单糖的羟基被其他基团取代形成一系列糖衍生物。重要的有糖醇、糖醛酸、氨基糖及糖苷、糖酯等。

4.1.4.1 糖醇

糖醇是单糖还原后的产物，较稳定，有甜味。广泛分布于植物界的有甘露醇（熔点为 $106℃$，$[\alpha]_D^t$ 为 $-0.21°$），山梨醇（熔点为 $97.5°$，$[\alpha]_D^t$ 为 $-1.98°$）。山梨醇氧化时可生成葡萄糖、果糖或山梨糖。

4.1.4.2 糖醛酸

由单糖的伯醇基氧化而得。其中最常见的有葡萄糖醛酸、半乳糖醛酸等。

4.1.4.3 氨基糖

糖中的羟基为氨基所取代。常见的有 D-氨基葡萄糖（存在于甲壳质、黏液中）和氨基半乳糖（是软骨的组成成分）。

4.1.4.4 糖苷

糖苷主要存在于植物的种子、叶子及皮肉，许多天然糖苷具有重要的生物学作用。如洋地黄苷为强心剂、皂角苷有溶血作用、苦杏仁苷有止咳作用。糖苷中常见的糖基有葡萄糖、半乳糖、鼠李糖，非糖体有多种类型的化合物。

4.2　寡　　糖

寡糖是少数单糖（2～10 个）缩合形成的聚合物。自然界中最常见的寡糖是双糖，重要的双糖有麦芽糖、乳糖和蔗糖。双糖是指在一个单糖的异头碳原子上的醛或酮基能与第二个单糖的羟基反应形成的。

4.2.1　麦　芽　糖

麦芽糖可看作为淀粉和糖原的重复结构单位，它是由一分子 $\alpha\text{-}D$-葡萄糖的 C_1-（糖）苷羟基与另一分子 $\alpha\text{-}D$-葡萄糖的 C_4-醇羟基脱水而成，麦芽糖分子中还有一个游离的苷羟基，所以具有还原性，可与 Fehling 试剂和 Tollen 试剂反应，有变旋光现象，$[\alpha]_D^t$ 为 +136°。它广泛存在于发芽谷粒，特别是麦芽中。

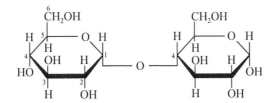

麦芽糖 [葡萄糖 -α-(1→4)- 葡萄糖苷]

4.2.2　乳　　糖

因存在于哺乳动物和人的乳汁中而得名。乳糖是由一分子 $\beta\text{-}D$-半乳糖的 C_1-（糖）苷羟基与另一分子 $\alpha\text{-}D$-葡萄糖的 C_4-醇羟基脱水而成，乳糖分子中有（糖）苷羟基，具有还原性，可与 Fehling 试剂和 Tollen 试剂反应，有变旋光现象，其 $[\alpha]_D^t$ 为 +55.4°。

乳糖酶是存在于小肠绒毛的酶，能催化乳糖水解成葡萄糖和半乳糖。有些人由于遗传缺陷，缺乏乳糖酶，还有一些人，随着年龄的增长，乳糖酶活性逐渐降低甚至丧失。在这两种情况下，食入的乳糖未被消化便进入消化道，在小肠中被细菌发酵产生氢气、二氧化碳和有机酸，导致腹部痉挛、疼痛和腹泻，这种症状称作"乳糖不耐受"。

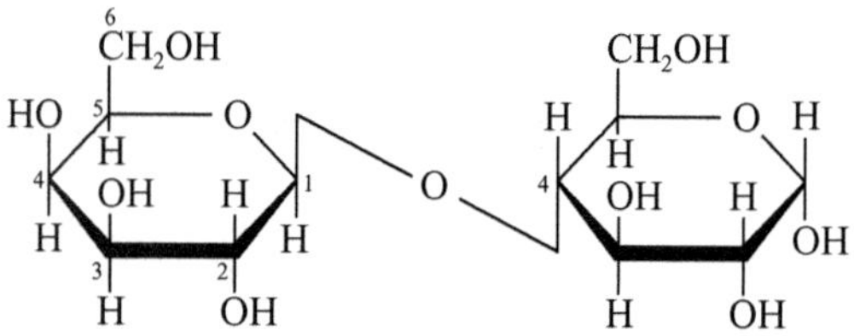

乳糖 [半乳糖-β(1→4)-葡萄糖苷]

4.2.3 蔗 糖

生活中食用的糖是蔗糖。蔗糖是由一分子 $\alpha-D-$ 葡萄糖的 C_1-（糖）苷羟基与另一分子 $\beta-D-$ 果糖的 C_2-（糖）苷羟基脱水而成，蔗糖分子中已不存在（糖）苷羟基，所以无还原性，不与 Fehling 试剂和 Tollen 试剂反应，无变旋光现象。

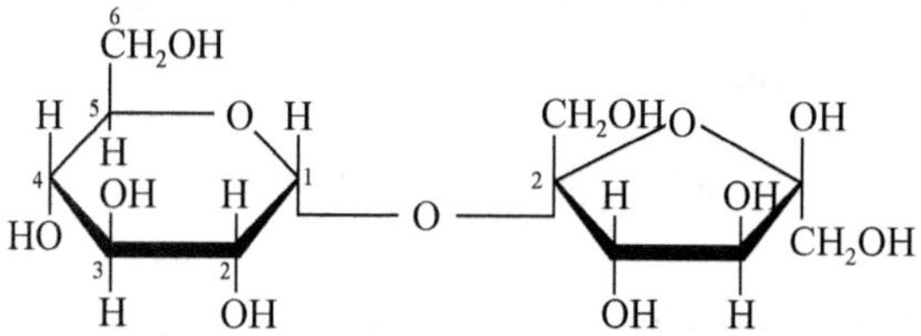

蔗糖 [葡萄糖-α-(1→2)-果糖苷]

蔗糖很甜，易溶于水，但较难溶于乙醇，水解后，溶液的旋光性由右旋变为左旋。这是因为果糖的左旋大于葡萄糖的右旋所致。因此又把水解的蔗糖称为"转化糖"。

4.3 多 糖

多糖是由多个单糖以糖苷键相连而形成的高聚物。多糖在自然界分布很广，植物的骨架纤维素，动植物储藏成分淀粉、糖原，昆虫与节肢动物的甲壳质，植物的黏液、树胶、果胶等许多物质，都是由多糖组成。

多糖没有甜味，大多数不溶于水，个别能与水形成胶体溶液，多糖没有还原性和变旋光现象。

4.3.1 同 多 糖

同多糖是由相同的单糖单位组成的多糖，它们多作为能量的储存形式和细胞结构组成成分。

4.3.1.1 储存多糖

（1）淀粉

广泛存在于植物的根茎或种子中。淀粉是由 $\alpha-D-$ 葡萄糖脱水而成的多糖，可分为直链淀粉和支链淀粉。天然淀粉由直链淀粉与支链淀粉组成。直链淀粉又称为可溶性淀粉，在淀粉中占20%左右，视植物种类与品种、生长时期的不同而异。直链淀粉是 $D-$ 葡萄糖以 $\alpha-(1\rightarrow4)$ 糖苷链形成的多糖链，相对分子质量约在 $1.0\times10^5\sim2.0\times10^6$。实验证明直链淀粉不是完全伸直的而通常是卷曲成螺旋形，每一回转为 6 个葡萄糖分子（见图4-3）。支链淀粉中除有 $\alpha-(1\rightarrow4)$ 糖苷键的糖链外，还有 $\alpha-(1\rightarrow6)$ 糖苷键连接的分支处，支链淀粉的分子较直链淀粉的大，其相对分子质量为 $5.0\times10^4\sim4.0\times10^8$。支链淀粉的分支平均含 20~30 个葡萄糖基，各分支也都是卷曲成螺旋。

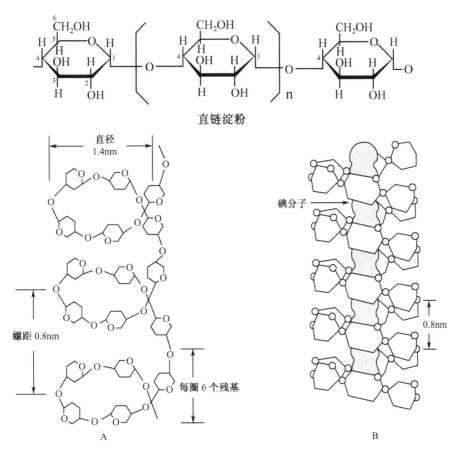

图4-3 直链淀粉的结构

A. 直链淀粉的螺旋结构；B. 直链淀粉-碘络合物

淀粉在酸或体内淀粉酶的作用下，可逐步水解成一系列产物，最后得到葡萄糖。

淀 粉──→红色糊精──→无色糊精──→麦芽糖──→葡萄糖
（遇碘显紫蓝色）　（红色）　　（不显色）　　（不显色）

淀粉与碘的呈色反应表现为直链淀粉为蓝色，支链淀粉为紫红色。这是由于碘分子进入淀粉螺旋圈内，形成淀粉碘络合物的缘故，其颜色与淀粉糖苷链的长度有关，当链长小于6个葡萄糖基时，不能形成一个螺旋圈，因而不能呈色，当平均长度为20个葡萄糖单位时呈红色，大于60个葡萄糖单位时呈蓝色，支链淀粉相对分子量虽大，但分支单位的长度只有20~30葡萄糖基，故与碘呈紫红色。

天然淀粉含有直链淀粉和支链淀粉。玉米淀粉、马铃薯淀粉分别含有27%和20%的直链淀粉，其余为支链淀粉；而糯米、粳米的淀粉几乎全部为支链淀粉。

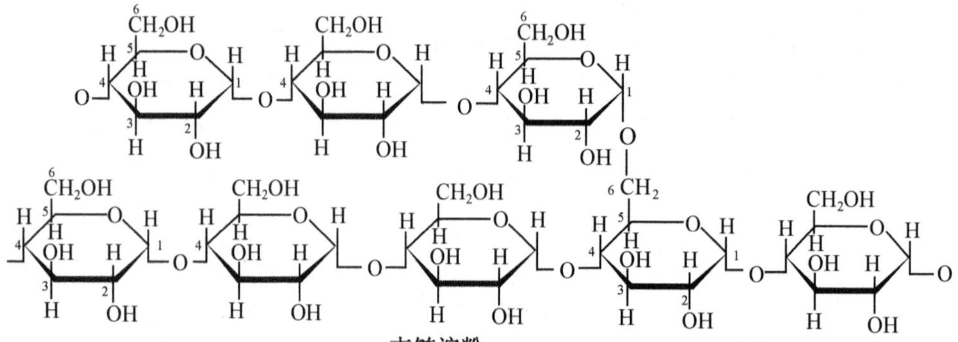

支链淀粉

（2）糖原

糖原是动物体内储存的一种多糖，也称为动物淀粉，在动物肝脏和肌肉中储量最为丰富，在谷物和细菌中也发现糖原类似物。糖原与支链淀粉相似，分支较支链淀粉多。与碘反应呈红紫色。糖原主要是 $\alpha - D -$ 葡萄糖，按 $\alpha-$（$1 \rightarrow 4$）糖苷键形成长链。每10个单元左右的长链有 $\alpha-$（$1 \rightarrow 6$）糖苷键形成分支。糖原的每个直链部分形成开放的螺旋构象，开放的螺旋构象增加了它对糖原代谢酶的易接近性。每条链的尽头是非还原端，因磷酸化酶是从糖原非还原端依次顺序地去除糖单元众多的分支，每个分支带有一个非还原端，大大增加了多糖降解作用，当机体需要时，储存糖原快速代谢。

（3）葡聚糖

葡聚糖是在酵母和一些细菌中发现的葡萄糖高聚物，葡萄糖主要是以 $\alpha -$（$1 \rightarrow 6$）糖苷键连接，也存在少量分支，形成 $\alpha -$（$1 \rightarrow 3$）和 $\alpha -$（$1 \rightarrow 4$）糖苷键。葡聚糖也是储存糖并作为细菌被膜的组成成分。

4.3.1.2 结构多糖

（1）纤维素

纤维素是自然界中最丰富的有机化合物，它占植物界碳含量的50%以上，最纯的纤维素来源是棉花，其纤维素含量高达97%~99%，纤维素是植物细胞壁的主要组成成分。纤维素是由许多 $\beta - D -$ 葡萄糖分子以 $\beta -$（$1 \rightarrow 4$）糖苷键连接的非支链多糖。

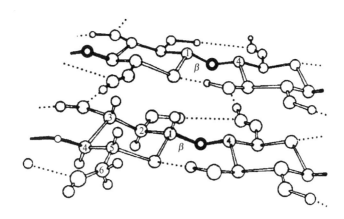

纤维素

在纤维中，纤维素分子以氢键构成平行的微晶束（图4-4），由于纤维素微晶间氢键很多，所以微晶束相当牢固。哺乳动物包括人类缺少能消化纤维素β-（1→4）糖苷键的酶，不能将纤维素水解成葡萄糖。一些细菌、真菌和某些低等动物（昆虫、蜗牛）产生纤维素酶，能降解纤维素，反刍动物消化系统中有产生纤维素酶的细菌，所以，牛、马、羊等动物可以靠吃草维持生命。

图4-4 纤维素的平行分子间氢键

（2）几丁质（壳多糖）

几丁质在结构与功能上与纤维素相似，是由N-乙酰-D-葡萄糖胺以β-（1→4）糖苷键型缩合形成线性同多糖，是藻类、昆虫、甲壳动物的结构材料。

几丁质中的重复二糖单位

几丁质的结构

4.3.2 杂 多 糖

杂多糖是指由不相同的单糖单位组成的多糖。

4.3.2.1 黏多糖

黏多糖是己醛糖、氨基己糖和其他己糖作为结构单位组成的高分子化合物。黏多糖是结缔组织的主要成分，组织间质及腺体分泌的黏液中含有。黏多糖往往与蛋白质结合成黏蛋白而存在于生物体中。

（1）透明质酸

透明质酸是一种分布很广的黏多糖，存在于眼球的玻璃体、角膜、关节润滑液和软骨中，与蛋白质结合构成细胞间质的主要成分，能黏合和保护细胞。透明质酸是黏多糖中结构最简单的一种，含有重复的二糖单位，二糖单位是由 N -乙酰基- D -氨基葡萄糖和 D -葡萄糖醛酸所组成的。

（2）肝素

肝素广泛分布于哺乳动物组织和体液中，因肝中含量最为丰富而得名。在肌肉、血管壁、肠黏膜中含量也很高。肝素是抗凝血物质，能使凝血酶失去作用，使血液在体内不被凝固，临床上也常用于防止血栓的形成。肝素的结构单位是由 D -葡萄糖醛酸-2-硫酸酯和 N -磺酰基- D -氨基葡萄糖-6-硫酸酯组成的。

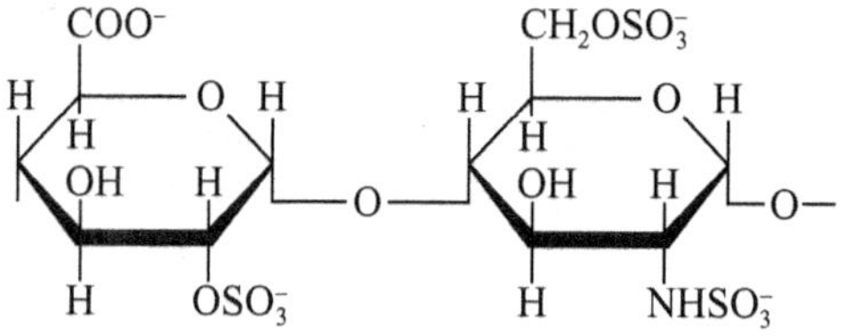

肝 素

（3）硫酸软骨素

硫酸软骨素存在于大多数结缔组织中，软骨中的软骨黏蛋白是蛋白质与硫酸软骨素结合而成的，硫酸软骨的结构单位是 D -葡萄糖醛酸和 N -乙酰半乳糖胺硫酸酯组成的，因硫酸基位置不同（4-硫酸或6-硫酸）可形成两种形式。

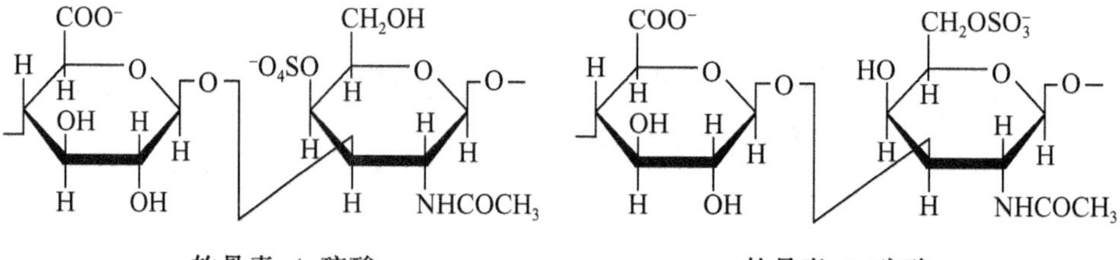

软骨素-4-硫酸   软骨素-6-硫酸

4.3.2.2 糖蛋白

糖蛋白是由带比较短的分支的寡糖与多肽链共价连接而形成的结合蛋白质。糖蛋白是体内重要的生物大分子物质，包括许多酶、激素、抗体、结构蛋白和转运蛋白等。

糖链与蛋白质多肽链的共价结合称为糖基化作用，糖链与肽链的连接键称糖肽键，可分为 N-糖苷键和 O-糖苷键两大类，参与糖肽键的氨基酸残基主要有：天冬酰胺、丝氨酸、苏氨酸、羟赖氨酸、羟脯氨酸，它们可与 N-乙酰葡萄糖胺、N-乙酰半乳糖胺、木糖、半乳糖及阿拉伯糖形成五种主要的糖肽键（表4-1）。

表 4-1　存在于糖蛋白中的五种主要的糖肽键

糖肽键	结　构	存　在
N-糖苷键 β-N-乙酰葡糖胺-天冬酰胺（GlcNAc-Asn）	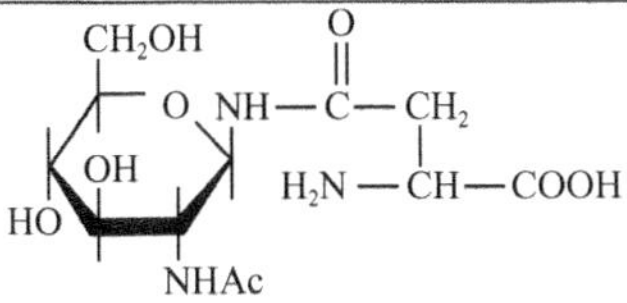	广泛分布于动物、植物和微生物
O-糖苷键 α-N-乙酰半乳糖胺-丝氨酸/苏氨酸（GalNAc-Ser/Thr）	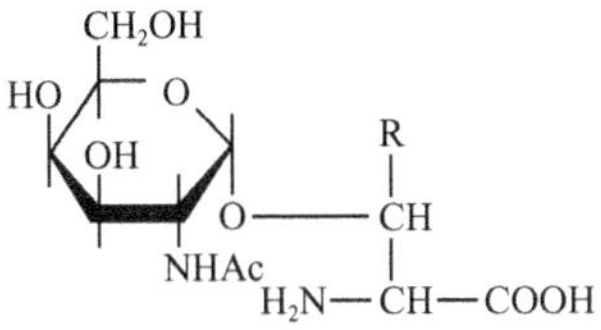	动物来源的糖蛋白
β-木糖丝氨酸（Xyl-Ser）	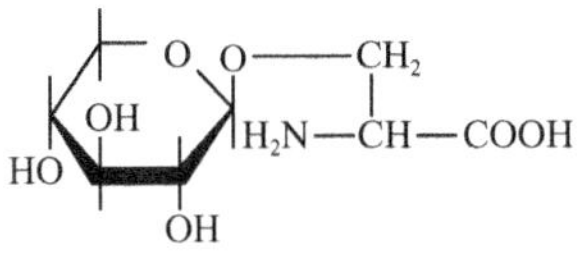	蛋白聚糖、人甲状腺球蛋白
β-半乳糖-羟赖氨酸（Gal-Hyl）	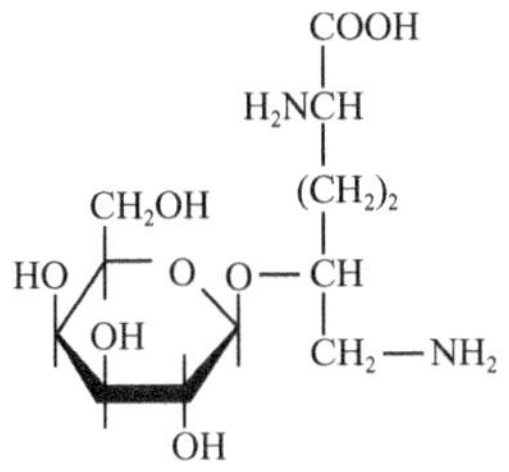	胶原
α-L-阿拉伯糖-羟脯氨酸（Ara-Hyp）	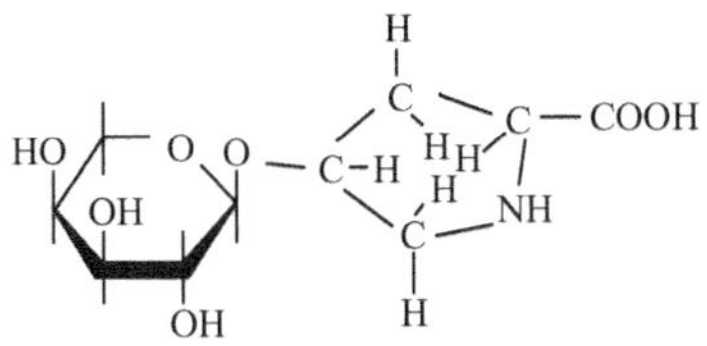	植物和藻类糖蛋白

糖蛋白位于细胞表面，可被分泌进入体液或作为膜蛋白。糖蛋白有着非常重要的作用，如细胞的定位、胞饮、识别、迁移、信息传递、肿瘤转移等。糖蛋白中的糖基作为蛋白质的特殊标记物，在细胞膜的蛋白质或脂质定向定位中起着重要作用。

4.3.2.3 蛋白多糖

蛋白多糖是由大量的黏多糖（占 90% ~95%）通过共价键与蛋白质相连的大分子

化合物，这种聚合物的性质主要取决于多糖，而不取决于蛋白质。

已知在蛋白聚糖中有三种不同类型的糖肽键：①D-木糖与丝氨酸羟基之间形成的O-糖肽键。②N-乙酰葡萄糖胺与天冬酰胺之间形成的N-糖肽键。③N-乙酰半乳糖胺与苏氨酸或丝氨酸羟基之间形成的O-糖肽键。

在蛋白多糖的分子结构中，蛋白质分子居于中间，构成一条主链，称为核心蛋白，黏多糖尤其是硫酸软骨素和角质素分子排列在蛋白质分子的两侧，与每个核心蛋白共价连接（见图4-5）。

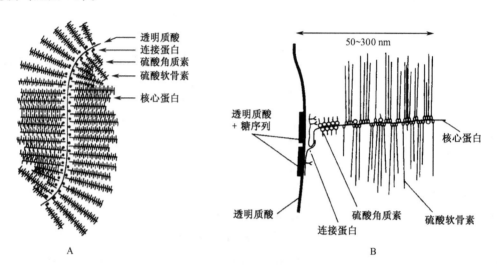

图4-5　软骨可聚蛋白聚糖聚集体结构示意图

A. 整个聚集体的分子结构；B. 蛋白聚糖单体与主链的非共价连接

4.3.2.4　脂多糖

脂多糖是溶于水的脂-多糖复合物。脂多糖是革兰氏阴性细菌细胞壁的组成成分，它由杂糖链共价连接脂质 A（lipid A）组成（见图4-6）。杂多糖由一个核心寡糖和决定细胞表面抗原同一性的O-特异链组成，后者由重复的寡糖单位构成。脂质 A 是由两

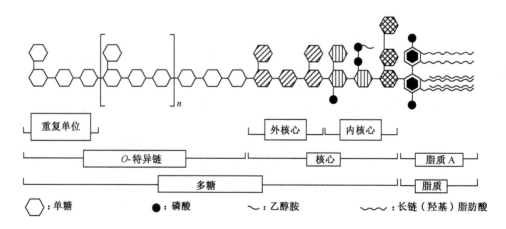

图4-6　沙门氏杆菌脂多糖的化学结构示意图

分子 D -葡糖胺以 β -1,6糖苷键连接的重复单位，重复单位间以焦磷酸连接，糖 2 -，3 -碳原子上连有长链脂肪酸，脂质 A 决定脂多糖的毒性（见图 4-7）。脂多糖的每一部分都具有生物学或生理学功能。

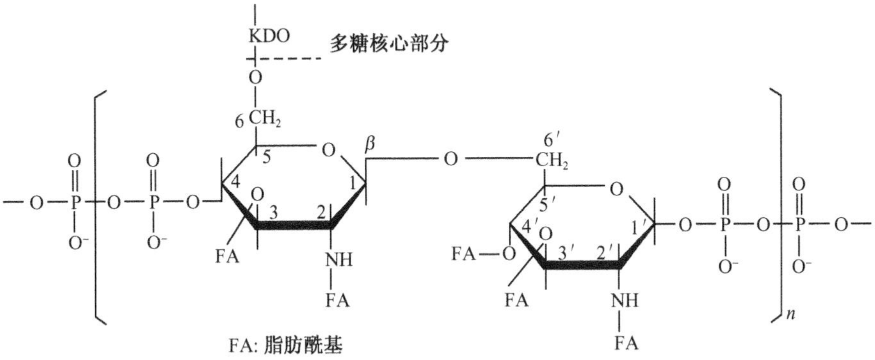

图 4-7　脂质 A 的基本结构

5 脂类与生物膜

本章提要 脂类是一类微溶或不溶于水而溶于有机溶剂的有机化合物。从化学组成或化学本质来看，大多数脂类是由脂肪酸和醇所形成的酯及其衍生物。根据其分子组成和化学结构特点，脂类大体上可分为单纯脂、复合脂和衍生脂三大类。单纯脂包括甘油三酯和蜡，脂肪是生物体内重要的供能和储能物质。复合脂包括磷脂和糖脂，衍生脂主要包括高级一元醇、脂肪酸及其衍生物、萜类、类固醇类、脂溶性维生素、脂多糖及脂蛋白等。脂溶性维生素（A、D、E、K）、激素、胆汁酸等脂类在生物体内具有重要的生理活性，血浆脂蛋白在不同组织中合成，发挥着不同的生理作用。生物膜含有蛋白质、脂类、糖类、少量的水和无机盐。生物膜是由磷脂脂双层膜蛋白构成的。膜的组分在膜两侧的分布是不对称的。流动性是生物膜结构的主要特征。生物膜具有多种生物学功能，膜蛋白是膜功能的主要承担者，在物质运输、信息传递、能量转换、细胞分裂、细胞融合等生理功能中具有十分重要的作用。

5.1 脂 类

5.1.1 脂类的概念

脂类（lipid）也称脂质，是一类性质上微溶或不溶于水而溶于有机溶剂的有机化合物。从化学组成或化学本质来看，绝大多数脂类是由脂肪酸和醇所形成的酯及其衍生物。从元素组成上看，主要是碳、氢、氧，有些还是含氮、磷、硫的化合物。脂类广泛存在于生物界。

5.1.2 脂类的分类

5.1.2.1 根据分子组成和化学结构特点分类

脂类是根据溶解性质定义的一类生物分子，尚无统一的分类方法，根据其分子组成和化学结构特点，大体上可分为三大类。

1）单纯脂类（simple lipid） 是脂肪酸和醇（甘油、高级一元醇或固醇）形成的酯，包括甘油三酯（三酰甘油）和蜡。

2）复合脂类（compound lipid） 分子中除含脂肪酸和醇外，还含有磷酸、糖或含氮小分子等非脂成分，它包括磷脂和糖脂两类。

3）衍生脂类（derived lipid） 是单纯脂类和复合脂类的衍生物或与之密切相关并

具有脂类一般性质的物质，以及由若干异戊二烯碳架构成的物质。它主要包括高级一元醇、脂肪酸及其衍生物、萜类、类固醇类、脂溶性维生素、脂多糖及脂蛋白。

5.1.2.2 根据构成脂类分子的主要成分分类

根据构成脂类分子的主要成分，即是否与脂肪酸结合，将脂类分为简单脂类和复合脂类两大类。

1）简单脂类　不含结合脂肪酸的脂类。包括萜类、类固醇类等。这类脂不能被碱水解而生成皂（脂肪酸盐），又称非皂化脂类。

2）复合脂类　与脂肪酸结合的脂类。包括甘油三酯、磷脂、糖脂及蜡等。这类脂能被碱水解生成皂，又称可皂化脂类。

5.1.2.3 真脂和类脂

根据脂类分子是否仅含甘油和脂肪酸，将脂类分为真脂和类脂两大类，真脂即甘油三酯，其他均为类脂。

5.1.3 脂类的生物学功能

脂类具有多种生物学功能。脂肪是生物体内重要的供能和储能物质。1 g 脂肪在体内完全氧化分解可产生 39 kJ 的能量，是等量糖或蛋白质的 2.3 倍。同时脂肪又以高度疏水状态存在，1 g 脂肪所占体积为 1.2 mL，仅是等量糖或蛋白质的 1/4 左右，因此脂肪是生物体内最为有效的储能形式。动物皮下和脏器周围的脂肪具有防止机械损伤和固定内脏的保护作用，加之脂肪不易导热，故还有防止热量散失的作用，以维持体温。此外，油脂还是一种良好的溶剂，有助于脂溶性物质（脂溶性维生素及维生素原等）的吸收。磷脂、糖脂和胆固醇是生物膜的重要结构成分，而生物膜又是物质进出细胞或亚细胞结构的通透性屏障。脂类还可为人和动物体提供必需脂肪酸。一些具有特殊生理活性的物质，如维生素 A、维生素 D、维生素 E、维生素 K、激素、胆汁酸等都是脂类物质。此外，蜡则是海洋浮游生物体内能量物质的主要储存形式。羽毛、被膜及果实表层的蜡质对防水、减少外部感染及防止水分蒸发等均具有重要作用。

5.1.4 脂　肪　酸

脂肪酸（fatty acid）是由一条长的烃链和一个末端羧基组成的羧酸。从动物、植物和微生物中分离出来的脂肪酸已有百余种。在生物体内，仅有少量脂肪酸以游离形式存在，而绝大部分是以甘油三酯、磷脂、糖脂等结合形式存在，作为若干脂类物质的基本组成成分。

脂肪酸的烃链多为线形的，少数为环状或含有分支的。烃链中含有不饱和双键（少数为炔键）的脂肪酸为不饱和脂肪酸，如油酸、亚油酸等；不含双键的脂肪酸，则称饱和脂肪酸，如软脂酸、硬脂酸等。天然脂肪酸多为偶数碳原子；少数为奇数碳原子，且多存在于某些海洋生物中，陆地生物则含量极少。习惯上将碳原子数目小于 10

的脂肪酸称为低级脂肪酸，常温下呈液态；碳原子数目高于 10 的称为高级饱和脂肪酸，常温下呈固态。不饱和脂肪酸在常温下呈液态。不同脂肪酸之间的主要区别在于烃链的长度、双键数目、双键位置及构型。

脂肪酸常用简写符号来表示，其书写方法是先写出脂肪酸的碳原子数目，再写出双键数目，两者之间以冒号隔开；双键位置用 Δ 右上标数字表示，数字间以逗号隔开，在数字后面以 c（cis，顺式）或 t（$trans$，反式）表示双键的构型。例如十八碳饱和脂肪酸（硬脂酸）的简写符号为 18:0；顺，顺-9,12-十八碳二烯酸（亚油酸）简写为 $18:2\Delta^{9c,12c}$。常见脂肪酸见表 5-1。

表 5-1　常见的脂肪酸

名称（俗名）	英文名	简写符号	结构	熔点/℃	存在
饱和脂肪酸					
丁酸（酪酸）	butyric acid	4:0	$CH_3(CH_2)_2COOH$	-7.9	奶油
己酸（羊油酸）	caproic acid	6:0	$CH_3(CH_2)_4COOH$	-3.4	奶油、羊脂、可可油等
辛酸（羊脂酸）	caprylic acid	8:0	$CH_3(CH_2)_6COOH$	16.7	奶油、羊脂、可可油等
癸酸（羊蜡酸）	capric acid	10:0	$CH_3(CH_2)_8COOH$	32.0	椰子油、奶油
十二酸（月桂酸）	lauric acid	12:0	$CH_3(CH_2)_{10}COOH$	44.0	鲸蜡、椰子油
十四酸（豆蔻酸）	myristic acid	14:0	$CH_3(CH_2)_{12}COOH$	54.0	肉豆蔻脂、椰子油
十六酸（棕榈酸）	palmitic acid	16:0	$CH_3(CH_2)_{14}COOH$	63.0	动、植物油
十八酸（硬脂酸）	stearic acid	18:0	$CH_3(CH_2)_{16}COOH$	70.0	动、植物油
二十酸（花生酸）	arachidic acid	20:0	$CH_3(CH_2)_{18}COOH$	75.0	花生油
二十二酸（山-R酸）	behenic acid	22:0	$CH_3(CH_2)_{20}COOH$	80.0	山-R、花生油
二十四酸（掬焦油酸）	lignoceric acid	24:0	$CH_3(CH_2)_{22}COOH$	84.0	花生油
二十六酸（蜡酸）	cerotic acid	26:0	$CH_3(CH_2)_{24}COOH$	87.7	蜂蜡、羊毛脂
二十八酸（褐煤酸）	montanic acid	28:0	$CH_3(CH_2)_{26}COOH$	—	蜂蜡
不饱和脂肪酸					
十八碳-一烯酸（油酸）	oleic acid	$18:1\Delta^{9c}$	$CH_3(CH_2)_7CH=CH(CH_2)_7COOH$	13.4	动、植物油
十八碳-二烯酸（亚油酸）	linoleic acid	$18:2\Delta^{9c,12c}$	$CH_3(CH_2)_4(CH=CHCH_2)_2(CH_2)_6COOH$	-5.0	棉籽油、亚麻仁油
十八碳-三烯酸（亚麻酸）	linolenic acid	$18:3\Delta^{9c,12c,15c}$	$CH_3(CH=CHCH_2)_3(CH_2)_6COOH$	-11.0	亚麻仁油
二十碳-四烯酸（花生四烯酸）	arachidonic acid	$20:4\Delta^{5c,8c,11c,14c}$	$CH_3(CH_2)_4(CH=CHCH_2)_4(CH_2)_2COOH$	-50.0	磷脂酰胆碱、磷脂酰乙醇胺
二十碳-五烯酸	eicosapen taenoic acid(EPA)	$20:5\Delta^{5c,8c,11c,14c,17c}$	$CH_3CH_2(CH=CHCH_2)_5(CH_2)_2COOH$	-54.0 ~53.0	鱼油
二十二碳-六烯酸	docosahexaeno-ic acid(DHA)	$22:6\Delta^{4c,7c,10c,13c,16c,19c}$	$CH_3CH_2(CH=CHCH_2)_6CH_2COOH$	-45.5~ -44.1	鱼油

人和其他哺乳动物体内能够合成多种脂肪酸，但不能合成 Δ^9 之后双键的不饱和脂肪酸，因此不能合成亚油酸和亚麻酸。这两种脂肪酸和花生四烯酸是合成膜脂、前列腺素、血栓素、白三烯等的必需成分。虽然花生四烯酸在体内可由食物中的亚油酸合成，但不能满足机体生长发育的需要。因此，人和动物体不能合成的或合成量不能满足机体需要的、必须由食物供给的脂肪酸称为必需脂肪酸（essential fatty acid）。

5.1.5 单纯脂类

5.1.5.1 甘油三酯

甘油三酯（triglyceride）是由三分子脂肪酸与甘油所形成的酯，也称三酰甘油。常温下呈液态的称为油（oil），呈固态的称为脂（fat）。植物性甘油三酯多为油，动物性甘油三酯多为脂。两者通常统称为油脂、脂肪、中性脂或真脂。甘油三酯的化学结构通式如下：

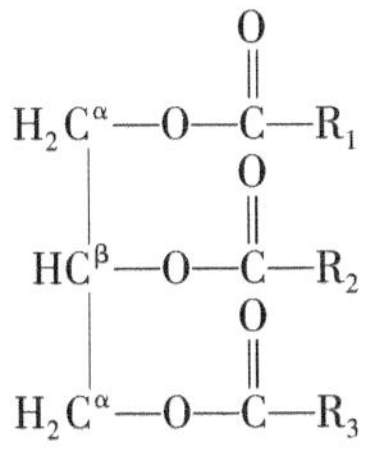

D-甘油三酯 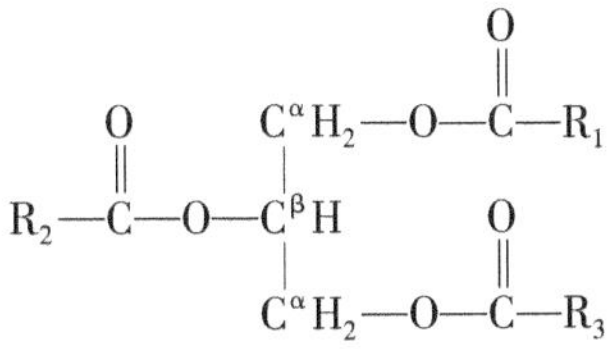   L-甘油三酯

式中，R_1、R_2、R_3 为各种脂肪酸的烃链。R_1、R_2、R_3 相同者，称为简单甘油三酯；R_1、R_2、R_3 中两个不同或均不相同，称为混合甘油三酯。天然的甘油三酯多为混合甘油三酯，组成甘油三酯的脂肪酸多为含 16、18 个碳原子的饱和脂肪酸及不饱和脂肪酸。

5.1.5.2 蜡

蜡（wax）广泛存在于自然界，是高级脂肪酸与高级一元醇或固醇所形成的酯。蜡中的脂肪酸一般为 C_{16} 或 C_{16} 以上的饱和脂肪酸，醇可以是饱和醇或不饱和醇及固醇，因此蜡不溶于水，常温下呈固态。蜡的硬度取决于烃链的长度和饱和程度。

依来源的不同，天然蜡可分为动物蜡和植物蜡两大类。动物蜡主要有蜂蜡、虫蜡（白蜡）、鲸蜡、羊毛蜡等。植物蜡主要为巴西棕榈蜡，存在于巴西棕榈叶中。某些动植物的体表往往被覆一薄层蜡质，其主要功能是防水和防止水分散失、病原微生物的侵害及其他损伤。对于海洋浮游生物来讲，蜡是能量物质的主要储存形式。在工业生产中，蜡作为润滑剂、涂料、抛光剂等的原料。

5.1.6 复合脂类

5.1.6.1 磷脂

磷脂（phospholipid）是含有磷酸的脂类，它是生物膜的重要组成成分。磷脂包括甘油磷脂和鞘磷脂两大类。

（1）甘油磷脂

甘油磷脂（glycerol phosphatide）亦称磷酸甘油酯（phosphoglyceride），由甘油、脂肪酸、磷酸和其他物质所组成，是磷脂酸的衍生物，是生物膜膜脂的主要成分。其结构通式如下：

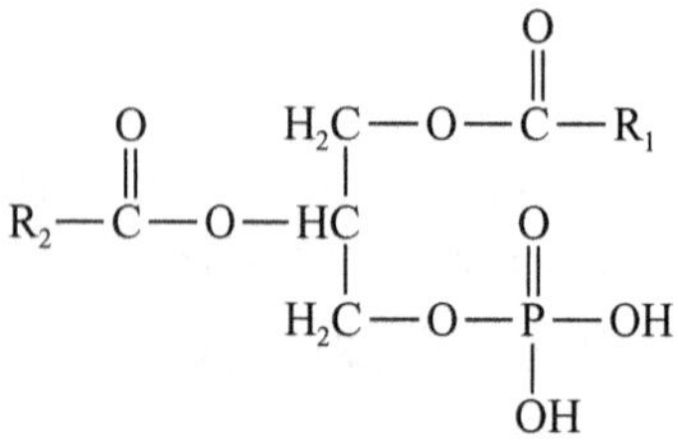

磷脂酸 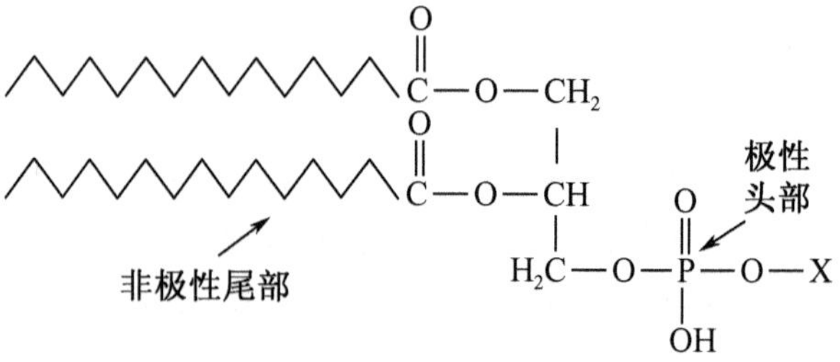　　　　　　　　　　　　　　甘油磷脂

式中，R_1 通常为饱和烃基，R_2 为不饱和烃基，X 为胆碱、乙醇胺（胆胺）、丝氨酸、肌醇等。如结构通式所示，分子中磷酸基与 X 酯化的部分一起构成极性头部，两条长的烃链构成非极性尾部，这种两性分子在构成生物膜结构中具有重要作用。如磷脂酰胆碱（卵磷脂）、磷脂酰乙醇胺（脑磷脂）、磷脂酰丝氨酸（丝氨酸磷脂）、磷脂酰肌醇（肌醇磷脂）等。常见的甘油磷脂见表5-2。

表5-2　常见的甘油磷脂极性头

磷脂酰胆碱	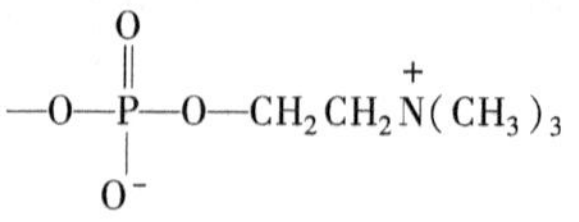
磷脂酰丝氨酸	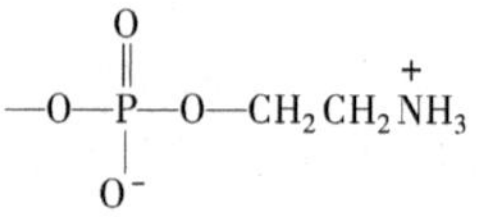
磷脂酰乙醇胺	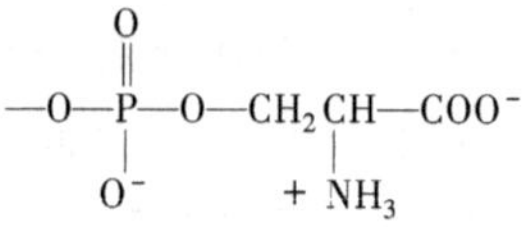
磷脂酰肌醇	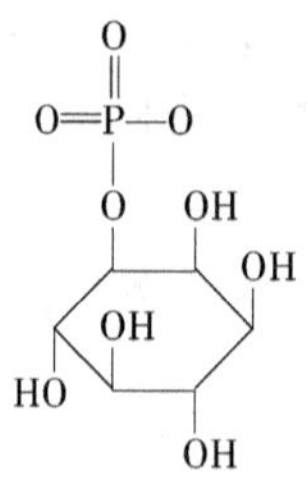

磷脂酰甘油	$$-O-\overset{\overset{\displaystyle O}{\|}}{\underset{\underset{\displaystyle O^-}{\|}}{P}}-O-CH_2-CHOH-CH_2OH$$
二磷脂酰甘油（心磷脂）	$$\begin{array}{c} -O-\overset{\overset{O}{\|}}{\underset{\underset{O^-}{\|}}{P}}-O-CH_2 \\ \qquad\qquad\qquad\quad\; CHOH \\ -O-\overset{\overset{O}{\|}}{\underset{\underset{O^-}{\|}}{P}}-O-CH_2 \end{array}$$

（2）鞘磷脂

鞘磷脂（sphingomyelin）即鞘氨醇磷脂（sphingophospholipid），由鞘氨醇、脂肪酸、磷酸、胆碱或乙醇胺所组成。鞘氨醇至今已发现 60 多种，最常见的是 4-烯鞘氨醇，常称 D-鞘氨醇，其次是二氢鞘氨醇和 4-羟二氢鞘氨醇，又称植物鞘氨醇。鞘氨醇的-NH_2 与脂肪酸以酰胺键相连，则形成神经酰胺（ceramide，Cer），是鞘脂的共同基本结构。神经酰胺的伯醇基与磷酸胆碱或磷酸乙醇胺酯化即为鞘磷脂。D-鞘氨醇及其所形成的神经酰胺、鞘磷脂的结构如下：

$$CH_3(CH_2)_{12}-\overset{\overset{H}{\|}}{C}=\overset{OH}{\underset{\underset{H}{}}{C}}-\overset{\overset{OH}{\|}}{\underset{\underset{H}{}}{C}}-\overset{\overset{NH_2}{\|}}{\underset{\underset{H}{}}{C}}-CH_2OH$$

D-鞘氨醇

$$\begin{array}{c} R-\overset{\overset{O}{\|}}{C}-NH-\overset{\overset{CH_2-OH}{\|}}{CH} \\ CH_3(CH_2)_{12}-CH=CH-CH-OH \end{array}$$

神经酰胺

$$CH_3(CH_2)_{12}-CH=CH-\overset{\overset{}{\underset{\underset{OH}{}}{CH}}}{}-\overset{\overset{}{\underset{\underset{NH}{}}{CH}}}{}-CH_2-O-\overset{\overset{O}{\|}}{\underset{\underset{OH}{}}{P}}-X$$
$$\underset{\underset{R}{\overset{\|}{C=O}}}{}$$

鞘磷脂

式中与-NH_2 连接的脂肪酸多为 C_{16}、C_{18}、C_{24} 脂肪酸。X 为胆碱或乙醇胺（少数），形成的鞘磷脂称胆碱鞘磷脂（choline sphingomyelin，即神经鞘磷脂）或乙醇胺鞘磷脂（ethanolamine sphingomyelin）。鞘磷脂也具有两个疏水的尾部和一个极性头部。

在植物鞘磷脂中，代之胆碱、乙醇胺与磷酸相连的是一个肌醇及与之相连的由 3~4 个单糖组成的寡糖，所以又称植物糖鞘磷脂。

5.1.6.2 糖脂

糖脂（glycolipid）是指糖通过其半缩醛羟基以糖苷键形式与脂类连接的复合脂。糖脂可分为鞘糖脂、甘油糖脂以及由类固醇衍生的糖脂。其中，前两类糖脂作为生物膜的结构成分。

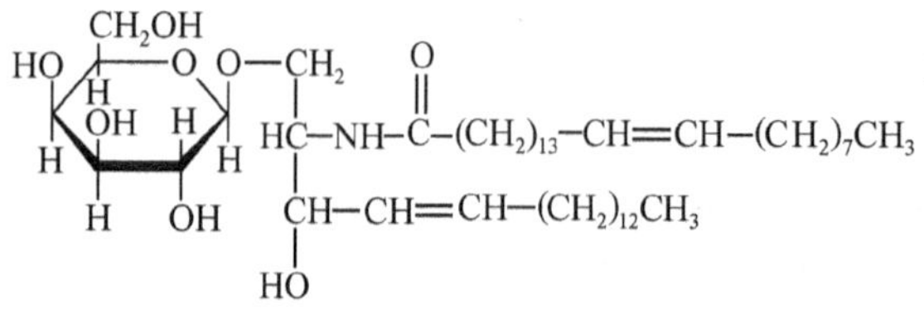

半乳糖脑苷脂

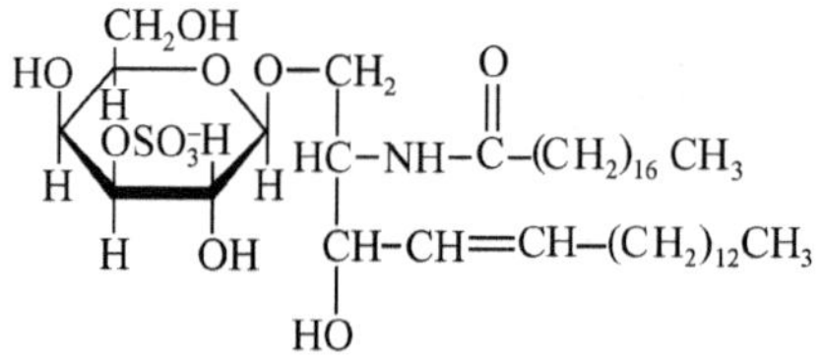

硫酸脑苷脂

（1）鞘糖脂

鞘糖脂（glycosphingolipid）最初是从脑组织中提取的，它以神经酰胺作为基本结构，是神经酰胺的伯醇基与糖基相连所形成的糖苷化合物。糖基有单糖，也有寡糖。糖基中不含唾液酸的鞘糖脂称中性鞘糖脂，如半乳糖脑苷脂（galactosylcerebroside）、葡萄糖脑苷脂（glucosylcerebroside）、乳糖脑苷脂（lactosylcerebroside）等。糖基部分被硫酸化的鞘糖脂称硫酸鞘糖脂，也称硫苷脂（sulfatide），如半乳糖硫苷脂、葡萄糖硫苷脂。糖基部分含有唾液酸的鞘糖脂，称神经节苷脂（ganglioside），其糖基多为寡糖，含一个或多个唾液酸，人体内的神经节苷脂几乎都是 N-乙酰神经氨酸。硫酸鞘糖脂和神经节苷脂又统称为酸性鞘糖脂。鞘糖脂不仅是生物膜的结构成分，还是血型抗原、受体等物质，在细胞识别与黏着、血液凝固及神经冲动的传导中起重要作用。

（2）甘油糖脂

甘油糖脂（glyceroglycolipid），也称糖基甘油酯（glycoglyceride），主要存在于植物、微生物以及哺乳动物的某些组织中。它是甘油二酯分子中第 3 位碳原子上的羟基与糖基以糖苷键形式连接所形成的化合物。最常见的甘油糖脂有单半乳糖基甘油二酯和二半乳糖基甘油二酯。其结构如下：

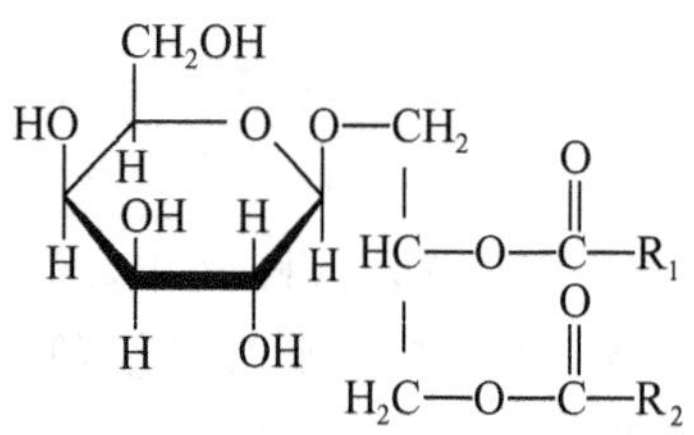

单半乳糖基二酰甘油

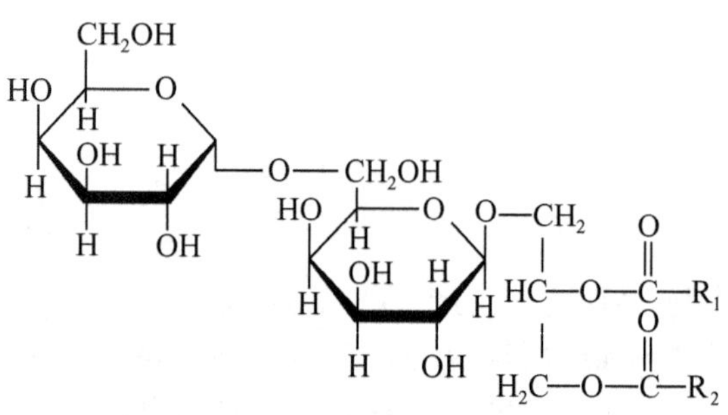

二半乳糖基二酰甘油

5.1.7 衍生脂类

许多衍生脂类是生物体内重要的生物活性物质。

5.1.7.1 前列腺素、血栓素、白三烯

前列腺素（prostaglandin，PG）、血栓素（thromboxane，TX）和白三烯（leukotriene，LT）都是 20 碳不饱和脂肪酸的衍生物，在人和哺乳动物的许多组织和细胞中都能合成。它们的合成前体主要是花生四烯酸（$C20:4\Delta^{5C,8C,11C,14C}$），其次是 γ-高亚麻酸（$C20:3\Delta^{8C,11C,14C}$）和 20 碳五烯酸 EPA（$C20:5\Delta^{4C,7C,10C,13C,16C}$）。

前列腺素是 1930 年由瑞典学者 Ulf von Euler 首先从精液中发现的，当时认为是来自前列腺，故称为前列腺素，后来发现它广泛分布于人和动物的许多组织。天然的前列腺素可分为 9 大类，分别为 A、B、C、D、E、F、G、H、I（图 5-1）。前列腺素具有多种生理功能，如促进炎症反应、扩张血管、降低血压、抑制血小板聚集、松弛平滑肌及促进胃平滑肌收缩、引产及诱导雌畜发情等作用。

血栓素，又称凝血恶烷。最先是从血小板中分离提取的，其结构与前列腺素相似，故被认为是前列腺素的类似物（图 5-2）。由花生四烯酸合成的 TXA_2 具有促进动脉收缩、血小板聚集及血栓形成的作用。

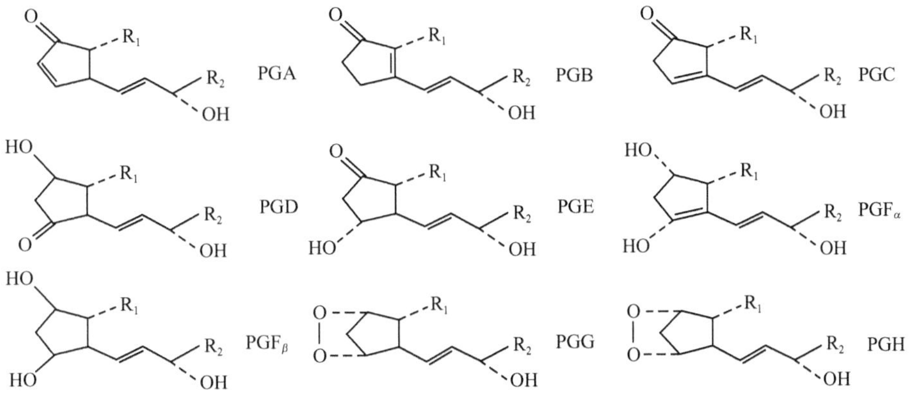

图 5-1　前列腺素的化学结构
$R_1 = -(CH_2)_4 \cdot COOH$　$R_2 = -(CH_2)_4 \cdot CH_3$

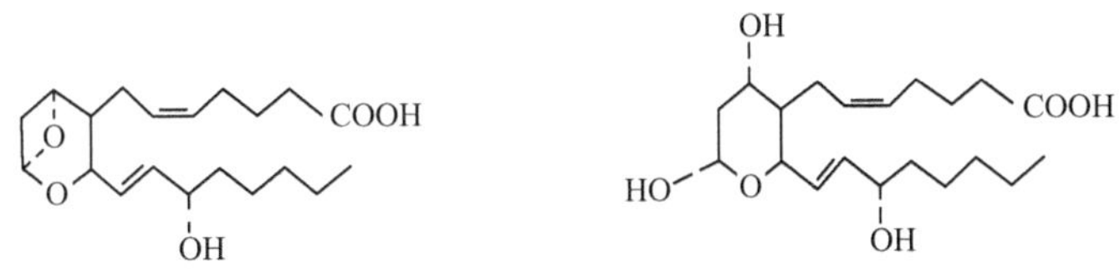

图 5-2　两种血栓素的化学结构

白三烯最早是在白细胞中发现的，因其结构中含有 3 个共轭双键而得名。由花生四烯酸合成的白三烯有 4 个双键，故缩写为 LT_4（图 5-3），但其中一个双键是非共轭双键。白三烯能够促进趋化性、炎症反应和过敏反应。

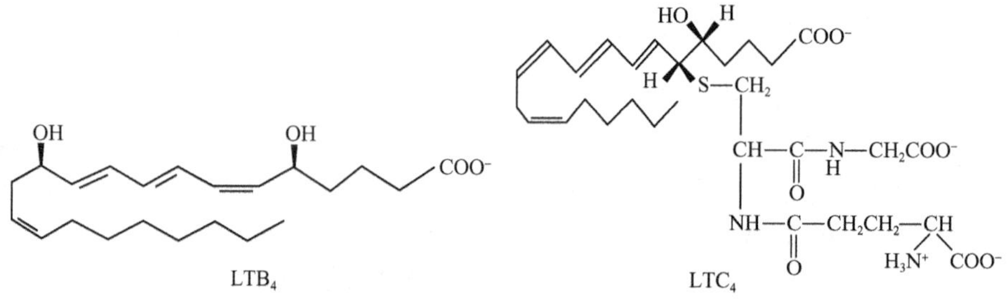

图 5-3　几种白三烯的化学结构

5.1.7.2　萜类

萜类（terpene）是异戊二烯的衍生物。根据异戊二烯的数目，可将其分为：单萜（柠檬烯、香茅醛等）、倍半萜（防风根烯、桉叶醇等）、二萜（叶绿醇、视黄醛等）、三萜（鲨烯、羊毛固醇等）、四萜（番茄红素、β-胡萝卜素等）和多萜（辅酶 Q、天然橡胶）等数种。

5.1.7.3　类固醇类

类固醇化合物的基本结构是环戊烷多氢菲（perhydrocyclopentanophenanthrene）（图 5-4），在 A、B（C_{10}）和 C、D（C_{13}）环之间各有一个甲基侧链的环戊烷多氢菲称"甾"（图 5-4），因此类固醇又称甾醇（sterol）。根据甾核上结构的差异，类固醇化合物分为固醇及其衍生物。

图 5-4　环戊烷多氢菲和甾核的结构

（1）固醇

固醇是甾核 C_3 上有一个羟基、C_{17} 上有一个含 8～10 个碳原子烃链的化合物。依来源不同，固醇可分为动物固醇、植物固醇及真菌固醇。动物固醇主要包括胆固醇（cholesterol）（图 5-5）、羊毛固醇、二氢胆固醇、粪固醇以及 7-脱氢胆固醇等。胆固醇是两性分子，作为生物膜的结构成分，对维持膜脂的物理状态具有调节作用。另外，胆固醇也是血浆脂蛋白的成分，与动脉粥样硬化有关。皮肤中的 7-脱氢胆固醇在紫外线的照射下可转化为维生素 D_3。植物固醇主要包括谷固醇、豆固醇、菜油固醇、菠菜固醇、菜籽固醇等，其中以谷固醇、豆固醇为多，存在于小麦、大豆中。植物固醇不易被人肠黏膜细胞吸收，并能抑制胆固醇的吸收，从而降低血清中胆固醇水平。真菌固醇主要为麦角固醇（ergosterol）和酵母固醇等，是由麦角菌和酵母产生的，其中的麦角固醇在紫外线照射下可转化为维生素 D_2。

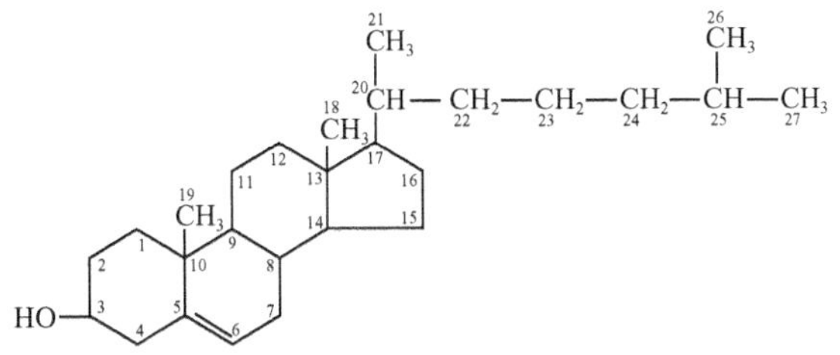

图 5-5 胆固醇的化学结构

（2）固醇衍生物

人和动物体内的类固醇物质是由胆固醇转化的固醇衍生物，如：肾上腺素、性激素、维生素 D_3 和胆汁酸等，对人和动物的生长、发育、繁殖及脂类的消化吸收起着非常重要的作用。植物中强心苷的配基和某些皂苷的配基、植物和昆虫产生的蜕皮激素及蟾蜍腮腺分泌的蟾毒素等都是类固醇物质，后者具有与强心苷相似的生理作用。

5.1.7.4 脂溶性维生素

脂溶性维生素由一类结构相关、功能不同的化合物所构成，它主要包括维生素 A、维生素 D、维生素 E 和维生素 K 等。脂溶性维生素可在机体内蓄积，摄入过多易引起中毒。

（1）维生素 A

维生素 A（Vitamin A），也称视黄醇（retinol），包括 A_1 和 A_2 两种。A_1 主要存在于咸水鱼的肝脏，A_2 主要存在于淡水鱼的肝脏。其他动物的肝脏也含有丰富的维生素 A。

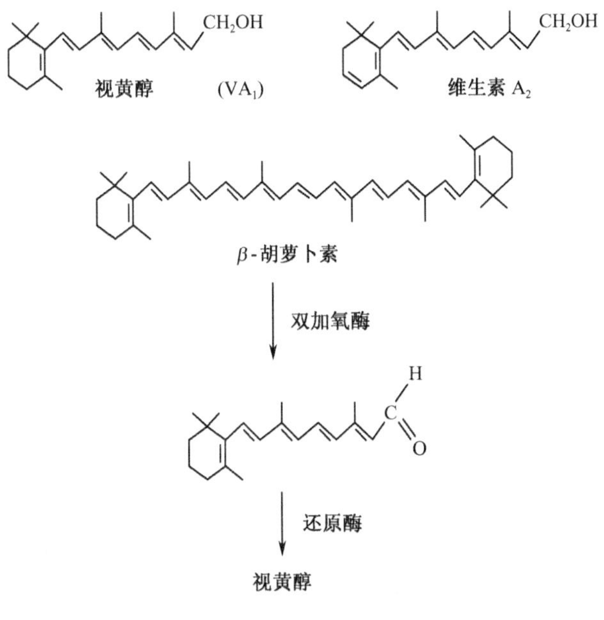

图 5-6 维生素 A 和维生素 A 原

维生素 A 是含有 β 白芷酮环的不饱和一元醇。A_1 和 A_2 的结构相似（图5-6），只是 A_2 在环中第 3 位比 A_1 多一个双键。但 A_2 的活性仅是 A_1 的一半。

植物中，尤其是黄绿色植物中含有类胡萝卜素，如 α-胡萝卜素、β-胡萝卜素、γ-胡萝卜素等，它们被机体吸收后，在小肠和肝脏可转变为维生素 A，其中以 β-胡萝卜素最为重要。因此，将这些在体内可转变为维生素 A 的物质称为维生素 A 原（图 5-6）。

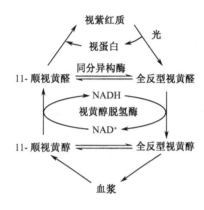

图 5-7　杆细胞的视循环

食物中的维生素 A 在小肠黏膜细胞内与脂肪酸形成酯后掺入乳糜微粒，经淋巴进入血液循环，被肝脏所摄取，并储藏在肝脏的储脂细胞内，应机体需要向血浆中释放。血浆中的维生素 A 为非酯化型的，与特异性载体蛋白结合而被转运。

维生素 A 是构成视觉杆细胞内感受弱光的物质——视紫红质（rhodopsin）的组成成分，参与暗视觉。视紫红质由视蛋白和 11-顺视黄醛组成，在光中分解，在暗中再合成，构成一个视循环（图5-7）。视网膜对弱光的感光能力取决于视紫红质的含量。当缺乏维生素 A 时，视紫红质合成不足，暗适应能力下降，严重时可导致夜盲症。

维生素 A 还是维持上皮组织结构完整及功能所必需的物质。维生素 A 缺乏时，皮肤及黏膜上皮细胞角质化，如呼吸道、消化道等黏膜易于感染、皮肤干燥粗糙、眼角膜干燥、泪腺分泌障碍、造成干眼病等。

此外，维生素 A 还具有促进生长发育的作用。

（2）维生素 D

维生素 D（Vitamin D）又称抗佝偻病维生素。维生素 D 有多种，其中以维生素 D_2 和 D_3 较重要。维生素 D_2 又称麦角钙化醇（ergocalciferol），维生素 D_3 又称胆钙化醇（cholecalciferol），二者的区别仅在侧链 R 上（图 5-8）。

鱼肝油、蛋黄和牛奶中都含有丰富的维生素 D，植物中不含维生素 D。麦角固醇和 7-脱氢胆固醇经紫外线照射可分别转变为维生素 D_2 和维生素 D_3，故而将麦角固醇和 7-脱氢胆固醇称为维生素 D 原（图 5-8）。

维生素 D 的主要功能是调节钙、磷代谢，维持血钙和血磷浓度，从而维持牙齿和骨骼的正常生长和发育。维生素 D 缺乏，易发生佝偻病、骨软症。

（3）维生素 E

维生素 E（Vitamin E）与动物的生殖有关，故称为生育酚（tocopherol）或抗不孕维生素。维生素 E 主要存在于植物油中，以麦胚油、玉米油、花生油、大豆油中含量最为丰富。蔬菜、豆类中含量也较丰富。

天然的维生素 E 有 8 种。在化学结构上，均为苯骈二氢吡喃的衍生物。依据化学结构，将其分为生育酚和生育三烯酚两类，每类又依甲基的数目和位置的不同，分为 α、β、γ 和 δ 等几种（图5-9）。

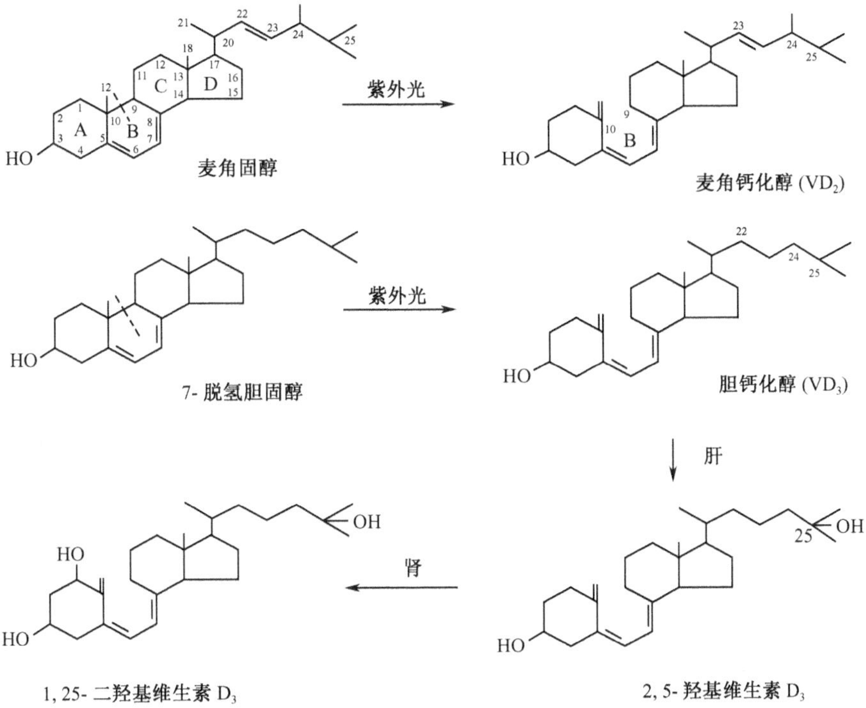

图 5-8 维生素 D 和维生素 D 原

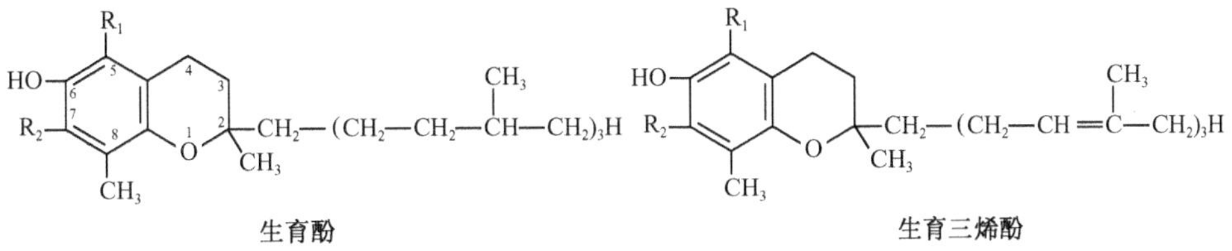

	R_1	R_2
α-生育酚（α-生育三烯酚）	$—CH_3$	$—CH_3$
β-生育酚（α-生育三烯酚）	$—CH_3$	—H
γ-生育酚（α-生育三烯酚）	—H	$—CH_3$
d-生育酚（α-生育三烯酚）	—H	—H

图 5-9 维生素 E 的结构

维生素 E 在体的转运、分布都依赖于 α-生育酚结合蛋白（α-TBP）。该蛋白是由肝脏合成的，与维生素 E 结合，使之以溶解状态存在于各组织中。

维生素 E 与动物的生殖机能有关，维生素 E 缺乏时，生殖器官受损而不育。这种抗不孕作用以 α-生育酚生理活性最高，临床上常用维生素 E 治疗先兆性流产和习惯性流产。

维生素 E 极易氧化，从而保护其他易于氧化的物质不被氧化，所以它是极有效的抗氧化剂。它能对抗生物膜脂质中不饱和脂肪酸受体内代谢产生的自由基的过氧化反应，避免脂质过氧化物的产生，从而保护生物膜的结构与功能。这种抗氧化作用以 δ-

生育酚作用最强，α-生育酚作用最弱。

维生素 E 还可与硒协同，通过谷胱甘肽过氧化物酶发挥抗氧化作用。

此外，维生素 E 能提高血红素合成过程中有关酶的活性，从而促进血红素的合成。

（4）维生素 K

维生素 K（Vitamin K）具有促进凝血的作用，故又称凝血维生素。天然维生素 K 有两种，即 K_1 和 K_2，它们都是 2-甲基-1,4-萘醌的衍生物，二者的差异仅在侧链上（图 5-10）。

K_1 在绿色植物和动物肝中含量较丰富，K_2 为人和动物肠道细菌的代谢产物，K_3、K_4（图 5-10）是人工合成的，K_4 的凝血活性比 K_1 高 3~4 倍。

维生素 K 的主要生理功能是促进肝脏合成凝血酶原（凝血因子 Ⅱ）及调节凝血因子 Ⅶ、Ⅸ、Ⅹ 的合成。凝血酶原的合成有赖于维生素 K 依赖性羧化酶，即 γ 谷氨酰羧化酶的催化，使其分子中谷氨酸残基羧化成 γ-羧基谷氨酸（Gla）（图 5-11）后，再与 Ca^{2+} 结合，才表现生物活性。维生素 K 缺乏时，血液中凝血酶原的合成受阻，其他凝血因子减少，导致凝血时间延长，常表现为肌肉及胃肠道出血。

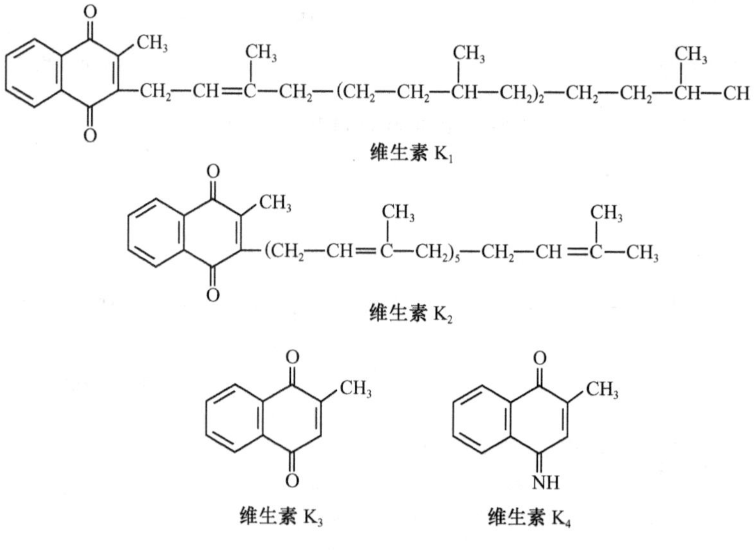

图 5-10　维生素 K 的结构

5.1.7.5　脂蛋白

脂蛋白（lipoprotein）是由脂类和蛋白质以非共价键形式结合而成的复合物。广泛存在于血浆和生物膜中，分别称为血浆脂蛋白和细胞脂蛋白。

在血液中，非酯化的脂肪酸与血浆中的清蛋白结合而被转运，而甘油三酯、磷脂、胆固醇及其酯则是与载脂蛋白（apolipoprotein）结合以脂蛋白的形式被转运的。血浆脂蛋白是由甘油三酯、胆固醇酯组成的疏水核心和磷脂、胆固醇及载脂蛋白组成的极性外壳所构成的球形颗粒（图 5-12）。各种血浆脂蛋白中脂类和蛋白质的含量不同，因而密

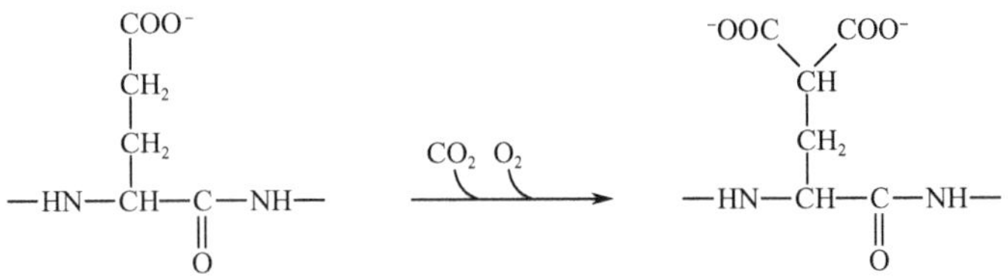

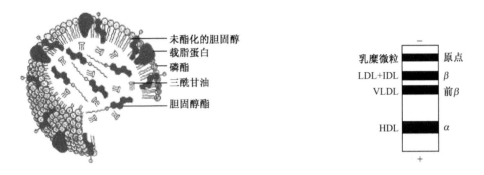

图 5-11 谷氨酸残基羧化反应

谷氨酸残基　　　　　　　　γ羟基谷氨酸残基

图 5-12　血浆脂蛋白的结构　　　　　图 5-13　血浆脂蛋白电泳图谱

度也各不相同。通过密度梯度超速离心方法，可将其分为 5 大类，密度由低到高依次为乳糜微粒（chylomicron，CM）、极低密度脂蛋白（very low density lipoprotein，VLDL）、中间密度脂蛋白（intermediate density lipoprotein，IDL）、低密度脂蛋白（low density lipoprotein，LDL）和高密度脂蛋白（high density lipoprotein，HDL）（表5-3）。根据血浆脂蛋白颗粒大小及载脂蛋白性质的不同，也可利用电泳方法来分类，如图5-13所示，电泳图谱为 4 条带，依次为原点（乳糜微粒）、β-脂蛋白（LDL + IDL）、前 β-脂蛋白（VLDL）和 α 脂蛋白（HDL）。血浆脂蛋白在不同组织中合成，又发挥着不同的生理作用（表5-3）。研究表明，脂蛋白代谢异常是导致动脉粥样硬化的主要原因。血浆中 LDL 水平高而 HDL 水平低者易患心血管疾病。

表 5-3　血浆脂蛋白的分类、性质、组成及功能

脂蛋白类别		CM	VLDL	IDL	LDL	HDL
性质	密度/(g·cm^{-3})	<0.95	0.95～1.006	1.006～1.019	1.019～1.063	1.063～1.21
	颗粒直径/nm	100～500	30～80	25～50	18～28	5～15
组成/%	蛋白质	1～2	10	18	25	50
	甘油三酯	85～95	50	30	5	3
	磷脂	8	18	22	21	27
	胆固醇	2	8	8	9	3
	胆固醇酯	4	14	22	40	17

脂蛋白类别	CM	VLDL	IDL	LDL	HDL
主要载脂蛋白(apo)	B-48,A,C,E	B-100,C,E	B-100,E	B-100	A-1,A-2,C,E
合成部位	小肠黏膜细胞	肝细胞	血浆	血浆	肝、肠、血浆
功　能	转运外源性甘油三酯及胆固醇	转运内源性甘油三酯及胆固醇		转运内源性胆固醇	逆向转运胆固醇至肝脏

5.2　生　物　膜

细胞是生物体的基本结构和功能单位。细胞中的多种膜系统统称为生物膜（biomembrane），包括细胞膜（亦称质膜或外周膜）和细胞器膜，如核膜、线粒体膜、内质网膜、高尔基氏体膜、溶酶体膜、过氧化物酶体膜、叶绿体膜等。细胞膜是细胞质与其外界环境之间的有机屏障，使细胞具有相对稳定的内环境。细胞器膜将细胞分隔成既相互联系又相对独立的各种细胞器，不同的细胞内分布着不同的物质代谢的酶系，以使细胞结构和功能区域化，从而实现细胞内复杂的物质代谢活动既相互联系，又相互制约，并有条不紊、协调一致地进行。

生物膜在细胞的生命活动中承担着许多重要的生物学功能，如保护作用、物质运输、能量转换、信息传递、细胞识别、细胞免疫、神经传导、代谢调控、细胞分化与增殖、药物和激素作用及肿瘤的发生等生命现象都与生物膜密切相关。

5.2.1　生物膜的化学组成

生物膜主要由蛋白质、脂类和糖类组成，还含有少量的水和无机盐。

不同的生物膜，其组分，尤其是蛋白质和脂类的比例存在很大差异（表5-4）。如线粒体内膜和细菌质膜，蛋白质约占76%，脂类仅占24%；而神经髓鞘膜，蛋白质仅占18%，脂类约占79%。这种差异与膜的功能有关，一般来讲，膜功能越复杂多样，蛋白质的含量和种类越多。相反，膜功能越简单，膜蛋白的比例和种类越少。线粒体内膜的功能相当复杂，含有60多种与电子传递和氧化磷酸化等有关的蛋白质。而神经髓鞘膜的功能简单，主要起绝缘作用，因而仅含3种蛋白质。

表5-4　几种生物膜的化学组成（%）

生物膜	蛋白质	脂质	糖
神经髓鞘膜	18	79	3
人红细胞膜	49	43	8
内质网膜	67	33	2.9
线粒体外膜	52	48	2.4
线粒体内膜	76	24	(1~2)
小鼠肝细胞膜	44	52	4
革兰氏阳性菌	75	25	

5.2.1.1 膜脂

组成生物膜的脂类有磷脂、胆固醇和糖脂等，其中磷脂含量最高，分布最广。

磷脂是膜脂的基本成分，包括甘油磷脂和鞘磷脂，其中以甘油磷脂为主。甘油磷脂包括磷脂酰胆碱、磷脂酰乙醇胺、磷脂酰丝氨酸、磷脂酰肌醇、磷脂酰甘油、双磷脂酰甘油（心磷脂）等。磷脂分子为双亲性分子，具有亲水性的极性头部和两条偶数脂肪酸烃链构成的亲脂性的非极性尾部（心磷脂具有 4 个非极性尾部），其中脂肪酸多为 16、18、20 碳原子构成，不饱和脂肪酸多为顺式结构，呈 30°弯曲。这种结构特征对于生物膜脂双层的形成、膜与膜蛋白的结合及生物膜的许多功能均起重要作用。磷脂分子中脂酰基烃链的长度和不饱和程度与生物膜的流动性有着密切关系。

糖脂普遍存在于膜脂中，主要为甘油糖脂和鞘糖脂。植物和细菌细胞膜中的糖脂主要是甘油糖脂，如单半乳糖基甘油二酯、双半乳糖基甘油二酯，脂肪酸链以不饱和的亚麻酸居多。动物细胞膜中糖脂约占 5%，主要是鞘糖脂，如半乳糖脑苷脂、神经节苷脂等。所含糖基 1~15 个不等。

胆固醇在动物细胞中含量较高，且质膜中胆固醇的含量多于细胞器膜，其含量一般不超过膜脂的 1/3。植物中胆固醇的含量较少。原核细胞膜内不存在胆固醇。胆固醇在调节生物膜的流动性，增加膜的稳定性，降低极性物质的通透性等物理状态有重要的作用。

不同的生物膜，各种脂类的组成和含量不同（表 5-5）。

表 5-5　一些生物膜的脂质组成（%）

脂　　质	人红细胞	人 髓 鞘	牛心线粒体	大肠杆菌
磷脂酸	1.5	0.5	0	0
磷脂酰胆碱	19	10	39	0
磷脂酰乙醇胺	18	20	27	65
磷脂酰甘油	0	0	0	18
磷脂酰肌醇	1	1	7	0
磷脂酰丝氨酸	8.5	8.5	0.5	0
心磷脂	0	0	22.5	12
鞘磷脂	17.5	8.5	0	0
糖脂	10	26	0	0
胆固醇	25	26	3	0

5.2.1.2 膜蛋白

膜蛋白是膜功能的主要承担者。依据膜蛋白与脂双层相互作用方式的不同，可将其分为外周蛋白（extrinsic protein）与内在蛋白（integral protein）两类（图 5-14）。

外周蛋白通过离子键、氢键等非共价键与膜脂极性头部相结合，它不伸入脂双层之

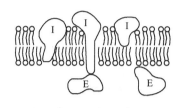

图 5-14 膜脂质双层和膜蛋白

I. 内在蛋白；E. 外周蛋白

中，位于膜脂双层的表面，为水溶性蛋白，一般用比较温和的方法处理，如改变溶液的离子强度或 pH 值，加入金属螯合剂等就能使外周蛋白从膜上溶解下来。外周蛋白一般占膜蛋白的 20% ~30% 。

内在蛋白含有较多的疏水性氨基酸，主要通过与膜质的疏水部分以疏水相互作用结合在膜上，有的插入脂双层中，有的贯穿整个脂双层，有的埋在脂双层内（见图 5-15）。内在蛋白多肽链往往以 α 螺旋或 β 折叠的形式跨膜或插入膜脂双层，且以 α 螺旋更为普遍；跨膜结构域两端多为带正电荷的氨基酸，与磷脂分子带负电荷的极性头形成离子键；某些内在蛋白通过共价键与膜内的脂酰基（如棕榈酰、豆蔻酰）、异戊烯基（如法尼基）或糖肌醇磷脂酰基相结合并通过它们的疏水部分插入到膜内，这类内在蛋白又称膜锚定蛋白（anchoring protein）。与外周蛋白不同，内在蛋白不易与膜脂分离，难溶于水，只有采用剧烈的条件，如用去污剂、有机溶剂、变性剂处理才能将它们从膜上溶解下来。内在蛋白一般占膜蛋白的 70% ~80% 。

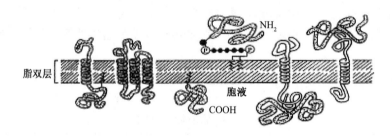

图 5-15 膜蛋白与脂双层结合的几种方式

5.2.1.3 糖类

生物膜中含有一定量的糖类，多以糖蛋白的形式存在，少量以糖脂的形式存在。糖脂中的糖以单糖、双糖或寡糖基存在，糖蛋白中的糖一般是约 15 个糖基的糖链。生物膜中组成糖蛋白、糖脂的单糖主要有葡萄糖、半乳糖、甘露糖、岩藻糖、N-乙酰葡萄糖胺、N-乙酰半乳糖胺和唾液酸等。生物膜中的糖链分布于膜的外侧，称为细胞外壳（糖被或糖萼）（见图 5-16），它可能与细胞的表面行为有关，因此人们形象地将它比喻

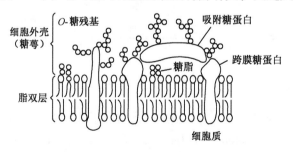

图 5-16 细胞外壳（糖萼）示意图

为细胞表面的化学天线，在接受外界信息及细胞间相互识别方面发挥重要作用。

5.2.2 生物膜的结构

5.2.2.1 流动镶嵌模型

关于生物膜的结构，许多学者曾提出了数十种生物膜的结构模型，如三板块模型、单位膜模型、流动镶嵌模型等，其中被人们广泛接受的是流动镶嵌模型（见图5-17）。

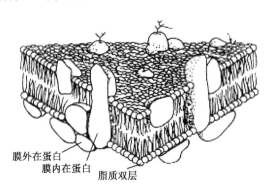

膜外在蛋白
膜内在蛋白 脂质双层

图 5-17 生物膜基本结构模型示意图

流动镶嵌模型（fluid mosaic model）是 1972 年由美国学者 Singer 和 Nicolson 提出的。该模型认为，在流动的脂双层中无规则地镶嵌着蛋白质。其结构特点如下。

（1）生物膜的基本结构——脂双层

膜脂是亲水脂分子，当被水环境包围时，能自动形成脂双层，它们集聚在一起，掩蔽它们的疏水尾部而让亲水的头部与水接触，形成球状的胶团，把尾部包在里面；或者形成双层，把疏水的尾部夹在亲水头部的中间。磷脂与糖脂能在水环境中自动形成双分子层结构。脂双层有自相聚合形成封闭性腔室的倾向，借此可以避免留下游离的边缘，以免疏水末端与水接触。脂双层尤如膜内在蛋白的溶剂，内在蛋白游弋在膜脂的"海洋"中。

（2）生物膜的流动性

流动性是生物膜结构的主要特征。大量的研究结果表明，合适的流动性对生物膜表现其正常生理功能，如物质运送、能量转换、信息传递、细胞分裂、细胞融合、胞吞、胞吐及激素调节等具有十分重要的作用。另据报道，植物的抗冷性也与生物膜的流动性有一定的相关性。

膜的流动性（fluidity）既包括膜脂和膜蛋白的运动状态。膜蛋白的运动状态也称为"运动性（mobility）"。

1）膜脂的流动性

膜脂的组分主要是磷脂，因此膜脂的流动性主要决定于磷脂。在生理条件下，磷脂大多呈液晶态，既具有液体的流动性，又具有晶体的有序性。当温度降低时，液晶态可转变为类似于晶体的凝胶态或固态（图5-18），分子排列整齐有序。

膜脂液晶态和凝胶态相互转变的温度称为相变温度。各种膜脂由于组分不同而具有各自的相变温度。又由于膜脂的组分很复杂，因此，相变温度范围比较宽。凡含饱和脂肪酸多、烃链长的膜脂，相变温度高；含不饱和脂肪酸多、烃链短，则相变温度低。在一定温度下，相变温度高的膜脂比相变温度低的膜脂的流动性小。

膜脂流动性的另一个决定因素是胆固醇。真核细胞的质膜含有较多的胆固醇。胆固醇的插入，可以防止膜脂内脂肪酰基链的凝聚，同时还可使脂肪酰基链之间尽可能分隔开。胆固醇也可以使膜脂的流动性降低，因为脂肪酰基之间插入了胆固醇，使脂肪酰基在空间内运动受到了制约，所以胆固醇是膜脂流动性的重要调节剂。在相变温度以上时，胆固醇阻挠膜脂分子脂酰基链的旋转异构化运动，从而降低膜脂的流动性。在相变温度以下时，胆固醇的存在会阻止磷脂脂酰基链的有序排列，防止向凝胶态的转化，从而保持了膜脂的流动性，降低其相变温度。

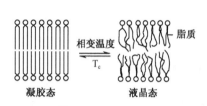

图 5-18　膜脂的相变

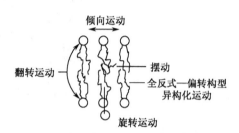

图 5-19　磷脂分子运动的几种方式

哺乳动物细胞膜含有相当多的不饱和脂肪酸，在体温条件下，质膜脂双层处于液晶态，具有流动性；而细菌、酵母和其他一些变温生物的温度随外界温度的变化而上下波动，它们必须不时改变其质膜中脂肪酸的成分以维持相对恒定的流动性。

在相变温度以上，膜脂中磷脂分子的运动有以下几种方式（图5-19）：在膜内作侧向扩散或侧向移动；在双脂层中做翻转运动；烃链围绕C—C键旋转而导致异构化运动；围绕与膜平面相垂直的轴左右摆动；围绕与膜平面相垂直的轴做旋转运动。

膜脂的侧向移动对于膜的生理功能可能具有重要意义。翻转运动是很慢的，它对膜流动性作用不大，但对于维持膜脂双层的不对称性可能是重要的。

2）膜蛋白的运动性

膜蛋白在膜中的运动主要有两种形式，沿着与膜平面垂直的轴做旋转运动和在膜平面做侧向扩散运动。膜蛋白没有跨越膜脂双层的"翻转"运动，这有利于维持膜蛋白的不对称性。与膜脂相比较，膜蛋白的侧向扩散要慢得多，而旋转运动的扩散比侧向扩散还要慢。膜蛋白的运动性与膜下细胞骨架与膜蛋白结合状态有关，也与膜脂的流动性有关。

膜脂的流动性对内在蛋白嵌入脂双层的深度有一定影响。当膜脂流动性降低时，嵌入的膜蛋白暴露于水相的部分就会增加。相反，如果膜脂流动性增加，嵌入的膜蛋白则更多地深入膜脂双层。因此，膜脂流动性的变化会影响膜蛋白的构象与功能。膜脂合适的流动性是膜蛋白正常功能表现的必要条件，在生物体内，可以通过细胞代谢、pH 值、金属离子（Mg^{2+}、Ca^{2+}等）等因素对生物膜进行调控，使其具有合适的流动性，从而表现其正常功能。

（3）生物膜组分的不对称性

构成膜组分的脂质、膜蛋白和糖类在膜两侧的分布是不对称的。就红细胞质膜而言，其脂双层的外侧以磷脂酰胆碱和鞘磷脂占优势，内侧以磷脂酰乙醇胺、磷脂酰丝氨酸和磷脂酰肌醇占优势（见图5-20）；膜蛋白中仅两种主要的内在蛋白和乙酰胆碱酯酶、Rh抗原、主要组织相容性抗原等少量内在蛋白暴露于膜的外侧，而其余的内在蛋白和外周蛋白均暴露于胞质一侧。由此可见，不但膜质在膜两侧的分布不对称，而且膜蛋白，无论是外周蛋白，还是内在蛋白，它们在膜两侧分布的种类和数量也是不对称的。外周蛋白有的专一分布于外侧，有的分布于内侧。内在蛋

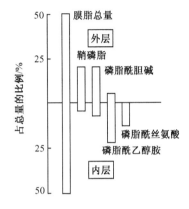

图5-20 人红细胞膜主要磷脂在膜内、外两侧的分布

白有的从内侧嵌入或插入，有的嵌入或插入外侧。即使是跨膜蛋白，它们在膜两侧的疏水区和暴露在两侧亲水区的组分都是不同的。膜质的这种不对称性分布和膜蛋白的定向分布与其功能有密切关系。如果存在于红细胞质膜内侧较多的磷脂酰丝氨酸和磷脂酰乙醇胺一旦转入外侧，则会产生促进血液凝固的效应。质膜的不对称分布会导致膜两侧电荷数量和流动性等的差异。

另外，糖类在膜上的分布也是不对称的，无论是质膜还是细胞器膜的糖脂和糖蛋白的糖大都分布于膜外侧，且暴露于膜外，呈现分布上的绝对不对称。

膜组分分布的不对称性，在时间和空间上确保了各种生理功能有序地进行。

5.2.3 生物膜的功能

生物膜是多功能性的结构，是活细胞不可缺少的复合体，细胞内许多生命活动都与膜直接或间接相关。生物膜主要具有物质运输、信息传递、能量转换等生理功能。

5.2.3.1 物质运输

生物膜是具有高度选择性的通透屏障。它的作用在于能够精确地调节细胞与内外环境之间的物质分子和离子的流通，从而保持细胞内物质分子和离子的组成及 pH 值处于动态恒定。根据被运输物质分子的大小，物质运输可分为小分子的跨膜运输和生物大分子的跨膜运输两类。

（1）小分子物质的跨膜运输

根据运输过程是否消耗能量，小分子物质的跨膜运输可分为被动运输（passive transport）和主动运输（active transport）两大类。

1) 被动运输

被动运输是物质从高浓度的一侧通过膜运输到低浓度的一侧，即顺浓度梯度方向的跨膜运输过程。被动运输是一个不需要消耗能量的自发过程，物质的运输速率与膜两侧运输物质的浓度差、物质分子的大小、电荷和在脂双层中的溶解性有关。

根据物质运输是否需要特异性运输载体，被动运输又分为简单扩散和促进扩散两种。

简单扩散（simple diffusion） 简单扩散指非极性或水溶性的小分子（如 H_2O、O_2、CO_2、尿素、乙醇等）以自由扩散的方式从高浓度的一侧通过膜进入低浓度一侧的过程。扩散的结果使非极性物质在膜两侧浓度相等。这种跨膜运输方式不需要细胞提供能量，也没有运输载体的帮助。但是，不同物质的通透性差异很大，一般来讲，物质在膜上的通透性主要取决于分子极性和分子大小。非极性分子比极性分子容易穿过膜，小分子比大分子容易穿过膜，如 O_2、N_2 和苯等极易通过细胞膜，水分子也比较容易通过膜。

据估计，膜上亲水微孔的平均直径约 0.8 nm，它是由膜蛋白的亲水基团所围成的微孔通道。因此，直径小于 0.8 nm 的分子、离子，如水、尿素、乳酸、甘油、Cl^-、K^+、Na^+等都能以不同的速率（图 5-21）通过自由扩散透过膜的微孔。

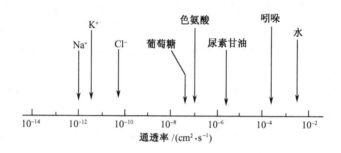

图 5-21 脂双层对一些物质的通透率

促进扩散（facilitated diffusion） 促进扩散也称帮助扩散或易化扩散，是需要膜上特异性运输载体帮助所进行的扩散。促进扩散的作用有两种（图 5-22）：一种是膜上有特定的蛋白质能自身形成横贯细胞脂质双层的通道，让一定的离子通过，进入膜的另一侧，这种蛋白质称离子通道（ionic channel）。离子通道的构象变化使离子通道扩大或缩小，甚至完全封闭。离子通道对被运输离子的大小与电荷有高度的选择性，运输速率高

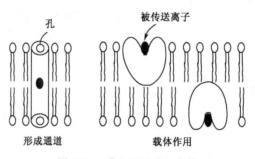

图 5-22 膜上的通道和载体

的可达每秒 10^6 个离子，为载体蛋白 100 倍以上。离子通道在多数情况下呈关闭状态，只有在膜电位或化学信号物质刺激后，才开启形成通道。离子通道在神经元与肌细胞冲动传递过程中起着重要作用。含羞草的闭叶反应、草履虫的快速转向运动都与离子通道有关。另一种情况是生物膜上的特异性载体蛋白（carrier protein）在膜外表面上与被运输的物质结合，结合后的复合物经扩散、转动、摆动或其他运动向膜内转运。在膜的内表面，由于载体构象的改变，被运输的物质从载体上解离出来，留在膜的内侧，如革兰氏阴性细菌细胞质膜外表面存在有许多小分子蛋白质，可以帮助被运输物质，如氨基酸、葡萄糖和金属离子等的转移。整个过程顺浓度梯度或电化学梯度运动，促进了扩散，减少了物质在膜两侧浓度达到平衡所需要的时间，其运输速率随膜外被运输物质浓度的增加而增大，最后达到饱和。整个过程并不需要消耗能量。

2）主动运输

主动运输是物质逆浓度梯度或电化学梯度的跨膜运输方式，是一个耗能的过程。它一方面需要膜上特异性载体参与，另一方面还需要一个与之相偶联的供能系统。主动运输常见的供能方式有：ATP 的水解；膜两侧的质子（H^+）或离子浓度梯度；膜两侧离子不对称分布而产生的膜电位（通常是外正内负）和其他高能磷酸化合物磷酸基团的转移。根据物质在主动运输过程中供能方式可将主动运输分为以下几种类型：

直接由 ATP 供能的主动运输　细胞质膜两侧或细胞器膜两侧存在很大的离子梯度差。例如在人的红细胞中，Na^+ 和 K^+ 的浓度分别为 25 $mmol \cdot L^{-1}$ 和 150 $mmol \cdot L^{-1}$，而在血浆中，Na^+ 和 K^+ 的浓度分别为 145 $mmol \cdot L^{-1}$ 和 5 $mmol \cdot L^{-1}$，即细胞内是高 K^+ 低 Na^+，而细胞外则是低 K^+ 高 Na^+。这种明显的离子梯度显然是逆离子浓度梯度主动运输的结果，执行这种运输功能的体系称为 Na^+-K^+ 泵或 Na^+-K^+-ATP 酶，它是一种典型的利用 ATP 直接释放能量驱动的主动运输方式。Na^+-K^+ 泵的结构如图 5-23 所示。

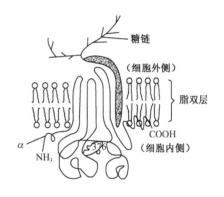

图 5-23　Na^+-K^+ 泵的结构
376 表示被磷酸化的 376 位 Asp 残基

Na^+-K^+ 泵由 α 和 β 二种亚基组成，在膜中形成 $\alpha_2\beta_2$ 四聚体。α 亚基的相对分子质量为 120 000，至少含有 8 段跨膜的 α 螺旋区，大部分位于膜的胞液一侧，具有 ATP 酶活性。β 亚基的相对分子质量为 35 000，只有一个跨膜 α 螺旋，是一个含有寡糖基的肽，寡糖基位于膜的胞外一侧。两个 α 亚基之间形成一个离子通道。

Na^+-K^+ 泵有 E_1 和 E_2 两种不同的构象，通过这两种构象的互变，把 K^+ 从胞外运至胞内，把 Na^+ 从胞内运至胞外。其运输机制为：E_1 是对 Na^+ 有高度亲和力的构象，Na^+ 结合于膜胞内一侧的结合位点上。Na^+ 的结合引发 E_1 的 α 亚基催化 ATP 使其自身 376 位天冬氨酸残基磷酸化，结果使 E_1 构象转变为 E_2 构象。磷酸化的 E_2 对 Na^+ 亲和力低，因此将 Na^+ 释放到胞外，但对 K^+ 具有高度的亲和力，于是胞外的 K^+ 结合到结合位点上。K^+ 的结合使 E_2 去磷酸化，结果又转变为 E_1 构象，E_1 构象对 K^+ 亲和力低，将 K^+ 释放到胞内。至此，完成了一次 Na^+-K^+ 的运输循环。据计算，每水解 1 分子

ATP，向胞外运输 3 个 Na^+，向胞内运输 2 个 K^+（图 5-24）。

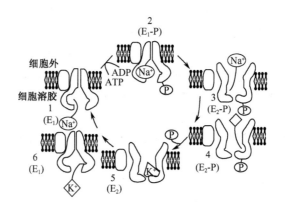

图 5-24　Na^+-K^+ 泵的作用模型

　　Na^+-K^+ 泵维持的 Na^+ 和 K^+ 的浓度梯度不仅与细胞的膜电位密切相关，而且负责调节细胞体积和驱动糖和氨基酸的转运。因此，动物细胞所需要能量的三分之一以上消耗在 Na^+-K^+ 泵上。

　　协同运输（co-transport）　协同运输是通过由膜两侧离子浓度梯度提供能量驱动的一种主动运输方式。动物细胞中常常利用膜两侧的 Na^+ 浓度梯度来驱动，植物细胞和细菌常利用质子梯度来驱动。根据物质运输方向与离子顺浓度梯度的转移方向，协同运输又可分为同向协同（symport）和反向协同（antiport）运输两种。

　　同向协同运输是物质运输方向与离子转移方向相同，如小肠黏膜上皮细胞和肾小管上皮细胞等对葡萄糖和氨基酸的吸收，就是利用 Na^+ 浓度梯度提供能量，通过特异性运输载体，伴随着 Na^+ 从细胞外流入细胞内。Na^+ 浓度梯度越大，葡萄糖运输的速度越快。如果 Na^+ 浓度梯度明显减少，葡萄糖的运输也就减慢或停止，但 Na^+ 浓度梯度是通过膜上 Na^+-K^+ 泵维持的，从而使葡萄糖不断利用 Na^+ 浓度梯度提供的能量进入细胞（图 5-25）。所以，葡萄糖的运输虽不直接利用 ATP，但间接利用 Na^+-K^+ 泵产生的离子梯度所提供的能量进行协同运输。

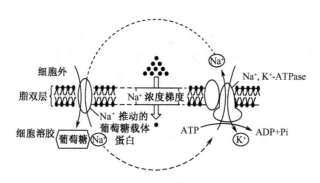

图 5-25　葡萄糖的同向运输示意图

　　在某些细菌中，乳糖的吸收伴随着 H^+ 的同向协同运输，通过特异性运输载体每吸收一分子乳糖，协同运输一个 H^+。

反向协同运输是指物质跨膜运输的方向与离子转移的方向相反，如动物细胞常通过 Na^+/H^+ 反向协同运输的方式转运 H^+ 来调节细胞内的 pH 值，即细胞内 H^+ 输出伴随 Na^+ 进入。在线粒体中，Na^+/H^+ 反向协同运输是由 H^+ 浓度梯度驱动，将 Na^+ 由内膜的基质一侧转运出来。

基团转位 基因转位是指被运输的物质在膜上发生化学变化后过膜运输的一种主动运输方式。例如，人和动物体细胞外的氨基酸在过膜时，通过膜上的 γ-谷氨酰转肽酶与谷胱甘肽作用转变成二肽后进入细胞内，而谷胱甘肽的再合成需要 ATP 供能。在有的细菌中，糖的主动运输与它的磷酸化相偶联，例如葡萄糖在过膜时，转变为6-磷酸葡萄糖进入细胞内。这种葡萄糖磷酸化是由磷酸烯醇式丙酮酸（PEP）转磷酸化酶系统催化 PEP 转移磷酸基团给葡萄糖的（图5-26）。

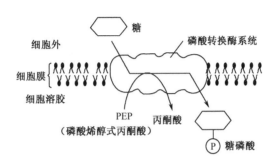

图 5-26 细菌中糖通过基团转位的主动运输

（2）大分子物质的跨膜运输

前已述及，小分子物质主要是通过自由扩散或特异性运输载体来实现过膜运输的。而大分子物质，如蛋白质、核酸、多糖及细菌、病毒等的运输则主要是通过内吞和外排作用实现的，内吞和外排作用都发生质膜融合过程。

1）内吞作用

细胞从外界摄入的大分子或颗粒，逐渐被质膜的一小部分包围、内陷，然后从质膜上脱落下来，从而形成含有摄入物质的细胞内囊泡的，称为（endocytosis）内吞作用（图5-27）。若内吞物是固体颗粒，称为"吞噬作用"，是液滴则称为"胞饮作用"。如原生动物摄取食物颗粒，人和动物体免疫系统的吞噬细胞内吞入侵的细菌、病毒、异体蛋白等有害的异物。此外，还存在有由受体介导的内吞作用，它是被内吞物与细胞膜上的特异性受体相结合，随即引起细胞膜的内陷，形成囊泡，囊泡将内吞物裹入并输入到细胞内的过程，如人和动物体内低密度脂蛋白（LDL）被组织细胞摄取的机制即是如此，这是一个专一性很强的内吞作用。

2）外排作用

外排作用（exocytosis）与内吞作用相反，它是细胞内的物质先被囊泡裹入形成分泌囊泡，分泌囊泡向质膜迁移，然后与质膜接触、融合，并向外释放其内吞物的过程（图5-27）。如产生胰岛素的细胞，将胰岛素分子堆积在细胞内的囊泡里，然后这种分泌囊泡与质膜融合并打开，从而向细胞外释放胰岛素。

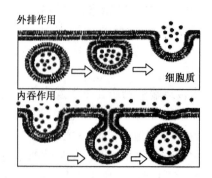

图 5-27　内吞作用和外排作用示意图

3）蛋白质的跨膜运输

在真核细胞中，合成的蛋白质的跨膜运输主要有以下三种形式：以内吞或外排形式通过质膜；在信号肽（signal sequence）、信号识别颗粒（signal recognition particle，SRP）、停泊蛋白（docking protein，DP）等参与下，通过内质网膜；在前导肽（leader sequence，targeting sequence，presequence）的作用下，通过线粒体膜、叶绿体膜、过氧化物酶体膜及乙醛酸循环体膜等。

5.2.3.2　信号传递

生物体在生长、发育过程中，细胞之间、细胞内部各部位之间及细胞与外界环境之间不断地进行信息交换，这种交换是通过生物膜来实现的。

生物膜上有接受不同信号的专一性受体，这些受体识别和接受各种特殊信号，如激素、神经递质、局部化学介导因子、药物、毒素及抗原等，并将不同信息分别传递给有关靶细胞产生相应的效应，以调节代谢、控制遗传和其他生理活动。例如在神经冲动的传导中，神经冲动传递到神经末梢时，引起突触前膜去极化，Ca^{2+} 进入突触细胞质内，从而使轴突终末部的突触小泡与突触前膜相融合并释放乙酰胆碱，作为神经冲动的信号。释放的乙酰胆碱通过突触间隙，并与突触后膜的特异性受体结合，引起突触后膜先后发生 Na^+、K^+ 的瞬间通透性增高，从而去极化，使突触后膜兴奋，神经冲动才得以继续向下传递。由于神经冲动能向有关靶细胞传递，神经系统才能通过激素和酶的作用调节代谢和其他生理机能。

已知的跨膜信号传递途径主要包括核苷酸环化酶体系、酪氨酸蛋白激酶体系及磷脂酰肌醇体系。介导跨膜信号传递的第二信使包括环腺苷酸（cAMP）、环鸟苷酸（cGMP）、酪氨酸蛋白激酶（TPK）、三磷酸肌醇（IP_3）、甘油二酯（DG）、花生四烯酸和 Ca^{2+} 等。如肾上腺素和胰高血糖素作用于靶细胞质膜上的特异性受体，激活质膜上的腺苷酸环化酶，催化 ATP 转变为 cAMP，cAMP 使蛋白激酶 A 变构而激活，从而表现出一系列生理效应。膜脂尤其是磷脂在跨膜信号传递中起重要作用。

5.2.3.3　能量转换

生物体内的能量转换多数是在生物膜上发生的。神经传导作用是一种化学能转变为电能的过程，肌肉收缩作用是将化学能转变为机械能，视觉作用是将光能转变为电能，光合作用是将光能转变为化学能，细胞呼吸是将营养物质在氧化分解过程中释放的化学能转变为另一种高能键化学能的结果。可见，生物膜在代谢能和光能转变为高能键化学能中起着重要作用。三磷酸腺苷（ATP）是生物体内能量交换的"通用货币"，在生物氧化及光合作用中，机体将多余的能量转变成 ATP 储存起来，需要时，ATP 再将能量释放出来。

线粒体是细胞内以进行生物氧化和能量转化为主的一种细胞器。在线粒体的内膜上，有序地分布着电子传递载体和氧化磷酸化的酶系。这些组分按一定顺序定位于膜上并形成多酶复合体，从而保证基质中生物氧化产生的电子能按一定顺序传递，并与 ADP 的磷酸化反应相耦联，从而产生 ATP。

植物体内的 ATP 主要是通过光合磷酸化和氧化磷酸化两种方式生成的。光合磷酸化反应的部位在叶绿体的类囊体膜上，上面有序地分布着光合色素系统、电子传递系统和光合磷酸化的酶系，光反应中吸收的光能，以化学能的形式一部分储存在 NADPH 中，另一部分则储存在 ATP 中。

6 核 酸

本章提要　核酸是存在于任何生命中的生物大分子，以核苷酸作为基本结构单位，常以核蛋白形式存在。生物体内一些核苷酸还具有特殊的重要生物功能。核酸按其所含戊糖不同而分为 DNA 和 RNA 两大类。DNA 的重要作用在于储藏和传递遗传信息。RNA 有多种形式和功能，细胞中的 mRNA、tRNA 和 rRNA 参与蛋白质的生物合成。核酸的结构常用一级结构、二级结构和三级结构三个水平描述。核酸的一级结构通常指其核苷酸序列。DNA 的一级结构常用"末端终止法"测定。DNA 的二级结构分为 A-DNA、B-DNA 和 Z-DNA 三类双螺旋，一些特殊的 DNA 一级结构可形成特殊的二级结构。RNA 的二级结构有多种形式。DNA 的三级结构有重要的拓扑学特性。tRNA 的三级结构为倒"L"形。双链 DNA 的变性与复性在分子生物学的研究中应用极广。

核酸（nucleic acid）是一种重要的生物大分子，它存在于任何生命形式中。1869年，瑞士青年科学家 Friedrich Miescher 从外科绷带白血球细胞核中分离得到一种含磷量很高的有机化合物，并把它命名为"核素"（nuclein）。它实质是脱氧核糖核蛋白。随后研究发现，"核素"显酸性。1889 年科学家 R. Altman 从酵母中分离得到不含蛋白质的核酸，并且用"核酸"来命名他的制品。核酸按其所含戊糖不同而分为两大类：脱氧核糖核酸（deoxyribonucleic acid, DNA）和核糖核酸（ribonucleic acid, RNA）。早期的核酸研究中，RNA 是从酵母中分离的，而 DNA 则从胸腺中分离。因此，在旧文献中 RNA 和 DNA 分类为酵母核酸和胸腺核酸。

虽然 DNA 和 RNA 被广泛研究，但它的特殊生物功能直到 20 世纪中叶才被弄清。1950～1953 年，E. Chargaff 等研究不同来源 DNA 碱基组成时发现，在 DNA 分子内总是 A = T，G = C。1953 年，James Watson 和 Francis Crick 提出了 DNA 双螺旋结构模型，从而拉开了现代分子生物学帷幕，并为分子遗传学的研究奠定了坚实的基础。50 多年来，分子生物学以迅猛的速度发展着，它在人类科学史上的应用，令人震惊。

6.1　结 构 成 分

6.1.1　嘌呤和嘧啶

DNA 和 RNA 都是生物大分子，以核苷酸作为基本单位。水解发现，每个核苷酸包括三个化学部分：戊糖、磷酸基团和碱基（见表 6-1）。在 DNA 和 RNA 的核苷酸中，磷酸基团被戊糖酯化。DNA 中的戊糖是 β-D-2-脱氧核糖（β-D-2-deoxyribose），RNA 分

子中的戊糖是 β-D-核糖（β-D-ribose）。

表 6-1　两类核酸的基本化学组成

	DNA	RNA
嘌呤碱（purine base）	腺嘌呤（adenine）	腺嘌呤（adenine）
	鸟嘌呤（guanine）	鸟嘌呤（guanine）
嘧啶碱（pyrimidine base）	胞嘧啶（cytosine）	胞嘧啶（cytosine）
	胸腺嘧啶（thymine）	尿嘧啶（uracil）
戊糖（pentose）	D-2－脱氧核糖（D-2-deoxyribose）	D-核糖（D-ribose）
酸（acid）	磷酸（phosphoric acid）	磷酸（phosphoric acid）

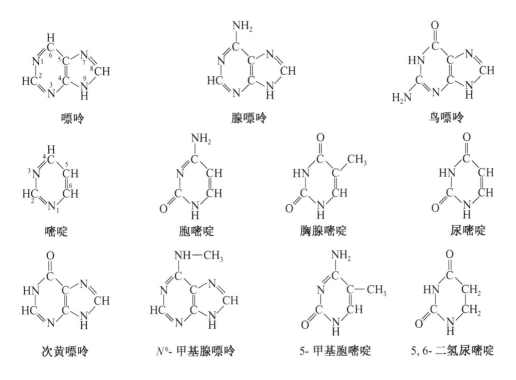

β-D-2- 脱氧核糖　　　　　β-D -核糖

碱基（base）又叫含氮碱基，主要以嘌呤（purine）和嘧啶（pyrimidine）两种形式存在。

嘌呤　　　　　　腺嘌呤　　　　　　鸟嘌呤

嘧啶　　　胞嘧啶　　　胸腺嘧啶　　　尿嘧啶

次黄嘌呤　　　N^6- 甲基腺嘌呤　　　5- 甲基胞嘧啶　　　5,6- 二氢尿嘧啶

在 DNA 和 RNA 中含有相同的嘌呤碱：腺嘌呤（adenine）和鸟嘌呤（guanine）；DNA 和 RNA 中均含有嘧啶碱胞嘧啶（cytosine）。除此之外，DNA 中还含有胸腺嘧啶（thymine），RNA 中主要含有尿嘧啶（uracil）。因此，在 DNA 和 RNA 的基本成分中有两方面差异：糖和碱基的类型。在核酸中，尚有一些稀有碱基（见表6-2），它们大多

是普通碱基的衍生物。

表6-2　核酸中的稀有碱基

DNA	RNA
尿嘧啶（U）*	5,6-二氢尿嘧啶（DHU）
5-羟甲基尿嘧啶（hm^5U）	5-甲基尿嘧啶，即胸腺嘧啶（T）
5-甲基胞嘧啶（m^5C）	4-硫尿嘧啶（s^4U）
5-羟甲基胞嘧啶（hm^5C）	5-甲氧基尿嘧啶（mo^5U）
N^6-甲基腺嘌呤（m^6A）	N^4-乙酰基胞嘧啶（ac^4C）
	2-硫胞嘧啶（s^2C）
	1-甲基腺嘌呤（m^1A）
	N^6,N^6-二甲基腺嘌呤（m_2^6A）
	N^6-异戊烯基腺嘌呤（iA）
	1-甲基鸟嘌呤（m^1G）
	N^1,N^2,N^7-三甲基鸟嘌呤（$m_3^{1,2,7}G$）
	次黄嘌呤（I）
	1-甲基次黄嘌呤（m^1I）

*括号中为缩写符号

　　碱基环上许多原子参加共振，因此大部分键具有双键特性。由于它们和DNA、RNA紧密结合，因此对核酸的结构、电子分布和光吸收都有重要影响。此外，从酸碱理论上讲，嘌呤和嘧啶是弱碱，能够参加各种质子平衡反应。

　　所有的碱基都存在互变异构现象。在嘌呤和嘧啶中主要采取烯醇-酮式互变异构形式。图6-1表明尿嘧啶相应的异构体。在生物体内生理条件下（pH=7.0时），碱基主要以酮式结构形式存在。

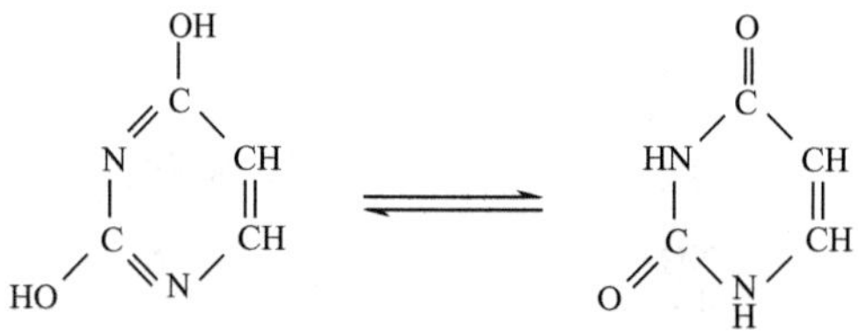

图6-1　尿嘧啶烯醇式-酮式互变异构体

　　由于嘌呤和嘧啶都有共轭双键，因此它们在紫外区有吸收峰。核酸的最大吸收峰在波长260 nm处。与蛋白质相比，核酸在260 nm的吸收比蛋白质在280 nm的吸收更为强烈。利用核酸的紫外吸收特性可以鉴定核酸样品的纯度，纯的DNA样品A_{260}/A_{280}比值为1.8，纯RNA样品的比值为2.0。若含蛋白质等杂质，此比值将降低；利用核酸的紫外吸收特性还可以对核酸进行定量测定。

6.1.2 核　　苷

碱基和戊糖通过 β 糖苷键连接形成核苷（nucleoside）。其中，糖环上的第 1′ 位 C 原子与嘌呤第 9 位 N 原子或嘧啶第 1 位 N 原子相连。碱基平面与戊糖平面相互垂直。为区别碱基上的编号，习惯上在戊糖碳原子编号数字上加"′"。腺嘌呤核苷和胞嘧啶脱氧核苷其结构式如下：

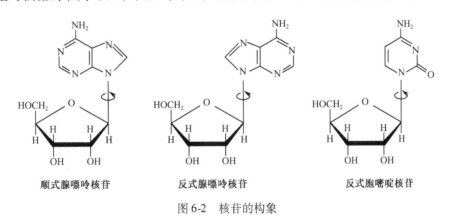

由于空间结构约束，嘧啶核苷中的嘧啶碱基对核糖的取向被限制于一种稳定构象——反式，这是嘧啶碱基 C - 2 羰基氧原子空间上的干扰所致的，而嘌呤核苷中的嘌呤碱基对核糖的取向可以采取顺式（cis）和反式（trans）两种稳定构象（图6-2）。

腺嘌呤核苷　　　　　　胞嘧啶脱氧核苷

顺式腺嘌呤核苷　　　　反式腺嘌呤核苷　　　　反式胞嘧啶核苷

图 6-2　核苷的构象

表 6-3　常见核苷的名称

碱基	核糖核苷	脱氧核糖核苷
腺嘌呤	腺嘌呤核苷（adenosine）	腺嘌呤脱氧核苷（deoxyadenosine）
鸟嘌呤	鸟嘌呤核苷（guanosine）	鸟嘌呤脱氧核苷（deoxyguanosine）
胞嘧啶	胞嘧啶核苷（cytidine）	胞嘧啶脱氧核苷（deoxycytidine）
尿嘧啶	尿嘧啶核苷（uridine）	—
胸腺嘧啶	—	胸腺嘧啶脱氧核苷（deoxythymidine）

此外，在生物体内还含有一些修饰核苷，如次黄嘌呤核苷（I）、2′-氧-甲基胞苷（Cm）和假尿苷（Ψ）等。

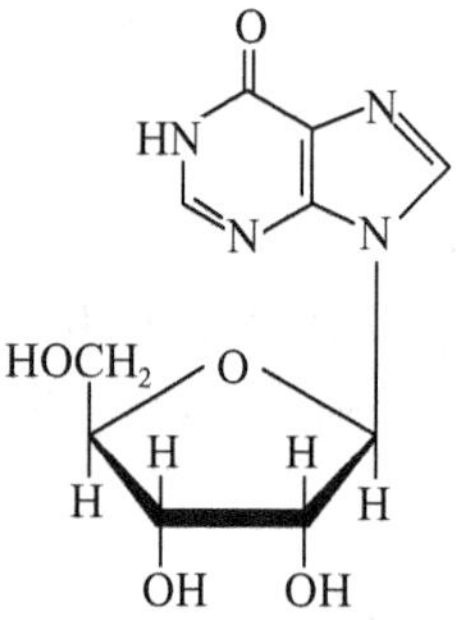

次黄嘌呤核苷 (I) 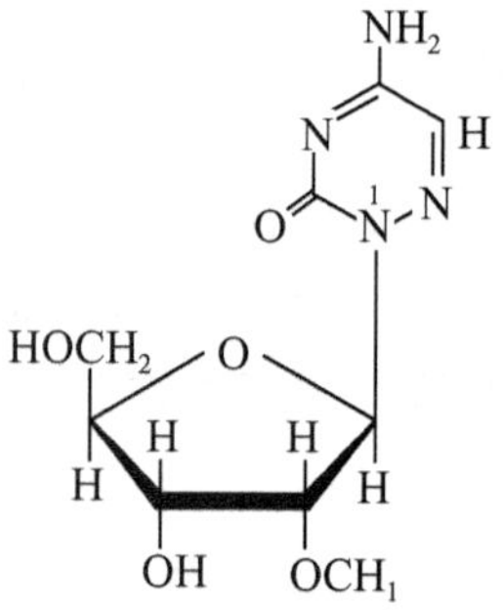　　　　2′-氧-甲基胞苷 (Cm) 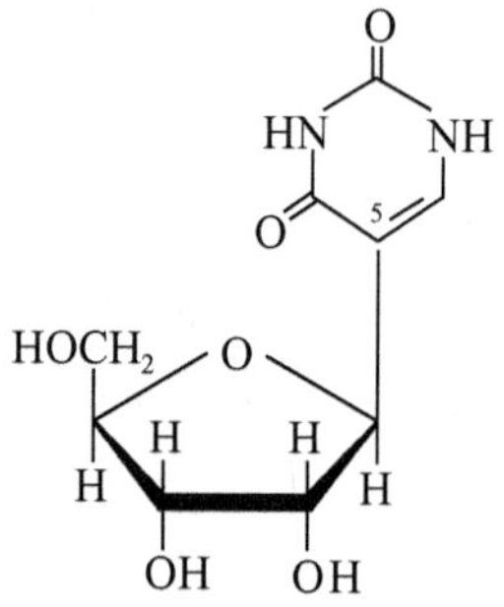　　　　假尿嘧啶核苷 (Ψ)

6.1.3　核　苷　酸

核苷中的戊糖与磷酸酯化，形成核苷酸。核苷酸分成核糖核苷酸和脱氧核糖核苷酸两大类。下面为两种核苷酸的结构式。

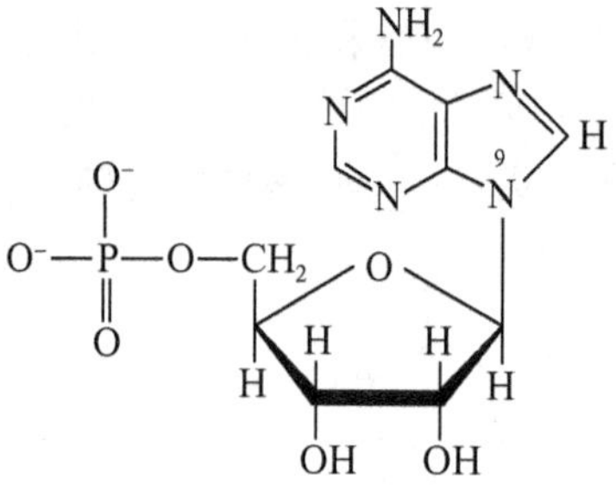

5′-腺嘌呤核苷酸 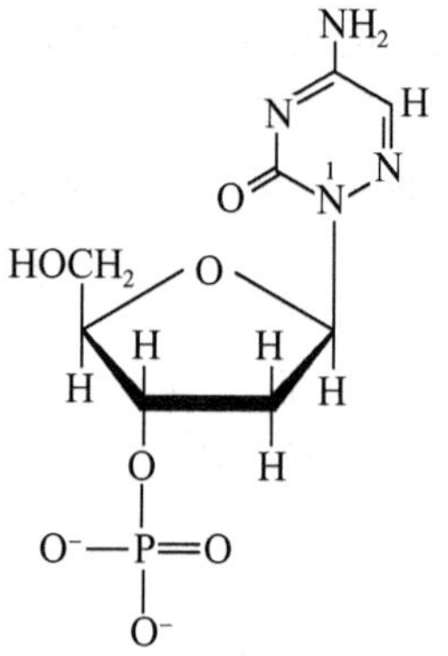　　　　　　　　3′-胞嘧啶脱氧核苷酸

核糖核苷的糖环上有 3 个自由羟基，能形成 3 种不同的核苷酸：2′-核苷酸、3′-核苷酸和 5′-核苷酸。脱氧核糖核苷糖环上有 2 个自由羟基，能形成 2 种脱氧核苷酸：3′-脱氧核糖核苷酸和 5′-脱氧核糖核苷酸。但细胞内游离的核苷酸均为 5′-核苷酸，5′-核苷酸是核酸的基本单位。表 6-4 为常见的核苷酸。

表 6-4　常见的核苷酸

碱　基	核糖核苷酸	脱氧核糖核苷酸
腺嘌呤	腺嘌呤核苷酸 (adenosine monophosphate, AMP)	腺嘌呤脱氧核苷酸 (deoxyadenylic acid, dAMP)
鸟嘌呤	鸟嘌呤核苷酸 (guanosine monophosphate, GMP)	鸟嘌呤脱氧核苷酸 (deoxyguanylic acid, dGMP)
胞嘧啶	胞嘧啶核苷酸 (cytidine monophosphate, CMP)	胞嘧啶脱氧核苷酸 (deoxycytidylic acid, dCMP)

碱　基	核糖核苷酸	脱氧核糖核苷酸
尿嘧啶	尿嘧啶核苷酸 （uridine monophosphate，UMP）	—
胸腺嘧啶	—	胸腺嘧啶脱氧核苷酸 （deoxythymidylic acid，dTMP）

核苷一磷酸（NMP）还可进一步磷酸化形成核苷二磷酸（NDP）和核苷三磷酸（NTP），它们常被作为能源，驱动一系列不同的化学反应。最常见的是腺苷三磷酸（5′-adenosine triphosphate，ATP）。ATP 的结构式如下：

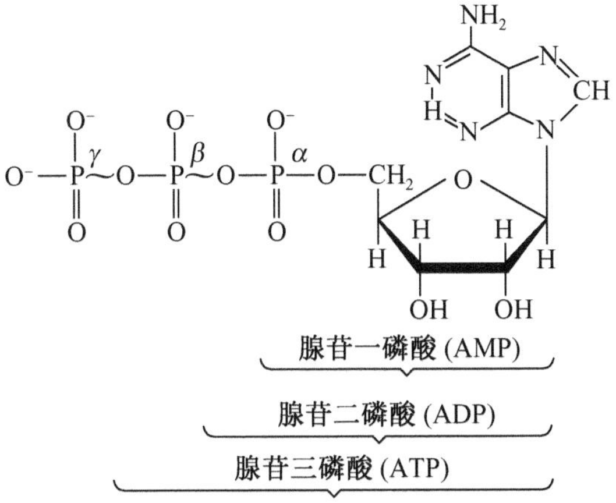

其他类型核苷酸不是核酸的组成部分，有的核苷酸是许多酶辅因子的结构成分（见第 3 章），有的核苷酸是细胞通讯的媒介，如细胞内的第二信使，3′,5′-环腺苷酸（3′,5′-cyclic adenylic acid，cAMP）及 3′,5′-环鸟苷酸（3′,5′-cyclic guanylic acid，cGMP）。近年来还发现，生物体内一些多磷酸核苷酸对代谢反应具有重要的调控作用，如枯草杆菌在营养不利的情况下形成芽孢时会合成 ppApp、pppApp 以及 pppApp，以调节体内代谢反应速度及方向，使其处于休眠状态。

6.1.4　核酸的结构基础

6.1.4.1　3′,5′-磷酸二酯键

核酸中的核苷酸残基都是通过磷酸基团这个"桥"共价连接的。每个磷酸基团都具有两个功能：既是核苷酸的结构组成部分，同时还能连接相邻的核苷酸。它的这种功能是通过酯化作用完成的，一方面形成 5′ 位核苷酸，另一方面又与上一个核苷酸的 3′ 位置相连，形成一个 3′,5′-磷酸二酯键。核苷酸残基通过 3′,5′-磷酸二酯键共价连接成链或串。一个短的核苷酸链称为"寡核苷酸"（oligonucleotide），"寡核苷酸"指包括 2~50 个核苷酸，而大于 50 个以上的核苷酸链则称为多聚核苷酸（polynucleotide），我们统称多聚核苷酸为核酸。DNA 为多聚脱氧核苷酸，RNA 为多聚核苷酸。

6.1.4.2 表示方法

图 6-3 中 A 是以结构式表示核酸的。为了使用方便，许多简捷标记法逐渐被使用，一般情况下，常采用图 6-3 中 C 所示的简化法：pApCpTpG…，当我们使用这种标记法时，碱基符号代表相应的核苷酸，磷酸二酯键被简写成"P"，位于两个碱基符号间。因此，ApC 意思为（A-3'）-P-（5'-C）的二核苷酸；pApCpTpGpGpApA 描述的是庚核苷酸有一个自由的 5'-磷酸基团，位于左侧，即 5'端;有一个自由的 3'-OH，位于右侧，即 3'端。通常书写核酸时，总是将 5'端写在左侧，3'端写在右侧，因此核酸的阅读和书写方向是 5'→3'。图 6-3 中 C 所示的简化法还可以进一步简化，将碱基间的"P"全部省略。

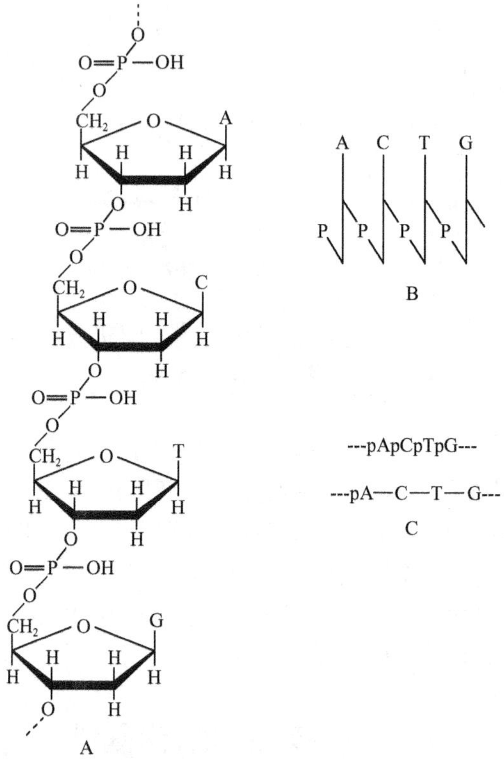

图 6-3　DNA 中多核苷酸链的一个小片段及缩写符号

A. DNA 中多核苷酸链一个小片段；B. 为竖线式缩写；C. 为文字式缩写

6.1.5　核酸的存在形式与功能

6.1.5.1　核酸的存在形式

DNA 和 RNA 常常与蛋白质结合，形成各种核蛋白（nucleoprotein）。细胞核中的染色体（核小体）、核糖体、病毒均为核蛋白。在原核生物中，染色体 DNA 和蛋白结合，被压缩成无膜界限的核区或拟核（nucleoid）；在真核生物染色体中，DNA 主要和组蛋白结合（这种结合是特异的），形成核小体（nucleosome），核小体是染色质的基本结构单位。

rRNA 与蛋白质结合形成的核糖体（ribosome）是第二种重要的核蛋白，主要存在于细胞质中，是蛋白质合成的场所。

病毒（virus）是第三种重要的核蛋白。它无细胞结构，按所含核酸不同病毒可分两类：一是含 RNA 的病毒；二是含 DNA 的病毒。侵染细菌的病毒叫噬菌体（phage）。在病毒粒子（virion）中，核酸位于中心，但只含有一种核酸，或者 DNA，或者 RNA，蛋白质包在外面形成衣壳（capsid）。病毒的侵染性由核酸引起，蛋白质只起保护作用。

6.1.5.2 核酸的功能

a. DNA 的重要作用在于储藏和传递遗传信息。

b. RNA 有许多功能。细胞中的 RNA 主要以三种形式存在，它们参与蛋白质的生物合成，但作用不同。信使 RNA（messenger RNA，mRNA），占细胞内 RNA 总量的 5% ~ 10%，主要功能是在蛋白质生物合成中起决定氨基酸排列顺序的模板作用，不同 mRNA 分子大小差异很大；转移 RNA（transfer RNA，tRNA），占 RNA 总量的 10% ~ 15%，相对分子质量在（20 ~ 30）kDa，含 73 ~ 88 个核苷酸，主要功能是在蛋白质合成中起携带转运活化氨基酸的作用；核糖体 RNA（ribosomal RNA，rRNA）占 RNA 总量的 75% ~ 85%，与多种蛋白质结合，组成用于蛋白质合成的核糖体。

RNA 也是某些病毒的遗传物质。研究最透彻的 RNA 病毒是烟草花叶病毒（TMV）（图 6-4）。近年来，研究者又鉴定出一种小的类似于病毒的粒子，它由单股 RNA 组成，没有蛋白质外壳包裹。这些裸露的 RNA 分子称为类病毒（viroid），是已知最小的侵染核酸，可以导致许多植物致病。

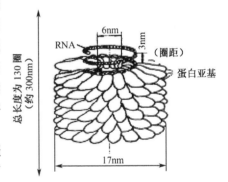

图 6-4 烟草花叶病毒粒子结构的一部分

一些 RNA 还具有酶的活性，将具有生物催化功能的 RNA 定名为核酶（ribozyme）。核酶可分为两类：一类是催化分子内反应的自我剪接核酶，二类是催化分子间反应的核酶。

总体说来，RNA 共有 5 种功能：①指导蛋白质合成。②作用于 RNA 转录后的加工与修饰。③基因表达与细胞功能的调节。④生物催化。⑤遗传信息的加工与进化。

6.2 核酸的一级结构与序列分析

核酸的结构常用三个结构水平描述：一级结构、二级结构和三级结构。核酸的一级结构就是其共价结构，通常是指核酸的核苷酸序列，主要是碱基的排序。

6.2.1 DNA 的一级结构与序列分析

6.2.1.1 DNA 的一级结构

DNA 的一级结构是由 4 种脱氧核糖核苷酸通过 3′,5′-磷酸二酯键连接起来的直线形或环形多聚大分子。由于 DNA 的脱氧核糖中 2′C 原子没有羟基，$C_{1'}$ 原子又与碱基相连接，唯一可以形成的键是 3′,5′-磷酸二酯键，所以 DNA 没有支链。

6.2.1.2 DNA 的核苷酸序列测定

（1）酶法测序

Frederick Sanger 是一个伟大的生物化学家，他对蛋白质一级结构测序做出巨大贡献后，又于 20 世纪 70 年代设计发明了快速测定 DNA 序列的方法——"加减法"。1977年 Sanger 对加减法进行了重大改进，提出了"末端终止法"，该方法以其巧妙的设计，让极为复杂的 DNA 序列测定简单易行，以此为原理设计的各种自动化测序仪，使 DNA 序列分析实现了自动化。"末端终止法"以单链 DNA 为模板，需加入适当的引物、四种 dNTP 和 DNA 聚合酶。将该反应体系分为四组，每组按一定比例加入一种 2′,3′双脱氧核苷三磷酸，它能随机掺入到合成的 DNA 链中，一旦掺入，DNA 合成即终止，这样就能得到一系列以该双脱氧核苷酸结尾的各种长度的 DNA 片段。将各组样品进行含变性剂的聚丙烯酰胺凝胶电泳，从放射自显影图谱上就可以直接读出 DNA 序列（图 6-5）。

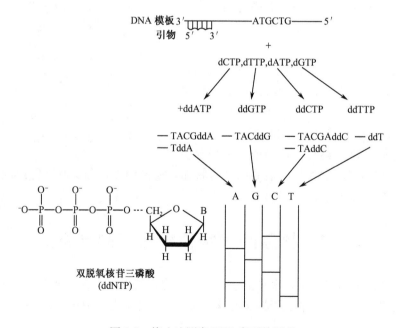

图 6-5　终止法测定 DNA 序列的原理

（2）化学法测序

1977 年 Maxam 和 Gilbert 发明了化学法测序。其原理是用不同的化学试剂特异作用于 DNA 分子中不同碱基，然后用哌啶切断反应碱基的多核苷酸链。用 4 组不同的特异反应，使末端标记的 DNA 分子切成不同长度的片段，其末端都是该特异的碱基。经变性凝胶电泳和放射自显影可以得到图谱。4 组特异的反应如下：

1）G 反应　用硫酸二甲酯使 G 嘌呤上的 N_7 原子甲基化，加热引起甲基化鸟嘌呤脱落，多核苷酸链可在该处断裂。

2）G + A 反应　用甲酸使 A 和 G 嘌呤环上的 N 原子质子化，从而使糖苷键变得不稳定，再用哌啶使键断裂。

3）T + C 反应　用肼使 T 和 C 的嘧啶环断裂，再用哌啶除去碱基。

4）C 反应　当有盐存在时，只有 C 和肼反应，并被哌啶除去。

哌啶促使修饰碱基脱落，并使去掉碱基的磷酸二酯键断裂。

上述样品分别进行聚丙烯酰胺变性凝胶电泳、放射自显影，此过程与酶法测序相同。

6.2.2　RNA 的一级结构与序列分析

6.2.2.1　RNA 的一级结构

与 DNA 一样，RNA 的一级结构也是四种核糖核苷酸 AMP、GMP、CMP、UMP 以 3′，5′-磷酸二酯键连接成的多聚核苷酸链。这些核苷酸的戊糖不是脱氧核糖而是核糖。另外，在 RNA 分子中还有一些稀有碱基。

RNA 的种类很多，结构各不相同。由 76 个核苷酸组成的酵母丙氨酸 tRNA 是第一个被测定核苷酸序列的 RNA。tRNA 通常由 70 ~ 90 个核苷酸组成，分子质量为 25kDa，沉降系数 4S，含较多的稀有碱基，3′端皆为…pCpCpAOH；5′端多为 pG…，也有 pC…的。

mRNA 是蛋白质生物合成的模板，它是单链。原核生物的 mRNA 一般都为多顺反子（polycistronic）结构（见图 6-6），即一条 mRNA 链上有多个编码区（coding region），5′端和 3′端各有一段非翻译区（untranslated region，UTR），无修饰碱基。

真核生物 mRNA 为单顺反子（monocistron）结构，只能编码一条多肽链。绝大多数真核细胞 mRNA3′端有一段长约 20 ~ 250 的多聚腺苷酸 Poly（A）。Poly（A）是转录后经 Poly（A）聚合酶的作用添加上去的。Poly（A）聚合酶专一作用于 mRNA，对 rRNA 和 tRNA 无作用。Poly（A）尾巴可能与 mRNA 从细胞核到细胞质的运输有关。还可能与 mRNA 的半寿期有关，新生 mRNA 的 Poly（A）较长，而衰老的 mRNA Poly（A）较短。

真核生物 mRNA5′端有一个特殊的帽子结构，就是 m^7G_5′pppN...。其中 m^7G 表示 7-甲基鸟苷，这是 5′-末端的鸟嘌呤 N-7 位被甲基化所形成的，m^7G 糖环上的 5′C 原子通过 3 个磷酸残基与相邻核苷酸（N）糖环上的 5′C 原子的羟基形成酯键，即 5′,5′-三磷酸连接，该核苷酸有时为 2′-O-甲基核苷酸，有时在该核苷酸后面还可再连接一个 2′-O-

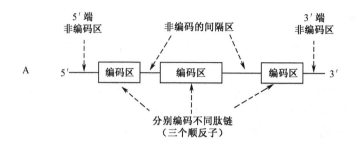

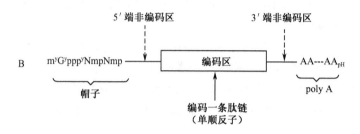

图 6-6   mRNA 结构示意图

A. 原核生物的 mRNA；B. 真核生物的 mRNA

甲基核苷酸（图 6-7）。5′端"帽子"结构有抗 5′-核酸外切酶的降解作用。在蛋白质合成过程中，它有助于核糖体对 mRNA 的识别与结合，使翻译得以正确起始。

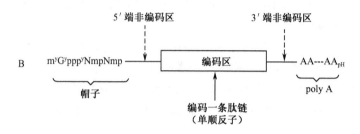

图 6-7   mRNA 5′帽子结构

6.2.2.2   RNA 的测序

RNA 的序列分析有多种方法。如：

a. 利用酶的特异性，将 RNA 的特异核苷酸位点切断，基本原理与 DNA 化学测序法相似，即用酶解或用化学试剂裂解 RNA 后测序。①胰脏 RNaseA 水解嘧啶核苷酸的 3′,5′-磷酸二酯键,产物 3′端均为嘧啶核苷酸；②米曲霉 RNaseT₁ 特异水解鸟苷酸与相邻核苷酸的 3′,5′-磷酸二酯键；③黑粉菌 RNase U₂ 在一定条件下特异水解腺苷酸的 3′,5′-磷酸二酯键；④多头黏菌 Rnase phyI 水解 A、G、U 三种核苷酸，但不水解胞苷酸。

b. 反转录成 cDNA 再用 DNA 测序法测序。

6.3 DNA 的高级结构

DNA 的高级结构，也叫空间结构，包括它的二级结构和三级结构。

6.3.1 DNA 的二级结构

DNA 的二级结构即指 DNA 的双螺旋结构（double helix structure），是两条多聚脱氧核苷酸链沿一个中心轴有规律的周期性折叠。1953 年，Watson 和 Crick 在总结前人工作的基础上提出了 DNA 的双螺旋结构，这被称为 20 世纪最伟大的发现之一。

6.3.1.1 双螺旋模型的主要依据

（1）DNA 碱基组成的 Chargaff 规则

Chargaff 等人从不同生物材料中分离 DNA 并水解它，研究其碱基组成，发现一个惊人的规律：

a. 腺嘌呤和胸腺嘧啶的摩尔数相等，即 A = T；

b. 鸟嘌呤和胞嘧啶的摩尔数相等，即 G = C；

c. 嘌呤总数等于嘧啶总数，即 A + G = T + C；

d. 含氨基的碱基（腺嘌呤和胞嘧啶）总数等于含酮基的碱基（鸟嘌呤和胸腺嘧啶）总数，即 A + C = G + T（见表 6-5）。

表 6-5　几种不同来源的 DNA 分子中的碱基组成

DNA 来源	碱基组成/mol%				碱基比例		
	A	G	C	T	A/T	G/C	嘌呤/嘧啶
人	30.9	19.9	19.8	29.4	1.05	1.00	1.04
羊	29.3	21.4	21.0	28.3	1.03	1.02	1.03
母鸡	28.8	20.5	21.5	29.3	1.02	0.95	0.97
蝗虫	29.3	20.5	20.7	29.3	1.00	1.00	1.00
麦胚	27.3	22.7	22.8	27.1	1.01	1.00	1.00
大肠杆菌	24.7	26.0	25.7	23.6	1.04	1.01	1.03
人噬菌体	21.3	28.6	27.2	22.9	0.92	1.05	0.79

e. DNA 碱基组成具有生物物种的特异性，没有组织、器官的特异性，不受生长发育、营养状况及环境条件的影响。

（2）X 射线衍射数据

1950 年，Wilkins 和 Franklin 通过一个 DNA 片段，成功获得 X 射线衍射图案。X 射线衍射数据提供了 DNA 中关于原子间距离的信息，研究发现，DNA 分子的全部原子排布呈螺旋状，且有一定周期性。

6.3.1.2　DNA 的双螺旋结构

实验证明，Watson 和 Crick 提出的 DNA 双螺旋模型（Watson-Crick model of DNA）是正确的（图6-8），其特征如下：

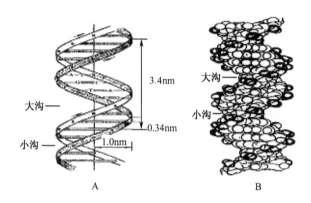

图 6-8　DNA 的双螺旋结构模型
A. 双螺旋结构示意图；B. 双螺旋结构原子模型图

a. 两条反向平行的多脱氧核苷酸围绕同一中心轴向右盘绕形成双螺旋（反向平行是指一条多脱氧核苷酸链走向为 5′→3′，另一条走向为 3′→5′）。

b. 由磷酸和脱氧核糖交替排列、彼此通过 3′,5′-磷酸二酯键相连形成 DNA 分子的骨架，分子的骨架在外侧，糖环平面与中轴平行。而嘌呤碱和嘧啶碱位于双螺旋的内侧，碱基平面与双螺旋中轴垂直。

c. 沿中心轴垂直方向观察，双螺旋结构中有两条螺旋凹槽：一条较深宽，称为大沟（major groove）；一条较浅窄，称为小沟（minor groove）。两条沟足够大到允许蛋白质分子进入，使 DNA 与蛋白质可以相互识别。

d. 双螺旋平均直径为 2.00 nm，两个相邻碱基间距为 0.34 nm，两个脱氧核苷酸夹角为 36°。10 个脱氧核苷酸对沿中心轴每旋转一周，螺距为 3.40 nm。

e. 两条多脱氧核苷酸链呈互补关系。碱基间按碱基互补原则进行配对，根据分子模型计算，腺嘌呤与胸腺嘧啶配对，它们之间形成两个氢键；鸟嘌呤与胞嘧啶配对，形成三个氢键。这种配对的结果，使得一条多脱氧核苷酸链的序列确定后，即可决定另一条互补链的序列。遗传信息由碱基的序列所携带。

6.3.1.3　维持双螺旋结构稳定的因素

DNA 双螺旋结构的稳定性对生物遗传信息的准确传递表达至关重要。维持 DNA 双螺旋结构的稳定主要有两种力起作用：一是互补碱基对间的氢键，一是碱基堆积作用。维持每条 DNA 链碱基顺序的特异性完全是碱基对之间的氢键的贡献，而碱基堆积作用对碱基成分而言，则是非特异性的。嘌呤碱与嘧啶碱形状扁平，呈疏水性，在双螺旋结构内部大量碱基层层堆积，两个相邻碱基的平面十分贴近，于是使双螺旋内部形成一个强大的疏水区，与介质中的水分子隔开，这种疏水作用就是碱基堆积力的实质。在维持 DNA 双螺旋结构稳定中，碱基堆积力起着更重要的作用。此外，DNA 双螺旋周围带正电荷的蛋白质或离子与磷酸基团负电荷间形成的离子键对 DNA 双螺旋结构稳定性的贡献不容忽视。

6.3.1.4 其他 DNA 双螺旋

Watson 和 Crick 所提出的结构代表的是 DNA 钠盐在较高湿度下（92%）制得的纤维结构，该结构称为 B 型 DNA（B-DNA）。由于它的水分含量较高，可能比较接近大部分 DNA 在细胞中构象。DNA 的结构可受环境条件的影响而改变。DNA 能以多种不同的构象存在，除 B 型外通常还有 A 型、C 型、D 型、Z 型。其中 A 型和 B 型是 DNA 的两种基本构象，Z 型则比较特殊，它是左手螺旋。A 型、B 型和 Z 型 DNA 见图6-9。

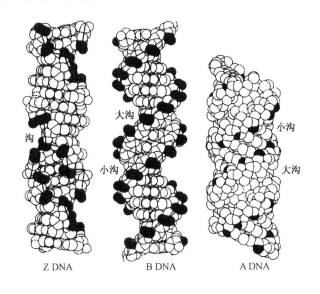

图6-9　A 型、B 型和 Z 型 DNA 结构模型

（1）A-DNA

在相对湿度为 75% 以下时，可以获得不同于 B-DNA 的双螺旋结构，称为A-DNA。在此双螺旋中，两条反向链形成右手螺旋，但与 B-DNA 相比，其螺旋较宽而短，碱基平面不位于双螺旋的中心，并与中心轴呈 19°倾角。大沟窄、深，小沟则宽、浅。每 11 个碱基对为一圈，螺距 2.46 nm。

（2）Z-DNA

自然界双螺旋 DNA 大多为右手螺旋，但也有左手螺旋。相对于 B-DNA，Z 型 DNA 的碱基对被翻转 180°，重复单位是一个富含鸟嘌呤核苷酸的嘧啶碱与嘌呤碱交替出现的二核苷酸，而不像 A-DNA 和 B-DNA 那样是单核苷酸。每 12 个碱基对一圈，螺距为 4.56 nm，碱基对移向边缘，只有一窄且深的小沟，无明显的大沟。与右手螺旋不同，在左手螺旋中糖环折叠和糖苷键的构象对嘧啶碱和嘌呤碱各不相同，对嘧啶而言是反式的，但对嘌呤是顺式的。磷酸基团在螺旋的外侧，沿着"Z"字路径，因此得名Z-DNA。Z-DNA 存在于体内，但它的生物功能仍旧不清楚，有人提出，B-DNA 和 Z-DNA 间相互可逆的变化可以象开关一样行使控制基因表达的功能。

表 6-6 列出了 A 型、B 型和 Z 型 DNA 的主要特征数据，可作为了解各类构象的特征比较。

表 6-6　A 型、B 型和 Z 型 DNA 的比较

	螺　旋　类　型		
	A	B	Z
外形	粗短	适中	细长
螺旋方向	右手	右手	左手
螺旋直径	2.55 nm	2.37 nm	1.84 nm
碱基轴升	0.23 nm	0.34 nm	0.38 nm
碱基夹角	32.7°	34.6°	60°
每圈碱基数	11	10.4	12
螺距	2.46 nm	3.32 nm	4.56 nm
轴心与碱基对的关系	不穿过碱基对	穿过碱基对	不穿过碱基对
碱基倾角	19°	1°	9°
糖环折叠	C_3 内式	C_2 内式	嘧啶 C_2 内式，嘌呤 C_3 内式
糖苷键构象	反式	反式	C、T 反式，G 顺式
大沟	很狭、很深	很宽、较深	平坦
小沟	很宽、浅	狭、深	较狭、很深

6.3.1.5　DNA 的回文结构

一些 DNA 特殊的一级结构可导致特殊的二级结构的形成，这类结构有重要的功能。在 DNA 中发现的非常普通的顺序类型是回文结构（palindromic structure），也叫回文顺序（palindrome）。所谓回文结构，指 DNA 碱基顺序以某一中心区域为轴正读反读都相同。这样的二重对称性顺序具有链内互补的碱基序列，因而有着在单链 DNA 或 RNA 中形成发卡结构（hairpin structure）、在双链 DNA 内能形成十字架结构（cruciform）的能力（图 6-10）。如果颠倒重复在同一条链上，则这种顺序叫做镜像重复（mirror repeat），而镜像重复不能形成发卡结构和十字架结构。回文结构的功能还不十分清楚，可能与遗传信息表达的调控和基因转移有关。

6.3.1.6　DNA 三螺旋结构（tsDNA 或 H-DNA）

早在 Watson 和 Crick 提出双螺旋结构模型之前，著名化学家 Pauling 就提出了 DNA 的三螺旋结构（triplex structure），它意味着三链 DNA 的存在。1963 年，K. Hoogsteen 首先描述了三股螺旋结构。这种结构由 DNA 分子中含有镜像重复序列的双螺旋区段回折形成，其中一段与 DNA 双螺旋结构形成三股螺旋，另一段 DNA 为游离单链。碱基分析发现，在三链片段中，三条链均为同型嘌呤（homopurine，Hpu）和同型嘧啶（homopy-

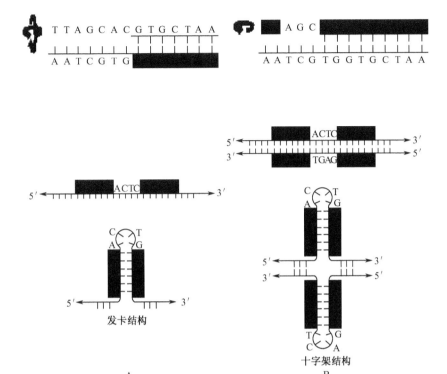

图 6-10　回文结构、镜像重复、发卡结构和十字架结构

rimidine，Hpy），即整段的碱基或者均为嘌呤碱，或者均为嘧啶碱。

在三股螺旋结构中，第三条链与双螺旋间的碱基配对形式为：Py·Pu∗Py、Py·Py∗Pu 和 Py·Pu∗rPy 等，这种碱基配对被称为 Hoogsteen 配对。"∗"表示 Hoogsteen 配对，正常双螺旋间是 Watson-Crick 碱基互补配对，"·"表示 Watson-Crick 配对。

在三股螺旋结构中，以 Py·Pu∗Py 类型为多见。在这一类型中，其中的两条链为正常的双螺旋结构，第三条嘧啶链位于双螺旋的大沟中，与嘌呤链的方向一致，并随双螺旋结构一起旋转。由于第三条链中的 C 只有被质子化（C$^+$）才能参与配对，故又称 H-DNA（图 6-11）。

6.3.2　DNA 的三级结构

用电子显微镜观察发现，DNA 在二级结构基础上还可以进一步扭曲、折叠，形成 DNA 的三级结构。我们称其为超螺旋（superhelix）。

当 DNA 双螺旋分子在溶液中以一定构象自由存在时，双螺旋处于能量最低的松弛状态。如果这种正常的 DNA 分子额外地多转几圈或少转几圈，就会使双螺旋产生张力。当双螺旋末端开放时，这种张力可以通过链的转动而释放出来；若两端固定或者是环状分子，则只能通过分子自身弯曲形成超螺旋结构，使相邻碱基对以最接近于 B 型 DNA 结构的距离堆积，从而消除张力。双螺旋 DNA 处于拧紧状态时所形成的超螺旋称正超

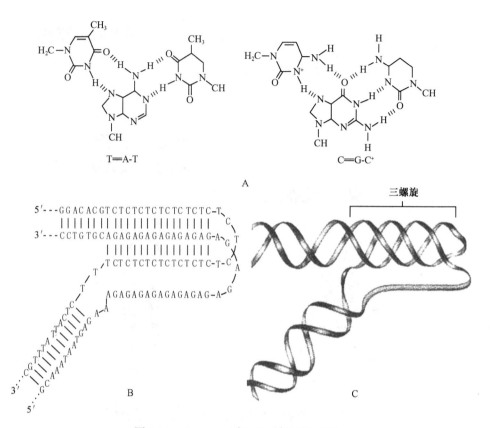

图 6-11 Hoogsteen 碱基配对与三链 DNA
A. 三链 DNA 的碱基配对形式；B. CT（或 AG）相间的镜像重复形成的 H-DNA；
C. 当 DNA 在分子内形成三链时，有一条多嘌呤链处于不配对状态

螺旋（左手超螺旋），处于拧松状态时形成的超螺旋称负超螺旋（右手超螺旋）。现在发现的天然 DNA 中的超螺旋都是负超螺旋。DNA 形成超螺旋有两个重要功能：首先它减少占用空间，允许 DNA 高效包装在细胞内；其次它可以改变双螺旋的解开程度，控制 DNA 与其他分子的相互作用。

为说明问题，现以一段由 260 个碱基对组成的线型 B-DNA 为例来说明（图 6-12）。图 6-12 中 A 为一段 B-DNA，螺旋周数为 25（260/10.4 = 25），当将此线型结构首尾相连成环时，此环状 DNA 为松弛型 DNA（relaxed DNA）（图 6-12B）。但若将上述线型 DNA 先拧松两周再连接成环时，可以形成两种环状 DNA。一种称解链环状 DNA（unwound circle DNA）（图 6-12C），它的螺旋周数为 23，还有一个突环。另一种称超螺旋 DNA（superhelical DNA）（图 6-12D），它螺旋周数仍为 25，但同时具有两个螺旋套螺旋，即超螺旋。从能量角度来说，后一种更易形成。

拓扑学是专门研究物体在不断变形情况下的某些不变的结构特性。应用拓扑学可更进一步了解 DNA 分子的构象问题。为描述闭合环状 DNA 的超螺旋特性，建立下述方程：

$$L = T + W$$

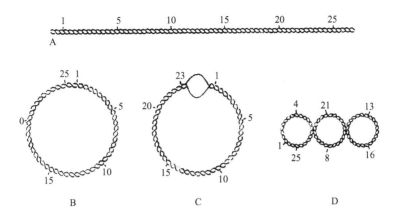

图 6-12 环状 DNA 的不同构象

A. 一段双螺旋 B-DNA；B. 松弛环状，$L=25$，$T=25$，$W=0$；

C. 解链环状，$L=23$，$T=23$，$W=0$；D. 负超螺旋，$L=23$，$T=25$，$W=-2$

L：叫做连环数（linking number），也叫环绕数、连系数，是指在双螺旋 DNA 中，一条链以右手螺旋绕另一条链缠绕的次数。L 是整数，只要不发生化学键的断裂，在闭合环状 DNA 任何拓扑学状态中它的值总保持不变；右手螺旋时 L 取正值。上述松弛环中，$L=25$，在解链环及超螺旋分子中 L 值皆为 23。这三种环状分子具有相同结构，但 L 值不同，所以称它们为拓扑异构体（topoisomer）。拓扑异构酶（topoisomerase）可以催化它们之间的转换。

T：扭转数（twisting number 或 Twist），也叫螺旋周数，指 DNA 分子中的 Watson-Crick 螺旋数。上述松弛环中 L 值与 T 值相同，而解链环与超螺旋 DNA 虽具有相同的 L 值，但 T 值不同，前者 $T=23$，后者 $T=25$。

W：超螺旋数（number of turns of superhelix 或 Writhe），可认为是螺旋轴的缠绕数。上述解链环 $W=0$，超螺旋 DNA $W=-2$。

细胞内 DNA 超螺旋状态的形成，即拓扑异构体间的相互转化是通过拓扑异构酶来实现的。拓扑异构酶有两种类型：拓扑异构酶 I 型可催化超螺旋 DNA 转变成松弛型环状 DNA，它使双螺旋 DNA 的一条链暂时断开，围绕着另一条链旋转后再接上，每次改变 L 值为 1。拓扑异构酶 II 型可同时使两条链的磷酸二酯键水解，使松弛环状 DNA 转变成负超螺旋型 DNA，每次改变 L 值为 2。这两种拓扑异构酶作用刚好相反，所以细胞内二者含量保持一定的平衡，以维系体内 DNA 超螺旋的水平。

6.3.3　RNA 的高级结构

大多数 RNA 以单链形式存在，少数则以双链形式存在，如一些病毒 RNA。此外，tRNA 和 rRNA 中也包含一些双螺旋部分。在 RNA 中某些多核苷酸可以发生折叠，折叠部分的碱基相互靠近，像 DNA 一样通过碱基互补配对相互连接，G 和 C 间形成三对氢键。然而由于 RNA 中不包含 T，因此由 A 和 U 配对形成两对氢键，并且构成双螺旋，双螺旋类似 A-DNA。不能构成双螺旋的部分则形成环状突起，称为"环"，因此，在 RNA 结构中常出现"发夹"结构。在 RNA 的双螺旋中，由于体积较大的-OH 位于核糖的 2′-碳位置上，导致立体空间阻碍，阻止了 Watson-Crick 类型双螺旋结构的形成。

6.3.3.1 tRNA 的高级结构

（1）tRNA 的二级结构

tRNA 单链自身折叠形成一种像三叶草形状的茎环结构，称为三叶草型结构（图 6-13）。这种三叶草型的 tRNA 二级结构是 1965 年 Holleg 等首先提出的，随后被许多物理和化学的研究结果及 X 射线衍射分析的结果所证实。tRNA 三叶草型结构的基本特征是：

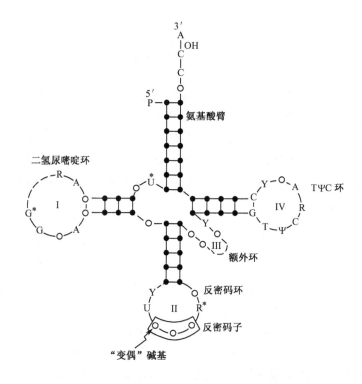

图 6-13　tRNA 三叶草型二级结构模型

a. 3′端有一段以…CCA$_{OH}$为末端的单链区。

b. 大约有 50% 的核苷酸配对，分别形成 4 个双螺旋区。双螺旋区为反平行右手螺旋，以氢键和碱基堆积力为稳定因素。4 个螺旋区称为臂（或称茎）。这 4 个臂是：氨基酸接受臂、二氢尿嘧啶臂（简称 D 臂）、反密码子臂和 TΨC 臂。

c. 有 50% 的核苷酸不配对，分别形成 4 个环，它们是：二氢尿嘧啶环（简称 D 环）、反密码子环、额外环和 TΨC 环。

d. 不同的 tRNA 分子长度上的变化主要在三个区域，D 臂、D 环和额外环，而其他各部分变化较小。

由上述特征可知，tRNA 是由四环四臂组成的三叶草型结构，各部分名称与功能及结构特点有关。如反密码子环是因为该环有 3 个相连的核苷酸构成反密码子，可与 mRNA 的相应密码子反平行配对结合；氨基酸接受臂是由于紧连 3′ 端的···CCA$_{OH}$结构，其中的 A 通过共价结合而接受氨基酸。

（2）tRNA 的三级结构

tRNA 的三叶草型结构进一步扭曲、折叠形成一种倒写"L"字母的三维结构，称为倒 L 型结构（图 6-14），即为 tRNA 的三级结构。这是 Kim（1973）及 Robertus（1974）证明的。在此 tRNA 的三级结构中，氨基酸臂与 TΨC 臂形成一个连续的双螺旋区，构成字母 L 下面的一横。而 D 臂与它垂直，D 臂与反密码臂及反密码环共同构成字母 L 的一竖。反密码臂经额外环与 D 臂相连。此外，D 臂中的某些碱基与 TΨC 环及额外环中的某些碱基之间形成额外的碱基对。这些额外的碱基对是维持 tRNA 三级结构的重要因素。

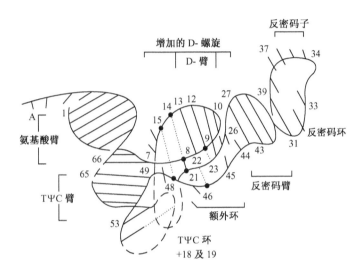

图 6-14　酵母苯丙氨酸 tRNA 的三级结构

1981 年，我国生化工作者成功地完成酵母丙氨酸 tRNA 的人工合成，并显示出生物活性。这是我国继首次人工合成胰岛素之后取得的又一项重大成就。

6.3.3.2　rRNA 的高级结构

rRNA 与蛋白质结合组成核糖体，是蛋白质合成的场所。所有生物的核糖体都是由大小不同的两个亚基所组成，大小亚基分别由几种 rRNA 和数十种蛋白质组成。原核生物与真核生物核糖体组成见表 6-7。

rRNA 的种类不多，其中有的一级结构已经测定，如大肠杆菌核糖体中的 5S rRNA 为 120 个核苷酸，16S rRNA 为 542 个核苷酸，23S rRNA 为 2904 个核苷酸。在核糖体内，rRNA 虽然呈单链存在，但也能够折叠形成"发夹"结构。例如 16S rRNA 约有一半的核苷酸形成链内碱基对。由于 rRNA 的柔性较大，三级结构的研究较为困难。图6-15

为大肠杆菌16S rRNA 和5S rRNA 的二级结构示意图。

表 6-7   rRNA 的种类大小与核苷酸数目

生物	亚基	rRNA		
		大小	相对分子质量	核苷酸
原核	30S	16S	0.55×10^{-6}	1500
	50S	23S	1.10×10^{-6}	3000
		5S	0.04×10^{-6}	120
真核	40S	18S	0.70×10^{-6}	2000
	60S	28S	1.80×10^{-6}	5000
		5.8S	0.05×10^{-6}	160
		5S	0.04×10^{-6}	120

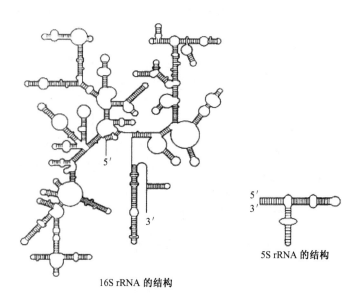

16S rRNA 的结构

5S rRNA 的结构

图 6-15   16S 和 5S rRNA 的结构

6.3.3.3   其他 RNA 的高级结构

与其他 RNA 一样，游离的 mRNA 也可以产生高级空间结构，它的单核苷酸链也可以自身回折形成局部螺旋结构和茎环结构，但在核糖体上翻译蛋白质时则必须解开呈伸展状态，否则会影响翻译效率。

具有催化功能的 RNA——核酶，它的催化功能与其空间结构密切相关。研究结果显示，除 rRNA 外，目前已知有8种结构的核酶：锤头型、发夹型、Rnase P 的 RNA 亚基（M1RNA）型、丁型肝炎病毒（Hepatitis B virus，HBV）基因组型和反基因组型、Varkud 卫星（Vs）质粒型以及自我剪接内含子 I 型和 II 型。

6.4 DNA ——遗传物质

DNA 作为细胞内的遗传物质，它的鉴别和发展是通过直接或间接的证据积累起来的。研究发现，DNA 有多种特性，其中作为稳定遗传物质的特性则是最重要的。半个世纪以来，核酸的研究已成为生物化学与分子生物学研究的核心和前沿。

6.4.1 DNA 作为遗传物质的间接证据

DNA 作为遗传物质的间接证据主要是指：对于特定的组织细胞来说，DNA 的数量是稳定的，并且随着组织的复杂，DNA 的数量逐渐增加(见表6-8)；DNA 分子大小也具同样规律，DNA 分子一般随生物的进化逐步增大（见表6-9），但这并不意味着复杂的组织细胞中包含更多的遗传信息；DNA 作为遗传物质是稳定的，环境、新陈代谢和营养状况等变化并不影响每个细胞中 DNA 的数量和组成；DNA 碱基组成具有物种的特异性，同种生物所有体细胞 DNA 的碱基组成是相同的，可作为该种的特征，不同种生物的碱基组成不同，可用"不对称比率"（dissymmetry ratio）（A + T/C + G）来表示，亲缘关系相近的生物，其 DNA 碱基相似，即不对称比率近似。

表6-8　一些 DNA 分子的特性

来　　源	碱基对数量/kbp	链长度/μm	结　　构
病毒			
多瘤 SV40	5.1	1.7	环状双链
λ 噬菌体	48.6	17	线状双链
噬菌体 T2，T4，T6	166	55	线状双链
细菌			
支原体	760	260	环状双链
大肠杆菌	4 000	1 360	环状双链
真核生物			
酵母	13 500	4 600	17 染色体 （单倍体）
果蝇	165 000	56 000	4 染色体 （单倍体）
人类	2 900 000	990 000	23 染色体 （单倍体）
鲸	102 000 000	34 700 000	19 染色体 （单倍体）

表6-9　不同组织中 DNA 的数量

细胞类型	组织	每个细胞中 DNA 质量/pg
噬菌体	T_4	2.4×10^{-4}
细菌	大肠杆菌	4.4×10^{-3}
真菌	链孢霉	1.7×10^{-2}
红血球	鸡	2.5
植物	烟草	2.5
原生动物	眼虫藻	3.3
白血球	人类	3.4

注：$1pg = 10^{-12} g$

6.4.2　DNA 作为遗传物质的直接证据

6.4.2.1　肺炎球菌的转化实验

1944 年，O. T. Arery、C. M. Macleod 和 M. Mccarty 等所做的细菌转化实验是关于 DNA 是遗传物质的第一个直接证据。他们以 R. Griffith 的前期工作为基础，以肺炎双球球菌（*Pneumococcus*）的两个菌株为研究对象。一个为光滑型致病菌株"S"，这种有毒菌株在细胞外面有多糖类的胶状荚膜，起保护作用；另一种菌株没有荚膜，不引起病症，为粗糙型"R"菌落。Avery 等在离体条件下完成了转化过程。他们从活的 S 型菌株中将 DNA、蛋白质和荚膜物质抽提出来，把每一成分跟活的 R 型菌株混合，在合成培养液中悬浮培养。发现含 DNA 组分的培养液中，除 R 型菌株外还出现了 S 型菌株，即有 R 型菌株转化为 S 型菌株。如果将 DNA 组分用 DNA 酶处理，则不出现转化现象，而蛋白质和荚膜物质抽提物没有转化能力。现在我们知道，这是由于转化时，供体 DNA 的一部分整合到受体细胞的 DNA 中的缘故。

6.4.2.2　噬菌体的感染实验

1952 年 A. D. Hershey 和 M. Chase 各自独立的实验提供了 DNA 是遗传物质的第二个证据。方法是把 T_2 噬菌体分别用 ^{35}S 和 ^{32}P 标记，标记的 T_2 噬菌体再分别去感染大肠杆菌。结果显示，用 ^{35}S 标记的噬菌体感染时，大肠杆菌细胞内几乎没有放射性；用 ^{32}P 标记的噬菌体感染时，大肠杆菌细胞内有放射性。由此看来，T_2 噬菌体注入大肠杆菌体内的是含 ^{32}P 的 DNA 起作用，而不是含 ^{35}S 的蛋白质外壳起作用。DNA 是遗传物质。

按照遗传学的概念，基因是指在染色体上占有一定位置的遗传单位。基因的主要特性由 DNA 决定，或者说遗传信息就储存在 DNA 中。

6.4.3　原核生物与真核生物的 DNA

虽然原核生物与真核生物 DNA 有相同的碱基结构，但它们的大小、结构和其他特性是有重大差别的（表 6-10）。在真核生物和原核生物中，大多数 DNA 位于染色体。染色体的功能是储藏和传递遗传信息。

表 6-10　原核生物和真核生物 DNA 的比较

特征	原核生物	真核生物
相对分子质量	大肠杆菌：2.6×10^9（4×10^6 bp；1.4nm）	人：1.8×10^{12}（2.9×10^9 bp；0.99m）
每个染色体中的分子数量	1	1
每个细胞中的分子数量	1	许多
结构	双链　环状	双链　线状
超螺旋	是	是

特征	原核生物	真核生物
与之结合的碱性蛋白质	有一些，但没有特定结构	组蛋白，核小体
重复 DNA	没有	有
基因连续性	是	不连续
一个基因出现的频率	一次	一次或多次
非翻译 DNA	较少，小的调节序列	较多，多为长序列
回文结构	少；小	多；大
限制/修饰系统	有	没有
质粒 DNA（双链环状）	有	没有
细胞器 DNA（双链环状）	没有	有

6.4.3.1　原核生物 DNA

细菌染色体是由双链、环状 DNA 分子组成，例如，$E.coli$ 的 DNA 相对分子质量是 2.6×10^9，主要位于拟核区，周围无核膜包裹。$E.coli$ 细胞长约 $2\mu m$，但 DNA 长 $1400\mu m$，这就要求 DNA 组装压缩。组装率为 700/1，也就是 $700\mu m$ 的 DNA 必须被折叠在 $1\mu m$ 的细胞空间内。拟核区占用的空间仅仅是全部细胞体积的一小部分，因此 DNA 的实际组率更大。正是 DNA 的超螺旋结构才使这种有效组装成为可能。

在细菌中，除了染色体 DNA 外，还有质粒（plasmid）。质粒是细菌细胞中独立于染色体之外的遗传因子，它是一种环状 DNA 分子，在细菌内具有自我复制的能力，但却不是细菌生活所必需的。在重组 DNA 技术中，质粒一般被作为目的基因的载体。

6.4.3.2　真核生物 DNA

通过光学显微镜可以看到在细胞分裂时真核生物的 DNA 被组装成清晰的形态学结构——染色体。与原核生物相比，真核生物 DNA 更大、更复杂。每个染色体含有一个双链的线状分子。各种真核生物细胞内染色体的数目不同。问题是巨型 DNA 在染色体中是如何组装的。存在于人体细胞内的 23 条染色体中的 DNA 全长大约 1m，全部 23 条染色体全长大约为 $100\mu m$，组装比率是 $1/100 \times 10^{-6} = 10\,000/1$，这意味着 $10\,000\mu m$ 的 DNA 必须包含在 $1\mu m$ 的染色体中。组装的 DNA 包含全部的功能结构，能够自我复制，能够转录 RNA。DNA 主要通过三种方式组装成活性染色体：首先 DNA 以超螺旋结构存在；其次超螺旋 DNA 以蛋白质为中心进行缠绕，形成类似念球状的核小体；最后，核小体被紧密的包装在染色体的内部。按照 Kornberg 模型，核小体是由组蛋白和盘绕其上的 DNA 所构成，靠静电引力维系在一起。核心由组蛋白 H2A、H2B、H3 和 H4 各 2 分子组成，是一个八聚体；DNA 以左手螺旋在组蛋白核心上盘绕 1.75 圈，共 146 碱基对（bp），核小体被"裸露"的 10 ~ 100 bp DNA 隔离，称为间隔 DNA 或连接 DNA，每个重复单位的核小体平均约 200 bp 的 DNA（见图 6-16）。一分子组蛋白 H1 结合于连接 DNA 上，使核小体一个挨一个，形成染色体。组蛋白的性质列于表 6-11。

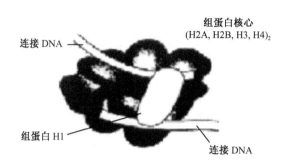

组蛋白核心
(H2A, H2B, H3, H4)₂

连接 DNA

组蛋白 H1

连接 DNA

图 6-16 核小体的结构

表 6-11 组蛋白的性质

种类	相对分子质量	氨基酸残基数	碱性氨基酸含量/%	
			Lys	Arg
H1	21 130	223	29.5	1.3
H2A	13 960	129	10.9	9.3
H2B	13 774	125	16.0	6.4
H3	15 273	135	9.6	13.3
H4	11 236	102	10.8	13.7

DNA 组装成核小体，其长度缩短 7 倍，直径约 10nm。核小体由连接 DNA 相连，外表看像一串"念珠"。这些念珠紧密包装盘绕成直径为 30nm 的染色质纤丝，使 DNA 又压缩大约 40 倍。

真核生物 DNA 的结构和功能比较复杂，基因组 DNA 有大量序列不编码蛋白质。另外，真核生物 DNA 中的基因不集中，并且大多数编码蛋白质的基因都含有"居间序列"，这种"居间序列"称为"内含子"（intron），它使真核生物基因成为不连续基因或断裂基因（split gene）。这些编码蛋白质的基因片段被称为"外显子"（exon）。

真核生物象原核生物一样也含有染色体外 DNA。例如一些 DNA 存在于线粒体和质体中。线粒体 DNA 呈双链、环状，独立于核 DNA 复制。它编码少数线粒体蛋白质，例如氧化磷酸化和电子传递体系的一些功能蛋白。线粒体基因的密码子与通用密码子略有差别（见"蛋白质生物合成"）。线粒体内的 DNA 形式类似于原核生物的 DNA，可能是早期线粒体与真核细胞呈共生关系。

6.5 DNA 的 性 质

6.5.1 降解与变性

核酸的降解指通过核酸酶或物理、化学的方法使核酸的3′,5′-磷酸二酯键断裂，多聚核苷酸链变成小段寡聚核苷酸链。与 RNA 分子相比，DNA 分子由于长而且细，在普通的外力作用下，如振荡、搅拌或移液管吸取，就极易断裂降解。因此，在提取或处理

DNA 时，应特别注意。

变性（denaturation）作用，主要涉及的是非共价键断裂和失去二级结构，意味着核酸由双螺旋结构转变为单链无规则卷曲（图6-17）。一系列物化性质也随之发生改变，260nm区紫外吸光度值升高，黏度降低，浮力密度升高等等。核酸变性时非共价键主要是氢键和疏水键的断裂。而引起核酸变性的因素，与蛋白质变性的基本相同。例如：脲、盐酸胍、SDS等，过酸、过碱、高温、低离子强度等也都引起核酸（尤其DNA）的变性。

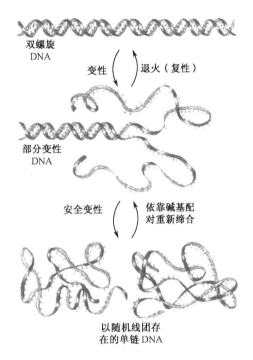

图 6-17　DNA 的变性过程

6.5.1.1　酸碱变性

由酸碱度改变引起的变性称酸碱变性，即低或高的 pH 值条件趋向使 DNA 不稳定。在低 pH 值时，腺嘌呤的 N_1 和胞嘧啶的 N_3 质子化，消除了它们形成氢键时作为质子受体的作用。此外，全部碱基质子化的结果，增加了它们间的相互斥力；在高 pH 值时，鸟嘌呤的 N_1 和胸腺嘧啶的 N_3 去质子化，同样消除了它们形成氢键时作为质子供体的作用。全部碱基去质子化结果也增加了相互间的斥力。DNA 双螺旋间横向作用力主要是氢键，过高或过低 pH 值影响氢键的形成必然会使 DNA 变性。

6.5.1.2　低离子强度

如果双链 DNA 浓度很低，即使悬浮在蒸馏水中也能导致 DNA 的变性。因为在这种条件下，带正电荷、与 DNA 分子结合在一起的物质含量极少。这些带正电荷的物质聚集在 DNA 周围，但同时也扩散和分布在整个溶液中。带正电荷的物质的减少导致 DNA 分子上带负电荷的磷酸基团部分脱防护，使 DNA 链上相连的磷酸基团间的相互斥力增加，引起 DNA 双链分离。

我们可以通过提高 DNA 浓度，使起中和作用的带正电荷的物质浓度提高，从而提供足够的静电防护以减少变性的概率，也可以通过补充盐来增加溶液的离子强度，从而降低相邻磷酸基团间的相互斥力。

6.5.1.3　高温

嘌呤碱与嘧啶碱均具有共轭双键，因此碱基、核苷、核苷酸和核酸在 240～290 nm 的紫外区有强烈的吸收，最大吸收值在 260 nm 附近。单链 DNA 碱基充分外露，因此比双链 DNA 紫外吸收值高。通过紫外吸收值的变化，我们可以判断 DNA 是否变性。

由温度升高而引起核酸的变性叫热变性。将 DNA 溶液放置在紫外分光光度计中，改变溶液温度，测量吸光率，就可以发现 DNA 变性的紫外吸收值的变化。当温度从室温升至大约100℃时，吸光率大约增加40%。DNA由双链变成单链变性时，紫外吸收值增加的现象称为增色效应（hyperchromic effect）。而当温度缓慢降低时，吸光率下降，DNA由无规则单链再转变成双链，此时紫外吸收值降低的现象，称之为减色效应（hypochromic effect）。

DNA变性的特点是爆发式的，变性作用发生在一个很窄的温度范围内，有一个相变的过程。若将DNA变性过程比作有机化学中晶体的熔解，变化范围的中间点就是DNA的熔点，或称解链温度（melting temperature），用T_m表示。它是DNA双螺旋结构失去一半或紫外吸收值达到最大值一半时所需的温度。DNA的T_m值一般在82~95℃之间。DNA的T_m值和以下因素有关。

（1）DNA的均一性

均质DNA（homogeneous DNA）熔解过程发生在一个较小的温度范围内，如一些病毒的DNA、人工合成的多聚腺嘌呤–胸腺嘧啶脱氧核苷酸等。异质DNA（heterogeneous DNA）的熔解过程发生在一个较宽的温度范围内。

（2）DNA的G-C含量

G-C含量越高，T_m值越高，两者成正比关系（图6-18）。这是因为$G \equiv C$比$A = T$更稳定的缘故。T_m值测定一般在pH = 7时的0.15mol·L^{-1}氯化钠和0.015mol·L^{-1}柠檬酸钠溶液中进行，T_m与碱基组成的关系可用下列经验公式表示：

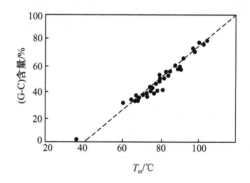

图6-18　DNA的T_m值与G-C含量的关系

DNA来源（1~9）：草分支杆菌；沙门氏菌属；大肠杆菌；鲑鱼精子；小牛胸腺；肺炎球菌；酵母；噬菌体T$_4$；多聚d（A-T）

$$T_m = 69.3 + 0.41[(G - C)\%]或(G - C)\% = (T_m - 69.3) \times 2.44$$

其中69.3为多聚d（A-T）的T_m值，这就是所谓Mormur-Doty关系式。因此，通过测定T_m值，也可以推算出DNA的碱基的百分组成。

（3）介质中的离子强度

一般说在离子强度较低的介质中，DNA的T_m值较低，而且熔解过程发生在一个较宽的温度范围（图6-19）。而离子强度高时，DNA 的 T_m 值高，熔解过程发生在一个较窄的温度范围之内。所以，DNA 制品应保存在较高浓度的缓冲液或溶液中，一般保存在 $1mol \cdot L^{-1}$ 的氯化钠溶液中。

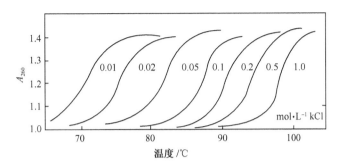

图 6-19　大肠杆菌 DNA 在不同 KCl 浓度下的熔解温度曲线

S 型热变性曲线表明变性作用是一个相互协作的过程。在这个过程中，氢键构成了所谓的"束缚位点"。通过增加温度来断裂第一对氢键相对困难，因为众多的氢键给予了 DNA 的稳定性。然而，一旦第一对氢键被断裂，相邻的氢键则变得不稳定，结果第二对氢键更易断裂。该过程类似于一个"拉链"，一旦克服了最初的阻力，就可以很容易移动"拉链"，此时 DNA 解链就不需要额外再升高太高的温度。

由于 RNA 分子中也有局部双螺旋区，所以 RNA 也可以发生变性，但 T_m 值较低，变性曲线不那么陡。

6.5.2　复性与杂交

6.5.2.1　复性

变性 DNA 在适当条件下，又可以由两条彼此分开的链重新缔合成为双螺旋结构，这一过程叫复性（renaturation）。有利于复性的条件是：高浓度 DNA，可以增加链与链间相互作用的机会；高离子强度，通过使磷酸基团间斥力减小到最小；近乎中性的 pH 值条件，使碱基间的电子斥力减小；DNA 结构越简单，重新缔合的过程越快。通过实验证明，细菌或病毒的 DNA 复性要比真核生物快的多。

热变性的 DNA 在缓慢冷却时可以复性，此过程叫退火（annealing）。而如果将变性 DNA 溶液的温度急速降至 0℃，发现除一小部分非特异性配对外，DNA 链仍旧保持单链状态。主要因为温度骤然降低，单链 DNA 失去碰撞的机会，因而不能复性，这种冷处理过程叫"淬火"（guench）。

6.5.2.2　杂交

将不同来源的 DNA 放在一起，经热变性后慢慢冷却，让其复性。若这些异源 DNA 分子之间在某些区域有互补序列，则在复性时，会形成杂交 DNA 分子，这个过程叫分子杂交（molecular hybridization）。DNA 与互补的 RNA 之间也可以发生杂交。杂交双链的形成，依赖于二种 DNA 分子间碱基序列的相似程度（图6-20）。两种 DNA 分子间的相似程度越大，越易形成大量的杂交结构。

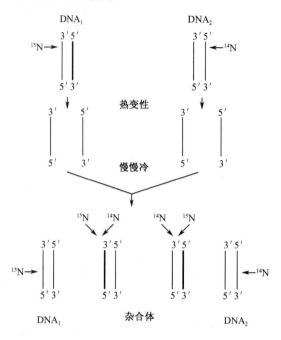

图 6-20　杂交规则；链氢键的变化程度，
依赖于碱基序列的长度

核酸的杂交在分子生物学和分子遗传学的研究中应用极广，许多重大的分子遗传学问题都是用分子杂交来解决的。

6.5.2.3　限制与修饰

原核生物有多组能够在双链 DNA 上产生特殊化学变化的酶系统。每组酶包括限制性核酸内切酶（限制酶）和与之相匹配的甲基化修饰酶。限制性核酸内切酶催化双链 DNA 在专一位点水解，该部位常包含 4 或 6 对碱基对，并具有二倍对称性（回文结构）。如在 DNA 上的回文结构：

5′　AAGCTT　3′

3′　TTCGAA　5′

而核酸限制性内切酶识别的位点就在 DNA 的回文结构上。其作用的结果是使 DNA 断裂，它断裂的方式有两种：一种是酶在同一位点催化双链的水解，结果产生一个"平齐"的切口，另一种是酶催化双链的水解产生"交错"的切口（图 6-21）。交错切口的结果导致"黏性末端"（cohesive end）的形成。具有这种黏性末端的不同来源的 DNA 片段能被 DNA 连接酶连接在一起，形成重组 DNA 分子。

限制性内切酶可被分成三种类型：Ⅰ型和Ⅲ型限制性内切酶水解 DNA 的位点在识别位点附近，在这两种类型酶中限制性内切酶和甲基化修饰酶在同一酶蛋白上，Ⅰ型限制性内切酶水解 DNA 需要消耗 ATP，而Ⅲ型限制性内切酶水解 DNA 不需要消耗 ATP。Ⅱ型限制性内切酶已被广泛应用于 DNA 分子的克隆、重组和序列分析，因为它水解

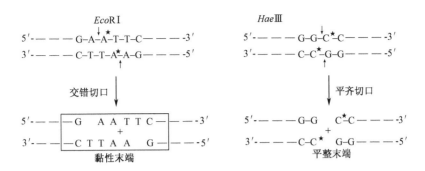

图 6-21　限制性内切核酸酶反应模式

DNA 不需要 ATP，并且甲基化修饰酶和限制性内切酶不在同一酶蛋白上，最重要的是它们在所识别的特殊核苷酸顺序内切割 DNA 链，即切割位点在识别位点中。

　　来自于原核生物的限制性内切酶，是原核生物用于防御或"限制"可能入侵细胞的外源 DNA，因此限制性内切酶不水解自己细胞的染色体 DNA。这主要因为细胞内还有与这些限制性水解作用相配合的甲基化修饰作用。甲基化修饰酶催化 DNA 甲基化的位点在对应的限制性内切酶识别的同一回文序列上。一旦回文序列位点被甲基化，则 DNA 就不被限制性内切酶所识别。甲基化保护原核生物自身 DNA，使之不被限制性内切酶所消化。原核生物限制-修饰体系中的甲基化修饰酶具有种的特异性，当外源 DNA 进入细胞时，这些 DNA 几乎不可能通过甲基化来被修饰，因此，外源 DNA 不能被保护而被限制性内切酶水解，原核生物也就达到了抵御外源 DNA 侵入的目的。

　　表 6-12 列举了部分常用的限制性内切酶和它们的识别位点，它们的名称用三个斜体字母来表示，第一个大写字母来自菌种属名的第一字母，第二、三两个小写字母来自菌株种名的前两个字母。

表 6-12　一些常用限制性内切酶和它们的识别顺序

酶	同裂酶	识别顺序和切点	兼容黏性末端
Alu I		AG ↓ CT	平末端
Aos I		TGC ↓ GCA	平末端
Apy I	*Atu*，*EcoR* II	CC (^A_T) GG	
Asu I		G ↓ GNCC	
Asu II		TT ↓ CGAA	*Cla* I，*Hpa* II，*Taq* I
Ava I		G ↓ PyCGPuG	*Sal* I，*Xho* I，*Xmo* I
Ava II		G ↓ G (^A_T) CC	*Sau 96* I
Avr II		C ↓ CTAGG	
Bal I		TGG ↓ CCA	平末端
BamH I		G ↓ GATCC	*Bcl* I，*Bgl* III，Mbop I，*Sau3*A，*Xho* II
Bcl I		T ↓ GATGA	*BamH* I，*EigL* II，*Mbo* I，*Sau3*A，*Xho* II
Bgl II		A ↓ GATCT	*BamH* I，*Bcl* I，*Mbo* I，*Sau3*A，*Xho* II
Bst E II		G ↓ GTNACC	
Bst N		CC ↓ (^A_T) GG	

续表

酶	同裂酶	识别顺序和切点	兼容黏性末端
I			
*Bst*X I		CCANNNN ↓ NTGG	
Cla I		AT ↓ CGAT	*Acc* I，*Acy* I，*Asy* II，*Hpa* II，*Taq* I
Dde I		C ↓ TNAG	
*Eco*R I		G ↓ AATTC	
*Eco*R II	*Atu* I，*Apy* I	↓ CC (^A_T) GG	
*Fnu*4H I		GC ↓ NGC	
*Fnu*D II	*Tha* I	CG ↓ CG	平末端
Hae I		(^A_T) GG ↓ CC (^T_A)	平末端
Hae II		PuGCGC ↓ Py	
Hae III		GG ↓ CC	平末端
Hha I	*Cfo* I	GCG ↓ C	
Hinc II		GTPy ↓ PuAC	平末端
Hind II		GTPy ↓ PuAC	平末端
Hing III		A ↓ AGCTT	
Hinf I		G ↓ ANTC	
Hpa I		GTT ↓ AAC	平末端
Hpa II		C ↓ CGG	*Acc* I，*Acy* I，*Asu* II，*Cla* I，*Taq* I
Kpn I		GGTAC ↓ C	*Bam*H I，*Bcl* I，*Bgl* II，*Xho* II
Mbo I	*Sau*3A	↓ GATC	
Msp I		C ↓ CGG	
Mst I		TGC ↓ GCA	平末端
Not I		GC ↓ GGCCGC	
Pst I		CYGCA ↓ G	
Pru II		CAG ↓ CTG	平末端
Rsa I		GT ↓ AC	平末端
Sac I	*Sst* I	GAGCT ↓ C	
Sac II		CCGC ↓ GG	
Sal I		G ↓ TCGAC	*Ava* I，*Xho* I
*Sau*3A		↓ GATC	*Bam*H I，*Bcl* I，*Bgl* II，*Mbo* I，*Xho* II
*Sau*96 I		G ↓ GNCC	
Sfi I		GGCCNNNN ↓ NGGCC	平末端
Sma I	*Xma* I	CCC ↓ GGG	
Sph I		GCATG ↓ C	
Sst I	*Sac* I	GAGCT ↓ C	
Sst II		CCGC ↓ GG	
Taq I		T ↓ CGA	*Acc* I，*Acy* I，*Asu* II，*Cla* I，*Hpa* II
Tha I	*Fnu*D II	CG ↓ CG	平末端
Xba I		T ↓ CTAGA	
Xho I		C ↓ TCGAG	*Ava* I，*Sal* I
Xho II		(^A_G) GG ↓ CC (^T_C)	*Bam* H I，*Bcl* I，*Bgl* II，*Mbo* I，*Sau*3A
Xma I	*Sma* I	C ↓ CCGGG	*Ava* I
Xma III		C ↓ GGCCG	
Xor II		CGATC ↓ G	

7 糖　代　谢

本章提要　广义的代谢是指生物圈的自然循环。狭义代谢包含生物体内发生的所有的化学反应。生物化学主要研究中间代谢。糖代谢是学习其他物质代谢的基础。糖代谢的代谢途径包括多糖—葡萄糖—中间产物—CO_2、H_2O 之间的转变。糖原合成与分解葡萄糖是多糖的主要构件分子，是血糖的主要形式。葡萄糖的合成包括糖异生作用、乙醛酸循环和光合作用，葡萄糖分解途径包括糖酵解、磷酸戊糖途径和有氧氧化。不同的代谢途径有着不同的生理功能。糖酵解不仅是葡萄糖的分解途径，也是其他碳水化合物的分解途径。糖异生作用是指一些非糖物质合成葡萄糖的过程，对于人类和其他动物来说，糖异生有着重要的意义。三羧酸循环是有氧氧化的主要过程，也是其他物质氧化分解和相互转变的中枢。一些植物和细菌经过乙醛酸循环合成糖。糖代谢的代谢途径通过不同方式进行精确调控。

7.1　代谢概论与糖代谢概况

7.1.1　代　谢　概　论

7.1.1.1　代谢的含义

广义的代谢是包括微生物、植物、动物等生物圈（biosphere）的自然循环（图7-1）。太阳能是地球生命的最终能源。狭义代谢（metabolism）包含生物体内发生的所有的化学反应，包括物质消化吸收与废物的排泄、合成与降解、能量的转变等。除了遗传信息转移外的所有方面都属于中间代谢（intermediary metabolism）。代谢是生命的基本特征，是生物体生长、运动、繁殖等所有功能的基础。

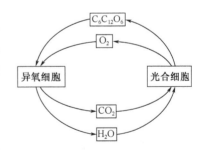

图 7-1　生物圈中碳与氧的循环

7.1.1.2　分解代谢与合成代谢

代谢分为分解代谢（catabolism）与合成代谢（anabolism）。分解代谢是降解反应，它可分为三个阶段：第一阶段，多聚体的营养物质降解为构件分子，在动物体内，这个过程包括消化过程；第二阶段，构件分子转变成几种类型的小分子，如两个重要的分子丙酮酸（pyruvate）与乙酸（acetate），乙酸以乙酰辅酶 A 的形式参与代谢；第三阶段，乙酰辅酶 A 经柠檬酸循环（citric acid cycle）氧化成 CO_2 和 H_2O。分解代谢除生成 ATP 外，终产物为 CO_2、H_2O、NH_3 等。合成代谢与分解代谢相反，是小分子前体合成数量众多的大分子的过程。分解代谢与合成代谢包括数百种不同的反应，是细胞内的一个复杂的体系，复杂的体系是通过为数不多的共同中间产物组成一个庞大的网络。

7.1.1.3　代谢途径

代谢途径（metabolic pathway）是由依次连接的反应步骤组成的，这个连续的反应过程从某些关键中间产物开始，一直到产生特定的终产物。代谢途径是线性、分枝或环状的。代谢途径有三个共同特点：

a. 代谢途径是不可逆的。代谢途径有受限步骤（committed step）。受限步骤是一个耗能的不可逆的反应，在大多数情况下，受限步骤是一个代谢途径的一步反应，常位于代谢途径的前面或分枝代谢的分枝处，是代谢途径的限速步骤（rate-determining step）。

b. 分解代谢释放能量，合成代谢消耗能量。因此，在一个细胞内合成代谢途径与分解代谢途径常常是偶联的。

c. 代谢途径是受调控的。代谢途径受多种因素调控，如多酶体系、同工酶、激活物等。受限步骤是代谢途径受控的主要步骤。

7.1.1.4　代谢途径的分区

代谢途径的分区（compartmentation）是指一个代谢途径的代谢物、酶、分子或一个代谢系统在细胞内的不均一分布。在真核生物中，每个代谢途径分布在特定的细胞器或细胞器的特定部位，在动物中代谢途径还表现为组织器官的特异性。代谢途径的分区也是代谢调控的重要方面。

7.1.2　糖代谢概况

7.1.2.1　动物体内糖代谢概况

糖代谢是生物体内基本的代谢活动，它不仅在能量的产生、利用和储存中起着非常重要的作用，而且，其中间产物还可以为其他的合成代谢提供碳骨架。

动物体内糖代谢分为五个主要部分：消化、转运、储存、分解和合成（图7-2）。动物摄入的糖主要是淀粉和糖原（反刍动物为纤维素），它们被消化成为葡萄糖（glucose），其他的糖类也会被转变为葡萄糖或葡萄糖代谢的中间产物。于是，许多重要的代谢途径都是始于或终止于葡萄糖，糖代谢也就变成了更有效的葡萄糖代谢。

7.1.2.2　糖代谢途径

糖的生物合成主要包括三个途径：糖原的合成（糖原生成作用，glycogenesis）；葡萄糖的合成（糖异生作用，gluconeogenesis）和二氧化碳的固定（光合作用，photosynthesis）。

在动物体内，糖消化的终产物是单糖。单糖通过血液循环运送到肝脏然后被送往肌肉组织，或者以乳酸的形式从肌肉运往肝脏。糖的主要分解途径包括糖原分解途径和葡萄糖的两条分解途径。葡萄糖的两条分解途径一是糖酵解，产生可利用的能量；二是磷

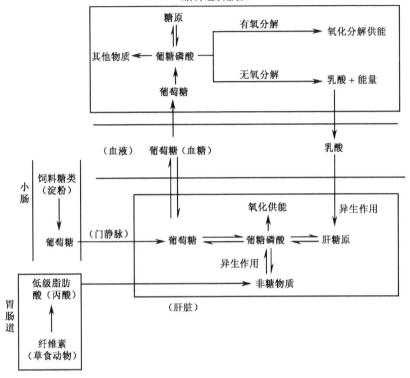

图 7-2 动物体内糖代谢

酸戊糖分解途径，产生还原力和戊糖。

本章主要讨论光合作用以外的糖的合成代谢和分解代谢途径。

7.2 糖的转运和储存

7.2.1 血 糖

动物和人血液中的糖主要是葡萄糖，即血糖。正常机体血糖浓度为 65% ~ 100%（mg/100ml）。葡萄糖的运输与 Cori 循环有关。

调节血糖浓度的激素主要有三种：胰岛素（insulin）、肾上腺素（epinephrine）、胰高血糖素（glucagon）。胰岛素是胰腺分泌的一种多肽，它能刺激葡萄糖运输到细胞，促进肝脏和肌肉中糖原的合成，降低血糖；肾上腺素是由肾上腺分泌的一种酪氨酸的衍生物，它能促进肝脏和肌肉中的糖原分解成葡萄糖，升高血糖；胰高血糖素是胰腺分泌的由 29 个氨基酸组成的多肽，它通过促进肝糖原分解为葡萄糖而使血糖浓度升高。

临床上通常通过测量血糖浓度来绘制葡萄糖耐受曲线，它可以作为检测糖尿病（diabetes）的方法。糖尿病有两种类型，一种是胰岛素依赖型（Ⅰ型），一种是非胰岛素依赖型（Ⅱ型）。Ⅰ型糖尿病常发病于儿童时期，因为体内胰岛素的合成不足，或降解作用过强，导致体内胰岛素的缺乏。Ⅱ型糖尿病多见于中年，由于胰岛素抗性，病人体内的胰岛素接近甚至超过正常水平。

7.2.2　糖的转运和储存

糖是能量储存的重要形式。在动物体内，糖主要以糖原的形式储存在肝脏和肌肉组织中。在植物中主要为淀粉和纤维素。

葡萄糖是糖的主要的运输形式。血液中葡萄糖的浓度是相对恒定的。当血液中葡萄糖的浓度升高（例如进食后）时，一部分葡萄糖分解释放能量，一部分葡萄糖用于合成糖原储存在肌肉和肝脏；相反，当血糖浓度降低时，身体需要能量，糖原就会分解。肝糖原分解产生葡萄糖。但肌肉中的糖原分解与此不同，肌糖原代谢产生乳酸而不是葡萄糖。糖原在调节血液里葡萄糖的浓度、使之相对恒定的过程中，起着重要作用。

7.3　葡萄糖的分解代谢

7.3.1　糖　酵　解

7.3.1.1　糖酵解的概况

糖酵解的研究始于1897年。当时，Eduard Buchner发现，酵母的无细胞抽提液能够进行发酵。在这以后（1905～1910年），Arthur Harden和William Young发现酵解需要加入无机磷，生成果糖-1,6-二磷酸；Harden和Young通过层析的方法，成功地将酵母无细胞提抽液分离成两部分：一部分对热敏感、不能被透析，被称为发酵酶；一部分热稳定、能被透析，称为辅助因子。进一步研究发现，发酵酶是酶的混合物，辅助因子包括辅酶ATP、ADP以及金属离子。

1940年，Gustar Embden和Otto Meyerhof等发现肌肉中也存在着与酵母发酵类似过程后，总结前人的研究结果，阐明了酵解的全过程，他们称此过程为糖酵解（glycolysis），也叫Embden-Meyerhof途径（Embden-Meyerhof pathway，EMP）。这一方面说明了生物化学过程的普遍性，另一方面，它首次提出了代谢途径的酶系统。

我们从糖酵解途径开始来学习代谢的详细过程是再合适不过了。因为，第一，糖酵解存在动物、植物和微生物中；第二，这个途径不仅产生能量，而且为其他代谢途径提供中间产物；第三，该途径是第一个被详细阐明的代谢途径。

糖酵解是一个不需氧的降解过程，这个过程在胞液中进行。将一分子葡萄糖转化成2分子的丙酮酸，并将有限的能量以ATP的形式储存。糖酵解途径包括10步主要反应，分为两个阶段（图7-3）。第一阶段是消耗能量的过程，将一分子的葡萄糖（六个碳原子）转化成2分子甘油醛-3-磷酸（三个碳原子）。这个阶段包括两步消耗ATP的反应。第二阶段是产能的过程，将甘油醛-3-磷酸转变成丙酮酸（三个碳原子）。这个阶段包括两步产生ATP的反应，生成的ATP又可用于第一阶段的消耗。

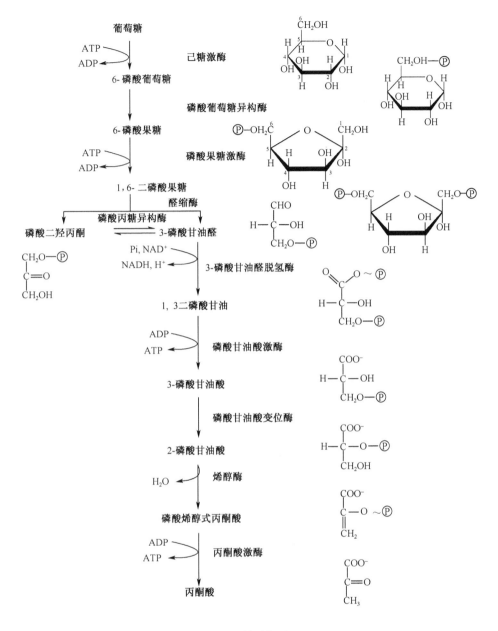

图 7-3 糖酵解过程

7.3.1.2 第一阶段

（1）己糖激酶

糖酵解由己糖激酶（hexokinase）反应开始。在此反应中，葡萄糖被 ATP 磷酸化形成葡萄糖-6-磷酸。

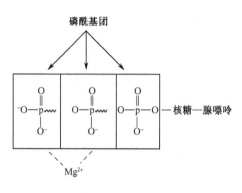

葡萄糖   葡萄糖-6-磷酸

磷酰基团

核糖—腺嘌呤

Mg^{2+}

图 7-4 Mg^{2+} 与 ATP 磷酰基团螯合

激酶（kinase）能够促使磷酸基团从 ATP 转移到代谢产物中或从高能化合物中转移到 ADP 中，激酶通常需要 Mg^{2+} 作为反应的激活剂，Mg^{2+} 被磷酰基团螯合在 ATP 中（图 7-4）。金属离子能够帮助 ATP 定位到酶的活性部位上，还能够屏蔽磷酸基团的负电荷。在己糖激酶的反应中，ATP 不仅为葡萄糖 6-磷酸的生成提供能量，而且提供磷酸基团，这是一个高放能的反应，因此反应是不可逆的。

葡萄糖的磷酸化有两个作用：第一，它将原来的反应物变成一种更有利于反应的形式，从化学性质来说，葡萄糖-6-磷酸比葡萄糖更活跃；第二，葡萄糖-6-磷酸不能透过细胞膜进入到细胞外面，因此细胞不会失去葡萄糖。相反，它被用来分解产生能量或作为糖原合成的原料。

除了丙酮酸之外，酵解反应的中间产物都是生理 pH 环境下带有负电荷的磷酸化合物。因为细胞膜能够阻挡带负电荷分子的渗透，所以这些中间产物也不能通过细胞膜。但是特殊的运输机制，葡萄糖（不带电荷）和乳酸、丙酮酸（两者带负电荷）都能够通过细胞膜。

己糖激酶是 Otto Meyerhof 在 1927 年发现的。酵母的己糖激酶是个二聚体（相对分子质量 55 000/亚基），哺乳动物的己糖激酶则为单体（相对分子质量 100 000）。己糖激酶催化 ATP 上的磷酸基团向不同的己糖转移。哺乳动物的己糖激酶能被反应产物葡萄糖-6-磷酸所抑制。X 射线衍射显示己糖激酶的裂缝是底物的结合位点，当底物与酶结合后，酶的构象发生变化，导致裂缝闭合。葡萄糖被酶蛋白环绕造成非极性环境，从而促使 ATP 的磷酰基转移，防止水作为底物攻击 ATP。除了己糖激酶外，肝组织还有葡萄糖激酶。此酶仅对葡萄糖起作用，对葡萄糖的 K_m 值高，亲和力低，当血液中葡萄糖浓度很高时，这个酶就变得很活跃，使葡萄糖转变为葡萄糖-6-磷酸。葡萄糖激酶不受葡萄糖-6-磷酸的抑制，这样可以使葡萄糖-6-磷酸进一步去合成糖原，因此只有在高浓度的葡萄糖情况下，才会发生由葡萄糖向糖原的合成反应。

（2）磷酸葡萄糖异构酶

糖酵解的第二步，是在磷酸葡萄糖异构酶（phosphoglucose isomerase）的催化下，使葡萄糖-6-磷酸异构化成为果糖-6-磷酸：

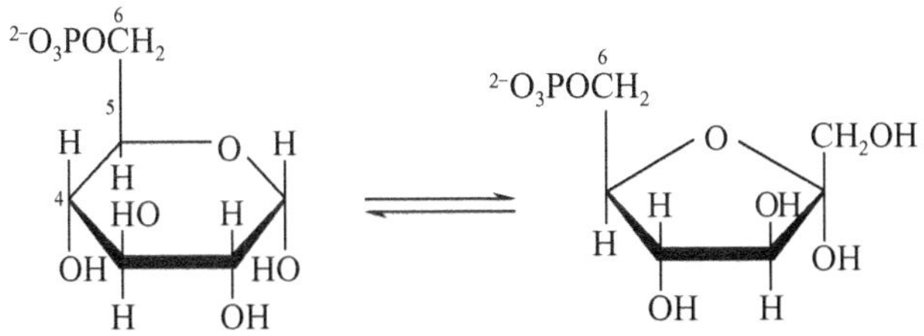

$^{2-}O_3POCH_2$

葡萄糖 -6- 磷酸　　　　　　　　　果糖 -6- 磷酸

哺乳动物磷酸葡萄糖异构酶为二聚体，需要 Mg^{2+} 作辅因子。

（3）磷酸果糖激酶

磷酸果糖糖激酶（phosphofructokinase）催化果糖-6-磷酸由 ATP 磷酸化成为果糖-1,6-二磷酸：

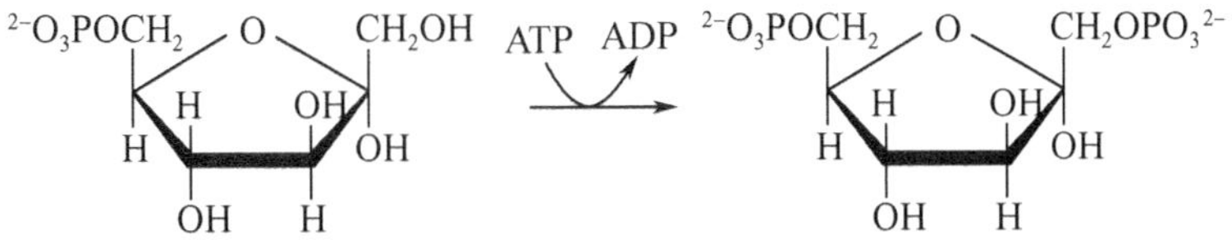

果糖 -6- 磷酸　　　　　　　　　果糖 -1, 6- 二磷酸

果糖-1,6-二磷酸除了作为糖酵解的中间产物外，在代谢过程中没有什么其他的去处。这一性质保证了葡萄糖朝着生成丙酮酸的方向进行。

磷酸果糖激酶是一变构酶，它需要 Mg^{2+} 作为辅助因子。该酶有很多变构效应剂，其中，激活剂包括 AMP、ADP、果糖-6-磷酸、果糖-1,6二磷酸和 P_i；抑制剂包括 ATP、柠檬酸、长链脂肪酸和 NADH。哺乳动物的磷酸果糖激酶是四聚体（相对分子质量 78 000/亚单位）。果糖-6-磷酸向果糖-1,6二磷酸的转变是糖酵解中最重要的调节步骤。

（4）醛缩酶

催化第四步反应的酶叫醛缩酶（aldolase），因为逆反应包含一醛醇的缩合反应：

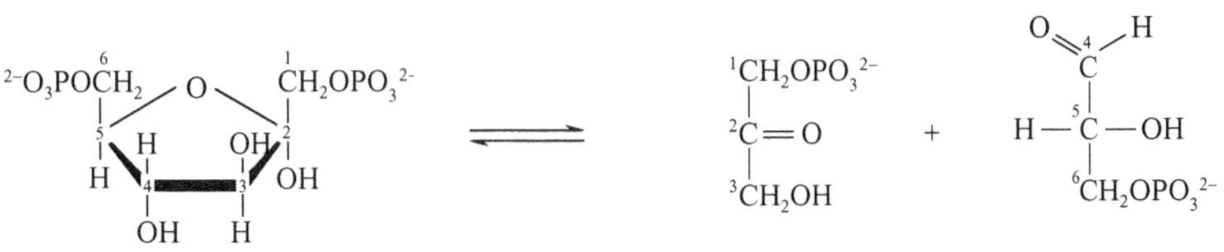

果糖 -1, 6- 二磷酸　　　　　　磷酸二羟丙酮　　　甘油醛 -3- 磷酸

醛缩酶将果糖-1,6-二磷酸裂解为磷酸二羟丙酮和甘油醛-3-磷酸。在标准条件下，醛缩酶的反应是强烈吸能的，但是在细胞内，该反应是放能的，反应能自发进行。细胞内产物和反应物的浓度使得自由能变化为负值。这一现象证实了反应的自由能变化与反应物和产物的浓度的变化有很大的关系这一结论。

哺乳动物的醛缩酶是四聚体（相对分子质量 40 000/亚基）。在肌肉中，其主要形式包含两种类型的亚单位（$\alpha_2\beta_2$）。

（5）*磷酸丙糖异构酶*

第一阶段的最后一步反应是由磷酸丙糖异构酶（triose-phosphate isomerase）催化，使磷酸二羟丙酮异构化，生成甘油醛-3-磷酸：

$$
\begin{array}{ccc}
1CH_2OH & & O^1 \diagdown H \\
| & & \diagup C \\
2C{=}O & \rightleftharpoons & H{-}^2C{-}OH \\
| & & | \\
3CH_2OPO_3^{2-} & & ^3CH_2OPO_3^{2-}
\end{array}
$$

磷酸二羟丙酮　　　　　　甘油醛-3-磷酸

细胞内，这个反应是轻微吸能的。但甘油醛-3-磷酸在后面的反应中被迅速利用，故反应仍向右进行。

7.3.1.3　第二阶段

（1）*甘油醛-3-磷酸脱氢酶*

在醛缩酶反应产生的两种产物中，只有甘油醛-3-磷酸能够进入第二阶段继续进行反应。因此，一分子的葡萄糖经过第一阶段反应，转变成两分子的甘油醛-3-磷酸进入第二阶段的反应。第二阶段的第一步反应是由甘油醛-3-磷酸脱氢酶（glyceraldehyde 3-phosphate dehydrogenase）催化的氧化还原反应：

$$
\begin{array}{ccc}
O \diagdown\!\!\diagup H & & O \diagdown\!\!\diagup O{-}PO_3^{2-} \\
C & & C \\
| & & | \\
H{-}C{-}OH & \rightleftharpoons & H{-}C{-}OH \\
| & & | \\
CH_2OPO_3^{2-} & & CH_2OPO_3^{2-}
\end{array}
$$

甘油醛-3-磷酸　　　　　　甘油酸-1，3-二磷酸

这个反应既是氧化反应又是磷酸化反应。如需要将磷酸甘油醛上 C_1 醛基上质子和电子移去，有很大的能量障碍，因为羰基的碳原子已经带正电性，为此必须加入另一亲核试剂以减少羰基碳上的正电性，使羟基上的氢能够移去，甘油醛-3-磷酸脱氢酶活性部位的半胱氨酸残基的—SH 是亲核基团。在反应中甘油醛-3-磷酸与酶的活性巯基结合形成硫代半缩醛中间物，将羟基上的氢移至与酶紧密结合的 NAD^+ 上，产生 NADH 和高能硫酯中间物，另一 NAD^+ 使酶分子上的 NADH 恢复成 NAD^+，磷酸攻击硫酯键形成甘油酸-1，3-二磷酸。磷酸加入后则容易形成酰基磷酸，是羧基与磷酸的混合酸酐，具有强烈的转移磷酰基的能量。反应过程见图 7-5。

砷酸盐可以与磷酸竞争性结合高能硫酯中间物，形成稳定的化合物1-砷-3-磷酸甘油酸，它可进一步分解产生甘油酸-3-磷酸，但没有磷酸化作用。因此砷酸盐使这一步的氧化作用和磷酸化作用解偶联。

哺乳动物的甘油醛-3-磷酸脱氢酶是由四个相同亚基组成的四聚体（相对分子质

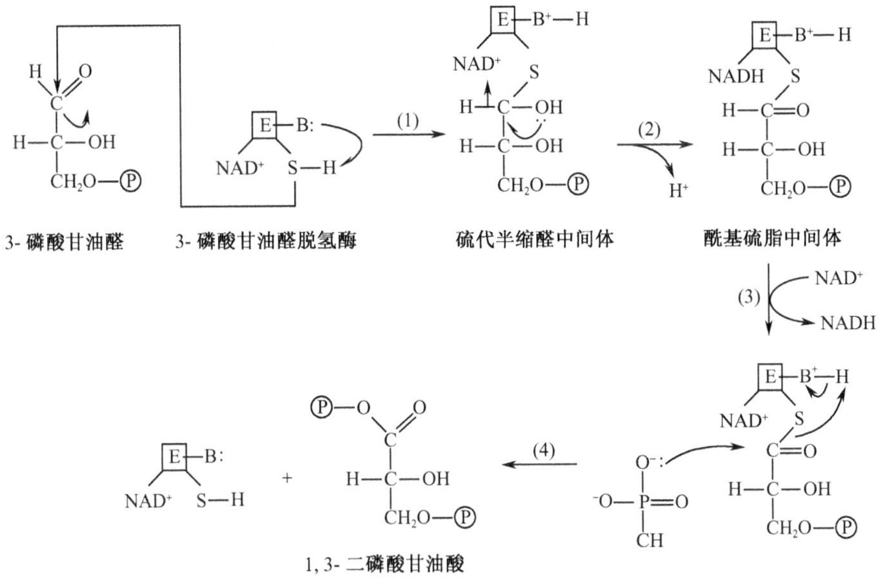

图 7-5　甘油醛-3-磷酸脱氢酶反应过程

量 37 000/亚基），每个亚基都有一个与 NAD^+ 结合的位点。

（2）*磷酸甘油酸激酶*

第二步反应是在甘油酸-1,3-二磷酸激酶（phosphoglycerate kinase）催化下，将磷酰基转给 ADP 形成甘油酸-3-磷酸和 ATP：

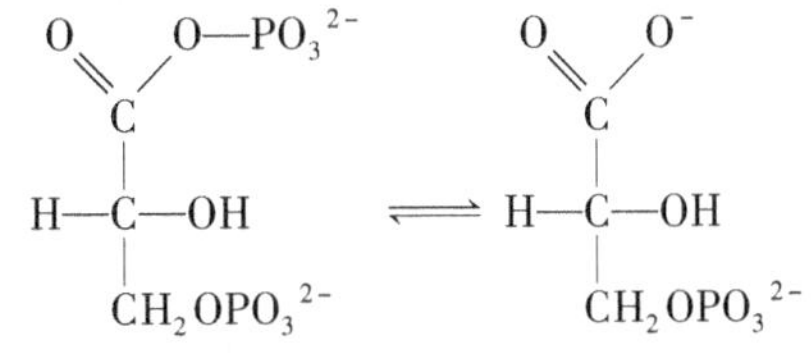

　　甘油酸-1, 3-二磷酸　　　甘油酸-3-磷酸

这是酵解过程中第一次产生 ATP 的反应，也是底物水平磷酸化反应。因为一分子葡萄糖产生 2 分子三碳糖，因此共产生 2 分子 ATP，这样就抵消了葡萄糖在磷酸化过程中消耗的 2 分子 ATP。

哺乳动物的磷酸甘油酸激酶为单体（相对分子质量 64 000），需要 Mg^{2+} 作为辅助因子。

（3）*磷酸甘油酸变位酶*

第三步反应由磷酸甘油酸变位酶（phosphoglyceromutase）催化甘油酸-3-磷酸 C_3 上的磷酰基转移至分子内的 C_2 原子上，生成甘油酸-2-磷酸：

$$\underset{\text{甘油酸-3-磷酸}}{\begin{array}{c} \text{O} \quad \text{O}^- \\ \diagdown\text{C}\diagup \\ | \\ \text{H—C—OH} \\ | \\ \text{CH}_2\text{OPO}_3{}^{2-} \end{array}} \rightleftharpoons \underset{\text{甘油酸-2-磷酸}}{\begin{array}{c} \text{O} \quad \text{O}^- \\ \diagdown\text{C}\diagup \\ | \\ \text{H—C—OPO}_3{}^{2-} \\ | \\ \text{CH}_2\text{OH} \end{array}}$$

哺乳动物的变位酶是一个二聚体（相对分子质量 = 27 000/亚基），需要 Mg^{2+} 作为辅助因子。

（4）烯醇化酶

烯醇化酶（enolase）催化甘油酸-2-磷酸脱 H_2O 生成磷酸烯醇式丙酮酸：

$$\underset{\text{甘油酸-2-磷酸}}{\begin{array}{c} \text{O} \quad \text{O}^- \\ \diagdown\text{C}\diagup \\ | \\ \text{H—C—OPO}_3{}^{2-} \\ | \\ \text{CH}_2\text{OH} \end{array}} \rightleftharpoons \underset{\text{磷酸烯醇式丙酮酸}}{\begin{array}{c} \text{O} \quad \text{O}^- \\ \diagdown\text{C}\diagup \\ | \\ \text{C—O} \sim \text{PO}_3{}^{2-} \\ \| \\ \text{CH}_2 \end{array}}$$

甘油酸-2-磷酸的磷酯键是低能键，其水解的标准自由能变化是 $-17.6kJ \cdot mol^{-1}$，而磷酸烯醇式丙酮酸（phosphoenolpyruvate，PEP）的磷酰烯醇酯键是富能键，其水解的标准自由能变化是 $-62.1kJ \cdot mol^{-1}$，因此这一步反应显著提高了磷酰基的转移势能。

哺乳动物的烯醇化酶是个二聚体（相对分子质量 41 000/亚基），需要 Mg^{2+} 作为辅助因子。由于 F^- 能与 Mg^{2+} 形成络合物并结合在酶上，因此氟化物可以抑制此酶的活性。

（5）丙酮酸激酶

第二阶段的最后一步反应是丙酮酸激酶（pyruvate kinase）的催化反应，磷酸烯醇式丙酮酸将磷酰基转移给 ADP 形成 ATP 和丙酮酸：

$$\underset{\textbf{磷酸烯醇式丙酮酸}}{\begin{array}{c} \text{O} \quad \text{O}^- \\ \diagdown\text{C}\diagup \\ | \\ \text{C—O} \sim \text{PO}_3{}^{2-} \\ \| \\ \text{CH}_2 \end{array}} \xrightarrow{\text{ADP+Pi} \quad \text{ATP}} \underset{\textbf{丙酮酸}}{\begin{array}{c} \text{O} \quad \text{O}^- \\ \diagdown\text{C}\diagup \\ | \\ \text{C=O} \\ | \\ \text{CH}_3 \end{array}}$$

哺乳动物的丙酮酸激酶是相同亚基组成的四聚体。其同工酶一种存在于肝脏中，被称为 L_4；另一种存在于肌肉中，被称为 M_4。丙酮酸激酶是一个别构酶，也是酵解途径中的重要调节酶。L_4 可被 ATP、乙酰辅酶 A 和脂肪酸变构抑制，被果糖-1,6-二磷酸激活。丙酮酸激酶在激素的控制下会发生共价修饰，包括磷酸化和去磷酸化。去磷酸化的丙酮酸激酶是其活性形式。丙酮酸激酶需要 K^+ 和 Mg^{2+} 或者 K^+ 和 Mn^{2+} 激活。

综述两个阶段共 10 步反应，糖酵解的总反应可用下式表示：

$$葡萄糖 + 2NAD^+ + 2ADP + 2Pi \longrightarrow 2\ 丙酮酸 + 2ATP + 2NADH + 2H^+ + 2H_2O$$

7.3.1.4 糖酵解——终产物、产能和调控

（1）无氧状态与有氧状态

从葡萄糖到丙酮酸的糖酵解反应包括一系列不需要氧参与的无氧反应步骤。总体来说，不论机体处于有氧还是无氧状态，糖酵解都能进行，因此叫做有氧酵解和无氧酵解。不论是否存在氧，从葡萄糖到丙酮酸的过程都不会发生变化，但是丙酮酸的去路却取决于机体组织是否有氧。

在有氧条件下，丙酮酸脱氢酶复合体系催化丙酮酸生成乙酰辅酶 A，然后进入三羧酸循环，该循环与电子传递体系一起，将乙酰辅酶 A 的乙酰基团彻底氧化成为 CO_2 和 H_2O。

回顾第二阶段的第一步反应，该反应使 NAD^+ 还原成为 NADH。NADH 氧化重新生成 NAD^+ 的作用是非常必要的。因为只有这样，后面的底物才能继续被氧化。如果 NADH 没有被重新氧化，或者如果 NAD^+ 没有重新生成，那么糖酵解反应会因为甘油醛 – 3 – 磷酸脱氢酶缺少 NAD^+ 而终止。在有氧的条件下，电子传递体系会通过氧来完成对 NADH 的氧化。

在无氧的环境下，丙酮酸不会生成乙酰辅酶 A，NADH 也不能经过电子传递体系被氧化。丙酮酸是由乳酸脱氢酶催化还原成乳糖来完成对 NADH 的氧化。因此，在缺氧条件下，葡萄糖代谢生成的乳酸，反应式为：

$$丙酮酸 + NADH + H^+ \longrightarrow 乳酸 + NAD^+$$

需氧生物在极端缺氧条件下不能生存，但是可以耐受暂时的缺氧。人与动物在相对缺氧的状态下，丙酮酸会转变为乳酸，这一反应发生在肌肉组织中，所以乳酸最先会在肌肉中积累，然后从肌肉中扩散进入血液，再进入肝脏，在肝脏中被转变为葡萄糖。人与动物糖酵解的终产物为乳酸，具有重要生理意义。

（2）科里循环

在 Cafl 和 Gerti Cori 第一次描述肌肉、肝肌和血液间的相互作用以后，我们便把这一反应系列叫做科里循环（Cori Cycle）。这个循环包括肌肉中葡萄糖酵解生成乳酸、乳酸随血液到达肝脏、乳酸在肝脏被重新氧化成为丙酮酸、丙酮酸在肝脏通过糖异生作用转变为葡萄糖。最后，血液又将葡萄糖转至肌肉（图 7-6）。

在进行剧烈运动的时候，科里循环很活跃。在糖异生作用中处理积累的乳酸需要消耗 ATP，ATP 必须通过氧化磷酸化来获得。不断增加的氧化磷酸化反应需要消耗额外的氧，其需求量超过了正常电子传递系统所需的氧量。额外的氧就通过加强呼吸运动来获得。我们把为了重新产生 ATP 而需要的氧叫做氧债（oxygen debt）。在剧烈运动之后，身体需要很长一段时间，其氧耗量才能恢复到正常水平。

糖原的分解与合成相关。在肌肉中，糖原分解产生的葡萄糖转变成糖异生的原料——乳酸。在肝脏中，乳酸经过糖异生作用生成的葡萄糖可作为糖原合成的原料。

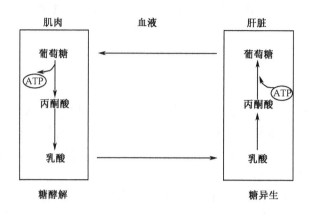

图 7-6　科里循环

（3）丙酮酸的去路

　　将糖酵解定义为从葡萄糖生成丙酮酸的一系列反应是再恰当不过的。一些作者将丙酮酸转变为乳酸的过程也包含在糖酵解里面，但是乳酸脱氢酶反应只会在一定的情况下发生，而从葡萄糖生成丙酮酸的过程，对所有的糖酵解过程来说都是一样的。丙酮酸有几种去向（图 7-7）。

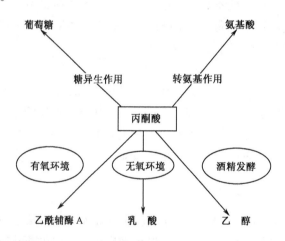

图 7-7　丙酮酸的几条去路

　　丙酮酸走哪一条途径主要取决于整个机体的供氧状况及其组织的乳酸脱氢酶同工酶类型（表 7-1）。不同的组织酶动力学性质不同，心肌和骨骼肌含 H_4 和 M_4 型乳酸脱氢酶同工酶，心肌组织有利于丙酮酸转变成乙酰辅酶 A，骨骼肌则有利于丙酮酸转变成乳酸。心脏是动物体重要器官，三羧酸循环/电子传递体系能够产生大量的 ATP，因此心脏通过这条途径从葡萄糖获取最大限度的能量。另一方面，骨骼肌仅需要较少的能量就能维持正常的功能，因此通过酵解生成乳酸就能满足能量的需要。

表 7-1　乳酸脱氢酶同工酶类型

性　　质	H_2 同工酶	M_2 同工酶
对内酮酸的 K_m	高	低
K_{cat} （丙酮酸——乳酸）	低	高
丙酮酸对其抑制性	强	弱
（乳酸——丙酮酸）		
丙酮酸的去路	丙酮酸——乙酰辅酶 A	丙酮酸——乳酸
代谢作用	有氧	无氧

丙酮酸是糖异生的原料。在酒精发酵的过程中，丙酮酸也是酵母生醇发酵中间产物。酵母不能直接使丙酮酸还原，而是先脱羧生成乙醛，再在甘油酸-3-磷酸脱氢酶作用下，被 NADH 还原为乙醇。这个过程中，NADH 被氧化为 NAD^+。

$$丙酮酸——乙醛 + CO_2$$
$$乙醛 + NADH + H^+ ——乙醇 + NAD^+$$

（4）酵解过程 ATP 的生成

从表 7-2 糖酵解 10 步反应中自由能的变化，我们会发现，这些反应中，生化标准自由能变化和实际自由能变化存在十分明显的差别。只有生化实际自由能的变化才是真正在细胞内环境下反应发生的趋势。糖酵解中有三步反应（由己糖激酶、磷酸果糖激酶和丙酮酸激酶催化的反应）是强烈的放能反应，是不可逆的。整个从葡萄糖到丙酮酸的分解反应是一个所含能量"下降"的单向反应过程（也就是放能的过程）。总的 $\Delta G'$ 为 $-77.6 kJ \cdot mol^{-1}$。

表 7-2　糖酵解的动力学

酶		$\Delta G_0'$ （$kJ \cdot mol^{-1}$）	$\Delta G'$ （$kJ \cdot mol^{-1}$）
1	己糖激酶	-16.7	-33.5
2	葡糖异构酶	$+1.7$	-2.5
3	磷酸果糖激酶	-14.2	-22.2
4	醛缩酶	$+23.8$	-1.3
5	磷酸丙糖异构酶	$+7.5$	$+2.5$
6	3-磷酸-甘油脱氢酶	$+6.3$	-1.7
7	磷酸甘油酸激酶	-18.8	$+1.3$
8	磷酸-甘油酸变位酶	$+4.6$	$+0.8$
9	烯醇化酶	$+1.7$	-3.3
10	丙酮酸激酶	-31.4	-16.7

注：与兔的骨骼肌相似的代谢条件下的计算值

糖酵解的第一阶段消耗 2 个 ATP，第二阶段生成 2 个 ATP。看起来好像 ATP 的净产量是 0，其实不是这样。因为 1 分子的葡萄糖最后变成 2 分子的甘油醛-3-磷酸，第二阶段共生成 2 分子的丙酮酸和 4 个 ATP。因此在葡萄糖生成丙酮酸的过程净生成 2 个 ATP（图 7-8）。

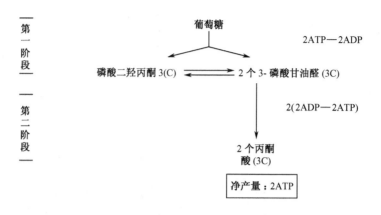

图 7-8　酵解途径中 ATP 的生成

在无氧环境和乳酸脱氢酶的催化作用下，糖酵解反应中产生的 NADH 被氧化为 NAD^+，这一步反应并不产生任何能量。因此，在无氧条件下，从 1 分子葡萄糖到乳酸所生成的最大能量是 2 分子的 ATP。

糖酵解产生的能量很低，是因为葡萄糖在变为丙酮酸的时候只经历了有限的氧化。我们可以通过比较丙酮酸和葡萄糖的 C:H:O 的比率来比较它们被氧化的程度，葡萄糖的比率为 1:2:1，而丙酮酸的比率为 1:1.33:1。

从葡萄糖到丙酮酸只是以 ATP 的形式释放了少量的能量。糖酵解是一个控制得很好的过程，而不是一个浪费能量的途径。我们可以计算无氧酵解能量的转换率。1 分子葡萄糖转变成 2 分子乳酸，自由能变化为 $-196.6kJ \cdot mol^{-1}$，反应产生 2 分子 ATP，ATP 的合成需要 $30.5kJ \cdot mol^{-1}$，因此糖酵解生成乳酸的能量转换率为

$$\frac{61.0kJ \cdot mol^{-1}}{196.6kJ \cdot mol^{-1}} \times 100\% = 31\%$$

需要注意的是，这只是基于 $\Delta G^{0'}$ 值的近似计算。实际的效率还需要计算细胞内部反应物和产物的 $\Delta G'$ 值。因此，实际的能量转换效率可能会高于 31%。

（5）巴斯德效应和克雷布特里效应

科学家们在很多年前就已经认识到在糖酵解和相关的代谢过程中存在着两种调控机制，分别为巴斯德效应（Pasteur effect）和克雷布特里效应（Crabtree effect）。巴斯德效应就是氧抑制糖酵解。Louis Pasteur 在 100 年前就观察到了这个现象。当酵母细胞暴露在有氧环境时，葡萄糖的消耗量和乙醇的生产量就会急剧减少。而且氧越多，对糖酵解的抑制作用就越强。克雷布特里效应指的是增加葡萄糖的浓度会抑制氧的消耗。

我们可以通过葡萄糖分解代谢的全过程来理解这两种效应。葡萄糖分解的过程可分为两个阶段（图 7-9）：第一阶段，糖酵解将葡萄糖变成丙酮酸，这一过程不需要氧的参与，也只释放少量的 ATP；第二阶段，丙酮酸转变为乙酰辅酶 A，最后进入三羧酸循环。三羧酸循环和电子传递体系的联合反应需要氧的参与并释放出大量的能量。

在有氧环境下，三羧酸循环/电子传递体体系能够以 ATP 的形式俘获葡萄糖代谢释放的大量能量，葡萄糖也就没有必要通过糖酵解以释放有限的能量。三羧酸循环/电子

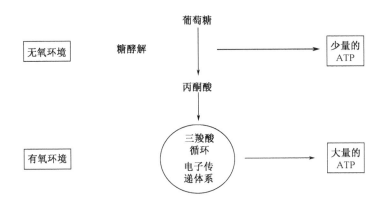

图 7-9　巴斯德效应和克雷布特里效应的基础

传递体系越活跃，利用葡萄糖酵解产能的作用就越弱。因此氧越多，对糖酵解作用的抑制就越强。巴斯德效应的分子基础是 ATP 强烈抑制磷酸果糖激酶。

克雷布特里效应在某些方面与巴斯德效应相反。当葡萄糖的浓度很高时，大量的葡萄糖经酵解途径降解。尽管这是一条低的产能途径，但仍然会导致可观数目的 ATP 的生成。在这种情况下，没有必要利用丙酮酸经过三羧酸循环/电子传递体系分解产生更多的 ATP。因此，葡萄糖的浓度越高，三羧酸循环/电子传递体系的活性就越低，对氧消耗的抑制作用就越强。我们还不清楚克雷布特里效应的分子基础。

（6）糖酵解的调节

糖酵解有双重作用：一是产生的含碳中间物为合成反应提供原料，二是 ATP 的生成。因此由葡萄糖到丙酮酸的反应都必须经过适当调节以满足这两种需求。糖酵解有三步不可逆反应，也就是有三个调控步骤。该过程中的三种重要的酶是己糖激酶、磷酸果糖激酶和丙酮酸激酶（见图 7-10）。

磷酸果糖激酶是酵解过程中最重要的调节酶，该酶的活性决定酵解速度。磷酸果糖激酶的活性可以受许多代谢物的影响，如高浓度的 ATP、柠檬酸、脂肪酸等，NADH 可抑制其活性。这些物质的增多，反映了细胞内有较丰富的能源和中间产物可供给其他代谢途径利用。因此，糖酵解途径减弱或暂停，可以避免过多消耗葡萄糖。相反，ADP、AMP、H_3PO_4 和果糖-2,6-二磷酸可以提高其活性，加速糖的酵解，以便为机体提供能量和合成原料。

己糖激酶的别构抑制剂为其产物葡萄糖-6-磷酸。当磷酸果糖激酶活性被抑制时，果糖-6-磷酸积累，进而使葡萄糖-6-磷酸浓度升高，从而引起己糖激酶活性下降，减缓酵解速度。在复杂的代谢途径中，葡萄糖-6-磷酸还可以转变成糖原及戊糖，因此己糖激酶不是酵解的关键步骤。

丙酮酸激酶受高浓度 ATP、乙酰辅酶 A、脂肪酸等代谢物的抑制，这是生成的产物对生成产物反应过程的抑制。当 ATP 的生成量超过自身需要时，通过丙酮酸激酶的别构抑制使酵解速度减慢。果糖-1,6-二磷酸为此酶的激活剂。

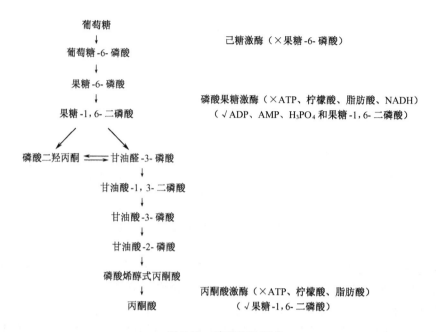

图 7-10　糖酵解的调节

×：抑制剂；√：激活剂

7.3.1.5　其他糖类的代谢

糖酵解不仅是葡萄糖的分解途径，也是其他碳水化合物的分解途径。重要的非葡萄糖类碳水化合物包括糖原、双糖和其他单糖。多糖和双糖先被降解为单糖，各种单糖通过转变成糖酵解的中间产物之后，再沿着糖代谢途径进一步分解（图7-11）。

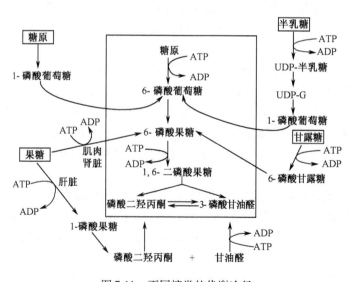

图 7-11　不同糖类的代谢途径

果糖进入糖代谢有两条途径：

第一，在肌肉和肾中，己糖激酶催化果糖磷酸化生成果糖-6-磷酸：

$$果糖 + ATP \longrightarrow 果糖 - 6 - 磷酸 + ADP$$

第二，在肝脏中果糖激酶催化果糖 C_1 磷酸化生成果糖-1-磷酸：

$$果糖 + ATP \longrightarrow 果糖 - 1 - 磷酸 + ADP$$

果糖-1-磷酸再由醛缩酶催化裂解生成磷酸二羟丙酮和甘油醛：

$$果糖 - 1 - 磷酸 \Longleftrightarrow 磷酸二羟基丙酮 + 甘油醛$$

磷酸二羟丙酮能直接进入糖酵解。甘油醛必须先由丙糖激酶催化磷酸化，生成甘油醛-3-磷酸：

$$甘油醛 + ATP \longrightarrow 甘油醛 - 3 - 磷酸 + ADP$$

果糖进入糖代谢的这两条途径的第一阶段中都需要消耗 2 个 ATP。由果糖转变为丙酮酸产生 2 个 ATP。这就是说，单从产能的角度来说，果糖和葡萄糖是等价的。然而，在肝脏中果糖的分解绕过了磷酸果糖激酶这步重要的调控反应。因此对果糖和蔗糖的过度摄取会产生过量的丙酮酸。丙酮酸会转变成乙酰辅酶 A，乙酰辅酶 A 是胆固醇和脂肪酸合成的前体物质。因此从这个角度来讲，果糖并不等同于葡萄糖。

甘露糖代谢指的是己糖激酶催化甘露糖磷酸化生成甘露糖-6-磷酸。磷酸甘露糖异构酶催化甘露糖 6-磷酸转变为果糖-6-磷酸：

$$甘露糖 + ATP \longrightarrow 甘露糖 - 6 - 磷酸 + ADP$$

$$甘露糖 - 6 - 磷酸 \Longleftrightarrow 果糖 - 6 - 磷酸$$

半乳糖代谢反应的第一步也是半乳糖磷酸化。由半乳糖激酶催化，生成半乳糖-1-磷酸。接下来的反应是以二磷酸核苷作为己糖基载体的反应，半乳糖-1-磷酸首先和尿苷二磷酸葡萄糖（UDPG）反应生成尿苷二磷酸半乳糖（UDP-Gal），然后 UDP-Gal 转变成 UDPG，最后变成葡萄糖-6-磷酸（图 7-12）。

人的半乳糖血症是一种遗传性疾病，产生这种病症的原因是缺少将半乳糖转变为葡萄糖的酶。缺少半乳糖激酶会导致中度的紊乱，缺少半乳糖-1-磷酸尿苷转移酶则会出

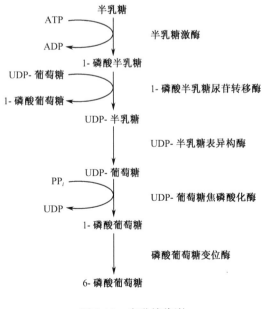

图 7-12　半乳糖代谢

现严重的症状，如身材矮小、肝功能衰竭、智力迟钝等。

7.3.2 磷酸戊糖途径

7.3.2.1 磷酸戊糖途径反应过程

磷酸戊糖途径（pentose phosphate pathway，PPP），也叫己糖磷酸支路（hexose

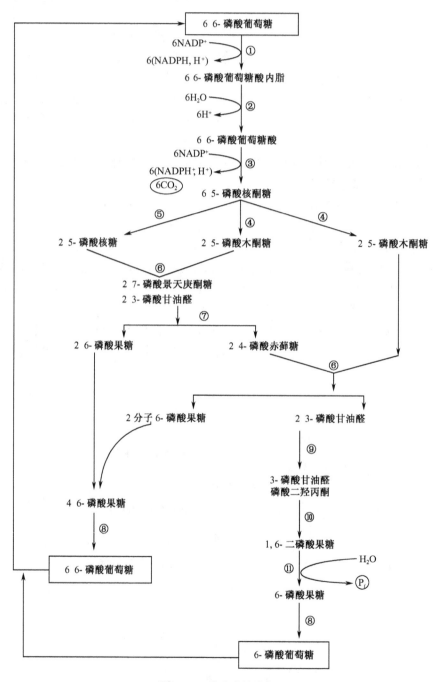

图 7-13　磷酸戊糖途径

monophosphate shunt，HMS）。这是葡萄糖降解的第二条主要途径，是葡萄糖降解的另一种机制。这种途径发生在动植物的细胞质和细菌中。图 7-13 显示了整个反应过程。磷酸戊糖途径将果糖-6-磷酸氧化为 CO_2，并产生大量的 NADPH。整个过程需 6 分子葡萄糖-6-磷酸参与，最终重新生成 5 分子葡萄糖-6-磷酸，并氧化 1 分子葡萄糖-6-磷酸。

磷酸戊糖途径可分为氧化脱羧阶段和非氧化的分子重组阶段。氧化脱羧阶段是葡萄糖-6-磷酸脱氢、脱羧生成核酮糖-5-磷酸。非氧化阶段是磷酸戊糖经过分子重排，产生不同碳链长度的磷酸单糖。

7.3.2.2 氧化阶段

这个阶段包括 3 步反应，脱氢、水解和脱氢脱羧反应。

（1）脱氢反应

葡萄糖-6-磷酸脱氢酶（glucose 6-phosphate dehydrogenase）催化葡萄糖-6-磷酸脱氢生成 6-磷酸葡萄糖酸内酯，反应以 $NADP^+$ 为氢的受体，形成 $NADPH + H^+$。

（2）水解反应

6-磷酸葡萄糖酸内酯酶（6-phosphate gluconolactonase）催化 6-磷酸葡萄糖酸内酯水解成 6-磷酸葡萄糖酸。

（3）脱氢脱羧反应

6-磷酸葡萄糖酸脱氢酶（6-phosphogluconate dehydrogenase）催化 6-磷酸葡萄糖酸脱氢脱羧生成核酮糖-5-磷酸，$NADP^+$ 再次作为氢的受体。反应如下：

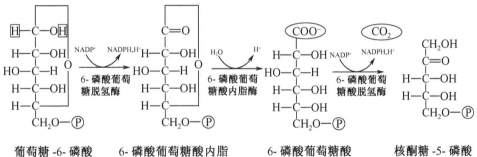

葡萄糖 -6- 磷酸　　6- 磷酸葡萄糖酸内脂　　6- 磷酸葡萄糖酸　　核酮糖 -5- 磷酸

7.3.2.3 分子重组阶段

此阶段包括异构化、转酮醇和转醛醇反应。

（1）异构化反应

核酮糖-5-磷酸异构化成核糖-5-磷酸，核酮糖-5-磷酸差向异构化（或称表异构化）成木酮糖-5-磷酸：

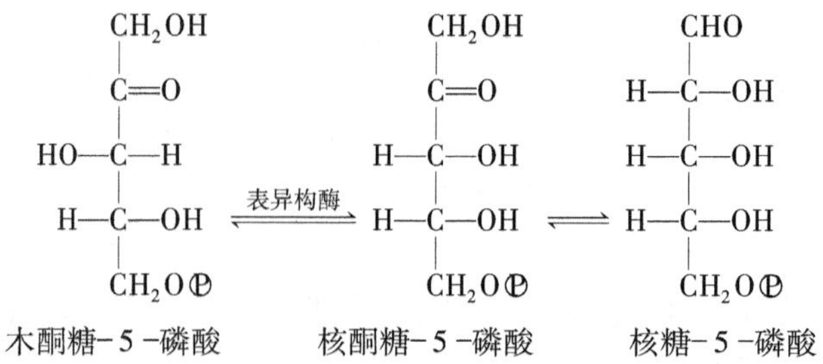

CH₂OH ... 略 (structural formulas)

$$\text{CH}_2\text{OH} \quad\quad \text{CH}_2\text{OH} \quad\quad \text{CHO}$$

木酮糖-5-磷酸　　　　核酮糖-5-磷酸　　　　核糖-5-磷酸

（2）转酮醇反应

转酮醇酶（transketolase）催化磷酸酮糖上的羟乙酰基（二碳单位）转移到磷酸醛糖的第 1 碳原子上，形成甘油醛-3-磷酸和景天庚酮糖-7-磷酸：

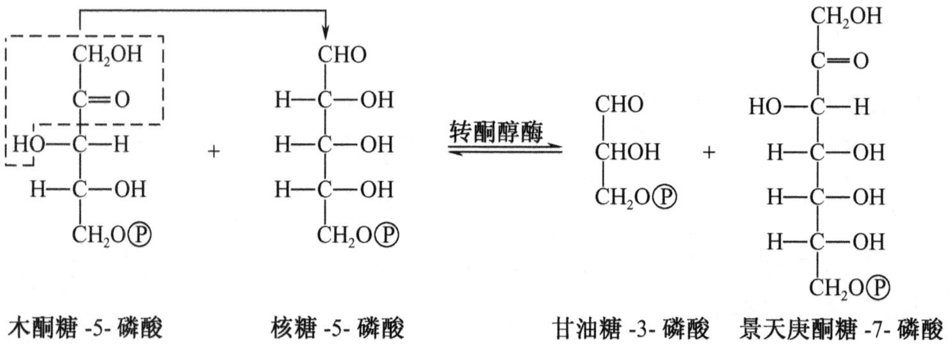

木酮糖-5-磷酸　　　核糖-5-磷酸　　　　　　甘油糖-3-磷酸　　景天庚酮糖-7-磷酸

（3）转醛醇反应

转醛醇酶（transaldolase）催化景天庚酮糖-7-磷酸上的二羟丙酮基团转移给甘油醛-3-磷酸生成赤藓糖-4-磷酸和果糖-6-磷酸：

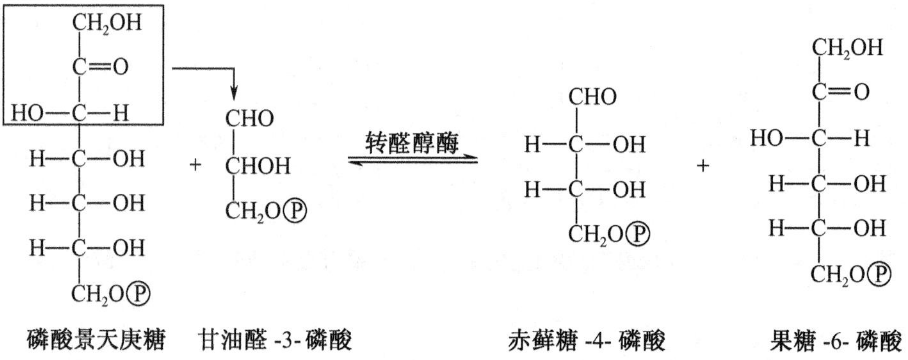

磷酸景天庚糖　　甘油醛-3-磷酸　　　　　赤藓糖-4-磷酸　　　　果糖-6-磷酸

（4）转酮醇反应

赤藓糖-4-磷酸经转酮醇反应接受木酮糖-5-磷酸上的二碳单位形成果糖-6-磷酸和甘油醛-3-磷酸。最后，果糖-6-磷酸异构化形成葡萄糖-6-磷酸。

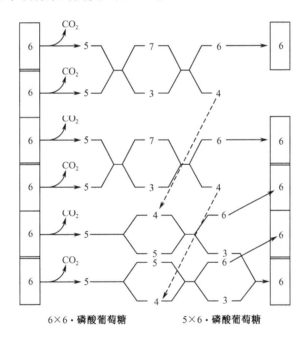

木酮糖 -5- 磷酸　　　　赤藓糖 -4- 磷酸　　　　甘油醛 -3- 磷酸　　　　果醛 -6- 磷酸

该途径中的转酮醇酶和转醛醇酶的底物特征非常相似，都是从酮糖中转移一个含碳基团（作为供体）到醛糖（作为受体）上。两种酶的区别在于其转移的基团的大小不一样。转醛醇酶是从酮糖分子中转移二羟丙酮基（三碳基团）到醛糖上，形成新的醛糖和新的酮糖。转酮醇酶是从酮糖分子中转移羟乙醛基（二碳基团）到醛糖上，生成新的酮糖和新的醛糖。转酮醇酶需要 Mg^{2+} 和 TPP 作为辅助因子。

磷酸戊糖途径中碳骨架的变换见图 7-14。

图 7-14　磷酸戊糖途径中碳骨架的变换

在磷酸戊糖途径中，6 个葡萄糖-6-磷酸分子进入循环，每个分子都以 CO_2 的形式失去一个碳原子。最后，重新生成 5 个葡萄糖-6-磷酸分子。总反应式如下：

$$6 \times 葡萄糖-6-磷酸 + 7H_2O + 12NADP^+ \longrightarrow 5 \times 葡萄糖-6-磷酸 +$$
$$12NADPH + 12H^+ + 6CO_2$$

这个反应和一分子的葡萄糖-6-磷酸完全氧化的效果是一样的。都是生成 6 分子的 CO_2 和 H_2O。

$$\text{葡萄糖-6-磷酸} + 7H_2O + 12NADP^+ \longrightarrow 6CO_2 + 12NADPH + 12H^+$$

7.3.2.4 磷酸戊糖途径的生理意义

磷酸戊糖途径的生理意义主要有三点。

(1) 以 NADPH 的形式产生还原力

NADH 和 NADPH 在代谢过程中的功能并不能互换。NADH 的作用是通过电子传递体系氧化产生 ATP。而 NADPH 的作用是为细胞的各种合成反应提供还原力。比如肌肉中磷酸戊糖途径的活性很低，但是脂肪组织中却很高。在脂肪组织中，这个循环途径为合成脂肪酸提供了还原力，此外 NADPH 参与胆固醇的合成、核糖核苷酸转变为脱氧核糖核苷酸等反应。

(2) 产生核糖-5-磷酸

核糖-5-磷酸是生成多种核苷酸、核苷酸辅酶的原料。

(3) 是不同结构糖的来源

可形成 3~7 个碳原子的单糖。

(4) 还原型谷胱甘肽（GSH）形成

在脊椎动物的红细胞中，这个循环途径的活性也是相当高的。在红细胞中，谷胱甘肽还原酶催化氧化型谷胱甘肽（GSSG）形成还原型谷胱甘肽（GSH）。

$$GSSG + NADPH + H^+ \longrightarrow 2GSH + NADP^+$$

红细胞需要大量的还原型谷胱甘肽。因为它保护蛋白质结构中的—SH 使其不被氧化，从而维持蛋白质结构的完整性；保护细胞膜脂质避免其被过氧化物氧化；维持血红素铁离子处于还原状态。NADPH 浓度降低会导致蛋白质结构的改变、脂质的氧化和形成高铁血红蛋白。所有这些变化都会使血红细胞膜变得更加脆弱从而更易溶血。有人因为基因缺陷，缺少葡萄糖-6-磷酸脱氢酶，在他们的红细胞中，NADPH 的浓度很低，有可能会导致严重贫血，并且病人对一些看起来无害的药物非常敏感。如伯氨喹，这种药物会氧化 NADPH，这对于本来就缺少 NADPH 的血红细胞来说无疑是雪上加霜。

7.4　糖原的分解和合成

7.4.1　糖原的分解

糖原是动物体内糖的储存形式，它在被用来产生能量之前，首先必须被降解为葡萄糖，这一点对于淀粉来说也是一样的。降解这两种多糖的方式都是每一次在糖链末端裂解一个葡萄糖残基。糖原的降解由糖原磷酸化酶和脱枝酶来完成。淀粉的降解由淀粉磷酸化酶来完成。

7.4.1.1　分解糖原的酶

（1）糖原磷酸化酶

在糖原磷酸化酶或磷酸化酶（phosphorylase）的催化下，糖原的非还原性末端葡萄糖残基的1,4-糖苷键断裂，生成葡萄糖-1-磷酸和少一个葡萄糖残基的糖原分子（图7-15）。从糖原分解成葡萄糖-1-磷酸是不耗能的磷酸解（phosphorolysis）反应。磷酸化酶是糖原分解的限速酶。磷酸化酶逐个磷酸解移去葡萄糖单位，直至靠近1,6-糖苷键的分枝点的4个葡萄糖单位，糖原便停止降解。

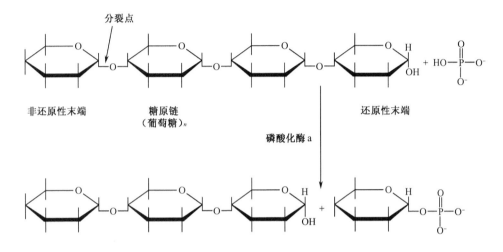

图7-15　糖原磷酸化酶的反应

（2）脱枝酶的作用

糖原要完全降解还需要脱枝酶（debranching enzyme）的作用，脱枝酶有两个功能，转移功能和水解功能，它是双功能的酶。当磷酸解反应停止的时候，脱枝酶催化3个残基转移到另一链的非还原端使其延长，在分枝点留下一个葡萄糖残基，脱枝酶催化其1,6-糖苷键水解，释放出游离葡萄糖。余下的糖链由磷酸化酶进一步降解（图7-16）。

在磷酸化酶、脱枝酶的配合下，糖原分子逐步缩小，分枝逐步减少。最后糖原分解为葡萄糖-1-磷酸和少量的游离葡萄糖。葡萄糖-1-磷酸再在磷酸葡萄糖变位酶催化下生成葡萄糖-6-磷酸，葡萄糖-6-磷酸是糖代谢各种通路的交会点，在肝脏中它至少有四条去路，在肝外组织主要有三条去路（图7-17）。

7.4.1.2　激素的作用

动物体内糖原分解有一个复杂的控制机制，这个调控机制包括激素与细胞膜的作用、细胞内酶的级联（enzyme cascade）反应。调控机制是由激素与细胞膜靶位点结合而触发的。

激素对靶细胞的作用包括3个重要部分：受体、G蛋白（鸟嘌呤核苷酸结合蛋白）和第二信使。当激素与细胞膜表面的受体结合时，受体蛋白发生构象变化。变构的受体蛋白促使无活性的G蛋白变成有活性的G蛋白，G蛋白在激素受体与细胞内的一些信号效应物之间起信号转导的作用。G 蛋白与 GDP 结合时呈无活性状态，与 GTP 结合时呈活性状态。即 G 蛋白与 GDP 分离，然后 GTP 取代 GDP。活性状态的 G 蛋白有 GTP 酶的活性。GTP 酶催化与活性 G 蛋白结合的 GTP 水解成 GDP，G 蛋白呈活性状态的时间很短。但不管怎样，受体与 G 蛋白的相互作用能将激素的信号放大，因为每个激素——受体的相互作用能激活很多 G 蛋白。而且，在每个活性 G 蛋白失活前，能够激活大量的细胞内信号传递系统，发挥细胞内的调节作用（图 7-18）。

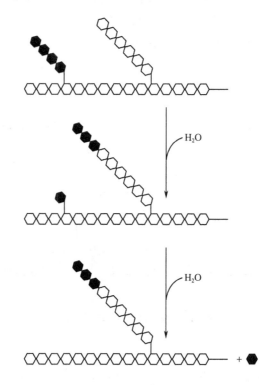

图 7-16　糖原降解示意图

●：表示待降解的糖原链上的葡萄糖，○：表示糖原链上的葡萄糖

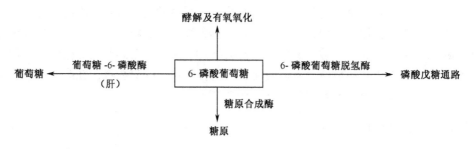

图 7-17　葡萄糖-6-磷酸的去路

7.4.1.3　糖原分解的酶级联反应

糖原分解调控系统的受体位于细胞膜外面，可与肾上腺素和胰高血糖素结合。当这两种激素中的任何一种与受体相结合时，会使 G 蛋白激活，活性状态的 G 蛋白促使腺

苷酸环化酶（adenylate cyclase）活化，活化的腺苷酸环化酶催化 ATP 环化成 cAMP，这是细胞内酶级联反应的第一步。

cAMP 是这个调控系统的第二信使，将激素发出的信号传递给细胞内的酶。cAMP 作为变构效应物活化蛋白激酶，后者使无活性的磷酸化酶激酶磷酸化成有活性的磷酸化酶激酶，磷酸化酶激酶再激活无活性的磷酸化酶 b 成为有活性的磷酸化酶 a。这样连续发生酶激活的结果是使原始信号放大，最终使糖原分解，血糖浓度增加。估计在糖原分解中级联放大机制能将信号放大 25×10^6 倍。换句话说，当一个激素分子作用于一个膜受体时，会产生 25×10^6 个活性的糖原磷酸化酶。

蛋白激酶由两个相同的调节亚基（R）和两个相同的催化亚基（C）组成。当 4 分

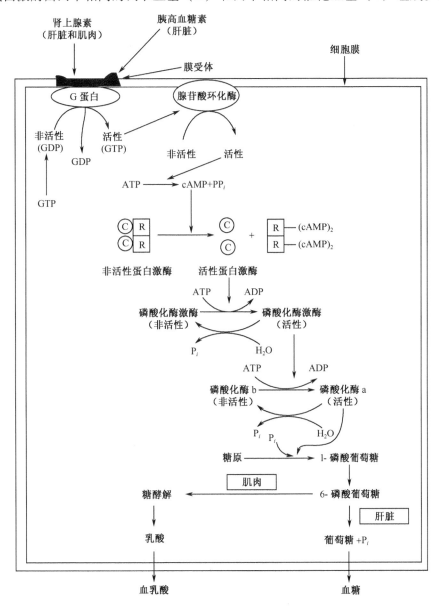

图 7-18　激素控制的酶级联反应

子 cAMP 结合到两个调节亚基的结合部位时，无活性的 4 聚体解离产生具有酶活性的游离催化亚基及调节亚基与 cAMP 的复合物（R_2-cAMP$_4$）。

磷酸化酶激酶是一种依赖 Ca^{2+} 的蛋白激酶。低活性的磷酸化酶激酶经 ATP 磷酸化后转变成高活性的磷酸化酶，反应需要 Ca^{2+} 作为激活剂。该酶是一种非常大的蛋白质，相对分子质量超过一百万，由四种亚基所组成，即 $\alpha_4\beta_4\gamma_4\delta_4$。$\gamma$ 是催化亚基，其余为调节亚基。δ 是一种钙调蛋白（calmodulin，CaM）。Ca^{2+} 结合到 δ 亚基上，可以使酶活性提高，并发生自动磷酸化（autophosphorylation）。蛋白激酶也能激活磷酸化酶激酶，蛋白激酶促使其 α 和 β 亚基磷酸化而使酶活化，并增加酶对底物的亲和性。

活化的磷酸化酶激酶使无活性的磷酸化酶 b 磷酸化而变成有活性的磷酸化酶 a，加强糖原分解。平时肝细胞中肾上腺素浓度为 $10^{-8} \sim 10^{-10}$ mol·L^{-1}，在紧急情况下，肾上腺素分泌到血液中，运输至肝细胞中，使糖原代谢反应中的一个酶被激活后，连续激活其他酶，结果导致原始信号的放大，最终使糖原分解，血糖浓度增加。上述的连锁反应称为酶的级联放大反应。

7.4.2 糖原的合成

7.4.2.1 葡萄糖的活化

由葡萄糖合成糖原的过程，称为糖原生成作用。反应的起始是葡萄糖被 ATP 磷酸化为葡萄糖-6-磷酸。这个反应是在葡萄糖浓度较高的情况下，由己糖激酶或葡萄糖激酶催化反应：

$$葡萄糖 + ATP \longrightarrow 葡萄糖-6-磷酸 + ADP$$

接下来，葡萄糖-6-磷酸在葡萄糖变位酶催化下生成葡萄糖-1-磷酸：

$$葡萄糖-6-磷酸 \Longleftrightarrow 葡萄糖-1-磷酸$$

葡萄糖-1-磷酸是糖原分解的产物，也是糖原合成的原料。在 UDPG 焦磷酸化酶的

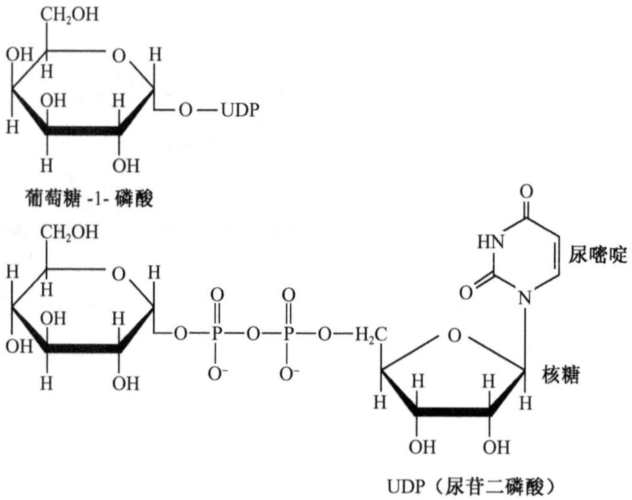

$$葡萄糖-1-磷酸 + UTP \longrightarrow UDPG + PP_i$$

图 7-19　葡萄糖的活化

催化下葡萄糖-1-磷酸与尿苷三磷酸（UTP）合成 UDP-葡萄糖（UDPG）（图7-19）：

此反应是可逆的，但由于焦磷酸极易被焦磷酸酶水解成正磷酸，所以反应向右进行。形成的 UDP-葡萄糖是葡萄糖基的活性形式。

7.4.2.2　糖原合成酶

UDP-葡萄糖中的糖基在糖原合成酶（glycogen synthetase）的催化下被转移到引物的非还原末端 C-4 的羟基上，形成 α-1,4-糖苷键，使糖原引物增加一个葡萄糖残基（图7-20），每一次反应有一个葡萄糖残基加在糖原的非还原性末端。UDPG 最好的引物是短链的糖原分子。因为糖原合成酶对短链糖原的 K_m 值很小，对长链的 K_m 值很大。

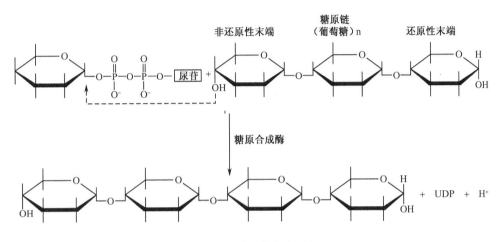

图 7-20　糖原合成酶反应

7.4.2.3　分枝酶

分枝酶（branching enzyme）催化糖原合成具有1,6-糖苷键的分枝。当糖链延长至11 个以上葡萄糖残基时，分枝酶将含有6 或7 个残基的片段转移到较内部的位置上，形成具1,6-糖苷键的新分枝链。增加分枝可以提高糖原的溶解度，同时分枝造成的非还原性末端残基是糖原磷酸化酶与糖原合成酶的作用部位。所以，分枝增加了糖原合成与分解的速度。

7.4.2.4　糖原合成的调节

（1）糖原自身浓度的调节

糖原合成的调节是很复杂的。第一种就是糖原自身浓度的调节。糖原通过对糖原合成酶的反馈抑制而抑制自身的合成。糖原合成酶的 K_m 值随着糖原链的增长而增大。

（2）酶的共价修饰作用

第二种调节机制是糖原合成酶的共价修饰作用。糖原合成酶是由 4 个相同亚基组成的寡聚蛋白（相对分子质量85 000/亚基）。每个亚基丝氨酸残基上的—OH 都能进行磷酸化或去磷酸化（见图7-21）反应。催化糖原磷酸化酶磷酸化和去磷酸化的激酶和磷酸酶也是催化糖原合成酶磷酸化和去磷酸化的酶。胰高血糖素和肾上腺素既调控糖原磷酸化酶的活性，也调控作用于糖原合成酶的激酶和磷酸酶的活性。在这两个例子中，激活作用包括了一个相似的酶的级联反应（图 7-22）；cAMP 既是糖原合成的第二信使，也是糖原分解的第二信使。

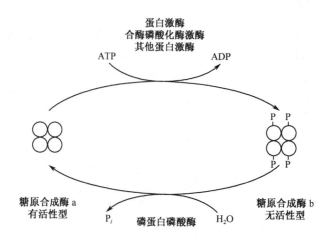

图 7-21　糖原合成酶的共价修饰

　　去磷酸化的糖原合成酶称为糖原合成酶 a，是该酶的活性形式。糖原合成酶 a 与葡萄糖-6-磷酸的浓度无关。磷酸化的糖原合成酶称为糖原合成酶 b，是该酶的非活性形式。糖原合成酶有几种磷酸化形式，因为至少有 6 种蛋白激酶能够通过磷酸化反应让糖原合成酶失活。不同的磷酸化作用是因为每个亚基上至少存在 9 个丝氨酸残基。激素作用的一些第二信使，包括 cAMP、Ca^{2+} 和甘油二酯，也能对糖原分解和糖原合成起作用的几种激酶的活性起调节作用。

　　糖原合成酶 b 只有在葡萄糖-6-磷酸存在下才具有活性。葡萄糖-6-磷酸是糖原合成酶 b 的变构激活剂，高浓度的葡萄糖-6-磷酸使酶由无活性状态变为有活性状态。葡萄糖-6-磷酸的变构效应构成了酶的另一调控机制。高浓度的葡萄糖-6-磷酸激活糖原合成酶，确保过量的葡萄糖-6-磷酸被转变为糖原储存，而不是通过糖酵解产生不必要的能量。

　　胰岛素对糖原合成也有影响。胰岛素能够促进磷酸酶的活性，因此能增加去磷酸化作用和对糖原合成酶的活化作用。可见，胰岛素与胰高血糖素和肾上腺素的作用相反，胰岛素促进糖原的合成，降低血糖水平。

　　从上述讨论中可以看出，糖原合成与糖原分解的调节是相反的。一个途径被活化时，另一个途径就被抑制。磷酸化作用能使糖原磷酸化酶激活，但是却能让糖原合成酶失活。去磷酸化作用则刚好相反。相反的调节使糖代谢过程能得到更有效的控制。

　　另外，糖原磷酸化酶和糖原合成酶都由相似的激素控制的酶级联调控，但糖原分解的级联过程要比其合成多一个循环。这就是说，糖原分解比糖原合成更为敏感，分解作用的放大效应比合成作用更大。研究表明，糖原的分解比其合成要快 300 倍。两者敏感性差异在代谢过程中有着重要的意义，细胞迅速地利用储存的糖原分解提供能量，比细胞快速将多余的葡萄糖转变为糖原储存要重要得多。

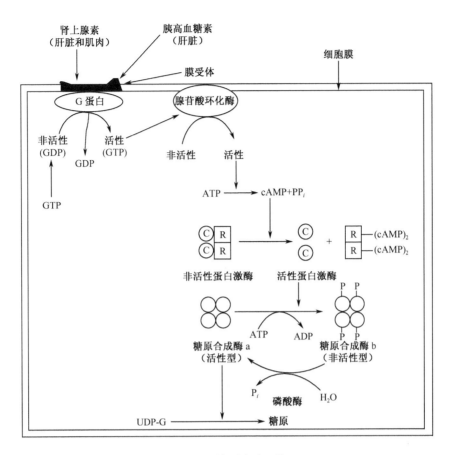

图 7-22　糖原合成调控

7.5　糖异生作用

7.5.1　糖异生作用概况

　　糖异生作用是指以一些非糖物质，如乳酸、丙酮酸、甘油和氨基酸等，合成葡萄糖的过程。对于人类和其他动物来说，糖异生有着重要的意义。因为机体有很多组织，包括大脑、肾髓质、血红细胞、睾丸等都以葡萄糖作为能源。机体必须维持正常的血糖水平，才能为组织提供必需的葡萄糖。但仅从食物中摄取的和自身储存的葡萄糖是不能满足机体需要的。从食物中摄取的葡萄糖很快就会被代谢消耗。身体里储存的糖也不能满足机体的需要。在人体中，体液含有20g葡萄糖，以糖原形式储存的糖的总量约为190g。但是身体一天需要约160g的葡萄糖用于代谢，其中120g给了大脑。人体可以利用的葡萄糖大约仅能满足人一天的需求。

　　激烈运动、摄食糖类不足、禁食都会加速葡萄糖的消耗，并且机体会比平常更加强烈的需要葡萄糖的合成。机体必须时刻不停的通过糖异生作用合成葡萄糖，以保证机体的供能。

糖异生的主要场所是肝脏。肾脏也能发生糖异生，但形成的葡萄糖仅为肝脏产量的1/10。

7.5.2 糖异生途径

从某个角度来说，糖异生就是糖酵解的逆反应：从丙酮酸合成葡萄糖。但是糖异生并不是糖酵解的简单的逆反应，因为其中有三个强烈放能的不可逆过程：从葡萄糖到葡萄糖-6-磷酸；从果糖-6-磷酸到果糖-1，6-二磷酸；从磷酸烯醇式丙酮酸到丙酮酸。糖酵解与糖异生在酶方面的差异如表7-3。

表7-3　糖酵解与糖异生在酶方面的差异

糖酵解	糖异生
己糖激酶	葡萄糖-6-磷酸酶
磷酸果糖激酶	果糖-1，6-二磷酸酶
丙酮酸激酶	丙酮酸羧化酶
	磷酸烯醇式丙酮酸羧激酶

糖酵解的逆反应必须通过另外一种可行的途径来完成，这叫做旁路（bypass）（见图7-23）。旁路Ⅰ为丙酮酸羧化支路，旁路Ⅱ为果糖-1，6-二磷酸的磷酸酯水解转变为果糖-6-磷酸，旁路Ⅲ为葡萄糖-6-磷酸水解成葡萄糖。

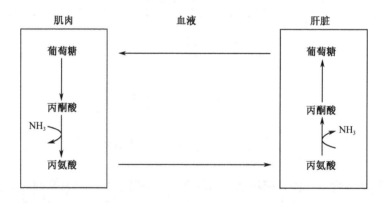

图7-23　葡萄糖-丙氨酸循环

7.5.2.1 丙酮酸羧化支路

（1）丙酮酸羧化

第一步反应由丙酮酸羧化酶催化，它使丙酮酸羧化形成草酰乙酸，它是三羧酸循环的中间产物：

$$H_2O + 丙酮酸 + CO_2 + ATP \longrightarrow 草酰乙酸 + ADP + Pi + 2H^+$$

丙酮酸羧化酶是由四个亚基（相对分子质量 120 000/亚基）组成的四聚体，存在于线粒体基质中，每个亚基都与Mg^{2+}结合并以生物素作为辅基。乙酰辅酶A是丙酮酸羧化酶很有效的变构激活剂，如果没有乙酰辅酶A，该酶就失去了活性。

（2）磷酸烯醇式丙酮酸羧激酶

磷酸烯醇式丙酮酸羧激酶催化第二步反应：

$$草酰乙酸 + GTP \longrightarrow 磷酸烯醇式丙酮酸 + CO_2 + GDP + Pi$$

在不同的机体中，磷酸烯醇式丙酮酸羧激酶的亚细胞位置也不同。在鼠类的肝脏中，该酶只存在于细胞液中，在鸽子和兔的肝脏中，它存在于线粒体中，在豚鼠和人类中，它或多或少分散在细胞液或线粒体中。磷酸烯醇式丙酮酸羧激酶在细胞内的定位对于草酰乙酸或磷酸烯醇式丙酮酸的特异性的传输系统采说是很有必要的。如果它存在于细胞液中，那么草酰乙酸必须离开线粒体到细胞液中才能完成向磷酸烯醇式丙酮酸的转化。如果酶存在于线粒体中，在线粒体中形成的磷酸烯醇式丙酮酸必须转移到细胞质中才能参与糖异生，因为由磷酸烯醇式丙酮酸开始的糖异生反应在细胞液中进行。

丙酮酸羧化支路总的反应式如下：

$$丙酮酸 + ATP + GTP + H_2O \longrightarrow 磷酸烯醇式丙酮酸 + ADP + GDP + Pi + 2H^+$$

7.5.2.2　果糖1,6—二磷酸酶

果糖1,6-二磷酸酶催化果糖-1,6-二磷酸的磷酸酯水解转变为果糖-6磷酸：

$$果糖-1,6-二磷酸 + H_2O \rightarrow 果糖-6-磷酸 + Pi$$

这是糖异生作用的关键反应。果糖-1,6-二磷酸酶是一个变构酶。AMP、果糖-2,6-二磷酸是酶的强烈抑制剂；ATP、柠檬酸和甘油酸-3-磷酸是酶的激活剂。

7.5.2.3　葡萄糖6-磷酸酶

葡萄糖6-磷酸酶催化葡萄糖-6-磷酸水解成葡萄糖：

$$葡萄糖-6-磷酸 + H_2O \longrightarrow 葡萄糖 + Pi$$

在肝的内质网上含有葡萄糖-6-磷酸酶可以将葡萄糖运输到血液，但此酶不存在脑和肌肉中，这些组织无上述功能。

7.5.2.4　总反应

从丙酮酸形成葡萄糖需要消耗6个ATP。因为从丙酮酸到草酰乙酸消耗1个ATP，草酰乙酸到磷酸烯醇式丙酮酸消耗1个GTP，从3-磷酸甘油酸到甘油酸-1,3-二磷酸消耗1个ATP。因此，从2分子丙酮酸形成1分子葡萄糖共消耗6个ATP。总的反应如下：

$$2 \times 丙酮酸 + 2NADH + 4ATP + 2GTP + 6H_2O \longrightarrow$$
$$葡萄糖 + 2NAD^+ + 4ADP + 2GDP + 6Pi + 2H^+$$

7.5.3　葡萄糖-丙氨酸循环

有两个重要的循环保证糖异生有足够的原料来源。一是科里循环，二是葡萄糖-丙

氨酸循环。在葡萄糖-丙氨酸循环中，葡萄糖在肌肉中经酵解作用转变为丙酮酸，然后丙酮酸经过转氨基作用变为丙氨酸。血液转运丙氨酸至肝脏，在肝脏经过转氨基作用变为丙酮酸，丙酮酸又异生成葡萄糖（图7-24）。

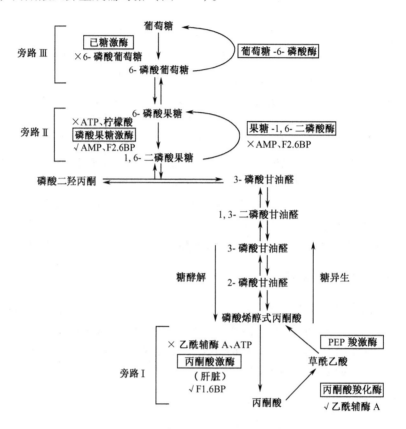

图 7-24　糖酵解和糖异生的相互调节
×：抑制剂；√激活剂

葡萄糖-丙氨酸循环与科里循环的重要区别在于血液从肌肉转运到肝脏中的三碳化合物不同。在科里循环中，血液转运的是乳酸，但是在葡萄糖-丙氨酸循环中，血液转运的是丙氨酸。

7.5.4　糖异生的调控

7.5.4.1　糖酵解和糖异生的相互调节

如果糖酵解和糖异生没有调控机制，那么除了浪费无效的 ATP 和 GTP 水解产生的能量以外，这两条代谢途径无疑做的是耗费能量的无效循环。

与糖原分解和糖原合成一样，糖酵解和糖异生也是互相协调控制的。调节点位于三步能被独立调控的不可逆反应，或者说是糖异生作用中的旁路反应。动物中糖酵解三步反应都被调控，但糖异生的调控只发生在两步反应中（图7-24）。糖异生调控与糖酵解方式很相似，主要是变构因子对酶的变构调节作用。

7.5.4.2 果糖-2,6-二磷酸

果糖-2,6-二磷酸是1980年发现的一种新的调节糖酵解和糖异生的关键效应因子。糖酵解中它作为磷酸果糖激酶的激活剂，其激活能力远大于已知的各种激活剂。果糖-2,6-二磷酸由双功能酶催化生成，第一个酶：磷酸果糖激酶2，催化果糖-6-磷酸形成果糖-2,6-二磷酸，后者在第二个酶果糖二磷酸酶2催化下水解成果糖-6-磷酸（图7-23）。两个酶的差别仅仅是由于一个丝氨酸残基脱磷酸（前者）和磷酸化（后者），所以是同一种蛋白质。肝脏中此酶由两个相同亚基组成，每个亚基含470个氨基酸残基，每个亚基上都有个依赖cAMP蛋白激酶催化的磷酸化位点，鼠肝磷酸化位点为N端32位Ser。果糖2,6-二磷酸不仅是磷酸果糖激酶的强烈激活剂，同时也是果糖-1,6-二磷酸酶的激活剂。因此，对这种双功能酶两种活性的调节影响到糖代谢是朝酵解方向还是朝糖异生方向。糖酵解和糖异生是一对相互调节的反应，果糖-2,6-二磷酸作为一种重要的变构因子在这两种途径中作用。

7.5.4.3 糖的分解与合成调控

糖原分解与合成、糖酵解和糖异生的调控可用下面的话来总结。机体从食物中获得足够的葡萄糖时，不需要通过代谢过程获取更多的葡萄糖。在这种情况下，肝脏就将葡萄糖转变成糖原和脂肪储存起来。葡萄糖可以直接用于合成糖原，也可以经过代谢途径转变成乙酰辅酶A之后用于合成脂肪。

禁食的机体从食物中获得的葡萄糖非常少，因此需要代谢来不断的产生血糖。在这种情况下，肝脏通过糖原分解为葡萄糖来释放储存的能量。同时也可利用蛋白质的降解产物转变成糖异生的前体物质丙酮酸和草酰乙酸，然后经过肝脏糖异生作用合成葡萄糖。

7.6 其他糖类的合成

7.6.1 多 糖

许多多糖是由糖的核苷酸化合物（nucleotide-linked sugar）合成的。肌糖原和肝糖原的合成都是以UDPG作为葡萄糖的供体。细菌糖原合成的前体物质为ADPG。对于纤维素的合成来说，不同的植物有所不同，如在豌豆、绿豆、玉米、茄子等植物中以GD-PG作为糖基的供体，棉花中则以UDPG作为糖基的供体。壳多糖又称几丁质（chitin），一种N-乙酰葡糖胺的同多糖，是由UDP-N-乙酰葡糖胺生成。透明质酸，一种葡萄糖醛酸和N-乙酰葡萄糖胺组成的糖胺聚糖，其生物合成需要两种酶的参与，其底物分别为UDP-葡萄糖醛酸和UDP-N-乙酰葡萄糖胺。

一些细菌葡聚糖（dextran）的生物合成不涉及糖的核苷酸化合物。葡聚糖是主要以α（1→6）糖苷键连接起来的，具有分枝的葡萄糖多聚体，除α（1→6）糖苷键外，也有些α（1→2）、α（1→3）和α（1→4）糖苷键。在人的口腔中，一些细菌利用蔗

糖作为底物，通过转糖基作用合成葡聚糖，是牙斑的一种主要成分。因为葡聚糖主要是利用蔗糖生成，因此摄食过多的蔗糖对牙齿没有好处。

7.6.2 寡 糖

在植物中，蔗糖合成酶利用 UDPG 作为葡萄糖的供体与果糖合成蔗糖：

$$UDPG + 果糖-6-磷酸 \longrightarrow 蔗糖-6-磷酸 + UDP$$

$$蔗糖-6-磷酸 + H_2O \longrightarrow 蔗糖$$

在乳腺里，乳糖通过乳糖合成酶的作用合成。乳糖合成酶含有两个亚基，一个亚基为半乳糖转移酶，当它单独存在时，催化下面的反应：

$$UDP-半乳糖 + N-乙酰葡糖胺 \longrightarrow N-乙酰乳糖胺 + UDP$$

酶的另一个亚基是 α-乳清蛋白，α-乳清蛋白与半乳糖转移酶结合后特性发生改变，转移酶的糖基的受体变成葡萄糖，而不是 N-乙酰葡萄糖胺。因此导致乳糖的合成：

$$UDP-半乳糖 + 葡萄糖 \longrightarrow 乳糖 + UDP$$

在动物中，二聚体的乳糖合成酶只存在于乳腺中。使得乳腺能合成大量的乳糖，作为奶的重要组成成分。

7.6.3 单 糖

在生物体内，葡萄糖可以转变成其他的单糖。反过来，所有的单糖也都能转变成葡萄糖的衍生物。单糖间的互变包括异构化作用、立体异构化作用和磷酸化作用大都需要 UDP-糖的反应。

氨基糖是糖脂和糖蛋白合成的原料，由葡萄糖胺衍生而成。葡萄糖胺是谷氨酰胺的氨基转移到 6-磷酸果糖上而生成的：6-磷酸葡萄糖胺 + 谷氨酸 →6-磷酸葡萄糖胺。6-磷酸葡萄糖胺进一步生成 UDP-N-乙酰葡萄糖胺后转变成 N-乙酰神经氨酸，即唾液酸。

7.7 三羧酸循环

7.7.1 三羧酸循环的概念与作用

7.7.1.1 三羧酸循环概念的提出

三羧酸循环是 Krebs 提出的三个循环反应中的一个。在 1932 年，Krebs 和 Kurt Henseleit 阐明了鸟氨酸循环，它是第一个被阐明的循环途径。在 1957 年，Krebs 和 H. R. Kornberg 提出了一个修改形式的三羧酸循环反应，即乙醛酸循环。三羧酸循环理论是 Krebs 在一系列关于细胞呼吸作用的重要发现的基础上提出的。1935 年，Albert Szent-Gyorgyi 发现在肌肉糜中加入一定量的琥珀酸、延胡索酸、苹果酸或者草酰乙酸能够刺激氧的消耗。后来，Szent-Gyorgyi 提出反应物是以琥珀酸-延胡索酸-苹果酸-草酰乙酸的顺序互变的。不久，Carl Martius 和 Franz Knoop 证实了柠檬酸-顺乌头酸-异柠檬酸-α-酮戊二酸的反应顺序。根据已经知道的 α-酮戊二酸能够进行脱羧反应生成琥珀酸，结合自己的研究，Krebs 于 1937 年提出了一个从草酰乙酸到柠檬酸的闭合式的循环反应。我们把这个循环叫做 Kerbs 循环。因为循环最初的产物是三羧酸，所以又把这个循环叫做三羧酸循环（tricarboxylic acid cycle，TCA 循环）。因为三羧酸循环中最先形成的产物是柠檬酸，所以这个循环也叫做柠檬酸循环。尽管 Krebs 建立了三羧酸循环理论，但是柠檬酸形成的具体机制还是过了一些年才被了解。直到 1945 年 Nathan Karlan 和 Fritz Lipmann 发现了乙酰辅酶 A；1951 年，Severo Ochoa 和 Feodor Lynen 发现了乙酰辅酶 A 和草酰乙酸缩合反应生成柠檬酸以后，人们才清楚的知道了草酰乙酸转变为柠檬酸的过程。

7.7.1.2　三羧酸循环的功能

三羧酸循环和电子传递体系一起构成了分解代谢的第三阶段，也叫做细胞呼吸作用。由于三羧酸循环在分解代谢和合成代谢中都起着重要的作用，因此我们称它兼用代谢途径（amphibolic pathway）。三羧酸循环在细胞呼吸作用中起着关键作用，并与其他多种代谢途径有着相互联系，为其他的代谢物的相互转变提供保证。该循环有三个主要的功能：

a. 是需氧的生物组织中糖类、脂类和蛋白质氧化分解的主要途径；

b. 对于大量的合成代谢途径来说，三羧酸循环是合成生物分子所需要的中间产物的重要来源；

c. 是代谢能的主要来源，代谢能驱动循环中的氧化-还原反应和它们与电子传递体系间的联系。

7.7.2　三羧酸循环的辅酶

7.7.2.1　烟酰胺辅酶

三羧酸循环一个重要的部分就是由以烟酰胺腺嘌呤二核苷酸和黄素腺嘌呤二核苷酸作为辅酶的脱氢酶催化的氧化-还原反应，在代谢物进行氧化反应的同时，辅酶进行着还原反应，在这些反应中，这些辅酶就像第二底物一样。代谢物中的质子和电子将辅酶还原为还原型的辅酶，再通过电子传递体系中一个伴随 ATP 合成的氧化磷酸化的反应恢复成为氧化型的辅酶。通过这种方式，代谢物中质子和电子就传递给电子传递体系，并以 ATP 的形式释放出代谢能。

烟酰胺辅酶有两种：一种是烟酰胺腺嘌呤二核苷酸（nicotinamide adenine dinucleotide，NAD^+），又称为辅酶 I（coenzyme I，Co I）。另一种是烟酰胺腺嘌呤二核苷酸磷酸（nicotinamide adenine dinucleotide phosphate，$NADP^+$），又称为辅酶 II（coenzyme II，Co II）。NAD^+ 和 $NADP^+$ 是多种脱氢酶的辅酶（图7-25）。

构成 NAD^+ 和 $NADP^+$ 的烟酰胺是烟酸的衍生物，一种 B 族类水溶性维生素。烟酸是哺乳动物中唯一的能由色氨酸转变而成的维生素。因此，当体内缺少烟酰胺而需要从食物中获取时，摄入色氨酸可以减少对烟酰胺的摄取量。缺乏烟酸会导致糙皮病。

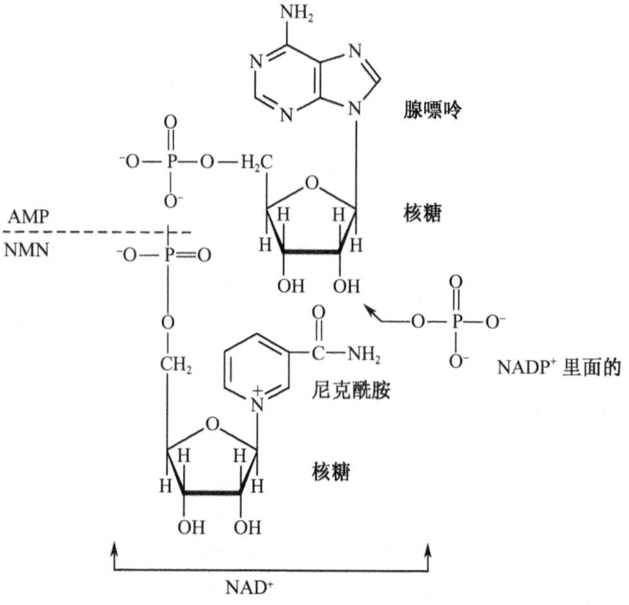

图 7-25　烟酰胺辅酶
5′-腺苷酸（AMP）与烟酰胺单核苷酸（NMN）相连构
成 NAD⁺。NADP⁺是 NAD⁺核糖的 C2 位置多了一个磷酸基团。

NAD$^+$ 和 NADP$^+$ 分子的功能基团是烟酰胺吡啶环，通过它可逆地进行氧化还原，在代谢中传递氢。其反应式如下：

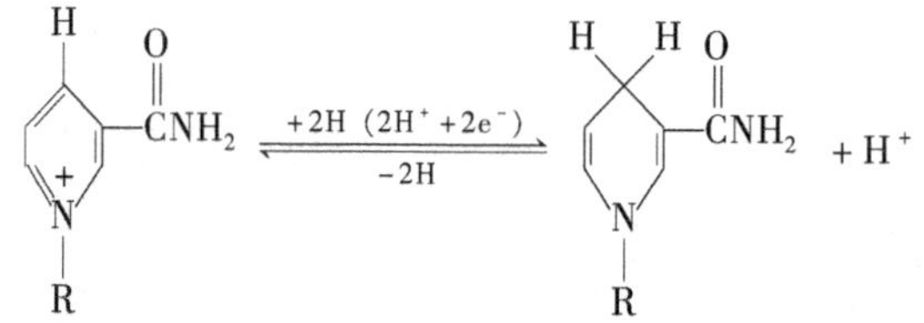

通过使用分光光度法可以测量烟酰胺脱氢酶的反应。因为 NADH 和 NADPH 在 340nm 波长下有强烈吸收（图 7-26）。

7.7.2.2　黄素辅酶

黄素腺嘌呤二核苷酸（flavin adenine dinucleotide，FAD）、黄素单核苷酸（flavin mononucleotide，FMN）为黄素辅酶。FAD 和 FMN 辅基与其特定的脱氢酶酶蛋白紧密相连。这种酶叫做黄素蛋白（flavoprotein）酶。一些脱氢酶以 FAD 为辅基，一些脱氢酶以 FMN 为辅基。

维生素 B$_2$（核黄素）是黄素辅酶的组成成分。核黄素和烟酰胺一样，是辅酶的活性基团（图 7-27）。FAD 和 FMN 中异咯嗪环的完全还原，需要一个氢离子和一个质子。因此，黄素蛋白催化代谢物（MH$_2$）氧化不会产生质子。另一方面，FMN 和 FAD 可以

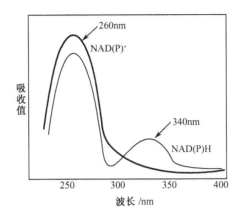

图 7-26　NAD(P)⁺ 和 NAD(P)H 的吸收光谱

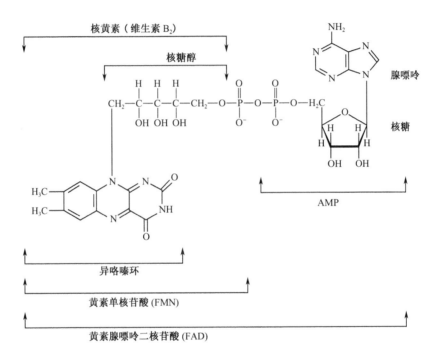

图 7-27　黄素辅酶

发生一个或两个电子的还原反应（图 7-28）。FMN 和 FAD 都能够参与两个连续的电子传递或者同时发生的两个电子的传递。当黄素辅酶发生一个电子的还原反应时，形成一个相对稳定的自由基。

7.7.2.3　辅酶 A

辅酶 A（coenzyme A）由 3′-腺苷酸、焦磷酸、泛酸和巯基乙胺组成。巯基乙胺含有一个活泼的—SH，它是辅酶 A 的活性基团。辅酶 A 简写为 CoA 或 CoA—SH，是为了强调 SH 基团在其功能上的重要性（图 7-29）。

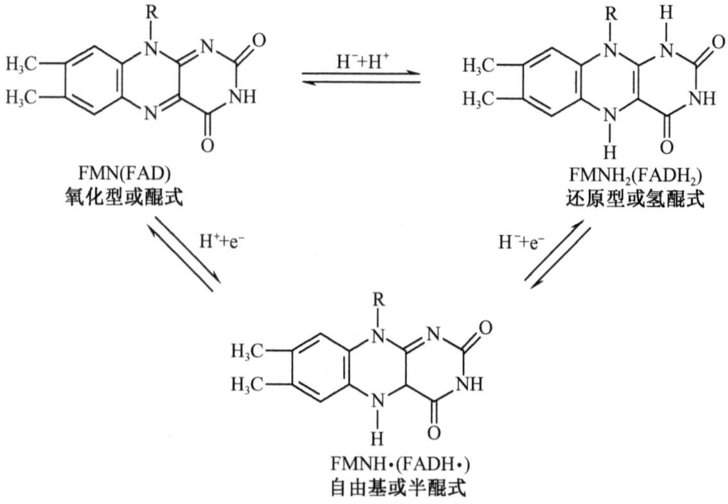

图 7-28　黄素辅酶的氧化型和还原型

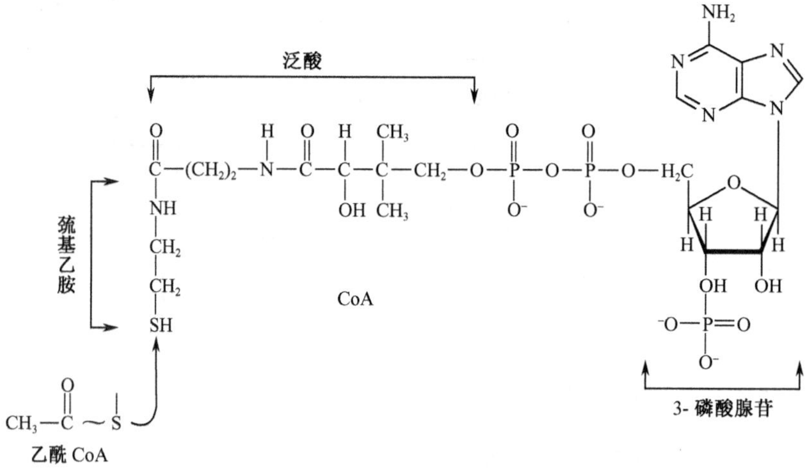

图 7-29　辅酶 A

同样，我们将乙酰辅酶 A 简写为乙酰 CoA 或 CH₃CO-SCoA。辅酶 A 中维生素的组成部分为泛酸，是一种水溶性的 B 族维生素。人类很少发现有泛酸缺乏症，可能是因为泛酸在自然界中广泛分布的缘故。辅酶 A 在转运酰基的反应中起作用。

乙酰 CoA 中不仅包含了一个关键的辅酶，而且是一个高能化合物。它含有一类特殊的酯键，酯键中硫原子取代了氧原子的位置。任何酰基化的 CoA，如琥珀酰 CoA，都是一种富能化合物。

7.7.2.4　硫辛酸

1949 年，Eli Lilly Co 首次分离出硫辛酸（lipoic acid）。它在酰基转移反应中起作用。机体组织中硫辛酸的含量特别少，由于它是一些微生物必需的生长因子，因此，营养学家将它归类到 B 族维生素中。这种维生素的辅酶形式是硫辛酰胺（lipoamide），由硫辛酸的羧基与酶蛋白中的赖氨酸残基的 ε-氨基通过酰胺键连接而成。该辅酶有一个含硫的杂环和一个脂肪族的侧链（图 7-30）。

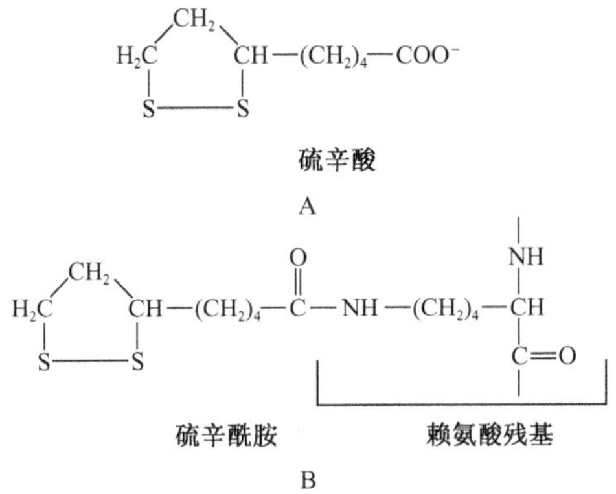

图 7-30

A. 硫辛酸；B. 硫辛酰胺

7.7.2.5 焦磷酸硫胺素

硫胺素又称维生素 B_1，其结构中有一个含氨基的嘧啶环和一个含硫的噻唑环（图 7-31）。在体内，经硫胺素激酶催化，硫胺素与 ATP 作用转变成焦磷酸硫胺素（thiamine pyrophosphate，简称 TPP）。TPP 是催化丙酮酸和 α-酮戊二酸脱羧反应酶的辅酶，又称脱羧酶辅酶。脚气病与缺乏维生素 B_1 有关。

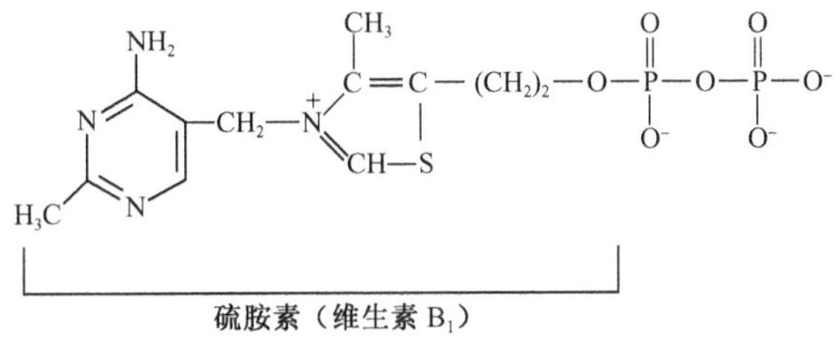

图 7-31　焦磷酸硫胺素

7.7.3　乙酰 CoA 的形成

7.7.3.1　乙酰 CoA 的生成过程

三羧酸循环每一轮循环开始都需要一个乙酰 CoA。乙酰 CoA 主要来源于脂肪和糖的分解。脂类的分解可以直接产生乙酰辅酶 A，糖类的分解经过丙酮酸氧化脱羧形成乙酰 CoA。

丙酮酸氧化脱羧反应是由丙酮酸脱氢酶复合体系（pyruvate dehydrogenase complex）催化的。它是一个大的多酶体系，其中包括丙酮酸脱羧酶（E_1），二氢硫辛酸乙酰转移酶（E_2）和二氢硫辛酸脱氢酶（E_3）三种不同的酶及 TPP、硫辛酸、FAD、NAD^+、

CoA 五种辅酶。

大肠杆菌中丙酮酸氧化脱羧酶的相对分子质量大约为 4.6×10^6，是由 60 条肽链组成的多面体，直径约 30nm，可以在电子显微镜下观察到这种复合体。E_2 是此多酶复合体的核心，由 24 条肽链组成，E_1、E_3 附在 E_2 的表面。E_1 有 24 条肽链，E_3 有 12 条链。这些肽链通过非共价键结合在一起。碱性 pH 值可以解离复合体成相应的亚单位，在中性时 3 种酶又可以重组成复合体。哺乳动物的丙酮酸脱氢酶复合体系的相对分子质量大约为 8.4×10^6，其中 E_1 有 120 条肽链，E_2 有 60 条肽链，E_3 有 12 条肽链。

五种辅酶中，TPP 与 E_1 相连；硫辛酸以共价键与 E_2 相连，硫辛酸通过酰胺键与 E_2 的赖氨酸残基结合，形成的硫辛酰胺长臂，长 1.4nm，这条臂在 E_1 和 E_3 之间的一定范围内转动，推测在每个 E_2 上至少有两条臂，这样乙酰基团就能从一条臂转移到另一条臂上；FAD 则是 E_3 的一个部分。剩下的两种辅酶，CoA 和 NAD^+ 作为底物并在反应过程中发生化学变化。整个丙酮酸脱氢酶复合体系催化的反应包含了氧化作用（脱氢）和脱羧基作用。该反应的化学式如下：

$$丙酮酸 + CoA—SH + NAD^+ \longrightarrow 乙酰 CoA + CO_2 + NADH$$

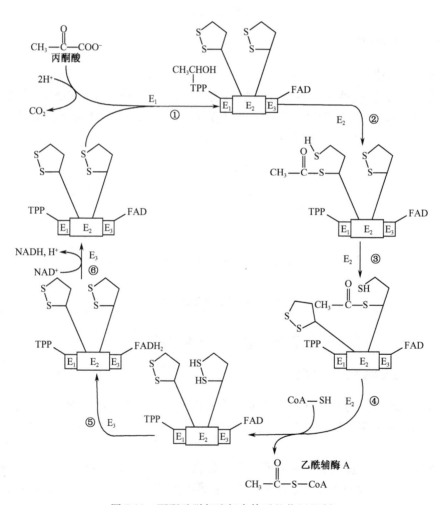

图 7-32　丙酮酸脱氢酶复合体系的作用机制

图 7-32 表示了丙酮酸脱氢酶复合体系的作用机制：

a. 丙酮酸与 E_1 上 TPP 连接脱羧形成羟乙基 TPP；

b. E_2 催化羟乙基氧化成乙酰基，同时将乙酰基转移到一个硫辛酰胺臂上；

c. 硫辛酰胺臂将乙酰基转移到另一条硫辛酰胺臂上；

d. E_2 催化乙酰硫辛酰胺臂上乙酰基转移给 CoA 形成乙酰 CoA；

e. E_3 催化还原型的硫辛酰胺臂的重新氧化，并将氢传递给它的辅基 FAD；

f. $FADH_2$ 被 NAD^+ 氧化，生成 NADH 和 H^+。

7.7.3.2　乙酰 CoA 生成的调节

三羧酸循环从乙酰 CoA 开始。这个循环的氧化步骤会产生还原型的辅酶 NADH 和 FADH。它们经过电子传递体系重新被氧化，同时伴随着 ATP 的合成。因为高浓度的 ATP 或 NADH 能抑制丙酮酸脱氢酶复合体，所以能够抑制经电子传递体系合成不必要的 ATP。反之，高水平的 AMP 能激活该酶系，这样就能增加 ATP 的合成。高浓度的乙酰 CoA 抑制这个酶系统并能抑制更多的乙酰 CoA 合成。在真核细胞里，其他的调节方式还包括 E_1 共价修饰。磷酸化的 E_1 是无活性的，去磷酸化的 E_1 是有活性的。

7.7.4　三羧酸循环的反应历程

7.7.4.1　三羧酸循环的酶类

（1）柠檬酸合酶

三羧酸循环所涉及的八步反应都是由酶催化的。三羧酸循环的第一步反应是由柠檬酸合酶（citrate synthase）催化的。乙酰 CoA 与草酰乙酸缩合生成柠檬酸，由于反应中包含有乙酰 CoA 高能键的断裂，所以柠檬酸合酶的反应是一个强烈的放能反应：

$$
\begin{array}{l}
COO^- \\
| \\
C=O \\
| \\
CH_2 \quad + \quad CH_3-\overset{O}{\overset{\|}{C}}\sim SCoA + H_2O \longrightarrow \\
| \\
COO^-
\end{array}
\quad
\begin{array}{l}
COO^- \\
| \\
CH_2 \\
| \\
HO-C-COO^- \quad + CoASH + H^+ \\
| \\
CH_2 \\
| \\
COO^-
\end{array}
$$

草酰乙酸　　　乙酰辅酶 A　　　　　　柠檬酸　　　辅酶 A

哺乳动物的柠檬酸合酶是一个二聚体，二聚体是两个相同的亚基（相对分子质量 49 000/亚基）。柠檬酸合酶是一个变构酶，是三羧酸循环三个主要调节位点之一。ATP、NADH 和琥珀酰 CoA 是其抑制剂。当酶的抑制剂浓度增大时，三羧酸循环就被抑制。由于这个循环与电子传递体系联系，柠檬酸合酶被抑制会减少 ATP 的合成。因此，就丙酮酸脱氢酶复合体而言，高浓度的 ATP 和 NADH 会抑制不需要的 ATP 的合成。

（2）顺乌头酸酶

顺乌头酸酶（cis-aconitase）催化柠檬酸脱水，然后又加水，从而改变分子内 OH^- 和 H^+ 的位置，生成异柠檬酸：

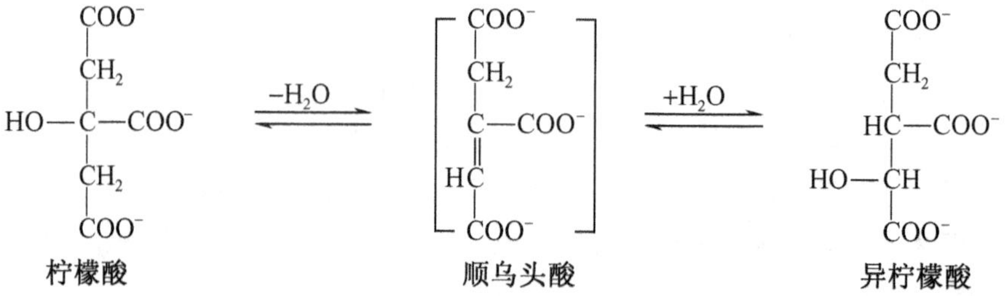

柠檬酸   顺乌头酸   异柠檬酸

催化这两步反应的是同一酶，因其中间产物为顺乌头酸而得名。顺乌头酸酶是一个铁-硫蛋白，含一个 [4Fe-4S] 基。哺乳动物中该酶包括两个相同的亚基（相对分子质量 45 000/亚基）。

氟乙酸是顺乌头酸酶的抑制剂，是一种存在于南非的植物中有毒性的小分子物质，当它被动物吸收后，在乙酸硫激酶作用下，会转变为氟乙酰 CoA。柠檬酸合酶以氟乙酰 CoA 为替代底物并催化其转变为氟代柠檬酸，氟代柠檬酸是顺乌头酸酶的强烈抑制剂，被用来做灭鼠剂。

（3）异柠檬酸脱氢酶

异柠檬酸脱氢酶（isocitrate dehydrogenase）以 NAD^+ 为辅酶，催化异柠檬酸氧化脱羧生成 α-酮戊二酸：

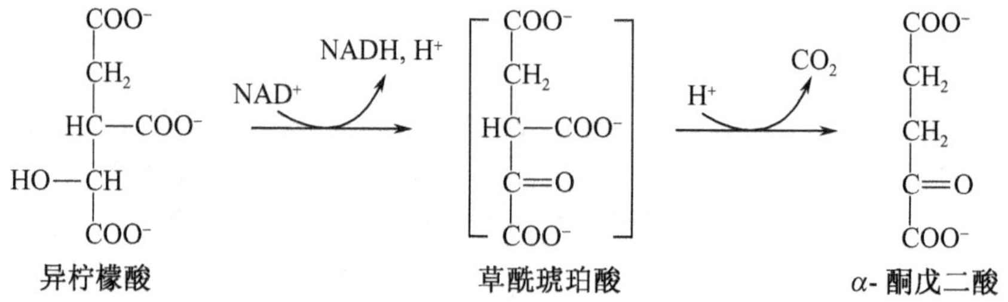

异柠檬酸   草酰琥珀酸 α-酮戊二酸

反应的中间产物草酰琥珀酸是一个不稳定的 β-酮酸，与酶结合则脱羧形成 α-酮戊二酸。异柠檬酸脱氢酶是变构酶，是三羧酸循环中的第二个调节酶。ATP 和 NADH 是它的抑制剂，ADP 和 NAD^+ 是它的激活剂。

哺乳动物的异柠檬酸脱氢酶是一个四聚体，相对分子质量约为 190 000。许多组织含有两种异柠檬酸脱氢酶。一种以 NAD^+ 为辅酶，只存在于线粒体中，在三羧酸循环中起作用；一种以 $NADP^+$ 为辅酶，在线粒体和胞液中都存在，它的主要功能可能是还原产生 NADPH。

（4）α-酮戊二酸脱氢酶复合体

α-酮戊二酸脱氢酶复合体与丙酮酸脱氢酶复合体在结构和功能上有些类似。它们都是多酶复合体，都催化氧化脱羧反应，都需要同样的辅酶，包含同样的反应步骤。丙酮酸脱氢酶复合体和 α-酮戊二酸脱氢酶复合体的区别在能量的利用方面。乙酰 CoA 的能量仅用于自身和草酰乙酸缩合形成柠檬酸，所以能量看起来是被"浪费"了，实际上，它使这步反应成为强烈的放能反应，并且是循环中的关键反应步骤。相反，琥珀酰辅酶 A 的能量以 GTP 的形式促使等量 ATP 的生成，因此，琥珀酰 CoA 的能量通过高能键的形成直接被 "储存" 起来了。α-酮戊二酸脱氢酶复合体催化 α-酮戊二酸脱氢、脱羧，生成琥珀酰 CoA。

$$\begin{array}{c}
COO^- \\
| \\
CH_2 \\
| \\
CH_2 \\
| \\
C=O \\
| \\
COO^-
\end{array}
\xrightarrow[\text{NAD}^+ + \text{CoA-SH}]{\text{NADH} + CO_2 + H^+}
\begin{array}{c}
COO^- \\
| \\
CH_2 \\
| \\
CH_2 \\
| \\
O=C-S-CoA
\end{array}$$

α- 酮戊二酸   琥珀酰 CoA

α-酮戊二酸脱氢酶复合体是三羧酸循环中的第三个调节位点。ATP 和 NADH 是该复合体的抑制剂，ADP 和 NAD$^+$ 是其激活剂。

（5）琥珀酰硫激酶

琥珀酰硫激酶（succinate thiokinase）催化琥珀酰 CoA 将其高能键转给 GDP 生成 GTP，并释放出 CoA-SH：

$$\begin{array}{c}
COO^- \\
| \\
CH_2 \\
| \\
CH_2 \\
| \\
O=C-S-CoA
\end{array}
\xrightarrow[\text{GDP} + \text{Pi}]{\text{CoA-SH} + \text{GTP}}
\begin{array}{c}
COO^- \\
| \\
CH_2 \\
| \\
CH_2 \\
| \\
COO^-
\end{array}$$

琥珀酰辅酶 A   琥珀酸

GTP 可以用于蛋白质合成，也可以在核苷二磷酸激酶的催化下将磷酰基转给 ADP 生成 ATP：

$$\text{GTP} + \text{ADP} \Longleftrightarrow \text{GDP} + \text{ATP}$$

在植物和细菌中，ATP 直接由琥珀酰 CoA 和 ADP 反应产生。这里 GTP 与 ATP 的生成与琥珀酰 CoA 中高能键的断裂有关，是一个底物水平磷酸化的反应。

（6）琥珀酸脱氢酶

琥珀酸脱氢酶（succinate dehydrogenase）催化琥珀酸脱氢生成延胡索酸。琥珀酸脱氢酶是一种黄素蛋白，氢的受体是酶的辅基 FAD。在这个立体异构反应中，100% 的生成反式异构体延胡索酸，而不会产生顺式异构体顺丁烯二酸（马来酸）：

$$\begin{array}{c}
COO^- \\
| \\
CH_2 \\
| \\
CH_2 \\
| \\
COO
\end{array}
+ \text{FAD} \longrightarrow
\begin{array}{c}
COO^- \\
| \\
CH \\
\| \\
HC \\
| \\
COO^-
\end{array}
+ \text{FADH}_2$$

琥珀酸   延胡索酸

琥珀酸脱氢酶是一种铁-硫蛋白（4Fe-4S），位于线粒体内膜。是呼吸链中复合体Ⅱ的组成部分。哺乳动物琥珀酸脱氢酶由两个不同的亚基组成，亚基的相对分子质量分别为30 000和70 000。丙二酸在结构上与琥珀酸相似，因此，丙二酸是琥珀酸脱氢酶的竞争性抑制剂。

（7）延胡索酸酶

延胡索酸酶（fumarase）催化延胡索酸水合生成苹果酸。酶具有立体异构特异性，因此只以反式加成，形成 L-苹果酸：

$$
\begin{array}{ccc}
COO^- & & COO^- \\
| & & | \\
CH & & OH-CH \\
\| & +H_2O \longrightarrow & | \\
HC & & CH_2 \\
| & & | \\
COO^- & & COO^-
\end{array}
$$

延胡索酸   L-苹果酸

哺乳动物延胡索酸酶由四个相同的亚基（相对分子质量49 000/亚基）组成。每个亚基含3个巯基，为酶的活性所必需。

（8）苹果酸脱氢酶

哺乳动物的苹果酸脱氢酶由两个相同亚基（相对分子质量35 000/亚基）组成。苹果酸脱氢酶催化三羧酸循环中的最后一步反应，L-苹果酸脱氢生成的草酰乙酸。草酰乙酸能与第二个乙酰 CoA 分子结合开始新一轮循环。

$$
\begin{array}{ccc}
COO^- & & COO^- \\
| & & | \\
HO-CH & NAD^+ \quad NADH+H^+ & C=O \\
| & \longrightarrow & | \\
CH_2 & & CH_2 \\
| & & | \\
COO^- & & COO^-
\end{array}
$$

L-苹果酸   草酰乙酸

7.7.4.2　三羧酸循环的要点

（1）三羧酸循环总反应

综合8步的反应，三羧酸循环总反应可归纳如下：

$$乙酰\ CoA + 3NAD^+ + FAD + 2H_2O + GDP + Pi \longrightarrow$$
$$CoA-SH + 3NADH + 3H^+ + FADH_2 + GTP + 2CO_2$$

（2）三羧酸循环的反应步骤

图 7-33 表示三羧酸循环的反应步骤。循环从乙酰 CoA 与草酰乙酸缩合生成柠檬酸开始。在第一步反应释放出 CoA 以后，等量的乙酰基经过两步氧化脱羧反应生成两分子 CO_2。就碳原子的数量而言，进入循环的碳原子数与从循环中释放出的碳原子的数量

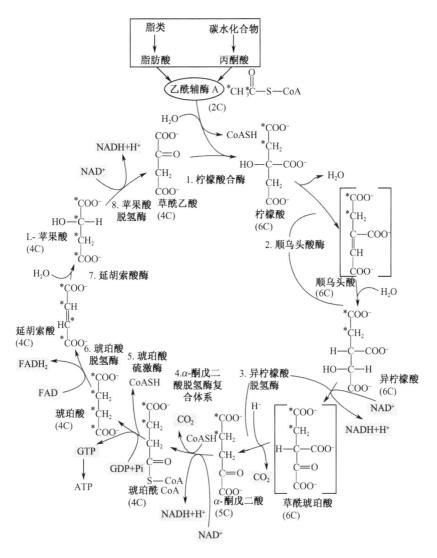

图 7-33　三羧酸循环

完全相等。但是，释放的 CO_2 分子中的碳原子并不是进入循环的乙酰基上的碳原子，而是来自于循环中的草酰乙酸。

　　三羧酸循环包括四步脱氢反应，每一步反应都包括从底物上以一个氢离子和一个质子的形式移走两个氢原子。因此，共脱去 8 个 H。其中有三步反应需要以 NAD^+ 作为辅酶的脱氢酶，还有一步反应需要以 FAD 为辅基的琥珀酸脱氢酶。

　　三羧酸循环反应位于线粒体。丙酮酸氧化脱羧形成乙酰 CoA 的反应是在真核细胞的线粒体基质中进行的，这是一个连接酵解和三羧酸循环的中心环节。琥珀酸脱氢酶嵌在线粒体内膜上，其他参与循环的酶存在于线粒体的基质中。

　　这个循环将辅酶 NAD^+ 和 FAD 还原为 NADH 和 $FADH_2$，细胞不能承受 NADH 和 $FADH_2$ 的积累，还原型的辅酶必须被重新氧化生成 NAD^+ 和 FAD。如果 NADH 和

$FADH_2$ 积累，三羧酸循环、糖酵解以及其他的代谢体系中需要 NAD^+ 或 FAD 的反应就会停止。NADH 和 $FADH_2$ 的氧化是通过位于线粒体内膜上的电子传递体系来完成的。通过氧化磷酸化作用合成 ATP。因为 NADH 与脱氢酶酶蛋白结合得并不紧密，它能从基质扩散到线粒体内膜而被重新氧化。而 $FADH_2$ 与脱氢酶酶蛋白结合得比较紧密，因而不能以这种方式氧化。这就解释了为什么琥珀酸脱氢酶是循环中唯一的一个位于线粒体内膜上的酶。

电子传递体系的最后一步反应需要氧分子的参与。这个反应及三羧酸循环与电子传递体系的专性有关，尽管在整个循环中并没有直接需要氧的步骤，但三羧酸循环只能在有氧的条件下进行，使循环成为有氧氧化途径。

不管是呼出的 CO_2，还是吸入的 O_2，三羧酸循环与呼吸作用都有着紧密的关系。由两步脱羧基反应产生的 CO_2 是呼吸中 CO_2 的主要来源。循环中生成的 NADH 和 $FADH_2$ 经电子传递体系中氧的氧化，这里所需的氧大部分来自于呼吸。因此，三羧酸循环是利用了呼吸中的氧，而产生了呼吸中的大部分 CO_2。

NADH 和 $FADH_2$ 经过电子传递体系氧化，在最后的反应中将氧还原成为水。因此，三羧酸循环与电子传递体系两个代谢体系联合，乙酰 CoA 的乙酰基团会产生两种产物：CO_2 和 H_2O。CO_2 由三羧酸循环产生，H_2O 由电子传递体系产生。换句话说，三羧酸循环与电子传递体系联合反应将乙酰基团完全氧化成为 CO_2 和 H_2O。

循环的中间产物都是弱酸。先是三羧酸，后是二羧酸。将琥珀酰 CoA 转变为琥珀酸的反应产生了 GTP，GTP 能够将 ADP 磷酸化产生 ATP，因此产生一个 GTP 也就是产生一个 ATP。

你可能会奇怪，相对简单的乙酰基团的氧化反应在生物体内为什么会这么复杂，因为乙酰基团的直接氧化需要剧烈的环境，而在生命细胞里是不可能的。为了解决这个问题，只有采取一种更复杂但是更温和的反应，在细胞内环境中完成必要的氧化反应。

7.7.5　能力学和调控

7.7.5.1　偶联反应

三羧酸循环中每一步反应中的自由能的变化见表 7-4。整个反应有强烈的负自由能的变化。它是强烈放能的，强烈放能意味着这步反应是不可逆反应，能够自发进行。如果我们将丙酮酸脱氢酶复合体系的反应也包含在内，那自由能的变化就变得更有利于反应的进行。从丙酮酸开始，反应包括四步强烈放能的反应和一步显著正自由能变化的反应（苹果酸脱氢酶）。苹果酸脱氢酶的反应之所以能够进行，是因为它是一个与放能的柠檬酸合成的反应相偶联。实际上，整个循环中一个反应的产物是下一个反应的反应物，每一步反应的产物都是两步反应的共同的中间产物，整个循环由一系列偶联反应构成。在三羧酸循环中，除了顺乌头酸酶和异柠檬酸脱氢酶的反应以外，任何两个偶联的反应都是由不同的酶催化的。

表 7-4 三羧酸循环

酶	线粒体位点	反应类型	$\Delta G^{0\prime}$（$kJ \cdot mol^{-1}$）
柠檬酸合酶	基质	缩合	-32.2
顺乌头酸酶	基质	异构	+5.0
异柠檬酸脱氢酶	基质	氧化脱羧	-20.9
α-酮戊二酸脱氢酶复合体系	基质	氧化脱羧	-33.5
琥珀酰硫激酶（琥珀酰 CoA 合成酶）	基质	底物水平-磷酸化	-3.3
琥珀酸脱氢酶	内膜	脱氢	~0
延胡索酸酶	基质	加水	-3.8
苹果酸脱氢酶	基质	脱氢	+29.7
		合计	-59.0

7.7.5.2 能量利用效率

乙酰 CoA 代谢产生的能量来自三羧酸循环中产生的 NADH、$FADH_2$ 进入电子传递体系氧化磷酸化。1 分子 NADH 氧化产生 3 个 ATP，1 分子 $FADH_2$ 氧化产生 2 个 ATP，琥珀酰硫激酶的反应中可由 GTP 产生 1 个 ATP。因此，经过三羧酸循环和电子传递体系氧化磷酸化，1 分子乙酰 CoA 总计产生 12 个 ATP。

乙酰 CoA 氧化的 $\Delta G^{0\prime}$ 值为 $-870\ kJ \cdot mol^{-1}$ ATP 水解的 $\Delta G^{0\prime}$ 值为 $-30.5\ kJ \cdot mol^{-1}$。因此三羧酸循环和电子传递体系联合作用的能量利用效率为

$$\frac{30.5\ kJ \cdot mol^{-1} \times 12}{870 kJ \cdot mol^{-1}} \times 100\% = 42.1\%$$

这个复杂的联合体系的效率仅仅只是一个大致的估计，因为我们是以 $\Delta G^{0\prime}$ 而不是以 $\Delta G'$ 为基础来计算的。

7.7.5.3 调节

三羧酸循环的调节发生在柠檬酸合酶、异柠檬酸脱氢酶和 α-酮戊二酸脱氢酶复合体系（图 7-34）三步反应中。另外在循环外还有一个重要的调控部位存在于丙酮酸脱氢酶复合体系的反应过程中。从这几步反应的调控特点可见，调控的关键因素是 ATP/ADP 和 NADH/NAD$^+$ 的比率。

一个代谢旺盛的细胞能很快将能量用尽。在这样的细胞里，ATP 的水平和 ATP/ADP 的比率很低，NADH 的浓度也很低，NADH 必须快速地经过电子传递体系氧化，这样才能以 ATP 的形式产生必需的能量。因此，细胞内 NADH/NAD$^+$ 的比率很低。

在休眠细胞里的情况刚好相反。细胞需要的能量相对来说比较少，这种细胞里 ATP 和 NADH 的浓度都比较高。这样 ATP/ADP 和 NADH/NAD 的比率就比较大。

高浓度的 ATP 和 NADH 会抑制三羧酸循环的进行。同时，由于从循环中传递的电子和质子受到了限制，电子传递体系的速度也就减弱。从另一方面说，ADP 和 NAD$^+$ 作为三羧酸循环的激活剂，也能同时加速电子传递体系的反应。

7.7.5.4 回补反应

三羧酸循环在进行分解代谢时，乙酰 CoA 进入循环，其乙酰基与草酰乙酸缩合形

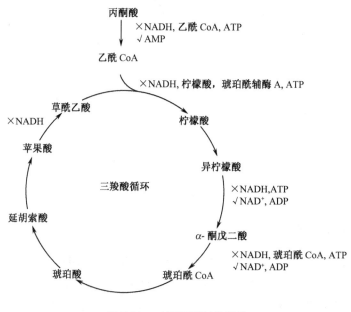

图 7-34　三羧酸循环的调控

√是激活剂，×是抑制剂

成柠檬酸，最后草酰乙酸又在循环结束时再生。这意味着草酰乙酸以及循环中各种中间产物的浓度维持不变。在进行合成代谢中情况就不同了，三羧酸循环的中间产物被用作生物合成的前体。例如卟啉的主要碳原子来自琥珀酰 CoA，谷氨酸、天冬氨酸是从 α-酮戊二酸、草酰乙酸衍生而成。柠檬酸转运至胞液后裂解成乙酰 CoA 用于脂肪酸合成。上述过程均导致草酰乙酸浓度下降，从而影响三羧酸循环的进行。因此这些中间产物必须不断补充才能维持循环的正常进行。这种补充称为回补反应（anaplerotic reaction）（见图 7-35）。

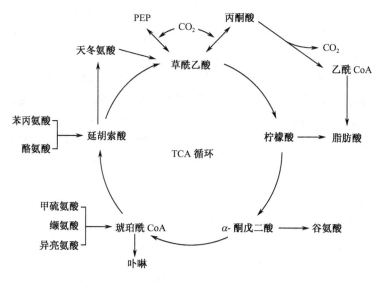

图 7-35　三羧酸循环中间产物的消耗与回补

草酰乙酸的回补主要通过三个途径：

a. 在丙酮酸羧化酶催化下丙酮酸形成草酰乙酸，反应需要生物素为辅酶：

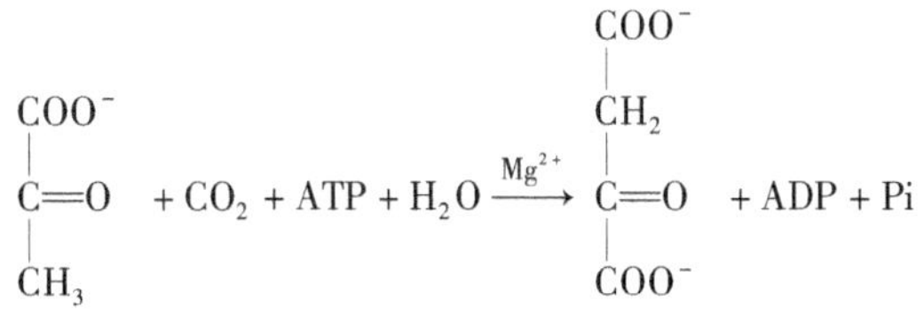

$$
\begin{array}{c}
\text{COO}^- \\
| \\
\text{C}{=}\text{O} \\
| \\
\text{CH}_3
\end{array}
+ CO_2 + ATP + H_2O
\xrightarrow{\text{Mg}^{2+}}
\begin{array}{c}
\text{COO}^- \\
| \\
\text{CH}_2 \\
| \\
\text{C}{=}\text{O} \\
| \\
\text{COO}^-
\end{array}
+ ADP + Pi
$$

丙酮酸 　　　　　　　　　　　草酰乙酸

这个反应广泛地存在于动物、植物和微生物组织细胞中，而且是动物最重要的回补反应。生物素是一种 B 族维生素。生物素辅酶的形成与硫辛酸辅酶很相似，由生物素侧链基团的羧基与酶蛋白分子中赖氨酸残基的 ε 氨基以酰胺键相连，形成的复合体叫生物胞素（biocytin），是 CO_2 的载体（图 7-36）。

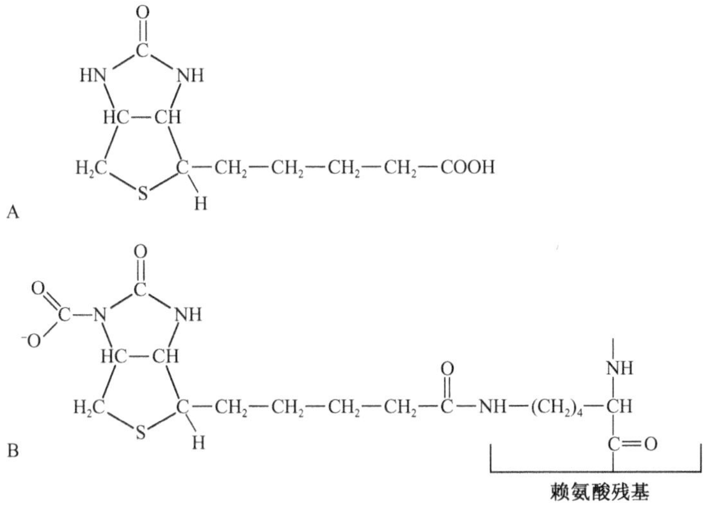

图 7-36
A. 生物素；B. 羧基生物胞素

丙酮酸羧化酶是变构酶，乙酰 CoA 是它的变构激活剂。当三羧酸循环用于合成代谢时，循环的中间产物浓度会下降，这样一来，乙酰 CoA 进入三羧酸循环分解的速度就会减慢，乙酰 CoA 的浓度上升。高浓度的乙酰 CoA 发挥其对丙酮酸羧化酶的正变构调节作用。酶的激活使丙酮酸转变成草酰乙酸的作用加强，循环中所有的中间产物的浓度得到提高，因此促进乙酰 CoA 进入循环的分解作用。

b. 磷酸烯醇式丙酮酸在磷酸烯醇式丙酮酸羧激酶的催化下形成草酰乙酸。在脑和心脏中存在这个反应。反应在胞液中进行，生成的草酰乙酸转变成苹果酸后穿梭进入线粒体，然后再脱氢生成草酰乙酸。

c. 天冬氨酸及谷氨酸的转氨作用可以形成草酰乙酸和 α-酮戊二酸。甲硫氨酸、缬氨酸、异亮氨酸也可以形成琥珀酰 CoA。

7.7.6　乙醛酸循环

在动物体内，乙酰 CoA 不能直接用来合成糖。然而在一些植物和细菌中乙酰 CoA 能用来合成糖。糖的合成经过一个修改的三羧酸循环途径，叫做乙醛酸循环（glyoxylate cycle）的途径来合成（图 7-37）。在植物中，乙醛酸循环是在乙醛酸循环体（glyoxysome）中进行的，该细胞器位于细胞质中。因为在一些植物和细菌细胞中除了具有三羧酸循环的酶系以外，还有另外两种酶。一种是异柠檬酸裂解酶（isocitrate lyase），催化异柠檬酸裂解为琥珀酸和乙醛酸。另一种是苹果酸合酶（malate synthase），催化乙酰 CoA 和乙醛酸缩合形成苹果酸。这两个反应有效地绕过了三羧酸循环的两步脱羧基反应。

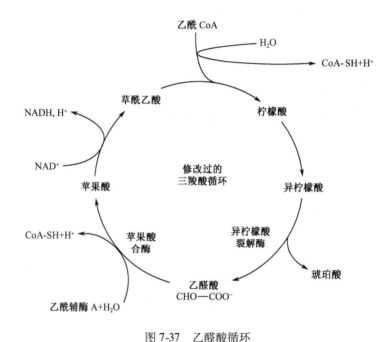

图 7-37　乙醛酸循环

乙醛酸循环与三羧酸循环的另一个明显的区别是乙醛酸循环需要两分子的乙酰 CoA。实际上，这个循环是将两个二碳基团（乙酰 CoA 的乙酰基团）合成了一个四碳化合物琥珀酸：

$$2 \text{乙酰 CoA} + 2H_2O + NAD^+ \longrightarrow \text{琥珀酸} + 2CoA{-}SH + NADH + 3H^+$$

在乙醛酸循环中，乙酰 CoA 的碳原子并没有以 CO_2 的形式释放出来。乙醛酸循环生成的琥珀酸被转移到线粒体。在线粒体中琥珀酸进入三羧酸循环转变为草酰乙酸。草酰乙酸再通过糖异生作用合成糖。但是糖异生作用发生在细胞液中，而草酰乙酸形成于线粒体中，它不能直接穿过线粒体膜。为了将不同的途径联系起来，需要在三个区域中转移代谢产物——乙醛酸循环体、线粒体膜和胞液。在图 7-38 中可以看到琥珀酸、天门冬氨酸和苹果酸在转移中的联系。

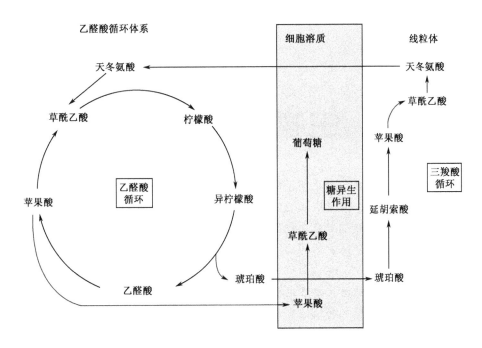

图 7-38　代谢物在乙醛酸循环体、线粒体和胞液中传递

植物和细菌能利用乙酸作为能源（三羧酸循环），也能将它作为合成碳水化合物的碳源（乙醛酸循环）。然而，进行乙醛酸循环的乙醛酸循环体与进行三羧酸循环的线粒体是完全分开的。乙醛酸循环体中的乙酰 CoA 合成的四碳物进入胞液后，经过糖异生作用合成葡萄糖，而线粒体中的乙酰 CoA 经过三羧酸循环分解产生能量。

8 生物能学与生物氧化

本章提要 自由能在生物化学系统中具有关键的热力学功能。一个具有负的自由能反应可以自发进行，而一个具有正的自由能反应需要供应额外的能量才能进行。自由能的绝对值无法测定，只能测定自由能的变化。在非标准状态下以实际自由能变化 ΔG 来表示，而生化实际自由变化表示为 $\Delta G'$。物质通过一系列氧化还原反应释放和利用能量的整个过程称为生物氧化。生物氧化是利用富能化合物作为能量释放和暂时储存的形式。生物氧化中能量的释放主要在电子传递系统的电子传递过程中，电子传递系统主要有两条途径。释放的能量主要通过氧化磷酸化生成 ATP。

8.1 生物能学原理

8.1.1 自 由 能

自由能 G 又称 Gibbs 自由能，在生物化学系统中具有关键的热动力学功能。从它能够推导出自发反应的方向并指出一个化学过程中能量的生成或消耗。一个自由能为负的反应（放热反应）可以自发进行，而一个自由能为正的反应（吸热反应）则不会自发进行，除非供应额外的能量。

任一物质或过程的自由能的绝对值无法测出。只能测定出自由能的变化 ΔG，它表示一个化学反应的反应物和产物的自由能差值：

$$\Delta G = G_{产物} - G_{反应物}$$

自由能的变化与另外的两个热动力学因子即体系的焓（enthalpy）和熵（entropy）有关：

$$\Delta G = \Delta H - T\Delta S$$

式中，ΔH 是体系焓的变化，ΔS 是体系熵的变化，T 为绝对温度。ΔG 表示了在恒温恒压下体系的所有能量中可以用来对外做功的那部分能量。自由能的单位为：$J \cdot mol^{-1}$ 或 $kJ \cdot mol^{-1}$。

8.1.1.1 标准和实际自由能变化

（1）标准自由能变化

对于在溶液中进行的反应，如果参加反应的物质浓度为 $1.0\ mol \cdot L^{-1}$，温度为 $25^{\circ}C$，压力为 1 个大气压，则这种状态为标准状态，该状态下的自由能变化为标准自由

能变化, 记为 ΔG^0。它可以用反应的平衡常数 (K_{eq}') 求得

$$\Delta G^0 = -RT\ln K_{eq}'$$

其中 T 是绝对温度, K 是气体常数 ($8.314 J \cdot dyn^{-1} \cdot mol^{-1}$)。表 8-1 列出了平衡常数与标准自由能变化的关系。

表 8-1 K_{eq}' 与 ΔG^0 的关系 (25℃)

K_{eq}'	$\log K_{eq}'$	$\Delta G^0 /$ ($J \cdot mol^{-1}$)
0.001	-3	+18.118
0.01	-2	+11.410
0.1	-1	+5.808
1	0	0
10	1	-5.808
100	2	-11.410
1000	3	-18.118

从表中可以看出, 平衡常数愈大 (在平衡态产物的浓度大大超过反应物浓度), 自由能的负值愈多。

(2) 实际自由能变化

很多反应并非在标准状态下进行, 如何衡量这些非标准状态下化学反应的自由能变化。可以用实际自由能变化 ΔG 来表示, 以区别 ΔG^0。它可以用如下公式来计算

$$\Delta G = G^0 + RT\ln\frac{[\text{产物}]}{[\text{反应物}]}$$

这里产物与反应物的比值是在实际的起始反应条件下测得的, 这个比值不同于平衡常数, 所以不能用 K_{eq}' 来代替。

在反应已达平衡态时, 起始的反应物和产物的浓度等于反应平衡时的浓度, 只有在此时, 上述的比值可被平衡常数代替, 那么有

$$\Delta G = \Delta G^0 + RT\ln K_{eq}' = -RT\ln K_{eq}' + RT\ln K_{eq}' = 0$$

上述结果证明: 实际自由能变化依赖于标准自由能变化和反应物与产物的实际起始浓度, 并且只有在平衡态时, ΔG 值为零。

8.1.1.2 生物化学自由能变化

(1) 生物化学标准自由能变化

标准自由能 ΔG^0 并不适合描述生化系统的反应, 因为生化反应中常常涉及到质子。标准自由能变化的定义中规定反应物和产物的浓度为 $1 mol \cdot L^{-1}$。如果其中有质子, 则意味着 $c(H^+) = 1.0 mol \cdot L^{-1}$, 即 pH 值 = 0。这是一个非生物体系的条件。绝大部分生物化学反应在接近中性 (pH 值 = 8) 的情况下发生, 而 ΔG^0 在生理条件下不合适, 因此另外制定了一个称为生物化学标准自由能变化的新规定, 用 $\Delta G^{0'}$ 表示, 它设定标准体系中的其他条件不变而质子浓度 $c(H^+) = 10^{-8} mol \cdot L^{-1}$, 即 pH 值 = 8.0, $\Delta G^{0'}$ 数值可由下式求出:

$$\Delta G^{0\prime} = - RT\ln K'_{\text{bio}}$$

其中 K'_{bio} 表示在 pH 值为 8 时生化反应的平衡常数。表 8-2 列出了一些常见生化反应的生化标准自由能变化。

表 8-2 一些生化反应的生化标准自由能变化（pH 值 = 8.0, 25℃）

反 应	$\Delta G^{0\prime}/$ (J·mol^{-1})
水解反应	
延胡索酸 + H$_2$O ⇌ 草果酸	-3.3
G-6-P + H$_2$O ⇌ G + Pi	-13.8
FDP + H$_2$O ⇌ F-6-P + Pi	-14.2
Gln + H$_2$O ⇌ Glu + NH$_4^+$	-14.2
AMP + H$_2$O ⇌ 腺苷 + Pi	-14.6
麦芽糖 + H$_2$O ⇌ 2 葡萄糖	-15.5
乙酰胆碱 + H$_2$O ⇌ 乙酸 + 胆碱	-25.1
蔗糖 + H$_2$O ⇌ G + F	-28.6
ATP + H$_2$O ⇌ ADP + Pi	-30.5
ADP + H$_2$O ⇌ AMP + Pi	-30.5
ATP + H$_2$O ⇌ AMP + PPi	-31.8
PPi + H$_2$O ⇌ 2Pi	-33.1
磷酸精氨酸 + H$_2$O ⇌ 精氨酸 + Pi	-38.1
磷酸肌酸 + H$_2$O ⇌ 肌酸 + Pi	-42.8
乙酰磷酸 + H$_2$O ⇌ 乙酸 + Pi	-3.1
1,3-二磷酸甘油酸 + H$_2$O ⇌ 3-磷酸甘油酸 + Pi	-49.4
氨甲酰磷酸 + H$_2$O ⇌ 氨基甲酸 + Pi	-51.5
磷酸烯醇式丙酮酸（PEP） + H$_2$O ⇌ 丙酮酸 + Pi	-61.9
异构化反应	
磷酸二羟丙酮 ⇌ 3-磷酸甘油醛	+8.8
柠檬酸 ⇌ 异柠檬酸	+6.8
3-磷酸甘油酸 ⇌ 2-磷酸甘油酸	+4.6
F-6-P ⇌ G-6-P	-1.8
G-1-P ⇌ G-6-P	-8.3
氧化反应（脱氢反应）	
乳酸 + NAD$^+$ ⇌ 丙酮酸 + NADH + H$^+$	+25.1
乙醇 + NADH ⇌ 乙醛 + NADH + H$^+$	+22.6
3-磷酸甘油醛 + NAD$^+$ + Pi ⇌ 1,3-二磷酸甘油酸 + NADH + H$^+$	+6.3
氧化反应（分子氧）	
Glucose + 6O$_2$ ⇌ 6CO$_2$ + 6H$_2$O	-2880
棕榈酸 + 23O$_2$ ⇌ 16CO$_2$ + 16H$_2$O	-9882

（2）生化实际自由能变化

同样地，生化反应也完全可能不在生物化学标准状态下发生，尽管此时的 pH 值还是 8，此时的自由能变化称为生化实际自由变化，记为 $\Delta G'$。$\Delta G'$ 与 ΔG^0 的关系就像 ΔG 与 ΔG^0 的关系。因此，$\Delta G'$ 与 $\Delta G^{0\prime}$ 和生化反应的起始反应物和产物的实际浓度有关。

$$\Delta G' = \Delta G^{0\prime} + RT\ln\frac{[产物]}{[反应物]}$$

对于任何一个给定的生物化学反应，无论从哪个角度对它进行定义，实际上的自由能变化只会有一个数值，因此 $\Delta G = \Delta G'$。

8.1.2 富能化合物

8.1.2.1 生物氧化

营养物质的化学能量通过一系列氧化还原反应得以释放和利用的整个过程称为生物氧化。当一个生化物质，如葡萄糖完全氧化为 CO_2 和 H_2O 时，$\Delta G^{0\prime}$ 的值为 $-2880kJ \cdot mol^{-1}$。如此巨大的能量完全以热能的形式直接释放是有害的，它将导致生物大分子的变性，生物体解决这个问题的办法是利用一些化合物作为这些释放能量的暂时储存形式。这些化合物被称为富能化合物。其中，最主要的类型是 ATP，从 ADP 和 Pi 形成 ATP 需吸收 $30.5kJ \cdot mol^{-1}$ 的能量。细胞或组织可以通过逆向过程利用其中的能量，富能化合物的水解和其他形式的裂解会放出能量。吸能反应和放能反应发生在合成和分解代谢中，构成能量的偶联反应。这样的能量代谢的整个网络是基于 ATP 的合成与分解，称为 ATP 循环。

在很多时候，富能化合物不是通过水解，而是通过一种裂解反应放能，其分子的一部分转移到其他化合物上。因此生化学家也说富能化合物具有较高的化学转移势能。例如 ATP 在其裂解反应中，常将其磷酸根或 AMP 转移到其他化合物上，因此 ATP 具有较高的磷酸转移势能。过去富能化合物（energy-rich compounds）也被称为高能化合物（high-energy compound）。

8.1.2.2 富能化合物的定义

富能化合物在代谢反应中处于中心位置。一个富能化合物是一种其水解时有较高的负生化标准自由能变化的化合物；这个定义有几个方面的含义；首先，富能化合物的定义是考察其水解反应，与这些化合物参与的其他反应的自由能变化不相干，也与水解反应或代谢中其他裂解反应是否实际发生没有关系。如果一个化合物的水解是高度放能的，即定义为富能化合物，这是通常接受的概念。但有些研究者将富能化合物定义为在进行化学反应时有较高负自由能变化的化合物，其范围过于宽了；其次，必须清楚较高的负生物化学标准自由能变化即 $\Delta G^{0\prime}$ 值。通常说一个富能化合物的定义是考察其水解反应的自由能变化，它等于产物自由能与反应自由能的差值。

必须严格区分化学反应的自由能变化和一个化学键断裂的自由能变化。生化学家将富能化合物中水解的化学键，尤其是涉及一个磷酸化的化合物如 ATP 和 ADP，称为富能键，以前称为高能键。通常这类化学键用符号"~"表示。但在化学中，一个富能键是需要大量能量才能断裂的化学键。化学家考察的是两个原子间的键能，而生化学家考察的是水解某化学键时的自由能变化，特别是整个化学反应的自由能变化，两个不同学科有其自己的着重点。

8.1.2.3 富能化合物的类型

常见的富能化合物有酸酐类、特殊酯类和磷酰胺酸衍生物。一些酸酐常有以下的结构：

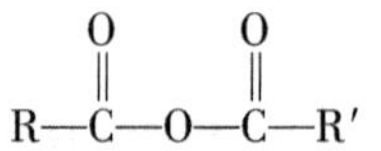

$$R-\overset{\overset{\displaystyle O}{\|}}{C}-O-\overset{\overset{\displaystyle O}{\|}}{C}-R'$$

但在生物化学中，重要的酸酐常有一或两个碳原子被磷原子所代替，所以有如下的结构：

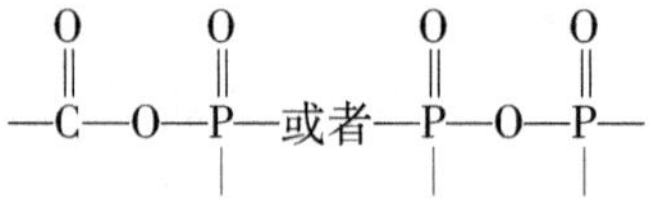

$$-\overset{\overset{\displaystyle O}{\|}}{C}-O-\overset{\overset{\displaystyle O}{\|}}{P}-\quad\text{或者}\quad-\overset{\overset{\displaystyle O}{\|}}{P}-O-\overset{\overset{\displaystyle O}{\|}}{P}-$$

$$\text{I}\qquad\qquad\text{II}$$

这些化合物包括 ADP、GDP、ATP 和 GTP。

特殊酯类如脂酰硫酯和烯醇酯。

第三类是磷酰胺酸衍生物，如磷酸肌酸，这些化合物有如下结构通式（图 8-1）。

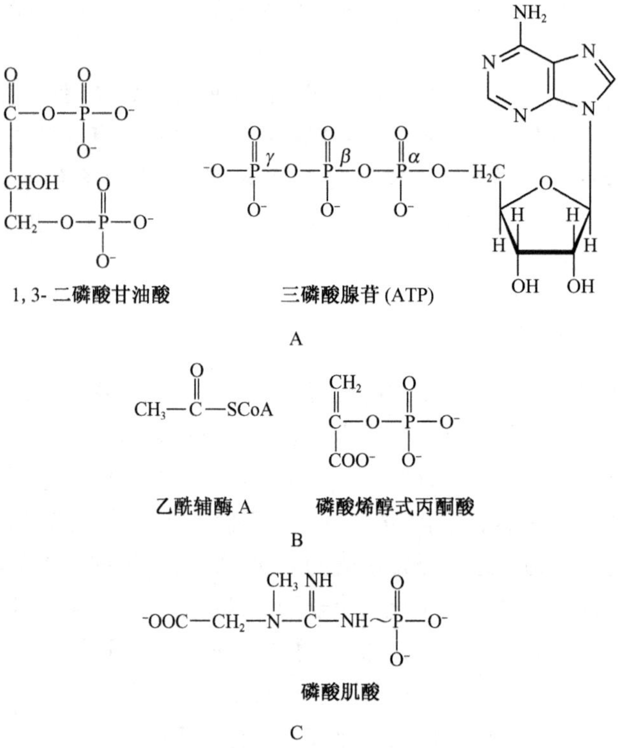

1,3-二磷酸甘油酸　　　三磷酸腺苷 (ATP)

A

乙酰辅酶 A　　　磷酸烯醇式丙酮酸

B

磷酸肌酸

C

图 8-1　富能磷酸化合物的例子

8.1.2.4 水解时负 $\Delta G^{0\prime}$ 的原因

下面以 ATP 水解成 ADP 和 Pi 的过程来解释较高的负自由能变化的原因。假设 ATP

水解反应发生在 pH 值为 8 时。在这个 pH 值范围内，腺嘌呤碱基是非离子化的。但游离的磷酸根与 ATP 和 ADP 中的磷酸根通过离解失去第一和第二个质子。考察反应物和产物的结构有 3 种因素可导致水解反应中较高的负自由能的变化。

（1）共振稳定

ATP、ADP 和磷酸根中，在相连接的磷原子和氧原子的单双键中有许多不同的共振结构。例如 HPO_4^{2-} 有如下的共振结构：

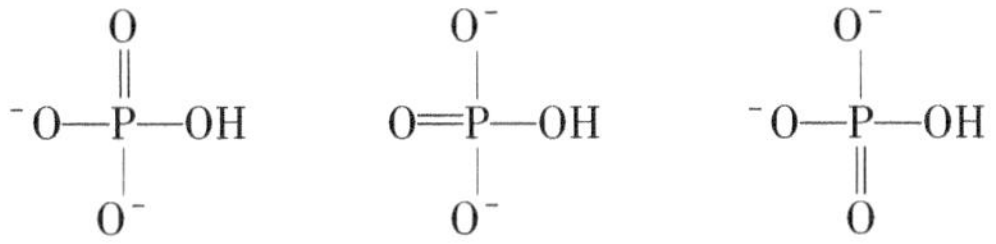

当考虑反应产物和反应物共振结构的数目时，会发现产物的共振结构的数目多于反应物。因为一个化合的稳定性随着可能的共振结构的数目增加而增加，所以 ATP 水解的产物比反应物更稳定。换句话说，ATP 的水解导致共振稳定（resonance stabilization），即将较不稳定的反应物转化为较稳定的产物对 $\Delta G^{0\prime}$ 的变化有贡献。

（2）电子斥力

ATP 拥有 4 个相互靠近的负电荷，导致了极大的分子内部电力斥力（electrical repulsion），因此，分子趋向于断裂它的某些共价键。在 ADP 中只有 3 个负电荷，也还有相当大的电子斥力，但与 ATP 相比已有所下降，因此 ADP 比 ATP 稳定。所以，电子斥力导致生成的产物比反应物更加稳定，这样增加了自由能释放的趋势。

（3）电离作用的自由能

当 ATP 水解为 ADP 和 Pi 时，反应物 ATP 有 4 个负电荷，而产物却有 5 个负电荷，因此，伴随着水解作用一定发生了电离作用。实际上，一个羟基阴离子从水分子中移出，在溶液中留下一个额外的质子，这个 OH^- 与从 ATP 分离的磷酸根（PO_3^{2-}）结合，形成 HPO_4^{2-}。由于在 pH 值为 8.0 时，这种电离作用是放能反应。因此，电离作用对总的自由能的释放也有贡献。

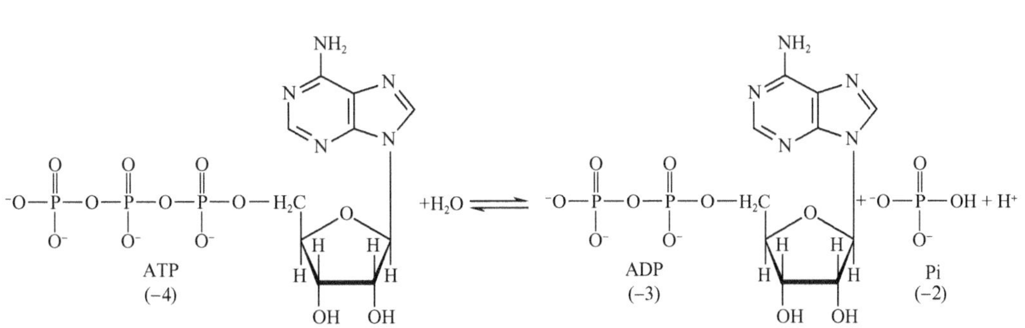

8.2 电子转递

8.2.1 氧化还原电位

（1）标准氧化还原电位

所有氧化还原反应的发生依赖于氧化-还原对中氧化剂的电子亲和力，在氧化还原对中，一个具有较高电子亲和力的氧化剂的还原对被还原，另一个氧化还原对被氧化。氧化剂对电子的亲和力可通过氧化还原电位来描述（表8-3）。在生物化学中，还可用还原力表示获得电子的能力，还原力可以与 H_2 的氧化还原对或者氢电极的比较得到。

$$H^+ + e \Longleftrightarrow \frac{1}{2}H_2$$

一个氢电极由插入含有氢离子溶液的铂电极和溶液上方的氢气组成。规定室温为 25℃、氢气的压力为一个大气压、溶液中的氢离子为 $1mol \cdot L^{-1}$ 时，这个电极的电压为 0 伏特，这就是标准氢电极。至于其他的氧化还原对，规定反应物和产物的浓度都是 $1mol \cdot L^{-1}$，温度为 25℃，压力为一个大气压，在这种条件下，任何比标准氢电极更有可能还原剂提供电子的则称为负氧化还原电位。另外那些比标准氢电极具有较小还原剂能力的氧化还原对称为具有正的氧化还原电位。

因为标准电极电位的设定条件，包括 $c(H^+) = 1.0 \ mol \cdot L^{-1}$，即 pH 值为 0，对于很多生物化学反应是非常不合适的。因此在生物化学中，定义了一个不同的参照电位，称为生物化学标准氧化还原电位，以 $E^{0'}$ 表示。此时氢离子浓度为 $c(H^+) = 10^{-8} \ mol \cdot L^{-1}$，其他的条件和标准氢电极的一样。生物化学标准氧化还原电位 $E^{0'}$ 可以用下列公式计算：

$$E^{0'} = \frac{2.30RT}{nF}\log K' = \frac{2.303RT}{nF}\log \frac{[还原剂]}{[氧化剂]}$$

式中，R 是气体常数（$R = 8.314 J \cdot K^{-1} \cdot mol^{-1}$），$T$ 是绝对温度（K），F 是法拉第常数（$F = 96491 C \cdot mol^{-1}$），$K'$ 是 pH 值为 8.0 时反应的平衡常数。

生物化学标准氧化还原电位也可以直接测定。由一个标准氢电极和氧化还原对组成的电化学电池，通过灵敏的仪器测量出电压，即可求出电极电位。

（2）实际氧化还原电位

在非标准条件下测得的氧化还原电位称为实际氧化还原电位，对应于 E^0 的电位称为 E，对应于 $E^{0'}$ 的电位称为 E'。E' 是生物化学实际氧化还原电位，E 等于 E'。

对于一个给定的非标准条件，只存在一个实际氧化还原电位，为了保持与自由能的定义的一致性，通常用 E^0 和 E 表示氧化还原电位。

E' 和 $E^{0'}$ 的关系可以用能施特公式描述：

$$E' = E^{0'} - \frac{2.303RT}{nF}\log \frac{[还原剂]}{[氧化剂]}$$

表 8-3 一些生物化学半反应的生化标准氧化还原电位

氧化还原对	$E^{0\prime}$
铁氧还蛋白（Fe^{3+}）$+ e^- \Longleftrightarrow$ 铁氧还蛋白（Fe^{2+}）	-0.43
$H^+ + e^- \Longleftrightarrow \frac{1}{2}H_2$	-0.42
α-酮戊二酸 $+ CO_2 + 2H^+ + 2e^- \Longleftrightarrow$ 异柠檬酸	-0.38
$NAD^+ + 2H^+ + 2e^- \Longleftrightarrow NADH + H^+$	-0.32
$NADP^+ + 2H^+ + 2e^- \Longleftrightarrow NADPH + H^+$	-0.32
1, 3 - 二磷酸甘油酸 $+ 2H^+ + 2e^- \Longleftrightarrow 3$ - 磷酸甘油醛 $+ Pi$	-0.29
乙醛 $+ 2H^+ + 2e^- \Longleftrightarrow$ 乙醇	-0.20
丙酮酸 $+ 2H^+ + 2e^- \Longleftrightarrow$ 乳酸	-0.19
$FAD + 2H^+ + 2e^- \Longleftrightarrow FADH_2$	-0.18
$FMN + 2H^+ + 2e^- \Longleftrightarrow FMNH_2$	-0.18
草酰乙酸 $+ 2H^+ + 2e^- \Longleftrightarrow$ 苹果酸	-0.18
延胡索酸 $+ 2H^+ + 2e^- \Longleftrightarrow$ 琥珀酸	$+0.03$
肌红蛋白（Fe^{3+}）$+ e^- \Longleftrightarrow$ 肌红蛋白（Fe^{2+}）	$+0.05$
脱氢抗坏血酸 $+ 2H^+ + 2e^- \Longleftrightarrow$ 抗坏血酸	$+0.06$
Cyt b（Fe^{3+}）$+ e^- \Longleftrightarrow$ Cyt b（Fe^{2+}）	$+0.08$
$CoQ + 2H^+ + 2e^- \Longleftrightarrow CoQH_2$	$+0.05$
血红蛋白（Fe^{3+}）$+ e^- \Longleftrightarrow$ 血红蛋白（Fe^{2+}）	$+0.18$
Cyt c_1（Fe^{3+}）$+ e^- \Longleftrightarrow$ Cyt c_1（Fe^{2+}）	$+0.22$
Cyt c（Fe^{3+}）$+ e^- \Longleftrightarrow$ Cyt c（Fe^{2+}）	$+0.25$
Cyt a（Fe^{3+}）$+ e^- \Longleftrightarrow$ Cyt a（Fe^{2+}）	$+0.29$
$O_2 + 2H^+ + 2e^- \Longleftrightarrow H_2O_2$	$+0.30$
$NO_3^- + 2H^+ + 2e^- \Longleftrightarrow NO_2^-$	$+0.42$
Cyt a_3（Fe^{3+}）$+ e^- \Longleftrightarrow$ Cyt a_3（Fe^{2+}）	$+0.39$
$Fe^{3+} + e^- \Longleftrightarrow Fe^{2+}$	$+0.88$
$\frac{1}{2}O_2 + 2H^+ + 2e^- \Longleftrightarrow H_2O$	$+0.82$

这里的［还原剂］和［氧化剂］表示的是实际的非平衡状态的初浓度。

对于氧化还原反应，其自由能变化与氧化还原电位的变化的关系可以用以下两个公式表示：

$$\Delta G^{0\prime} = -nFE^{0\prime}$$
$$\Delta G' = -nF\Delta E'$$

这里 $E^{0\prime}$ 和 $\Delta E'$ 表示两个半反应结合后的氧化还原电位总的变化，n 是一个半反应所产生的被另一个半反应所消耗的电子数。

这些公式表示氧化还原电位的变化与自由能的变化相等，这实际上是从不同的角度解释生物化学中氧化还原反应。

所有的氧化还原反应都起源于两个半反应的组合，表现出特殊的偶合反应，其中电子在其中起着中间媒介物的作用。电子是一个半反应的产物，又作为第二个半反应的反应物。一个氧化还原反应最终的进行方向取决于细胞内反应物和产物的浓度。

8.2.2 电子传递载体

在糖类代谢这一章中，我们认识了两类脱氢酶：与吡啶核苷酸相关联的脱氢酶和黄素蛋白相关联的脱氢酶，它们催化柠檬酸循环中的氧化代谢。这些氧化还原反应被 NAD^+ 和 FAD 这些脱氢酶的辅酶所介导。当代谢物被氧化时，这些辅酶被还原：NAD^+ 还原为 NADH，FAD 还原为 $FADH_2$，这个过程需要从代谢物上以氢负离子（H^-）和一个质子（H^+）的形式移走两个氢原子，一个或两个都转移进辅酶。还原 NAD^+ 需要转移 H^-，还原 FAD^+ 需要转移 H^- 和 H^+。吸收的氢负离子和质子从 NADH 和 $FADH_2$ 转移到其他的氧化还原反应辅酶和一些特殊的化合物上，它们作为依次连续的电子载体组成电子载体链，电子通过这些电子载体链流向氧气。这样，由特殊的酶、辅酶和其他化合物组成了电子传递系统（electron transport system，ETS）。

在真核细胞，电子转递系统位于线粒体内膜。原核生物有着由相同电子载体组成和相似的电子传递系统；原核生物的所有组分与质膜相连，所以反应发生在细胞周质。

线粒体 ETS 由五类电子载体组成。烟酰胺腺嘌呤二核苷酸、黄素蛋白类、辅酶 Q（泛醌）、细胞色素类、铁硫蛋白类，下面依次予以介绍。

8.2.2.1 $NAD^+/NADH$

NAD^+ 是许多脱氢酶的辅酶，也是氢的传递体，在线粒体基质中，许多代谢反应，如丙酮酸氢化脱羧、柠檬酸循环和脂肪酸 β 氧化途径中的某些代谢物，在相应的以 NAD^+ 为辅酶的脱氢酶催化下，脱氢生成 $NADH + H^+$，还有在细胞其他部位产生的 NADH，通过各种方式进入线粒体，在线粒体内表面，将氢和电子传递给内膜上的一种黄素蛋白的辅基 FMN，该黄素蛋白为 NADH 脱氢酶的组分之一，NADH 脱氢氧化成 NAD^+。

$NAD^+/NADH$ 转递电子是通过分子中的烟酰胺的氧化态和还原态相互转变来传递电子。

8.2.2.2 黄素蛋白

在电子传递链中以黄素核苷酸（FAD 或 FMM）为辅基的蛋白质称黄素蛋白（flavo-protein），是电子传递链的重要组分。

黄素蛋白包含有一个维生素 B_2（核黄素）作为结构成分，核黄素是其结合电子的部位。与 NAD^+ 和 $NADP^+$ 不同的是，NAD^+ 和 $NADP^+$ 是传递两个电子的氧化还原反应，但以 FAD 或 FMN 为辅基的黄素蛋白能进行一个电子或两个电子的传递反应。两个辅酶能够参加两个依次进行的一个电子传递或者一次两电子传递（见图 8-2 和图 8-3），作为两电子传递载体或一电子传递载体间的连接物。

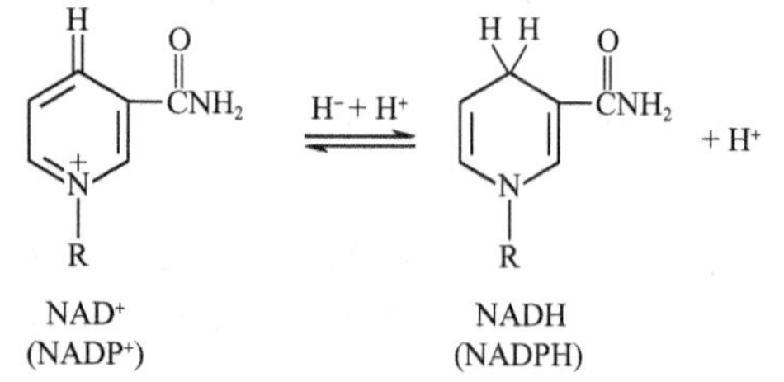

图 8-2 $NAD^+/NADH$ 的相互转变传递电子

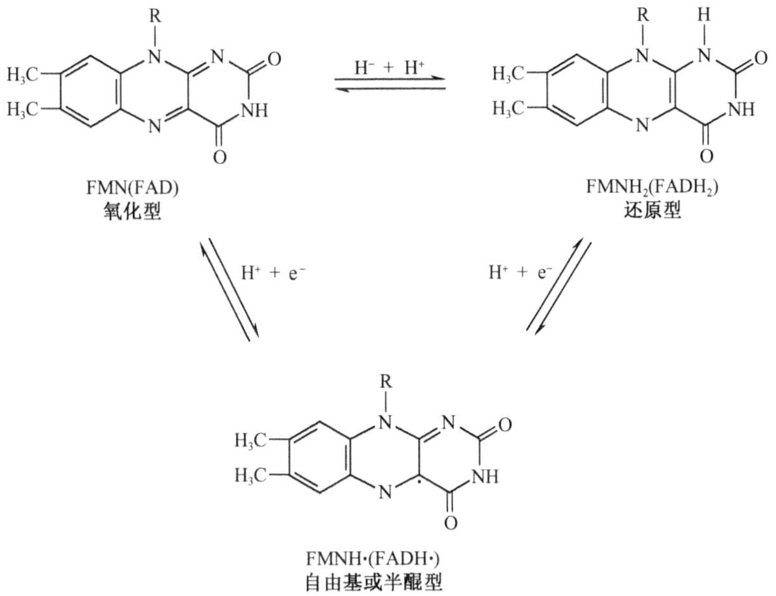

FMN(FAD)
氧化型

FMNH₂(FADH₂)
还原型

H⁻ + H⁺

H⁺ + e⁻   H⁺ + e⁻

FMNH·(FADH·)
自由基或半醌型

图 8-3 FAD（FMN）/FADH$_2$（FMNH$_2$）的相互转变传递电子

8.2.2.3　铁硫蛋白

铁硫蛋白（iron-sulfur protein）又称为非血红素铁蛋白，也称为铁硫中心，生化学家分离到了几种类型的铁硫蛋白。在所有情况下铁原子是与 4 个硫原子结合在一起的（见图 8-4），有些硫原子以半胱氨酸的巯基出现，另外一些则以酸不稳定原子的形式出现，当这类铁硫蛋白处于 pH 值 = 1 的环境时，它们会释放出 H$_2$S。铁硫蛋白进行氧化还原反应是通过所结合的铁的价态变化实现的，所有类型的铁硫蛋白，无论它们包含的

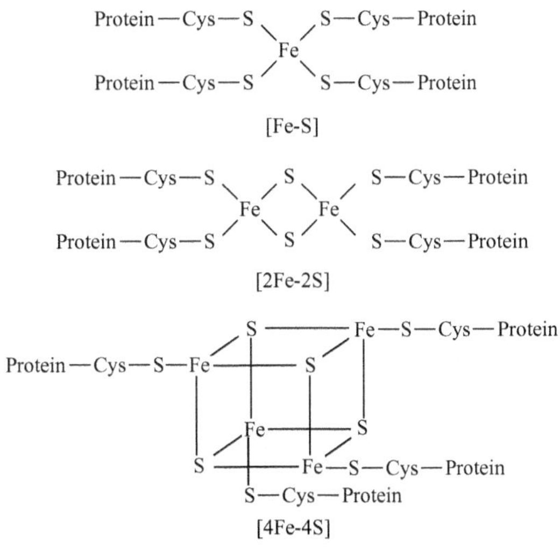

Protein—Cys—S　　　S—Cys—Protein
　　　　　　　　Fe
Protein—Cys—S　　　S—Cys—Protein

[Fe-S]

Protein—Cys—S　　S　　S—Cys—Protein
　　　　　　Fe　　Fe
Protein—Cys—S　　S　　S—Cys—Protein

[2Fe-2S]

Protein—Cys—S—Fe　　S　　Fe—S—Cys—Protein
　　　　　　　　　S
　　　　　　Fe
　　　S　　　　　S
　　　　Fe—S—Cys—Protein
　　　S—Cys—Protein

[4Fe-4S]

图 8-4　非血红素铁硫蛋白常见的形式

铁原子的多少，铁硫蛋白的氧化态和还原态只有一个电荷的变化。因此，像细胞色素类载体一样，铁硫蛋白在 ETS 中进行电子的传递反应。

8.2.2.4　辅酶 Q

辅酶 Q（泛醌，ubiquinone）简称 CoQ 或 Q，是在 20 世纪 50 年代后期发现，具有类似醌的结构的一类电子载体，广泛存在于生物界。

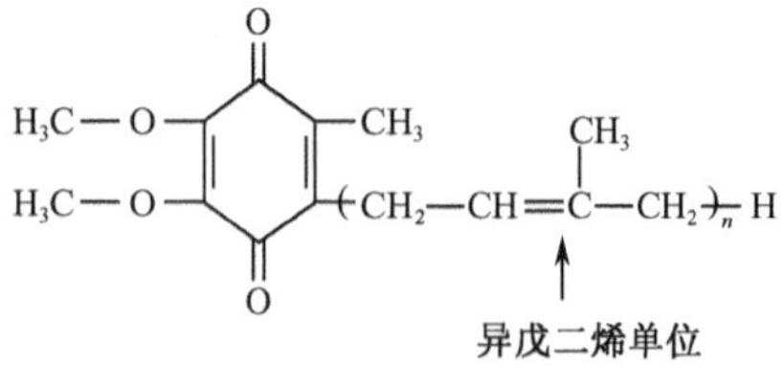

图 8-5　辅酶 Q 的结构

实际上，辅酶 Q 并不是辅酶，也不与蛋白质结合在一起。它们以酯溶性化合物的形式出现在线粒体膜的脂质层中，作为可移动的电子载体。由于分子中有多个异戊二烯单位形成的长链，辅酶 Q 表现出非极性，即脂溶性的特征。像黄素蛋白一样，醌能参与一个电子或者两个电子传递，它能形成一个比较稳定的半醌结构（见图 8-5、图 8-6）。

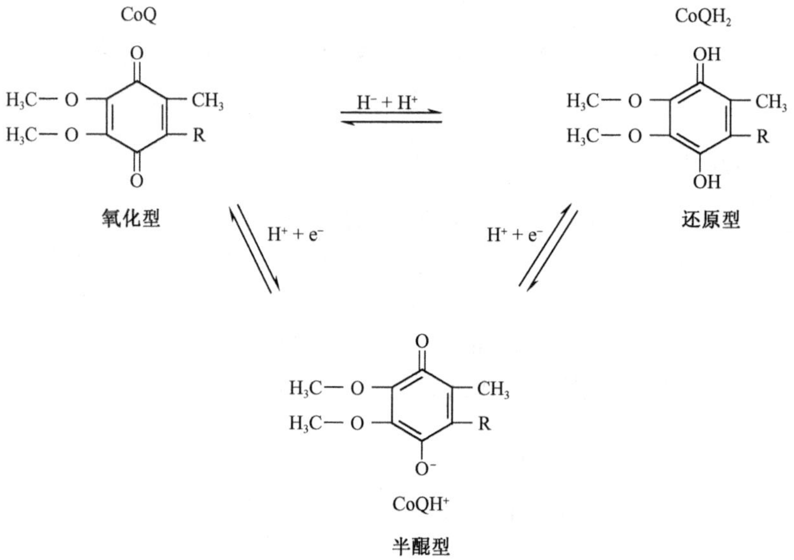

图 8-6　CoQ 的氧化和还原

8.2.2.5　细胞色素

细胞色素（cytochrome）发现于 19 世纪末，它存在于所有类型的细胞中，主要位于细胞的膜结构中。在真核生物中，它主要位于线粒体膜上。

细胞色素是棕红色的共价结合铁卟啉的蛋白质，有些细胞色素含有一个与肌红蛋白和血红色蛋白中有着相同结构的血红素。现在已确定 30 多种不同的细胞色素，它们的不同在于卟啉环上取代的基因、共价结合的蛋白质的氨基酸序列或者血红素与蛋白质的连接情况。在所有细胞色素中，只有细胞色素 c 容易从线粒体膜上抽提出来，其他的细胞色素都是膜整合蛋白。细胞色素有特殊的光学物质，在可见光范围内有强烈光吸收。细胞色素是电子供体或受体取决于所含的铁离子的氧化或还原形式（见图8-7、8-8）。

$$Fe^{3+}（氧化型）+ e^- \rightleftharpoons Fe^{2+}（还原型）$$

尽管所有的细胞色素都有这样的氧化还原反应，但并没有相同的 $E^{0'}$，因为铁原子的氧化还原反应发生在不同的环境中，不同的细胞色素中血红素周围的多肽链在类型、数量和功能基团的位置不同。因为血红素自身也可能有不同的结构和与多肽链的连接有不同的方式。有些细胞色素氧化还原反应比较容易进行，可以从它们的不同的 $E^{0'}$ 值反映出来。

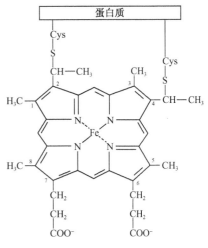

图 8-7　细胞色素 c

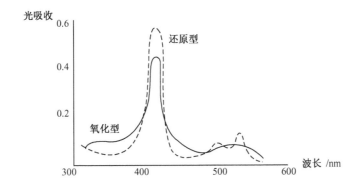

图 8-8　细胞色素 c 的氧化型和还原性的吸收光谱

8.2.3　电子传递系统

将相关的电子传递载体有机地联结在一起，就形成线粒体的电子传递系统。在这一系统中，电子从代谢物流向分子氧，将其还原成水。电子流动导致质子泵出线粒体内膜。质子的泵出是通过位于线粒体内膜上的 3 个复合体进行的，这样形成了质子梯度，可提供能量合成 ATP。

8.2.3.1　电子传递链

（1）从代谢物到细胞色素 c

最初的步骤涉及代谢底物在依赖 NAD^+ 脱氢酶的催化下的氧化。在三羧酸循环中，异柠檬酸的氧化脱氢是一个极好的例子。一般以通式 MH_2 表示代谢底物，MH_2 可以有两个氢原子能够被移走，MH_2 的氧化伴随有 NAD^+ 到 NADH 的还原过程：

$$MH_2 + NAD^+ \rightleftharpoons M + NADH + H^+$$

细胞内不能忍受 NAD^+ 的大量地减少，如果 NAD^+ 不能从 NADH 中再生，那么糖酵解和三羧酸循环都将被停止。NADH 氧化成 NAD^+，同时，伴随着 FMN 还原成 $FMNH_2$：

$$NADH + H^+ + FMN \Longrightarrow NAD^+ + FMNH_2$$

$FMNH_2$ 再将其上的电子交给铁硫蛋白，因为 $FMNH_2$ 的完全氧化需要移走两个电子，所以必须由一个铁硫中心作用两次或两个铁硫中心同时作用：

$$FMNH_2 + 2Fe^{3+}\text{-}S \Longrightarrow FMN + 2Fe^{2+}\text{-}S + 2H^+$$

还原的铁硫蛋白通过把电子交给辅酶 Q 再次被氧化。辅酶 Q 的完全还原需要两个电子：

$$2Fe^{2+}\text{-}S + CoQ + 2H^+ \Longrightarrow 2Fe^{3+}\text{-}S + CoQH_2$$

在 ETS 中，辅酶 Q 以下的电子载体包括另一个铁硫中心和一些细胞色素。第一个是细胞色素 b，简写为 Cyt b，将 $CoQH_2$ 氧化为 CoQ，Cyt b 自己的铁离子（Fe^{3+}）还原成 Fe^{2+}：

$$CoQH_2 + 2Cyt\ b（Fe^{3+}）\Longrightarrow CoQ + 2Cyt\ b（Fe^{2+}）+ 2H^+$$

还原的细胞色素 b 被另一铁硫蛋白氧化：

$$2Cyt\ b(Fe^{2+}) + 2Fe^{3+}\text{-}S \Longrightarrow 2Cyt\ b(Fe^{3+}) + 2Fe^{2+}\text{-}S$$

在铁硫蛋白中：电子流过一系列细胞色素。第一个细胞色素氧化铁硫蛋白，自身被还原。还原的细胞色素被下一个细胞色素氧化，该细胞色素又被还原。原则上，这种细胞色素的还原和氧化能够进行到所有转移过程的潜在自由能被耗尽，细胞色素电子传递链和整个 ETS 处于一个有利的终止点。

（2）细胞色素氧化酶

电子传递链的最后一个细胞色素，称为细胞色素氧化酶，又称为末端氧化酶。像所有的氧化酶一样，末端氧化酶催化底物与分子氧化直接结合。细胞色素氧化酶是多酶复合体，哺乳动物的细胞色素氧化酶包括 10 个亚基，有两个不同的细胞色素，Cyt a 和 Cyt a_3，这个多酶复合体还包括两个铜离子（Cu_A 和 Cu_B），当它们参加氧化还原反应时，铜离子价态在 1^+ 和 2^+ 之间变化。每一个铜离子与一个血红素相连，血红素 a 与 Cu_A 在亚基 II 中靠近，血红素 a_3 与 Cu_B 在亚基 I 中靠近。

还原形式的细胞色素氧化酶通过分子氧反应变成氧化形式，在这过程中，分子氧还原成水。这个 ETS 的最后的步骤表示为

$$2\ 细胞色素氧化酶(Fe^{2+}) + \frac{1}{2}O_2 + 2H^+ \longrightarrow 2\ 细胞色素氧化酶(Fe^{3+}) + H_2O$$

这个反应是呼吸作用中的关键反应，也是一系列氧化还原反应中的最后一个反应。这个反应需要 2 个 H^+，它们可以从 $CoQH_2$ 氧化成 CoQ 的过程中得到。值得注意的是，实际进行的细胞色素氧化酶反应肯定会涉及一个氧气分子的反应，而不会是半个氧气分子。因此，这个过程一定是 4 个电子的转移过程：

$$O_2 + 4H^+ + 4e^- \longrightarrow 2H_2O$$

$$4\ 细胞色素氧化酶(Fe^{2+}) + O_2 + 4H^+ \longrightarrow 4\ 细胞色素氧化酶(Fe^{3+}) + 2H_2O$$

图 8-9 表示了细胞色素氧化酶的作用机理。还原态的细胞色素 c 提供电子给细胞色素氧化酶的血红素 a-Cu_A 中心，然后一个电子转移到酶的血红素 a_3-Cu_B 中心，在这里氧气经过一系列循环步骤还原成两个水分子。

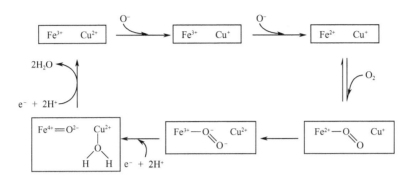

图 8-9　假设的细胞色素氧化酶作用机理

循环反应始于血红素 a_3-Cu_B 中心的完全氧化状态（Fe^{3+}-Cu^{2+}）。第一个电子从还原的细胞色素 c 释放，还原 Cu^{2+} 成 Cu^+，第二个电子还原 Fe^{3+} 成 Fe^{2+}，产生一个完全还原的铁-铜中心（Fe^{2+}-Cu^+），一个氧气分子现在结合到该中心的铁离子上，从两个中心的离子上接受一个电子形成过氧化物中间体，当第 3 个电子和两个质子吸收后，过氧化物分解，一个氧原子以水的形式结合于 Cu^{2+}，而另一个氧原子结合于 Fe^{4+}，随着第四个电子和另外两个质子的进入，致使氧以两个水分子的形式释放，同时，完全氧化的铁铜中心（Fe^{3+}-Cu^{2+}）再生。循环过程的最后两个步骤涉及跨线粒体膜的质子泵，当两个电子流过细胞色素氧化酶时，有 4 个质子被泵进线粒体膜间隙。

细胞色素氧化酶反应使呼吸现象成为动物和植物一种基本的生命活动。吸入的氧气是再生氧化态细胞色素氧化酶的需要，由此允许电子在电子传递链上流动。正是因为以这种方式与呼吸作用相联系，也把线粒体电子传递链叫做呼吸链。氰化物与细胞色素氧化酶的铁离子紧密（Fe^{3+}）结合，因此阻止了电子传递系统的工作和氧化磷酸化中的 ATP 的形成，所以氰化物是剧毒物。一氧化碳也抑制细胞色素氧化酶，它结合于铁离子（Fe^{2+}）。

（3）电子传递的途径

表 8-4 列出了整个反应顺序的总结。图 8-10 弯曲的箭头表示偶联的反应，许多代谢物是通过这个途径被氧化，但是琥珀酸却是经过另外一个途径，最初由黄素蛋白（FAD）进行氧化。还原型的 FADH$_2$ 被一个铁硫蛋白氧化再生 FAD，再下一个电子载体是 Cyt b，与图 8-10 不同的是，它可以接着还原 CoQ，由此进入主要的 ETS 系统。

8.2.3.2　ETS 组分的顺序

通过三种主要的研究方法，包括研究呼吸链复合物的特性、利用人工电子受体以及使用抑制剂，人们基本弄清了 ETS 中电子载体的顺序。

表 8-4　电子传递系统的反应

$$MH_2 + NAD^+ \rightleftharpoons M + NADH + H^+$$

$$NADH + H^+ + FMN \rightleftharpoons NAD^+ + FMNH_2$$

$$FMNH_2 + 2Fe^{3+} - S \rightleftharpoons FMN + 2Fe^{2+} - S + 2H^+$$

$$2Fe^{2+} - S + CoQ + 2H^+ \rightleftharpoons 2Fe^{3+} - S + CoQH_2$$

$$CoQH_2 + 2Cyt\ b(Fe^{3+}) \rightleftharpoons CoQ + 2Cyt\ b(Fe^{2+}) + 2H^+$$

$$2Cyt\ b(Fe^{2+}) + 2Fe^{3+} - S \rightleftharpoons 2Cyt\ b(Fe^{2+}) + 2Fe^{2+} - S$$

$$2Fe^{2+} - S + 2Cyt\ c_1(Fe^{3+}) \rightleftharpoons 2Fe^{3+} - S + 2Cyt\ c_1(Fe^{2+})$$

$$2Cyt\ c_1(Fe^{2+}) + 2Cyt\ c(Fe^{2+}) \rightleftharpoons 2Cyt\ c_1(Fe^{3+}) + 2Cyt\ c(Fe^{3+})$$

$$2Cyt\ a(Fe^{2+}) + 2Cu^{2+} \rightleftharpoons 2Cyt\ a(Fe^{3+}) + 2Cu^+$$

$$2Cu^+ + 2Cyt\ a_3(Fe^{3+}) \rightleftharpoons 2Cu^{2+} + 2Cyt\ a_3(Fe^{2+})$$

$$2Cyt\ a_3(Fe^{2+}) + \frac{1}{2}O_2 + 2H^+ \rightleftharpoons 2Cyt\ a_3(Fe^{3+}) + H_2O$$

$$总反应:MH_2 + \frac{1}{2}O_2 \longrightarrow M + H_2O$$

$$实际反应:2MH_2 + O_2 \longrightarrow 2M + 2H_2O$$

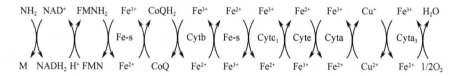

图 8-10　在 ETS 上的电子载体的循序

（1）呼吸作用复合体

对位于线粒体内膜上的电子传递链组分小心地分离，可以获得一些大分子聚合体，它们能够进行整个过程中的某些特定的步骤，科学家对这样的四个呼吸作用复合体的功能特性进行了研究（表 8-5）。

表 8-5　电子传递系统呼吸作用复合体

名称	复合体 I NADH-CoQ 还原酶	复合体 II 琥珀酸-CoQ 还原酶	复合体 III 细胞色素还原酶	复合体 IV 细胞色素氧化酶
反应顺序	NADH→CoQ	琥珀酸→CoQ	CoQ→Cyt c	Cyt c→O_2
相对分子质量	850 000	128 000	280 000	200 000
亚基数	26	5	10	13
铁硫蛋白	有	有	有	—
$\Delta E^{0\prime}$（伏）	+0.38	+0.02	+0.20	0.58
ATP 合成	有	—	有	有

每一个复合体表现出一个可催化一系列连续反应的多酶系统。电子流经其中的 3 个膜复合体（I、III 和 IV）将会导致质子跨线粒体膜内的泵出。结果质子浓度梯度驱使

ATP 在 ATP 酶活性位点合成（见图 8-11）。

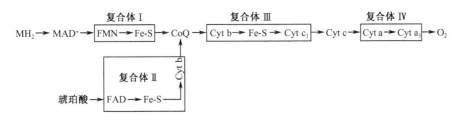

图 8-11　线粒体中电子传递的两条途径

对每一个复合体电子载体组分和催化反应的分析有助于弄清 ETS 反应的顺序。在空间位置上相互靠近的电子载体承担的反应可能相互连续。

（2）人工电子受体

人工电子是一种化合物，像天然电子载体一样，能够进行氧化还原反应，具有特定的氧化还原电位。当把这样的一个化合物加到 ETS 中时，它能够被一个具有较低还原电势的电子载体还原。这时，ETS 中的电子流动逸出，用来还原这个加入的化合物。

通过加入人工电子受体可以精确地定位出这个反应发生的位置。通过加入人工电子受体从 ETS 中虹吸走电子，导致 ETS 中电子的减少，进一步会使 ETS 电子载体组分的还原反应的减少。因此，电子的逸出会导致电子流动分岔点以下的还原形式的电子载体浓度的下降。另一个方面，在分岔点以下的电子载体的还原形式与氧化形式的比例增加。这种比率的变化可以用分光光度法测出，因为氧化态和还原态的电子载体有不同的吸收特性。通过使用不同的人工电子受体，能够弄清电子载体的顺序，就像利用突变体阐明代谢过程。

（3）抑制剂

利用抑制剂阻止 ETS 中某些特殊步骤是确定 ETS 电子载体顺序的第三种方法。加入一种抑制剂的效果等同于加入一个人工电子受体。一个抑制剂的加入会使抑制点之后所有电子载体还原态的下降，因此抑制点也很容易用测量电子载体的分光吸收精确定位。

（4）电子载体的氧化还原电位

在 ETS 中，电子从最初的电子供体（代谢物）流向最后的电子受体氧气。在这种流动中，每一电子载体必须是比反应链中后随的电子载体更强的还原剂。电子从一个较小的生化实际氧化还原电位流向较大的电位。从表 8-6 中可以看出，电子载体的顺序基本上与根据它们生化标准还氧电位预测的顺序是一致的。基于 E' 的和基于 $E^{0'}$ 预测的电子载体顺序一致的原因在于细胞内电子载体的浓度。对于大多数电子载体，氧化态和还原态的浓度是相近的，所以 $E^{0'} \approx E'$。但是应该记住的是真正决定 ETS 中电子载体顺序的是它们的生化实际氧化还原电位 E'，它由细胞内的反应物和产物的浓度决定，电子流动必须真正从有较小的电位的载体移向有较大的电位的载体。根据以上的结果还可得知 ETS 的效率，当一种电子载体的氧化态和还原态的浓度相同时，这种电子载体具有最大的得失电子的能力，因此，$E^{0'} \approx E'$ 意味着 ETS 工作非常有效。

8.2.3.3 ETS 的能量

电子在 ETS 上的电子载体流动，很像电子在一根导线中的流动，是电位下降的结果，表 8-6 所示，整个电位下降从 NADH 到氧为 $+0.82 - (-0.32) = +1.14V$，电位的变化与自由能变化一致，因为 ΔE^0 是负值，ΔG^0 也是负值。因此整个 ETS 上电子流动伴随有自由能的释放。

表 8-6　电子载体的氧化还原电位

氧化还原对	E^0/（伏特）
$NAD^+/NADH$	-0.32
$FMN/FMNH_2$（酶结合型）	-0.30
$Fe^{3+}—S/Fe^{2+}—S$（平均）	$+0.06$
$CoQ/CoQH_2$	$+0.04$
Cyt b（Fe^{3+}）/Cyt b（Fe^{2+}）	$+0.07$
$Fe^{3+}—S/Fe^{2+}—S$	$+0.05$
Cyt c_1（Fe^{3+}）/Cyt c_1（Fe^{2+}）	$+0.22$
Cyt c（Fe^{3+}）/Cyt c（Fe^{2+}）	$+0.25$
Cyt a（Fe^{3+}）/Cyt a（Fe^{2+}）	$+0.29$
Cu^{2+}/Cu^+（平均）	$+0.39$
Cyt a_3（Fe^{3+}）/Cyt a_3（Fe^{2+}）	$+0.55$
$\frac{1}{2}O_2/H_2O$	$+0.82$

（1）ATP 合成

电子在 ETS 中流动释放出的自由能驱动 ATP 合成，这两个过程的结合称为氧化磷酸化。从 ADP 和 Pi 合成 ATP 需要 $30.5 \text{ kJ} \cdot \text{mol}^{-1}$ 的能量，ATP 的合成与电子传递系统偶联使 ETS 合成一个 ATP 必须产生 $30.5 \text{ kJ} \cdot \text{mol}^{-1}$ 的能量。可以从公式 $\Delta G^{0\prime} = -nF\Delta E^{0\prime}$ 计算出 $\Delta E^{0\prime} = +0.16V$，所以 0.16V 是合成 1 mol ATP 所需要的最小的电位差。在呼吸作用复合体的每一处，其电位差都超过了 0.16V。

（2）能量转换的效率

因为需要 0.16V 电位差去合成 1 mol ATP，上述 ETS 从 NADH 开始到氧气电位差为 1.14V，因此，理论上计算，每摩尔 NADH 氧化，可产生 ATP 摩尔数为 $1.14/0.16 \approx 8$ mol，这个计算假定能量转换的效率是 100%。在这样一个复杂的生化过程中当然不可能，实验测定每摩尔 NADH 氧化产生 3 mol 的 ATP。因此，仅有 $0.16 \times 3 = 0.48$ V 的电位差用于 ATP 合成，其效率为 $3 \times 0.16 \text{ V}/1.12 \text{ V} \times 100\% = 43\%$。

8.3　氧化磷酸化

8.3.1　P/O 比

ATP 的合成与电子传递系统的偶联，构成了氧化磷酸化的两个方面，这是非光合作用组织 ATP 合成主要机制。这种偶联现象很早就被生化学家观察到。在用组织匀浆和组织切片所做的研究中，当氧气被吸收时，ATP 量增加。用同位素标记的无机磷进行检测，在理想条件下，每 3 个分子的无机磷被吸收，也就是说 3 个分子的 ATP 的合成就有一个氧原子消耗，用 P/O 比等于 3 表示这种结果。现在知道 ATP 的合成是在质子被泵出线粒体内膜的三个呼吸作用复合体上。某些被氧化的代谢物的 P/O 比可能小于 3。琥珀酸氧化脱氢时，产生的 $FADH_2$ 通过 CoQ 与 ETS 的主要过程相连通，这就意味着只有复合体Ⅲ和复合体Ⅳ泵出的质子去合成 ATP，没有经过 ETS 中的复合体Ⅰ，在这情况下，每一个氧原子只有 2 个 ATP 合成，P/O 比为 2。抗坏血酸能够提供电子给一个化合物 TMPD（tetramethyl-p-pheny lenediamine），该化合物能直接还原细胞色素 c 而作用于呼吸作用复合体Ⅳ。因此，加入抗坏血酸和 TMPD 将使 P/O 比为 1。

8.3.2　氧化磷酸化机理

电子转递系统的运转和 ATP 合成的偶联具体是如何进行的，已经进行了长时间的广泛而深入的研究。

早期，提出解释这一过程的假说称为化学偶联假说，根据这一假说，ETS 的运转的结果是产生高能的化合物，从而作为中介物驱动 ATP 合成。

随后又有一种解释称为构象偶联假说，假定 ETS 的运转产生了位于线粒体内膜上的一个或多个蛋白质的高能构象，当这些膜蛋白回到低能构象时，释放出的能量使酶催化 ATP 的合成。

多年以来，研究者试图分离到上述假设中的高能中介物，但都没有成功。

一个完全不同的设想是在 1961 年由 Peter Mitchell 提出的，称为化学渗透偶联假说（chemiosmotic coupling hypothesis），由于得到了广泛的实验证据支持而被大家所接受（图 8-12）。

根据这一假说，ATP 合成的驱动力来源于包括 pH 值和电位差在内的电化学梯度。被呼吸作用复合体泵出内膜的质子产生了跨膜的 pH 值梯度，基质 pH 值变得更大，膜间隙 pH 值变得更小。复合体Ⅰ、Ⅲ、Ⅳ对质子梯度的形成作了贡献。在复合体Ⅲ中，一个分子的 CoQ 涉及到两次质子转移，这种机理称为 Q-循环，包括半醌形式的 CoQ 的

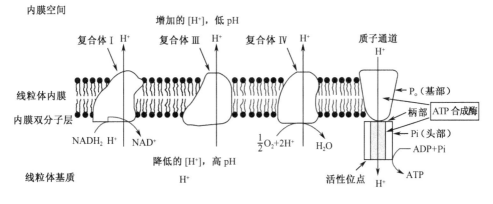

图 8-12　ATP 合成的机理

形成。Q-循环的结果是使 4 个 H^+ 跨过线粒体膜，同时从 $CoQH_2$ 转移一对电子给细胞色素 c。

正电荷的跨膜运动将产生电位差，膜间隙比线粒体基质电位变得更正，产生大约 0.15V 的电位差。跨膜的质子浓度梯度（ΔpH）产生了跨膜电位梯度差，两者构成了电化学梯度。线粒体膜不透过离子如 H^+、OH^-、K^+ 和 Cl^-，如果它们自由扩散将瓦解上述的梯度。电化学梯度可用公式描述：

$$\Delta \mu_H = \Delta \psi - 2.303 RT\Delta pH/F$$

式中，$\Delta \mu_H$ 为电化学质子势，$\Delta \psi$ 是膜电位势（电位梯度），ΔpH 是质子势（质子梯度），F 是法拉第常数。

根据化学渗透假说，电化学梯度驱使 ATP 合成。从 ADP 合成 ATP 需要质子的输入，pH 值梯度供应这些质子，当这些质子穿过线粒体内膜返回时，质子梯度和电位梯度都消失，整个电化学梯度消耗在 ATP 合成上。因此，电化学梯度是电子传递过程和 ATP 合成过程偶联的中间媒介。

8.3.3 ATP 合 成 酶

实际上，ATP 合成是发生在一个位于线粒体内膜上的称为 ATP 合酶的复合蛋白体上的。它由两个主要部分 F_0 和 F_1 组成，因此该酶又经常被称为 F_0F_1-偶联因子。因为该酶像所有的酶一样，能够催化反应正向或反向进行，该酶复合体也称为 ATP 酶、F_0F_1-ATP 酶或者质子泵 ATP 酶。

ATP 合酶复合体有一个大的头部（F_1），通过一个杆连接基部（F_0），基部埋在膜中，头部伸向基质。F_0 是水不溶性膜蛋白，由 4 条不同多肽链组成，含一个质子转移通道。F_1 是可溶性的周边膜蛋白，它包含 5 个不同的亚基，以 $\alpha_3\beta_3\gamma\delta_\varepsilon$ 的比例存在，含有 ATP 合成的活性位点。杆部有两个蛋白质。

F_0F_1-ATP 酶的总相对分子质量为 450 000。一种由链霉菌产生的抗生素——寡霉素（oligomycin）是其抑制剂，该抗生素结合于 F_0 的一个亚基，因此阻碍了质子通过 F_0。研究者相信质子通过位于 F_0 的通道的运动驱使 ATP 酶合成 ATP。该酶是怎样完成合成的还不清楚，很明显不会仅仅是朝着合成 ATP 的移动的平衡。研究者设想质子流动触发酶构象的变化，可能最后由多个活性位点的相互作用来完成，从这个意义上讲，构象偶联假说也有可能在 ATP 的形成中起作用。

8.3.4 控 制 机 理

8.3.4.1 呼吸作用的控制

在大多数生理条件下，ATP 的合成是紧密地与呼吸作用和 ETS 的运转偶联的，ATP 的合成绝对依赖于电子流动。除非 ADP 被磷酸化成 ATP，否则电子不会正常流过 ETS，这种呼吸作用调节现象被称为呼吸控制（respiratory control），它基本上取决于细胞内 ADP 的水平。活跃的、消耗能量的细胞利用 ATP，累积 ADP。高浓度的 ADP 刺激呼吸作用并增强 ETS 的活性；相反的，在静止的、有良好营养的细胞积累 ATP，ADP 的缺少限制了呼吸作用并降低了 ETS 的活性。

呼吸作用控制是代谢中一个主要的控制机理，它表现了在细胞内 ATP 的需求和食物通过 EST 被氧化速率之间的联系。

8.3.4.2 能荷

ATP 的生物合成与水解时，涉及细胞中存在的 ATP、ADP 和 AMP 的腺苷酸库，这三种腺苷酸可以由腺苷酸激酶催化相互转变。

$$2ADP \Longrightarrow ATP + AMP$$

一个细胞中 ATP 驱动化学反应的能力依赖于 AMP、ADP 和 ATP 的相对浓度，由 Daniel Atkinson 提出的一个数学公式可以计算这种能力，称之为能荷：

$$能荷 = \frac{[ATP] + \frac{1}{2}[ADP]}{[ATP] + [ADP] + [AMP]}$$

公式中分子上含有两个高能腺苷酸形式。在计算时将 ADP 的浓度乘以 0.5 是因为 ADP 只有 ATP 中一半数量的高能键。分母表示整个腺苷酸的浓度。能荷值从 0（全部为 AMP）到 1（全部为 ATP）。大多数正常细胞能荷的范围是 0.8 ~ 0.9。

能荷对于代谢的调控来说，实际上是某些酶结合 AMP、ADP、ATP 后的变构调节作用。在前面已经看到，高浓度的 ATP 抑制如糖酵解及三羧酸循环这样的能量生成代谢途径，而另一方面，高浓度的 ADP 或 AMP 激活这些代谢途径。因此，较高的能荷反映细胞内高浓度的 ATP 水平，并抑制 ATP 生成代谢途径。较低的能荷反映细胞内较高浓度的 ADP 和 AMP，同时激活 ATP 生成代谢途径。

8.3.4.3 氧化磷酸化的解偶联剂

在正常细胞内 ETS 的运转和 ATP 的合成是紧密相连的，但是一种称为解偶联剂的化合物能够使这两个过程发生分离。它们允许电子流动但阻止 ATP 的生成。常见的一个解偶联剂为 2,4-二硝基苯酚的结构如图（8-13）所示。

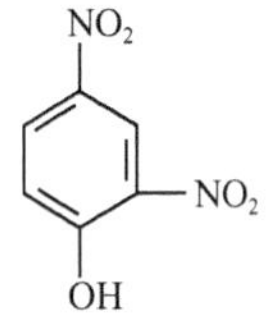

图 8-13　2,4-二硝基苯酚的结构

从化学渗透学说出发很容易了解偶联剂的作用机理。这些解偶联剂常常是非极性的，因此比较容易穿过线粒体内膜，同时它们又是弱酸，在生理 pH 值下以阴离子存在。这些阴离子在酸性的膜间隙一侧结合质子，扩散到线粒体碱性的基质一侧，释放出质子，又回到膜间隙。重复上述过程，最后导致电化学梯度的丧失，失去合成 ATP 的能力。

有些抗生素，如缬氨霉素和短杆菌肽，也能够作为解偶联剂，它们又被称为离子载体，能够结合阳离子，运输过线粒体内膜，降低跨膜电位差，如果是质子运进线粒体还降低了 pH 梯度，这样一个或者两个因素的共同作用，导致电化学梯度的丧失，也丧失了合成 ATP 的能力。

在一些缺乏毛发的初生哺乳动物、冬眠的动物以及暴露在寒冷空气中的生物，氧化磷酸化的解偶联作用也能够自然发生。在这些情况下，ATP 合成的解偶联是极其需要的，因为 ETS 运转产生的电化学梯度可用来产生热量。这个过程由激素控制，并在一些称为棕色脂肪或者棕色脂肪组织的特殊的组织中发生。这些组织位于颈部和背上部，因富含细胞色素而呈棕色。

8.3.5　糖类分解代谢的能量生成

8.3.5.1　糖类分解代谢

到现在为止，我们已了解电子传递系统这个有氧代谢的最后一个阶段，因此可以结合糖酵解、三羧酸循环和电子传递系统这三个过程来计算糖类分解代谢的整个能量生成。

糖酵解途径中，在无氧条件下，每摩尔葡萄糖代谢为丙酮酸有 2 mol ATP 净生成；在有氧条件下，从乙酰 CoA 开始，经三羧酸循环/ETS 彻底氧化，有 12 mol ATP 生成。六碳化合物的葡萄糖在糖酵解中氧化只净获得 2 mol ATP，另有 2 mol 的 NADH 经过 ETS 也能产生 ATP，而乙酰 CoA 在三羧酸循环中的氧化下却获得 12 mol ATP，原因在于代谢物氧化降解的程度不同，葡萄糖转变成丙酮酸只表现出较少程度的氧化，而乙酰 CoA 的乙酰基却彻底氧化成了 CO_2 和 H_2O。

8.3.5.2　理论能量产率

在有氧条件下，由葡萄糖经糖酵解途径在胞质中产生丙酮酸，此过程每摩尔葡萄糖消耗 2 mol ATP，生成 4 mol ATP 和 2 mol NADH。丙酮酸进入线粒体，由丙酮酸脱氢酶复合体转变成乙酰 CoA，有 2 mol NADH 生成。乙酰 CoA 进入三羧酸循环，经过三次 NADH 生成的脱氢反应、一次 $FADH_2$ 生成的脱氢反应和一次 GTP 生成过程。GTP 与 ATP 类似，都是高能磷酸化合物。考虑到 NADH 的 P/O 为 3，$FADH_2$ 的 P/O 为 2。葡萄糖降解反应的能量获得

葡萄糖→2 丙酮酸（EMP）	2ATP	2NADH = 2 × 3ATP
2 丙酮酸→乙酰 CoA		2NADH = 2 × 3ATP
乙酰 CoA→CO_2 + H_2O（TCA）	2GTP	2 × 3NADH = 2 × 3 × 3ATP
		2 × $FADH_2$ = 2 × 2ATP
共计	38ATP	

因此，每 mol 葡萄糖彻底氧化可获 38 mol ATP。因为葡萄糖氧化的自由能 $\Delta G^{0\prime}$ = -2880 kJ·mol^{-1}，ATP 水解的自由能 $\Delta G^{0\prime}$ = -30.5 kJ·mol^{-1}，所以葡萄糖氧化分解的效率为 38×30.5 kJ·mol^{-1}/2880 kJ·mol^{-1} × 100% = 40%。

8.3.5.3　穿梭系统

每摩尔葡萄糖彻底氧化产生 38 mol ATP 仅是理论值，实际上产生的 ATP 数目要小于此数。因为在计算时忽视了细胞分区的问题。糖酵解发生在细胞质，但 ETS 在线粒体内膜，丙酮酸脱氢生成乙酰 CoA，再经三羧酸循环氧化，这些反应都发生在线粒体内。糖酵解产生的 NADH 不能直接被 ETS 氧化，它必须从胞质运进线粒体。动物的线粒体膜对于 NAD^+ 和 NADH 不通透的，那么糖酵解产生的 NADH 怎么利用呢？

为了解决动物线粒体中区域化的难题（酵母线粒体对 NADH 和 NAD^+ 是通透的），一种称为穿梭机制可用来氧化这类 NADH。图 8-14 概括了一个这种过程，称为磷酸甘油穿梭。这个过程发生在某些肌肉和神经细胞中，在胞质中生成的 NADH 经过依赖 NADH 的脱氢酶催化，还原磷酸二羟丙酮为 3－磷酸甘油，后者在扩散作用下通过线粒体内膜，在线粒体基质中在依赖 FAD 的脱氢酶催化下氧化成磷酸二羟丙酮，辅酶 FAD 还原为 $FADH_2$，最后总的反应是 NADH 在胞质中氧化为 NAD^+，而 FAD 在线粒体内还原为 $FADH_2$，然后直接进入 ETS，产生 2mol ATP（P/O = 2）。因此细胞为这个穿梭过程付出了代价。糖酵解产生的 NADH 没有产生 3mol ATP 而只产生了 2mol ATP。那么 1mol 葡萄糖氧化产生的 ATP 为 36mol。

总反应： $NADH + H^+ + FAD \rightleftharpoons NAD^+ + FADH_2$

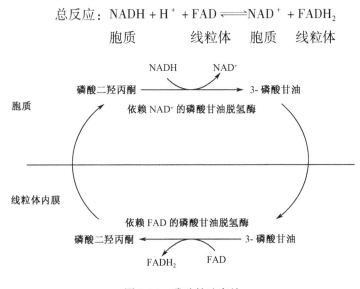

图 8-14　磷酸甘油穿梭

但是植物可能不需要上述的穿梭系统。植物的线粒体内膜上除有氧化衬质内 NADH 的内脱氢酶外，还有外 NADH 脱氢酶，它可直接接受线粒体外的 NADH，将电子传入 ETS。所以在植物体内的 1mol 葡萄糖氧化产生的 38mol ATP。

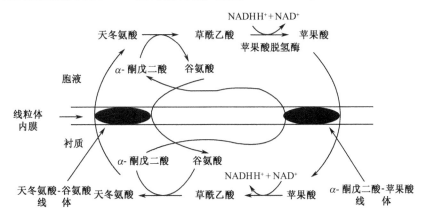

图 8-15　苹果酸-天冬氨酸穿梭

另外一个穿梭系统，称为苹果酸-天冬氨酸穿梭，发生在肝脏和心肌组织中（图8-15）。NADH 在胞液苹果酸脱氢酶催化下，将草酰乙酸还原成苹果酸，然后穿过内膜，经基质苹果酸脱氧酶催化生成草酰乙酸和 NADH，后者即进入 ETS 进行氧化磷酸化，草酰乙酸与谷氨酸发生转氨作用生成天冬氨酸和 α-酮戊二酸，天冬氨酸和 α-酮戊二酸通过内膜进入胞质，再分别转变成草酰乙酸和谷氨酸，草酰乙酸参与下一次循环，谷氨酸又回到线粒体基质。

9 脂类代谢

本章提要 脂肪是动植物体内重要的储藏能源物质。脂肪分解为甘油和脂肪酸，是在脂质-水的界面处发生的。甘油可氧化生成 CO_2 和 H_2O，也可异生成糖或转化为脂肪。脂肪酸经活化、转运和 β 氧化的历程生成乙酰 CoA，并进一步氧化生成 CO_2 和 H_2O，产生能量。动物中脂肪酸氧化还经过酮体的生成与利用。奇数碳原子脂肪酸代谢对反刍动物有重要的作用。软脂酸的生物合成是脂肪酸生物合成的主要阶段。软脂酸经过碳链的延长或去饱和合成其他脂肪酸。三酰甘油是由 3-磷酸甘油逐步与三分子脂酰CoA 缩合生成的。磷脂可经两条途径生物合成，磷脂的降解是先经过水解，然后，水解产物各自按不同的途径进一步分解或转化。胆固醇是以乙酰 CoA 为碳源合成的，胆固醇可转化为各种类固醇激素、维生素 D 等。脂类在动物和人体内以特定方式转运。

脂类化合物广泛存在于各种生物体内，是构成生物体的重要组分，有多种功能。动植物体内储藏的脂肪是重要的能源物质；磷脂、糖脂是生物膜的骨架成分，糖脂还在信息识别和传递方面起作用；有些萜和甾醇类物质是生理活性物质，如激素、维生素的前体。因此，脂类是生物进行正常生命活动必不可缺的重要成分。

9.1 脂肪的分解代谢

9.1.1 脂肪的消化和吸收

三酰甘油（triacylglycerol）又称甘油三酯或脂肪，是非水溶性的，而消化作用的酶是水溶性的，因此，三酰甘油的消化是在脂质-水的界面处发生的。食物中的脂肪进入体内首先是由胃脂肪酶（gastric lipase）开始消化，彻底消化是在小肠内，由小肠蠕动的"剧烈搅拌"，特别是经肝脏分泌的胆汁盐的乳化作用。脂肪经消化后的产物脂肪酸和 2-单酰甘油由小肠上皮黏膜细胞吸收，随后又经黏膜细胞转化为三酰甘油，后者和蛋白质一起包装成乳糜微粒（chylomicron），释放到血液，通过淋巴系统运送到各种组织。短的和中等长度链的脂肪酸在膳食中含量不多，它们被吸收进入血液。小分子脂肪酸可不经过酯化而直接进入血液。

来自膳食的脂肪必须先转化为储存脂肪。当需要脂肪分解代谢提供 ATP 形式的能量时，脂肪酸自脂肪组织移动到肝脏分解。我们把脂肪组织中储存的脂肪释放游离脂肪酸并转移到肝脏的过程称为脂肪动员（mobilization）。释放的游离脂肪酸在线粒体中进行分解代谢，甘油则在细胞溶胶中降解。过度的脂肪动员可导致脂肪肝（fatty liver），这时肝脏被脂肪细胞所浸渗，变成了非功能性脂肪组织。脂肪肝可能因糖尿病产生，由于胰岛素缺乏，不能正常利用葡萄糖，此时就必须使用其他营养物质供给能量。典型的情况是脂类的分解代谢加剧，结果引起了脂肪肝的发生。脂肪肝的发生还有可能是受化学药品的影响，例如四氯化碳或吡啶。这些化合物破坏了肝细胞，导致脂肪组织去取代它们，肝的功能就逐步丧失。膳食中缺乏抗脂肪肝物质如胆碱和甲硫氨酸（蛋氨酸）时，也可导致脂肪肝。因为它们对脂类运送和脂蛋白合成有作用。

植物细胞脂肪水解产生的脂肪酸则直接进入过氧化物体或乙醛酸体进行氧化分解。

三酰甘油经脂肪酶（lipase）逐步催化水解，生成甘油和三分子脂肪酸，其水解步骤如下：

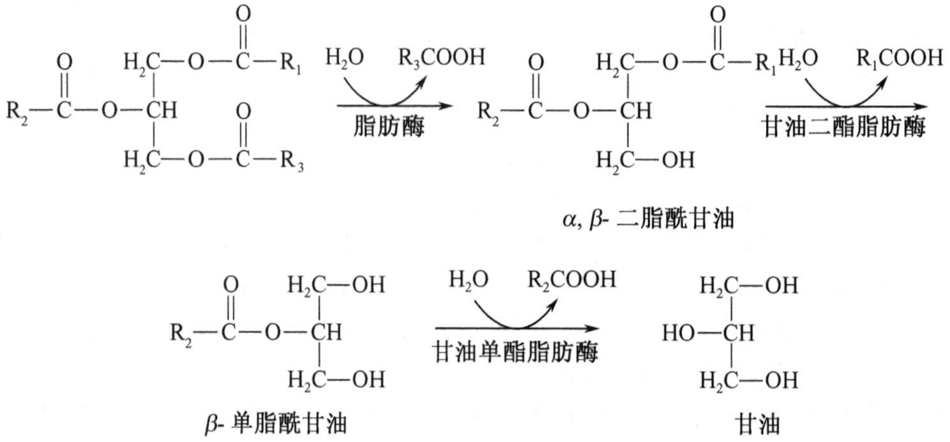

α, β- 二脂酰甘油

β- 单脂酰甘油　　　　　　　　　　　　甘油

9.1.2　甘油的转化

甘油（glycerol）在甘油激酶（glycerol kinase）的催化下，生成 α-磷酸甘油，然后脱氢生成磷酸二羟丙酮，它是糖酵解途径的中间产物，可沿糖酵解途径转变成丙酮酸。丙酮酸经乙酰 CoA 进入三羧酸循环彻底氧化成 CO_2 和 H_2O。磷酸二羟丙酮也可经糖异

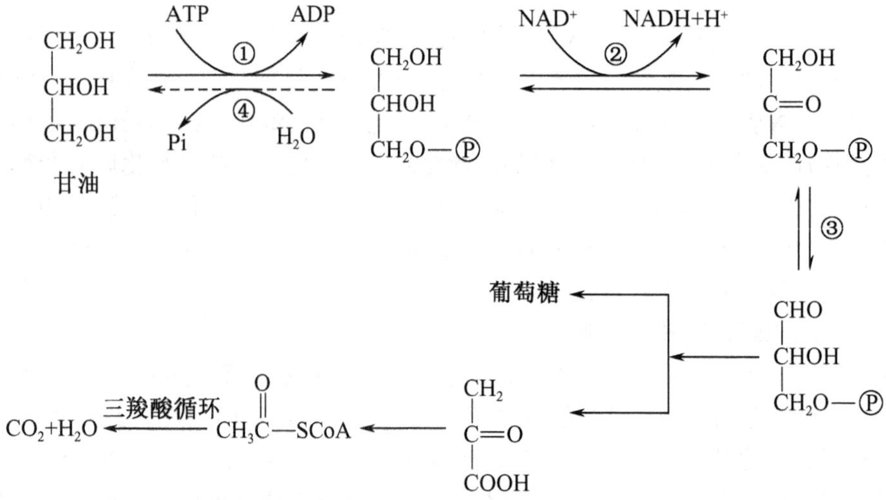

①甘油激酶　②磷酸甘油脱氢酶　③磷酸丙糖异构酶　④磷酸酶

生作用生成糖。甘油的代谢途径如下：

9.1.3　脂肪酸的分解代谢

生物体内脂肪酸的分解有几条途径，其中 β 氧化作用分布最广，也最为重要，而 α 氧化和 ω 氧化过程对脂肪酸的分解和选择利用也起一定的作用。

9.1.3.1　饱和脂肪酸的 β 氧化作用

早在 1904 年 F. Knoop 在阐明脂肪酸的氧化机理方面就作出了关键性的贡献。Knoop 巧妙地设计出利用在体内不容易降解的苯基作为标记物连接在脂肪酸分子的末端，然后将其喂狗，分析狗排出的尿液。结果发现，苯基示踪的偶数碳原子脂肪酸喂狗后，尿液中的代谢物都是苯乙酸（实为苯乙酰甘氨酸，苯乙尿酸），而苯基示踪的奇数碳原子脂肪酸都是苯甲酸（实为苯甲酰甘氨酸，马尿酸）。他由此推论：脂肪酸氧化每次断裂一个二碳片段，而且发生在 β 位碳原子上。这种长链脂肪酸在 β 碳原子上进行氧化，每次断裂下一个二碳单位（乙酰 CoA）的过程，称作 β 氧化（β-oxidation）。

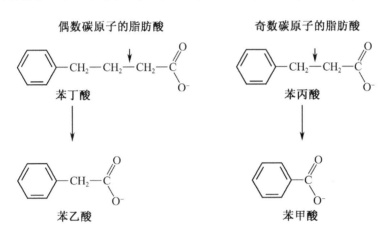

（1）脂肪酸的活化和转运

原核生物的 β 氧化是在细胞液内进行的，动物细胞的 β 氧化是在线粒体基质中进行的，少量长链脂肪酸的 β 氧化可在过氧化物酶体中进行，植物体内的脂肪酸 β 氧化不仅可以发生在线粒体内，而且可在乙醛酸体和过氧化物酶体中进行。但在乙醛酸体的脂肪酸氧化不涉及转运问题。长链脂肪酸在进入线粒体基质前需要活化形成脂酰 CoA。脂肪酸在脂酰 CoA 合成酶（acyl CoA synthase）催化下将脂肪酸转变为脂酰 CoA，生成的 PPi 立即被磷酸酶水解，使反应不可逆。反应如下：

$$R-\overset{\overset{\large O}{\|}}{C}-OH + CoA-SH \underset{\text{脂酰 CoA 合成酶}}{\overset{ATP\quad AMP+PPi}{\rightleftharpoons}} R-\overset{\overset{\large O}{\|}}{C}-SCoA$$

10 个碳原子以下脂酰 CoA 分子可通过线粒体内膜（innermitochondrial membrane）进入基质，长链脂酰 CoA 不能透过线粒体内膜，要依靠内膜上的极性的肉碱分子（肉毒碱）（carnitine）载体携带进入基质进行 β 氧化。肉碱分子的结构如下：

$$CH_3-N^+-CH_2-CH-CH_2-COO^-$$

（结构式中：上方为 CH_3，左侧为 CH_3，下方为 CH_3，中间 CH 下方为 OH）

长链脂酰 CoA 的转运是由线粒体内膜内、外侧上存在的肉碱-脂酰转移酶（carnitine acyltransferase）催化的。转运过程的反应如下：

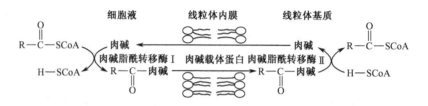

图 9-1 脂肪酸转运至线粒体内的机制

其中的肉碱脂酰转移酶 I 和 II 是一组同工酶。前者在线粒体内膜外侧，催化脂酰 CoA 上的脂酰基转移给肉碱，生成脂酰肉碱；后者则在线粒体内膜内侧，将运入的脂酰肉碱上的脂酰基重新转移至 CoA，游离的肉碱被运回内膜外侧循环使用。

以上转运机制首先在动物细胞中被确证，目前发现在植物细胞中脂酰 CoA 也有类似的转运机制。

（2）β 氧化的历程

β 氧化的历程包括四个步骤：

1）脂酰 CoA 的氧化 脂酰 CoA 在脂酰 CoA 脱氢酶作用下，脱下 α、β 位的两个氢原子，转化为反式 Δ^2-烯脂酰 CoA（trans-Δ^2-enoyl CoA），同时产生 $FADH_2$。

2）反式 Δ^2-烯酰 CoA 的水合作用 反式 Δ^2-烯酰 CoA 在烯脂酰 CoA 水合酶（enoyl CoA hydratase）催化下，加水形成 L-β-羟脂酰 CoA。此酶专一性很强，仅催化反式 Δ^2 不饱和脂酰 CoA 水化。

3）L-β-羟脂酰 CoA 的脱氢作用 L-β-羟脂酰 CoA 在 L-β-羟脂酰 CoA 脱氢酶（L-β-hydroxyacylCoA dehydrogenase）的催化下，生成 β-酮脂酰 CoA（β-ketoacyl CoA），并产生 $NADH+H^+$。

4）β-酮脂酰 CoA 的硫解作用 在 β-酮脂酰 CoA 硫解酶催化下发生硫解（thiolysis），断裂为乙酰 CoA 和一个缩短了 2 个碳原子的脂酰 CoA。

脂酰 CoA 进入线粒体经历一次 β 氧化后，它与最初进入循环的起始脂酰 CoA 相比，缩短了 2 个碳原子，这两个碳以乙酰 CoA 的形式释放。

以上反应是一个循环反应。生成的 β-酮脂酰 CoA 又可重复以上 1）～4）的反应。如此重复循环，直至脂肪酸完全降解为乙酰 CoA 为止。脂肪酸 β 氧化作用如图 9-2 所示。

若以软脂酸（C16:0 棕榈酸）为例，它经一次活化反应和 7 次重复循环降解反应，产生 8 个分子的乙酰 CoA（图9-3），总反应式可表示如下：

$$C_{15}H_{31}COOH + 8CoASH + ATP + 7FAD +$$
$$7NAD^+ + 7H_2O \longrightarrow 8CH_3CO-SCoA + AMP +$$
$$ppi + 7FADH_2 + 7NADH + 7H^+$$

（3）β 氧化产生的能量

在脂酰 CoA 的 β 氧化中，每形成一分子乙酰 CoA，同时生成一分子 FADH$_2$ 和一分子 NADH + H$^+$，FADH$_2$ 和 NADH + H$^+$ 进入呼吸链氧化，分别产生 2 分子和 3 分子 ATP，合计产生 5 分子 ATP。

β 氧化过程中产生的乙酰 CoA 进入三羧酸循环，最终生成 CO$_2$ 和 H$_2$O。一分子乙酰 CoA 进入三羧循环彻底氧化可产生 12 分子 ATP。

以软脂酸为例，1 分子软脂酸经 β 氧化后彻底氧化成 CO$_2$ 和 H$_2$O，可产生 131 分子 ATP，但考虑到软脂酸活化成软脂酰 CoA 时需消耗 1 分子 ATP 中的 2 个高能磷酸键的能量，故 1 分子软脂酸彻底氧化可净生成 129 个高能磷酸键的能量。

软脂酸燃烧氧化时，自由能变化 ΔG^0 为 -2340 kcal · mol^{-1}（-9790.5 kJ · mol^{-1}），ATP 水解为 ADP 和 Pi 时，自由能变化为 -7.3 kcal · mol^{-1}（30.5 kJ · mol^{-1}）。因此，软脂酸氧化成 CO$_2$ 和 H$_2$O 的过程中，能量的转换率为

$$7.3 \times 129/2340 \times 100\% \approx 40\%$$

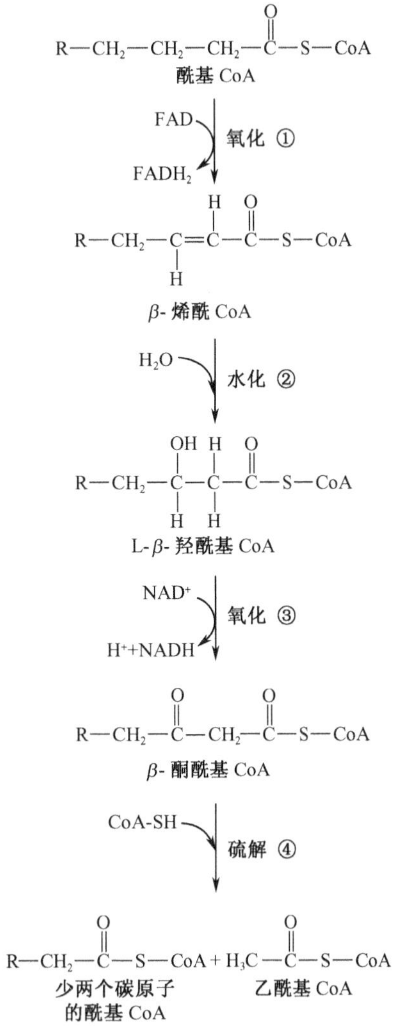

图 9-2　脂肪酸 β 氧化过程
①脂酰 CoA 脱氢酶；②烯脂酰 CoA 水化酶；
③α、β-烯脂酰 CoA 脱氢酶；④硫解酶

1 g 脂肪氧化释放能量为 9.1 kcal，1g 糖氧化释放能量为 4.1 kcal，脂肪氧化产生的能量是糖的 2 倍多。脂肪是疏水的，1g 脂肪体积为 1.2mL。糖是亲水的，储存糖时也储存水，1g 糖的体积 4.8mL，是 1g 脂肪的 4 倍。作为能源储存，脂肪的效率是糖原的 9 倍。而且脂肪是固态的，糖是凝胶状的。这就是动物为什么以脂肪作为能源储存而不以糖原作为能源储存的原因。

（4）脂酰 CoA 脱氢酶缺乏症

脂酰 CoA 脱氢酶是脂肪酸 β 氧化中很重要的酶，如果缺乏可以引起严重的疾病和死亡。脂酰 CoA 脱氢酶缺失的新生儿一夜之间会突然死亡，是由于长链脂酰脱氢酶的缺乏引起了葡萄糖和脂肪酸氧化发生不平衡的结果。脂酰 CoA 脱氢酶还与牙买加呕吐

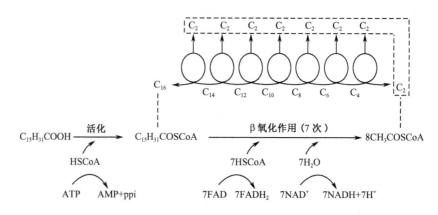

图 9-3　软脂酸的 β 氧化

病有关，其病因是由于吃了未熟的 "ackee 浆果" 所致，这种未熟的浆果含有一种很少见的氨基酸——降糖氨酸 A，这种降糖氨酸 A 经代谢反应转化的产物可以钝化脂酰 CoA 脱氢酶。

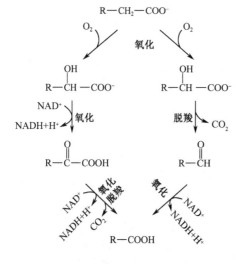

图 9-4　脂肪酸 α 氧化作用

9.1.3.2　脂肪酸的 α 氧化作用

脂肪酸在一些酶的催化下，其 α 碳原子发生氧化，结果生成一分子 CO_2 和比原来少一个碳原子的脂肪酸，这种氧化作用称脂肪酸 α 氧化作用。

α 氧化作用首先由 P. K. Stumpf 于 1956 年在植物种子及叶片中发现的，后来在动物的脑、肝细胞中也发现了这种脂肪酸的氧化作用。在该作用中，脂肪酸可以直接作为氧化底物，分子氧间接地加入其中，其可能的作用机制如图 9-4。

脂肪酸转变为 α-氢过氧脂肪酸的反应由黄素蛋白单氧酶催化，FAD 为该酶辅酶，反应过程中所需的 $FADH^+$ 为黄素半醌（flavin semiquinone），是 FAD 的半还原形式（semireduced form），它从脂肪酸 α 碳原子上取得一个氢成为 $FADH_2$，后者与 O_2 结合后再把氢过氧基加合在 α 碳原子上，然后 α-氢过氧脂肪酸脱水、脱羧和脱氢，最后生成少一个碳原子的脂肪酸。若体内有足够的还原物质（如抗坏血酸）存在时，α-氢过氧脂肪酸被还原成 α-羟脂肪酸。

α 氧化作用对于生物体内奇数碳原子脂肪酸及其衍生物的形成、对含甲基的支链脂肪酸（如：植烷酸 phytanic acid）以及过长（如 C_{22}、C_{24}）的脂肪酸氧化降解起十分重要的作用。对于人类而言，如若缺欠 α 氧化作用系统，会造成体内植烷酸的聚积，导致外周神经炎类型的运动失调及视网膜炎等症状。现已证实，哺乳动物绿色蔬菜中植醇降解就是通过这种 α 氧化作用而实现的。

9.1.3.3 脂肪酸的 ω 氧化作用

脂肪酸在混合功能氧化酶等酶的催化下，其 ω 碳（末端甲基碳）原子发生氧化，先生成 ω-羟脂酸，继而氧化成 α,ω-羧酸的反应过程称为脂肪酸的 ω 氧化作用。

脂肪酸 ω 氧化反应过程如图 9-5 所示。最后生成的 α,ω-二羧酸可从两端进行 β 氧化降解。

研究发现，动物体内 12 碳以下的脂肪酸往往是通过 ω 氧化途径进行降解的；植物体角质层中的角质和软木质层中的软木质均含有 ω-羧酸与相应二羧酸的聚合物。尤其重要

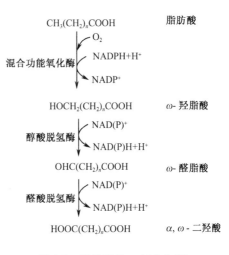

图 9-5　脂肪酸的 ω 氧化作用

的是，人们已发现一些需氧微生物能迅速降解烃及脂肪酸生成水溶性产物，而这种降解作用的起始反应就是 ω 氧化作用，然后就是 β 氧化降解。如海洋中某些浮游细菌降解海面浮油，其氧化速率可高达 $0.5g/(d \cdot m^2)$。

9.1.3.4 不饱和脂肪酸的氧化

不饱和脂肪酸的氧化也是发生在线粒体中。它的氧化途径与饱和脂肪酸的氧化基本相同，只是在某些步骤中还需要其他酶参与，现以油酸、亚油酸为例说明之。

（1）单不饱和脂肪酸的氧化

油酸（$C18:1\Delta^9$）先被激活生成油酰 CoA，在进行三轮 β 氧化反应后生成 Δ^3-顺-十二烯脂酰 CoA，因烯脂酰 CoA 水化酶的底物要求反式构型，故此时需烯脂酰 CoA 异构酶参与，催化 Δ^3-顺-十二烯脂酰 CoA 异构成 Δ^2-反-十二烯脂酰 CoA，然后进行 β 氧化作用。具体反应见图 9-6。

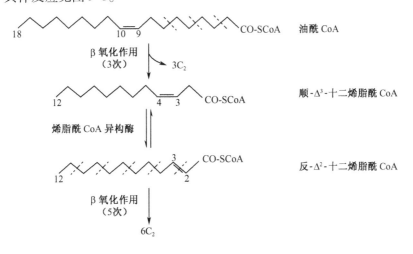

图 9-6　油酸 β 氧化

（2）多不饱和脂肪酸氧化

多不饱和脂肪酸氧化还需一种还原酶参与，以亚油酸（C18:2$\Delta^{9,12}$）为例，它先激活成亚油酰 CoA 后，经三轮 β 氧化、一次异构作用、再一轮 β 氧化后，接着又开始 β 氧化的第一次脱氢，产物为 Δ^2-反-Δ^4-顺-十碳二烯脂酰 CoA，此时，由 2、4-烯脂酰 CoA 还原酶催化，将以上产物还原成 Δ^3-反-十烯脂酰 CoA 后，再经一次异构酶催化，将其变为 Δ^2-反-十烯脂酰 CoA，接着 4 轮 β 氧化将其全部转变为乙酰 CoA。具体反应见图 9-7。

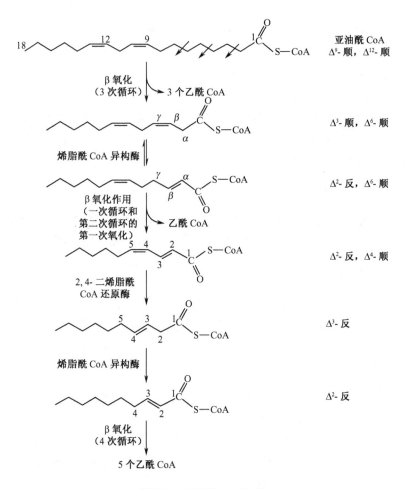

图 9-7　亚油酰 CoA 氧化

9.1.3.5　奇数碳原子脂肪酸的氧化作用

奇数碳原子脂肪酸的氧化途径

大多数哺乳动物组织中奇数碳原子的脂肪酸是罕见的，但在反刍动物，如牛、羊中，奇数碳原子脂肪酸氧化提供的能量相当于它们所需能量的 25%。具有 17 个碳的直链脂肪酸可经正常的 β 氧化途径，产生 7 个乙酰 CoA 和 1 个丙酰 CoA。

丙酰 CoA 也是氨基酸缬氨酸及异亮氨酸的降解产物。丙酰 CoA 在动物体内依照图 9-8 所示的途径进行，形成的琥珀酰 CoA 可以进入柠檬酸循环进行代谢。

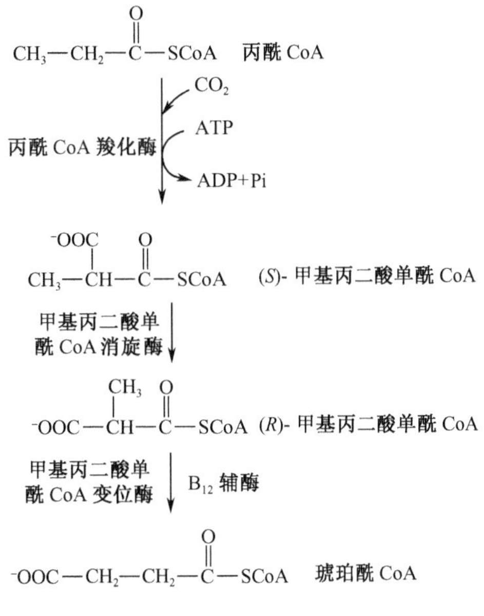

图 9-8　丙酰 CoA 氧化

9.1.4　酮体代谢

由脂肪酸的 β 氧化及其他代谢所产生的乙酰 CoA，在一般的细胞中可进入柠檬酸循环进行氧化分解；但在动物的肝脏细胞中，乙酰 CoA 还有另一条去路，可生成乙酰乙酸、β-羟丁酸和丙酮，这三种产物统称为酮体（ketone body）。乙酰乙酸和 β-羟丁酸是酮体的主要成分，它们在血液和尿液中是可溶性的；丙酮的含量最少，是一种挥发性的物质。酮体也可由生酮氨基酸生成。

9.1.4.1　酮体的合成

肝脏中酮体的生成途径见图 9-9。

两分子乙酰 CoA 缩合成乙酰乙酰 CoA，反应由硫激酶催化。又一分子乙酰乙酰 CoA 与乙酰乙酰 CoA 缩合，生成 β-羟-β-甲基戊二酸单酰 CoA（HMG-CoA），反应由 HMG-CoA 合成酶催化。HMG-CoA 分解成乙酰乙酸和乙酰 CoA，反应由 HMG-CoA 硫激酶催化。生成的乙酰乙酸一部分可还原成 β-羟丁酸，反应由 β-羟丁酸脱氢酶催化，也有极少一部分可脱羧形成丙酮，反应可自发进行或由乙酰乙酸脱羧酶催化。

9.1.4.2　酮体的分解

酮体在肝脏中产生后，并不能在肝脏中分解，而必须由血液运送到肝外组织中进行分解。酮体的分解代谢途径见图 9-10。其中重要的一步是乙酰乙酸转变为乙酰乙酰 CoA，它需要琥珀酰 CoA 作为 CoA 的供体，由 β-酮脂酰 CoA 转移酶催化。由于肝脏中缺乏该酶，因此只有在肝外组织中才能给乙酰乙酸加上 CoA，然后裂解成乙酰 CoA，乙酰 CoA 通过柠檬酸循环彻底氧化，也可作为合成脂肪酸的原料。

由酮体的代谢可以看出，肝脏将乙酰 CoA 转变为酮体，而肝外组织则再将酮体转变为乙酰 CoA。这并不是一种无效循环，而是乙酰 CoA 在体内的运输方式。目前认为，肝脏组织正是以酮体的形式将乙酰 CoA 通过血液运送至外周器官中的。骨骼、心脏和肾上腺皮质细胞的能量消耗主要就是由酮体提供，脑组织在糖饥饿时也能利用酮体作为能源。对于健康人，由乙酰乙酸脱羧形成的丙酮的量是极微小的。严重饥饿或未经治疗的糖尿病病人体内可产生大量的乙酰乙酸，其原因是饥饿状态和胰岛素水平过低都会耗尽体内糖的储存。肝外组织不能自血液中获取充分的葡萄糖，为了取得能量，肝中的葡

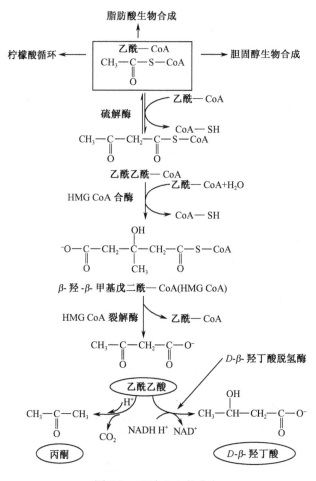

图 9-9　乙酰 CoA 的去向

葡糖异生作用就会加速，肝和肌肉中的脂肪酸氧化也同样加速，同时动员蛋白质的分解。脂肪酸氧化加速产生出大量的乙酰 CoA，葡萄糖异生作用使草酰乙酸供应耗尽，而后者又是乙酰 CoA 进入柠檬酸循环所必需的，在此种情况下乙酰 CoA 不能正常地进入柠檬酸循环，而转向生成酮体。这时，血液中出现大量丙酮，它是有毒的。丙酮有挥发性和特殊气味，常可从患者的气息嗅到，可借此对疾患做出诊断。血液中出现的乙酰乙酸和 D-β-羟丁酸，使血液 pH 值降低，以致发生"酸中毒"（acidosis）；另外，尿中酮体显著增高，这种情况称为"酮病"（ketosis）。血液或尿中的酮体过高可导致昏迷，甚至死亡。

9.1.5　植物种子萌发时脂肪转变成糖

以上介绍了脂肪的分解代谢主要是供能。植物种子储藏脂肪作为碳源，可转变成糖类，供幼苗生长。脂肪是怎样转变成糖的呢？高等植物种子，尤其油料种子萌发初期，储藏脂肪转变为糖类的途径及它们与有关细胞器间的联系如图9-11所示。

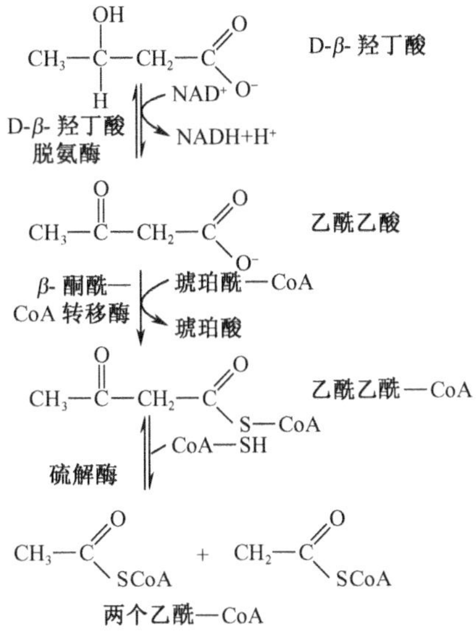

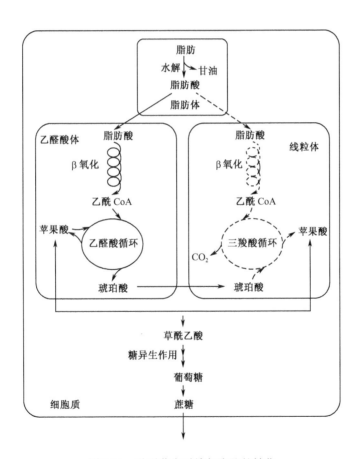

图 9-10 酮体的分解

图 9-11 种子萌发时糖与脂肪的转化

从图 9-11 可以看出，种子中储藏的脂肪在种子萌发时可经乙醛酸循环、糖酵解和柠檬酸循环彻底氧化分解，为幼苗生长提供能量，也可转变成糖类物质为幼苗生长提供碳骨架原料。在糖与脂肪的转化中乙醛酸循环起着关键作用（乙醛酸循环见糖代谢）。

9.2 脂肪的生物合成

脂肪是由甘油和脂肪酸合成的，但二者不能作为直接的底物参加反应，须转变为脂酰 CoA 和磷酸甘油。

9.2.1 磷酸甘油的合成

α-磷酸甘油可由甘油与 ATP 作用生成，该反应由磷酸甘油激酶催化，反应如下：

$$
\begin{array}{c}
\text{H}_2\text{C}-\text{OH} \\
| \\
\text{HO}-\text{CH} \\
| \\
\text{H}_2\text{C}-\text{OH} \\
\text{甘油}
\end{array}
\xrightarrow[\text{磷酸甘油激酶}]{\text{ATP} \quad \text{ADP}}
\begin{array}{c}
\text{H}_2\text{C}-\text{OH} \\
| \\
\text{HO}-\text{CH} \\
| \\
\text{H}_2\text{C}-\text{OPO}_3^{2-} \\
\text{3-磷酸甘油}
\end{array}
$$

磷酸甘油亦可由磷酸二羟丙酮还原产生，该反应由磷酸甘油脱氢酶催化：

$$
\begin{array}{c}
\text{H}_2\text{C}-\text{OH} \\
| \\
\text{O}=\text{C} \\
| \\
\text{H}_2\text{C}-\text{OPO}_3^{2-} \\
\text{磷酸二羟丙酮}
\end{array}
\xrightarrow[\text{磷酸甘油脱氢酶}]{\text{NADH+H}^+ \quad \text{NAD}^+}
\begin{array}{c}
\text{H}_2\text{C}-\text{OH} \\
| \\
\text{HO}-\text{CH} \\
| \\
\text{H}_2\text{C}-\text{OPO}_3^{2-} \\
\text{3-磷酸甘油}
\end{array}
\xrightarrow[\text{磷酸酯酶}]{\text{H}_2\text{O} \quad \text{Pi}}
\begin{array}{c}
\text{H}_2\text{C}-\text{OH} \\
| \\
\text{HO}-\text{CH} \\
| \\
\text{H}_2\text{C}-\text{OH} \\
\text{甘油}
\end{array}
$$

9.2.2 脂肪酸的生物合成

脂肪酸合成过程比它的分解过程要复杂，它包括了饱和脂肪酸合成、链的延长和不饱和脂肪酸的合成。

9.2.2.1 饱和脂肪酸的合成

饱和脂肪酸从头合成，在动物体中是在胞液（cytosol）内进行的；在植物体的叶细胞和种子细胞中分别是在叶绿体（chloroplast）和前质体（proplastid）内进行的。

（1）乙酰 CoA 的运转

大部分脂肪酸合成定位于细胞胞液中，而脂肪酸 β 氧化作用仅在线粒体中发生，合成脂肪酸的原料为乙酰 CoA，它由脂肪酸 β 氧化、丙酮酸脱羧或氨基酸氧化等过程产生，产生的乙酰 CoA 都是在线粒体基质中，它不能任意穿过线粒体膜，故要通过"三羧酸穿梭"透过线粒体内膜而进入细胞胞液。乙酰 CoA 与草酰乙酸结合形成柠檬酸，然后通过三羧酸载体（tricarboxylate transportsystem）透过膜，再由柠檬酸裂解酶裂解成草酰乙酸和乙酰 CoA。草酰乙酸又被 NADH 还原成苹果酸，再经氧化脱羧产生 CO_2、NADPH 和丙酮酸，产生的 NADPH 可以用于脂肪酸生物合成。丙酮酸进入线粒体后，在羧化酶催化下形成草酰乙酸，又可以参加乙酰 CoA 转运循环（见图9-12）。

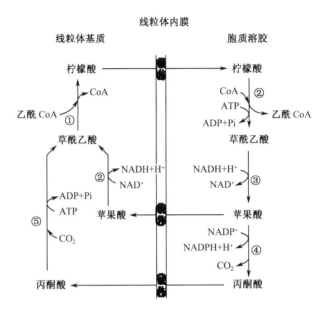

图 9-12 乙酰 CoA 的运转

①柠檬酸合酶；②柠檬酸裂解酶；③苹果酸脱氢酶；④苹果酸酶；⑤丙酮酸羧化酶

植物体内，乙酰 CoA 可直接来自丙酮酸脱氢酶复合体催化的丙酮酸脱氢脱羧反应，也可来自线粒体内的乙酰 CoA，线粒体内的乙酰 CoA 先转变为乙酸，乙酸进入叶绿体后，再在乙酰 CoA 合成酶催化下形成乙酰 CoA。因而，植物体内可能不存在"三羧酸穿梭"。

（2）丙二酸单酰 CoA 的形成

人们在用细胞提取液进行脂肪酸从头合成的研究时，发现需要 HCO_3^- 参与，后来才知道脂肪酸生物合成时，真正参与的是丙二酸单酰 CoA（malonyl CoA）。以合成 1 分子软脂酸为例，合成中所需的 8 个二碳单位中，只有 1 个是乙酰 CoA，而其他 7 个均以丙二酸单酰 CoA 形式参与合成反应的。

丙二酸单酰 CoA 是由乙酰 CoA 和 HCO_3^- 在乙酰 CoA 羧化酶（acetyl CoA carboxyase）催化下形成的，该酶的辅基为生物素，反应中消耗 ATP，其反应为

$$CH_3-\overset{\overset{\text{O}}{\|}}{C}-SCoA + HCO_3^- + H^+ \xrightarrow[\substack{\text{乙酰 CoA 羧化酶}\\\text{生物素}}]{\text{ATP} \quad \text{ADP+Pi}} HOOC-CH_2-\overset{\overset{\text{O}}{\|}}{C}-SCoA$$

乙酰 CoA   丙二酸单酰 CoA

乙酰 CoA 羧化酶为别构酶，在原核生物中，它由生物素羧化酶、羧基转移酶和生

物素羧基载体蛋白（biotin carboxyl-carrie protein，BCCP）三种不同的酶或蛋白所组成；在动物及高等植物体内，该酶具有无活性的单体和有活性的聚合体两种形式，每个单体是一个具有上述三个功能结构域组成的蛋白。在动物体内，柠檬酸能促进单体形成有活性的聚合体，从而促进脂肪酸的合成，而软脂酰 CoA 促使聚合体解体，从而抑制脂肪酸的合成。

原核生物和植物中的该酶效应物及调控情况与动物中的不同。乙酰 CoA 羧化作用机制见图 9-13。

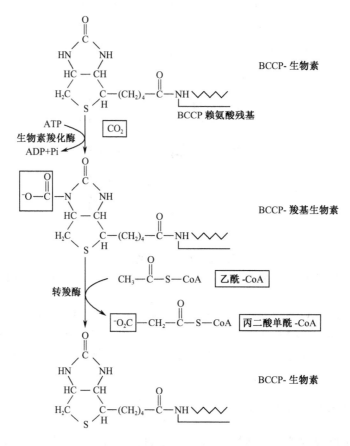

图 9-13　乙酰 CoA 羧化作用机制

（3）脂肪酸合成酶系统

脂肪酸从头合成的整个反应过程需要一种脂酰基载体蛋白（acyl carrier protein，ACP）和六种酶共同参与，这六种酶分别为 ACP-脂酰基转移酶、丙二酸单酰 CoA-ACP 转移酶、β-酮脂酰-ACP 合酶（β-Ketoacyl-ACP synthase）、β-酮脂酰-ACP 还原酶、β-羟脂酰-ACP 脱水酶和烯脂酰-ACP 还原酶。不同生物体内的 ACP 在组成上十分相似，大肠杆菌中的 ACP 是一个由 77 个氨基酸残基组成的热稳定蛋白，该蛋白的第 36 位丝氨酸的羟基与 4-磷酸泛酰巯基乙胺的磷酸基团以酯键相连，其中巯基（—SH）是 ACP 的活性基团，如图 9-14。在大肠杆菌中，上述七种蛋白以 ACP 为中心，有序地组成一个称为脂肪酸合酶系统（fatty acid synthase system，FAS）的脂肪酸合成多酶复合体。ACP 的巯基携带着脂酰基犹如一个转动的手臂，依次有序地将其转到各酶的活性中心，从而发生各种反应，如模式图 9-15。除 ACP 上有一活性巯基外，β-酮脂酰-ACP 合酶上也有一活性巯基（见图 9-16），这一活性巯基是由该酶多肽链上的一个半胱氨酸残基提供的，它是脂肪酸合成过程中脂酰基的另一个载体。因此，脂肪酸合酶系统上有两种活性巯基用于运载脂肪酸，通常把 ACP 上的叫中央巯基，β-酮脂酰-ACP 合酶上的叫外围

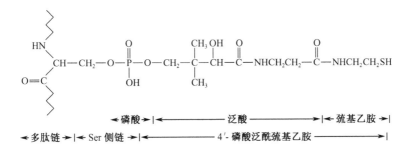

图 9-14　ACP 的活性基团

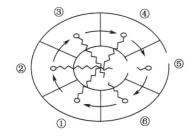

图 9-15　FAS 系统

中央的圆为 ACP

①～⑥为 FAS 的六种酶

图 9-16　FAS 中的活性巯基

巯基。但是，在多数细菌和高等植物中，FAS 系统的七种蛋白分别以游离态存在，可以较容易地将其分离和纯化。更有意思的是许多真核生物的 FAS 系统中存在多功能蛋白，即多种不同的酶蛋白以共价键相连形成一条多肽链，从而一条多肽链上具有多种酶的催化活性。酵母 FAS 系统是一个分别为 6 条 α 和 β 多肽链组成的不均一聚合体（$\alpha_6 \beta_6$），其中，α 链上具有 β-酮脂酰合酶、β-酮脂酰还原酶及 ACP 的活性，β 链上具有其余几种酶的活性。脊椎动物的 FAS 系统是一个由相同亚基组成的二聚体（见图 9-17），其中，每一个亚基上隐含着上述七种蛋白和一种硫酯酶（见下面反应）的活性，即每个亚基单独存在时不表现上述八种酶及蛋白的活性，但一旦两两形成二聚体时，上述各种活性就有序地充分表现出来。

（4）软脂酸的合成历程

在脂肪酸合酶系统作用下，软脂酸（棕榈酸）是按下列反应步骤逐步合成的：

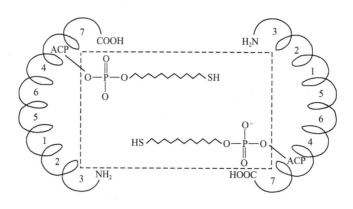

图 9-17　脊椎动物的 FAS 系统二聚体

1）乙酰基转移　乙酰 CoA 在 ACP-脂酰基转移酶（也称乙酰 CoA-ACP 酰基转移酶）催化下，乙酰 CoA 中的乙酰基先被转移到 ACP 的巯基上，又接着被转移到 β-酮脂酰-ACP 合酶（也称缩合酶，condensing enzyme）的半胱氨酸的巯基（表示为合酶-SH）。

2）丙二酸单酰基转移　在丙二酸单酰 CoA-ACP 转移酶催化下，丙二酸单酰 CoA 的丙二酸单酰基被转移至 ACP 上，生成丙二酸单酰-ACP。

3）缩合反应　β-酮脂酰-ACP 合酶上的乙酰基与 ACP 上的丙二酸单酰基在 β-酮脂酰-ACP 合酶催化下缩合成乙酰乙酰-ACP，同时放出一分子 CO_2。

4）还原反应　乙酰乙酰-ACP 在 β-酮脂酰-ACP 还原酶催化下，被 $NADPH + H^+$ 还原成 β-羟丁酰-ACP。

5）脱水反应　在 β-羟脂酰-ACP 脱水酶催化下，β-羟丁酰-ACP 在 α、β 碳原子间脱水生成 Δ^2-反式丁烯酰-ACP（巴豆酰-ACP）。

6）再还原反应　在 β-烯脂酰 CoA 还原酶催化下，又以 $NADPH + H^+$ 为还原剂，Δ^2-反式丁烯酰-ACP 被还原成丁酰-ACP。

丁酰-ACP 继续与丙二酸单酰-ACP 不断地重复以上缩合、还原、脱水、再还原的反应直至生成软脂酰-ACP 为止，见图 9-18。

由于 β-酮脂酰-ACP 合酶仅对 14 碳及 14 碳以下的脂酰-ACP 有催化活性，故从头合成途径只能合成 16 碳及 16 碳以下的饱和脂酰-ACP。以上合成的软脂酰-ACP 由硫酯酶（thioesterase）水解，从而生成软脂酸（棕榈酸）。

综上所述，由乙酰 CoA 合成软脂酸全过程的总反应式可表示为

$$8CH_3\overset{\underset{\|}{O}}{C}-SCoA + 14NADPH\cdot H^+ + 7ATP + H_2O \longrightarrow$$
$$CH_3(CH_2)_{14}COOH + 8CoASH + 14NADP^+ + 7ADP + 7Pi$$
$$8\ 乙酰-CoA^{4-} + 7ATP^{4-} + 14NADPH + 6H^+ \longrightarrow$$
$$软脂酸 + 14NADP^+ + 8CoA-SH^{4-} + 6H_2O + 7ADP^{3-} + 7D_i^{2-}$$

实验证明，反应中所需的 $NADPH + H^+$ 约 60% 来自磷酸戊糖途径，其余的由糖酵解中生成的 $NADH + H^+$ 提供。然而，叶绿体内合成饱和脂肪酸所需的 $NADPH + H^+$ 来自

于光合电子传递反应。

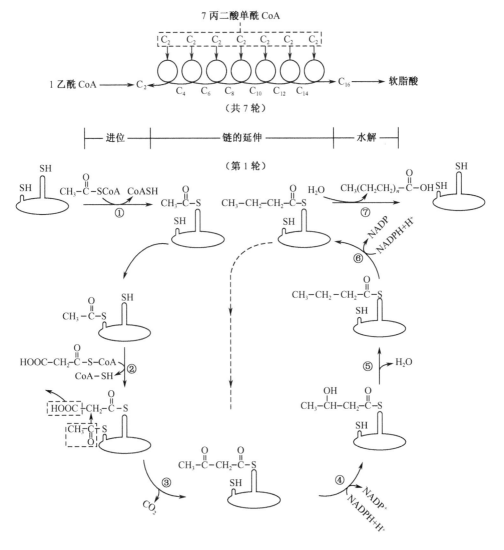

图 9-18　软脂酸合成

（5）饱和脂肪酸合成途径与 β 氧化的比较

脂肪酸合成途径与脂肪酸降解即 β 氧化的异同可归纳见表 9-1。

9.2.2.2　脂肪酸碳链的延长

脂肪酸碳链的延长是以软脂酰 CoA 为起点，通过与从头合成相似步骤，即缩合-还原-脱水-再还原，逐步在羧基端增加二碳单位。

延长过程发生在内质网以及动物的线粒体和植物叶绿体或前质体。不同部位延长具体方式都不同，参见表 9-2。

表 9-1　软脂酸从头合成与 β 氧化过程的差别

区别点	脂肪酸从头合成	脂肪酸 β 氧化
细胞内进行部位	胞液	线粒体
化学反应历程	缩合，还原，脱水和还原	氧化，水合，氧化和裂解
脂酰基载体	ACP	CoA
加入或断裂的二碳单位	丙二酸单酰 CoA	乙酰 CoA
电子供体或受体	NADPH + H$^+$	NAD$^+$、FAD
β-羟脂酰基的立体异构	D 型	L 型
酶	7 种（多酶复合体或多功能蛋白）	4 种
能量	消耗 7 个 ATP 及 14 个 NADPH + H$^+$	产生 129 个 ATP
对 HCO$_3^-$ 和柠檬酸的需求	需要	不需要
底物的转运	三羧酸穿梭系统	肉碱转运
反应方向	从 ω 位到羧基	从羧基端开始降解
循环次数	7 次	7 次

表 9-2　脂肪酸碳链延长的不同方式

细胞内部位	动物	植物	细胞内部位	动物
	线粒体	内质网		线粒体
加入的二碳单位	乙酰 CoA	丙二酸单酰 CoA	加入的二碳单位	乙酰 CoA
脂酰基的载体	CoA	CoA	脂酰基的载体	CoA
电子供体	NADH、NADPH	NADPH	电子供体	NADH、NADPH

在动物体中，发生在线粒体的延长过程相当于脂肪酸 β 氧化过程的逆转，只是第二次还原反应由还原酶而不是脱氢酶催化，电子载体是 NADPH 而不是 FADH$_2$；内质网上的延长与脂肪酸的从头合成过程相似，只是脂酰基的载体为 CoA 而不是 ACP。植物的脂肪酸延长系统有两个，叶绿体或前质体中的只负责将软脂酸转变为硬脂酸（C18:0），这一过程类似于从头合成途径，碳链的进一步延长则由内质网上的延长系统完成。

9.2.2.3　脂肪酸碳链的去饱和

在生物体内存在大量的各种不饱和脂肪酸，如棕榈油酸（C16:1Δ^9）、油酸（C18:1Δ^9）、亚油酸（C18:2Δ^{9,12}）、亚麻酸（C18:3Δ^{9,12,15}）等，它们都是由饱和脂肪酸去饱和作用形成的。去饱和作用有需氧和厌氧两条途径，前者主要存在于真核生物中，后者存在于厌氧微生物中。

（1）需氧途径

该途径由去饱和酶系催化，需要 O$_2$ 和 NADPH 的共同参与。去饱和酶系由去饱和酶（desaturase）及一系列的电子传递体组成。在该途径中，一分子氧接受来自去饱和酶的两对电子而生成两分子水，其中一对电子是通过电子传递体从 NADPH 获得，另一对则是从脂酰基获得，结果 NADPH 被氧化成 NADP$^+$，脂酰基被氧化形成双键（见图 9-19）。

动物和植物体内的去饱和酶系略有不同，前者结合在内质网膜上，以脂酰 CoA 为

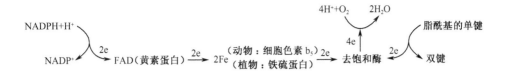

图 9-19 脂肪酸的去饱和

底物；后者在质体中，以脂酰-ACP 为底物。此外，两者的电子传递体组成也略有差别，动物体内为细胞色素 b_5，在植物体内为铁硫蛋白（见图9-19）。

去饱和作用一般首先发生在饱和脂肪酸的 9、10 位碳原子上，生成单不饱和脂肪酸（如棕榈油酸、油酸）。对于动物，尤其是哺乳动物，从该双键向脂肪酸的羧基端继续去饱和形成多不饱和脂肪酸；而植物则是从该双键向脂肪酸的甲基端继续去饱和生成如亚油酸、亚麻酸等多烯脂肪酸。此外，植物的继续去饱和并不通过这条途径，而是在内质网膜上由单不饱和脂肪酸以磷脂或甘油糖脂的形式继续去饱和，它也是一个需氧的过程。

由于动物不能合成亚油酸和亚麻酸，但它们对维持动物生长十分重要，必须从食物中获得，这些脂肪酸对人类和哺乳动物是必需脂肪酸。动物能通过去饱和作用和延长脂肪酸碳链的过程将它们转变为二十碳四烯酸。

（2）厌氧途径

厌氧途径是厌氧微生物合成单不饱和脂肪酸的方式，这一过程发生在脂肪酸从头合成的过程中。当 FAS 系统从头合成到 10 个碳的羟脂酰-ACP（β-羟癸酰-ACP）时，由专一性的 β-羟癸酰-ACP脱水酶催化在 β、γ 位之间脱水，生成 β、γ-烯癸酰-ACP，然后继续参入二碳单位，进行从头合成反应过程。这样，就可产生不同长短的单不饱和脂肪酸。

厌氧途径只能生成单不饱和脂肪酸，因此，厌氧微生物中不存在多不饱和脂肪酸。

9.2.3　三酰甘油的生物合成

合成三酰甘油的原料是 3-磷酸甘油和脂酰 CoA，是由 3-磷酸甘油逐步与三分子脂酰 CoA 缩合生成的。合成过程见图9-20。

3-磷酸甘油先与两分子脂酰 CoA 缩合形成磷脂酸，反应由磷酸甘油脂酰转移酶催化。磷脂酸在磷酸酶催化下脱去磷酸生成二酰甘油。二酰甘油再与一分子脂酰 CoA 缩合形成三酰甘油，反应由二酰甘油脂酰转移酶催化。

9.2.4　脂肪代谢的调节

脂肪代谢调节的研究十分受人关注，目前影响人类健康的主要疾病—心血管疾病、高血脂、肥胖等都与脂肪代谢的失调密切相关；油料作物的出油量也与脂肪代谢的调节

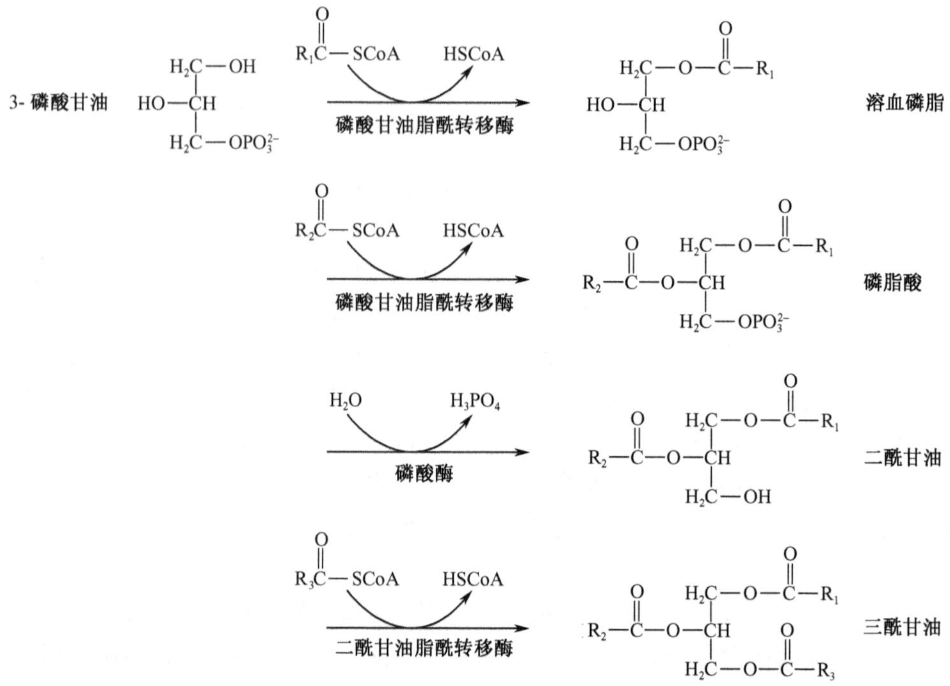

图 9-20　三酰甘油的生物合成

有关。脂肪代谢调节中最重要的部分是脂肪酸的代谢调节。下面是动物体内脂肪酸在分解代谢和合成代谢两方面受到的调节控制。

9.2.4.1　脂肪酸的调节

脂肪酸 β 氧化调控的关键之一是血液中脂肪酸的供给情况。血液中游离脂肪酸主要来自于三酰甘油的分解，它原是储存在脂肪组织中，并受激素敏感的三酰甘油脂肪酶的调节。脂肪酸分解代谢与脂肪酸合成是协同地受调控的，分解代谢与合成代谢的协同调控可防止耗能性的无效循环（futile cycle）。

（1）脂肪酸分解的调节

脂肪酸最主要的分解代谢途径是 β 氧化，其限速步骤是活化的脂酰 CoA 从线粒体外转运至线粒体内。在参与转运的酶及蛋白质中，关键酶是肉毒碱脂酰转移酶 Ⅰ，脂肪酸合成途径的第一个中间产物丙二酸单酰 CoA 是该酶的抑制剂。当细胞中能荷较高时，丙二酸单酰 CoA 含量丰富，使肉毒碱脂酰转移酶 Ⅰ 活性降低，脂酰 CoA 不能穿过膜进入线粒体，因而无法氧化放能。同时还可将新合成的脂肪酸保留在线粒体外而远离 β 氧化途径。

另外，当细胞处于高能荷状态时，参与 β 氧化作用的另两个酶也会被抑制。β-羟脂酰 CoA 脱氢酶被 NADH 抑制，硫解酶被乙酰 CoA 抑制。

以上的这些调节方式可以保证细胞在高能荷状态时，脂肪酸的氧化分解放能受到抑制，而走脂质合成的途径。

（2）脂肪酸合成的调节

乙酰 CoA 羧化酶催化的反应是脂肪酸合成过程中的限速步骤，它是脂肪酸合成调控的关键。当细胞含有过量的脂肪酸时，软脂酰 CoA 不但抑制了乙酰 CoA 羧化酶的活性，而且还抑制柠檬酸从线粒体基质到胞液的转移、葡萄糖-6-磷酸脱氢酶产生 NADPH 以及柠檬酸合酶产生柠檬酸，从而导致脂肪酸合成的抑制。当线粒体乙酰 CoA 的浓度增高，ATP 也增高时，柠檬酸自线粒释出，在胞液转化为乙酰 CoA，同时成为乙酰 CoA 羧化酶活化的别构信号。

植物和细菌中的乙酰 CoA 羧化酶不受柠檬酸或磷酸化/去磷酸化循环的调节，但当基质的 pH 值和 Mg^{2+} 的浓度增高时，酶活性也升高。

如果脂肪酸合成及 β 氧化同时发生，这两个过程必呈耗能性无效循环，从而浪费能量。如前所述，β 氧化可受丙二酸单酰 CoA 作用而阻断，后者可抑制肉碱脂酰转移酶 I。这样，当脂肪酸合成产生出第一个中间体丙二酸单酰 CoA 时，它就从线粒体内膜的运送系统上关闭了 β 氧化。

9.2.4.2 激素对脂肪酸代谢的调节

在脂肪酸分解代谢的调节中，有两个重要的激素，即胰高血糖素（glucagon）和肾上腺素（epinephrine 或 adrenaline）参与调节。

脂肪组织中三酰甘油的水解速度受激素敏感的三酰甘油脂肪酶活性的调节，此酶受磷酸化和去磷酸化调节，而磷酸化和去磷酸化又受 cAMP 水平的调节。肾上腺素、胰高血糖素都使脂肪组织的 cAMP 含量升高。cAMP 变构激活 cAMP 依赖性蛋白激酶，后者增加三酰甘油脂肪酶磷酸化水平，从而加速了脂肪组织中的脂解（lipolysis）作用，进一步提高了血液中脂肪酸的水平，最终活化了其他组织，例如肝脏和肌肉中的 β 氧化途径。cAMP 依赖性蛋白激酶也抑制乙酰 CoA 羧化酶（acetyl CoA carboxylase），它是脂肪酸合成中的一个限速酶，因此 cAMP 依赖性磷酸化作用既刺激脂肪酸的氧化又抑制脂肪酸的合成。

胰岛素和肾上腺素、胰高血糖素的作用相反，胰岛素刺激三酰甘油以及糖原的形成。它还有降低 cAMP 水平的作用，导致去磷酸化，从而抑制激素敏感的脂肪酶的活性，使供给 β 氧化所需的脂肪酸量减少。胰岛素也激活一些不依赖 cAMP 的蛋白激酶，这些酶使另外一些酶磷酸化，如乙酰 CoA 羧化酶磷酸化。因此，胰高血糖素和胰岛素的比例在决定脂肪酸代谢的速度和方向中是至关重要的。

9.3 类脂的代谢

9.3.1 磷脂的降解与生物合成

磷脂广泛存在于细胞中，是生物膜的主要成分，植物体内的磷脂还可作为储藏物质而存在。种子中含有磷脂酰胆碱、磷脂酰乙醇胺及磷脂酰肌醇，大豆种子中含量较高。

种子萌发时子叶或胚乳中磷脂消失，形成的幼苗中并没有生成的相应磷脂，说明种子磷脂作为储藏物质在萌发时进行着活跃的代谢转变。研究表明，磷脂在细胞内比油脂有更高的代谢速率，不断地进行着合成与分解。

9.3.1.1　磷脂的降解

和三酰甘油一样，甘油磷脂的降解也是先水解生成甘油、脂肪酸、磷酸及氨基醇，然后，水解产物各自按不同的途径进一步分解或转化。现在以卵磷脂为例介绍水解过程。

卵磷脂中有四个酯键，需要经过多步水解反应：

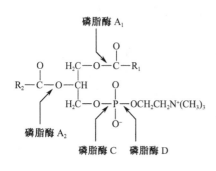

图 9-21　卵磷脂水解

a. 第一步水解反应由磷脂酶（phospholipase）催化，已发现的磷脂酶有四种，分别为磷脂酶 A_1、磷脂酶 A_2、磷脂酶 C 和磷脂酶 D，它们对磷脂水解的部位不一样（图 9-21），因而产物也不一样。

磷脂酶 A_1 广泛分布于动物细胞内，磷脂酶 A_2 存在于蛇毒、蝎毒和蜂毒中，磷脂酶 C 存在于动物脑、蛇毒和细菌毒素中，磷脂酶 D 主要存在于高等植物中。

b. 由磷脂酶 A_1 或磷脂酶 A_2 水解甘油磷脂生成溶血磷脂。溶血磷脂是一类具有较强表面活性的物质，能使红细胞膜和其他细胞膜破坏，引起溶血或细胞坏死。溶血磷脂在溶血磷脂酶（lysophospholipase）作用下，水解掉一个脂肪酸，生成不具有溶血性的 3-甘油磷酸胆碱。

c. 由以上水解酶催化生成的 3-甘油磷酸胆碱、磷脂酸、二酰甘油等物质，在磷酸酯酶（phosphoesterase）、脂肪酶等的作用下进一步水解，最终生成脂肪酸、甘油、磷酸及胆碱。

同样，鞘磷脂的降解也需先经历水解过程，再将水解产物分解或转化。

9.3.1.2　磷脂的生物合成

（1）甘油磷脂的生物合成

甘油磷脂的合成与三酰甘油的合成相似，首先由磷酸甘油与两分子脂肪酸缩合成磷脂酸，然后以此为前体加上各种基团形成甘油磷脂。

生物体中以磷脂酸为前体合成甘油磷脂的途径有两条，如图 9-22 所示。以合成磷脂酰乙醇胺（脑磷脂）为例，两条途径中基团的转移均需要 CDP 作为载体。一条途径（左）是先形成 CDP-二酰甘油，然后将二酰甘油转移给丝氨酸；而另一条途径（右）是先形成 CDP-乙醇胺，然后将乙醇胺转移给二酰甘油。

并不是所有的生物都可以利用这两条途径，第一条途径较为普遍，而第二条途径只有在高等动植物，尤其在哺乳动物中合成磷脂酰丝氨酸、磷脂酰乙醇胺和磷脂酰胆碱三种甘油磷脂时采用。

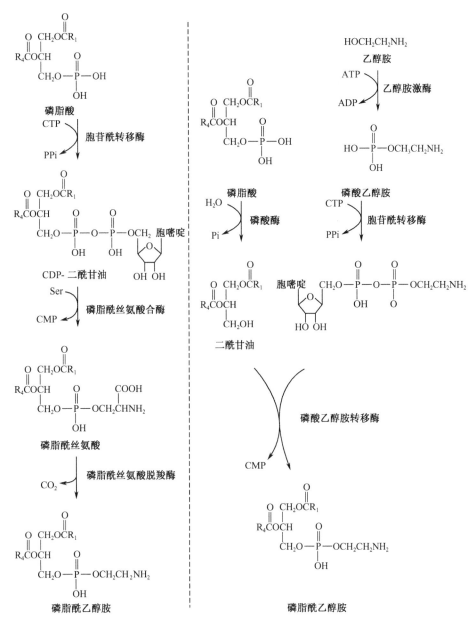

图 9-22　磷脂酰乙醇胺合成

（2）鞘磷脂的生物合成

鞘磷脂与甘油磷脂在结构上的不同之处在于由鞘氨醇代替了甘油，它是与一分子脂肪酸、磷酸和胆碱结合而形成的。鞘磷脂的合成分为三个阶段（见图9-23）。

a. 鞘氨醇的合成：由软脂酰 CoA 与丝氨酸经一系列酶促反应形成。

b. 神经酰胺的形成：由鞘氨醇的氨基与脂酰 CoA 的脂酰基连接形成。

c. 鞘磷脂的合成：由神经酰胺接受 CDP-胆碱上的磷酸胆碱形成。

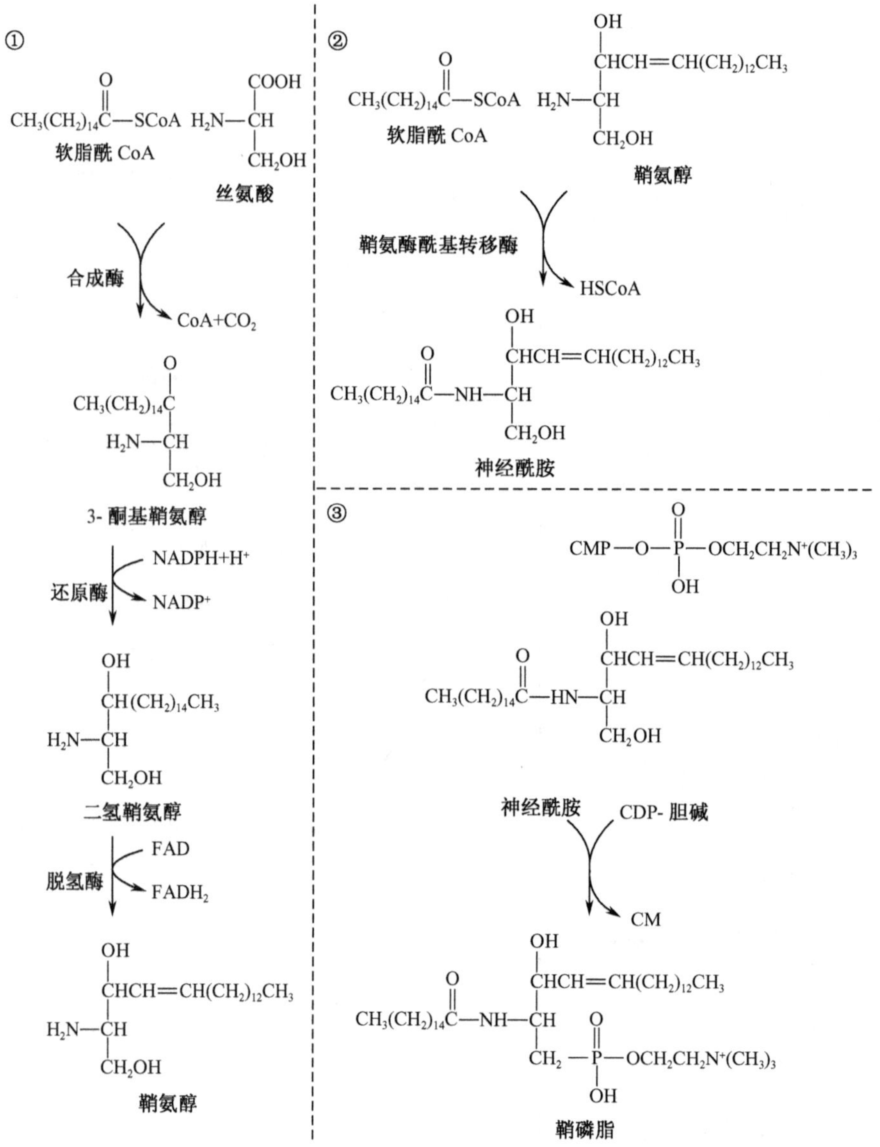

①

$CH_3(CH_2)_{14}C$—SCoA 软脂酰 CoA

H_2N—CH(COOH)—CH_2OH 丝氨酸

合成酶 → CoA+CO_2

$CH_3(CH_2)_{14}C$=O—CH(H_2N)—CH_2OH 3-酮基鞘氨醇

NADPH+H^+ → NADP$^+$ 还原酶

OH—CH($CH_2)_{14}CH_3$—CH(H_2N)—CH_2OH 二氢鞘氨醇

FAD → FADH$_2$ 脱氢酶

OH—CHCH=CH$(CH_2)_{12}CH_3$—CH(H_2N)—CH_2OH 鞘氨醇

②

$CH_3(CH_2)_{14}C$—SCoA 软脂酰 CoA

OH—CHCH=CH$(CH_2)_{12}CH_3$—CH(H_2N)—CH_2OH 鞘氨醇

鞘氨醇酰基转移酶 → HSCoA

$CH_3(CH_2)_{14}C$—NH—CH[OH—CHCH=CH$(CH_2)_{12}CH_3$]—CH_2OH 神经酰胺

③

CMP—O—P(OH)=O—$OCH_2CH_2N^+(CH_3)_3$

$CH_3(CH_2)_{14}C$—HN—CH[OH—CHCH=CH$(CH_2)_{12}CH_3$]—CH_2OH

神经酰胺 CDP-胆碱 → CM

$CH_3(CH_2)_{14}C$—NH—CH[OH—CHCH=CH$(CH_2)_{12}CH_3$]—CH_2—P(OH)=O—$OCH_2CH_2N^+(CH_3)_3$ 鞘磷脂

图 9-23 鞘磷脂的合成

9.3.2 糖脂的降解与生物合成

9.3.2.1 糖脂的降解

糖脂上的糖基成分可以在一些糖苷酶的作用下被水解下来，其他的成分在各种脂酶的作用下可水解成甘油、鞘氨醇、脂肪酸等。

例如，当植物叶细胞受到破坏时，单半乳糖二脂酰甘油（MGDG）和双半乳糖二脂酰甘油（DGDG）可在半乳糖脂酶（galactolipsis）、β-半乳糖苷酶等酶的催化下，迅速水解成甘油、脂肪酸和半乳糖。

9.3.2.2 糖脂的生物合成

（1）甘油糖脂的生物合成

植物体内甘油糖脂主要有单半乳糖二脂酰甘油和双半乳糖二脂酰甘油，它们是叶绿体膜中的主要脂类，研究证明，它们在叶绿体的被膜上合成。

1）单半乳糖二脂酰甘油（MGDG）的合成：首先合成磷脂酸，然后水解掉磷酸生成二酰甘油。二酰甘油接受 UDP-半乳糖上的半乳糖基，从而生成 MGDG。该反应由 UDP-半乳糖-二脂酰甘油半乳糖基转移酶催化，其反应式表示如下：

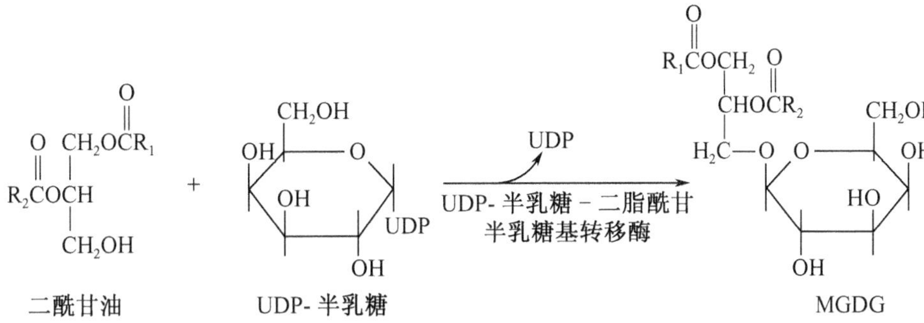

2）双半乳糖二脂酰甘油（DGDG）的合成：由单半乳糖二脂酰甘油再接受一分子 UDP-半乳糖上的半乳糖基，即可生成 DGDG。

研究发现，植物体内合成多烯脂肪酸时，去饱和酶的底物不是来自脂肪酸，而是磷脂或甘油糖脂，如 MGDG，其脂酰基 R_2 可以被去饱和酶作用继续脱饱和形成多烯脂肪酸。

（2）鞘糖脂的生物合成

与鞘磷脂一样，鞘糖脂生物合成的前体物质也是神经酰胺。神经酰胺的末端羟基接受 UDP-糖上的糖基，即可生成脑苷脂。如果在脑苷脂的糖基上继续添加糖基或其他基团，可形成其他的鞘糖脂，如神经节糖脂。此外，脑苷脂的合成还可以鞘氨醇为前体，先接受糖基形成鞘氨醇糖苷然后再脂酰化而完成其合成。鞘糖脂的生物合成过程参见图 9-24。

9.3.3 胆固醇的生物合成与转化

9.3.3.1 胆固醇的生物合成

合成胆固醇的碳源为乙酰 CoA，此外还需要还原剂 NADPH 和能源 ATP 的参与。其合成过程可分为四个阶段。

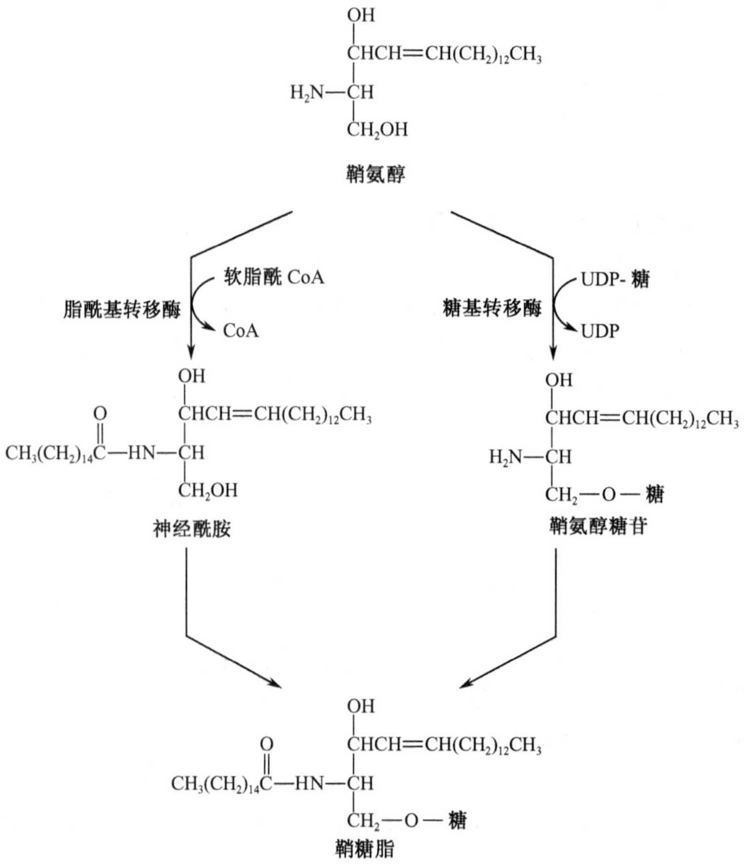

$$\begin{array}{c} \text{OH} \\ | \\ \text{CHCH}=\text{CH(CH}_2)_{12}\text{CH}_3 \\ \text{H}_2\text{N—CH} \\ | \\ \text{CH}_2\text{OH} \end{array}$$

鞘氨醇

脂酰基转移酶 软脂酰 CoA ↘ CoA

糖基转移酶 UDP-糖 ↘ UDP

$$\begin{array}{c} \text{OH} \\ | \\ \text{CHCH}=\text{CH(CH}_2)_{12}\text{CH}_3 \\ \text{CH}_3(\text{CH}_2)_{14}\text{C—HN—CH} \\ \parallel \quad\quad | \\ \text{O} \quad\quad \text{CH}_2\text{OH} \end{array}$$

神经酰胺

$$\begin{array}{c} \text{OH} \\ | \\ \text{CHCH}=\text{CH(CH}_2)_{12}\text{CH}_3 \\ \text{H}_2\text{N—CH} \\ | \\ \text{CH}_2\text{—O—糖} \end{array}$$

鞘氨醇糖苷

$$\begin{array}{c} \text{OH} \\ | \\ \text{CHCH}=\text{CH(CH}_2)_{12}\text{CH}_3 \\ \text{CH}_3(\text{CH}_2)_{14}\text{C—HN—CH} \\ \parallel \quad\quad | \\ \text{O} \quad\quad \text{CH}_2\text{—O—糖} \end{array}$$

鞘糖脂

图 9-24 鞘糖脂的生物合成

（1）3 分子乙酰 CoA 合成 1 分子 3-甲基-3,5-二羟戊酸（甲羟戊酸，mevalonic acid，MVA）

先由两分子乙酰 CoA 缩合成乙酰乙酰 CoA，后者再与一分子乙酰 CoA 缩合成 β-羟-β-甲基戊二酸单酰 CoA（HMG-CoA），这与酮体合成途径的前两步一样。HMG-CoA 是酮体合成与胆固醇合成的分支点。若被裂解酶作用，则合成乙酰乙酸；若被还原酶作用，则被 2 分子 NADPH 还原成 MVA，此反应是胆固醇合成的限速反应（见图 9-25 左）。

（2）由 MVA 生成异戊烯醇焦磷酸酯

MVA 在有关激酶的催化下，经三次磷酸化生成 3-磷酸-5-焦磷酸 MVA，后者不稳定，在脱羧酶作用下脱羧而形成异戊烯醇焦磷酸酯（isopentenyl pyrophosphate，IPP）（图 9-25 右）。IPP 不仅是合成胆固醇的前体，也是植物合成萜类，昆虫合成保幼激素、蜕皮素等的前体。

（3）由 6 分子 IIP 缩合成 1 分子鲨烯

一分子 IPP 先异构成 3,3-二甲基丙烯焦磷酸酯（DPP），然后与两分子 IPP 逐一进

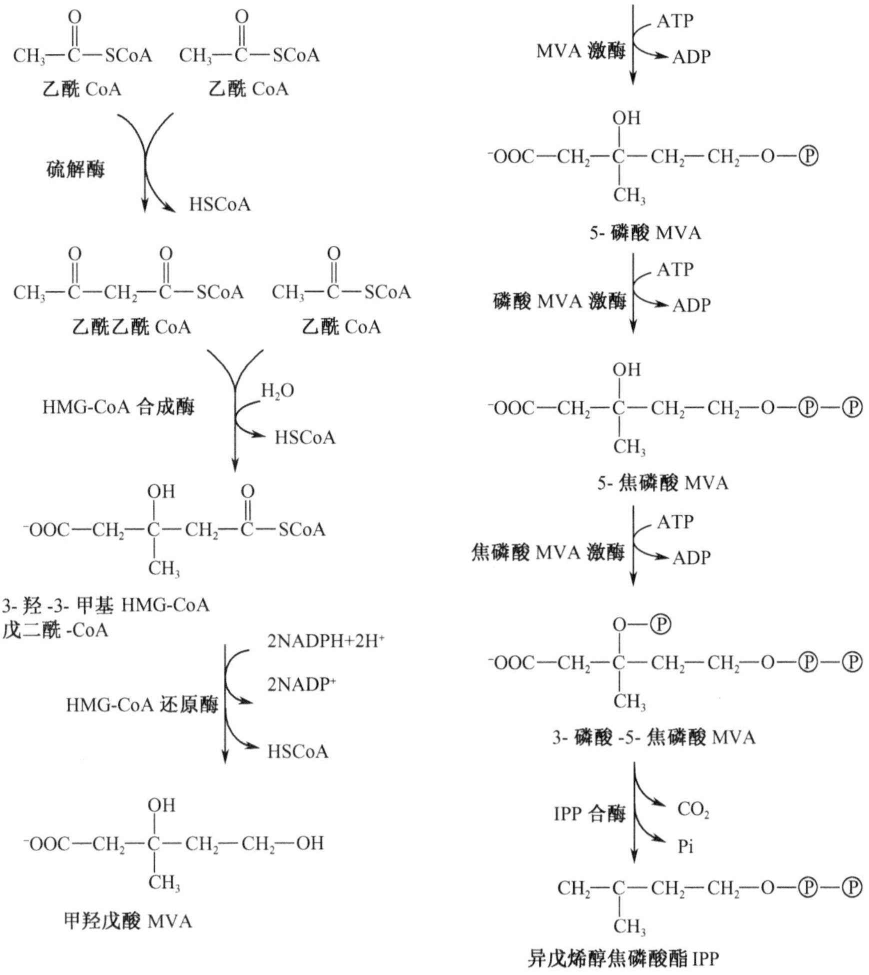

$CH_3-\overset{\overset{O}{\|}}{C}-SCoA$ $CH_3-\overset{\overset{O}{\|}}{C}-SCoA$
乙酰 CoA   乙酰 CoA

硫解酶

HSCoA

$CH_3-\overset{\overset{O}{\|}}{C}-CH_2-\overset{\overset{O}{\|}}{C}-SCoA$ $CH_3-\overset{\overset{O}{\|}}{C}-SCoA$
乙酰乙酰 CoA   乙酰 CoA

HMG-CoA 合成酶 H_2O

HSCoA

$^-OOC-CH_2-\overset{\overset{OH}{|}}{\underset{\underset{CH_3}{|}}{C}}-CH_2-\overset{\overset{O}{\|}}{C}-SCoA$

3- 羟 -3- 甲基 HMG-CoA
戊二酰 -CoA

HMG-CoA 还原酶 $2NADPH+2H^+$ / $2NADP^+$

HSCoA

$^-OOC-CH_2-\overset{\overset{OH}{|}}{\underset{\underset{CH_3}{|}}{C}}-CH_2-CH_2-OH$

甲羟戊酸 MVA

MVA 激酶   ATP / ADP

$^-OOC-CH_2-\overset{\overset{OH}{|}}{\underset{\underset{CH_3}{|}}{C}}-CH_2-CH_2-O-\text{P}$

5- 磷酸 MVA

磷酸 MVA 激酶   ATP / ADP

$^-OOC-CH_2-\overset{\overset{OH}{|}}{\underset{\underset{CH_3}{|}}{C}}-CH_2-CH_2-O-\text{P}-\text{P}$

5- 焦磷酸 MVA

焦磷酸 MVA 激酶   ATP / ADP

$^-OOC-CH_2-\overset{\overset{O-\text{P}}{|}}{\underset{\underset{CH_3}{|}}{C}}-CH_2-CH_2-O-\text{P}-\text{P}$

3- 磷酸 -5- 焦磷酸 MVA

IPP 合酶 CO_2 / Pi

$CH_2=\overset{\underset{\underset{CH_3}{|}}{}}{C}-CH_2-CH_2-O-\text{P}-\text{P}$

异戊烯醇焦磷酸酯 IPP

图 9-25　胆固醇的生物合成第 1、2 阶段

行头尾缩合，先后生成牻牛儿焦磷酸酯（GPP）和法呢焦磷酸酯（FPP）。牻牛儿焦磷酸酯可进一步缩合成二萜及多萜类，在植物体内可进一步转化为叶黄素、番茄红素、胡萝卜素等。

二分子 FPP 尾尾缩合并被 NADPH 还原脱去两分子焦磷酸生成鲨烯（squalene）（图9-26）。

（4）由鲨烯生成胆固醇

鲨烯首先在 2、3 位上环氧化生成 2,3-环氧鲨烯，然后整条长链环化形成羊毛固醇。羊毛固醇经三次脱甲基、双键从 7、8 位至 5、6 位的移动以及侧链双键被 NADPH 还原成单键等多步反应，最终形成胆固醇（见图9-27）。

值得一提的是，环氧鲨烯除了在动物中形成胆固醇外，在植物中可转化成豆甾醇，在真菌中可转化成麦角固醇。

胆固醇主要在脊椎动物的肝脏中合成。研究发现，在胆固醇合成的四个阶段中，第

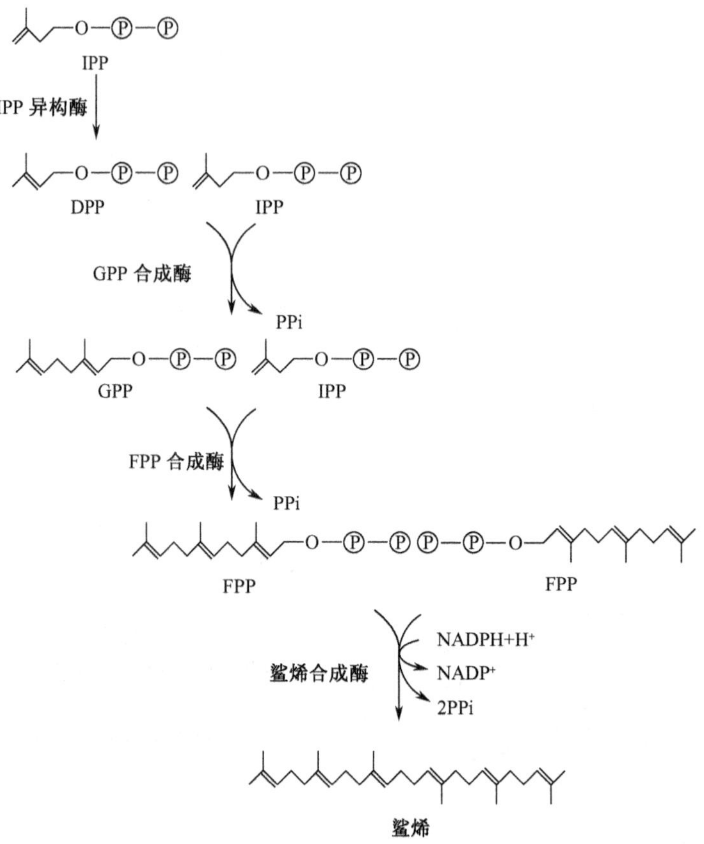

图 9-26　胆固醇生成第 3 阶段

一阶段由膜酶催化，第二、三阶段由可溶性酶催化，第四阶段即合成鲨烯后，鲨烯被固醇载体蛋白（SCP）转运至内质网上，在那儿继续进行合成反应。

9.3.3.2　胆固醇的转化

胆固醇在动物体内不仅可以在 C_3 的羟基上接受脂酰 CoA 的脂酰基酯化成胆固醇脂，还可在有关酶催化下，转化成具有重要生理功能的物质，如胆酸、类固醇激素、维生素 D 等。

（1）转化为胆酸及其衍生物

胆固醇在羟化酶及脱氢酶的催化下，在 C_7、C_{12} 位上发生羟基化，侧链 C_{24} 位氧化成羧酸，从而转变为胆酸。胆酸在消耗 ATP 的条件下可形成胆酰 CoA，后者与牛磺酸（$H_2NCH_2CH_2SO_3H$）或甘氨酸缩合形成牛黄胆酸或甘氨胆酸，这两种胆汁盐对油脂的消化和脂溶性维生素的吸收有重要作用。

（2）转化为类固醇激素

胆固醇在羟化酶、脱氢酶、异构酶和裂解酶的催化下，可转化为各种类固醇激素，如糖皮质激素、盐皮质激素、孕酮、雄激素和雌激素等。

（3）转化为维生素 D_3

胆固醇先转化成 7-脱氢胆固醇，后者在紫外光作用下，C_9 与 C_{10} 间发生开环，进一步转化变为维生素 D_3。

此外，麦角固醇在紫外线作用下，也可转变成维生素 D_2。

9.3.3.3　胆固醇的代谢调节

胆固醇生物合成速度的调节首先由 HMG-CoA 还原酶的活性所决定。这个关键酶又由酶的合成和磷酸化/去磷酸化反应所控制。酶的合成受胆固醇调控，这里讲的胆固醇指的是低密度脂蛋白（LDL）提供给细胞的胆固醇。胆固醇和磷脂靠脂蛋白运送到血浆获得。脂蛋白是由小肠和肝脏合成并分泌的。胆固醇合成的部位主要在胞液和内质网。

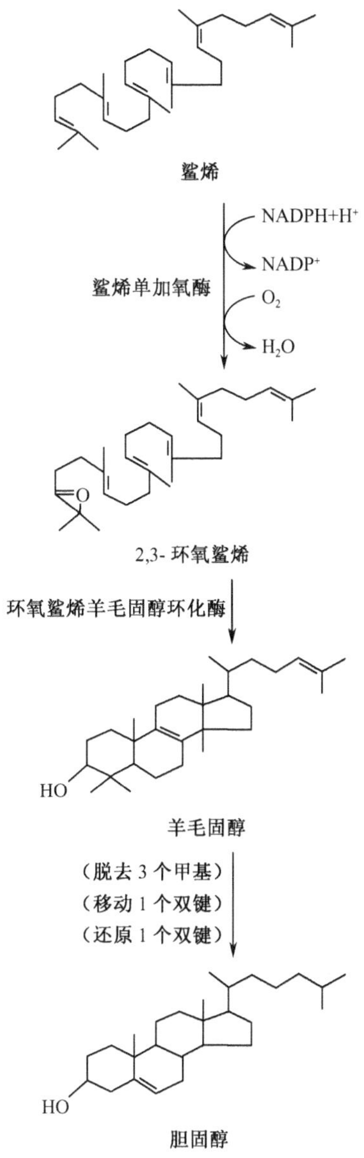

HMG-CoA 还原酶的酶活性受着 3 方面的调节。其一属于基因表达的范畴。mRNA 的生成量受胆固醇供给情况的调节，当胆固醇过量时，HMG-CoA 还原酶的 mRNA 量减低，因此产生的酶也减少。胆固醇的缺乏将增强还原酶的 mRNA 的合成。第 2 个调节机制是 HMG-CoA 还原酶的降解速度。已知酶在细胞中的含量决定着酶的合成和降解两方面的速度，HMG-CoA 还原酶的半寿期为 2h 至 4h，约为内质网中的其他蛋白半寿期的十分之一。换句话说，HMG-CoA 还原酶在细胞内降解得很快。这个还原酶的降解速度又是由胆固醇供给情况所决定的。当胆固醇含量丰富时，酶降解的速度与胆固醇在限量供给时相比要快约 2 倍。胆固醇对酶降解的效应由酶的膜结构域（membrane domain）介导的。第 3 个调节机制是还原酶的磷酸化/去磷酸化，它导致酶的失活和激活。HMG-CoA 还原酶激酶的激酶（HMG-CoA reductase kinase kinase）可以使 HMG-CoA 还原酶激酶磷酸化，并使其激活。HMG-CoA 还原酶激酶被激活后又使 HMG-CoA 还原酶磷酸化从而导致还原酶的失活。所有的激酶都是 cAMP 不依赖的，它们的效应可由蛋白磷酸酶（protein phosphatase）所逆转，这些激酶和磷酸酶介导着 HMG-CoA 还原酶活性的变化。

很长时期，人们认识到血浆中的高胆固醇与心血管疾病如绝大多数的心脏病、脑溢

鲨烯

NADPH+H^+
NADP$^+$
鲨烯单加氧酶
O_2
H_2O

2,3-环氧鲨烯

环氧鲨烯羊毛固醇环化酶

羊毛固醇

（脱去 3 个甲基）
（移动 1 个双键）
（还原 1 个双键）

胆固醇

图 9-27　胆固醇生成第 4 阶段

血等有着相关。大多数的血浆胆固醇在肝脏中生成，因此设想使 HMG-CoA 还原酶失活或钝化的药物可特异地作用胆固醇的生物合成。因为这个酶是调节胆固醇合成的关键。人们从真菌中分离出一些代谢物，其中最有效的是 lovastein，它是一个 HMG-CoA 还原酶的有效的竞争性抑制剂。对狗的实验表明，服用小剂量的这种药物（每千克体重 8 mg）可以降低血浆中胆固醇浓度的 30 %。这个药物已被批准用于高胆固醇血症（hypercholesterolemia）患者。

9.3.3.4　脂类的转运

在植物体内有机物的运输主要以可溶性的蔗糖和氨基酸的形式进行，脂类则由糖类转化而来。在动物体内，无论是肠道吸收的脂类，还是机体（如肝和脂肪组织）合成的脂类，都要通过血液运输到一定的组织中去利用、储存和转变。脂类不溶于水，因此不能以游离的形式运输。其运输形式有两种：游离脂肪酸和血浆清蛋白结合形成可溶性复合物和血浆脂蛋白（lipoprotein）。

脂蛋白按密度大小可分为四类：从小到大依次为乳糜微粒（chylomicron，CM）、极低密度脂蛋白（very low density lipoprotein，VLDL）、低密度脂蛋白（low density lipoprotein，LDL）和高密度脂蛋白（high density lipoprotein，HDL）。这些脂蛋白包含载脂蛋白（apolipoprotein）、三酰甘油、磷脂、胆固醇及其酯等，形成球状结构。疏水的三酰甘油、胆固醇处于球的内核中，而兼有极性与非极性基团的载脂蛋白、磷脂和胆固醇以单分子层覆盖于脂蛋白球的表面，非极性基团朝向疏水内核，极性的基团朝向脂蛋白球外侧。因而脂蛋白可以在血浆中运输。

人类的血浆中胆固醇和 LDL 水平的升高与心血管疾患的发生关联密切。最近的实验结果表明 HDL 在血浆中的浓度升高与减弱冠状动脉疾病的发生也密切关联。为什么提升 HDL 在血浆中的浓度水平会防止心血管疾患？似乎 LDL 水平的升高是这类疾患的原因。对这个问题目前还没有明确的答案。一种解释认为 HDL 使胆固醇回到肝脏，在肝脏胆固醇可经代谢排出。从净效应看，提高动脉血的 HDL，血浆胆固醇量是减少了。

10 氨基酸与核苷酸代谢

本章提要 氨基酸和核苷酸是两类含氮小分子。氨基酸的共同分解代谢是脱氨与脱羧作用。联合脱氨作用是脱氨作用的主要方式。脱氨反应产生的氨可生成谷氨酰胺，哺乳动物可经鸟氨酸循环生成尿素。脱氨反应产生 α-酮酸可经三羧酸循环代谢。不同侧链的氨基酸经不同途径代谢。动物体内氨基酸可分为生糖、生酮和生糖兼生酮氨基酸。氨基酸、核苷酸及其他生物分子中的氮原子来自氨基，自然界中由固氮生物固氮酶完成分子氮向氨的转化。氨经谷氨酸等同化，为氨基酸的生物合成提供氮源。核酸水解生成核苷酸。嘌呤核苷酸在不同种类的动物中分解的最终产物是不同的。核苷酸的生物合成从磷酸核糖焦磷酸的合成开始。嘌呤环和嘧啶环的从头合成的原子来源不一样。合成速率是受反馈调控的。脱氧核糖核苷酸的生物合成机理是含有自由基的生化转移的最好例子。生物体能合成其他重要核苷酸生物。

10.1　氨基酸的分解代谢

10.1.1　机体对外源蛋白质的需要及其消化作用

高等动物摄入的外源蛋白质在消化道内经过水解作用变为小分子的氨基酸，然后才被吸收进入血液，供给细胞合成自身蛋白质的需要。氨基酸的分解代谢主要在肝脏进行。同位素示踪表明，一个体重70kg的人，吃一般膳食，每天可有400g蛋白质发生变化。其中约有1/4氧化降解或转变为葡萄糖，其余3/4在体内进行再循环。机体每天以含氮化合物由尿排出的氨基氮约为 6～20g，甚至在未进食蛋白质时也是如此。每天排泄5g氮相当于丢失30g内源蛋白质。因此，每天摄取富含蛋白质食品是必要的。

（1）外源蛋白质的消化吸收

蛋白质在哺乳动物消化道中降解为氨基酸要经过一系列的消化过程。食物进入胃后，使胃分泌胃泌素（gastrin），后者刺激胃中壁细胞（parietal cell）分泌盐酸，主细胞（chief cell）分泌胃蛋白酶原（pepsinogen）。胃液的酸性（pH 值为 1.5～2.5）可促使蛋白变性。胃蛋白酶原经自身催化（autocalysis）作用，脱下自 N 端的42个氨基酸肽段转变为活性胃蛋白酶（pepsin），它催化具有苯丙氨酸、酪氨酸、色氨酸以及亮氨酸、谷氨酸、谷氨酰胺等肽键的断裂，使大分子的蛋白质变为较小分子的多肽。

蛋白质在胃中消化后，连同胃液进入小肠。在胃液的酸性刺激下，小肠分泌肠促胰液肽（secretin）进入血液，刺激胰腺分泌碳酸，中和进入小肠胃酸。食物中的氨基酸刺激十二指肠分泌胰蛋白酶、糜蛋白酶、羧肽酶、氨肽酶等。这些酶也以酶原形式分泌，随后被激活而发挥作用。胰蛋白酶被肠激酶（enterokinase）激活，胰蛋白酶也有自身催化作用。其酶原从分子的 N 端脱掉一段 6 肽肽段，转变为有活性的酶。胰蛋白酶可水解由赖氨酸、精氨酸的羧基形成的肽键。糜蛋白酶原分子中含有四个二硫键，由胰蛋白酶水解断开其酶原中的两个二硫键，并脱掉分子中的两个肽而被激活。形成的活性糜蛋白酶分子是由二硫键连接着的三段肽链构成的。该酶的作用是水解含有苯丙氨酸、酪氨酸、色氨酸等残基的羧基形成的肽键。肠中还有一种弹性蛋白酶（elastase），其特异性最低，能水解缬氨酸、亮氨酸、丝氨酸、丙氨酸等各种脂肪族氨基酸羧基形成的肽键。

经胃蛋白酶、胰蛋白酶、糜蛋白酶、弹性蛋白酶作用后的蛋白质，已变成短链的肽和部分游离氨基酸。短肽又经羧肽酶和氨肽酶的作用，分别从肽段的 C 端和 N 端水解下氨基酸残基。羧肽酶有 A、B 两种，分别称为羧肽酶 A 和羧肽酶 B。羧肽酶 A（相对分子质量为 34 000）主要水解由各种中性氨基酸为羧基末端构成的肽键。羧肽酶 B 主要水解由赖氨酸、精氨酸等碱性氨基酸为羧基末端构成的肽键。氨肽酶则水解氨基末端的肽键。蛋白质经过上述消化道内各种酶的协同作用，最后转变为游离氨基酸。

（2）植物体内的蛋白质降解

动物从饮食中获得的蛋白质，由各种蛋白水解酶消化分解为氨基酸，然后被吸收利用。在植物体内，蛋白质也常被降解，例如当种子（特别是富含蛋白质的豆科种子）萌发时，蛋白质发生强烈的降解作用，胚乳或子叶中的储藏蛋白，被酶解为氨基酸，然后再被利用来生成幼苗组织中的蛋白。

在生物体内，蛋白质在蛋白酶作用下分解为许多小的片段，暴露出许多末端，然后在肽酶作用下进一步分解为氨基酸，其作用和 α-淀粉酶与 β-淀粉酶共同作用于淀粉相似。

植物含有几种特殊的蛋白酶。例如番木瓜（papaya）果实及叶片乳汁中含有木瓜蛋白酶（papain）。现已经提纯得到结晶的木瓜蛋白酶。木瓜蛋白酶的活性要求有一个游离的—SH 基，故还原剂如 HCN、H_2S、半胱氨酸、还原型谷胱甘肽等均可使之活化。而氧化剂能氧化—SH 基使之钝化。重金属离子能与—SH 结合，故有抑制作用。在医药上用以治疗消化不良，在工业上则用于啤酒的澄清及肉类嫩化剂。在木瓜乳汁中还含有木瓜凝乳蛋白酶（chymopapain），其性质与动物凝乳蛋白酶相似。在菠萝叶和果实中含有菠萝蛋白酶（bromelin），和木瓜蛋白酶一样，菠萝蛋白酶也可被半胱氨酸、HCN、H_2S 活化而被 H_2O_2、$KMnO_4$、铁氰化物抑制。重金属离子如 Ag^+、Hg^{2+} 亦有抑制作用。菠萝蛋白酶制剂亦用于啤酒的澄清，在制作面包时加入菠萝蛋白酶可改善面筋的弹性而增加面包的体积。在无花果的乳汁中含有无花果蛋白酶（ficin），其性质也和木瓜蛋白酶相似，可被半胱氨酸、HCN 等活化而被 I_2、H_2O_2 抑制。

除上述几种蛋白酶外，植物还广泛存在其他的蛋白酶类，禾谷类作物的蛋白酶以小麦、大麦研究得比较多。未发芽的种子中蛋白酶的活性极弱，而发芽后活性大大增加，例如小麦种子发芽 8 天后，蛋白酶的活性增加 80 倍，这一方面是由于种子中不活跃的酶原转变为活性酶，另一方面是胚中含有大量的谷胱甘肽的作用。

此外，菠菜果实、花生及龙葵中也存在蛋白酶。在向日葵及大麻种子中，目前已分离出具有蛋白酶活性的蛋白体，据认为这些蛋白体是类似溶酶体的细胞器，在细胞内起着分解蛋白质的作用。在菜豆叶子内也发现有蛋白酶存在，它的活性随叶子生长而增加。

在许多食虫植物中，都发现有强烈分解蛋白质的酶类。例如猪笼草、瓶子草及茅膏菜等，蛋白酶可分解捕获到的虫体蛋白供植物利用。有的捕虫器官像小瓶，实际是一种变态叶。如茅膏菜，每两片捕虫叶成为一对，昆虫被夹在中间，叶上的分泌腺分泌出蛋白酶，消化虫体蛋白后叶子才放开，脱出昆虫残骸。

10.1.2　氨基酸的降解和转化

蛋白质经过上述各种酶的协同作用转变为游离的氨基酸，氨基酸在细胞内有多种代谢途径。一是生物合成蛋白质，一是进行分解代谢。氨基酸的分解一般总是先脱去氨基形成碳骨架 α-酮酸，α-酮酸可进行氧化形成二氧化碳和水，产生 ATP，也可以转化为糖和脂肪。

10.1.2.1　脱氨基作用

氨基酸可以通过下列方式发生脱氨反应（deamination）。

（1）氧化脱氨

这是氨基酸脱氨的主要方式，脱去氨基后，氨基酸转变为相应的酮酸。例如由谷氨酸脱氢酶催化谷氨酸氧化脱氨（oxidative deamination）后，生成 α-酮戊二酸：

$$
\begin{array}{ccc}
\text{COOH} & & \text{COOH} \\
| & & | \\
\text{CHNH}_2 & & \text{C}=\text{O} \\
| & \xrightarrow[]{\text{谷氨酸脱氢酶}} & | \\
\text{CH}_2 \quad +\text{H}_2\text{O}+\text{NADP}^+ & \rightleftharpoons & \text{CH}_2 \quad +\text{NH}_3+\text{NAD(P)H}+\text{H}^+ \\
| & & | \\
\text{CH}_2 & & \text{CH}_2 \\
| & & | \\
\text{COOH} & & \text{COOH} \\
\end{array}
$$

谷氨酸　　　　　　　　　α-酮戊二酸

在高等植物内，谷氨酸脱氢酶广泛分布于种子、根、胚轴、叶片等组织中。在细胞内，谷氨酸脱氢酶存在于线粒体；近年发现，在细胞质也发现有谷氨酸脱氢酶存在。

此外，氨基酸在 L-氨基酸氧化酶催化下，也进行氧化脱氨。动物肝脏和肾脏、真菌、细菌中有氨基酸氧化酶，为一黄素蛋白，以 FAD 为辅基，催化下列反应：

$$
\begin{array}{cc}
\text{R}-\text{CH}-\text{COOH}+\text{O}_2+\text{H}_2\text{O} \longrightarrow \text{R}-\text{C}-\text{COOH}+\text{NH}_3+\text{H}_2\text{O}_2 \\
\quad\quad\quad | \quad\quad\quad\quad\quad\quad\quad\quad\quad\quad\quad\quad\quad\quad\quad\quad\quad \| \\
\quad\quad\quad \text{NH}_2 \quad\quad\quad\quad\quad\quad\quad\quad\quad\quad\quad\quad\quad\quad\quad\quad \text{O} \\
\end{array}
$$

氨基酸　　　　　　　　　　　　α-酮酸

（2）非氧化脱氨

非氧化脱氨（nonoxidative deamination）包括许多反应，例如 L-丝氨酸在丝氨酸脱水酶（serine dehydratase）作用下发生脱氨，此酶以磷酸吡哆醛为辅酶，催化丝氨酸脱氨后，发生分子内重排，生成丙酮酸。

$$
\begin{array}{ccc}
\begin{array}{c} CH_2OH \\ | \\ HC-NH_2 \\ | \\ COOH \end{array}
& \xrightarrow[-H_2O]{\text{脱水酶}} &
\begin{array}{c} CH_2 \\ \| \\ C-NH_2 \\ | \\ COOH \end{array}
& \xrightarrow{\text{分子重排}} \\
\text{丝氨酸} & & \alpha\text{-氨基丙烯酸} &
\end{array}
$$

$$
\begin{array}{ccc}
\begin{array}{c} CO_3 \\ | \\ C=NH \\ | \\ COOH \end{array}
& \xrightarrow[+H_2O]{\text{自发水解}} &
\begin{array}{c} CH_3 \\ | \\ C=O \\ | \\ COOH \end{array} + NH_3 \\
\text{亚氨基丙酸} & & \text{丙酮酸}
\end{array}
$$

另一非氧化脱氨反应是由解氨酶催化的，一个显著的例子是苯丙氨酸解氨酶（phenylalanine ammonia lyase，PAL），此酶催化苯丙氨酸和酪氨酸发生脱氨：

$$
\text{L-苯丙氨酸} \xrightarrow{\text{苯丙氨酸解氨酶}} \text{反式肉桂酸} + NH_3
$$

$$
\text{酪氨酸} \xrightarrow{\text{苯丙氨酸解氨酶}} \text{反式香豆酸} + NH_3
$$

植物组织照光后，PAL 含量水平显著增加，故常用作研究酶合成的材料。上述两反应很重要，因为生成的反式肉桂酸可进一步转化为香豆素、木质素、单宁等次生物质，由反式香豆酸可转化为 P-羟苯甲酸，后者参加泛醌（辅酶 Q）的合成。

酰胺也可以在脱酰胺酶（deamidase）作用下脱去酰胺基，而生成氨。在花生种子发芽时，观察到脱酰胺反应。

上述的脱氨反应产生游离的氨对生物组织是有毒的，因此必须将氨转变为无毒的化合物。如果组织内含有足够的碳水化合物，氨可以与由碳水化合物转变成的酮酸发生氨基化，重新生成氨基酸。有些植物组织含有大量的有机酸，氨可以与有机酸形成有机酸盐。此外，酰胺的形成也起着消除氨的作用。

（3）转氨基作用

转氨基作用是 α-氨基酸和 α-酮酸之间的氨基转移反应。α-氨基酸的氨基在相应的转氨酶催化下转移到 α-酮酸的酮基碳原子上，结果是原来的氨基酸生成了相应的 α-

酮酸，而原来的 α-酮酸则形成了相应的氨基酸。这种作用称为转氨基作用。催化转氨基作用的酶叫做转氨酶或氨基移换酶。转氨酶广泛存在于生物体内。目前已经发现的转氨酶至少有 50 多种。用 ^{15}N 标记的氨基酸已经证明，除甘氨酸、赖氨酸和苏氨酸外，其余的 α-氨基酸都可参加转氨基作用，其中以谷丙转氨酶（GPT）和谷草转氨酶（GOT）最重要，前者催化谷氨酸与丙酮酸之间的转氨基作用，后者催化谷氨酸与草酰乙酸之间的转氨基作用。反应式如下：

$$
\begin{array}{c}
\underset{\text{谷氨酸}}{
\begin{array}{c}
\text{COOH} \\
|\\
\text{CHNH}_2 \\
|\\
\text{CH}_2 \\
|\\
\text{CH}_2 \\
|\\
\text{COOH}
\end{array}}
+
\underset{\text{丙酮酸}}{
\begin{array}{c}
\text{CH}_3 \\
|\\
\text{C=O} \\
|\\
\text{COOH}
\end{array}}
\quad\underset{\text{谷丙转氨酶}}{\rightleftharpoons}\quad
\underset{\alpha\text{-酮戊二酸}}{
\begin{array}{c}
\text{COOH} \\
|\\
\text{C=O} \\
|\\
\text{CH}_2 \\
|\\
\text{CH}_2 \\
|\\
\text{COOH}
\end{array}}
+
\underset{\text{丙氨酸}}{
\begin{array}{c}
\text{CH}_3 \\
|\\
\text{CH—NH}_2 \\
|\\
\text{COOH}
\end{array}}
\end{array}
$$

转氨酶的种类虽多，但其辅酶只有一种，即磷酸吡哆醛。磷酸吡哆醛传递氨基的机理是它能接受氨基酸分子中的氨基而变成磷酸吡哆胺，同时氨基酸变成 α-酮酸。磷酸吡哆胺再将其氨基转移给另一分子 α-酮酸生成另一种氨基酸，本身变成磷酸吡哆醛。磷酸吡哆醛实际上是氨基酸的分解与合成过程中一种氨基的传递体。

转氨酶催化的反应是可逆的，平衡常数为 1.0 左右，即反应可向左右两个方向进行。

（4）联合脱氨基作用

氨基酸的转氨作用虽然在生物体内普遍存在，但只靠转氨作用并不能最终使氨基脱掉。同时，氧化脱氨作用也不能满足机体脱氨基的需要。因此一般认为L-氨基酸在体内不是直接氧化脱氨，而是先与 α-酮戊二酸经转氨作用变为相应的 α-酮酸和谷氨酸，谷氨酸可通过两种方式氧化脱氨。

1）转氨酶-谷氨酸脱氢酶的联合脱氨作用

这种脱氨基作用是转氨基作用和氧化脱氨基作用偶联进行的，所以称为联合脱氨基作用，其反应式表示如见图 10-1。

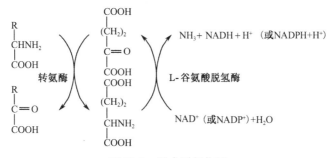

图 10-1　联合脱氨作用

2）转氨酶-嘌呤核苷酸循环联合脱氨作用

L-谷氨酸脱氢酶在动物组织如肝、肾等脏器中含量丰富，活力很强。但在心肌、骨骼肌和脑组织中该酶含量甚少，相反，在这些组织中腺苷酸脱氨酶、腺苷琥珀酸合成酶和腺苷酸琥珀酸裂解酶的含量及活性都很高。因此认为，在这些组织中的脱氨基过程主要是嘌呤核苷酸循环的联合脱氨基作用。实验证明，在脑组织中有 50% 的氨是经过腺嘌呤核苷酸循环产生的。嘌呤核苷酸循环过程如图 10-2 所示。

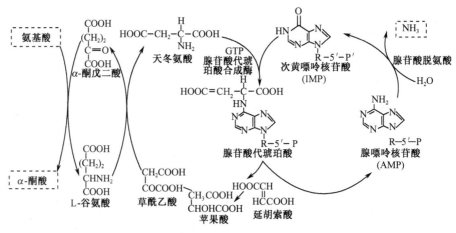

图 10-2　嘌呤核苷酸循环

10.1.2.2　脱羧基作用

氨基酸在脱羧酶（decaboxylase）作用下发生脱羧基（decarboxylation）反应，形成胺类化合物：

$$R—CH—COOH \longrightarrow R—CH_2 + CO_2$$
$$\quad\quad |\quad\quad\quad\quad\quad\quad\quad |$$
$$\quad\quad NH_2\quad\quad\quad\quad\quad\quad NH_2$$

在动植物和微生物中都含有氨基酸脱羧酶，它的辅酶为磷酸吡哆醛。谷氨酸脱羧后生成 γ-氨基丁酸，γ-氨基丁酸在马铃薯块茎中大量存在，在其他植物组织中也广泛分布，在发芽种子及缺水和（或）厌氧条件下的叶片中亦显著存在。有证据表明 γ-氨基丁酸的氨基可发生转氨反应生成谷氨酸和琥珀酸半醛，后者被氧化为琥珀酸后进入三羧酸循环。丝氨酸脱羧后生成乙醇胺，乙醇胺经甲基化后生成胆碱，乙醇胺和胆碱分别是合成脑磷脂和卵磷脂的成分。色氨酸在脱氨和脱羧后，生成植物生长素（吲哚乙酸）。由赖氨酸脱羧生成尸胺（cadaverine），由鸟氨酸脱羧生成腐胺（putrescine），由精氨酸脱羧生成鲱精胺（agmatine），由鲱精胺亦可转化为腐胺，反应如下：

$$HOOC—(CH_2)_2—CHNH_2—COOH \xrightarrow{\text{谷氨酸脱羧酶}} HOOC—(CH_2)_2—CH_2NH_2 + CO_2$$

谷氨酸　　　　　　　　　　　　　　　　　γ-氨基丁酸

$$HOOC—CHNH_2—(CH_2)_3—CH_2NH_2 \longrightarrow NH_2CH_2—(CH_2)_3—CH_2NH_2 + CO_2$$

赖氨酸　　　　　　　　　　　　　戊二胺（尸胺）

$$HOOC—CHNH_2—(CH_2)_2—CH_2NH_2 \longrightarrow NH_2CH_2—(CH_2)_2—CH_2NH_2 + CO_2$$

鸟氨酸　　　　　　　　　　　　　丁二胺（腐胺）

$$\text{HOOC—CHNH}_2\text{—(CH}_2)_3\text{—NH—CNH—NH}_2 \longrightarrow \text{CH}_2\text{NH}_2\text{—(CH}_2)_3\text{—NH—CNH—NH}_2$$

精氨酸 　　　　　　　　　　　　　　　　　鲱精胺

$$\longrightarrow \text{NH}_2\text{CH}_2\text{—(CH}_2)_2\text{—CH}_2\text{—NH}_2$$

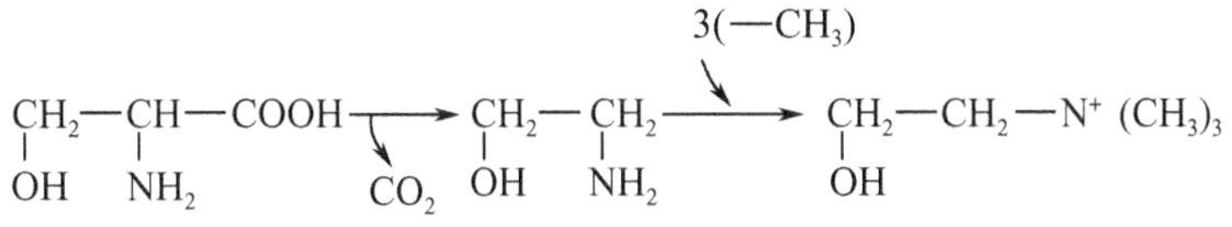

丁二胺（腐胺）

丝氨酸　　　　　乙醇胺　　　胆碱

肉类及动物尸体腐烂时发出的恶臭气味，是由细菌分解蛋白质后生成的尸胺和腐胺产生的。但腐胺有促进动物和细菌细胞生长的效应，对 RNA 合成也有刺激作用。植物在缺钾时，在叶子内有鲱精胺和腐胺累积。据推测胺可能起着维护细胞内 pH 值恒定的作用。

10.1.2.3　羟化作用

酪氨酸在酪氨酸酶（tyrosinase）催化下发生羟化（hydroxylation）而生成3,4-二羟苯丙氨酸（3,4-dihy-droxyphenylalanine，简称多巴 dopa），后者可脱羧生成3,4-二羟苯乙胺（3,4-dihydroxyphenylethylamine，简称多巴胺 dopamine）：

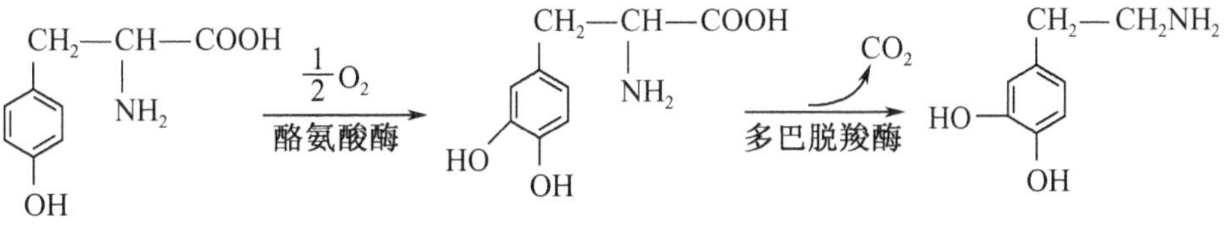

酪氨酸　　　　　　　　　　　　多巴　　　　　　　　　　　多巴胺

酪氨酸酶是一种含铜酶。多巴进一步氧化后形成聚合物黑素（melanin）。马铃薯、苹果、梨等切开后变黑，是由于形成黑素之故。在人体的表皮基底层及毛囊有成黑素细胞，在其中将酪氨酸转变为黑素，使皮肤及毛发呈黑色。在动物内，由多巴和多巴胺可生成去甲肾上腺素和肾上腺素。在植物内，由多巴和多巴胺则可以形成生物碱。

10.1.2.4　尿素的形成和尿素循环

高等动植物均具有保留并重新利用氨的能力，但对动物来说，有一部分氨却不被利用而排出体外。大多数陆生脊椎动物是以尿素的形式将分解的氨基氮排出体外的。通过尿素循环（图10-3）可将氨转变为尿素。

氨基酸分解所形成的氨，主要用于含氮化合物的生物合成。在大多数陆生脊椎动物体内，多余的 NH_4^+ 通过尿素循环转变为尿素并排出体外，在鸟类和陆生爬虫类动物中，氨转化为尿酸排泄出去；许多水生动物则直接排泄氨。分别称为排尿素的、排尿酸的和排氨的三类生物。

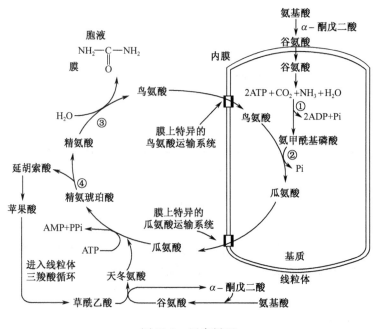

图 10-3　尿素循环

尿素循环是第一个被发现的环式代谢途径，由 H. Krebs 和 K. Henseleit 于 1932 年提出。尿素合成中，一个氮原子来自氨，另一个氮原子来自天冬氨酸，而碳原子则是由 CO_2 衍生来的。鸟氨酸为尿素循环中这些碳、氮原子的载体，尿素循环也称为鸟氨酸循环。

尿素的直接前体是精氨酸，它被精氨酸酶水解为尿素和鸟氨酸。尿素循环中其他反应的结果是鸟氨酸转变成精氨酸。首先氨甲酰基转移到鸟氨酸上形成瓜氨酸，这是由鸟氨酸转氨甲酰酶催化的。氨甲酰基的供体是氨甲酰磷酸，由于其中有酸酐键，所以它的转移势能很高，氨甲酰磷酸由 NH_4^+、CO_2、ATP 和 H_2O 通过复杂反应合成的。然后，精氨基琥珀酸合成酶催化瓜氨酸和天冬氨酸的缩合，这步反应是 ATP 参与，消耗两个高能键。精氨基琥珀酸酶将精氨基琥珀酸裂解为精氨酸和延胡索酸，这个反应保留了天冬氨酸的碳骨架，而将它的氨基转移，形成精氨酸。

值得注意的是，在尿素循环反应中，氨甲酰磷酸及瓜氨酸的形成是在线粒体基质中发生的，随后的 3 个反应却是在细胞质中进行的。

体内高水平的 NH_4^+ 是有害的，会使谷氨酸脱氢酶所催化的反应平衡偏向于谷氨酸的形成，导致 α-酮戊二酸的缺少。α-酮戊二酸是柠檬酸循环的中间产物，它的减少会使 ATP 形成速率降低。ATP 水平的降低将使脑高度损伤。肝脏中尿素的合成是除去氨的主要途径。尿素循环的任何一个步骤出问题，都有可能产生疾病。比如，高氨血遗传病患者血液中的氨水平就明显增高，减少蛋白质摄入量可使轻微的高氨血遗传性疾病患者症状缓解。

尿素循环在植物体内也存在，但运转活性低，其意义仅在于合成精氨酸，个别植物也可积累尿素。植物体内形成的尿素，可在脲酶作用下分解产生氨，以合成其他含氮化合物，包括核酸、激素、叶绿素、血红素、胺、生物碱和生氰糖苷（cyanogenic gluco-side）等。

10.1.2.5 氨基酸降解后碳原子的命运

20 种氨基酸脱氨后余下的碳骨架，进一步转化形成 7 种主要代谢中间产物：丙酮酸、乙酰 CoA、乙酰乙酰 CoA、α-酮戊二酸、琥珀酰 CoA、延胡索酸和草酰乙酸（图10-4）。降解为乙酰 CoA 或乙酰乙酰 CoA 的氨基酸称为生酮氨基酸。因为乙酰 CoA 或乙酰乙酰 CoA 在某些情况下（如饥饿、糖尿病等）可在动物体内转变为酮体。其余的氨基酸降解产物是柠檬酸循环的中间产物和丙酮酸，它们能转变成葡萄糖，所以被称为生糖氨基酸。

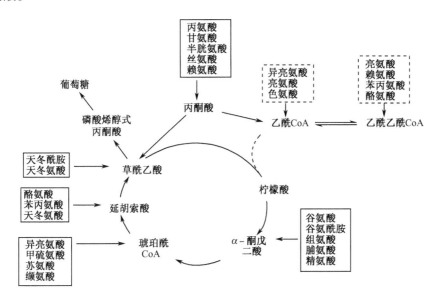

图 10-4　氨基酸降解后碳原子的命运

在 20 种常见的氨基酸中，只有亮氨酸是纯粹生酮的。异亮氨酸、赖氨酸、苯丙氨酸、色氨酸和酪氨酸既是生酮又是生糖的，它们的一些碳原子出现在乙酰 CoA 或乙酰乙酰 CoA 中，而另一些碳原子则出现在生成葡萄糖的前体中。其他 14 种氨基酸是纯粹生糖的。

（1）C_3 族：丙氨酸、丝氨酸和半胱氨酸转变为丙酮酸

如前所述，丙氨酸通过转氨作用直接产生丙酮酸。丝氨酸在丝氨酸脱水酶的催化下通过脱水、脱氨形成丙酮酸。半胱氨酸通过几种途径转变为丙酮酸，其硫原子则出现在 H_2S、SO_3^{2-} 或 SCN^- 中。另外两种氨基酸（甘氨酸和苏氨酸）的碳原子也能转变为丙酮酸。甘氨酸能通过一个羟甲基的酶促加成转变为丝氨酸，苏氨酸能通过氨基丙酮产生丙酮酸（见图 10-5）。

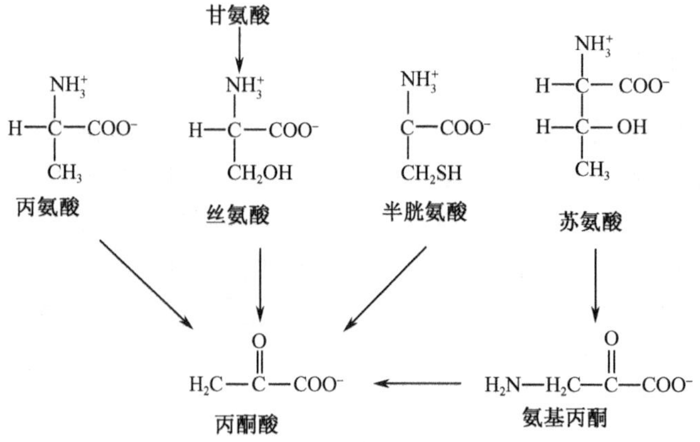

图 10-5 转变为丙酮酸

（2）C_4 族：天冬氨酸和天冬酰胺转变为草酰乙酸

天冬氨酸 + α-酮戊二酸 $\Longleftrightarrow$ 草酰乙酸 + 谷氨酸

天冬酰胺被天冬酰胺酶水解为 NH_4^+ 和天冬氨酸，后者再发生转氨作用，或由尿素循环转变为延胡索酸。酪氨酸和苯丙氨酸降解时，延胡索酸也是这两种氨基酸部分碳原子进入糖代谢的切入点。

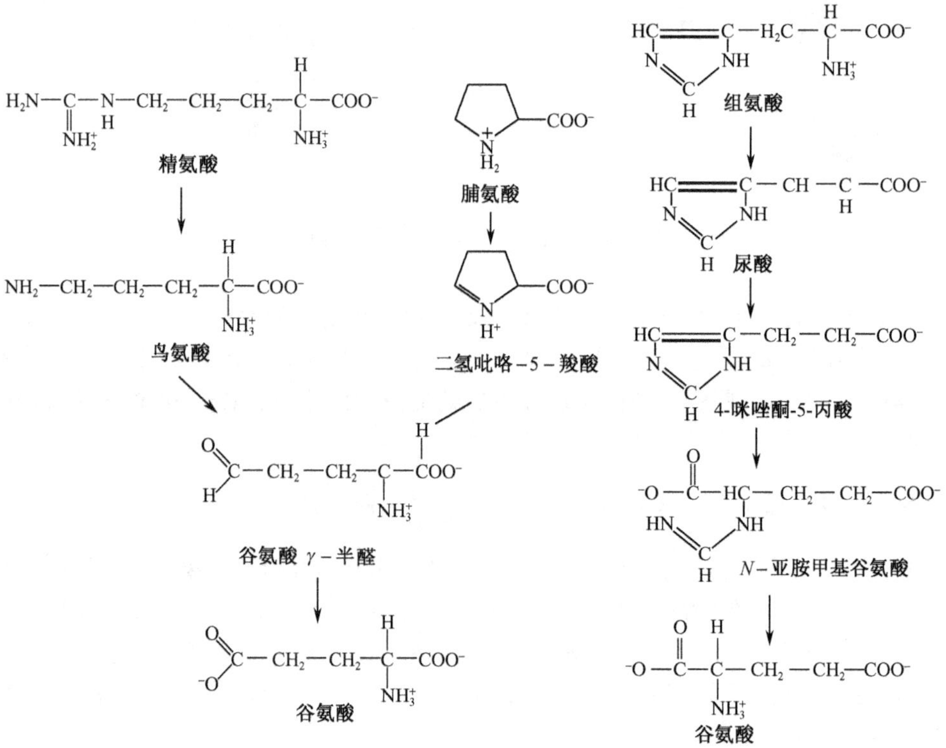

图 10-6 转变为谷氨酸

（3）C₅ 族：通过谷氨酸转变为 α-酮戊二酸

谷氨酸、脯氨酸、精氨酸和组氨酸都是五碳氨基酸。这些氨基酸首先转变为谷氨酸，后再由谷氨酸脱氢酶氧化脱氨为 α-酮戊二酸。它们的碳骨架通过形成 α-酮戊二酸进入柠檬酸循环（见图 10-6）。

组氨酸转变为 4-咪唑酮-5-丙酸，这一中间产物的酰胺键水解，形成谷氨酸的 N-亚胺甲基衍生物，该衍生物的亚胺甲基被转移给四氢叶酸而本身转变为谷氨酸。脯氨酸和精氨酸先转变为谷氨酸 γ-半醛，再氧化为谷氨酸（图 10-6）。

（4）琥珀酰 CoA 是某些氨基酸碳原子进入柠檬酸循环的切入点

甲硫氨酸、异亮氨酸、苏氨酸和缬氨酸在发生降解反应时，首先形成中间产物甲基丙二酰 CoA，然后形成琥珀酰 CoA（图 10-7）。

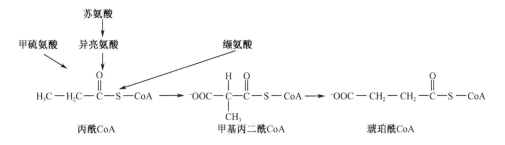

图 10-7　转变为琥珀酰 CoA

这种从丙酰 CoA 到琥珀酰 CoA 的途径，也参与具有奇数碳原子脂肪酸的氧化。奇数碳的脂酰基 CoA 最后发生硫解作用时产生乙酰 CoA 和丙酰 CoA。

（5）亮氨酸降解为乙酰 CoA 和乙酰乙酸

亮氨酸是纯粹生酮的氨基酸。亮氨酸先经转氨作用变为相应的 α-酮酸（α-酮异己酸），α-酮酸再发生氧化脱羧，形成异戊酰 CoA。

异戊酰 CoA 在其脱氢酶（辅基为 FAD）的催化下脱氢产生 β-甲基巴豆酰 CoA，接着消耗一个 ATP 而羧化成。

$$O=C-S-CoA \qquad O=C-S-CoA \qquad O=C-S-CoA$$

$$
\begin{array}{ccc}
O=C-S-CoA & O=C-S-CoA & O=C-S-CoA \\
| & | & | \\
CH_2 & CH & CH \\
| & \parallel & \parallel \\
H_3C-C-H & H_3C-C & H_3C-C \\
| & | & | \\
CH_3 & CH_3 & H_2C-COO^-
\end{array}
$$

异戊酰 CoA　　　　　β-甲基巴豆酰 CoA　　β-甲基戊烯二酰 CoA

最后β-甲基戊烯二酰 CoA 被水化，形成β-羟基-β-甲基戊二酰 CoA，它再被裂解为乙酰 CoA 和乙酰乙酸。

$$
\begin{array}{ccccc}
O=C-S-CoA & & O=C-S-CoA & & O=C-S-CoA \\
| & & | & & | \\
CH & & H-C-H & & CH_3 \\
\parallel & \longrightarrow & | & \longrightarrow & 乙酰CoA \\
H_3C-C & & H_3C-C-OH & & + \\
| & & | & & H_3C-C=O \\
H_2C-COO^- & & H_2C-COO & & | \\
& & & & H_2C-COO^-
\end{array}
$$

β-甲基戊烯二酰 CoA　　　β-羟基-β-甲基戊二酰 CoA　　　乙酰乙酸

值得注意的是许多辅酶参与亮氨酸降解为乙酰 CoA 和乙酰乙酸的反应：转氨作用中有 PLP，氧化脱羧作用中有 TPP、硫辛酸、FAD 和 NAD$^+$，脱氢作用中有 FAD，还有羧化作用中的生物素。辅酶 A 是这些反应中的酰基载体。

缬氨酸和异亮氨酸的降解途径与亮氨酸类似。所有这 3 种氨基酸都是先发生脱氨作用，形成相应的 α-酮酸，α-酮酸再进行氧化脱羧，产生 CoA 的衍生物。随后的反应和脂肪酸氧化反应一样。异亮氨酸产生乙酰 CoA 和丙酰 CoA，而缬氨酸产生甲基丙二酸单酰 CoA。有一种先天性代谢缺陷影响缬氨酸、异亮氨酸和亮氨酸的降解。一种糖尿病（maple syrup urine disease，槭糖尿病）患者就是因为这 3 种氨基酸的氧化脱羧被阻断，使血和尿中这些氨基酸的量显著增高。这种患者须在初龄时就开始食用缬氨酸、异亮氨酸和亮氨酸含量低的食品，否则会引起死亡。

（6）苯丙氨酸和酪氨酸被加氧酶降解为乙酰乙酸和延胡索酸

苯丙氨酸首先由苯丙氨酸羟化酶催化羟化为酪氨酸，酪氨酸进一步发生转氨作用，变成对-羟苯丙酮酸（见图 10-8）。

这种 α-酮酸然后与 O_2 反应形成尿黑酸。催化这一复杂反应的酶是对-羟苯丙酮酸羟化酶（又叫双加氧酶）。然后尿黑酸的芳香环被 O_2 裂解，产生 4-顺丁烯二酸单酰乙酰乙酸。这一反应是由尿黑酸氧化酶催化的。该中间产物接着异构化为 4-延胡索酰乙酰乙酸，最后水解为延胡索酸和乙酰乙酸。这里需要提出的一点是，生物体系中芳香环的裂解反应几乎都是由双加氧酶催化的。

尿黑酸是苯丙氨酸和酪氨酸降解的一种中间产物。正常情况下，它会按上述代谢途径进行。如果缺少尿黑酸氧化酶，尿黑酸就会积累起来并在尿中排出，放置后尿变黑，这就是一种由于缺乏尿黑酸氧化酶引起的遗传性代谢紊乱病，尿黑酸病。

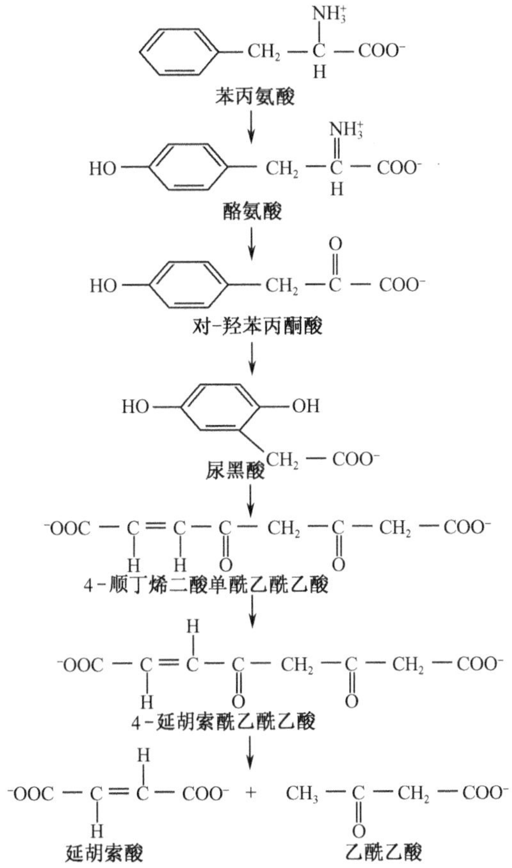

图 10-8　苯丙氨酸和酪氨酸降解

苯丙氨酸羟化酶缺少或缺失会引起苯丙酮尿症。苯丙氨酸不能转化为酪氨酸，大量积累会发生转氨作用形成苯丙酮酸。患苯丙酮尿症的人在智力发育上严重迟滞。精神病院中的病人约有 1% 有苯丙酮尿症。这些病人的脑重量低于正常，他们对外界的反射过分活跃。如果不经治疗，寿命一般很短，50% 在 20 岁以前死亡，3/4 在 30 岁以前死亡。苯丙酮尿症的疗法是低苯丙氨酸饮食。

10.2　氨基酸的生物合成

10.2.1　氮素循环

氮素是生物的必需元素之一。在生命活动中起重要作用的化合物，如蛋白质、核酸、酶、某些激素、维生素、叶绿素和血红素等均含有氮元素。因此，在动物、植物和微生物等整个生物界的生命活动中，氮素起着极其重要的作用。

自然界中的不同氮化物相互转化，形成氮素循环（nitrogen cycle）。生物界的氮代谢是自然界氮循环的主要因素。在自然界的氮循环中，还包括工业固氮和大气固氮

（如闪电）等把 N_2 转变为氨和硝酸盐的过程。

在地球表面的大气组成中，N_2 占大约 79%。N_2 是一稳定的不易发生反应的物质。在氮素循环中，第一步是由工业固氮和生物固氮将 N_2 还原为氨。自然界中由固氮生物固氮酶完成的分子氮向氨的转化，约占总固氮的 2/3，由工业合成氨或其他途径合成的氨只有 1/3 左右。在土壤中，含量丰富的硝化细菌中进行着氧化氨形成 NO_3^- 的过程，因此土壤中几乎所有氨都转化成了硝酸盐，这个过程称为硝化作用。

植物和微生物可吸收土壤中的 NO_3^-，然后还原形成氨，再经同化作用把无机氮转化为有机氮，这些有机氮化合物又可随食物或饲料进入动物体内，转变为动物体的含氮化合物。各种动植物遗体及排泄物中的有机氮经微生物分解，形成无机氮。这样，在生物界，总有机氮和总无机氮形成了一个平衡（见图 10-9）。

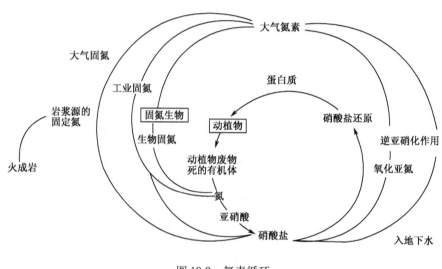

图 10-9　氮素循环

10.2.2　生物固氮的生物化学

10.2.2.1　生物固氮是微生物和藻类通过自身的固氮酶把分子氮变成氨的过程

氨基酸、嘌呤、嘧啶及其他生物分子中的氮原子来自 NH_4^+，高等生物不能把 N_2 转变为有机形式，这种转变可以由细菌和蓝绿藻实现，称之为固氮作用。生物固氮（biological nitrogen fixation）是微生物、藻类和与微生物共生的高等植物通过自身的固氮酶复合物把分子氮变成氨的过程。自然界通过生物固氮的量可达每年 10^{11} kg，约占地球固氮量的 60%，闪电和紫外辐射固定约 15%，其余为工业固氮。

氮气中的 N—N 键十分稳定，在工业氮肥生产中，1910 年 Fritz Haber 提出的使 H_2 和 N_2 合成氨的条件一直沿用至今。条件是 500℃ 高温和 30 398kPa，用铁做催化剂。

$$N_2 + 3H_2 \Longrightarrow 2NH_3$$

工业固氮能量耗费大，而且会污染环境，因此大力发展生物固氮对增加农作物氮肥的来源有重大意义。生物固氮是在常温常压条件下，由生物体内酶催化。目前国内外对生物固氮的生化过程及机理正在积极开展研究。了解了固氮机理之后，就可以人工模拟，模拟生物固氮可以节省能源、减少污染、开拓作物肥源。

10.2.2.2 固氮生物分为自生固氮和共生固氮两种类型

目前已发现的固氮生物近 50 个属，包括细菌、放线菌和蓝细菌，根据固氮微生物与高等植物和其他生物的关系，可分为自生固氮微生物和共生固氮微生物两类。

（1）自生固氮微生物

是指独立生活时能使气态氮固定为 NH_3 的少数微生物，它们固氮有两种方式：第一种方式是利用光能还原氮气，如鱼腥藻（*Anabaena*）、念球藻（*Nostoc*），它的固氮过程与还原 CO_2 类似。大多数固氮蓝藻均有厚壁的异型胞（heterocyst），在异型胞中不含光系统 II 的色素，因此光照时不放氧。固氮是在异型胞里进行，因为固氮过程要求无氧条件。另一些微生物如红螺菌（*Rhodospirillum*）、红色极毛杆菌（*Rhodopseudomonas*）、绿杆菌（*Chloroblium*）等也能利用光能从硫、硫化物、氢或有机物取得电子进行固氮。第二种方式是利用化学能固氮，如好气性固氮菌（*Azotobacter*）、贝氏固氮菌（*Bcijerinckia*）、厌气的巴斯德梭菌（*Clostridium pasteurianum*）及克氏杆菌（*Klebsiella*）等。

（2）共生固氮微生物

如与豆科植物共生固氮的根瘤菌（*Rhizobium*），其专一性强，不同的菌株只能感染一定的植物，形成共生的根瘤。在根瘤中，植物为固氮菌提供碳源，而细菌利用植物提供的能源固氮，为植物提供氮源，形成一个互利共生体系。

10.2.2.3 固氮过程是由还原酶和固氮酶组成的固氮酶复合物完成的

生物固氮过程由固氮酶复合物完成。固氮酶复合物由两种蛋白质组分构成：一种是还原酶，它提供具有高还原势的电子；另一种组分是固氮酶，它利用还原酶提供的高能电子还原 N_2 成 NH_4^+。

（1）还原酶

还原酶也称铁蛋白，是由两个相同亚基组成的二聚体，相对分子质量为 64 000，是一个铁硫蛋白，含有一个 $[Fe_4 - S_4]$ 簇，每次可传递一个电子。此外，还有 2 个 ATP 结合点。

（2）固氮酶

固氮酶也称钼铁蛋白，是由 2 个 α 亚基和 2 个 β 亚基组成的四聚体，相对分子质量 220 000。其氧化还原中心含有 2 个钼原子、32 个铁原子和相应数目的不稳定硫。由还原酶向固氮酶的电子传递与还原酶上的 ATP 水解相偶联，由 N_2 到 NH_3 的还原过程需 6 个电子：

$$N_2 + 6e^- + 6H^+ \longrightarrow 2NH_3$$

实际上，在 N_2 还原过程中还有 H_2 的形成，因此 N_2 固定过程的实际反应为

$$N_2 + 8e^- + 8H \longrightarrow 2NH_3 + H_2$$

8 个高能电子来自还原型铁氧还蛋白，还原型铁氧还蛋白的电子来自光合作用的光系统 I 或呼吸电子传递链。生物固氮的总反应为

$$N^2 + 8e^- + 16ATP + 16H_2O \longrightarrow 2NH_3 + H_2 + 16ADP + 16Pi + 8H^+$$

由反应式可看出，固氮过程消耗的能量非常多，共有 16 个 ATP 被水解（见图 10-10）。

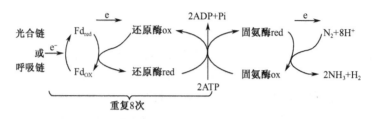

图 10-10　由 N_2 到 NH_3 的还原过程

10.2.2.4　固氮反应需 ATP、强还原剂和厌氧环境

由上述反应式及从图 10-10 中可以看出，固氮酶催化的反应需要满足：

a. 充分的 ATP 供应。豌豆根系固氮细菌消耗寄主植株 ATP 量的近 1/5；

b. 强的还原剂。高还原势电子主要来自还原型铁氧环蛋白，其次是光合链的电子载体。铁氧还蛋白的再生或来自光合作用，或来自氧化过程；

c. 需要厌氧环境。固氮酶对氧十分敏感，只有在严格的厌氧条件下才能固氮。因此，对好气细菌来说必须有严格的防氧机制以使酶不被氧伤害。在豆科植物根瘤中，豆血红蛋白（1eghaemoglobin）起着降低氧浓度保护固氮酶的作用。豆血红蛋白为一共生合成蛋白，其珠蛋白部分由植物合成，而血红素基团由根瘤菌（*Rhizohium*）合成，其对 O_2 有很高的亲和力。

10.2.2.5　固氮过程常伴随有氢代谢即放氢和吸氢反应

固氮过程常伴随有氢代谢。氢代谢比较复杂，主要包括以下 3 方面的内容。

（1）固氮酶的放氢反应

由固氮总反应式可以看出，固氮酶不仅还原氮，也还原 H^+ 放出 H_2，这一反应需要 ATP，CO 不能抑制。

（2）氢酶的放氢反应

许多固氮生物含有氢酶。氢酶也是一种铁硫蛋白，从巴斯德梭菌分离出的氢酶含有 4 个铁原子和 4 个硫原子，分子质量为 60kDa，氢酶催化下面的可逆反应：

$$2Fd(red) + 2H^+ \Longleftrightarrow 2Fd(ox) + H_2$$

可逆性氢酶既可催化氢的电子传给铁氧还蛋白，作为还原氮的电子供体，又可催化

H^+接受还原型铁氧还蛋白的电子形成氢,以消除过剩的还原力,保证细胞生理活动的正常进行。反应不需 ATP,但受 CO 抑制。

(3)吸氢酶催化 H_2 的氧化作用

吸氢酶能以 O_2 作为末端正电子受体进行羟化反应,产物为 H_2O,并伴有 ATP 生成,反应受 KCN 抑制。氢的氧化不但提供了能量,而且由于消耗了 O_2,保护了固氮酶。同时由于固氮酶形成的 H_2 对其有抑制作用,吸氢酶的吸氢还可以防止 H_2 对固氮酶的抑制作用。

10.2.3 植物靠硝酸还原作用将土壤硝态氮转变为氨

植物体所需要的氮素营养除了生物固氮外,绝大部分还是来自土壤中的氮素,主要是硝酸盐(NO_3^-),亚硝酸盐(NO_2^-)以及铵盐(NH_4^+)。它们通过根系进入植物细胞。其中植物最易吸收的是硝态氮。然而,这些硝态氮并不能直接被植物体利用来合成各种氨基酸和其他有机化合物,必须先转变成为氨态氮。这种氮素由硝态氮转变成:

$$^{+5}NO_3^- + 2e^- \longrightarrow {}^{+3}NO_2^- + 6e^- \longrightarrow {}^{-3}NH_3 + 2H_2O$$

因此,植物体内由硝酸还原成氨的总反应式如下:

$$NO_3^- + 9H^+ + 8e^- \longrightarrow NH_3 + 2H_2O$$

这一还原过程是在硝酸还原酶和亚硝酸还原酶的催化下分步进行的。硝酸盐的还原在植物的根和叶内都可以进行,但以叶内还原为主。不过在种子萌发的早期,或在缺氧条件下,根部还原便成为主要的过程。

10.2.3.1 硝酸还原酶将 NO_3^- 还原为 NO_2^-

硝酸还原酶的作用是把硝酸盐还原成亚硝酸盐。硝酸还原酶广泛存在于高等植物、藻类、细菌和酵母中。在植物的绿色组织中酶的活性较强。

(1)铁氧还蛋白-硝酸还原酶以光合电子为还原剂

这类硝酸还原酶以铁氧还蛋白(Fd)作为电子供体。还原过程可简单表示如下:

$$NO_3^- + 2Fd(还原型) + 2H^+ \longrightarrow NO_2^- + Fd(氧化型) + 3H_2O$$

此酶存在于蓝绿藻、光合细菌和化学能合成细菌中。从组囊藻属(*Anacystis*)分离出的硝酸还原酶是一种含钼的蛋白质,只有一条多肽链,相对分子质量为 75 000,不含黄素蛋白和细胞色素。

(2)NAD(P)H-硝酸还原酶以呼吸链电子为还原剂

这类硝酸还原酶以 NADH 或 NADPH 为电子供体,催化的反应如下:

$$NO_3^- + NAD(P)H + H^+ \longrightarrow NO_2^- + NAD(P)^+ + H_2O$$

它存在于真菌、绿藻和高等植物中。按其对电子供体的专一性要求又可分为对 NADH 专一的、对 NADPH 专一的以及对 NADH 和 NADPH 都可利用的硝酸还原酶。NAD(P)H-硝酸还原酶为寡聚蛋白,所含亚基数因植物而异。它是以 FAD、细胞色

b-557 和钼为电子传递体。电子从 NAD(P)H 到 NO_3^- 的传递过程表示如下（图 10-11）：

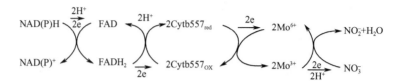

图 10-11　NAD(P)H 到 NO_3^- 的传递过程

（3）硝酸还原酶是诱导酶

当将水稻幼苗培养在含硝酸盐的溶液中时，幼苗体内便诱导形成硝酸还原酶；若用不含硝酸盐的培养液时，则幼苗内不含硝酸还原酶。同样在土壤中增施硝酸盐氮肥时，往往作物体内硝酸还原酶的活性增高，作物蛋白质含量也随之而增加。

光照对硝酸还原酶的活性影响很大，光照强度大，其活性上升，在遮荫或黑暗中则活性变小，是因为光合产物氧化为 NO_3^- 还原提供所需的 NADH 及还原型 Fd。

10. 2. 3. 2　亚硝酸还原酶将 NO_2^- 还原为 NH_3

由硝酸还原生成的亚硝酸，正常情况下在植物细胞内很少积累，它很快在亚硝酸还原酶的催化下，进一步还原成氨：

$$NO_2^- + 7H^+ + 6e^- \longrightarrow NH_3 + 2H_2O$$

从高等植物和绿藻中分离出的亚硝酸还原酶是一条多肽链（相对分子质量为 60 000 ~ 70 000），它的辅基是一种铁卟啉的衍生物，分子中还有一个 Fe_4—S_4 中心，起电子传递作用。亚硝酸还原酶存在于绿色组织的叶绿体中，它的直接电子供体是铁氧还蛋白。光合作用的非环式光合磷酸化可为亚硝酸还原酶提供还原态的铁氧还蛋白。结合在铁卟啉衍生物辅基上的亚硝酸离子，可直接被还原型铁氧还蛋白还原成氨。

此外，在铁氧还蛋白 NADPH 还原酶的作用下，也可将氧化态的铁氧还蛋白转变为还原型。亚硝酸被还原成氨的整个过程如图 10-12 所示。

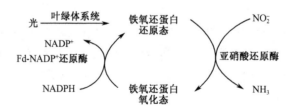

图 10-12　亚硝酸被还原成氨的过程

光照对亚硝酸还原有促进作用，可能与光照时生成还原态的铁氧还蛋白有关。当植物缺铁时，亚硝酸还原即受阻，可能与铁氧还蛋白及铁卟啉衍生物的合成减少有关。亚硝酸还原时需要氧，因而在厌氧条件下，亚硝酸还原会受到阻碍。

10.2.4 氨的同化

10.2.4.1 谷氨酸是 NH_4^+ 同化和转移的重要形式

在氮素循环中，生物固氮和硝酸盐还原形成了无机态 NH_3，NH_3 进一步转变成含氮有机化合物。所有生物都通过谷氨酸脱氢酶（glutamate dehydrogenase）和谷氨酰胺合成酶（glutamine synthetase）催化形成谷氨酸和谷氨酰胺的方式同化氨。谷氨酸和谷氨酰胺中的氨基可通过进一步反应形成其他有机含氮化合物，因此谷氨酸和谷氨酰胺在氮素合成代谢中起关键作用。

（1）谷氨酰胺合成酶和谷氨酸合酶共同作用使 NH_4^+ 和 α-酮戊二酸合成谷氨酸

谷氨酰胺合成酶催化谷氨酸和氨反应生成谷氨酰胺，此酶对 NH_3 有高亲和性，完成反应还需 ATP 水解提供的能量。

$$
\begin{array}{c}
\text{COOH} \\
| \\
\text{CHNH}_2 \\
| \\
\text{CH}_2 \\
| \\
\text{CH}_2 \\
| \\
\text{COOH}
\end{array}
\quad + NH_3 + ATP \xrightarrow{\text{谷氨酰胺合成酶}}
\begin{array}{c}
\text{COOH} \\
| \\
\text{CHNH}_2 \\
| \\
\text{CH}_2 \\
| \\
\text{CH}_2 \\
| \\
\text{CONH}_2
\end{array}
\quad + ADP + Pi
$$

谷氨酸　　　　　　　　　　　　谷氨酰胺

生成的谷氨酰胺既是氨同化的一种方式，又可消除氨浓度过高带来的毒害，还可作为氨的供体，用于谷氨酸的合成。反应如下：

$$
\begin{array}{c}
\text{COOH} \\
| \\
\text{C}=\text{O} \\
| \\
\text{CH}_2 \\
| \\
\text{CH}_2 \\
| \\
\text{COOH}
\end{array}
+
\begin{array}{c}
\text{COOH} \\
| \\
\text{CHNH}_2 \\
| \\
\text{CH}_2 \\
| \\
\text{CH}_2 \\
| \\
\text{CONH}_2
\end{array}
+ NADPH + H^+ \xrightarrow{\text{谷氨酸合酶}} 2
\left[
\begin{array}{c}
\text{COOH} \\
| \\
\text{CHNH}_2 \\
| \\
\text{CH}_2 \\
| \\
\text{CH}_2 \\
| \\
\text{COOH}
\end{array}
\right]
+ NADP^+
$$

α-酮戊二酸　谷氨酰胺　　　　　　　　　　谷氨酸

α-酮戊二酸来源于柠檬酸循环，还原剂为 NADPH 或还原态铁氧还蛋白。催化此反应的酶为谷氨酸合酶（glutamate synthase），与合成酶（synthetase）不同的是，它不需要 ATP。谷氨酸合酶的系统名是 L-谷氨酸：$NADP^+$（铁氧还蛋白）氧化还原酶（转氨作用）。可见，在谷氨酰胺合成酶和谷氨酸合酶的共同作用下，可由一分子氨和一分子 α-酮戊二酸净合成一分子谷氨酸。

（2）谷氨酸脱氢酶在谷氨酸合成中不起主要作用

谷氨酸的合成还可在谷氨酸脱氢酶（glutamate dehydrogenase）催化下，使 α-酮戊二酸通过还原氨基化形成。其反应为

$$
\begin{array}{l}
\text{COOH} \\
| \\
\text{C}{=}\text{O} \\
| \\
\text{CH}_2 \quad + \text{NH}_3 + \text{NADPH} + \text{H}^+ \xrightarrow{\text{谷氨酸脱氢酶}} \\
| \\
\text{CH}_2 \\
| \\
\text{COOH}
\end{array}
\qquad
\begin{array}{l}
\text{COOH} \\
| \\
\text{CHNH}_2 \\
| \\
\text{CH}_2 \quad + \text{NADP}^+ + \text{H}_2\text{O} \\
| \\
\text{CH}_2 \\
| \\
\text{COOH}
\end{array}
$$

α-酮戊二酸 谷氨酸

谷氨酸脱氢酶存在于所有生物体内，但对氨同化来说，谷氨酸脱氢酶的作用不甚重要，它主要参与氨基酸的降解代谢，因为谷氨酰胺合成酶比谷氨酸脱氢酶的 K_m 低得多。现有的试验结果表明，生物体内谷氨酸主要是通过谷氨酰胺合成酶和谷氨酸合酶这条双酶途径合成的。

10.2.4.2 NH_4^+ 消耗 ATP 形成氨甲酰磷酸

同化氨的另一途径是氨甲酰磷酸的形成。有两种酶能够催化 NH_3、CO_2、ATP 合成氨甲酰磷酸。氨甲酰激酶催化的反应：

$$
\text{NH}_3 + \text{CO}_2 + \text{ATP} \underset{}{\overset{\text{Mg}^{2+}}{\rightleftharpoons}} \text{H}_2\text{N}-\overset{\displaystyle \text{O}}{\overset{\|}{\text{C}}}-\text{PO}_3\text{H}_2 + \text{ADP}
$$

氨甲酰磷酸合成酶催化的反应：

$$
\text{NH}_3 + \text{CO}_2 + 2\text{ATP} \underset{}{\overset{\text{Mg}^{2+}}{\rightleftharpoons}} \text{H}_2\text{N}-\overset{\displaystyle \text{O}}{\overset{\|}{\text{C}}}-\text{PO}_3\text{H}_2 + 2\text{ADP} + \text{Pi}
$$

在植物体内，氨甲酰磷酸中的氨基来自谷氨酰胺而不是氨。

10.2.5 氨基酸的生物合成

10.2.5.1 谷氨酸通过转氨基作用为各种氨基酸合成提供氨基

生物机体内各种转氨酶催化的反应都是可逆的，所以转氨基过程既发生在氨基酸分解过程中，也在氨基酸合成中。这两个相反的方向视当时细胞中具体代谢的需要而定。转氨酶广泛存在于动植物体内。许多氨基酸都可作为氨基的供体，其中最重要的是谷氨酸，它可由 α-酮戊二酸与氨合成，然后，再通过转氨基作用转给其他 α-酮酸合成相应的氨基酸，这样，谷氨酸便作为氨基的转换站（图 10-13）。

各种 α-酮酸主要来自糖代谢，因而 α-酮酸的氨基化作用与转氨基作用就成为糖代谢与氨基酸、蛋白质代谢密切联系的一种重要方式。

10.2.5.2 呼吸和光合作用的碳代谢为氨基酸合成提供碳骨架

氨基酸生物合成的研究，大多数用动物和微生物作为材料，高等植物的研究较少。越来越多的实验结果表明，它们可能与动物和微生物具有相同的合成途径。植物和微生物能合成所有氨基酸，而动物只能合成非必需氨基酸，必需氨基酸必须从食物中获得。

根据氨基酸合成的碳架来源不同，可将氨基酸合成分为若干族。在每一族里的几种氨基酸都有共同的碳来源。在此，概括地介绍它们的碳来源和合成过程的相互关系。

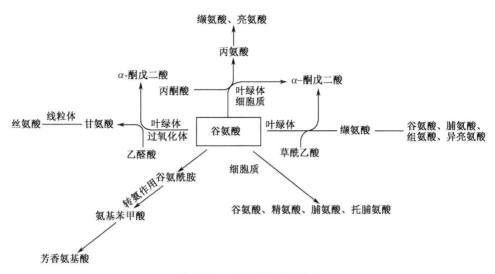

图 10-13　谷氨酸氨基的转换

（1）丙氨酸族

这一族包括丙氨酸、缬氨酸和亮氨酸。它们的共同碳架来源是糖酵解生成的丙酮酸（见图 10-14）。

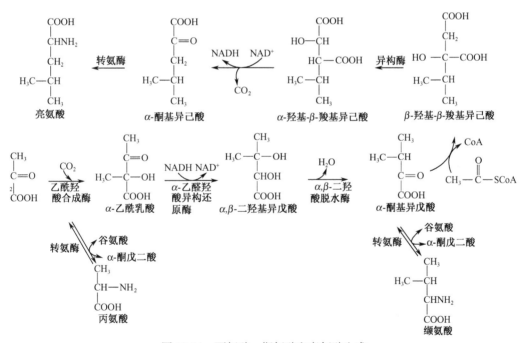

图 10-14　丙氨酸、缬氨酸和亮氨酸生成

（2）丝氨酸族

这一族包括丝氨酸、甘氨酸和半胱氨酸。由光呼吸乙醛酸途径形成的乙醛酸经转氨

作用可生成甘氨酸，甘氨酸还可缩合为丝氨酸：

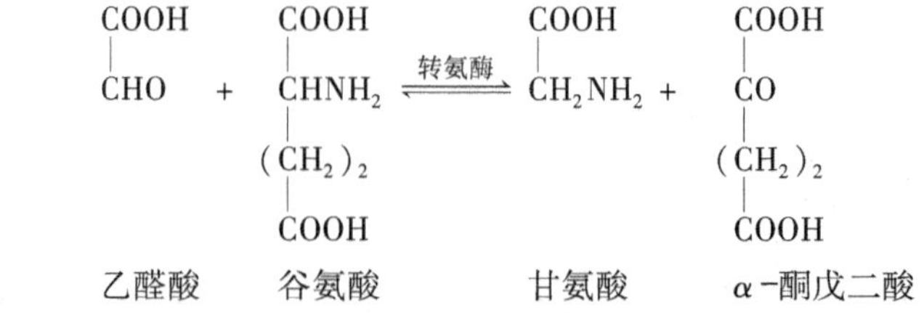

$$
\begin{array}{c}
\underset{|}{COOH} \\
\underset{|}{CHO} \\
\underset{|}{(CH_2)_2} \\
COOH
\end{array}
+
\begin{array}{c}
\underset{|}{COOH} \\
\underset{|}{CHNH_2} \\
\underset{|}{(CH_2)_2} \\
COOH
\end{array}
\underset{转氨酶}{\rightleftharpoons}
\begin{array}{c}
\underset{|}{COOH} \\
CH_2NH_2
\end{array}
+
\begin{array}{c}
\underset{|}{COOH} \\
\underset{|}{CO} \\
\underset{|}{(CH_2)_2} \\
COOH
\end{array}
$$

乙醛酸　　　　谷氨酸　　　　　甘氨酸　　　　α-酮戊二酸

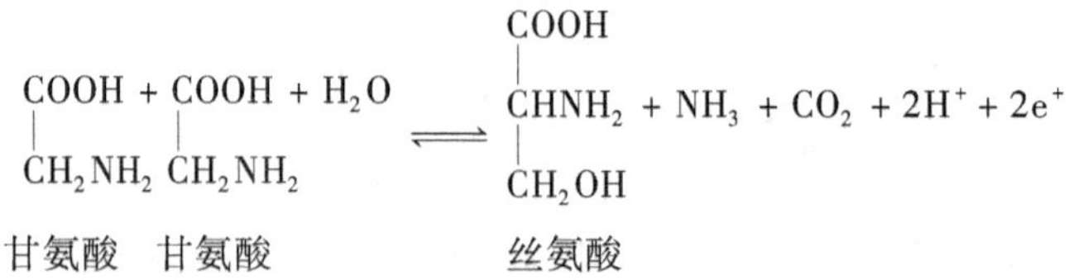

$$
\begin{array}{cc}
\underset{|}{COOH} + \underset{|}{COOH} + H_2O \\
CH_2NH_2 \quad CH_2NH_2
\end{array}
\rightleftharpoons
\begin{array}{c}
\underset{|}{COOH} \\
\underset{|}{CHNH_2} \\
CH_2OH
\end{array}
+ NH_3 + CO_2 + 2H^+ + 2e^+
$$

甘氨酸　甘氨酸　　　　　　丝氨酸

丝氨酸还有其他合成途径，其碳来自糖酵解的中间产物，3-磷酸甘油酸（PGA）。3-磷酸甘油酸经脱氢、转氨、脱磷酸生成丝氨酸。

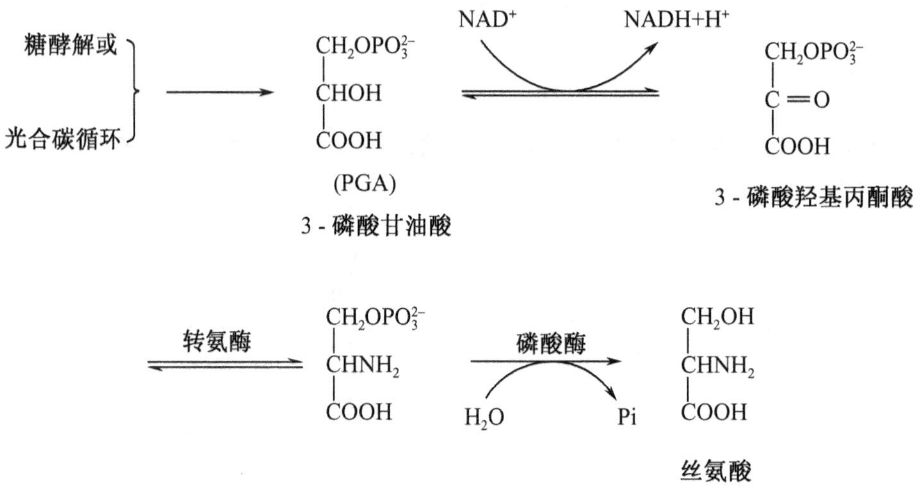

$$
\left. \begin{array}{l} 糖酵解或 \\ \\ 光合碳循环 \end{array} \right\}
\longrightarrow
\begin{array}{c}
\underset{|}{CH_2OPO_3^{2-}} \\
\underset{|}{CHOH} \\
COOH
\end{array}
\underset{\xrightleftharpoons{\text{NAD}^+ \quad \text{NADH+H}^+}}{}
\begin{array}{c}
\underset{|}{CH_2OPO_3^{2-}} \\
\underset{|}{C=O} \\
COOH
\end{array}
$$

(PGA)　　　　　　　　　　　　3-磷酸羟基丙酮酸

3-磷酸甘油酸

$$
\xrightleftharpoons[\text{转氨酶}]{}
\begin{array}{c}
\underset{|}{CH_2OPO_3^{2-}} \\
\underset{|}{CHNH_2} \\
COOH
\end{array}
\xrightarrow[\text{磷酸酶}]{H_2O \quad Pi}
\begin{array}{c}
\underset{|}{CH_2OH} \\
\underset{|}{CHNH_2} \\
COOH
\end{array}
$$

丝氨酸

由丝氨酸转变成半胱氨酸，包括下列反应：

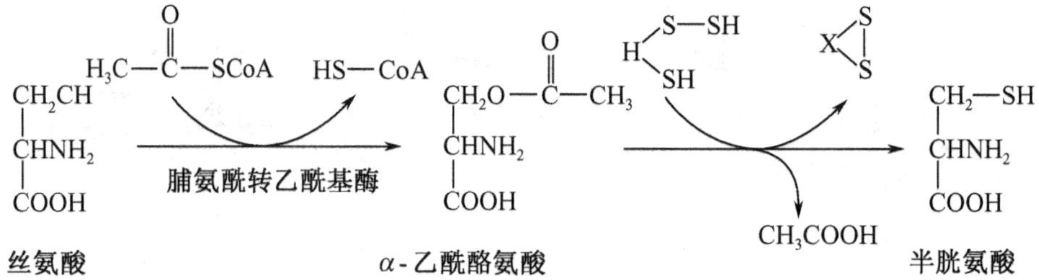

$$
\begin{array}{c}
\underset{|}{CH_2CH} \\
\underset{|}{CHNH_2} \\
COOH
\end{array}
\xrightarrow[\text{脯氨酰转乙酰基酶}]{H_3C-\underset{\underset{O}{\parallel}}{C}-SCoA \quad HS-CoA}
\begin{array}{c}
\underset{|}{CH_2O-\underset{\underset{O}{\parallel}}{C}-CH_3} \\
\underset{|}{CHNH_2} \\
COOH
\end{array}
\xrightarrow[\text{}]{\underset{|}{H-S-SH}\overset{\underset{|}{SH}}{} \quad X\underset{S}{\overset{S}{\triangleleft}} \quad CH_3COOH}
\begin{array}{c}
\underset{|}{CH_2-SH} \\
\underset{|}{CHNH_2} \\
COOH
\end{array}
$$

丝氨酸　　　　　　　　　α-乙酰酪氨酸　　　　　　　　半胱氨酸

（3）谷氨酸族

属于这一族的氨基酸有谷氨酸、谷氨酰胺、脯氨酸和精氨酸。它们的碳架都是来自三羧酸循环的中间产物 α-酮戊二酸。关于谷氨酸及谷氨酰胺的合成过程，前面已进行了叙述，谷氨酸转变为脯氨酸和精氨酸的反应如图10-15所示。

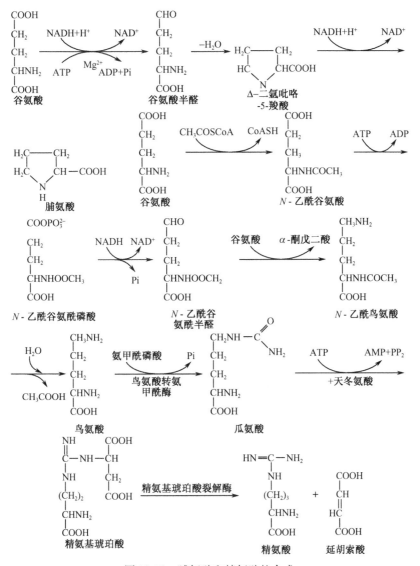

图 10-15　脯氨酸和精氨酸的合成

这一族几种氨基酸的合成关系如下：

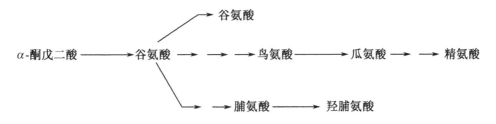

（4）天冬氨酸族

这一族包括天冬氨酸、天冬酰胺、赖氨酸、苏氨酸、异亮氨酸和蛋氨酸。它们的碳架都来自三羧酸循环中的草酰乙酸或延胡索酸。

天冬氨酸可由草酰乙酸和谷氨酸经转氨基作用而生成：

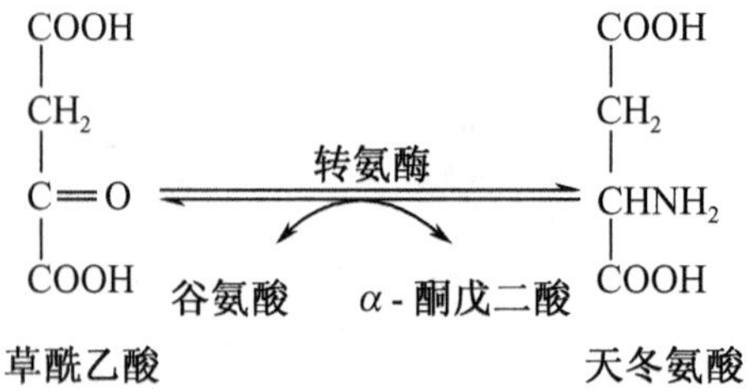

在某些植物体内，也可通过类似于 α -酮戊二酸的氨基化反应，使草酰乙酸与谷酰胺直接作用，生成天冬氨酸。

在微生物体内，天冬酰胺的合成是在天冬酰胺合成酶催化下进行的。

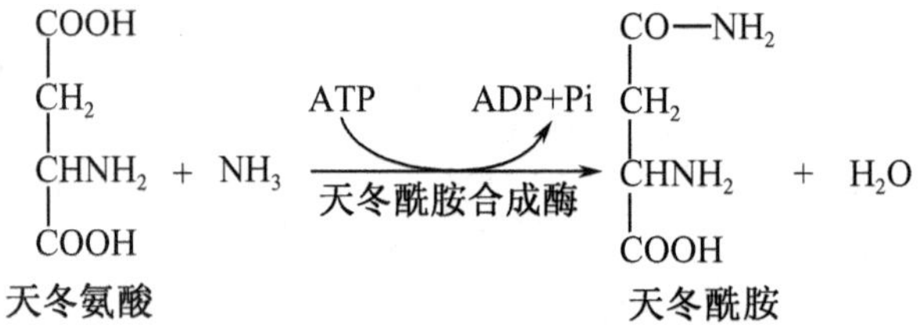

在某些高等植物中，天冬酰胺合成酶以谷氨酰胺为氨基供体。

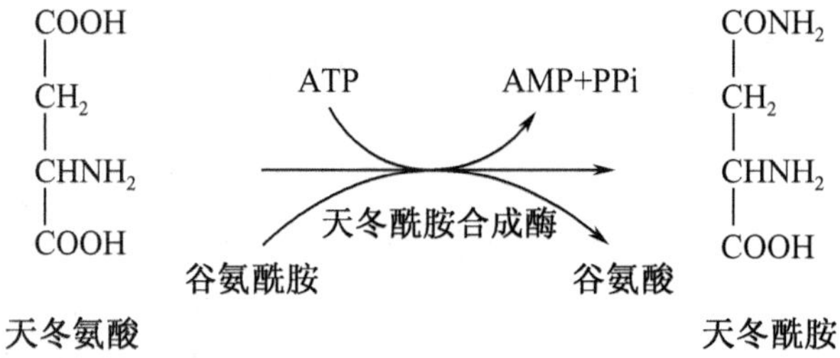

由于天冬氨酸转变为赖氨酸、蛋氨酸、苏氨酸和异亮氨酸反应过程都非常复杂冗长，图 10-16 只列出其合成过程。

这一族氨基酸生物合成的关系简单表示如图 10-17 所示。

（5）组氨酸和芳香氨基酸族

这一族包括组氨酸、酪氨酸、色氨酸和苯丙氨酸。组氨酸的合成过程较复杂，它的碳主要来自磷酸戊糖途径的中间产物核糖-5-磷酸。另外还有 ATP、谷氨酸和谷氨酰胺的参与，其合成过程如图 10-18 所示。

芳香氨基酸的碳来自磷酸戊糖途径的中间产物 4-磷酸赤藓糖和糖酵解的中间产物磷酸烯醇式丙酮酸（PEP）。这两个化合物经几步反应生成莽草酸（shikimic acid），再由莽草酸生成芳香基酸和其他多种芳香族化合物，称为莽草酸途径（图 10-19）。

从以上各种氨基酸的生物合成可以看出，它们的碳架均来自呼吸作用或光呼吸作用的中间产物，经一系列不同的反应，生成相应的酮酸，最后经转氨作用而形成相应的氨

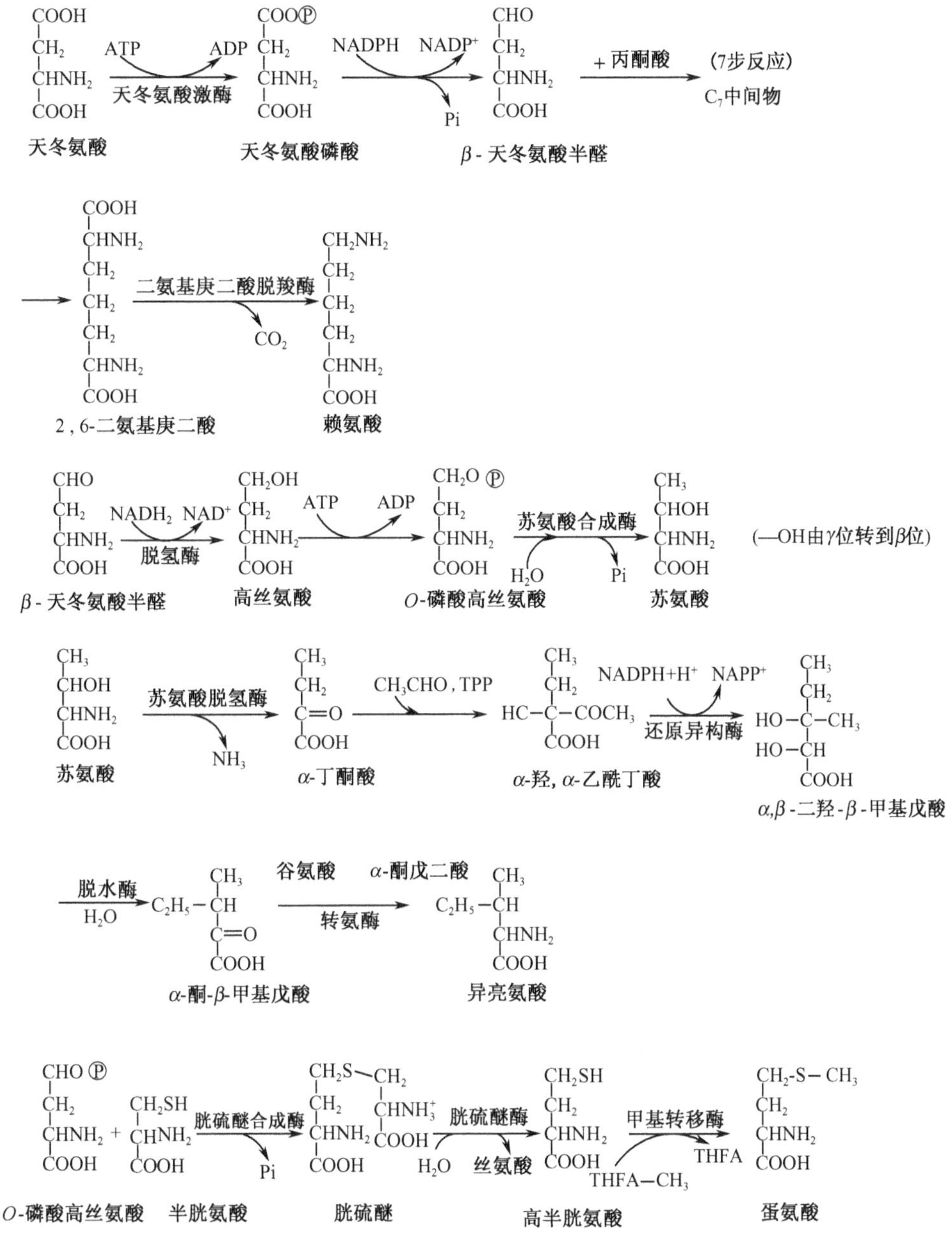

图 10-16 赖氨酸、蛋氨酸、苏氨酸和异亮氨酸合成

基酸。各种氨基酸生物合成及其相互关系如图 10-20 所示。

10.2.5.3 一碳基团代谢

（1）一碳基团的概念及生物意义

在代谢过程中，某些化合物可以分解产生具有一个碳原子的基团，称为"一碳基

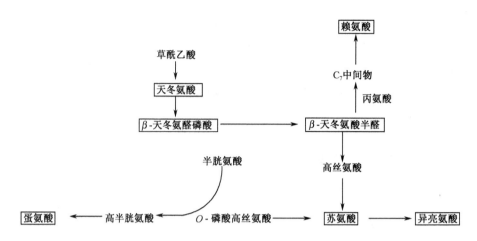

图 10-17　天冬氨酸族氨基酸合成过程

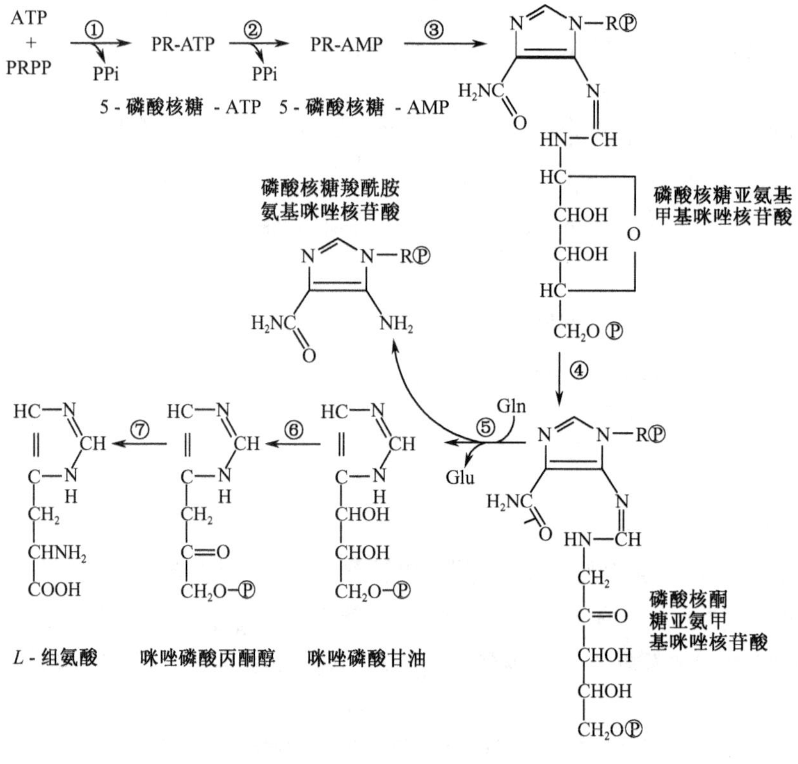

图 10-18　组氨酸合成过程

①PR-ATP 合成酶；②PR-ATP 焦磷酸水解酶；③PR-AMP 水解开环酶；④异构酶；
⑤谷酰胺酰氨基转移酶；⑥咪唑磷酸甘油脱水酶；⑦转氨酶、组氨醇磷酸酶，组氨醇脱氢酶

团"或"一碳单位"。在一碳基团转移过程中起辅酶作用的是四氢叶酸（FH₄）。在专一性的一碳基团转移酶作用下，携带着一碳基团的四氢叶酸可将其一碳基团转移给其他化合物。常见的一碳基团如下：

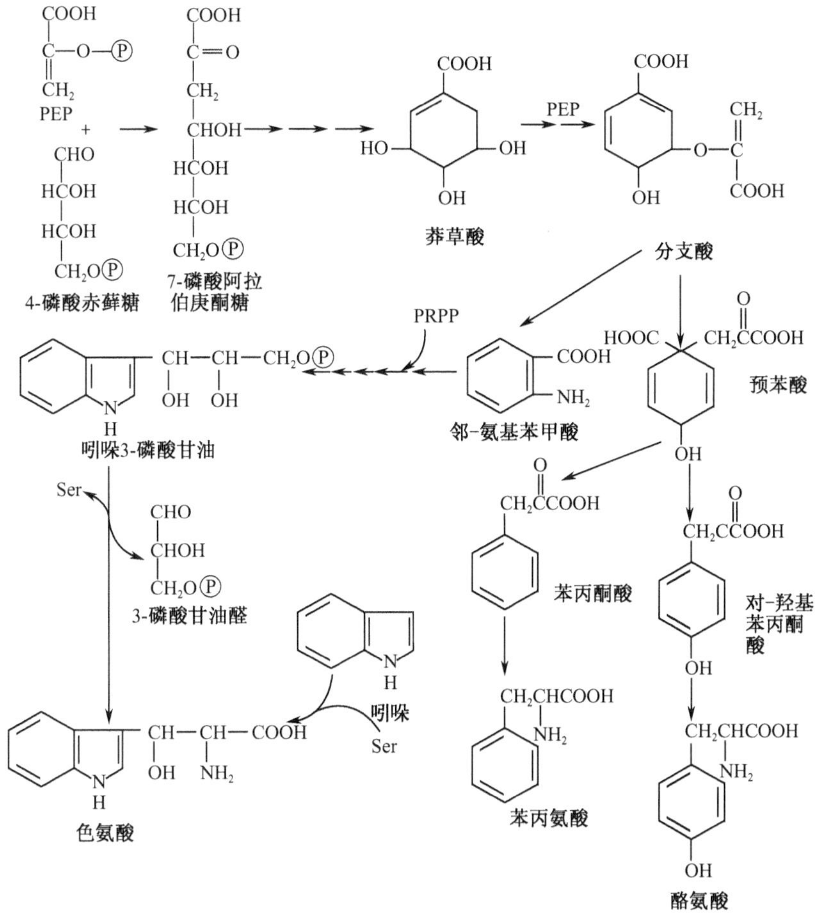

图 10-19 芳香氨基酸合成

| 亚胺甲基 | —CH＝NH | 甲酰基 | —CHO | 甲基 | —CH$_3$ |
| 羟甲基 | —CH$_2$OH | 亚甲基 | —CH$_2$— | 次甲基 | —CH＝ |

一碳基团的转移除了与许多氨基酸的代谢有直接关系外，还参与嘌呤和胸腺嘧啶的生物合成。生物体的许多活性物质，如肌酸、卵磷脂、S-腺苷蛋氨酸等的生物合成中，所需要的甲基是由 S-腺苷甲硫氨酸提供。

甲基的转移依靠四氢叶酸，四氢叶酸的前体是叶酸。人体没有合成叶酸的酶，所需叶酸来源于食物，而细菌所需叶酸靠自身合成。因为叶酸分子的组分之一是对氨基苯甲酸，而磺胺类药物是对氨基苯甲酸的类似物，因此使用磺胺类药物可有效抑制叶酸合成，抑制细菌的生长。

（2）氨基酸通过代谢产生一碳基团

许多氨基酸都和一碳基团有关。如甘氨酸、丝氨酸、苏氨酸、组氨酸等，都可作为一碳基团的供体。例如，甘氨酸经脱氨基作用，生成乙醛酸，即可在酶的催化下，与甲羟叶酸反应，生成：N^5,N^{10}-亚甲四氢叶酸（$N^5,N^{10}＝CH—FH_4$）。

丝氨酸既可直接与 FH_4 作用形成一碳基团，又可通过甘氨酸途径形成 N^5,N^{10}-亚甲

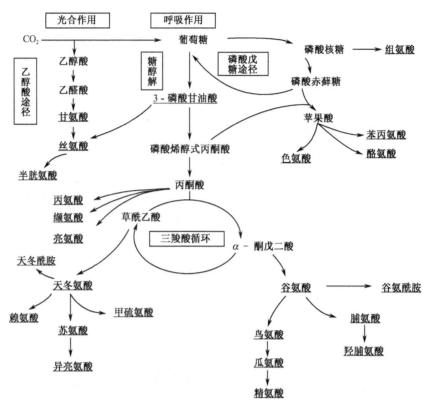

图 10-20　氨基酸生物合成及其相互关系

四氢叶酸($N^5, N^{10} \!=\! CH\!-\!FH_4$)。

$$CH_2\!-\!CH\!-\!COOH \xrightarrow[\text{丝氨酸转羟甲基酶}]{FH_4 \qquad N^{10}\!-\!CH_2OHFH_4} H_2N\!-\!CH_2\!-\!COOH$$

丝氨酸（OH, NH_2 下标），甘氨酸

$$N^{10}\!-\!CH_2OH\!-\!FH_4 \underset{+H_2O}{\overset{-H_2O}{\rightleftharpoons}} N^5, N^{10}\!=\!CH\!-\!FH_4$$

一碳基团的来源与转变可以总结如图 10-21。

10.2.5.4　硫酸根 SO_4^{2-} 还原生成半胱氨酸

前面讨论的半胱氨酸的合成反应中，有硫化物的参与$\left(X\!\!\begin{array}{c} SH \\ SH \end{array} \right)$。此处的硫化物是硫酸还原而成的，与硝酸的还原相类似。在细菌、藻类和高等植物中均存在着硫酸盐的还原过程。植物由外界吸收的硫酸盐（SO_4^{2-}）先经活化，然后被还原。活化分两步进行：

第一步，硫酸根离子在 ATP 硫酸化酶催化下与 ATP 反应，生成腺苷酰硫酸（APS）；

第二步，APS 在相应的激酶催化下，在 3′位形成磷酸脂，即磷酸腺苷酰硫酸（PAPS）。

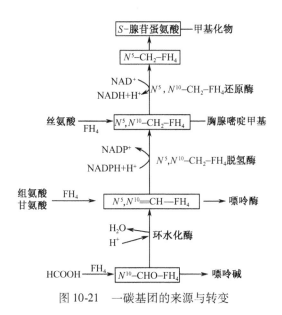

图 10-21　一碳基团的来源与转变

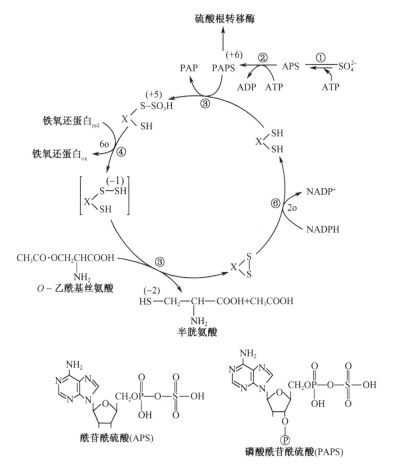

图 10-22　半胱氨酸合成

$$APS + ATP \xrightarrow{Mg^{2+}} PAPS + ADP$$

APS（或 PAPS，视不同生物而异）的还原可以有不同途径，在小球藻和高等植物内，APS 将其硫酰基转移给一个含巯基的载体，再被铁氧还蛋白还原成载体—S—SH，即可用于合成半胱氨酸（见图 10-22）。

10.2.6 氨基酸可衍生其他含氮化合物

在生物体内，氨基酸不仅是合成蛋白质的原料，而且还参与合成其他含氮化合物，包括核苷酸、脂类、激素、多胺、生氰糖苷、生物碱、卟啉类色素、神经递质、辅酶类、木质素等。表 10-1 列出由氨基酸衍生的一些含氮化合物。

表 10-1 由氨基酸衍生的含氮化合物

含氮化合物种类	氨基酸前体	含氮衍生物
核苷酸	甘氨酸、谷氨酰胺、天冬氨酸	嘌呤、嘧啶
类脂	甲硫氨酸	胆碱
	丝氨酸	鞘氨醇、乙醇胺
	酪氨酸	肾上腺素、甲状腺素
激素	色氨酸	吲哚乙酸
	甲硫氨酸	乙烯
多胺	精氨酸	腐胺、尸胺、精胺、亚精胺
生氰糖苷	缬氨酸、异亮氨酸、苯丙氨酸	亚麻苦苷、百脉根苷、苦杏仁等
生物碱	赖氨酸	鹰爪豆碱、羽扇豆烷宁
	天冬氨酸	烟草生物碱
	苯丙氨酸、酪氨酸	石蒜科生物碱、秋水仙碱
	色氨酸	吲哚生物碱、毒扁豆碱、麦角碱、马钱子碱、奎宁
	酪氨酸	吗啡、可待因
卟啉类色素	甘氨酸、天冬氨酸、谷氨酸	叶绿素、血红素、细胞色素
黑色素	酪氨酸	黑素
抗生素	缬氨酸、半胱氨酸	青霉素
神经递质	色氨酸	5′-羟色胺
	谷氨酸	γ-氨基丁酸
	蛋氨酸、丝氨酸	乙酰胆碱
辅酶类	色氨酸、甘氨酸、谷氨酸、天冬氨酸	NAD^-、$NADP^+$
	缬氨酸、天冬氨酸、半胱氨酸	泛酸（CoA）
	谷氨酸参与	THFA
木质素	苯丙氨酸、酪氨酸	香豆醇、松柏醇、芥子醇
胆汁成分	半胱氨酸	牛磺酸
还原保护	谷氨酸、半胱氨酸、甘氨酸	谷胱甘肽

10.2.6.1 多胺

多胺（polyamine）是生物体在代谢过程中产生的具有生物活性的相对分子质量低

的含氮碱。在高等植物中，多胺分布广泛，其二胺包括腐胺、尸胺等，三胺包括亚精胺、高亚精胺等，四胺有精胺，还有其他胺类；这些胺类统称为多胺。在不同组织器官，多胺含量也不同，一般认为，细胞分裂旺盛的组织，多胺生物合成活跃。高等植物内的多胺对矿物质缺乏、水分胁迫、盐胁迫、酸胁迫和寒冷胁迫等各种不良环境十分敏感。当植物体受以上各种胁迫时，体内大量腐胺累积，而其他多胺则变化不大。

目前认为：多胺的累积可增加细胞间渗透物质浓度，水分丢失；腐胺可作为细胞pH缓冲剂，也可能有助于 H^+ 或其他阳离子通过质膜；更重要的是多胺可抑制 RNase 和蛋白酶活性，这两种酶与各种胁迫对细胞引起的伤害及衰老有密切关系。因此，多胺能保护质膜和原生质免于自发的或外界伤害引起的分解破坏。生物体内具有生物活性的胺类还有乙醇胺、肾上腺素和 5-羟色胺等。乙醇胺是由磷脂酰丝氨酸中的丝氨酸脱羧形成的（见脂类代谢）。肾上腺素和 5-羟色胺在生物体内具有重要的生理功能。它们是由酪氨酸和色氨酸羟化、脱羧产生的。

10.2.6.2 植物可合成生氰糖苷

生氰糖苷（cyanogenic glucoside）是 α-羟基腈的碳水化合物的衍生物，也叫氰醇的糖苷。在高等植物中存在着 20 种左右的生氰糖苷，它们的通式表示为

通式中的 R_1 和 R_2 可以是脂肪族的取代基，也可以是芳香族的取代基或氢。绝大多数生氰糖苷的糖基是葡萄糖。苦杏仁苷中的糖基是龙胆二糖。生氰糖苷可根据 R 基团来源的氨基酸进行分类，如来源于缬氨酸和异亮氨酸的生氰糖苷分别是亚麻苦苷和百脉根苷。除了糖苷配基为环戊烯的生氰糖苷外，其余各种生氰糖苷的糖苷配基都来自 5 种氨基酸，即 L-苯丙氨酸、L-酪氨酸、L-缬氨酸、L-异亮氨酸和 L-亮氨酸。

许多植物都能合成产生氢氰酸的生氰糖苷。在活体植物中，由于这种生氰糖苷和能催化它们水解的酶在空间上被分隔开来，所以对植物并无毒害作用。但是，一旦植物组织被破坏，液泡中的糖苷在 β-糖苷酶的作用下使其分解，同时产生 α 羟基，后者能自发的水解释放 HCN。氢氰酸对人和其他很多生物是剧毒的。对人的致死剂量是每千克体重 0.5~3.5mg。其致死原因是氢氰酸是呼吸作用的抑制剂。

10.2.6.3 生物碱是植物的重要次生物质

生物碱（alkaloid）是一类碱性的植物次生代谢产物。具有含氮杂环的生物碱称为真生物碱，没有含氮杂环的生物碱称为原生物碱。绝大多数生物碱的生物合成前体物质是氨基酸，比如：天冬氨酸、赖氨酸、苯丙氨酸、酪氨酸、色氨酸、组氨酸等。如烟草中的生物碱、烟碱、降烟碱和新烟碱由鸟氨酸、天冬氨酸、赖氨酸合成。

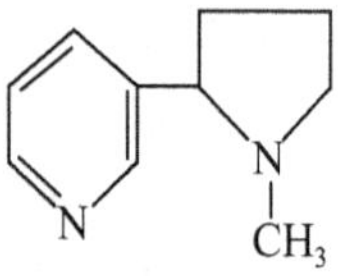

烟碱 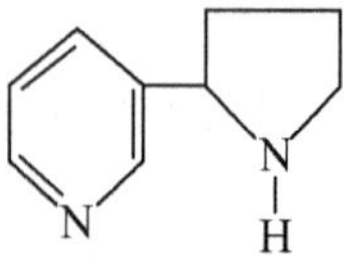　　　　　　　　　降烟碱　　　　　　　　新烟碱

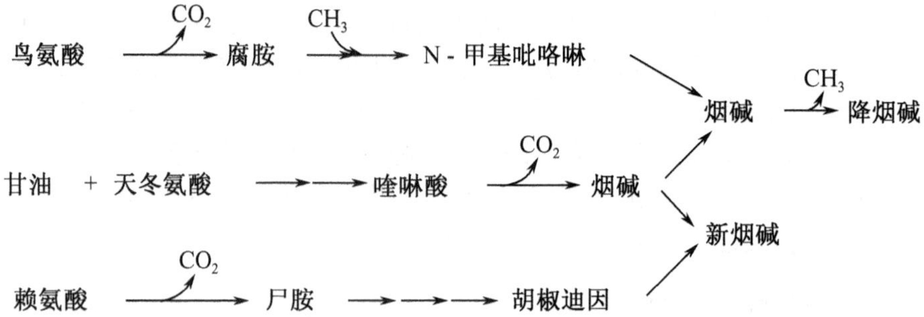

鸟氨酸 $\xrightarrow{CO_2}$ 腐胺 $\xrightarrow{CH_3}$ N-甲基吡咯啉

甘油 ＋ 天冬氨酸 ⟶ 喹啉酸 $\xrightarrow{CO_2}$ 烟碱

赖氨酸 $\xrightarrow{CO_2}$ 尸胺 ⟶⟶ 胡椒迪因

烟碱 $\xrightarrow{CH_3}$ 降烟碱

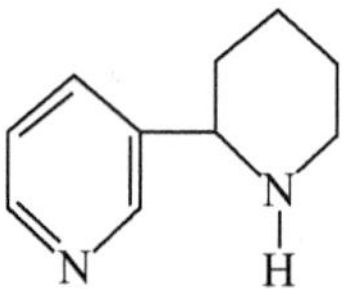

新烟碱

罂粟碱的生物合成从苯丙氨酸开始。

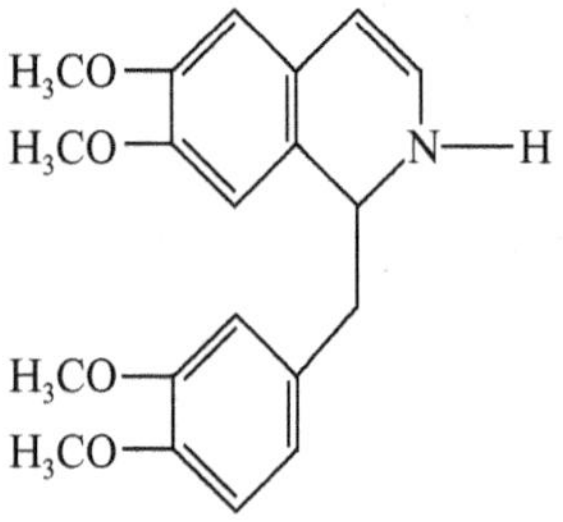

罂粟碱 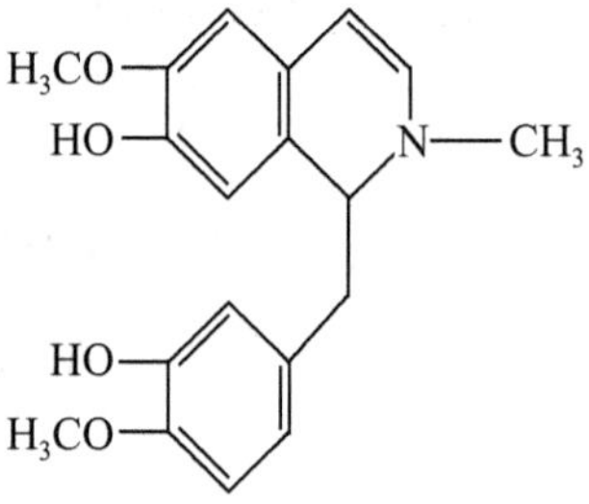　　　　　　　　　　　网状菌素

吲哚生物碱生物合成前体是色氨酸。

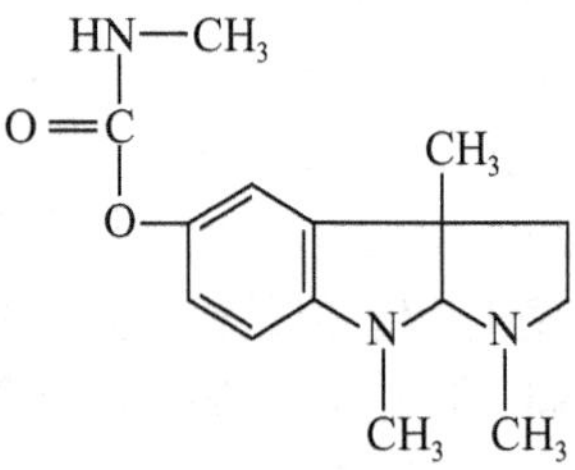

毒扁豆碱 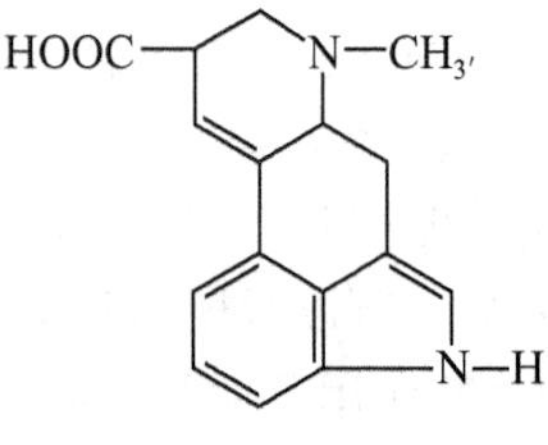　　　　　　麦角酸 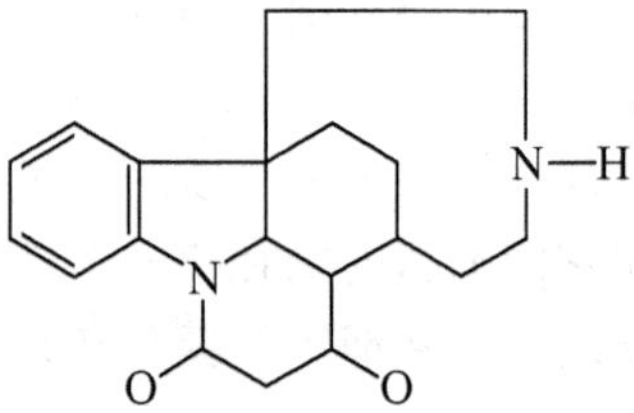　　　　　　马钱子碱

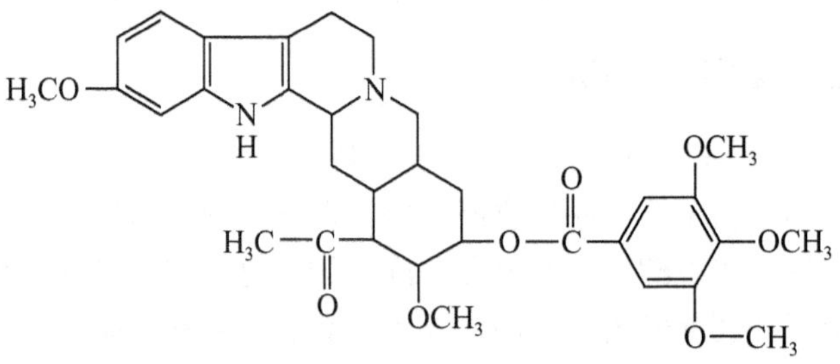

利血平

植物体内的生物碱能作为防止他种生物危害的保护剂或威慑剂，从而具有重要的生态学功能。例如，几乎没有什么昆虫能吃食含烟碱的植物。像烟碱这类具有驱虫作用的生物碱还有奎宁、地麻黄、吗啡、莨菪碱、番木鳖碱、鹰爪豆碱、马钱子碱、小檗碱和阿托品等。

生物碱除了具有生态学功能以外，还具有某些生理功能。第一，它可以作为生长调节剂，特别是作为种子萌发的抑制剂；第二，由于生物碱大都具有螯合能力，在细胞内可帮助维持离子平衡；第三，生物碱能作为植物的含氮分泌物；第四，它们可作为植物体内储存氮的化合物。

有些生物碱还有其特殊的生理功能，如用秋水仙碱处理正在进行有丝分裂的细胞，由于它能与微管蛋白相结合，因而使纺锤体不能形成，结果产生多倍体。所以育种工作者常用秋水仙碱作为产生多倍体植物的试剂（表 10-2）。

表 10-2　某些生物碱的特殊生理功能

生物碱	生理功能	被试材料
奎宁	嵌入 DNA 双螺旋，诱发苯丙氨酸氨裂解酶	豌豆荚
茶叶碱	抑制 3′, 5′-磷酸二酯酶，释放 α-淀粉酶	大麦内胚乳
烟碱	抗植物生长素，抑制叶绿素合成	多种植物
藜芦生物碱	抑制生长，影响 DNA 稳定性	裸麦、燕麦
咖啡碱	与操纵子结合，增加腺苷酸裂解酶活力	枯草杆菌
秋水仙碱	与微管蛋白结合，阻止纺锤体形成	多种作物

10.2.6.4　氨基酸可衍生植物激素和动物激素

高等植物体内由氨基酸衍生的植物激素主要是生长素类和乙烯。部分生长素的结构如下：

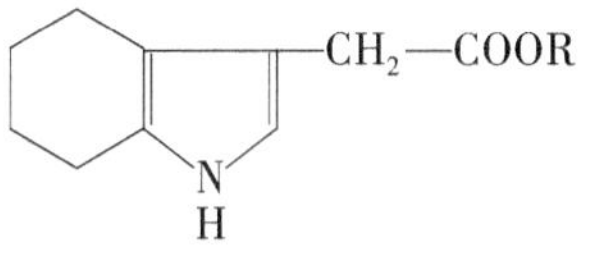

R＝H 吲哚-3-乙酸（IAA）
R＝CH₃ 甲基吲哚-3-乙酸

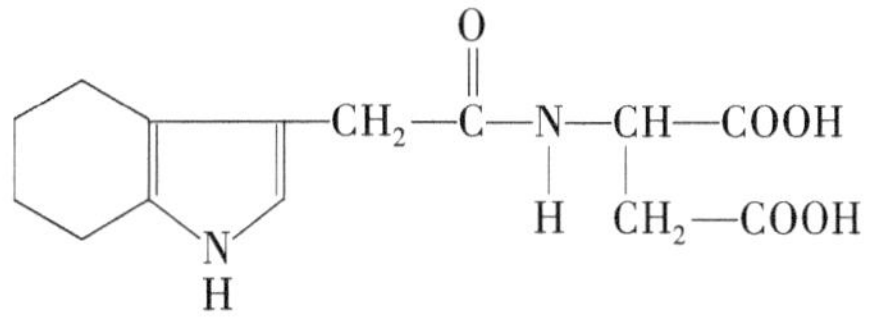

吲哚-3-乙酰-L-天冬氨酸

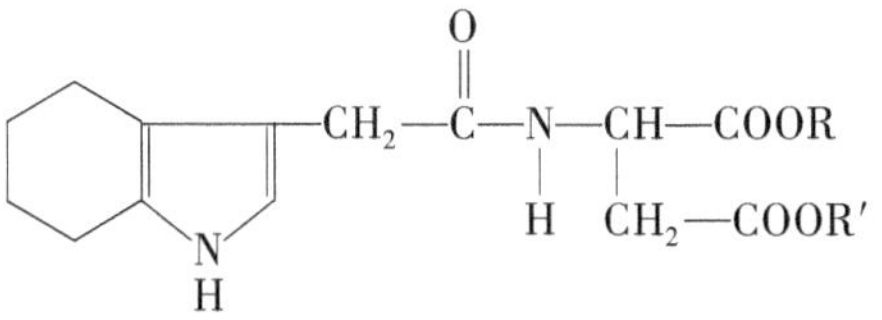

R＝H，R′＝CH₃ 或 R＝CH₃，R′＝H
甲基-4-吲哚-3-乙酰-天冬氨酸

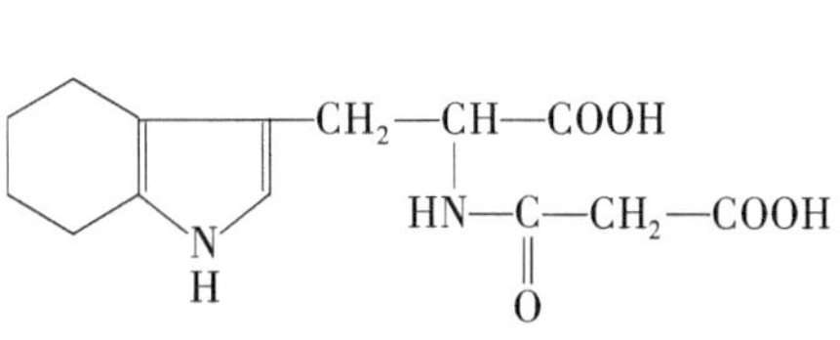

N-丙乙酰-色氨酸

许多研究表明高等植物中有 4 种不同的途径合成 IAA，前体分子都是色氨酸。例如，色氨酸先脱羧生成色胺，再氧化脱氨生成吲哚-3-乙醛，后者氧化即生成 IAA。色氨酸也可先脱氨，然后脱羧，再氧化生成 IAA。

乙烯是所有植物激素中化学结构最简单的一种。广泛存在于多种植物中，特别是在正成熟的果实组织中更多，它的生物合成的直接前体是 1-氨基环丙烷基羧酸（ACC），而 ACC 又来自 S-腺苷甲硫氨酸（SAM）。高等动物激素多数为多肽和蛋白质类，但有一些是由氨基酸衍生的，如肾上腺素由酪氨酸衍生来，甲状腺素为含碘氨基酸，甾醇类激素除来自脂肪酸外也可来自亮氨酸。

10.2.6.5　卟啉类色素由甘氨酸和谷氨酸合成

生物体内重要的卟啉衍生物是与铁或镁螯合形成的金属卟啉。当卟啉环与铁螯合形成铁卟啉，包括血红素、细胞色素等，当卟啉环与镁螯合后就形成了镁卟啉，主要是叶绿素。铁卟啉类色素生物合成的前体物是甘氨酸和琥珀酰辅酶 A。而镁卟啉类合成的前体是谷氨酸。

卟啉色素生物合成简图 10-23 如下：

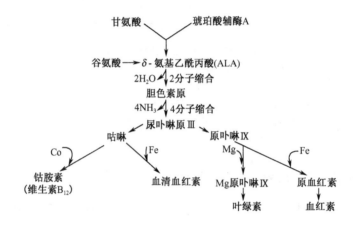

图 10-23　卟啉色素生物合成

10.2.6.6　木质素由苯丙氨酸和酪氨酸合成

木质素（lignin）是一类化合物的集合名称，并不是一个特定的物质。木质素的分子量变化范围很大，上限超过 1 000 000。植物体通过光合作用固定 CO_2 形成的碳水化合物中，有很大一部分转化成了木质素。据估计，光合作用储存在植物体内的化学能约有 40% 是以木质素的形式存在。

木质素的形成包括一系列酶促反应。L-苯丙氨酸和 L-酪氨酸脱氨以后，分别形成反式肉桂酸和反式香豆酸。这些前体再分别生成香豆醇、松柏醇和芥子醇等木质素的结构单位，结构单位常以糖苷形式储存，一旦需要合成木质素，它们便从这些糖苷中释放出来，自发地聚合反应形成木质素分子。由于这种聚合过程不是酶促反应，各种游离基的聚合又是随机的，这就使得木质素分子的结构非常复杂。

10.2.6.7 儿茶酚类和黑色素

植物体内的酚类化合物包括简单的酚、酚酸、酚丙烷、单宁、木脂素、黑色素类和木质素。常见的酚有对羟基醌、儿茶酚、间苯三酚等，由苯丙氨酸和酪氨酸衍生生成。漆酚（urushiol）也是儿茶酚的衍生物，它是漆树属植物常春藤的毒性成分。动物体内的黑素，一般称为真黑素，动物黑素含有氮，而植物体的儿茶酚黑素不含氮。动物黑素是由酪氨酸的衍生物吲哚-5,6-醌聚合形成的。

10.3　核苷酸代谢

核苷酸在细胞中具有多种功能：有的核苷酸是 DNA 和 RNA 合成的前体；有的是碳水化合物、脂类、蛋白质和核酸生物合成时的活化中间产物；有的是化学能的基本载体；有的是酶的辅酶的组成成分；还有的核苷酸作为调节分子在介导信号传递中起着关键作用。然而，细胞并不能从周围介质中直接摄取核苷酸。因此，核苷酸的生物合成对所有细胞来说都是极其重要的代谢过程。核苷酸的生物合成有两条基本途径：从头合成途径（de novo pathway）和补救途径（salvage pathway）。从头合成途径是从氨基酸、核糖-5-磷酸、CO_2 和 NH_3 开始的。补救途径是核酸降解生成的游离碱基、游离核苷的再利用。这两条核苷酸合成途径在细胞内的代谢中都起着十分重要的作用。

核苷酸的降解途径对于生物也是十分重要的。不同动物体内嘌呤核苷酸降解代谢的最终产物是不一样的，它反映了代谢与进化、代谢与环境的关系。一些遗传缺陷病引起核苷酸降解代谢的阻断，会造成严重的后果，也说明了核苷酸降解代谢的必要性。

10.3.1　核酸的酶促降解

细胞内含有多种水解核酸的酶。根据底物不同，有的作用于 RNA，有的作用于 DNA，有的既可作用于 RNA，又可作用于 DNA；根据作用的位置不同，有的叫外切酶、有的叫内切酶，也有的既可外切，又可内切；有的具有碱基或序列特异性，有的为非特异性；有的依条件不同而不同。

10.3.1.1　外切核酸酶

外切核酸酶（exonuclease）是指一类从核酸（包括 DNA 和 RNA）分子的一端逐一顺次把核苷酸水解下来的核酸水解酶，它们是非特异性的磷酸二酯酶。但它们作用的方向仍有差别，如蛇毒磷酸二酯酶，它从 RNA 或 DNA 的游离 3′端开始水解，依次产生 5′-核苷酸，牛脾磷酸二酯酶则相反，从游离 5′端开始水解，逐个水解生成 3′-核苷酸。其反应可见图 10-24 所示。

10.3.1.2　核糖核酸酶

核糖核酸酶（RNase）是一类水解 RNA 的酶的通称。根据水解专一性，可以分为碱基特异性和非特异性两类。例如，牛胰核糖核酸酶（Rnase A），它是一种内切核酸

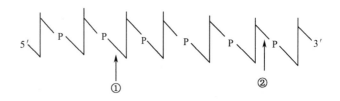

图 10-24　磷酸二酯酶水解核酸的位置
P 代表磷酸；①牛脾磷酸二酯酶；②蛇毒磷酸二酯酶

酶（endonuclease），专一性地水解 RNA 链中的嘧啶核苷酸键，产生 3′-嘧啶核苷酸和以 3′端为嘧啶核苷酸的寡核苷酸。

10.3.1.3　限制性内切酶（参见 6.6.2.3 限制与修饰）

10.3.2　核苷酸的分解代谢

10.3.2.1　核苷酸降解成碱基、戊糖与磷酸

核酸在酶促作用下降解成核苷酸，核苷酸再降解为碱基、戊糖和磷酸。核苷酸首先在核苷酸酶（nucleosidase）催化下，水解为核苷和无机磷酸。其反应为

$$核苷酸 \xrightarrow[H_2O]{核苷酸酶} 核苷 + Pi$$

核苷酸酶有的是非特异性的，有的具有较强的特异性，如 3′-核苷酸酶只水解 3′-核苷酸，5′-核苷酸酶只水解 5′-核苷酸。

核苷在核苷酶（nucleosidase）作用下分解为嘌呤碱（或嘧啶碱）和戊糖。核苷酶有两类：一类广泛存在于生物机体中叫核苷磷酸化酶（nucleoside phosphorylase），催化可逆反应；另一类主要存在于植物和微生物中的叫核苷水解酶（nucleoside hydrolase），只作用于核糖核苷，催化不可逆反应。它们的反应式为

$$核苷 + Pi \underset{核苷磷酸化酶}{\rightleftharpoons} 碱基 + 戊糖-1-磷酸$$

$$核苷 + H_2O \underset{核苷水解酶}{\rightleftharpoons} 碱基 + 戊糖$$

10.3.2.2　嘌呤的分解代谢

嘌呤核苷酸 AMP 和 GMP 的降解途径如图 10-25 所示。

a. AMP 和 GMP 首先在 5′-核苷酸酶作用下，生成腺嘌呤核苷和鸟嘌呤核苷。腺嘌呤核苷再经腺嘌呤核苷脱氨酶（adenosine deaminase）脱去氨基变成次黄嘌呤核苷（inosine），次黄嘌呤核苷经核苷酶分解成次黄嘌呤，并进一步在黄嘌呤氧化酶（xanthine oxidase）作用下生成尿酸（图 10-25）。鸟嘌呤核苷也转变成黄嘌呤，它是在核苷酶和鸟嘌呤脱氨酶催化下完成的。黄嘌呤在黄嘌呤氧化酶作用下生成尿酸（uric acid）。黄嘌呤氧化酶是一种需氧脱氢酶，是一种黄素酶，含有一个钼原子和 4 个铁-硫中心，分子氧作为电子受体，生成 H_2O_2。

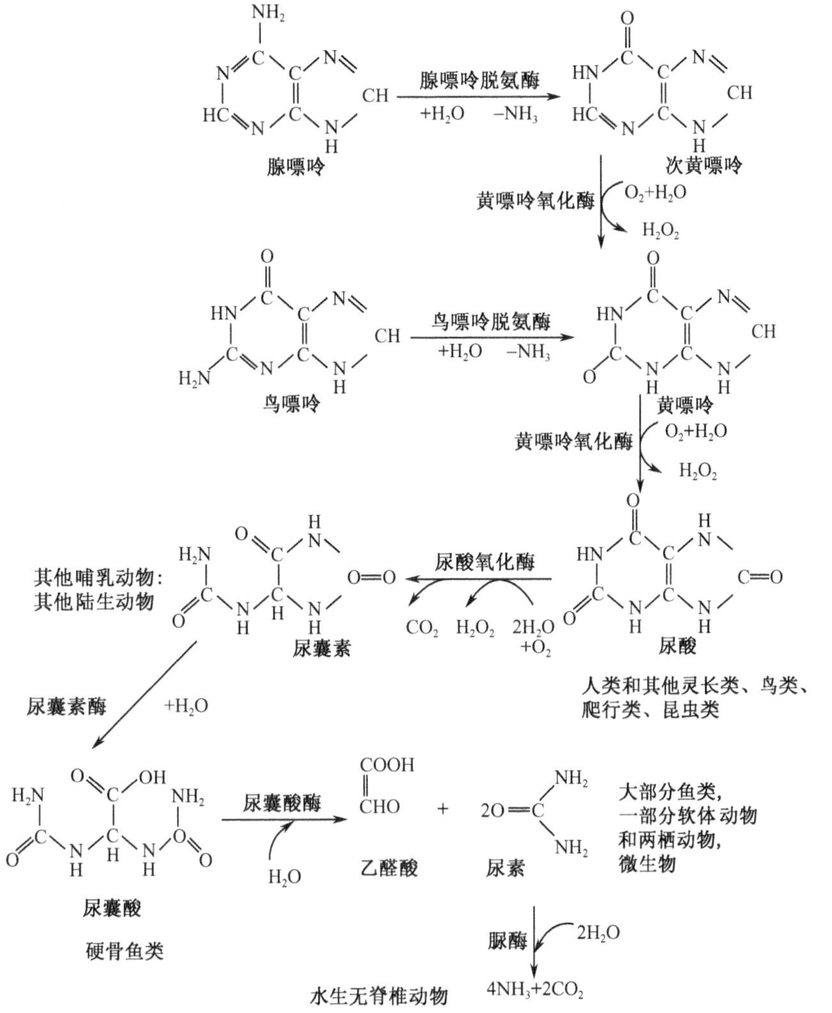

图 10-25　AMP 和 GMP 的分解途径

b. 在 AMP 转变成次黄嘌呤过程中，在人和大鼠体内由于缺乏腺嘌呤酶，腺嘌呤的脱氨反应是在腺苷或腺苷酸的水平上进行，其产物是次黄嘌呤核苷或次黄嘌呤核苷酸，它们再进一步分解生成次黄嘌呤。

c. 嘌呤在不同种类的动物中分解的最终产物是不同的。在人、灵长类、鸟类、爬虫类和大部分昆虫中，嘌呤分解的最终产物是尿酸。然而，在其他哺乳动物中，肝脏有一种尿酸氧化酶（urate oxidase），是一种铜蛋白，尿酸被进一步氧化成尿囊素（allanto-in）。在某些硬骨鱼中，尿囊素经尿囊素酶（allantoinase）作用生成尿囊酸（allantoic acid）。在大多数鱼类、两栖类和某些软体动物中，尿囊酸进一步分解成尿素。在某些海生无脊椎动物和甲壳动物中尿素分解成氨排出。氨基酸中氮的排出形式是比较生物化学的一个突出例子，它反映了代谢与环境适应性，如肺鱼在水充裕的环境中排氨，而在泥浆中则排尿素。也与胚胎发育过程有关，如两栖类蝌蚪排氨，变态过程合成尿素，成年青蛙最终排尿素。

d. 植物和微生物体内嘌呤的降解途径大致相似。植物体内广泛存在着使嘌呤分解的酶类，如尿囊素酶、尿囊酸酶、脲酶等。植物体内嘌呤分解主要发生在衰老叶片和储藏胚乳的组织内，而胚和幼苗内不发生嘌呤分解，此外植物还具有同化氮的能力。微生物分解嘌呤最终生成氨、二氧化碳以及一些有机酸，如甲酸、乙酸等。

10.3.2.3 嘧啶的分解代谢

嘧啶的分解代谢过程如图 10-26 所示。

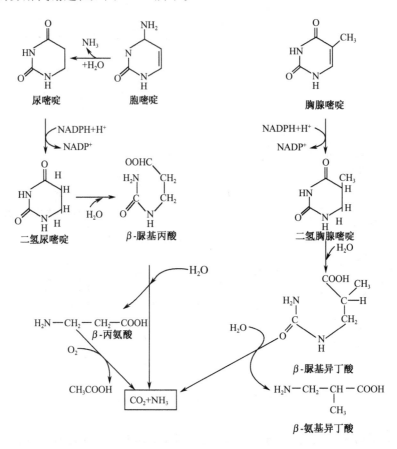

图 10-26　嘧啶的分解代谢

a. 3 种嘧啶中，胞嘧啶先脱氨生成尿嘧啶。尿嘧啶和胸腺嘧啶再经过还原、水解，生成 β-丙氨酸和 β-氨基异丁酸。嘧啶中的氮原子最终转变成氨。β-丙氨酸转变成乙酸再按乙酸代谢，β-氨基异丁酸转氨变成甲基丙二酸半醛，它是缬氨酸降解途径的一种中间产物，它将进一步转变成甲基丙二酸单酰 CoA、琥珀酰 CoA 进入柠檬酸循环。

b. 在胞嘧啶、胞嘧啶核苷、胞嘧啶核苷酸转变成尿嘧啶过程中，不同生物情况可能有所不同。胞嘧啶脱氨酶似乎只存在于酵母和细菌中，胞嘧啶核苷脱氨酶广泛分布于细菌、植物和哺乳动物中。此外，在细菌和动植物中还存在一种特殊的脱氧核糖胞嘧啶核苷氨基水解酶。它使胞嘧啶核苷、胞嘧啶核苷酸先转变成尿嘧啶核苷与尿嘧啶核苷酸，再进一步转变成尿嘧啶。脱氧胞嘧啶核苷先转变成脱氧尿嘧啶核苷，再经尿嘧啶核苷磷酸化酶作用转变成尿嘧啶。

c. 在尿嘧啶和胸腺嘧啶降解过程中，它们的二氢衍生物的生成是还原酶催化的。在哺乳动物肝脏中，尿嘧啶还原酶和胸腺嘧啶还原酶都是以 NADPH 作为供氢体的，而细菌中这两种酶都是利用 NADH 作为氢的供体。

10.3.3　核苷酸的生物合成

10.3.3.1　核苷酸的生物合成从磷酸核糖焦磷酸的合成开始

嘌呤核苷酸和嘧啶核苷酸生物合成是从合成磷酸核糖焦磷酸（phosphoriobosyl pyrophosphate PRPP）开始的。磷酸核糖焦磷酸则是由 5′-磷酸核糖转变而成。5′-磷酸核糖可来自磷酸戊糖途径。磷酸核糖焦磷酸还是微生物中组氨酸和色氨酸合成的起始步骤。反应步骤如下：

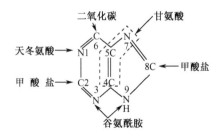

催化这一反应的酶叫 5′-磷酸核糖焦磷酸激酶。该酶转移的是焦磷酸基团，它是核苷酸合成途径的关键酶，其活性受许多代谢产物和试剂的影响。无机磷酸、Mg^{2+} 是它的激活剂，ADP 和 2,3-二磷酸甘油醛是其竞争性抑制剂，而 AMP 和 GTP 是其非竞争性抑制剂。

10.3.3.2　嘌呤核苷酸利用氨基酸等从头合成

（1）嘌呤环原子来源

核酸中嘌呤碱基主要是腺嘌呤和鸟嘌呤。通过同位素标记的实验结果表明，嘌呤环上碳原子和氮原子分别来源于氨基酸，天冬氨酸、谷氨酸、二氧化碳和一碳单位化合物，见图 10-27 所示。

图 10-27　嘌呤环的原子来源

（2）嘌呤核苷酸的生物合成

在确定嘌呤环各原子来源的基础上，现已确定嘌呤核苷酸合成的详细过程，见图10-28所示。

如图10-28所示，嘌呤核苷酸的生物合成的主要过程是

a. 嘌呤核苷酸的合成过程可分为两个阶段：第一阶段是由磷酸核糖焦磷酸（PRPP）合成次黄嘌呤核苷酸（inosine 5′-monophosphate，IMP，也叫肌苷酸，是一高效助鲜剂）；第二阶段是IMP转变成腺嘌呤核苷酸和鸟嘌呤核苷酸。

b. 嘌呤核苷酸合成的第一步是PRPP与谷氨酰胺反应，生成5′-磷酸核糖胺（5′-phosphoribosyl amine，PRA）。在这个反应中，核糖中C_1的构型发生了转变，由α-构型转变为β-构型。这一反应是由焦磷酸的水解驱动的。

c. 合成的第二步反应中，甘氨酸的3个骨架碳原子都参入其中，这一步反应消耗一分子ATP，它释放的能量用于甘氨酸羧基的活化，其活化形式为酰基磷酸酯。

d. 由N^{10}-甲酰四氢叶酸提供一个碳原子加入在甘氨酰胺核苷酸的氨基上。自此，嘌呤环骨架中4，5，7，8，9等五位原子组成的五元环的原子逐次形成。但在水解闭环形成五元环之前，先由谷氨酰胺提供第1位氮原子。这两步反应共消耗2分子ATP。

e. 嘌呤环中第3位氮原子是由天冬氨酸提供的。天冬氨酸作为氨基供体分两步反应完成，这一反应与尿素循环中发生的反应相似。

f. 嘌呤环中第2位碳原子也是由N^{10}-甲酰四氢叶酸提供的。但第6位碳原子却是由基质中的CO_2提供的。CO_2加入时的酰化反应不需要生物素作为辅助因子。

g. 嘌呤环中的六元环的闭环后生成IMP。从PRPP到IMP共包括10步反应。IMP的合成过程是由一个大的多酶复合体催化完成的。在从酵母到果蝇、禽等真核生物中，第2，3，5步反应是由一多功能蛋白催化的，而第6，7，9，10步反应是由另外的多功能蛋白所催化的。然而，大肠杆菌中从第1步到第10步是由不同的蛋白催化的，它们也以非共价连接的多酶复合体形式存在。从5′-磷酸核糖合成IMP共需水解来自ATP的6个高能磷酸键。

h. IMP在细胞中进一步转变成AMP和GMP。从IMP到AMP和GMP各经过两步反应。由GTP的水解供能驱动IMP转变成AMP，由ATP驱动从IMP到GMP合成过程。ATP水解成AMP，反应释放2个高能磷酸键的能量。

（3）嘌呤核苷酸生物合成的反馈控制

嘌呤核苷酸的生物合成是受反馈调节的，其反馈控制途径见图10-29所示。

嘌呤核苷酸生物合成的反馈调节有3条途径。它包括对核糖磷酸焦磷酸酶、谷氨酰胺-PRPP氨基转移酶和分支中腺苷琥珀酸合成酶与IMP脱氢酶的调节，这3种反馈调节具有协同作用，协同作用的结果保证了嘌呤核苷酸合成的速率以及两种终产物腺嘌呤核苷酸与鸟嘌呤核苷酸的相对比例。

a. 在从PRPP合成AMP和GMP过程中，谷氨酰胺-PRPP氨基转移酶催化第一步反应，它是整个合成过程的限速酶。该酶是一个变构酶。酶的活性被5′-嘌呤核苷酸所抑制，不同核苷酸对不同来源的酶的抑制作用不同。AMP、GMP、IMP是其共有的抑制

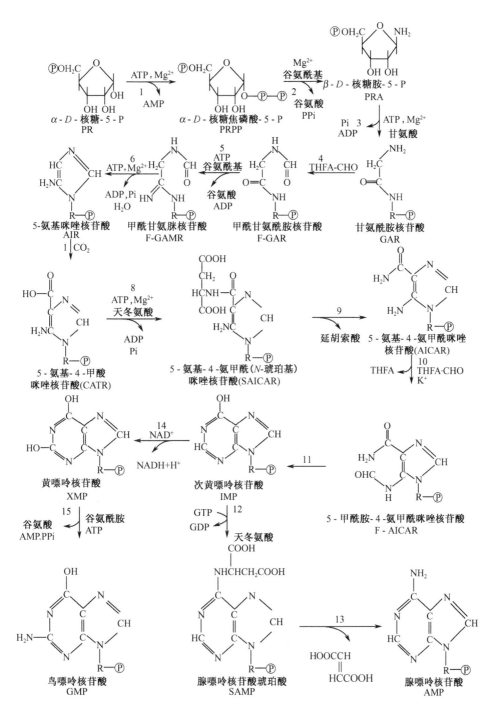

图 10-28　嘌呤核苷酸的从头合成

1. 5-磷酸核糖焦磷酸激酶；2. PRPP 转胺酶；3. GAR 合成酶；4. GAR 转甲酰酶；5. 甲酰-GAR 转胺酶；6. AIR 合成酶；7. AIR 羧化酶；8. SAICAR 合成酶；9. 腺嘌呤核苷酸琥珀酸分解酶（反应 13回）；10. AICAR 甲酰转移酶；11. IMP 环化脱水酶；12. SAMP 合成酶；13. 同反应 9；14. IMP 脱氢酶；15. XMP 转胺酶

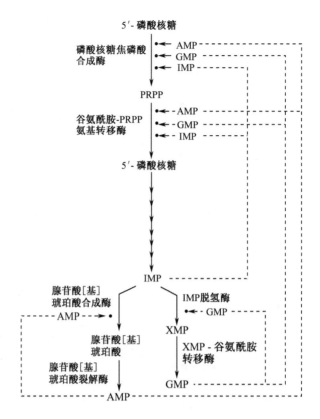

图 10-29 嘌呤核苷酸生物合成的反馈调节

剂，抑制常数（K_i）通常在 $10^{-5} \sim 10^{-3}\,\mathrm{mol \cdot L^{-1}}$ 之间。某些核苷酸，如 AMP、GMP，还具有协同作用，无论 AMP，还是 GMP 累积过剩，都将反馈抑制这一过程。此外，谷氨酰胺-PRPP 氨基转移酶催化反应的速率还受细胞内底物 L-谷氨酰胺和 PRPP 浓度的影响。

b. 嘌呤核苷酸合成在从 IMP 到 AMP 和 GMP 的分支途径上调控。GMP 的累积抑制 IMP 脱氢酶，从而抑制黄嘌呤核苷酸（XMP）的合成，进一步抑制 GMP 的合成。同样，AMP 的过剩将导致腺嘌呤-琥珀合成酶的抑制，从而抑制腺嘌呤琥珀酸的合成，最终抑制 AMP 的生成。

c. 嘌呤核苷酸的生物合成中还存在一种"正"调控机制。在 IMP 转变成 AMP 中，GTP 作为能源，在 IMP 转变成 GMP 过程中，ATP 作为能源。当 GTP 含量增加时可促进 AMP 的生成，当 ATP 含量增加时，则可促进 GMP 的生成。对于 AMP、GMP 生物合成起着重要的平衡调节作用。

10.3.3.3　嘧啶核苷酸的从头合成

（1）嘧啶环原子的来源

由于嘧啶碱基的结构比嘌呤碱基简单，嘧啶核苷酸的从头合成比嘌呤核苷酸合成要简单。嘧啶环各原子的来源见图 10-30 所示。

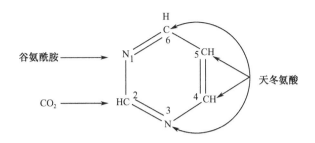

图 10-30 嘧啶环的原子来源

（2）嘧啶核苷酸的从头合成过程

嘧啶核苷酸中 UTP 和 CTP 的生物合成过程如图 10-31。嘧啶核苷酸生物合成过程中，乳清酸是嘧啶合成的直接前体。

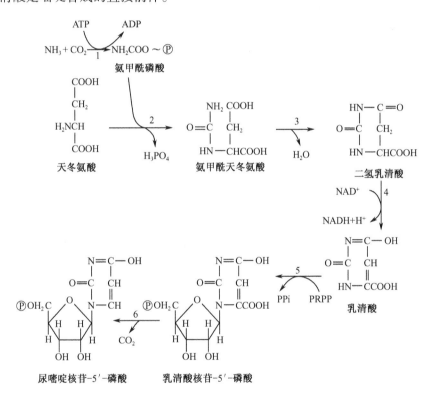

图 10-31 嘧啶核苷酸的生物合成
1. 氨甲酰磷酸合成酶；2. 天冬氨酸氨甲酰转移酶；3. 二氢乳清酸酶；4. 二氢乳清酸脱氢酶；5. 乳清酸磷酸核糖转移酶；6. 乳清酸核苷 5′-磷酸脱羧酶

嘧啶环生物合成主要步骤：

a. 嘧啶环生物合成的第一步是氨甲酰磷酸的合成。氨甲酰磷酸也是动物中尿素循环的中间产物。然而，它们是存在差别的。在微生物和真核细胞的嘧啶合成中，氨甲酰磷酸是在胞液中生成的，其氨基是由谷氨酰胺提供的，催化这一反应的酶叫做氨甲酰磷酸合成酶Ⅱ（Carbamyl phosphate synthetase Ⅱ）。氨甲酰磷酸合成酶Ⅱ不含生物素，也不为其所激活。产物氨甲酰磷酸与天冬氨酸作用生成氨甲酰天冬氨酸，这一步平衡有利于氨甲酰天冬氨酸的生成。

b. 由氨甲酰磷酸与天冬氨酸反应生成氨甲酰天冬氨酸，再闭环成二氢乳清酸（dihydroorotate），最后脱氢氧化而成乳清酸（orotate）。催化这三步反应的酶分别是天冬氨酸氨甲酰转移酶（asparate transcarbamylase ATCase）、二氢乳清酸酶（dihydroorotase）和二氢乳清酸脱氢酶（dihydroorotate dehydrogenase）。其中，细菌中 ATCase 是一个变构酶，而在真核生物中天冬氨酸氨甲酰转移酶、二氢乳清酸酶与氨甲酰磷酸合成酶Ⅱ是一个三功能蛋白的一部分，缩写为 CAD，它含有 3 条相似的肽链，每条肽链相对分子质量为 230 000，每条肽链都具有 3 种反应的活性部位。有证据表明多功能酶是单基因的产物。二氢乳清酸脱氢酶在真核中是一个与线粒体内膜结合的脂蛋白，在某些生物中是黄素蛋白，含有 FMN 或 FAD，以及非铁血红素与硫。

c. 乳清酸合成后，与 PRPP 结合生成乳清酸核苷酸（orotidylate monophosphate，OMP），乳清酸核苷酸再脱羧生成尿嘧啶核苷酸（uridine monophosphate，UMP）。催化这两步反应的酶分别是乳清酸核苷酸核糖磷酸转移酶和乳清酸核苷酸脱羧酶。在哺乳动物中，这两种酶也是一种多功能蛋白，这种蛋白质具有两种酶活性。

d. UMP 在激酶作用下磷酸化成 UTP，UTP 再经胞嘧啶核苷酸合成酶（cytidylate synthetase）作用生成 CTP，在这步反应中，氨基供体在动物中是谷氨酰胺，在某些细菌中为 NH_4^+。

（3）嘧啶核苷酸生物合成的调节

嘧啶核苷酸的合成速率也是受反馈调控的。嘧啶生物合成的调节见图 10-32 所示。

在细菌中，嘧啶核苷酸的合成速率调控大部分是通过对天冬氨酸氨甲酰转移酶的调控来实现的。CTP 是反应途径的最终产物，是 ATCase 的抑制剂。在细菌中天冬氨酸氨甲酰转移酶含有 6 个催化亚基和 6 个调节亚基。催化亚基与底物结合，调节亚基与变构剂 CTP 结合。整个酶分子以及其亚基有活性的和非活性的两种构象，当调节亚基空着时，酶的活性最大，当 CTP 累积并结合到调节亚基时，引起酶的构象改变，这种变化传递到催化亚基，催化亚基变成无活性构象。ATP 与 CTP 的效应相反，它能抑制 CTP 诱导的变化，提高酶对天冬氨酸的亲和力而激活酶的活性。当加入 $0.8 mmol \cdot L^{-1}$ CTP 时，ATCase 产生变构抑制，$K_{0.5}$ 为 $23 mmol \cdot L^{-1}$，当 ATP 为 $0.6 mmol \cdot L^{-1}$ 时，能够完全逆转 CTP 的抑制效应（中间曲线）。大肠杆菌中 ATP 和 CTP 的浓度相当高，足以使它们影响到细胞内天冬氨酸转氨甲酰酶的活力。然而，此酶并不是所有生物的调节酶，在动物细胞中它并不参与嘧啶核苷酸合成的调节。在哺乳动物组织中，氨甲酰磷酸合成酶可能是嘧啶核苷酸生物合成调控的最重要位点。它受 UTP 和 GTP 的反馈抑制。然而，有人提出在某些情况下，乳清酸磷酸核糖转移酶也可能是一个重要调节位点。

在 UMP 的从头合成过程中，共有六种酶参与了这个反应过程。在大部分原核生物中，六个结构基因编码这六个酶，而在真核生物中由于形成多功能蛋白质而减少了基因数目。在哺乳动物细胞中存在着两种多功能蛋白。几种催化活性共存于一个单一的多肽

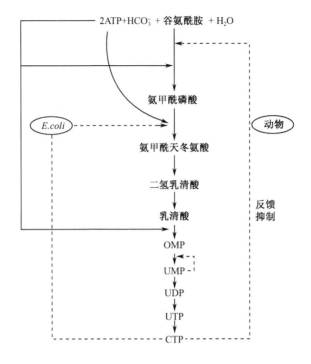

图 10-32　嘧啶核苷酸生物合成的调节

链中，它使代谢中间产物直接从一种酶到达下一种酶，代谢中间产物通过代谢途径而相互沟通，限制了代谢中间产物的扩散或进入细胞内的代谢库中。这种现象也起着对核苷酸合成调控的作用。

10.3.3.4　核苷单磷酸经酶促转变成核苷三磷酸

核苷单磷酸转变成核苷三磷酸是所有生物共有的途径。细胞中存在着一系列激酶（磷酸转移酶），能将核苷单磷酸转变成相应的核苷二磷酸和核苷三磷酸。

核苷单磷酸激酶（nucleoside monophosphate kinase）是一类广泛存在于细菌等微生物及动物细胞中的激酶，它们催化的反应为

$$(d)\ NMP + ATP \longrightarrow (d)\ NDP + ADP$$

这一类酶具有一定的碱基特异性但无糖基的特异性。已知有 4 种类型的核苷单磷酸激酶，它们分别催化下列几种核苷单磷酸的磷酸化反应：a. GMP 和 dGMP；b. AMP 和 dAMP；c. dCMP、CMP 和 UMP；d. dTMP。其中第三种激酶是否是由一种酶催化三种底物发生磷酸化反应尚有不同看法。

以 AMP 为底物的第二类激酶是腺苷酸激酶（adenylate kinase），它催化的反应为

$$AMP + ATP \longrightarrow 2ADP$$

腺苷酸激酶广泛存在于能量周转率较高的组织中。生成的 ADP 在糖代谢中通过酶催化再磷酸化生成 ATP，或者通过氧化磷酸化生成 ATP。核苷二磷酸转变成核苷三磷酸的反应是由核苷二磷酸激酶（nucleoside diphosphate kinase）催化的。其反应为

$$NTP_D + NDP_A \longrightarrow NDP_D + NTP_A$$

这里 D 表示磷酸供体，A 表示磷酸受体。核苷二磷酸激酶广泛存在于微生物和动植物细胞中，它既没有碱基特异性，又没有核糖的特异性。但大多数情况下，由于细胞中 ATP 以高浓度存在，因此 ATP 多作为磷酸供体。反应时，以二价阳离子，特别是 Mg^{2+} 作为辅助因子。现已证实这类激酶作用时其中间物是该酶的磷酸化形式，且磷酸基团是连接在它的组氨酸侧链 N_1 原子上的。

10.3.3.5 脱氧核糖核苷酸的生物合成

脱氧核糖核苷酸是 DNA 的分子构件。曾一度认为脱氧核糖核苷酸的生成与核糖核苷酸的生物合成途径类似。同位素示踪研究表明，脱氧核糖核苷酸是由相应的核糖核苷二磷酸生成的，核糖核苷二磷酸中 D－核糖的第 2 位碳原子的羟基直接还原成 2′-脱氧核糖。现在已经知道从核糖核苷二磷酸还原生成脱氧核糖核苷二磷酸是由两套酶系统来完成的。其反应过程见图 10-33 所示。其中：

a. 催化核糖核苷二磷酸还原的第一套酶系统包括谷氧还蛋白（glutaredoxin）、谷氧还蛋白还原酶（glutaredoxin reductase）和核苷二磷酸还原酶。催化核苷二磷酸还原的第二套酶系统包括硫氧还蛋白（thioredoxin）、硫氧还蛋白还原酶（thioredoxin reductase）和核苷二磷酸还原酶。

b. 核糖核苷二磷酸还原生成脱氧核糖核苷二磷酸中，氢的最终供体都是 NADPH + H^+。在第一套系统中，电子从 NADPH 传至谷胱甘肽（GSH），还原型谷胱甘肽再依次去还原谷氧还原蛋白，还原型谷氧还蛋白则在核糖核苷二磷酸还原反应中起还原性底物的作用。在第二套系统中电子的传递从 NADPH 逐次转递给硫氧还蛋白还原酶、硫氧还蛋白，最后使核糖核苷二磷酸还原。

c. 在核糖核苷二磷酸转变成脱氧核糖核苷二磷酸的反应中，存在着两种类型的核糖核苷酸还原酶：第一类广泛存在于一些生物中，它含有非正铁血红素，由一种以上肽链组成；第二类仅局限于某些微生物和藻类中，它以钴胺素作为辅酶，还含非正铁血红素，仅含有一种多肽链，在某些情况下还可形成寡聚物。

大肠杆菌核糖核苷二磷酸还原酶是由 B_1 和 B_2 两种亚基组成的二聚体，B_1 亚基中含有两类调节物结合部位，底物特异性部位和主要调节部位。酶的两个活性部位是由 B_1 和 B_2 两个亚基的表面形成的，每个活性部位是由 B_1 亚基的两个巯基和 B_2 亚基的一个酪氨酸残基组成，B_2 亚基中还有一个双核铁离子作为辅助因子，帮助发动和稳定酪氨酸游离基（tyrosyl radical）。

核苷二磷酸还原酶的调控与一般酶不一样，酶的活性和底物特异性都受结合的效应分子调控。在每一个 B_1 亚基中存在两种类型的调控部位：第一种部位影响整个酶的活性，当结合 ATP 时，酶被活化，结合 dATP 时，酶被抑制；第二种部位有底物特异性，它的效应依 ATP、dATP、dTTP 或 dGTP 不同而不同。当 ATP 或 dATP 与酶结合时，将有利于 UDP 和 CDP 还原。当 dTTP 和 dGTP 与酶结合时，将有利于 GDP 和 ADP 还原。这样巧妙的安排为 DNA 合成中前体的平衡提供了保证。这里，ATP 是核苷酸生物合成和核苷酸还原的基本信号。当 dATP 少量存在时，嘧啶核苷酸还原性增加。当 dATP 含量较高时，说明嘧啶类 dNTP 过剩，其特异性改变，GDP 被还原。当 dGTP 水平高时，ADP 还原，高水平的 dATP 引起酶抑制。这些效应分子能诱导不同的酶的构象，改变其

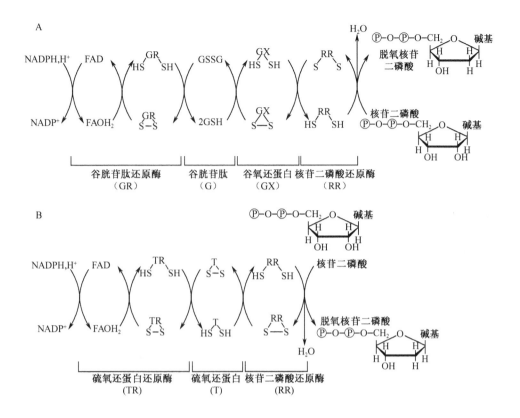

图 10-33　核苷二磷酸还原成脱氧核苷二磷酸

A. 第一套酶系统；B. 第二套酶系统

特异性。

核苷二磷酸还原酶的作用机理是含有自由基的生化转移反应机理的最好例子。

10.3.3.6　胸苷酸的生物合成

DNA 含有胸腺嘧啶核苷酸而不是尿嘧啶核苷酸。脱氧胸苷酸（dTMP）合成的中间前体是 dUMP。在细菌中 dTMP 来自 dUTP，而 dUTP 来自两条途径。其过程见图 10-34。

dUMP 一方面来自 dCTP 的脱氨，另一方面来自 dUDP 的磷酸化。它们都是相应的核苷二磷酸还原生成脱氧核苷二磷酸后，再经磷酸化而生成的。对于 dUMP 生成的这种迂回方式有两种理解：第一种认为在大多数细胞中，核糖核苷酸还原酶只作用于核糖核苷二磷酸，这样有利于对酶活性的更好调节；第二种认为 dUMP 通过这种方式生成可保持细胞内 dUTP 的较低浓度，防止 dUTP 结合到 DNA 中。

从 dUMP 到 dTMP 的过程是一个甲基化过程。催化这一反应的是胸苷酸合成酶（thymidylate synthetase），甲基供体是 N^5，N^{10}-亚甲基四氢叶酸（N^5，N^{10}-methy-lenetet-rahydrofolate）。由于细胞里叶酸衍生物浓度很低，因而在胸腺嘧啶核苷酸连续合成时，需要二氢叶酸再转变成 N^5，N^{10}-亚甲基四氢叶酸，N^5，N^{10}-亚甲基四氢叶酸的生成是由

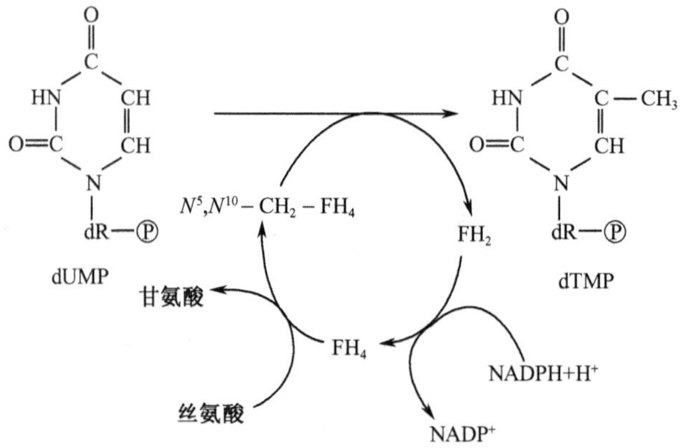

dR=脱氧核糖,FH₂=二氢叶酸,FH₄=四氢叶酸

图 10-34 胸腺嘧啶核苷酸的生物合成

二氢叶酸还原酶和丝氨酸转羟甲基酶所催化的两步反应来完成的。

在这个过程中,四氢叶酸的再生成是必要的。很多代谢过程的四氢叶酸的再生成取决于这些过程中相应辅酶的形式。目前发现参与这一过程的酶也存在不同的组织形式,至少在一种寄生虫中,胸苷酸合成酶和二氢叶酸还原酶是以一条肽链结合在一起,作为一个双功能蛋白。

10. 3. 3. 7 嘌呤和嘧啶碱基通过补救途径再循环

细胞内核苷酸不断降解生成游离的嘌呤和嘧啶碱基,在酶的作用下可再合成单核苷酸,这一合成途径叫做补救途径(salvage pathway)。补救途径实质是碱基的再循环利用。在补救途径中,嘌呤碱基转变成嘌呤核苷酸可由两种酶催化来完成。

第一种是腺嘌呤磷酸核糖转移酶(adenosine phosphoribosyl transferase),它催化的反应为

$$腺嘌呤 + PRPP \longrightarrow AMP + PPi$$

该酶还可以接受 4-氨基咪唑-5-甲酰胺作为反应的底物。

第二种酶为次黄嘌呤鸟嘌呤磷酸核糖转移酶(hypoxantine-guanine phosphoribosyl transfereras,HGPRT),它催化 IMP 和 GMP 的生成。其反应为

$$次黄嘌呤 + PRPP \longrightarrow IMP + PPi$$
$$鸟嘌呤 + PRPP \longrightarrow GMP + PPi$$

嘧啶核苷酸的补救合成也具有类似的过程。嘧啶磷酸核糖转移酶、嘧啶核苷磷酸化酶、嘧啶核苷激酶可催化相应底物生成相应的嘧啶核苷酸。

在微生物中,核苷酸降解生成的碱基大部分再生成核苷酸。但在动物细胞中生成的嘌呤碱主要是次黄嘌呤和黄嘌呤,很少甚至没有腺嘌呤,因此腺嘌呤磷酸核糖转移酶似乎对这种游离腺嘌呤再生成腺苷酸没有重要作用,这种酶可能是利用肠道消化吸收的少量腺嘌呤,或是利用多胺合成的副产物 5'-脱氧-5'-甲硫腺苷生成的少量腺嘌呤,因而次黄嘌呤-鸟嘌呤磷酸核糖转移酶在补救途径中起着重要作用。不仅如此,肝外细胞从

头合成嘌呤核苷酸的能力较弱，主要依赖于从血液中摄取次黄嘌呤和黄嘌呤，而血液中的次黄嘌呤和黄嘌呤主要来自肝脏的释放。因而，次黄嘌呤-鸟嘌呤磷酸核糖转移酶对于把嘌呤从肝脏转移到肝外组织也可能是十分重要的。通过补救途径合成嘧啶核苷酸是一条重要途径，但在哺乳动物中则生成的量极少。

10.3.3.8　核苷酸合成的抑制剂

核苷酸合成的抑制剂是通过抑制合成途径中的酶而发挥抑制作用的。由于肿瘤、细菌等细胞比大多数正常细胞生长迅速，它们在 DNA 和 RNA 合成中对核苷酸有更多的需求，从而对核苷酸合成的抑制剂更加敏感。因此，核苷酸合成抑制剂的研究，不仅对酶的作用机理研究具有重大意义，而且对癌症、细菌性疾病的化学治疗具有重大应用价值。

核苷酸合成的抑制剂按照它们在嘌呤和嘧啶核苷酸合成途径中的作用位点不同，有几种主要类型。

（1）第一类抑制剂是谷氨酰胺类似物

谷氨酰胺是核苷酸合成的氨基供体，在核苷酸合成过程中至少参与 6 步不同反应。在这类抑制剂中，O-重氮乙酰-L-丝氨酸，也叫 azaserine，是第一个确定的酶的失活剂，1950 年由 John Buchanan 确定。其结构如下：

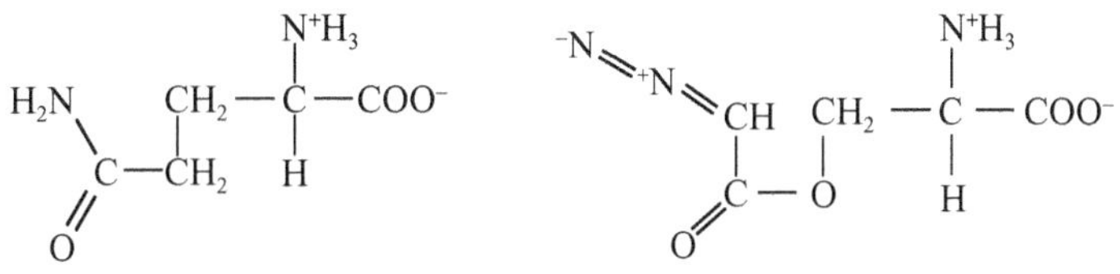

谷氨酰胺　　　　　　　　　　O-重氮乙酰-L-丝氨酸

这类谷氨酰胺类似物对谷氨酰胺氨基转移酶的抑制是不可逆抑制，抑制剂与催化位点的氨基酸侧链之间形成共价键。

（2）第二类抑制剂是叶酸类似物

它通过降低包括甲基四氢叶酸、亚甲基四氢叶酸、甲酰四氢叶酸等在内的四氢叶酸衍生物水平，间接阻止核苷酸的生物合成。磺胺是对氨基苯甲酸的结构类似物，它能竞争抑制细菌的叶酸合成。氨甲喋呤（methotrexate）、三甲氧苄二氨嘧啶等化合物能抑制二氢叶酸还原酶（dihydrofolate reductase），此酶催化胸苷酸合成反应中的一个重要步骤。因此氨甲基喋呤作为竞争性抑制剂也被用作抗癌药物，三甲氧苄二氨嘧啶作为磺胺增效剂用于治疗细菌感染。

（3）第三类抑制剂是正常碱基或核苷的结构类似物

如 5-氟尿嘧啶和 5-氟脱氧尿嘧啶，它们能抑制胸苷酸合成酶。氟尿嘧啶本身并无抑制作用，它在细胞内通过补救途径转变成 5′-氟-2′-脱氧尿嘧啶-5′-单磷酸，能与胸苷酸合成酶结合并使其失去活性。6-巯基嘌呤、6-甲基巯基嘌呤核苷是嘌呤和嘌呤核苷类似物，在细胞内它们将转变成相应的 5′-核苷酸而发挥抑制核苷酸合成的作用。6-巯基嘌呤在次黄嘌呤-鸟嘌呤磷酸核糖转移酶的作用下，转变为核苷酸-6-硫代-5-次黄苷酸（T-TMP），T-TMP 阻断 TMP 转变为腺苷琥珀酸和 XMP，这是形成 AMP 和 GMP 的关键反应，T-TMP 还可能对谷氨酰胺-PRPP 转氨酶反馈抑制。这些药物已在临床上用于癌症的化学治疗。

10.3.3.9　其他重要核苷酸生物合成

（1）核苷酸辅酶

核苷酸辅酶主要包括 FMN、FAD、NAD$^+$、NADP$^+$及辅酶 A。

a. FMN、FAD 是黄素核苷酸。其中核黄素合成在某些微生物中是从 GTP 开始的。在哺乳动物中，核黄素是饮食要素之一。核黄素转变成 FMN 和 FAD 是在黄素激酶和焦磷酸化酶作用下进行的。其反应过程见图 10-35 所示。

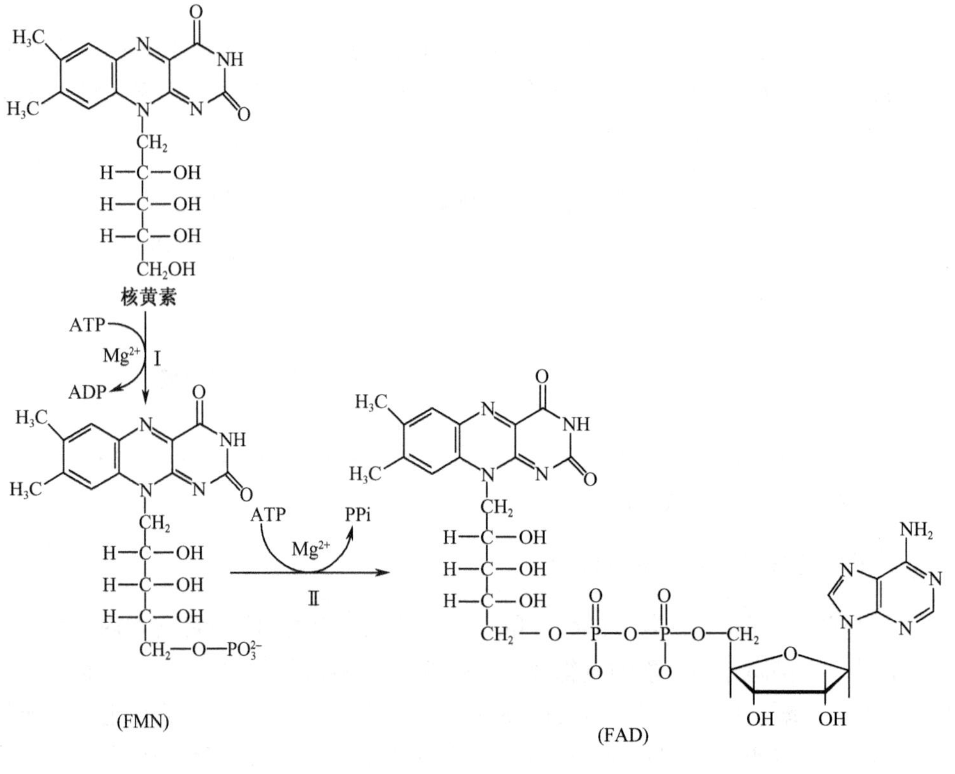

图 10-35　由核黄素生物合成 FMN 和 FAD
Ⅰ. 激酶；Ⅱ. 焦磷酸化酶

b. NAD$^+$和 NADP$^+$是含烟酰胺的辅酶。烟酰胺的合成可有几条途径。在动物组织中，可通过色氨酸的降解形成喹啉酸，经进一步转变生成。NAD$^+$可以从烟酸、喹啉酸和烟酰胺等转化而成，其过程为图 10-36 所示。

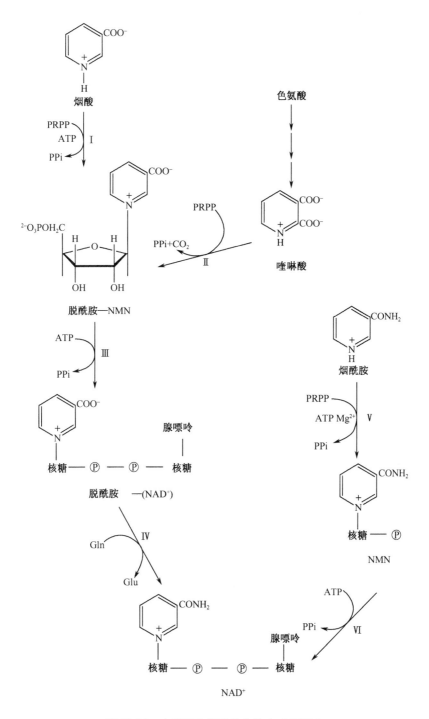

图 10-36　由烟酸和烟酰胺生物合成 NAD$^+$

Ⅰ. 烟酸磷酸核糖转移酶；Ⅱ. 核酸核糖转移酶；Ⅲ. 腺酰转移酶；Ⅳ. 合成酶；

Ⅴ. 磷酸核糖转移酶；Ⅵ. 腺苷酰转移酶

c. 辅酶 A 是由泛酸合成的，辅酶 A 的生物合成过程如图 10-37。

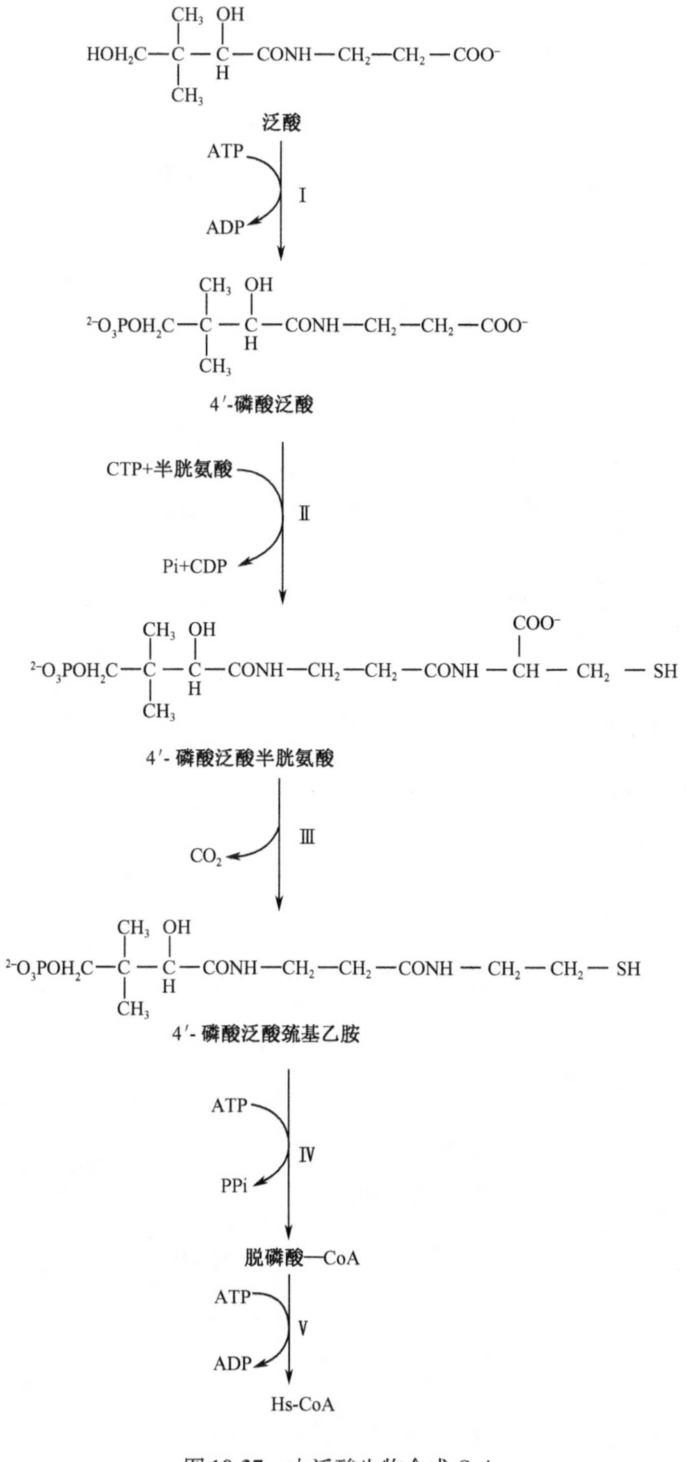

$$\underset{\underset{CH_3}{|}}{HOH_2C-\overset{\overset{CH_3}{|}}{C}}-\overset{\overset{OH}{|}}{\underset{H}{C}}-CONH-CH_2-CH_2-COO^-$$

泛酸

ATP ⟶ I ⟶ ADP

$$^{2-}O_3POH_2C-\underset{\underset{CH_3}{|}}{\overset{\overset{CH_3}{|}}{C}}-\overset{\overset{OH}{|}}{\underset{H}{C}}-CONH-CH_2-CH_2-COO^-$$

4′-磷酸泛酸

CTP+半胱氨酸 ⟶ II ⟶ Pi+CDP

$$^{2-}O_3POH_2C-\underset{\underset{CH_3}{|}}{\overset{\overset{CH_3}{|}}{C}}-\overset{\overset{OH}{|}}{\underset{H}{C}}-CONH-CH_2-CH_2-CONH-\overset{\overset{COO^-}{|}}{CH}-CH_2-SH$$

4′-磷酸泛酸半胱氨酸

III ⟶ CO_2

$$^{2-}O_3POH_2C-\underset{\underset{CH_3}{|}}{\overset{\overset{CH_3}{|}}{C}}-\overset{\overset{OH}{|}}{\underset{H}{C}}-CONH-CH_2-CH_2-CONH-CH_2-CH_2-SH$$

4′-磷酸泛酸巯基乙胺

ATP ⟶ IV ⟶ PPi

脱磷酸—CoA

ATP ⟶ V ⟶ ADP

Hs-CoA

图 10-37　由泛酸生物合成 CoA

I. 激酶；II. 合成酶；III. 脱羧酶；IV. 腺苷酰转移酶；V. 脱磷酸辅酶 A 激酶

（2）在代谢中起调节作用核苷酸的生物合成

近年来，发现许多核苷酸和寡核苷酸在细胞代谢中起重要调节作用。它们具有特殊的结构和特定的调节功能。

环状的核苷酸如$3',5'$-环腺苷酸（cAMP）和$3',5'$-环鸟苷酸（cGMP）是了解较早的环核苷酸。它们是相应的三磷酸核苷在环化酶的作用下生成的。其反应为

$$ATP \xrightarrow{\text{腺苷酸环化酶}} cAMP + PPi$$

$$GTP \xrightarrow{\text{鸟苷酸环化酶}} cGMP + PPi$$

鸟苷-$5'$-二磷酸-$3'$-二磷酸（ppGpp）和鸟苷-$5'$-三磷酸-$3'$-二磷酸（pppGpp）是效应物。当细菌处于不良营养条件下时，产生一系列反应。故 ppGpp 和 pppGpp 是报警信号。ppGpp 和 pppGpp 的生成是在"严谨因子"作用下生成的，严谨因子是 relA 基因编码的蛋白质，此外核糖体 50 亚基蛋白质 L_{11} 和 tRNA 的 TψC 区也参与这一反应，其生物合成过程如图 10-38 所示。

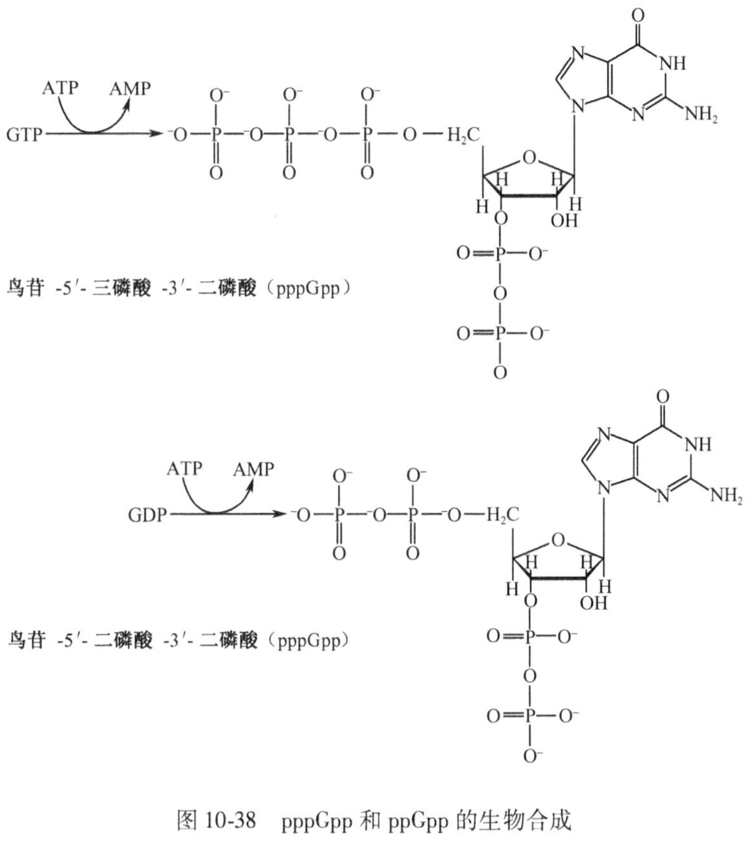

图 10-38　pppGpp 和 ppGpp 的生物合成

近年来，人们在原核和真核细胞中都发现了双腺苷四磷酸，即二腺苷-$5',5'$-P^+，P^+-四磷酸（A$5'$pppp$5'$A 或 Ap$_4$A）。它是氨酰-tRNA 合成酶催化下生成的。其过程如图 10-39 所示。

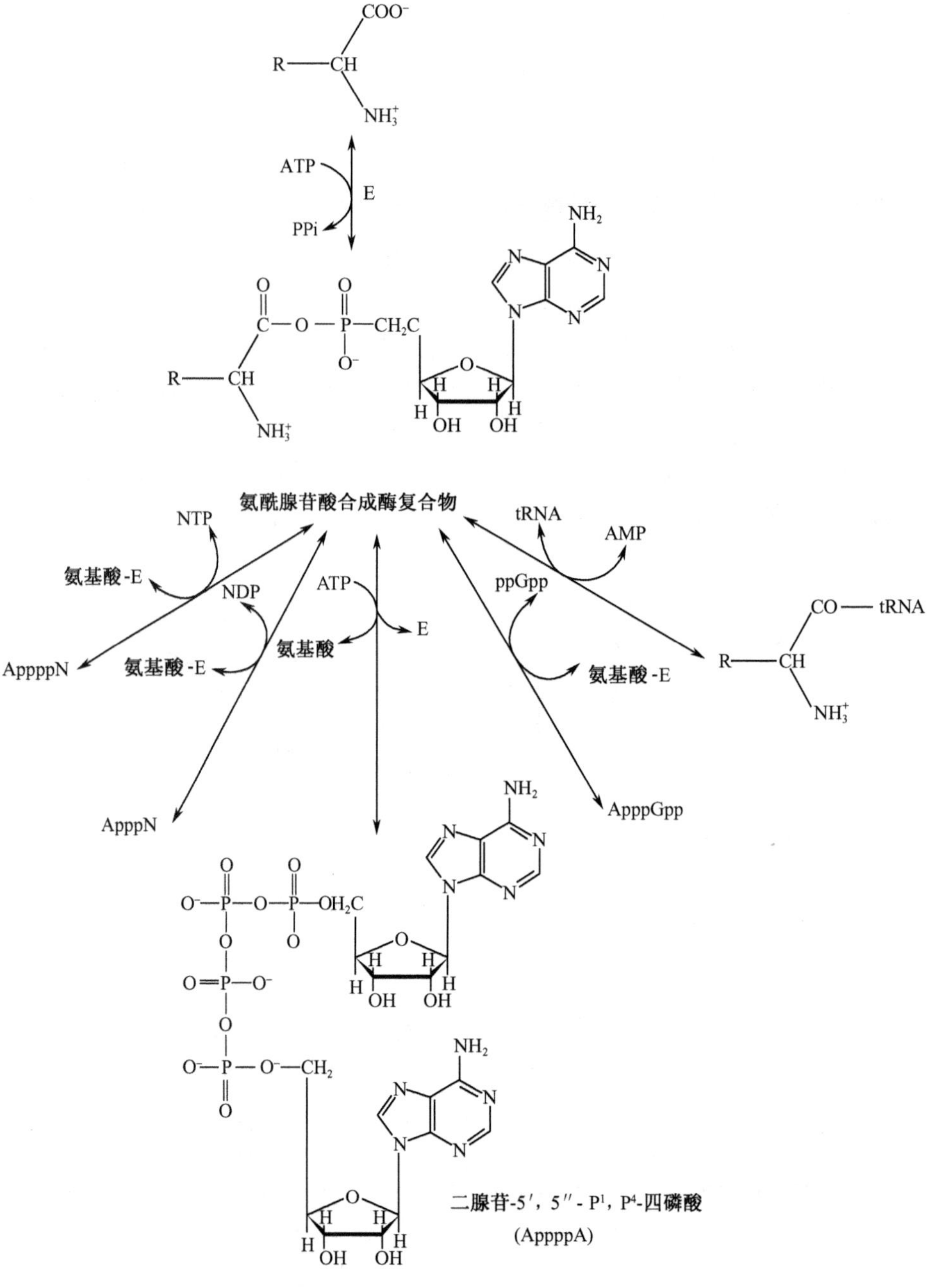

图 10-39　ApppppA 的生物合成

11 光合作用

本章提要 光合作用是指在太阳能的驱动力下，利用水和二氧化碳合成糖类物质的过程。原核生物的光合作用发生在载色体中，真核生物光合作用发生在叶绿体中。光有粒子性和波动性。光粒子称为光子，每一光子表现一定的光能称为量子。一个光化学反应的效率称为它的量子产率。光合作用利用波长为大约 700 nm 的光，还原 1 mol CO_2 需要 8 mol 光子，量子产率为 0.13。光合作用包括的光反应和暗反应，前者包括水的光解、ATP 的合成和 NADPH 的产生，后者包括利用 ATP 和 NADPH 将二氧化碳转化为糖类。大多数光合生物利用水作为电子供体产生氧气，还有一些生物利用其他的电子供体。主要的光吸收色素是叶绿素，还有一些辅助色素。光吸收色素和它们的相关蛋白常聚集成为光合系统的功能单位。绿色植物和蓝绿藻有 PS I 和 PS II 两个系统，通过 Z-方案联系在一起。PS I 产生 NADPH，PS II 通过光解水释放氧气。连接 PS I 和 PS II 的电子传递与 ATP 合成的偶联称为光合磷酸化。紧接光反应的是暗反应，暗反应中的 CO_2 的固定的代谢途径称为卡尔文循环或还原戊糖磷酸循环。但不同植物固定的机理不同，分为 C_3 植物和 C_4 植物。C_4 植物中 CO_2 的完整固定机制称为 C_4 循环。光照植物进行着与光合作用相反的反应称为光呼吸作用。

光合作用（photosynthesis）是在有太阳光和某种色素特别是叶绿素的情况下，藻类、细菌和植物利用水和二氧化碳合成糖类物质的化学反应，太阳能是光合作用的驱动力，是几乎所有生命系统所需能量的最终来源。

光合作用构成一个氧化还原反应，其中水氧化成氧气而二氧化碳还原为糖类物质：

$$nCO_2 + nH_2O \longrightarrow C_n(H_2O)_n + nO_2$$

光合作用首先合成果糖-6-磷酸，再合成其他单糖如葡萄糖、寡糖（如蔗糖）和多糖（如淀粉），因为这些糖类物质中的单体都是六碳糖，所以通常设 $n=6$，对应于合成葡萄糖：

$$6CO_2 + 6H_2O \xrightarrow[\text{叶绿体}]{\text{太阳光}} C_6H_{12}O_6 + 6O_2$$

这个反应类似在动植物中糖类物质分解代谢的逆反应。

光合作用和呼吸作用提供了在动物和植物之间、光合作用组织和非光合作用组织之间的一种平衡。光合作用组织将太阳光的能量转变成以 ATP 和 NADPH 的形式的化学能，然后上述两者来将二氧化碳和水合成葡萄糖。同时，光合作用组织释放氧气到大气中去。

光合作用组织和非光合作用组织都利用氧气将光合作用合成的含有能量的产物降解为二氧化碳和水，在这个过程中，能量被释放并以 ATP 的形式储存，随后 ATP 的能量驱动供能的代谢反应。

11.1 光合作用

11.1.1 历史简要回顾

光合作用的概念，即植物能够利用光和空气合成糖类物质，在两个世纪以前已牢固树立。1727 年，Stephen Hales 设想植物从空气中获得某种它们的物质。Joseph Priestley，一个英国牧师和化学家，研究了这种气体成分的性质。他揭示一只小鼠放在一个空气被点燃的蜡 "耗尽" 的密封容器中很快就会死去，但如果这个容器连接到另外一个种有绿色植物并有光照的容器，空气就再生了支撑小鼠生命的能力。这个经典实验的启示就是植物在光照下会产生一种气体。现在知道这气体就是光合作用产生的氧气。Priestley后来发现了氧气，称之为含燃素的空气。Antoine Lavoisier 解释了氧气在燃烧和呼吸作用中的用途。1779 年 Jan Ingen-House，一个奥地利王国的丹麦宫廷物理学家，他揭示光是光合作用的必需条件，并且只有植物的绿色部位才产生氧气，这是光合作用的另一个重要发现。随后不久，Jean Senbier，一个瑞士牧师，于 1782 年发现在光合作用中二氧化碳被吸收。

在 19 世纪早期，一些研究者开始定量测量光合作用。一些人试图测定 CO_2 被吸收量、氧气被消耗量和植物的物质生成量。还有些人考虑光合作用的能量学。Robert Mayer，一个德国外科医生和热力学第一定理的提出者，设想植物转化光能为化学能（1842）。

在 20 世纪初，F. Blackman 设想光合作用由两个阶段组成：光反应阶段和暗反应阶段。光反应阶段需要光，但不依赖温度，就像典型的光化学反应；暗反应阶段依赖于温度，像典型的酶促反应。

在 1931 年，Cornelius Van Niel 揭示了硫细菌的光合作用利用 H_2S 产生硫，提出了一个通式来描述在植物和硫细菌中的光合作用：

$$CO_2 + 2H_2A \longrightarrow (CH_2O) + H_2O + 2A$$

这里 H_2A 和 $2A$ 在植物中是 H_2O 和 O_2，在光合硫细菌中是 H_2S 和 S。Van Niel 设想光合作用最初阶段包括 H_2A 向 $2A$ 的氧化和一种还原因子的形成：

$$2H_2A \longrightarrow 2A + 还原因子$$

接着第二阶段还原因子将 CO_2 转变成糖类物质：

$$还原因子 + CO_2 \longrightarrow (CH_2O) + H_2O$$

基于这种原因，Van Niel 推测在光合作用中所产生的氧气来源于水。Samuel Ruben和 Martin Kamen 在 1941 年用氧同位素 ^{18}O 标记的 H_2O 证明了这一点，CO_2 中的氧原子出现在另外两个反应产物糖类物质和水中：

$$CO_2^* + 2H_2^{18}O \longrightarrow (CH_2O^*) + H_2O^* + {}^{18}O_2$$

1932 年，Robert Emerson 在研究光的波长在光合作用中的功能时得到了一个关键性的发现。他观察到，当把植物暴露在大约 700nm 长波长单色光中，光合作用活性会降低。这种光合作用活性下降的现象称为红降（red drop）（图 11-1）。当同样的植物给予大约 650nm 较短波长的光照射时，光合作用活性会增加，这种现象称为爱默生增强效应（Emerson enhancement effect）。Emerson 的观察结果说明在光合作用中有两个光系统：一个在大约 700nm 处起作用，另一个在大约 650nm 处起作用。

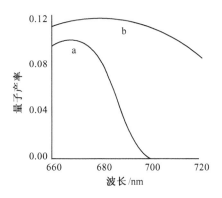

图 11-1　光合作用中的"红降"现象

在 19 世纪 30 年代晚期，Robert Hill 发现希尔反应（Hill reaction），成为光合作用研究中的另外一个里程碑。Hill 的实验显示分离的叶绿体照射光时能够产生氧气并且能将 Fe^{3+} 还原为 Fe^{2+}。希尔反应是

$$4Fe^{3+} + 2H_2O \longrightarrow 4Fe^{2+} + 4H^+ + O_2$$

希尔的发现宣告了光合作用的体外研究时代的到来。1954 年，D. F. Arnon 和合作者揭示了分离的叶绿体能进行完整的光合作用。他们发现除了产生氧气和固定二氧化碳外，还进行光合磷酸化，即 ATP 的合成与光合电子传递系统偶联。放射性同位素的应用使研究暗反应具体步骤成为可能。Melvin Calvin 和合作者于 20 世纪 50 年代阐明了二氧化碳固定的途径。

11.1.2　光合作用的进化

据推测，光合作用在地球上充满还原性大气层和丰富的还原因子时产生，厌氧生物最早开始进行光合作用。现在的光合硫细菌类似于早期的光合作用生物，它利用 H_2S 还原 CO_2。

随着厌氧光合作用生物的多样化，它们也开始了自己的厄运—还原反应的进行导致环境中还原因子的短缺，导致一种对厌氧生物有毒的产物氧气的积累。一些科学家认为，在大约 3×10^9 年以前，现代的蓝绿藻的祖先最早适应了这种环境的变化，它们进化出一个能从水中取得电子的系统。

需氧光合作用的出现使地球的环境逐步发生变化，使还原性的大气变成氧化性的。大气层的这种变化为需氧代谢的发展、生物的进化、光合作用与呼吸作用的平衡铺平了道路。随着氧化性大气层的扩散，厌氧光合物数量显著下降。今天，它们只是光合生物中的极小部分。

光合作用是生物圈中最重要的化学反应，它在数量上超过了世界上任何其他的人类

制造的反应产品。可以通过以下的数据欣赏光合作用的数量：每年有 4×10^{11} t 的 CO_2（大约 10^{11} t 碳）被光合作用固定；10^{11} t 碳的固定捕获大约 4×10^{18} kJ·a^{-1} 的能量，这种来源于太阳的能量超过世界上已用化石燃料能量的 10 倍；尽管捕获了巨大的能量，它实际上只占太阳照射地球的总能量的 0.1%；至少有一半的光合作用活性是由海洋、河流和湖泊里的藻类和微生物完成的，其余的由陆地植物产生；美国的农作物每年大约生产 6×10^6 t 叶绿素；大致需要 3 个世纪（对于 CO_2）和 20 个世纪（对于 O_2）的光合作用的进行才使气体量达到目前大气层的水平。

11.2 光 和 能 量

为了解光合作用的本质，必须回顾光的一些性质。光有粒子性和波动性。所以把光粒子称为光子（photon），每一光子表现一定的光能，称为量子（quantum）。

11.2.1 光子的能量

光子没有电荷，据说也没有质量。光子的能量随光的波长而变，可用普朗克定律计算：

$$E = h\nu$$

这里 E 是光子的能量，h 是普朗克常数（6.626×10^{-34} J·s），ν 是光的频率（Hz）。

光的频率等于在真空中的光速（$c = 3.00 \times 10^{10}$ cm·s^{-1}）除以光的波长（λ）：

$$\nu = c/\lambda$$

因为光子的能量与光子波长成反比，波长愈短，能量愈大。一个蓝光（如 $\lambda = 500$ nm）的光子比红光（如 $\lambda = 700$ nm）的光子具有较多的能量。如上述蓝光光子的能量为

$$E = (6.262 \times 10^{-34} J \cdot s) \times [3.00 \times 10^{10} cm \cdot s^{-1}/(7.00 \times 10^{-5} cm)]$$
$$= 28.4 \times 10^{-20} J = 28.4 \times 10^{-23} kJ$$

一摩尔光子的光子数为 6.023×10^{23} 个，通常称一摩尔光子为一个爱因斯坦单位（einstein）。700nm 的一个爱因斯坦单位的光子的能量为

$$(28.4 \times 10^{-20} J/光子) \times 6.023 \times 10^{23} 光子 = 171 kJ$$

表 11-1 列出了一些不同波长光子的能量。

表 11-1　光子的能量

颜色	波长/nm	能量/爱因斯坦/kJ
红光	700	171.0
黄光	600	199.5
蓝光	500	239.5
紫光	400	299.3
紫外线	300	399.1

11.2.2 光 的 吸 收

电子分布于不同的能量轨道上，使一个分子可以有许多能量的状态。电子振动和旋转还使之有不同的亚状态。当一个分子吸收光形式的能量时，光子激发这个分子的电子从一个能量较低的轨道发射到一个能量较高的轨道。这种现象称为电子或分子从基态到激发态（excited state）。

不同轨道能量的不同是量子化的。将电子从一个轨道激发到另外一个轨道需要吸收一定的能量（量子）。为了提高效率，激发光子至少要有较低和较高电子轨道的能量差。如果光子没有这样的能量，即使有较长的波长，它也不会有效地促进电子跃迁到较高能量状态，分子就不会吸收这样波长的光。如果光具有比激发电子更多的能量，即有较短的波长，额外的能量将用来增加激发电子的动能和分子的振动与旋转的能量。

一个给定的分子只吸收某特殊波长的光子，这些光子必须提供起码的电子跃迁的能量。如果一个分子被光子活化了，它可有多个途径释放吸收的能量；主要途径包括内部转换（internal conversion）、荧光（fluorescence）、共振能量转移（resonance energy transfer）、电子转移（electron transfer）。如图11-2所示。

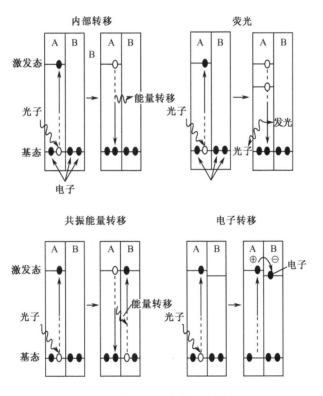

图 11-2 激发能量消散的一般模型

在许多情况下，一个激发的分子通过没有辐射能转移的形式回到它的基态，称为内部转换。在这个过程中，吸收的能量转化成周围其他分子的动力学能量，这种能量转化成热能。内部转换发生非常快，在少于 10^{-11}s 完成。

有时，激发的分子通过放出荧光释放部分能量。在这种情况下，激发分子释放出一个比最初吸收的光子有较少能量的光子，即具有较长波长的光子。荧光比内部转换要慢，需要 10^{-8}s 完成全过程。

当吸收能量通过共振能转移时，激发分子直接活化一个相邻分子。参与分子通过分子的轨道相互作用激发能量从一个分子转移到邻近的分子。共振能量转移无激发过程，也称为激发子转移。

激发能量可以通过电子转移消耗。在这种无激发过程中，被激发的电子自身从一个分子转移到邻近的一个能量稍低的激发态分子。电子供体被氧化（光氧化），同时受体分子被还原（光还原）。电子转移能够发生是因为在激发状态下被激发的电子与供体分子束缚不牢固（与基态相比）。共振能量转移和电子转移在光合作用的光反应中发挥主要作用。

11.2.3　量　子　产　率

在一个光化学反应中，不是所有的光子都被吸收，而吸收的能量也可通过不同途径释放，不是所有途径都导致化学反应。基于以上原因，通常定义一个光化学反应的效率为它的量子产率（quantum yield）。

一个光化学反应的量子产率是反应的分子数（mol）除以吸收的光子数（einstein）。从葡萄糖完全氧化成 CO_2 和水，生化标准自由能变化是 $\Delta G^{0'} = -2870kJ \cdot mol^{-1}$，在光合作用中，6mol CO_2 被还原，这里还原 1mol CO_2 的能量预计为 $+2870/6 = 478kJ$。

光合作用利用波长为大约 700nm 的光，这种光的光子有能量 $171kJ \cdot einstein^{-1}$，假设效率为 100%，那么 3mol 的光子用来还原 1mol CO_2，量子效率为 0.33。在效率为 50% 时，相同反应则需要 6mol 光子，量子产率为 0.17。下面将要看到，光合作用还原 1mol CO_2 需要 8mol 光子，这表明量子产率为 0.13，效率为 37%。

11.3　光合作用机制

11.3.1　原核生物和真核生物

大多数光合作用生物利用水作为电子供体产生氧气，还有一些生物利用其他的电子供体如 H_2S，所以它们在光合作用中不涉及氧气。这些生物通常是极端厌氧的，氧气对于它们是有毒的。

原核和真核生物都能进行光合作用。能进行光合作用的原核生物有蓝绿藻、紫色和绿色硫细菌和其他非硫光合细菌。过去生物学家称蓝藻为植物是因为它们含有叶绿素，同时能放出氧气。现在则认为是一类细菌。蓝绿藻利用水作为电子供体。硫细菌利用 H_2S、硫磺、硫代硫酸以及其他含硫化合物作为电子供体。非硫细菌利用不同的化合物和氢气、乳酸、琥珀酸或乙酸作为还原剂。在原核生物中，光合作用发生在载色体

（chromatophore）中，它是由细胞膜内陷形成的囊状结构。

真核光合作用生物包括植物、多细胞藻类、腰鞭毛虫（dinoflagellate）和硅藻（diatom），这些生物都利用水作为电子供体，光合作用都发生在称为叶绿体（chloroplast）的特殊的亚细胞结构中。

11.3.2　叶　绿　体

叶绿体是一个结构有点像线粒体的亚细胞成分，有内外两层膜，由膜间隙分开。与线粒体一样，外膜通透性极高而内膜几乎是不通透的。线粒体和叶绿体都是半自主细胞器，它们有自己的遗传物质 DNA 和复制表达成分，但两者都需要有由核基因编码的产物才能完全实现各自的功能。根据内共生理论，两者都是由原核细胞（尤其是蓝绿藻）进化而来（见图11-3）。

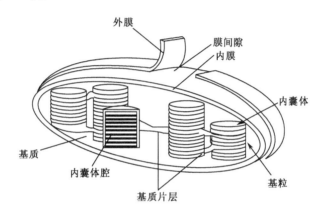

图 11-3　叶绿体结构示意图

在叶绿体中有基粒（granum），由层叠的圆盘状膜状结构称为类囊体（thylakoid disk）组成。类囊体的膜有不寻常的脂类组成，磷脂少而糖脂多（分别为 10% 和 90%），膜上还有蛋白质。特殊的多亚基蛋白质复合体包埋在类囊体膜中，称为反应中心（reaction center）。它们在光合作用中发挥重要作用。类囊体的层叠状结构由叶绿体内膜内陷而成，类似于线粒体嵴。一种网状膜结构，称为基质片层（stroma lamellae），连接基粒。一个典型的叶绿体大约包含40~80 个基粒。

叶绿体在细胞中数量、大小和形状各异。每个细胞从 1 个到1000 个，通常是拉长的椭圆形。长约 5~10μm，宽约 0.5~2μm。叶绿体在细胞中大约比线粒体多 2~5 倍。光的捕获和氧气的产生（光反应）发生在类囊体中，而 CO_2 的固定（暗反应）发生在基质中。

11.3.3　光合作用色素

11.3.3.1　叶绿素

主要的光吸收色素是叶绿素（chlorophyll，chl），真核生物主要的叶绿素是叶绿素 a

和b，两者都出现在植物和藻类中（见图11-4）。蓝绿藻只含有叶绿素a，其他光合细菌含有细菌叶绿素a和b，叶绿素类似于血红素的结构，但与之有4个方面的不同：

a. 叶绿素不含有铁而含有镁离子，它们是卟啉镁而不是卟啉铁。

b. 叶绿素含有一个与吡咯环Ⅲ连接在一起的戊环酮（环Ⅰ）。

c. 叶绿素含有叶绿醇（phytol），一个长链异戊二烯结构，与叶绿素酯化在卟啉环Ⅳ上。非极性的叶绿醇作为锚将叶绿素分子固定在疏水的类囊体膜上。

d. 叶绿素含有更多的还原键，叶绿素a和b含有部分还原的吡咯环Ⅳ，细菌叶绿素a和b含有部分还原的吡咯环Ⅱ和Ⅳ。

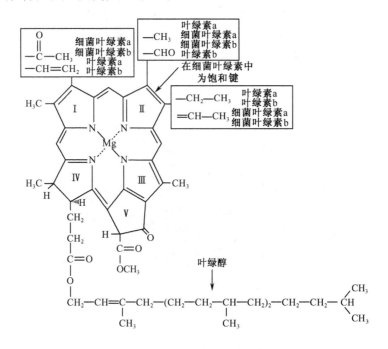

图11-4 植物和细菌叶绿素的结构

因为叶绿素含有大量的共轭双键系统，叶绿素强烈吸收可见光。叶绿素a和b有各自的吸收光谱并且相互补充。它们光吸收的共同效应是叶绿体的绿色的成因。细菌叶绿素比植物叶绿素有较少的共轭双键和不同的吸收特性，它们吸收较长波长的光，有些情况下，光波长达到1100nm。

11.3.3.2 辅助色素

除了叶绿素外，还有一些其他的色素，称为辅助色素。有两类主要的辅助色素，一类为类胡萝卜素（carotenoid），它常为紫红色或黄色；另外一类是藻胆色素（phycobilin），通常是蓝色或红色。在叶绿体中，主要有两类胡萝卜素，胡萝卜素（carotene）和叶黄素（xanthophyll）。藻胆色素是开环成链状吡咯的卟啉。辅助色素帮助光能转移到反应中心。它们吸收那些叶绿素a和b吸收极少的光谱区的光，因而延伸了光合生物能够利用的光的范围。合并两者，叶绿素和辅助色素可以吸收超过整个可见光谱的能量（见图11-5）。

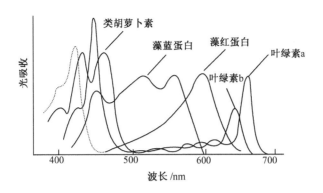

图 11-5　光合色素的吸收光谱

11.3.4　光合系统 I 和 II

光吸收色素和它们的相关蛋白常聚集成为光合系统的功能单位。绿色植物和蓝绿藻拥有两个这样的系统：光系统 I（PS I）和光系统 II（PS II）。光系统 I 对 700nm 以下的光起反应，光系统 II 对 680nm 以下的光起反应。相应地把这两个光合系统的反应中心称为 P700 和 P680，这里 P 代表色素。两个光合系统都是在光反应中心起作用。光合系统 I 导致以 NADPH 形式的还原力的产生。光合系统 II 通过光解水释放氧气。

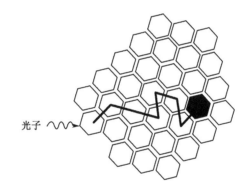

图 11-6　光子的能量通过一系列天线叶绿素到达光合作用中心

光合系统的光吸收涉及共振能量转移和电子传递，当一个光子被一个光合系统吸收，它活化一个叶绿素分子，激发电子跃迁至高能级（见图 11-6）。活化的叶绿素分子通过共振能量转移将吸收的能量转移给周围的叶绿素分子。激发的能量通过分次以随机的方式从一个叶绿素分子转到另外一个分子，这个收集光能产生激发能量的叶绿素分子称为天线叶绿素（antenna chlorophyll）。

最终激发能量送至反应中心，在这里一个叶绿素分子被活化，称为特殊叶绿素（specialized chlorophyll）。反应中心包括特殊叶绿素称为 P700 和 P680。特殊叶绿素和天线叶绿素在化学本质上相同，但有不同的性质，因为它们的位置和接触的环境不同。它们比天线叶绿素具有较低激发态的能量，因此可以捕获激发能量，防止过多的共振能量转移。相反，激发能量通过电子转移流动。一个特殊叶绿素将激发电子转移给另外一个合适的受体，因此还原受体自身转变成阳离子（chl⁺）。叶绿素最终通过其他途径获得电子回到基态。

大多数叶绿素分子是天线叶绿素，通常几百个天线叶绿素服务于一个特殊叶绿素。天线叶绿素以极高的效率（超过90%）和极快的速度（小于10^{-10} s）转移激发能量给反应中心，一旦激发能量到达反应中心的特殊叶绿素，光反应中的光化学过程就开始了。

11.4 光 反 应

光反应包括光合作用中依赖光进行的反应。光反应中的所有成分如吸光色素、电子载体和 ATP 合成酶都位于内囊体膜上，光反应产生 NADPH 和 ATP，它们在随后的暗反应中用于固定 CO_2，光反应包括以下四个步骤：叶绿素的光氧化——叶绿素的光化学激发；$NADP^+$ 的光还原——NADPH 的产生；水的光氧化——光解水，释放 O_2；光合磷酸化——合成 ATP（图 11-7）。在植物和蓝绿藻中，通常用一个称为 Z 方案（Z-scheme）的能量变化图描述这些反应，因为该图中的曲线像字母 Z。在 Z 方案中，光合系统 I 和 II 通过一些反应联系在一起（图 11-8）。

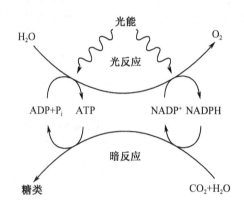

图 11-7　光合作用的光反应和暗反应
前者包括水的光解，ATP 的合成和 NADPH 的产生；
后者包括利用前面生成的 ATP 和 NADPH 将二氧化碳转化为糖类

11.4.1 叶绿素的光氧化

在光化学反应的激发步骤中，光系统 I 吸收一个光子激发一个电子跃迁至较高能级，因而产生一个活化的叶绿素分子。激发的能量通过共振能量转移和通过天线叶绿素，到达反应中心（P700），在此形成一个活化的特殊叶绿素（P700*），P700* 通过将电子转移给一个合适的受体，可能也是一个叶绿素分子（A_0），将其还原。P700 是比

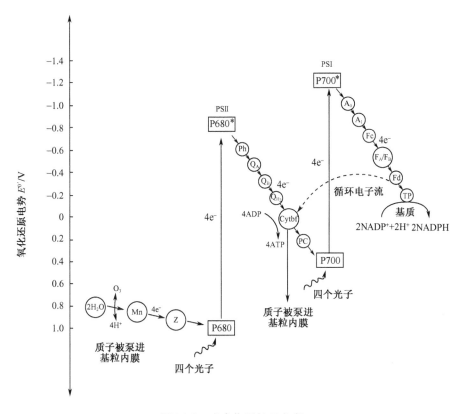

图 11-8 光合作用的 Z 方案

光合系统 I（PS I）和光合系统 II（PS II）通过两个上升和三个下降的氧化还原连续反应结合在一起

A_0 弱的还原因子。通常 P700 不能还原 A_0，相反，A_0 将还原 P700。但是，因为吸收光子的能量将 P700 激发为 $P700^*$，这种激发态的叶绿素是一个比 A_0 更强的还原因子。$P700^*$ 的还原电位比 A_0 小，因此 $P700^*$ 能还原 A_0。

11.4.2 $NADP^+$ 的光还原

从被还原的电子载体 A_0，电子将经过一系列电子传递载体所组成的电子传递链，在原则上，这些偶合的氧化还原反应与线粒体电子传递链相似。叶绿醌（维生素 K_1）是紧接着 A_0 的电子载体（A_1），电子再经过 3 个膜结合的铁氧还蛋白（ferredoxin）F_x、F_A、F_B。铁氧还蛋白是非血红素的铁硫蛋白。从膜结合的铁氧还蛋白，电子经过一个可溶性的铁氧还蛋白（Fd）到达 $Fd:NADP^+$ 还原酶（FNR）。该酶是黄素蛋白，含有一个 FAD 作为辅基。该酶利用从 $FADH_2$ 转移的一个负氢离子（H^-）将 $NADP^+$ 还原为 NADPH，这是该光合作用电子传递链的末端。

从 $P700^*$ 到 $NADP^+$ 构成下降的还原反应。每一个电子载体比后一个有较小的氧化还原电位，因此前一个能够还原后随的载体。

11.4.3　水的光氧化

叶绿素的光氧化导致在反应中心 P700 形成一个电子洞，一个电子从这个中心流出用来还原 $NADP^+$。失去的电子必须从其他来源得到补充。这个来源就是水，其裂解将产生电子：

$$2H_2O \longrightarrow 4H^+ + 4e^- + O_2$$

但是，尽管水是电子的最终来源，水的裂解却是由光合系统 II 间接进行的。水的裂解与一个光子在 PS II 的吸收相偶联（光解），因此完整的光合系统需要分别由两个光合系统吸收两个光子。

光子被 PS II 的吸收也导致一个特殊叶绿素被激发，在这里是 $P680^*$。$P680^*$ 将电子交给脱镁叶绿素（pheophytin, Ph）。脱镁叶绿素结构与叶绿素相同，但以两个质子代替了叶绿素中的镁离子。脱镁叶绿素被 $P680^*$ 的还原构成另一个"上升"的还原反应，也是由于 P680 激发为 $P680^*$ 实现的。

从脱镁叶绿素，电子经过了第二条光合电子传递系统最终填平了 PS I 中的"电子洞"。首先经过一系列与辅酶 Q（泛醌）结构类似的质体醌（plastoquinone），再经过一个细胞色素/铁硫蛋白复合物，该复合物包括细胞色素 b_6、细胞色素 bf 和铁硫蛋白聚合物，从细胞色素/铁硫蛋白质复合物电子经过质体蓝素（plastocyanin, PC）到达 P700，填补了 P700 的电子洞，质体蓝素是位于类囊体表面的含有铜的膜周边蛋白质。从 $P680^*$ 到 P700 都是通常"下降"的氧化还原反应。

但是，一个电子从 $P680^*$ 流出产生了在 PS II 中的又一个电子洞，这个电子洞由水裂解产生的电子来填补。一个含有锰离子的蛋白质复合体（MnC）负责水的光解，它含有四个结合有锰离子的蛋白质，通过一系列 Mn^{3+} 和 Mn^{4+} 的不同氧化还原状态的循环完成水的光解，这些反应步骤只会形成 O_2，而不产生有毒的 O_2 部分还原的物质。像由细胞色素氧化酶催化的反应一样，是 4 个电子反应，MnC 催化的光解过程失去了 4 个电子，相反，由线粒体细胞色素氧化酶催化的 O_2 转变成 H_2O 的还原反应中，涉及到获得 4 个电子。

从 MnC 电子将转移到一个称为 Z 的电子载体，这是位于 PS II 的一条多肽链的酪氨酸残基。电子再从 Z 到达 P680。电子从水到 P680 是通常"下降"的还原反应。

从以上可以看出，两个光合系统都进行氧化还原反应，但结果不同，PS I 产生强还原因子 $P700^*$ 还原 $NADP^+$，PS II 产生强氧化因子 P680 氧化水。

11.4.4　光合磷酸化

连接 PS I 和 PS II 的电子传递系统的运转与 ATP 的合成偶联，这种模式的 ATP 的形成称为光合磷酸化（photophosphorylation）。这是除氧化磷酸化、底物水平磷酸化之外的第三种 ATP 的生成方式。原则上，光合磷酸化的机理与氧化磷酸化相同，即电子的流动与 ATP 合成的偶联是通过跨膜的质子梯度实现的。但光合磷酸化有着不同的类型和顺序的电子载体并依赖光。

在光合磷酸化中，驱动 ATP 合成的跨膜质子梯度由两个获得质子的反应形成。一个反应是水的光解：

$$2H_2O \longrightarrow 4H^+ + 4e^- + O_2$$

另一个是涉及细胞色素 bf 复合物与质体醌的反应，质体醌在氧化形式（Q）和还原形式（QH_2）的穿梭，很像 CoQ 和 $CoQH_2$：

$$QH_2 + 2 \ (Cyt\ bf)_{氧化} \Longleftrightarrow Q + 2 \ (Cyt\ bf)_{还原} + 2H^+$$

这些产生质子的反应泵出质子进入类囊体内部的空间，结果使类囊体空间的 pH 值下降而基质的 pH 值上升，pH 值大约有 2～3 个差值。电化学梯度使得质子通过膜上的 ATP 合成酶进入基质，因此驱动 ATP 的合成（图 11-9）。像线粒体 ATP 合成酶 F_0-F_1ATP 酶一样，叶绿体酶也包含有两个因子，该酶用 CF_0-CF_1ATP 酶表示，这里 C 代表叶绿体。可以通过实验证明光合磷酸化的化学渗透偶联。首先将叶绿体放在 pH = 4 的缓冲液中数小时，使其内部的 pH 值稳定于此数值，然后将叶绿体快速转移至 pH = 8 的含有 ADP 和 Pi 的缓冲液中，可以测定出 ATP 合成的同时伴随有跨叶绿体膜 pH 梯度的消失。这个实验由 Andre Jagendorf 在 1966 年完成，其结果给化学渗透偶联假说以有力的支持。

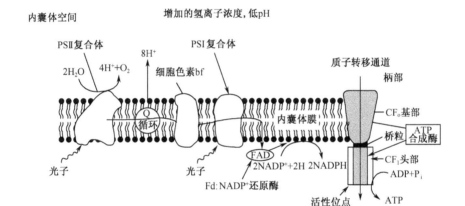

图 11-9　Z 方案组分和 ATP 合成酶在类囊体上的定位
PS I，PS II 和细胞色素 bf 复合体组成了大型的聚合体，
它们被可移动的电子载体质体蓝素（PC）和质体醌（Q）连接

三个复合物组成光合电子运输系统，类似于线粒体电子载体组成的呼吸复合物。这三个复合物（光合系统 I、光合系统 II、细胞色素 bf 复合体）相互不靠近，因为它们被高速移动的电子载体质体醌和质体蓝素有效地连接。光合系统 I 和 ATP 合成酶主要分布在基质片层，即没有重叠的类囊体中，而光合系统 II 主要分布在基粒即重叠的类囊体中，细胞色素的复合体两处都有分布。

11.4.5　光反应的平衡

还原 $NADP^+$ 为 NADPH 需要转移一个负氢离子，相当于一个质子加两个电子：

$$H^- \Longrightarrow H^+ + 2e^-$$

相应地，两个光子必须被 PS I 吸收。因为 $NADP^+$ 的还原导致两个"电子洞"出现在光合系统 I，必须由 PS II 取得两个电子填补这个空洞，于是光合系统 II 也必须吸收两个光子，总共需要 4 个光子来进行 $NADP^+$ 的还原。

但是，4 个光子也不能达到电子平衡，因为水是填补"电子洞"的最终的电子来源，水的氧化必须产生氧气 O_2 而不是氧原子，所以两个水分子必须被光解氧化，释放 4 个电子：

$$2H_2O \longrightarrow 4H^+ + 4e^- + O_2$$

因此，光合系统 I 必须吸收 4 个光子，光合系统 II 也必须吸收 4 个光子，结果导致两个分子的 $NADP^+$ 的还原，共吸收 8 个光子：

光合系统 I：

$$2NADP^+ + 2H^+ + 2H^- \longrightarrow 2NADPH + 2H^+ \quad E_1^{0'} = -0.32V$$

光合系统 II：

$$2H_2O \longrightarrow 4H^+ + 4e^- + O_2 \quad E_2^{0'} = -0.82V$$

总的反应：

$$2NADP^+ + 2H_2O \longrightarrow 2NADPH + 2H^+ + O_2 \quad \Delta E^{0'} = -1.14V$$

总体反应强烈吸能，有一个负的 $\Delta E^{0'}$ 和正的 $\Delta G^{0'} = +220 kJmol^{-1}$

这个反应在缺乏光时不能进行。在有光时，光子很容易被吸收产生"上升"的还原反应，吸收的光能驱动吸能的 NADPH 的合成和吸能的光解。

11.4.6　光反应的效率

11.4.6.1　NADPH 形成

光反应的效率可以从 ATP 和 NADPH 的形成来计算。如前所述，光反应中合成 1mol NADPH 的能量为 220kJ，因此，合成 2mol 的 NADPH 的能量为 440kJ，这个能量由吸收 8mol 的光子来提供，每一摩尔光子的能量为 170kJ，所以其总能量为 $8 \times 170 kJ = 1360 kJ$，该能值远大于驱动 NADPH 形成所需的能量。其效率为 $440 kJ/1360 kJ \times 100\% = 32\%$。

11.4.6.2　ATP 生成

为估计 ATP 合成的效率，需要从两个方面考虑。首先，考察光反应整个过程。实验提出，一个氧气的放出大约有 12 个 H^+ 转移合成 4 个分子的 ATP，因此，光合磷酸化导致：

$$4ADP + 4Pi + 4H^+ \longrightarrow 4ATP + H_2O$$

将在 PS I 和 PS II 发生的 $NADP^+$ 的还原反应结合进来，可以得到光反应总反应式：

$$2NADP^+ + 4ADP + 4Pi + 4H^+ \longrightarrow 2NADPH + 4ATP + H_2O$$

每一 ATP 水解的 $\Delta G^{0'}$ 为 $-30.5 kJ \cdot mol^{-1}$，每 8 个光子吸收产生 4 个 ATP 分子，至少需要能量为 $4 \times 30.5 kJ \cdot mol^{-1} = 122 kJ \cdot mol^{-1}$，其效率为 $122 kJ/1360 kJ \times 100\% = 9\%$。

但是，以 NADPH 形式捕获的自由能拥有类似 NADH 的通过线粒体电子传递系统获得 ATP 的潜能，1 分子 NADPH 大约也产生 3 分子 ATP，总反应有 2 个 NADPH 的生成，因此，每分子 O_2 放出会有额外的 6 个 ATP 生成，总的 ATP 为 10mol，其效率为 $10mol \times 30.5kJ \cdot mol^{-1}/1360kJ \times 100\% = 22\%$。

从电子在 PS I 和 PS II 上的流动考虑 ATP 合成的效率。这个系统每 $2e^-$ 转移大约有 1.2V 电位差。因为 2 个电子每次通过经历了两次电位下降，总的电位相当于 2.4V。当 2 个电子通过线粒体电子传递链时，0.16V 的电位差就可以形成 ATP，4 个 ATP 的形成效率为

$$\frac{4 \times 0.16V}{2.4V} \times 100\% = 27\%$$

从这一点来看，光合磷酸化比氧化磷酸化效率低得多。

11.4.7　电子流动循环

电子通过光合作用中 Z 方案的流动与 ATP 合成偶联，称为非循环光合磷酸化。这是光合作用中常见的流动模式。另外一种模式也可能发生。在这种方式中，激发电子又流回了最初的那个分子（图 11-10）。

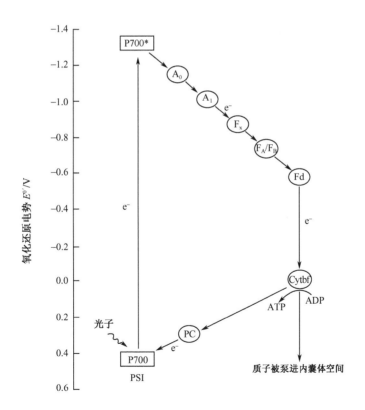

图 11-10　光合磷酸化循环

此过程只涉及光合系统 I，特点为无纯净的氧化还原反应，结果为 ATP 的合成

在电子流动循环中，激发电子从 PS I 的 P700*，经过电子载体 A_0、铁氧还蛋白、细胞色素 bf 复合体和质体蓝素到达 P700 而不是交给 $NADP^+$，流动中将会合成 ATP。这种与循环电子流动偶联的 ATP 生成称为光合磷酸化循环。可能比非循环光合磷酸化效率更高，每 3 个光子吸收有 4 个质子转移，产生 2 个 ATP：

$$2ADP + 2Pi + 2H^+ \longrightarrow 2ATP + H_2O$$

当细胞具有较高比例的 $NADPH/NADP^+$ 但需要 ATP 进行各种代谢反应时，循环电子流动会发生。因为从还原型铁氧还蛋白处接收电子的 $NADP^+$ 含量不足，ATP 从循环电子流动中产生，这一过程可能帮助维持 NADPH 和 ATP 生成的平衡。光合作用暗反应需要大量的 ATP，在有些条件下，非循环光合磷酸化提供不了足够的 ATP 进行暗反应和其他需要 ATP 的反应。在这种情况下，循环光合磷酸化可以供应额外的 ATP。

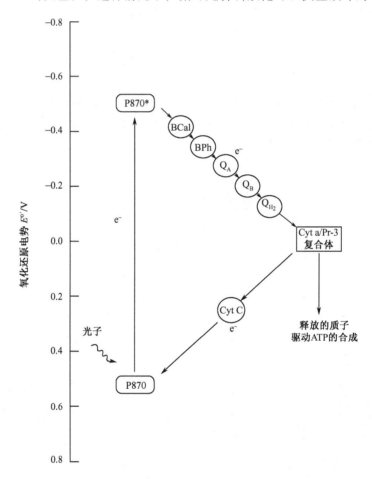

图 11-11　紫色光合细菌的循环光合磷酸化

不利用氧气的光合细菌也利用电子流循环。较深入研究过的是紫色光合细菌（*Rhodopseudomanas viridis*）（图 11-11）。它的反应中心的分子结构是 Johnn Deisenhofer、Hartmut Michel 和 Robert Huber 在 1984 年阐明（1988 年获诺贝尔奖）的。这个中心包括两个特殊细菌叶绿素分子，它们被包埋在转膜蛋白的疏水区域，并被其他细菌叶绿素和辅助色素围绕。一个细胞色素，携带有 4 个血红素基团，结合在位于细胞膜外侧（周质空间）的反应中心上。

特殊细菌叶绿素收集较长的光（870 nm）而活化，因此称之为 P870，活化的 P870* 将电子在 4ps（4×10^{-12} s）内将电子交给脱镁叶绿素，防止了电子重新回到基态。可能在 P870* 与脱镁叶绿素之间还有一分子的细菌叶绿素。电子从脱镁叶绿素经过一系列质体醌到达一个与植物光合系统类似的细胞色素/铁硫蛋白复合物，然后经过细胞色素 c 回到 P870。

植物和蓝绿藻利用光解水获得还原平衡，并且产生 NADPH，但光合细菌不同的是它们从其他途径获得还原平衡。它们利用无机物（H_2S，HSO_3^-，$Na_2S_2O_3$）或者有机化合物（琥珀酸、乳酸、乙酸）作为还原剂。

11.5 暗 反 应

暗反应是紧接光反应的，称它们为暗反应是因为它们不需要光的直接参与。在暗反应中，CO_2 被转变成糖类物质。这个过程包括发生在基质中的大量反应，同时需要利用由光反应产生的 ATP 和 NADPH。光虽然不直接参加反应，但它能激活在 CO_2 固定过程中需要的许多酶。

发生在暗反应中 CO_2 的碳的固定的代谢途径由 Melvin Calvin、James Bassham 和 Andrew Benson 在 1953～1954 年阐明，现在称之为卡尔文循环或还原戊糖磷酸循环。通过在光照试管内悬浮培养的单细胞藻类（Chlorella）确定了反应的开始步骤。研究者向试管内加入放射性标记的 $^{14}CO_2$，间隔不同时间将悬浮物放入热乙醇中灭活，然后提取藻类中的物质，用双向纸层析和放射自显影分析。当间隔时间在 1min 或更长时，生成放射性物质包括糖类、氨基酸、脂类和核苷酸。当间隔时间在 30s 时，放射性只出现在有限的化合物中，当缩短至 5s 时，抽提物的放射自显影图只有一个斑点，这个斑点对应的物质是 3-磷酸甘油酸。因此研究者认为 3-磷酸甘油酸可能是在光合作用暗反应中形成的第一个稳定的化合物。

11.5.1 核酮糖1,5-二磷酸羧化酶

随后的研究工作显示二氧化碳最初的受体为 5 碳的化合物核酮糖1,5-二磷酸，它在核酮糖1,5-二磷酸羧化酶（Rubisco）的催化下，吸收 CO_2，经过一个烯二醇中间物产生两个分子 3-磷酸甘油酸（见图 11-12）。

植物和大多数光合微生物的 Rubisco 是个大的寡聚体，相对分子质量约560 000，它由相对分子质量为 56 000 的 8 个大亚基相对分子质量为 14 000 的 8 个小亚基组成，亚基分别是由核 DNA 和叶绿体 DNA 编码的。每一个亚基含一个催化位点和一个调节位点。

因为光合作用在地球上到处发生，科学家认为 Rubisco 是地球上含量最多的蛋白质。其含量一般大约超过叶片可溶性蛋白质的一半，约占所有叶绿体蛋白质的 11%。研究者估计世界上大约有 40×10^6t 的 Rubisco，并且以每年 4×10^{13}g 的速率合成。该酶

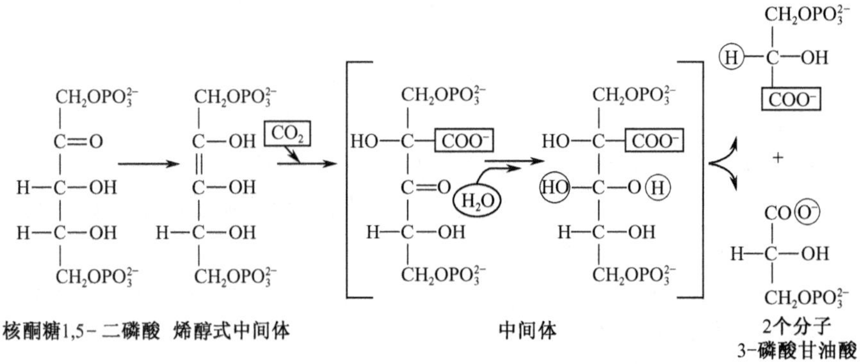

CH$_2$OPO$_3^{2-}$ CH$_2$OPO$_3^{2-}$ $\boxed{CO_2}$ ... CH$_2$OPO$_3^{2-}$ ... CH$_2$OPO$_3^{2-}$ ... CH$_2$OPO$_3^{2-}$

核酮糖1,5-二磷酸 烯醇式中间体   中间体   2个分子
                                                        3-磷酸甘油酸

图 11-12 核酮糖1,5-二磷酸羧化酶（Rubisco）在二氧化碳固定中催化羧化反应

在地球上如此丰富，所以有些科学家设想用作食物蛋白质。

11.5.2 卡尔文循环

卡尔文循环（Calvin Cycle）通常分为两个阶段：生成阶段（羧化作用、磷酸化作用、还原作用、糖类物质形成）；再生阶段（见图 11-13）。

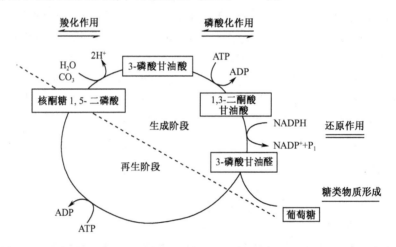

图 11-13 卡尔文循环的两个主要阶段——生成阶段和再生阶段

11.5.2.1 生成阶段

在生成阶段的第一个部分羧化作用中，Rubisco 催化核酮糖1,5-二磷酸羧化，并形成两个分子的 3-磷酸甘油酸。紧接羧化作用之后是亚基磷酸化作用，它需要 ATP 将 3-磷酸甘油酸变成1,3-二磷酸甘油酸。在磷酸化作用之后亚基还原，由 NADPH 将 1,3-二磷酸甘油酸还原为 3-磷酸甘油醛（图 11-14）。反应所需的 ATP 和 NADPH 由光反应提供。以上三个阶段可总结为

$$核酮糖1,5-二磷酸 + CO_2 + H_2O \longrightarrow 2 \times (3-磷酸甘油酸) + 2H^+$$

$$3-磷酸甘油酸 + ATP \longrightarrow 1,3-二磷酸甘油酸 + ADP$$

$$1,3-二磷酸甘油酸 + NADPH + H^+ \longrightarrow 3-磷酸甘油醛 + NADP^+ + Pi$$

为了固定足量的碳原子以合成一分子的六碳糖，第一个反应必须重复 6 次，因此，6 个核酮糖1,5-二磷酸、6 个 CO_2、6 个水分子反应共可生成 12 个分子 3-磷酸甘油醛，12 个 $NADP^+$ 和 12 个 Pi。

形成 12 个分子的 3-磷酸甘油醛之后，碳的去向发生分枝，2 个分子的 3-磷酸甘油醛作为合成一个己糖分子的原料。剩余的 10 个分子在再生阶段转变成 6 个分子的1,5-二磷酸核酮糖。

3 个分子的 3-磷酸甘油醛转变成它的同分异构体磷酸二羟丙酮，磷酸二羟丙酮再与 3 个分子的 3-磷酸甘油醛起反应，生成 3 个分子的果糖-1,6-二磷酸，脱去磷酸可生成 3 个分子的果糖-6-磷酸。2 个分子的果糖-6-磷酸（相当于 4 个分子的 3-磷酸甘油醛）进入再生阶段，第 3 个分子的果糖-6-磷酸去形成葡萄糖、淀粉或其他糖类物质。

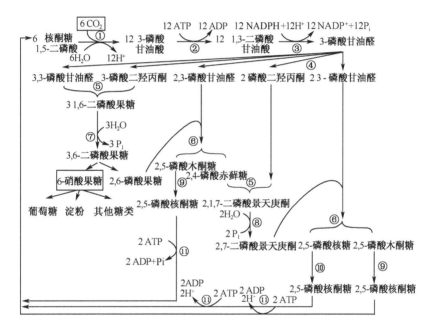

图 11-14　卡尔文循环

①1,5-二磷酸核酮糖羧化酶；②磷酸甘油酸激酶；③3-磷酸甘油醛脱氢酶；④磷酸丙糖异构酶；⑤醛缩酶；⑥转酮醇酶；⑦1,6-二磷酸果糖酯酶；⑧1,7-二磷酸景天庚酮糖酯酶；⑨5-磷酸核酮糖差向异构酶；⑩5-磷酸核酮糖异构酶；⑪磷酸核酮糖激酶

11.5.2.2　再生阶段

在再生阶段，12 个分子中的 10 个 3-磷酸甘油醛用于生成 6 个分子的核酮糖1,5-二磷酸。其中有再生成阶段生成的 2 个分子果糖-6-磷酸（相当于 4 个 3-磷酸甘油醛）参加反应。

再生阶段的反应类似在磷酸戊糖途径的反应，涉及到由转酮醇酶催化的碳骨架的来回转移反应，但转醛酮糖并没有参与卡尔文循环，相反有两个由醛缩酶催化的反应（图11-15）。

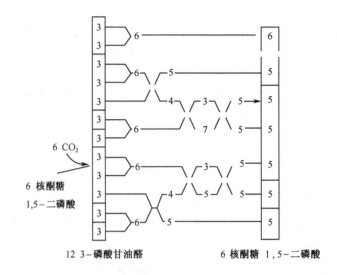

图 11-15　卡尔文循环中的碳骨架重排
12 个分子的 3-磷酸甘油醛再生 6 个分子的1,5-二磷酸核酮糖，
并且形成 1 个分子的果糖-6-磷酸。图中数字表示每 1 分子中碳原子的个数

11.5.2.3　总反应

为了写出卡尔文循环的总反应，先考虑涉及的化学计量的联系。

1）反应物：

a. CO_2：6 个 CO_2 参加 Rubisco 反应；

b. ATP：磷酸化 12 个分子的 3-磷酸甘油酸需要 12 个 ATP，还有 6 个分子 ATP 用于 6 个分子的 5-磷酸核酮糖的磷酸化；

c. NADPH：12 个分子的 NADPH 用于还原 12 个分子的1,3-二磷酸甘油酸；

d. H_2O：在 Rubisco 催化的反应中需要 6 个 H_2O，另外有 5 个用于水解 3 个分子的1,6-二磷酸果糖和 2 个分子的1,7-二磷酸景天庚酮糖；

2）产物

a. ADP：18 个 ATP 用于磷酸化的产物；

b. Pi：从 12 个分子的1,3-二磷酸甘油酸水解下 12 个 Pi；从 3 个分子的1,6-二磷酸果糖和 2 个分子的 7-磷酸景天庚酮糖上水解下 5 个 Pi；

c. $NADP^+$：NADPH 用于还原反应产生 12 个 $NADP^+$；

d. H^+：磷酸化 6 个分子的 5-磷酸核酮糖时所产生 6 个 H^+。

e. 其他：1 个分子 6-磷酸果糖。

因此，总的反应为

$$6CO_2 + 18ATP + 12NADPH + 11H_2O \longrightarrow F\text{-}6\text{-}P + 18ADP + 17Pi + 12NADP^+ + 6H^+$$

因此卡尔文循环最终净合成了以一个分子的果糖-6-磷酸形式出现的己糖，核酮糖

1,5-二磷酸没有出现在总反应中。尽管 6 个分子的核酮糖1,5-二磷酸都进入了循环，但最后又再生了 6 个分子。接下来由果糖-6-磷酸合成其他的糖类物质。

11.5.3 卡尔文循环的控制

光合作用的光反应和暗反应两个阶段内部是相互联系的，因为光反应中的产物 ATP 和 NADPH 是暗反应中的反应物。光反应影响暗反应的速率和进行的程度。只要有 ATP 和 NADPH 形成，暗反应就开始了。当光反应正在进行时，暗反应也在进行。当停止光照使光反应停止后，暗反应还会持续一段时间才停止。

光反应和暗反应的第二个联系是产物和反应物之外，光不仅是光反应所需的成分，而且还是卡尔文循环中的某些酶的激活剂。例如，在光照条件下，磷酸核酮糖激酶活性增加 100 倍。这种光激活的机理涉及铁氧还蛋白和硫氧还蛋白的作用（图 11-16）。

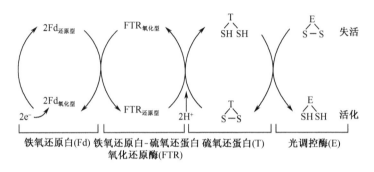

图 11-16　卡尔文循环中某些酶的光活化

当叶绿体暴露在强光中，因为 PS I 活性导致还原型铁氧还蛋白的累积。在这种条件下，铁氧还蛋白贡献出它的一些电子给硫氧还蛋白，而不是交给 $NADP^+$。还原型的硫氧还蛋白在铁氧还蛋白-硫氧还蛋白还原酶催化下，将自身的二硫键打开成两个游离巯基。这两个巯基与卡尔文循环中某些酶分子中的二硫键进行交换，将酶的二硫键转变成巯基，因此光通过此种途径活化了这些酶，而这些酶若无游离巯基则是失活的。还原型硫氧还蛋白还能刺激叶绿体 ATP 合酶（$CF_0 - CF_1$ ATPase）的活性，这进一步保证了叶绿体在光照较强时 ATP 的高速率的合成。

光以相似的方式但却总是以相反的效果调节糖类物质代谢中的某些酶的活性，导致所谓的"光失活"。例如糖酵解途径的磷酸果糖激酶和磷酸戊糖途径的关键酶 6-磷酸葡萄糖脱氢酶，当它们的二硫键被硫氧还蛋白还原时就失去活性。

因此，光通过激活植物卡尔文循环中的酶类促进植物中糖类物质的合成，并通过抑制糖酵解和磷酸戊糖途径的酶类防止糖类的降解。在黑暗中，这些效应正好相反，并且植物还表现出动物的某些代谢特性，不是进行光合作用产生和储藏糖类而是通过糖酵解、三羧酸循环和磷酸戊糖途径消耗糖类物质，用于生长和呼吸作用。

除了光的调节效应之外，暗反应通过 Rubisco 的活性得到控制，通过增加 pH、Mg^{2+} 和 NADPH 浓度而激活 Rubisco 的活性。

光反应引起氢离子从基质进入类囊体空间，因此，基质的氢离子浓度下降变得偏碱性，从而激活 Rubisco。质子的运动伴随着镁离子以相反的方向运动，以维持电中性，结果使基质中 Mg^{2+} 浓度增加从而激活 Rubisco。最后，光反应过程造成 NADPH 积累，NADPH 作为光反应的最终电子受体和 Rubisco 的一个正变构效应物，其浓度增加导致酶的活化。

11.6 光呼吸作用

从 20 世纪 60 年代，人们知道光照植物同时进行着与光合作用相反的反应，即它们能消耗 O_2 并放出 CO_2，这个过程称为光呼吸作用（phosphorespiration），尤其在低水平的 CO_2 和高浓度的 O_2 中表现特别突出。光呼吸作用不同于氧化磷酸化，它来源于 Rubisco 的既可作为羧化酶又可以作为加氧酶的能力。因为这种双重活性，Rubisco 也被称为核酮糖1,5-二磷酸羧化加氧酶（图 11-17）。

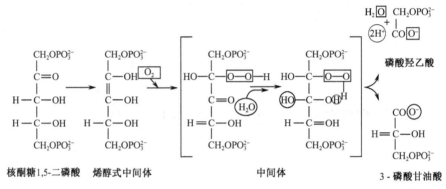

图 11-17　在光呼吸作用中核酮糖1,5-二磷酸羧化酶作为加氧酶时催化的反应

当 Rubisco 起加氧酶功能时，它结合 O_2 取代 CO_2 的活性位点，氧气的结合启动了光呼吸作用。

核酮糖1,5-二磷酸开始逆变为 3-磷酸甘油醛和磷酸羟乙酸，3-磷酸甘油醛进入卡尔文循环，磷酸羟乙酸脱磷酸为羟乙酸，再经过一系列反应再生成核酮糖1,5-二磷酸，这个过程会放出 DK）CO_2，并需要以 NADH 形式的还原力和 ATP 形式的能量输入。整个反应途径涉及三种类型的细胞器：叶绿体、过氧化物酶体和线粒体（图 11-18）。

呼吸作用与光合作用的竞争降低了光合作用的效率，这是因为，供应卡尔文循环的 CO_2 和核酮糖1,5-二磷酸的失去；放出 CO_2 和消耗 O_2，正好和 CO_2 的固定效应相反；降低 CO_2 固定反应中的还原力，因为在光呼吸作用中消耗的 NADH 可以转变成 NADPH 用于卡尔文循环；碳的失去，因为不是所有的碳都回到叶绿体。

光呼吸作用没有明显有益的功能，所以被认为是一种浪费过程。除了降低光合作用的效率，这个过程还需要 ATP 和 NADPH，NADH 的消耗致使 NADPH 供应的缺少，因为这两个还原态的化合物在转氢酶的作用下可以相应转变：

$$NADPH + NAD^+ \rightleftharpoons NADP^+ + NADH$$

于是，光呼吸作用利用了光反应产生的 ATP 和 NADPH，导致这些反应的无效。与

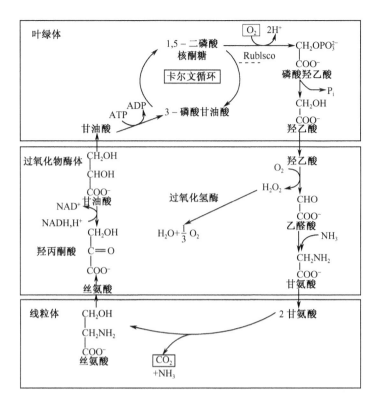

图 11-18　光呼吸作用的反应途径

通常细胞呼吸作用的不同，光呼吸作用不与磷酸化作用耦联，氧的消耗并不伴随有 ATP 的合成，因此，光呼吸作用造成了三重消费：O_2 被不必要地还原了，NADPH 和 ATP 不必要地消耗了。

光呼吸作用导致光合作用产物的损失是巨大的，在有些植物中能有多达 50% 的光合作用产物损失。如果光呼吸作用被避免了，不断供应世界人口的粮食将会大量增加，因为这一原因，利用遗传工程改造 Rubisco 的活性，或者引进没有这一途径的 C_4 植物的反应循环的努力正在进行。但是，植物在进化过程中为什么会保留下来这一看似浪费的代谢过程，它是否有其他未知的重要生理功能，这些问题有待于进一步的研究。

11.7　C_4 循　环

通过卡尔文循环进行的 CO_2 的固定发生在所有光合作用植物中，但不同植物固定的机理不同。生活在温带气候中的植物将 CO_2 直接转变成 3 - 磷酸甘油酸，这些植物称为 C_3 植物。但在另外一些植物中，通过不同的机制固定 CO_2。在进行卡尔文循环之前，先进行一些反应，这些反应先将 CO_2 固定为一个四碳化合物草酰乙酸，因此这些植物称为 C_4 植物。在最初的固定之后，CO_2 被释放并通过卡尔文循环第二次固定。这种植物中 CO_2 的完整固定机制称为 C_4 循环或者 Natch-Slack 途径。Morshall Hatch 和 Royer Slack 等研究者在 1966 至 1970 年间的研究工作阐明了 C_4 循环。C_4 植物不仅包括一些农作物，如甘蔗、高粱和玉米，还包括一些沙漠植物，如 Crab grass 和 Bermuda grass。这些植物通常有两种特性，它们在较热和阳光充足的地方生长繁茂，包括热带及沙漠地区，它们进化出一种与特殊的代谢过程相适应的特殊的叶片结构。植物叶片包含叶肉细胞和维管鞘细胞两类细胞（图 11-19）。在 C_3 植物中，叶肉细胞含有叶绿体能进行卡尔文循环，维管鞘细胞缺乏叶绿体。但在 C_4 植物中，两类细胞都含有叶绿体，但所有的 Rubisco 都集中在维管鞘细胞中，所以卡尔文循环只在这些细胞中进行。叶肉细胞特化为含有进行 C_4 循环的所有酶类。

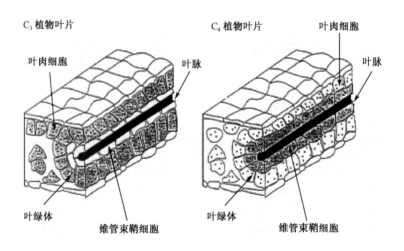

图 11-19 C_3 和 C_4 植物叶片的结构

叶脉由运输水分、无机离子和有机化合物的维管束组成。
颜色较深的细胞有运转常规的卡尔文循环固定二氧化碳的能力

在 C_4 植物中，叶肉细胞紧密围绕维管鞘细胞将它们同表皮和气孔分隔开，这样最大地减少了叶片的水分蒸发损失，使得叶维管鞘细胞保持水分，即使在炎热和干燥环境中也能进行光合作用（图 11-20）。

在 C_4 植物中，CO_2 的固定发生在叶肉细胞，CO_2 最初的受体是磷酸烯醇式丙酮酸（PEP）。由磷酸烯醇式丙酮酸羧化酶催化，产生草酰乙酸，草酰乙酸再转变成苹果酸，扩散到维管鞘细胞，在这里脱去羧基产生丙酮酸，生成的 CO_2 通过卡尔文循环固定，丙酮酸返回叶肉细胞，在此它转变成磷酸烯醇式丙酮酸。因此二氧化碳被固定两次，一次在叶肉细胞生成草酰乙酸（C_4 循环），而另一次在维管鞘细胞生成 3-磷酸甘油酸。两次固定增加了卡尔文循环的效率。最初固定 CO_2 的 PEP 羧化酶比 Rubisco 具有对 CO_2 较高的亲和力。因此作为有效的 CO_2 清除剂，更多的 CO_2 被 Rubisco 固定，高浓度的 CO_2 降低了 Rubisco 利用 O_2 在光呼吸作用中作为底物的可能性。

CO_2 在 C_4 植物中两次固定比在 C_4 植物中的一次固定花费更多的 ATP。由磷酸丙酮酸双激酶催化的丙酮酸向 PEP 的转化：

$$Pyr + ATP + Pi \longrightarrow PEP + PPi + AMP + H^+$$

随后焦磷酸酶催化 PPi 水解为 Pi，总共消耗两个高能键，促使反应朝生成 PEP 方向进行，因为单从 ATP 消耗一个高能键从热力学上不能驱使 PEP 的合成。结合 C_4 循环和

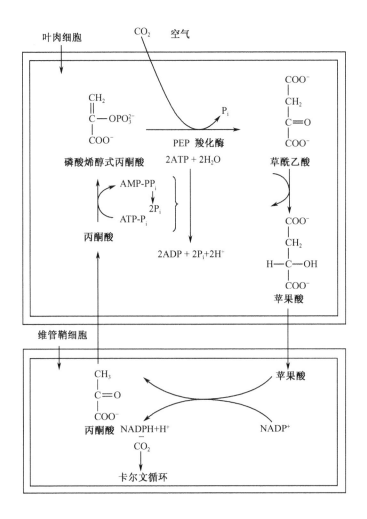

图 11-20　C_4 循环（Hatch-Slack 途径）

卡尔文循环的总反应为

$$6CO_2 + 30ATP + 12NADPH + 23H_2O \longrightarrow F-6-P + 30ADP + 29Pi + 12NADP^+ + 18H^+$$

这个反应与卡尔文循环相比增加了 ATP、ADP、Pi、H_2O 和 H^+。这种能量增加部分消耗在 C_4 循环中的磷酸丙酮酸双激酶催化的反应中。每一个分子的 CO_2 的固定需要 2 个 ATP 的消耗：

$$2ATP + 2H_2O \longrightarrow 2ADP + 2Pi + 2H^+$$

固定 6 个 CO_2 则需要将上述反应乘以 6，将其加到卡尔文循环反应式中将获得结合两个反应的化学计量。

C_4 植物光合磷酸化的效率比 C_3 植物要高，C_4 植物比 C_3 植物以较快的速度合成糖类物质和生长，主要有三个原因：

a. 通过 PEP 羧化酶预先固定 CO_2，增加了 Rubisco 催化反应的 CO_2 的浓度，因为 PEP 羧化酶比 Rubisco 对 CO_2 有更高的亲和力。

b. 水分损失减少，因为其叶片独特的解剖结构，因此植物即使在干旱环境中当水供应不足时也能有效固定 CO_2。

  c. 通过增加 CO_2 浓度使浪费的光呼吸最大限度地抑制或完全消除了，因为防止了 Rubisco 利用氧气作为底物。尽管形成 PEP 需要额外的 ATP 的消耗，但对于获得光合作用高效率是值得的。

12 分子生物学简介

本章提要 广义的分子生物学是指在分子水平上对各种生命过程的研究。狭义的分子生物学主指 DNA、RNA、蛋白质合成的分子遗传学。分子生物学中心法则指明了 DNA、RNA、蛋白质合成的方向。DNA 双螺旋结构的提出奠定了分子生物学的基础，不仅为遗传学提供了一个物化的概念，也间接地指出了 DNA 复制和突变的修复机制。复制包括 DNA 复制和病毒 RNA 复制。DNA 复制即 DNA 合成和反转录。蕴含在 DNA 中的遗传信息的表达是通过转录和翻译机制来实现的。基因作为遗传单位，是 DNA 分子上具有特定的碱基对顺序的片段。一些基因编码多肽链，一些基因编码 RNA，一些基因起调控作用。转录是一条 DNA 链指导一条 RNA 链的合成。翻译是一条 RNA 链指导一条多肽链的合成的过程。因为 RNA 来源于 DNA，所以蛋白质是特定 DNA 基因的表达产物。mRNA 是由密码子序列组成的，每个密码子决定着一种氨基酸。氨基酸通过 tRNA 被转运到核糖体上的，tRNA 具有反密码子。反密码子与密码子的碱基是互补且反向平行的。摆动假说确定了 tRNA 反密码子与 mRNA 密码子所形成的碱基对的类型。核糖体是蛋白质合成的场所。

"分子生物学"一词出现在 20 世纪中期。广义的分子生物学是指在分子水平上对各种生命过程的研究。今天广为应用的是狭义的分子生物学，主要指涉及到 DNA、RNA、蛋白质合成的分子遗传学。分子遗传学的本质是研究遗传信息的储存、传递和表达。主要包括：染色体上的基因作图、基因表达机制、染色体复制（DNA 复制）、DNA 修复、蛋白质生物合成的两个阶段（包括 DNA 转录和 RNA 翻译）以及 DNA 重组技术等。

分子生物学在近 50 多年的时间里取得了突飞猛进的发展。DNA 作为遗传物质的证实，使人们把注意力集中在这个生物多聚体的性质和新陈代谢上。当 1953 年 Watson 和 Crick 提出了 DNA 双螺旋结构的模型，这些研究又取得了更迅猛的发展。因为 DNA 双螺旋结构的提出不仅为遗传学提供了一个物化的概念，DNA 双螺旋结构也间接地指出了染色体复制和突变 DNA 的修复机制。因此，它对生物化学和遗传学都是一个突破。基因作为遗传单位，是 DNA 分子上的片段，具有特定的碱基对顺序。一些基因编码多肽链，一些基因编码 RNA，一些基因起调控作用。

DNA 双螺旋结构的确证给研究工作注入了活力，新的实验技术不断伴之产生和发展。对 DNA 和与其相关的研究使得我们对关于遗传信息传递的认识和对遗传物质的处理方法与技术都有了快速的发展。其中包括 DNA 测序、特定功能的基因的定位、基因的人工合成、以及将基因转入细胞和其他组织中，通过改变细胞的遗传结构来产生特定功能的蛋白质等。人类基因组全序列测定的提出和实施是这一领域的又一项重大进展。

12.1 基本概念

12.1.1 复制、转录和翻译

为了将遗传信息传递给新生成的细胞，染色体在细胞分裂时必须进行复制（replication）。这个过程实质是一个亲代 DNA 分子决定特定子代 DNA 分子的合成。新合成的子代 DNA 与亲代的 DNA 具有相同的碱基组成和碱基顺序（DNA→DNA）。复制也包括宿主细胞中病毒 RNA 的特定的合成过程（RNA→RNA），病毒复制需要 RNA 复制酶或反转录酶。除特殊说明外，本章的复制指的是从 DNA 到 DNA 的合成过程。

蕴含在 DNA 中的遗传信息的传递是通过一个叫做转录（transcription）的机制来实现的。这个过程是一条 DNA 链引导一条 RNA 链的合成（DNA→RNA）。RNA 链对于指导其合成的 DNA 链是互补且反向平行的，DNA 中的 C、G、T 分别对应 RNA 中的 G、C、A。但是由于 RNA 中有 U 而无 T，所以 DNA 中的 A 对应于 RNA 中的 U。把通过 RNA 的信息合成 DNA 的过程称为反转录（reverse transcription）（RNA→ DNA）。

DNA 复制和转录中主要的酶是 DNA 聚合酶和 RNA 聚合酶。我们根据聚合酶催化的产物结构将其命名。DNA 聚合酶催化 DNA 的合成，RNA 聚合酶催化 RNA 的合成。然而，由于 DNA 和 RNA 都是依靠 DNA 或 RNA 模板产生的。所以，我们把转录或复制的核苷酸的类型包含在酶的命名中，所用酶及其常用名列于表 12-1。

表 12-1　聚合酶命名

精确名	常用名
复制	
依赖于 DNA 的 DNA 聚合酶	DNA 聚合酶
依赖于 RNA 的 RNA 聚合酶	RNA 复制酶
转录	
依赖于 DNA 的 RNA 聚合酶	RNA 聚合酶
反转录	
依赖于 RNA 的 DNA 聚合酶	反转录酶

翻译（translation）指的是一条 RNA 链指导一条多肽链合成的过程（RNA→蛋白质）。翻译是蛋白质生物合成的第二阶段（第一阶段是转录）。因为 RNA 来源于 DNA，所以蛋白质是特定 DNA 基因的表达产物。细胞中的组成蛋白是它的遗传结构的表达，并且受到这些遗传组成的调控。蛋白质和核酸的这种关系是独一无二的，而其他生物分子的合成，如糖类和脂类，不会直接受到细胞中 DNA 的调控。当然，这些化合物的前体在反应中受特定酶的调控。

12.1.2　分子生物学中心法则

分子生物学中心法则（central dogma）表述了遗传信息通过复制、转录、翻译的流动和传递方向。1958 年，Francis Crick 提出了中心法则。它从本质上阐述了"遗传信息从核酸传递到核酸或从核酸传递到蛋白质是可能的，而从蛋白质转移到核苷酸或从蛋白质传递到核苷酸是不可能的"。按照中心法则，蛋白质只能作为遗传信息的受体而不能作为供体，但是，蛋白质却能受遗传信息的调节。鉴于我们现有的知识，我们给出中心法则如图 12-1。

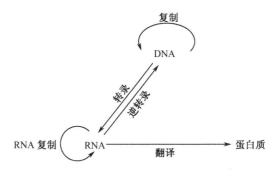

图 12-1　中心法则示意图

12.1.3　引物、模板和聚合作用

在复制、转录和翻译过程中，一个多聚分子引导另一个多聚分子的形成，在这些过程中，原有的多聚分子有的作为引物（primer），有的作为模板（template）（图 12-2）。

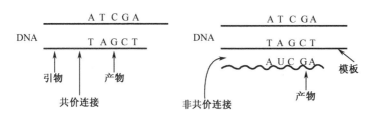

图 12-2　引物和模板的功能

引物是指在聚合作用中具有启动这一过程功能的一类复合物。它为将要合成的多聚分子提供一个"把手"，通过不断的连接产生多聚分子。因为第一个构件是通过共价键与引物相连接，所以引物也是通过共价键与聚合产物相连的。

模板是指在聚合反应中具有控制作用、决定哪些结构元件被合成且以何顺序合成的一类聚合物。与模板共价相连的元件并不参与此过程的发生，因此，模板仅仅通过非共价键与聚合产物相连。

复制、转录和翻译的反应过程一般可分为四个阶段：

a. 起始：反应的第一个阶段；多聚体起始合成。

b. 延伸：多聚体绝大部分的合成过程，也是反应时间最长的阶段。

c. 终止：反应的最后阶段，多聚体终止端的合成。

d. 加工：通过引物和模板所合成的多聚体合成后会存在一些改变。加工的过程是加长或缩短此多聚体链，或者是通过其他方法来化学修饰多聚体链。按照聚合物的类型，可分为三种类型的加工：复制后加工、转录后加工、翻译后加工。

12.2　RNA 的结构和功能

12.2.1　蛋白质生物合成概述

我们把蛋白质的生物合成主要分为两个阶段：转录和翻译。在转录阶段，储存在 DNA 的遗传信息通过 RNA 的合成被复制，所产生的多核苷酸链叫做信使 RNA（mRNA）。除了由 U 代替了 T 以外，它与被转录的 DNA 链互补且反向平行。我们称被转录的 DNA 链为模板链（template strand）或反密码子链（anticoding strand），而未被转录的 DNA 链叫做编码链（coding strand）或有义链（sense strand）。这是因为编码链与 mRNA 具有相同的 $5' \rightarrow 3'$ 方向并且与 mRNA 解读顺序一致。

蛋白质生物合成的第二阶段是翻译，通过 mRNA 指导来产生一个多肽链。mRNA 上的核苷酸序列决定着多肽链上的氨基酸序列。mRNA 中三个连续的核苷酸代表一个氨基酸，称为密码子。编码多肽链的 mRNA 片段是由一段密码子序列组成，其中每一个密码子决定着一种氨基酸。

mRNA 分子结合到核糖体上，核糖体是亚细胞核糖核酸蛋白颗粒，是蛋白质合成的场所。当氨基酸发生聚合作用时，生成的多肽链要与核糖体相连（图 12-3）。在蛋白质合成的某一时刻，一个 mRNA 分子可同时与许多个核糖体相连形成一个复杂的链称为多核糖体（polyribosome）或聚核糖体（polysome）。每个核糖体携带相同的但是处在全过程的不同阶段的多肽链。

氨基酸通过转运 RNA（tRNA）被转运到核糖体上，每个 tRNA 与一个特定的氨基酸共价相连，形成一个氨酰-tRNA。在这个复合体中，tRNA $3'$-末端腺嘌呤核苷的羟基与氨基酸的羧基脱水成酯。在每一个 tRNA 与氨基酸相连处的相对的远处都具有反密码子，反密码子由 3 个连续核苷酸组成，tRNA 分子上的反密码子与 mRNA 分子上编码氨基酸的密码子是互补且反向平行。密码子和反密码子相对应的碱基由氢键相连，这样就把氨酰-tRNA 与 mRNA 连接在一起。

12.2.2　信　使　RNA

在原核细胞中，DNA 位于核物质区域；在真核细胞中，DNA 在细胞核中。无论在原核细胞还是在真核细胞中，绝大部分蛋白质的合成是在位于细胞质中的核糖体上进行的。那么 DNA 是怎样控制和决定蛋白质在细胞质核糖体上合成的呢？

1961 年，Francois Facob 和 Sacques Monoel 提出了一个"信使"携带遗传信息从 DNA 传递到核糖体的理论。此后，研究者们设想这个"信使"会有何样特征，进而展开了研究。最后确认将核 DNA 与核糖体上反应联系在一起的，是一条单链 RNA 分子，称为信使 RNA。

信使 RNA 是由 DNA 双链中的一条链转录所形成的，并且与其互补反向平行。真核

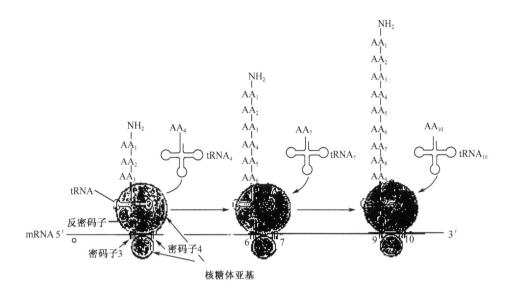

图 12-3　核糖体上的蛋白质合成

图示 mRNA 按 5′→3′ 方向被翻译，多肽链按 N→C 端方向生成。

一些核糖体结合在 mRNA 链上，携带着不同长度的同一肽段

细胞 mRNA 在细胞核中合成，经过核膜上的核孔，与细胞质中的核糖体结合。原核细胞的 mRNA 合成后也与核糖体结合。大多数原核细胞的 mRNA 有很短的半衰期（2~3min），这样，它的合成与翻译是偶联的，它的合成与降解对蛋白质合成的控制起着很重要的作用。真核细胞的 mRNA 半衰期变化范围很广，一些 mRNA 在核糖体中出现不到 30min 就降解了，但是大多数的半衰期是几小时或几天。

　　mRNA 分子在大小上是不同的，反映了编码不同长度的多肽链的基因的长短的差异。如前所述，编码多肽链的 mRNA 是由一连串的密码子所组成的，其中每一个密码子对应一个氨基酸。因此，一个具有 100 个氨基酸的多肽链至少需要具有 300 个核苷酸的 mRNA（mRNA 有时还包含着密码子以外的调节序列）。这段多肽链的基因是一个双链 DNA 片段，每条链都应具有 300 个核苷酸。

　　mRNA 占细胞总 RNA 很小一部分，一般约为 5%，在大肠杆菌中，mRNA 约占 RNA 总量的 3%，对于单链 mRNA 是如何进行链内折叠（次级结构）目前还不清楚。

12.2.3　核糖体和核糖体 RNA（rRNA）

　　核糖体是蛋白质合成的场所，它们有的是游离地分布在细胞质中的颗粒，有的是附着在内质网上的颗粒（图 12-4）。

　　游离的核糖体参与大量的蛋白质合成，附着在内质网上的核糖体参与质膜蛋白和细胞分泌的蛋白质的合成。我们将附着许多核糖体的内质网称为粗糙内质网，附着很少或没有附着核糖体的内质网称为平滑内质网。每一个细胞都有大量的核糖体，一个大肠杆菌细胞包含约 20 000 个核糖体。

图 12-4　大肠杆菌核糖体的电镜照片

生物化学家将核糖体分为五类。其中两类为真核生物和原核生物的细胞质核糖体，其余的三类为植物线粒体、动物线粒体和叶绿体中的核糖体。所有类别的核糖体都包含两个大小不等的表面粗糙的亚基，它们通过镁离子键和其他键非共价相连。每个核糖体具有两个与转运 RNA 有关的结合部位（A 位和 P 位）。

通常，我们用沉降系数"S"来表示核糖体亚基和核糖体 RNA 的大小。沉降系数的大小取决于相对分子质量和颗粒的形状，因此，沉降系数不能像相对分子质量那样累加。例如，细菌核糖体（70S）由两个亚基（50S 和 30S）组成，50S + 30S→70S。我们能很容易的通过改变镁离子的浓度来改变核糖体与它的亚基之间的转换方向。

$$50S + 30S \underset{\text{减少}[Mg^{2+}]}{\overset{\text{增加}[Mg^{2+}]}{\rightleftharpoons}} 70S$$

这种关系同样适合于真核细胞的核糖体，40S 和 60S 的亚基相连接形成一个 80S 核糖体。真核细胞的核糖体与原核细胞的核糖体都是由 2/3 的 RNA 和 1/3 的蛋白质组成（见表 12-2）。在原核细胞中，小亚基包含 21 种不同的多肽链和一个 16SRNA 分子；大亚基包含 34 条多肽链（31 种，1 条链具有 4 条拷贝）和 2 个 RNA 分子（5S 和 23S）。因此，一个原核细胞的核糖体是一个包含 55 种蛋白质和 3 种 RNA 分子的大分子集合体。真核细胞的核糖体更大，包含 82 种蛋白质和 4 种 RNA 分子。线粒体和叶绿体核糖体与表 12-2 中所描述的细胞质中核糖体有所不同。

表 12-2　　细胞质核糖体的物理性质

	原核生物	真核生物
核糖体	大肠杆菌	鼠肝
类型	70S	80S
相对分子质量	2.5×10^6	4.2×10^6
小亚基		
类型	30S	40S
相对分子质量	0.9×10^6	1.4×10^6
RNA 百分含量	60	50
蛋白质百分含量	40	50
数量	21	33
相对分子质量	8000 ~ 26 000	12 000 ~ 42 000
rRNA		
类型	16S	18S
核苷酸数量	1 543	1 874

	原核生物		真核生物		
相对分子质量	~ 500 000		~ 700 000		
大亚基					
类型	50S		60S		
相对分子质量	1.6×10^6		2.8×10^6		
RNA 百分含量	70		65		
蛋白质百分含量	30		35		
蛋白质					
数量	34		49		
相对分子质量	5000 ~ 25 000		12 000 ~ 42 000		
rRNA					
类型	5S	23S	5S	5.8S	28S
核苷酸数量	120	2 904	120	160	4 718
相对分子质量	~ 40 000	~ 1.0 × 10⁶	~ 40 000	~ 50 000	~ 1.7 × 10⁶

核糖体蛋白质很难分离,它们与其他核酸相连的蛋白质一样,是最基本的蛋白质,不溶于普通的缓冲液。我们将小亚基和大亚基中的蛋白质分别用字母 S 和 L 标记,并且编号(如 S_4 和 L_6)。较新的研究试图找出每个核糖体蛋白质的确切的位点和功能。研究表明,一些核糖体蛋白具有酶活性,一些与 mRNA 或 tRNA 相连,另一些作为重要的结构组成因子或具有其他功能。全部的核糖体组成成分能在细胞中自动装配,这一过程能在实验中复制,即核糖体重组。

核糖体 RNA 是单链分子,分子结构中包括不规则的折叠和双螺旋,而双螺旋的部分是由于多核苷酸长链自身回折而产生的。双链 RNA 片段形成的双螺旋类似 A-DNA 结构,在互补碱基间通过链内氢键相连:A═U(2 个氢键)、 G≡C(3 个氢键)。rRNA 是细胞 RNA 中含量最多的一种形式,约占细胞 RNA 总量的 80% ~ 85%(大肠杆菌中约占 83%)。

12.2.4 转运 RNA(tRNA)

12.2.4.1 tRNA 的概述

1958 年,Francis Crick 提出一种特定的连接物与氨基酸共价相连并携带它们进入核糖体进行聚合反应。最后研究发现这些连接物是 RNA 分子。起初把它们称为连接 RNA、受体 RNA 或是可溶性 RNA,我们现在把它们称为转运 RNA(tRNA),强调它们在蛋白质合成中的功能。转运 RNA 约占细胞 RNA 总量的 10% ~ 15%(大肠杆菌中占 14%)。每种氨基酸至少有一种 tRNA 分子与之相连,通常几种同功 tRNA 连接和转运同一种氨基酸。结果,一个生物体 tRNA 的种类大约为 50 ~ 60 种。我们将对应于一个氨基酸的特定 tRNA 标记为 tRNA[AA],因此,tRNA[Gly] 和 tRNA[Phe] 就表示特定携带 Gly 和 Phe

的 tRNA。当一个氨基酸与 tRNA 相连得到的氨酰基 tRNA，名称应包括一个氨基酸的缩写作为前缀。例如 Gly-tRNA[Gly] 和 Phe-tRNA[Phe] 代表甘氨酰 tRNA[Gly] 和苯丙氨酰 tRNA[Phe]，也就是，Gly 和 Phe 与它们所对应的 tRNA 共价连接。tRNA 是很小的单链分子，包括 70～90 个核苷酸，相对分子质量约为 20 000～30 000，沉降系数约为 4S。由于 tRNA 分子很小，因此它是第一个被测序的核酸分子。和核糖体 RNA 一样，tRNA 的次级结构也具有自身回折形成的双链螺旋片段。在这些片段中，互补碱基通过链内氢键相连（A≡U，G≡C），双链和单链部分组成了三叶草结构模型，即二级结构（见图12-5）。在这个模型中，氢键相连接的片段形成梯子形状的部分称为茎，非氢键相连的片段形成突出的环，像一叶片，一个环和一个茎构成了一个臂。由于 tRNA 中有大量的氢键，tRNA 表现出显著的增色效应，并且能一定程度地抵制核糖核酸酶的消化。

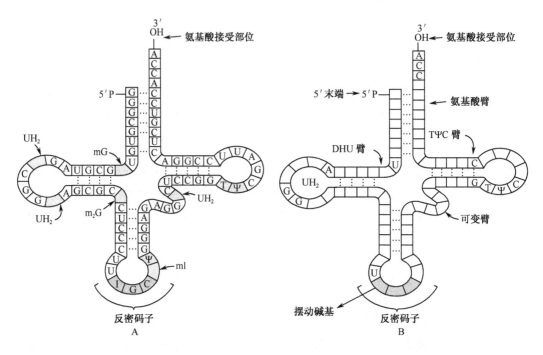

图 12-5　tRNA 的三叶草模型

A. 丙氨酸 tRNA 核苷酸序列。图中的修饰核苷酸被涂黑，ψ 代表假尿苷；I 代表次黄苷；T 代表胸苷；DHU 代表 5，6-二氢尿苷；m[1]I 代表 1-甲基次黄苷；m[1]G 代表 1-甲基鸟苷；m[2]G 代表 N[2]-甲基鸟苷。B. 性特征的结构模式。Pu 代表嘌呤；Py 代表嘧啶。7 个核苷酸存在于 TψC 环，7 个存在于反密码环，8～12 存在于 DHU 环

　　tRNA 分子有四个环，有些还具有第五个环——可变环。在 tRNA 分子中有 60%～70% 的碱基是以互补配对形式分布在螺旋片段部分之中，三叶草模型正确表示了碱基配对和 tRNA 的次级结构，但它不是分子的三级结构。根据 X 射线衍射结果，tRNA 的三级结构是一个折叠的三叶草结构，叫做"L 型结构"（图12-6）。它通过三级结构的氢键组合，但不是在碱基中和核糖中位于不同供体和受体基团的 Waston-Crick 型的氢键。

　　虽然 tRNA 相对来说很小，但它具有许多不寻常的特征，是一个多功能的分子。

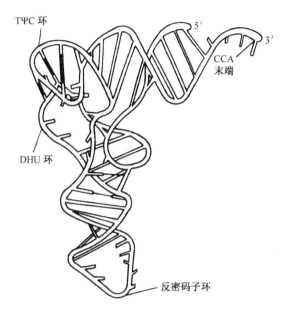

图 12-6 酵母苯丙氨酸 tRNA 的倒 L 型三维结构

12. 2. 4. 2 tRNA 的特征

（1）tRNA 参与两种不同的反应

a. tRNA 在氨基酸激活中起一定作用。这个过程涉及到一个氨基酸分子与 tRNA 的共价连接，被氨酰-tRNA 聚合酶的催化。至少存在 20 种不同的聚合酶，每一种对应一种氨基酸。氨基酸的激活的产物是氨酰-tRNA 分子。

b. tRNA 参与肽键的形成。tRNA 携带氨基酸以氨酰-tRNA 的形式进入核糖体，并将它们安置在蛋白质上以便后来的聚合反应。

（2）tRNA 至少有四个不同的连接位点

a. 氨基酸结合位点（CCA-3′），在此处氨基酸与 tRNA 共价相连（见图12-6）。
b. 氨酰-tRNA 聚合酶识别位点，与酶的活性位点连接。
c. 与核糖体相互作用位点，在此处氨酰-tRNA 与核糖体相连。
d. tRNA 的反密码子通过氢键与 mRNA 上的密码子相连。

（3）tRNA 具有较大比例的修饰碱基

转运 RNA 具有较大比例的非标准碱基和稀有核苷。修饰过的碱基包括标准碱基甲基化的衍生物和二氢尿嘧啶。特殊的核苷包括次黄苷（次黄嘌呤核苷）、胸腺嘧啶核糖核苷（核糖与胸腺嘧啶相连）、假尿苷（尿嘧啶与核糖通过 C 相连而不是通过 N 相连）（如图12-7）。

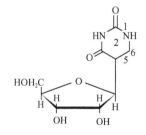

图 12-7 假尿嘧啶核苷结构式

12.2.5　小 RNA

mRNA、rRNA 和 tRNA 是原核和真核细胞中 RNA 存在的主要形式，这三种 RNA 在蛋白质的生物合成中都起着一定的作用。另外，细胞中还含有小 RNA 分子。许多小 RNA 与蛋白质相连并在 RNA 的转录后加工中起一定的作用。在真核细胞中，小 RNA 大量的存在于细胞核中。其中小分子核内 RNA（small nuclear RNA，snRNA）的分子大小从 60 到 300 个核苷酸不等，并且碱基序列在不同的生物体中具有高度保守性。它们与蛋白质相连形成小核内核糖核蛋白（small nuclear ribonucleoprotein，snRNP），snRNP 参与内含子的拼接反应。同样，它们也与胞质的特定蛋白结合形成小胞质核糖核蛋白（small cytosolic ribonucleoprotein，scRNP）。

12.3　遗 传 密 码

12.3.1　遗传学字母表

一旦知道遗传信息储存在核酸中，研究者就想确定这个遗传信息是怎样组成的，它是怎样由核酸传递给蛋白质的。他们不久发现核酸的遗传信息存储在它的碱基顺序上，因为整个多核苷酸链磷酸核糖主链是相同的。

核酸和蛋白质都是长的线性多聚体，它们都由一些小分子的结构单元构成，这些结构单元通过单一类型的键相连。基于这些相似性，提出了核酸作为模板指导蛋白质合成。一条多核苷酸链的碱基顺序决定或编码一条多肽链上的氨基酸的排列顺序，我们称这种关系为遗传密码（genetic code）。因为核酸中只出现四种碱基，这些碱基编码一个蛋白质中 20 种不同的氨基酸。我们将遗传密码更精确的定义为由四种不同碱基构成的一条多核苷酸序列，具有编码由 20 种不同的氨基酸构成的多肽链排列顺序的行为。

遗传密码可以类比为使用四个字母的字母表构件一个 20 个单词的字典。物理学家 Geoge Gamoy 在 1954 年提出，如果单词（密码子）由一个字母（碱基）组成，那么四个字母只能形成四个单词（密码子），这个数目不能够来编码 20 种氨基酸。如果用两个字母碱基，可能的单词密码子数量将增加到 $4 \times 4 = 16$，但仍然不够编码所有的氨基酸。然而，如果采用三个字母碱基，形成了 $4 \times 4 \times 4 = 64$ 个单词密码子，足够用来编码 20 种氨基酸。因此 在这样一本字典中，每个单词至少包含三个字母。同样，每个编码氨基酸的密码子也必须由至少三个碱基的序列组成，叫做三联体密码（triplet）。因为字母（碱基）的排列顺序很重要，为了形成这些密码子，所有可能的排列方式都要采用。像 "ACT" 与 "TCA" 的不一样，5′-GUA-3′ 与 5′-AUG-3′ 也不相同。

按照 Gamoy 的观点，科学家们进一步破译了遗传密码。这项工作不仅确定了 64 种密码子可能编码的氨基酸，而且还指出了三联体密码的实质。

在研究遗传密码时，我们采用了一些常规做法。首先，我们经常使用在语言方面的词语来描述遗传密码的各个方面。第二，"密码子"一词指 mRNA 上的核苷酸序列，反密码子的核苷酸序列和经过转录的 mRNA 密码子反向平行互补，DNA 上的核苷酸序列与 mRNA 密码子反向平行互补。第三,"碱基顺序"实际上就是"核苷酸序列",因为在一条核苷酸链上相连接的是核苷酸而不是碱基,因此,最后我们在书写密码子时总是5′端写在左边,3′端写在右边。

因为三联体密码为 20 种氨基酸提供了 64 个密码子,所以看上去似乎有"多余的"密码子。实际上,所有额外的密码子都会被利用,这是因为大多数的氨基酸是由一种以上的密码子所编码,这种现象叫简并性(degeneracy)。编码同一种氨基酸的不同密码子称为同义密码子(synonym codon),不能编码氨基酸的密码子为无义密码子(nonsense codon)。无义密码子只有三种:UAG,UAA 和 UGA。我们称它们为终止密码子(stop codon),因为导致多肽链合成终止。

Gamoy 指出,理论上有两种方式解读信息的遗传密码,密码子可以是重叠序列或者是非重叠序列(图 12-8),在一个重叠密码中,一个密码子中的一个或两个碱基可以作为下一个密码子中的一部分,一个碱基可以被使用一次以上。在一个非重叠密码中,一个碱基只能用一次。这两种编码方式在密码子之间可以有中断,也可以没有中断。

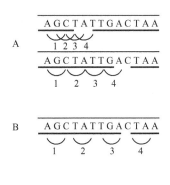

在生物体中,编码类型的进化采用了最简单、最直接的方法来阅读遗传信息:一种非重叠、不带任何间断的三联体密码。

这种解读遗传信息的方式也存在几个例外。第一个例外是在真核细胞中,一些基因是不连续的,这些基因称为断裂基因(split gene)。它们包含两种类型的核苷酸序列:外显子(exon)和

图 12-8　重叠密码和不重叠密码举例

内含子(intron)。外显子是指编码蛋白质上一段氨基酸序列的核苷酸序列(表达遗传信息)。内含子(插入序列)是指一段不能编码氨基酸的核苷酸序列,它的作用是分离开两个外显子。第二个例外存在于许多噬菌体、病毒和传染性细菌中。一些噬菌体中具有重叠基因。科学家第一次证明这一现象是在浸染大肠杆菌的 φX174 噬菌体中。φX174含有一个环形单链基因组 DNA,它由 5386 个核苷酸组成,编码病毒的衣壳蛋白。按照它的长度,它的 DNA 最多可以编码 1795 个氨基酸,然而噬菌体衣壳蛋白氨基酸远远超出了 1795 个。这种现象的解释是由于重叠基因的存在,以至于一个 DNA 片段被使用了两次,一个基因的起始点位于另一个基因内,两个基因有两种不同的解读框架(图 12-9)。

这两种变化都表示基因在染色体上以简并形式排列,编码的本质没有改变,在每个外显子和内含子中,在每个重叠基因中,遗传密码依然是一个非重叠三联体,且无间断的密码。

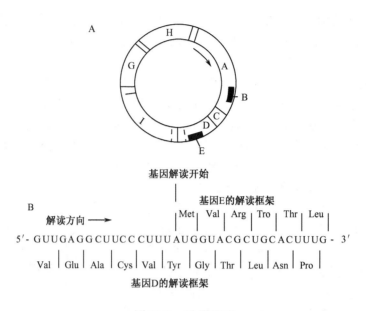

图 12-9　重叠基因

A. 噬菌体 ∅x174DNA 含有 9 个基因（A-H. J），其中有两个基因存在于其他基因中：基因 B 在基因 A 中，E 在基因 D 中。B. 因为一个重叠基因可以不从一个密码子的 5′-末端开始解读，最终产生两种不同的解读框架。

12.3.2　遗传密码的破译

12.3.2.1　密码子的碱基组成

遗传密码的基本轮廓确定以后，研究者又致力于破译密码，即哪种密码子编码哪种氨基酸。解码研究包括两个阶段，初期的工作是确定密码子的碱基组成，接下来的工作是确定每个密码子中实际的碱基顺序。

第一个成功的实验是在 1961 由 Marshall Nirenberg 和 Heinrich Matthaei 共同完成的，他们使用了来自于大肠杆菌的无细胞氨基酸掺入系统。这个体系包括核糖体、酶、tRNA 和具有 mRNA 功能的 RNA 等。当通过能量（ATP 和 GTP）和氨基酸的强化，这个系统能产生出可分离和分析的蛋白质。

Nirenberg 和 Matthaei 应用多核苷酸磷酸化酶合成含有单一类型核苷酸的同聚多核苷酸。多核苷酸磷酸化酶是一种细菌酶，可利用一种或多种核苷二磷酸为底物，催化多核苷酸的随机聚合反应，形成的产物的碱基组成与反应混合物相同。首先从 UDP 中制备出多聚尿苷酸［polyU］，因为 polyU 只含有一种类型的密码子，所以它只能编码一种氨基酸，并产生一个同聚氨基酸分子。应用 polyU 和 20 种氨基酸组成的混合物，20 种氨基酸的其中之一被 [14]C 标记，用来判断所生成的多肽分子和放射性。在这样 20 个实验中，每一次用 [14]C 标记一个不同的氨基酸，所以也只产生一种被标记的蛋白。这种情况发生在 Phe 合成的实验中。因此 Nirenberg 和 Matthaei 断定编码 Phe 的一定是 UUU。以相同的模式，应用 poly（A），poly（C），poly（G），他们也分别得到编码 Lys、Pro 和

Gly 的是 AAA、CCC 和 GGG。

相对较复杂的实验是由两种或更多种核苷酸组成的随机共聚物所合成的 RNA。在这个共聚物中核苷酸的出现是随机的。例如，在一个共聚物中包含 80% 的 U 和 20% C，那么一个包含三个 U 的密码子出现的概率就是 $0.80 \times 0.80 \times 0.80 = 0.51$ 或 51%。就是说这个共聚物中任何三联体密码中由 UUU 构成的机率是 51%。而对于一个包含 2 个 U 和一个 C 的密码子，它的概率为 $0.80 \times 0.80 \times 0.20 = 0.13$ 或 13%。

这种概率只是针对于密码子的碱基组成，而实际上密码子的碱基顺序可以是 UUC、UCU 或 CUU。当共聚物参与到蛋白质的合成时，许多不同的氨基酸掺入蛋白质中，这些氨基酸相对的掺入能够反映出 RNA 相关的密码子的相对序列。

假设一个未知的氨基酸（AAX），它的密码子组成是两个 U 和一个 C［UUC］，因为 UUU 是编码 Phe，所以：

$$\frac{由［UUU］编码的氨基酸的掺入}{由［UUC］编码的氨基酸的掺入} = \frac{Phe\ 的掺入}{AAX\ 的掺入} = \frac{［UUU］的频率}{［UUC］的频率} = \frac{51}{13} \approx 4$$

这样，这个未知的氨基酸掺入大约是 Phe 掺入的 1/4，通过有关资料查找就会发现 Ser 符合这个要求。因此可以得出结论，这个未知的 AAX 是 Ser，它的密码子组成可能是 UUC，但从这个实验并不能知道 Ser 实际的密码子序列是 UUC、UCU 还是 CUU。按照这一方法用多种不同的共聚体来合成蛋白质，研究人员就能够最终确定出密码子的碱基组成。

12.3.2.2 密码子的碱基顺序

通过两种类型的实验可以完成确定密码子碱基顺序。1964 年 Marshall Nirenberg 和 Phillip Leder 发现了氨酰-tRNA 通过三核苷酸密码子与核糖体连接，这促进了核糖体结合鉴定法的发展。方法是先将氨酰-tRNA 标记，然后检测在其与核糖体连接（或者是进入核糖体）的过程中，与结合在核糖体上的具有特定序列的三核苷酸 mRNA 分子的关系。能促进连接的三核苷酸就是与 tRNA 相连的氨基酸的密码子。例如，UUU 可促进核糖体与 Phe-tRNA^{Phe} 相连，AAA 促进核糖体与 Lys-tRNA^{Lys} 相连。因此，UUU 和 AAA 分别被认为是 Phe 和 Lys 的密码子。第二种类型的实验来源于 Gobind Khoranre（1968 年诺贝尔奖获得者）的工作，他合成了确定顺序的多核苷酸。在脱细胞氨基酸掺入系统中使用这种多聚核苷酸作为 mRNAs，并且分析所形成的多肽链。由多肽链的氨基酸组成顺序可以设计出各组成成分氨基酸所对应的密码子（见图 12-10）。这些研究涉及到两点。首先，多肽链合成是从寡核苷酸起始端开始翻译的。第二，氨基酸所对应的密码子与多聚核苷酸被翻译的方向必须一致，因为 mRNA 翻译的方向是 $5' \to 3'$。Khoranre 与其同伴准确的定位了密码子。

12.3.3 遗 传 密 码

全部密码子的碱基顺序被确定，这些结果被编写成一本完整的遗传密码字典（图 12-11）。

分析这本字典，就会发现遗传密码的主要特征。

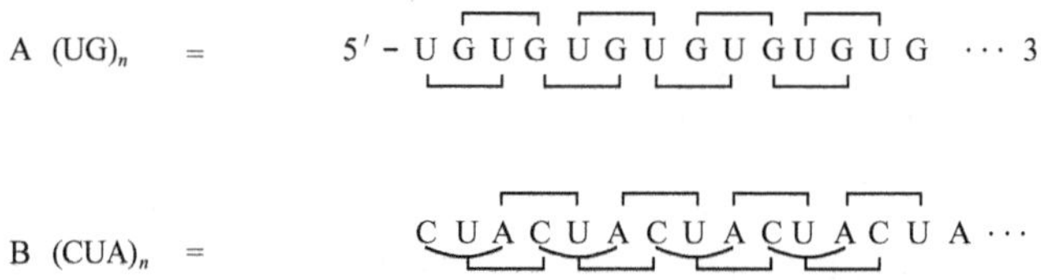

$$A \ (UG)_n \ = \ 5' - U \ G \ U \ G \ U \ G \ U \ G \ U \ G \ U \ G \ \cdots \ 3'$$

$$B \ (CUA)_n \ = \ C \ U \ A \ C \ U \ A \ C \ U \ A \ C \ U \ A \ C \ U \ A \cdots$$

图 12-10　应用人工合成的多聚核苷酸作为无细胞的
氨基酸结合系统中的 mRNA

按照 mRNA 碱基序列，在翻译开始时的不同多肽形式：（A）一条含有
Cys（UGU）和 Val（GUG）间隔序列的多肽链。（B）三条同聚肽链，即多聚
Leu（CUA），多聚 Tyr（UAC）和多聚 Thr（ACU）

第二核苷酸

第一核苷酸（5′—端）	U	C	A	G	第三核苷酸（3′—端）
U	UUU UUC ⌐ Phe UUA UUG ⌐ Leu	UCU UCC UCA UCG ⌐ Ser	UAU UAC ⌐ Tyr UAA Stop UAG Stop	UGU UGC ⌐ Cys UGA Stop UGG Trp	U C A G
C	CUU CUC CUA CUG ⌐ Leu	CCU CCC CCA CCG ⌐ Pro	CAU CAC ⌐ His CAA CAG ⌐ Gln	CGU CGC CGA CGG ⌐ Arg	U C A G
A	AUU AUC ⌐ Ile AUA AUG Met	ACU ACC ACA ACG ⌐ Thr	AAU AAC ⌐ Asn AAA AAG ⌐ Lys	AGU AGC ⌐ Ser AGA AGG ⌐ Arg	U C A G
G	GUU GUC GUA GUG ⌐ Val	GCU GCC GCA GCG ⌐ Ala	GAU GAC ⌐ Asp GAA GAG ⌐ Glu	GGU GGC GGA GGG ⌐ Gly	U C A G

图 12-11　遗传密码表
密码按 5′→3′ 顺序书写。Stop 表示终止密码。

12.3.3.1　遗传密码的简并性

遗传密码的简并性是指几个不同的密码子编码同一个氨基酸，这样的密码子称为同义密码子。我们虽然不能充分理解遗传密码简并性的原因，然而，这种简并性具有很重要的生物学目的，并不是一个随机的现象。显然，在一些有机体和某种特定条件下，一些同义密码子会被优先使用。当我们仔细研究简并性时，发现具有六条规律：

a. 密码具有高度的简并性。实际上，几乎全部的密码子都具有简并性。在 64 个密码子中，61 个密码子编码氨基酸，只有三个不能（UAG，UAA，UGA）。

b. 一个氨基酸的同义密码子是彼此相关联的。除了 Arg、Leu 和 Ser 外，每个氨基酸的同义密码子都可通过改变一个碱基而相互转换。Arg、Leu 和 Ser 同义密码子的相互转换需要改变两个碱基。

c. 大多数的简并性转换的都是密码子第三位上的碱基（3'端）。对于大多数的氨基酸，头两位的密码是固定的，而第三位是可变化的。Arg、Leu 和 Ser 的密码子是第一位显示出简并性。3'端的变异性包括 U 和 G 以及 A 和 G 之间的相互转换。因此，简并性是通过一个嘧啶向另一个嘧啶或嘌呤转变或一个嘌呤向另一个嘧啶或嘌呤转变而表达的。

单个碱基的突变称为点突变。碱基转换包括嘌呤向嘌呤转换，嘧啶向嘧啶转换。它自发发生的可能性要比碱基颠换高。碱基颠换是指嘧啶和嘌呤间的相互转换。基于所观察到的简并性，我们可以得出结论，遗传密码可以反映出整个过程中自发点突变的可能性。

d. 大多数具有同义密码子的氨基酸显示出二重或四重简并性，这样它们可以由两种或四种同义密码子编码。这种普遍性也有例外，Ile 有三个同义密码子，Arg、Leu 和 Ser 每个具有六个同义密码子。

e. 在蛋白质中常见的氨基酸比在蛋白质中不常见的氨基酸具有更高的简并性。Leu 和 Ser 是两种常见的氨基酸，它们每个具有六个同义密码子，Met 和 Tyr 在蛋白质中相对出现的较少，它们每个只由一个密码子编码。

f. 相关的氨基酸经常具有相关的密码子。例如酸性氨基酸，Asp 密码子（GAU，GAC），Glu 密码子（GAA，GAG）；含羟基氨基酸，Ser 密码子（UCU，UCC，UCA，UCG），Thr 密码子（ACU，ACC，ACA，ACG）。

12.3.3.2 遗传密码的通用性

遗传密码基本上是通用的，无论对于动物、植物或微生物，一个密码子都能编码同一个氨基酸。遗传密码的通用性为进化提供了强有力的理论依据，它预示所有生物有机体具有相同的起源，如果不是，不同的遗传密码很可能已经进化了。

但是，遗传密码并不是完全通用的。我们知道两个例外，在纤毛原生生物中，AGA 和 AGG 不能编码 Arg，而是作为终止密码子。很有可能它在进化中使用了这种"不通用"的密码子是为了向机体提供保护以免受病毒的感染。第二个例外是在线粒体中，它具有自己的 DNA 和蛋白质合成系统。线粒体所用的遗传密码也不同于通用的遗传密码。这种不同是由它所在的有机体而决定的。表12-3列出了人类线粒体不同的密码子。

表 12-3　人的线粒体中的特殊密码子

密码子	"通用"密码	线粒体密码
UGA	Stop	Trp
UGG	Trp	Trp
AUA	Ile	Met
AUG	Met	Met
AGA	Arg	Stop
AGG	Arg	Stop

除了表中列出的不同点外，线粒体经济地使用了单一密码子来代替八个四密码子家族（Leu、Val、Ser、Pro、Thr、Ala、Arg 和 Gly）。例如，在线粒体中使用单一的 GAU 密码子编码 Leu 来代替 CUU、CUC、CUA 和 CUG。这一变化使得线粒体密码子相对通用密码子更为简单。

通用的遗传密码至少需要 32 种不同的 tRNA 去识别 61 个有义密码子。这种计算是考虑到下文的摇摆假说。对于线粒体的遗传密码，只需要 22 种不同的 tRNA 去识别。

除了在蛋白质合成中使用较少的 tRNA 外，线粒体 DNA 也使用较少的基因去限定 tRNA。这样，翻译和转录也只需要小量的构件。这也反映在基因大小的差异上：线粒体相对分子质量约为 1.0×10^7，细胞相对分子质量约为 2.0×10^{12}（基于一个碱基对相对分子质量为 700）。

12.3.3.3 遗传密码的进化

理论上遗传密码的数量是一个天文数字。如果在 64 个三联体密码编码 20 种氨基酸，理论上估计可以构建 $10^{71} \sim 10^{84}$ 个三联体密码。那么由生物体所使用的一个遗传密码是如何产生的呢？

关于遗传密码进化的理论分为两种。按照偶然性学派（frozen accident school），氨基酸密码子排列是随机发生的，但是一旦发生就赋予翻译系统一个优势选择而固定。按照特异相互作用学派（specific interaction school），氨基酸密码子的排列源于氨基酸和其密码子、反密码子和 DNA 相应碱基序列的特定的物理化学关系。支持这种观点的发现是氨基酸的极性和疏水性与它们的反密码子核苷酸的相关性。因为大多数密码子第三位核苷酸具有简并性，科学家们认为密码子的进化是从能编码少量氨基酸的双密码进化到能编码 20 种氨基酸的三联体密码的。

由于遗传密码的简并性，加强了对潜在的有害突变的抵制以及对有益突变的接受性。因为同义密码子编码相同的氨基酸，所以，即使是突变了的 mRNA 也会最终形成与原蛋白质相同的氨基酸序列。这种突变叫沉默突变（silent mutation）。由于 DNA 上的一个突变会引起编码相关氨基酸的 mRNA 的密码子的改变，蛋白质上氨基酸的排列顺序也会改变，这种突变称为错义突变（missense mutation）。然而，由于氨基酸经常会被另一个相关的氨基酸所替代，这个蛋白质仍然会具有原蛋白质的一些或大部分结构、特征和活性。有时，一种氨基酸的替代会形成一个有利于机体的进化的蛋白质。因为只有三种密码子为终止密码子，很少的突变会导致 mRNA 上的终止密码子的形成，这种突变称为无义突变（nonsense mutation）。无义突变会使得蛋白质合成的提前终止，形成一个不完整的多肽链。

12.3.3.4 非编码氨基酸

分析图 12-12，就会发现羟基脯氨酸和羟基赖氨酸无密码子。这些氨基酸是通过亲本的氨基酸进入到蛋白质中的。Pro 和 Lys 按照 mRNA 上的密码子进入到多肽链中，然后羟基化形成羟基脯氨酸和羟基赖氨酸。这种多肽链的修饰也是翻译后加工的一个例子。

12.3.3.5　摆动性假说

tRNA 通过 tRNA 上三碱基顺序反密码子（anticodon）与 mRNA 上的密码子之间的碱基配对来识别密码子。密码子与反密码子的碱基反平行配对，密码子的第一个碱基（总是以 5′→3′ 方向阅读）与反义密码子的第三个碱基配对。

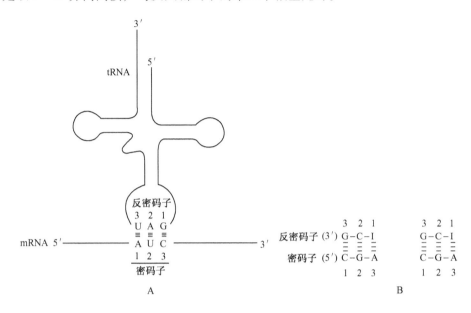

图 12-12　密码子与反密码子的碱基配对关系

人们希望一个给定的 tRNA 的反密码子通过 Watson-Crick 碱基配对仅识别一个密码子，以使每个氨基酸的密码子有一个对应的 tRNA。但是，细胞中每种氨基酸 tRNA 的实际数目与它的密码子数目是不一样的。而且，一些 tRNA 的反密码子含有肌苷酸残基（记为"I"）。肌苷酸的碱基为次黄嘌呤。分子模型表明肌苷酸可以和三种不同的核苷酸 U、C、A 形成氢键。但是，这些氢键与按 Watson-Crick 碱基配对 G≡C 和 A＝U 形成的氢键相比要弱得多。例如，在酵母中，tRNA^{Arg} 有一个反密码子（5′）ICG，它可以识别三种不同的密码子（5′）CGA、（5′）CGU 和（5′）CGC。密码的头两个碱基是相同的，和相应的反密码子的碱基形成强的 Watson-Crick 配对（图 12-12）。Arg 密码子的第三个碱基（A、U 和 C）和反密码子的第一个位置的 I 残基形成相当弱的氢键。对这些密码子-反密码子配对和其他一些密码子-反密码子配对的研究，Crick 提出了摆动学说（wobble hypothesis）。摆动学说指出：绝大多数的密码子的第三个碱基与它的反密码子上相应的碱基结合很松，这些密码子的第三个碱基具有摆动性。摆动学说提出：

a. mRNA 的密码子的前两个碱基总是和 tRNA 上反密码子上的相应的碱基形成强有力的 Watson-Crick 配对，因而提供了编码特异性。

b. 反密码子的第一个碱基（从 5′→3′ 方向读，记住它是与密码子的第三个碱基配对的）决定给定的 tRNA 所读密码子的数目。当反密码子的第一个碱基为 C（或 A）时，结合是专一性的，因此这种 tRNA 只能阅读一个密码子。但是，当第一个碱基为 U

或 G 时，结合的专一性就降低，它们可读两种不同的密码子。当第一位为 I 时，tRNA 就可读三种不同的密码子。这是一个 tRNA 可以识别密码子的最大数目。这些关系总结于表 12-4 中。

表 12-4　决定一个 tRNA 能识别几个密码子摆动碱基

1. 识别一个密码子	$(3')$ X—Y—C ≡ ≡ ≡ $(5')$ Y—X—G	$(3')$ X—Y—A ≡ ≡ ≡ $(5')$ Y—X—U
2. 识别两个密码子	$(3')$ X—Y—U ≡ ≡ ≡ $(5')$ Y—X—^G_A	$(3')$ X—Y—G ≡ ≡ ≡ $(5')$ Y—X—^C_U
3. 识别三个密码子	$(3')$ X—Y—I ≡ ≡ ≡ $(5')$ Y—X—$^A_{U \atop C}$	

注：表中 XY 表示以 Watson-Crick 配对的碱基。

c. 当一个氨基酸由几种不同的密码子编码时，头两个碱基不同的密码子需要不同的 tRNA。

d. 最少需要 32 种 tRNA 来翻译所有 61 种密码子。

是什么原因使密码子-反密码子相互作用如此复杂呢？简言之，主要是密码子的专一性。因为摆动（第三个）碱基与反密码子上的碱基松散配对，在蛋白质合成过程中，它可让 tRNA 从密码子上迅速解离。如果 mRNA 密码子上的所有三个碱基都与 tRNA 上反密码子的三个碱基结成强的 Watson-Crick 配对，tRNA 就会解离得太慢，因而严重影响蛋白质合成的速度。密码子-反密码子的这种作用同时优化了精确度与速度。

12.4　小　　结

在 DNA 复制中，一个 DNA 分子可引导与之相同的 DNA 分子的合成。在转录中，一条 DNA 链引导一条 RNA 链合成，从 RNA 合成 DNA 叫做反转录。翻译是一条 RNA 链指导一条多肽链的合成的过程。

分子生物学中心法则陈述了 DNA 和 RNA 都能被复制和转录，RNA 也能翻译生成蛋白质。在复制、转录和翻译的聚合作用中涉及到了引物和模板。引物与多聚产物共价相连，模板不连接。

三种 RNA 参与蛋白质的合成：mRNA、rRNA 和 tRNA。mRNA 由一条 DNA 链转录生成，并与其互补反向平行。在真核生物中，mRNA 在细胞核中合成，之后进入细胞质与核糖体连接，核糖体是蛋白质合成的场所。rRNA 以不同的形式存在，并成为核糖体的一部分。核糖体由两个表面粗糙的球形亚基组成，每个亚基包括大量的蛋白质分子和几个 RNA 分子。tRNA 与氨基酸共价连接，并携带氨基酸到核糖体上进行聚合反应。至少存在 20 种不同的 tRNA，每一种相对于一种氨基酸。tRNA 的多核苷酸链本身回折形成双链螺旋结构片段，互补的碱基对由氢键连接。tRNA 二级结构呈三叶草型，三级结构是倒"L"型。

遗传信息包含在一个核酸分子的碱基顺序中。遗传密码是决定多肽链上氨基酸排列顺序的信息。一条 DNA 链转录合成 mRNA，mRNA 上三个碱基按一定顺序排列组成密码子来编码氨基酸。密码子不重叠也不间隔，因此，遗传密码是一个不重叠，不间断的三联体密码。破译遗传密码的技术包括脱细胞氨基酸掺入系统和核糖体结合鉴定法。遗传密码词典包括 64 个密码子并且具有简并性，其中 61 个密码子编码氨基酸，3 个为终止密码子。大多数的氨基酸具有多个同义密码子。密码子的简并性赋予了它大量的生存价值。遗传密码基本上是通用的，但线粒体密码不同于通用密码。摆动性假说确定了通过氢键连接 tRNA 反密码子与 mRNA 密码子所形成的碱基对的类型。

13 复制——DNA 的生物合成

本章提要 DNA 的复制是一个复杂的过程，有多种酶、因子参与。DNA 的复制包括 DNA 分子双螺旋构象变化、双螺旋的解链和 DNA 的聚合反应。参与螺旋构象变化与解链的主要有拓扑异构酶、解链酶及单链结合蛋白。DNA 的复制从原点开始双向复制。DNA 复制过程中最基本的酶促反应是四种脱氧核苷酸的聚合反应。大肠杆菌 DNA 聚合酶五种，DNA 聚合酶Ⅲ在 DNA 复制中链的延长中起主要作用。在真核生物细胞中至少含有 5 种 DNA 聚合酶，分别命名为 α、β、γ、δ 和 ε。DNA 复制的主要方式是半保留复制。在半保留复制中，前导链是连续合成的，后随链是不连续合成的。复制过程有高效的"校正"系统以及多样的 DNA 损伤修复系统。真核生物的端粒酶在保证染色体复制的完整性上有重要作用。生物体内可发生 DNA 重组，DNA 的体外重组又称"基因工程"。

13.1 DNA 的半保留复制

13.1.1 半保留复制的提出

在细胞分裂期间，DNA 必须产生它自身的精确复制物（拷贝），以便分离和分配到子代细胞中，产生 DNA 拷贝的过程就是复制。那么在生物体内的 DNA 究竟是如何复制的呢？

早在 1953 年，Watson 和 Crick 提出了 DNA 双螺旋结构模型，从而认识到 DNA 双链中碱基配对的特性，即 A 与 T 相配对，C 与 G 相配对。在 DNA 双螺旋结构的基础上又提出了 DNA 半保留复制假说。他们推测复制时 DNA 的两条链分开，然后用碱基配对方式，按照每一条单链 DNA 的核苷酸顺序合成新链以组成新 DNA 分子，即分别以 DNA 分子中的每一条链为模板，合成两个新的 DNA 分子。这样新形成的两个 DNA 分子与原来 DNA 分子的碱顺序完全一样。由于每个子代分子的一条链来自亲代 DNA 另一条链是新合成的。所以把这种复制方式称为半保留复制（semiconservative replication）（图 13-1）。

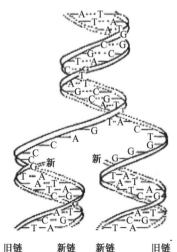

旧链　新链　新链　旧链

图 13-1　半保留复制

DNA 不仅能准确地进行复制，而且复制速度也很快，在细菌中每秒钟约 500 个 dNTP 参入，在哺乳类动物中每秒钟约 50 个 dNTP 参入。

13.1.2 半保留复制的验证

1958 年 Meselson 和 Stahl 首次用实验直接证实了 DNA 的半保留复制。他们先使大肠杆菌长期在以 $^{15}NH_4Cl$ 为唯一氮源的培养基中生长，使其 DNA 全部变成 [^{15}N] DNA。然后再将细菌转入普通培养基（含 $^{14}NH_4Cl$）中，并将各代的细菌 DNA 抽提出进行氯化铯密度梯度离心。

此法是超速密度梯度离心，使离心管内的氯化铯溶液因离心作用与扩散作用达到平衡，溶液中 DNA 逐渐聚集在与氯化铯密度相同的位置处形成区带。由于 [^{15}N] DNA 比 [^{14}N] DNA 的密度大，离心时形成区带的位置不同。Meselson 和 Stahl 发现 [^{15}N] 培养基中的细菌 DNA 只形成一条 [^{15}N] DNA 区带。移至 [^{14}N] 培养基经过一代后，所有 DNA 的密度都在 [^{15}N] DNA 和 [^{14}N] DNA 之间，说明形成了一半 [^{15}N] DNA 和一半 [^{14}N] DNA 的杂交分子。实验证明第二代 DNA 正好一半为此杂交分子，一半为 [^{14}N] DNA 分子。第三代以后 [^{14}N] DNA 成比例地增加，整个变化与半保留复制预期的完全一样（图 13-2）。此后，又对细菌、动植物细胞及病毒进行了许多实验研究，都证明了 DNA 复制的半保留方式。

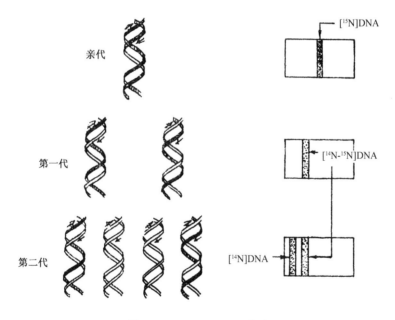

图 13-2　Neselson-Stahl 实验

在氯化铯密度中离心达到平衡时，[^{15}N] DNA 区带的位置比 [^{14}N] DNA 区带的位置更靠近离心管底部；[$^{14}N\text{-}^{15}N$] DNA 区带的位置在两者之间。图右侧为实验结果；左侧为实验结果的解释。

13.2 DNA 聚合酶

13.2.1 原核生物 DNA 聚合酶

13.2.1.1 DNA 聚合酶 I

DNA 复制过程中最基本的酶促反应是四种脱氧核苷酸的聚合反应。1956 年 A. Kornberg 从大肠杆菌中首先提取出 DNA 聚合酶 I（DNA Pol I），由于它能够催化以 DNA 为模板的 dNTP 聚合反应，所以最初认为它就是催化新 DNA 链合成的酶。但不久就发现 DNA 聚合酶 I 的催化速度远远小于 DNA 复制叉的移动速度，而且，它催化复制的连续性相当低，加接几十个核苷酸就脱离模板。而最重要的是 1969 年 John Cairns 分离得到的一个 DNA 聚合酶 I 基因缺陷株，它没有 DNA 聚合酶 I 活性，但仍能以正常速度合成 DNA。因此，怀疑 DNA 聚合酶 I 是否在体内负责 DNA 的复制，并推测细胞内必定还有其他聚合酶存在。那么 DNA 聚合酶 I 的主要作用是什么呢？经研究发现，此酶具有的 5′→3′外切酶活性负责切除已完成使命的引物，它的 5′→3′聚合活性催化填补由于引物切除而产生的空隙，它的 3′→5′外切酶活性则可识别并去除错配的核苷酸而纠正错误。

当单链有缺口时，DNA 聚合酶 I 的 5′→3′外切酶活性作用可以与聚合作用同时发生，好似一个 5′-磷酸核苷酸在移动，进行着聚合作用而置换了原来的链。由于 DNA 聚合酶 I 不能促使 3′-羟基与 5′-磷酸之间形成连接键，所以缺口沿着合成方向在 DNA 分子上移动，这种移动称为缺口平移（nick translation）。它是用于在体外将放射性核苷酸标记到 DNA 分子上的一种重要技术。

13.2.1.2 DNA 聚合酶 II

寻找其他 DNA 聚合酶的研究，导致了人们在 20 世纪 70 年代初对 DNA 聚合酶 II 和 DNA 聚合酶 III 的发现。它们被从大肠杆菌中分离出来，经研究发现，DNA 聚合酶 II 具有催化 5′→3′方向 DNA 合成反应，它也有 3′→5′外切酶活性，而无 5′→3′外切酶活性，只要核酸在切口或缺口有 5′-磷酸末端，便可充分发挥 5′→3′酶活性。

13.2.1.3 DNA 聚合酶 III

研究表明，DNA 聚合酶 III 才是大肠杆菌主要的复制酶，在 DNA 复制过程中链的延长上起主要作用。它催化的聚合作用进行迅速。它起码含有 10 个亚基（见表 13-1），这些亚基组成两个亚单位而形成不对称的二聚体（见图 13-3）。

表 13-1 大肠杆菌 DNA 聚合酶 III 的亚基

亚基	全酶中的亚基数	相对分子质量	基 因	亚基的功能	
α	2	132 000	*pol* C（*dna* E）	多聚化活性	
ε	2	27 000	*dna* Q（*mut* D）	3′→5′外切酶	核心聚合酶
θ	2	10 000	*hol* E	活性（校正）	

亚基	全酶中的亚基数	相对分子质量	基　因	亚基的功能
τ	2	71 000	*dna* X	稳定模块结合；核心酶二聚化
γ	2	52 000	*dna* X′	
δ	1	35 000	*hol* A	"钳"安置复合物
δ′	1	33 000	*hol* B	（Clamp-loading complex）
χ	1	15 000	*hol* C	
ψ	1	13 000	*hol* D	
β	4	37 000	*dna* N	增加复制连续性的 DNA "钳"

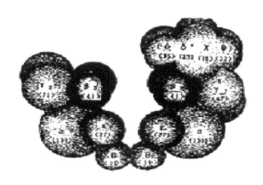

图 13-3　DNA 聚合酶Ⅲ全酶模型

从表中可知 DNA 聚合酶Ⅲ的聚合活性和校对活性位于各自的亚基 α 和 ε 上。θ 亚基与 α 和 ε 亚基相连形成一个聚合酶核心（核心酶），这个核心酶能进行 DNA 聚合反应，但只有有限的连续性。τ（tau）亚基的二聚体可以把两个核心酶连在一起，形成一种复合物。这种复合物再和由五种蛋白 γ₂δδ′χψ 亚基形成的六亚基单钳承载复合物（single clamp-loading complex），组装成 14 个蛋白亚基（9 种蛋白）的Ⅲ*型的 DNA 聚合酶。

Ⅲ*型 DNA 聚合酶要像人们所期望的那样能完成全染色体 DNA 复制，其连续性还是太低。Ⅲ*型 DNA 聚合酶与四个 β 亚基形成全酶后能获得足够的复制连续性。β 亚基成对相连形成面包圈样的结构，像把钳子环绕 DNA（图 13-4），每个二聚体和一个核心酶组件（Ⅲ*型聚合酶）相结合，复制进行时沿着 DNA 滑动。这种 β 亚基形成的钳样结构防止 DNA 聚合酶Ⅲ从 DNA 模板上解离，使复制连续性增加到 500 000 个核苷酸以上。现将大肠杆菌三种 DNA 聚合酶的特性与功能列于表 13-2。

这三种 DNA 聚合酶在功能的许多方面是相似的。首先，它们都需要模板 DNA 和底物 dNTP，需要一个有游离的 3′-羟基作"引物"，即它们只能催化脱氧核苷酸加在已存在的 DNA 或 RNA 链的 3′-羟基上，并按 5′→3′ 的方向进行（图 13-5）。另外，三种酶都具有 3′→5′ 外切酶活性，以切除 DNA 复制中错配的核苷酸，起到"校对"的作用。酶Ⅰ和酶Ⅲ都具有 5′→3′ 外切酶活性，但酶Ⅱ无此活性。

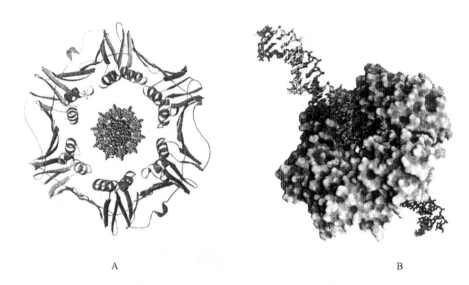

A   B

图 13-4　大肠杆菌 DNA 聚合酶 Ⅲ 的两个 β 亚基形成一个环型钳子围绕着 DNA

A. 末端俯视图；B. 侧视图

表 13-2　大肠杆菌中 DNA 聚合酶

	Pol Ⅰ	Pol Ⅱ	Pol Ⅲ
酶活性			
5′-3′聚合作用	+	+	+
3′-5′外切酶活性	+	+	+
5′-3′外切酶活性	+	−	+
构成/亚基数	单体	单体	多亚基
分子大小/（×10³）	109	90	900
体外链延长速度/（bp/min）	600	30	9 000
分子数/细胞	400		10～20
功能	修复合成 去除引物 填补空隙	修复	复制

13.2.1.4　DNA 聚合酶Ⅳ和 Ⅴ

1969 年，人们发现了另外两种大肠杆菌 DNA 聚合酶Ⅳ和 Ⅴ，它们参与不寻常的 DNA 损伤的修复。已知 DNA 聚合酶Ⅴ能使复制通过许多损伤位点，而不像其他复制酶一样中断复制。在这种损伤情况下复制，正确的碱基配对是不可能的，所以这种损伤的复制是有差错的。但这又是一种不得不采取的策略，这是为了克服不可逾越的障碍进行复制所付出的生物学代价。许多细胞产生突变致死，但是，它允许有一小部分突变细胞存活下来。

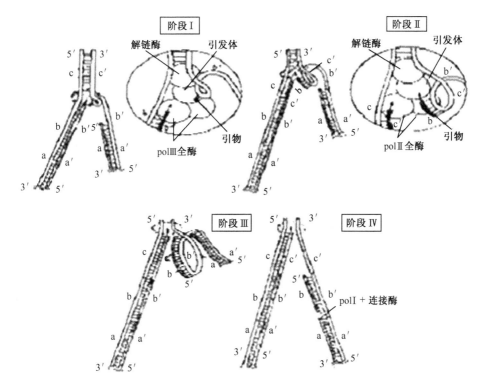

图 13-5 DNA 聚合酶Ⅲ全酶二聚体催化前导链与随从链的合成

13.2.2 真核生物的 DNA 聚合酶

目前已确定，在真核生物细胞中至少含有 5 种 DNA 聚合酶，分别命名为 α、β、γ、δ 和 ε。5 种酶都能按 5′→3′ 方向聚合 DNA 链。除 γ 存在于线粒体内外，其余的 4 种均在细胞核中。其中 DNA 聚合酶 α，相对分子质量为 $165 \times 10^3 \sim 175 \times 10^3$，由四种不同亚基组成，最大的亚基催化核苷酸链聚合作用，两个小亚基具有引发酶活性。该酶缺乏 3′→5′ 外切酶活性。DNA 聚合酶 δ 至少含有 2 个亚基，是另一种复制酶，作用时需要增殖细胞核抗原（PCNA）的存在。它与 DNA 聚合酶 α 不同，具有 3′→5′ 外切酶活性。该酶还具有解螺旋酶的作用。在原核细胞中主要的复制酶仅 DNA 聚合酶Ⅲ一种，而真核细胞有 2 种相互协作的复制酶（图 13-6），在复制过程中 DNA 聚合酶 α 合成后随链，DNA 聚合酶 δ 催化前导链的合成。DNA 聚合酶 β，相对分子质量为 43×10^3，主要功能是参与核 DNA 的修复。DNA 聚合酶 γ 存在于线粒体中，相对分子质量为 150×10^3，参与线粒体 DNA 的复制。DNA 聚合酶 ε 在结构和性质上与 DNA 聚合酶 δ 相似，其主要功能是参与 DNA 修复。

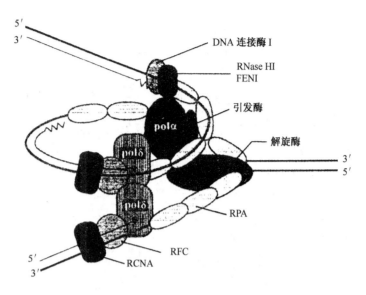

图 13-6 真核生物 DNA 复制叉结构示意图

13.3 复制系统的特征

13.3.1 复制的极性

复制的方向可能有三种。其一是从两个起始点开始，各以相反的单一方向生长出一条新链，形成两个复制叉（图 13-7A），例如腺病毒 DNA 的复制。其二是从一个起始点开始，以同一方向生长出两条链，形成一个复制叉（图 13-7B），例如质粒 ColE I。其三是从一个起始点开始，沿两个相反方向各生长出两条链，形成两条复制叉（图 13-7C），这种方式最为常见，因此也是最重要的双向复制（bidirectional replication）。

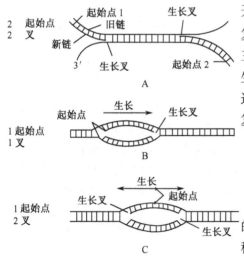

图 13-7 DNA 链生长方向的三种机制

A. 从两个起始点，单链单一方向生长；B. 从一个起始点双链单一方向生长；C. 从一个起始点，双链双向生长

13.3.2 DNA 复制的起点

DNA 的复制并不是从 DNA 的一端开始的，而是开始于一个特定的位点，此特定位点称为复制起始点（origin of replication）或生长点，可用 ori 表示。原核细胞 DNA 分子上只有一个起始点，起始点是含有至少长 100 ~ 200 个 bp 的一段 DNA。例如大肠杆菌染色体是一个含有 4×10^6 bp 的 DNA 分子，其中有一

段 250 个核苷酸片段为复制起始点。根据对多种细菌复制起始点的分析得知它们的结构有相似之处。复制时先是 DNA 的两条链在起始点分开形成叉子样的"复制叉",然后分别以两股单链为模板,随着复制叉移动生成两个子代双链 DNA 分子,完成 DNA 的复制过程。细胞内存在能识别起始点的特种蛋白质。真核生物的染色体中有多个复制起点,有的甚至有几百个起点。这些将在后面的部分讨论。

13.3.3 复 制 叉

从原点开始,将 DNA 双链解开,在复制的部分同时进行解链与合成,结果形成了一个分叉,称为"复制叉"(replication fork)。复制叉从原点开始,复制叉行进的方向和后随链模板的 5′→ 3′方向是一致的(图 13-8)。

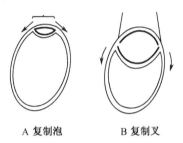

A 复制泡   B 复制叉

图 13-8   细菌 DNA 复制

A. 复制起始于单一起始点并双方向进行并绕着染色体运动;B. 复制叉最终相遇并融合。产生的子代环形 DNA 分子每个都有一个原始的模板 DNA 链(细线)和新生的 DNA 链(粗线)

13.4   DNA 复制的机制

DNA 的复制是一个复杂的过程,而这种复杂的过程要有多种酶、因子参与。

13.4.1   原核细胞 DNA 的复制(DNA 指导下的 DNA 合成)

13.4.1.1   双螺旋的构象变化与解链

DNA 的复制包括 DNA 分子双螺旋构象变化及双螺旋的解链。这是由于 DNA 双螺旋分子具有紧密缠绕的结构,编码碱基位于分子的内部。因此,在复制时,母本 DNA 的两条链至少需要分开一部分才能使 DNA 复制酶系统"阅读"模板链的碱基顺序。参与螺旋构象变化与解链的主要有拓扑异构酶、解链酶及单链结合蛋白。

(1)拓扑异构酶

拓扑异构酶(topoisomerase),又称 DNA 松弛酶。它的作用是解除由解链酶造成的拓扑张力。它兼具有内切酶和连接酶活力,能迅速使 DNA 链断开又接上。拓扑异构酶包括拓扑异构酶 I（Top I）和拓扑异构酶 II（Top II）。

1）Top I　有人称其为切口开合酶，是单链蛋白质。其主要功能是先切开 DNA 中的一条链。链的切口末端沿着松弛超螺旋的方向转动，然后再将切口封闭。拓扑酶 I 在松弛超螺旋作用中不需要 ATP 参与。*E. coli* 的 Top I 在松弛超螺旋时对负超螺旋的作用要大于对正超螺旋的作用。另外，此酶对环状链 DNA 还有打结与解结作用，对环状双链 DNA 有环链与解环链作用，以及促使环状单链 DNA 形成环状双链 DNA（图 13-9A）。

2）Top II　曾被称为旋转酶（gyrase），它可同时切开超螺旋 DNA 分子的两条链（图 13-9B），使 DNA 分子变为松弛状态，然后再将切口封接。此反应不需要 ATP 参与。此外，Top II 还催化环链与解环链、打结与解结的反应。

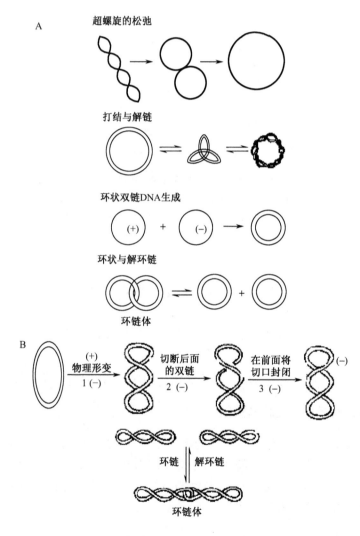

图 13-9　拓扑酶 I 和拓扑酶 II 的作用特点

A. 大肠杆菌拓扑酶 I 催化的 4 种拓扑异构化作用；

B. 拓扑酶 II 的作用

（2）解螺旋酶

DNA 复制进行前,首先需要解螺旋酶（helicase）将埋藏在 DNA 超螺旋分子中的碱基对暴露出来作为模板,才能合成新链。由解链酶将 DNA 双链在复制起点处解开,反应是在一类解链酶的催化下进行的。此酶通过 ATP 的分解获得能量。解螺旋酶在复制叉的行进中连续地解开 DNA 的双链,它们与随从链的模板相结合,并沿着模板的5′→ 3′方向随着复制叉的行进而移动。例如解螺旋酶Ⅱ、Ⅲ等。只有 rep 蛋白（一种解螺旋酶）是结合在前导链的模板上,沿模板的 3′→ 5′方向移动。所以在 DNA 复制时,一些解螺旋酶与 rep 蛋白可能是分别在两条 DNA 母链上协同发挥作用以解开双链（图 13-10）。

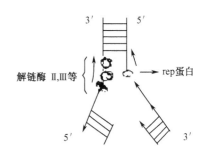

图 13-10　解链酶及 rep 蛋白的协同作用

（3）单链结合蛋白

单链结合蛋白（single strand binding protein,SSB）又称 DNA 结合蛋白（DBP）。它的作用是与分开的两条 DNA 单链结合以阻止它们重新结合,保证 DNA 模板的碱基顺序暴露给复制酶系统,保证复制的顺利进行。它与单链 DNA 紧密结合时亲和力很强。一分子 SSB 可以覆盖 DNA 单链上 7～10 个核苷酸,SSB 与解开的 DNA 单链结合可稳定此单链,以利于其发挥模板作用。SSB 也与复制的新生的 DNA 单链结合,以保护其不被水解。SSB 在复制过程中可以循环利用,发挥其对单链 DNA 的保护作用。但在聚合酶Ⅲ进行复制前 SSB 必须与 DNA 分开。

13.4.1.2　不连续复制

DNA 的复制从复制原点开始,复制叉向未复制的 DNA 方向前进。但是,催化 DNA 合成的酶只能催化子代链 DNA 按 5′→3′方向进行合成,不能按 3′→ 5′方向合成。而 DNA 双螺旋又都是由走向相反的两条链构成的。因此,只有合成方向与复制叉相同的那条子代 DNA 链符合酶要求,可以连续合成,此链称为"前导链"（leading strand）。前导链的合成始于由引物酶在原点合成的一条引物 RNA,然后由 DNA 聚合酶Ⅲ在这个引物的 3′-羟基末端上加接脱氧核糖核苷酸。合成一旦开始,前导链的合成便连续的进行,紧跟着复制叉移动。然而,另一条 DNA 子代链,又称为"后随链"（lagging strand）是怎样合成的呢? 1968 年日本冈崎等发现"后随链"的合成比较复杂。3′→5′子代链是随着亲本 DNA 的双链的不断解开,它才能不断倒退回在 RNA 引物的 3′-羟基末端上,首先由 DNA 聚合酶Ⅲ催化按 5′→3′方向合成一些约 1000 多个核苷酸的片段称"冈崎片段"（Okazaki fragment）,当此片段接近前方的片段时,由于 DNA 聚合酶Ⅰ 5′→3′外切酶活性切除掉 RNA 引物,造成了片段间的空隙;继而聚合酶Ⅰ催化进行 5′→ 3′方向的聚合作用,填补片段间的空隙。由 DNA 聚合酶Ⅰ和 DNA 聚合酶Ⅲ相互配合,各自发挥其聚合作用活性及外切酶活性,得以合成出许多相邻的片段,然后再由 DNA 连接酶将这些片段连接在一起,形成完整的 DNA 链(见图 13-11)。

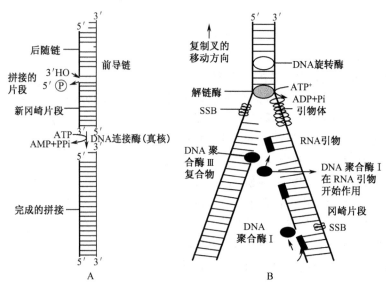

图 13-11　DNA 的不连续复制

(A)各冈崎片段通过 DNA 连接酶的作用拼接在一起生成后随链;

(B)大肠杆菌染色体 DNA 双向复制

　　DNA 连接酶催化一条 DNA 链末端的 3′-羟基与另一条链末端 5′-磷酸之间的磷酸二酯键的形成(见图 13-12),这个磷酸基团必须被腺苷酸化激活。从病毒和真核生物分离的 DNA 连接酶使用 ATP。而从细菌分离的 DNA 连接酶一般是使用 NAD^+ 作为辅因子以提供 AMP 激活基团。DNA 连接酶是另一种 DNA 代谢相关的酶,它已经成为重组 DNA 实

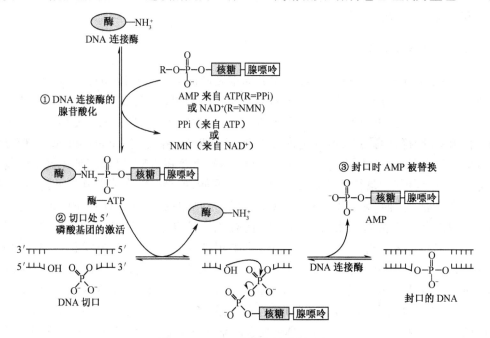

图 13-12　DNA 连接酶的酶促反应

验的重要试剂。

需要说明的是,一般来说,链的终止不需要特定的信号,也不需要特定的蛋白质参与,因为大肠杆菌染色体环形 DNA 上两个相反方向的复制叉总能相遇。但是染色体上确有一个终止区域,环形大肠杆菌染色体上的两个复制叉相遇在排列有多重拷贝 Ter 顺序的一个终止区域(图 13-13),它含有约 20bp 组成的特殊序列,创造一种顺时针复制叉"陷阱",使复制叉进去后出不来,当一个复制叉到达而另一个可能因为 DNA 的损伤或遇到其他障碍受到耽搁的时候,它们可以防止过分复制。

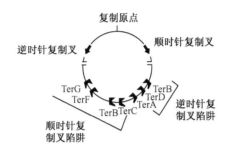

图 13-13　大肠杆菌染色体复制的终止过程

13.4.1.3　RNA 引物

在细胞提取物中合成冈崎片段时,不仅需要 dATP、dGTP、dCTP 和 dTTP 四种前体,还需要一个与模板 DNA 的碱基顺序互补的 RNA 短片段作为引物。有许多实验结果能证明 RNA 引物的存在。

已知的任何一种 DNA 聚合酶都不能从头开始合成一条全新的 DNA 链,它只能把一个核苷酸加接到具有游离的 3′-羟基末端的引物的 3′末端上,引物为将要合成的多聚分子提供一个"把手"。大多数引物(primer)是互补于模板的一个约具有 10 个核苷酸的一段 RNA。

机体之所以选择 RNA 作为引物,原因可能是在于减少致死性突变。因为以模板拷贝最初几个核苷酸时,碱基堆积力和氢键结合能力都很弱,因而碱基对发生差错的几率相对较高,加上这几个核苷酸还没有与模板形成稳定的双链结构,所以,DNA 聚合酶的 3′→5′校对功能很难发挥作用。解决的办法是采用一种过渡形式。RNA 引物易被 DNA 聚合酶Ⅲ识别而停止其聚合作用,又便于 DNA 聚合酶Ⅰ进行水解,所以 RNA 是比较合适的引物。

RNA 引物是由被称为引物酶(primase)的特殊的 RNA 聚合酶催化合成的,但引物酶只有在和另外的几种蛋白质组成复合体时才能催化引物合成,这种复合体称为引物体或引发体(primosome)。

引发体是由引发前体在引发酶的作用下,两者装配而成的。引发前体包含有多种蛋白质因子,引发前体沿随从链的模板顺复制叉的进行方向移动,它连续地与引发酶联合与解离,从而在不同部位引导引发酶催化合成 RNA 引物。这也为随从链的不连续合成准备了条件。

引发过程也是在复制起点开始进行的。大肠杆菌 DNA 复制的引发过程除有引发前体参与外,还有 DnaA 蛋白(大肠杆菌复制作用的起始蛋白)参与。由此可见引发阶段是一个复杂的过程。引发过程中合成了随从链的 RNA 引物,在引物的 3′-羟基末端进行 DNA 片段的合成。

13.4.2 真核细胞 DNA 复制

真核细胞中的 DNA 分子远比细菌细胞的 DNA 大得多,它们被组织成复杂的核蛋白结构。

真核细胞 DNA 结构相当复杂,一个真核细胞含有相当于细菌染色体 1000 倍 DNA。对于真核细胞 DNA 复制的研究发现,真核细胞中也有冈崎片段(长 100～200 个核苷酸)、RNA 引物(约含 10 个核苷酸)、DNA 连接酶和有关使 DNA 螺旋分子解旋的酶和蛋白质,因此可以说真核生物的 DNA 复制过程与原核生物基本相似,但二者也有下列几种差异。

13.4.2.1 多复制起点

真核生物复制叉移动速度较慢,仅是细菌细胞 1/10(约 50nt/s),如果按照这个速度,由单个复制起点进行一条染色体 DNA 的复制约需 500h 以上。但由于它的复制是由多复制子共同完成的,是由相距 30 000bp—300 000bp 的多个复制原点双向进行的。所以,它复制的总速度远比原核生物的快。由一个起始点控制的复制 DNA 单位称为一个复制子(replicon)。实验证明,真核生物 DNA 的各区域不是全部同时复制的,而是一次活化相邻的 20～80 个复制子。不同的复制单位被依次激活,直到整条染色体完成复制。

13.4.2.2 五种 DNA 聚合酶

真核生物细胞含有 5 种不同的 DNA 聚合酶:α、β、γ、δ 和 ε。DNA 聚合酶 α 和 δ 参加染色体 DNA 的复制,DNA 聚合酶 α 与所有真核聚合酶一样是典型的多亚基酶,有 1 个亚基有引物酶活性。最大亚基具有聚合酶活性(相对分子质量为 180 000)。但是这个酶没有 3′→5′ 外切酶活性,不能用于校对,所以它不适于高精确性 DNA 复制。估计此酶可能参与随后链的引物的合成。随后,这些引物被多亚基的 DNA 聚合酶 δ 延长。DNA 聚合酶 δ 的活性与一种称为增殖细胞核抗原(PCNA,相对分子质量为 29 000)的刺激相关,这种蛋白在增殖细胞核中大量存在。从酵母细胞得到的 PCNA 可以刺激胸腺中的 DNA 聚合酶 δ,而从胸腺中制备的 PCNA 也可激活酵母细胞的聚合酶 δ 的活性。这种现象表明真核细胞分裂过程中,这种关键蛋白在结构和功能上具有保守性。PCNA 有些类似于大肠杆菌 DNA 聚合酶Ⅲ的 β 亚基的功能,它能形成一个环形的钳子,大大增加了 DNA 聚合酶 δ 的连续性。聚合酶 β 和 ε 用于 DNA 的修复,聚合酶 ε 可能替代聚合酶 δ 在 DNA 修复中起作用,并参与除去冈崎片段上的 RNA 引物。而聚合酶 γ 则是在线粒体内负责线粒体 DNA 的复制。

13.4.2.3 端粒的复制

真核生物的线形染色体 DNA 与原核生物的环状 DNA 是有所不同的。在真核生物的 DNA 复制中存在一个问题,当随后链合成时从各合成片段上去除 RNA 引物后,继续在 DNA 聚合酶作用下填补空隙。但是在最后的片段除去引物后,则无法补充此空隙,这是由于 DNA 聚合酶不能催化 $3' \rightarrow 5'$ 的合成反应。结果造成子代 DNA 分子上有一条不完全的 $5'$ 末端,链就变短。如此连续的进行复制后,将使子代 DNA 逐渐变短(见图 13-14)。

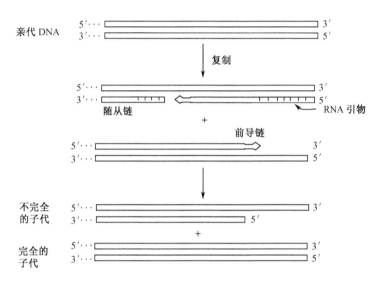

图 13-14 真核生物线形染色体 DNA 复制时不完全子代的合成

但是,正常情况下事实并非如此。这是由于在真核生物线形染色体的末端具有一种特殊的结构,称为端区或端粒(telomere)。端粒区结构中有核苷酸重复序列,一般在一条链上为 $T_X G_Y$,互补链为 $C_Y A_X$,X 与 Y 大约在 1～4 范围内,人的端区含有 TTAGGG 重复序列。端区具有特殊的生物学作用,有复制特殊机制,即端粒区有端粒酶或端聚酶(telomerase)发挥作用。

端粒酶是一种由 RNA 和蛋白质组成的酶,RNA 和蛋白质都是酶活性必不可少的组分。端粒酶可看作是一种反转录酶。此酶组成中的 RNA 可作为模板,催化合成端区的 DNA 片段。端粒酶中的 RNA 组分大约有 150nt 长,含有类似于端区重复序列 $C_Y A_X$ 约 1.5 拷贝。以 RNA 为模板合成端区的 $T_X G_Y$ 链。所以,事实上,端粒酶是一种特殊的反转录酶,它是以其内部 RNA 为模板催化合成端区的 DNA 片段。由此可见端粒酶在保证染色体复制的完整性上有重要意义。

端粒区还有保护 DNA 双链末端,使其免遭降解及彼此融合的功能。

端粒区的合成中 TG 链以短的 $T_X G_Y$ 为引物,如图 13-15 所示,A 端粒酶结合在 DNA 的 TG 引物及端粒酶中内部 RNA 模板上;B 在酶的作用下,有更多的 T 和 G 残基加至引物上;C 移位,继续加入 T 和 G。新合成的端区链可以非标准的 G-G 配对,形成发夹结构。然后进一步进行聚合作用,直至端区的 TG 链的合成达到一定长度后就终

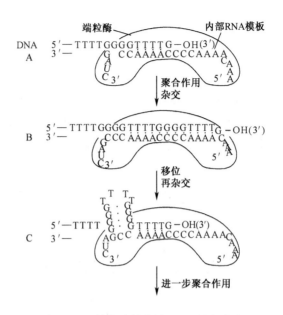

图 13-15 端粒酶催化端区 TG 链的合成

止。端区的 CA 链如何合成则还不清楚。但富含 G 的序列有一特点,它能以非标准的 G-G 配对而折叠起来,如此为合成端区的 CA 互补链提供了引物,继而进行聚合反应 (图 13-16)。

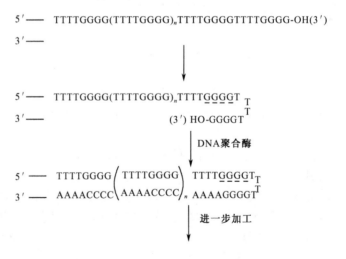

图 13-16 端粒 CA 链合成的可能性

研究表明,端粒区的平均长度随着细胞分裂次数的增多及年龄的增长而变短。端区 DNA 逐渐变短至消失,可导致染色体稳定性下降,并导致衰老。有些肿瘤细胞中还观察 到有端粒区缺失及融合。现已有将端粒酶用于肿瘤化学治疗药物的筛选工作。由此可 知,端粒酶作为一种特殊的反转录酶,具有其特殊的生物学功能。

13.5 DNA 结构的完整性

13.5.1 DNA 复制的忠实性

一切生物都要以极高的保真性复制其 DNA。在 DNA 复制过程中,新链的生成是按照碱基配对的原则与模板 DNA 严格配对,保证了新 DNA 分子是旧 DNA 分子的翻版。然而,这种保真并不是绝对的,因此,在几亿年进化的过程中,产生了对复制过程中偶然发生的错误进行校正的高效"校正"系统以及对由于客观因素造成的 DNA 损伤进行修复的修复系统。

13.5.2 基 因 突 变

尽管染色体的结构是很稳定的,但有些天然因素,也有些物理化学的外界因素如紫外线、电离辐射和许多化学诱变剂能使细胞 DNA 受到损伤,最严重的后果是造成 DNA 碱基顺序的改变,这些改变通过复制过程传递给子代细胞成为永久性的,这类 DNA 核苷酸顺序的永久性改变称为突变。用一个碱基对替换另一个碱基对的改变称为点突变。增加或缺失一个碱基对或多个碱基对的突变称为插入(insertion)或缺失(deletion)。如果突变影响非必需的 DNA,或突变对一个基因功能的影响是可以忽略的,这类突变称为沉默突变(silent mutation)。多数突变对生物是有害的。能给细胞提供优越性的突变是很罕见的,然而这种突变的频率也足以造成生物在自然选择和进化过程中产生的多样性。

在动物细胞中突变的积累和癌的发生有着强烈的相关性。因此,Bruce Ames 发明了一种简单的检验诱变剂的方法,如图 13-17。

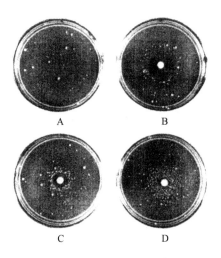

图 13-17　基于诱变作用的致癌物检测

把具有灭活组氨酸合成途径上一个酶的突变沙门氏细胞铺展在无组氨酸的生长介质(琼脂培养基)上,大部分细胞不能生长。有极少数沙门氏菌的菌落确实出现在无组氨酸的平皿上,那是由天然回复突变造成的突变体(A);三个平皿(B、C、D)的介质表面各放入一张吸满浓度递减的诱变剂溶液的圆盘滤纸,这种诱变剂大大增加了回复突变的几率,因而也增加了存活菌落的数量。在滤纸周围干净区域,由于诱变剂太浓而使细胞致死。由于诱变剂向外扩散,它被稀释成亚致死量而促进回复突变。被检测物质的致癌能力可以根据它们增加突变率进行比较。由于许多化合物进入细胞后才转变成致癌物,这些化合物有时先和肝抽提物一起保温。发现有些化合物在经过这种处理后,才变成致癌物。

Ames 实验测定一种给定化合物的致癌潜能是建立在一些细菌菌株容易检出它的回复突变的基础上的。人们每天碰到的化合物很少能被划归诱变剂。但是,在许多动物消化道中发现的致癌物,90% 以上在 Ames 检测中都能被检定为诱变剂。由于致癌物和诱变剂之间强烈的相关性,Ames 实验已经成为一种迅速、便宜的筛选潜在致癌物的方法。

为 DNA 修复酶编码的基因缺陷也可以造成这种灾难性的结果。着色性干皮病就是对嘧啶二聚体或对较大的 DNA 损伤进行修复的酶缺陷的结果。许多这种疾病是由紫外光诱导的。有这种疾病的病人如果暴露在太阳光下就会引发多种皮肤癌。

一个普通的哺乳动物基因组在 24h 之内可以积累成千上万的 DNA 损伤,但是由于 DNA 修复结果,1000 个这种损伤只有不到 1 个可以成为突变。DNA 是种相对稳定的分子,但是如果没有修复系统,这种损伤的积累就可能对生命造成威胁。

13.5.3　DNA 损伤的修复

DNA 是细胞中唯一的一种在受到损伤或改变后能修复的分子,因为没有任何分子的完整性受损会像 DNA 那样影响细胞的存活。细胞 DNA 修复系统的多样性,反映了 DNA 修复对细胞存活的重要性和 DNA 损伤的多种方式。对一些普通的损伤类型细胞,有固定的几个修饰系统来修复它们(如嘧啶二聚体的修复)。值得注意的事实是许多 DNA 修复过程具有极低的能量效率,这是生物代谢途径中一个重要的例外。上述章节中曾提到,生物代谢途径中每个 ATP 都仔细计算并得到最佳利用。这个事实表明,当遗传信息的完整性受到威胁时,修复过程中化学能投入的问题就显得微不足道。

DNA 修复之所以成为可能,是因为 DNA 由两条互补的双链组成的,当一条链损伤时,损伤部分可被除去,并在互补链的指导下精确地修复。已知体内存在的修复系统可分为光修复系统和暗修复系统。暗修复是通过三种不同的机制来完成修复的,它们包括切除修复(excision repair)、重组修复(recombinational repair)和 SOS 修复(SOS repair)。

13.5.3.1　光修复

光修复也称光复活,它是通过由可见光(300~400nm)激活光复活酶进行修复的。物理因素中紫外线的作用机制研究得比较清楚,例如紫外线引起 DNA 分子中同一条链上相邻的两个嘧啶核苷酸以共价键连接生成环丁烷结构,即嘧啶二聚体,最常见的是胸腺嘧啶二聚体(图13-18),此种二聚体不能容纳在双螺旋结构中,它影响 DNA 的复制。光复活酶能分解紫外线照射形成的胸腺嘧啶二聚体,已从细菌和动物的细胞中分裂出一种光复活酶或 PR 酶(PR enzyme)。此酶与 DNA 形成的复合物以一种尚未了解的方式吸收光,并利用光能裂解二聚体中的环丁基的 C—C 键,以达到复活胸腺嘧啶。哺乳动物和人体内缺乏此酶。在高等动物体内暗修复代替了光修复。

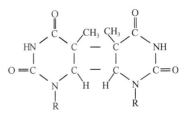

图 13-18　胸腺嘧啶二聚体

13.5.3.2　切除修复

所谓切除修复(excision repair)是指对 DNA 的损伤部位先进行切除,继之再进行以完整的那一条链为模板合成正确的新片段,以此补充被切除的片段。切除修复对多种损伤均能起修复作用,是最重要的一种修复机制。

切除修复是一种多酶的催化过程,包括 4 个步骤,可以概括为切—补—切—封(cut-patch-cut-seal)。以胸腺嘧啶二聚体为例(图13-19):

a. 由特异内切核酸酶识别嘧啶二聚体,并在嘧啶二聚体前的糖-磷酸骨架上切开一个裂口。裂口处有 3′-羟基和含有嘧啶二聚体的 5′-端。

b. DNA 聚合酶以 3′-羟基为引物,以另一条完好的互补链为模板进行复制,合成一段新片段。

c. 嘧啶二聚体区被 DNA 聚合酶的 5′→3′外切酶活性切除。

d. 新合成的 DNA 片段和原存在的 DNA 部分由连接酶催化相连。

在大肠杆菌中 DNA 聚合酶 I 兼有 5′→3′聚合酶和 5′→3′外切酶活性,修复时合成与切除均由同一个酶来完成。在真核细胞中 DNA 聚合酶没有外切酶活性,切除由另外的酶来完成。

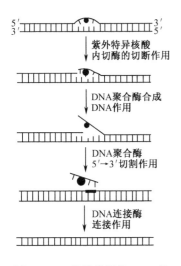

图 13-19　紫外线损伤 DNA 的
　　　　　 暗修复过程

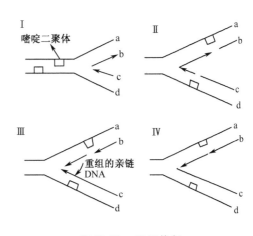

图 13-20　重组修复

13.5.3.3　重组修复

切除修复是发生在 DNA 复制之前,故称为复制前修复。但切除修复也可以进行复制后修复。这种修复中含嘧啶二聚体的 DNA 片段仍可以进行复制,但在子代链中损伤的对应部位出现缺口,复制后通过分子内重组或称为姐妹链交换(sister-strand exchange),从完整的亲代链上把相应碱基顺序的片段移至子代链缺口处,使之成为完整的分子,亲代链上的缺口由聚合酶 I 和连接酶填补,这就称为重组修复(图 13-20)。

13.5.3.4　SOS 修复

SOS 修复是 DNA 严重受损时,应急而诱导产生的修复作用,因此 SOS 修复与切除修复不同。切除修复系统的酶在正常细胞中就已存在,而 SOS 修复系统涉及酶的基因在正常细胞内是关闭的。SOS 修复是一复杂过程,涉及到几个基因,其中了解清楚的是 *RecA*(重组作用)基因和 *LexA* 基因(即对紫外线抗性基因)。这一修复作用主要通过 *LexA* 基因产物而实现的。LexA 蛋白是一种阻遏蛋白,在正常细胞内 LexA 蛋白非常稳定,控制着许多操纵子的表达,特别是各种修复系统的基因的表达。通过操纵子融合实验,发现受 LexA 蛋白控制的基因有 *RecA*、*LexA*、*uvrA*(紫外线辐射性 DNA 损伤修复酶)、*uvrB*、*vmvC*、*himA* 等 17 个基因,它们统称为 *din* 基因(damage inducible genes),也称为 SOS 基因。这些基因的表达产物多是参与修复的酶或蛋白质因子。LexA 蛋白可结合于这些基因的操纵子上,使这些基因无活性,很少产生转录产物,从而在转录水平上控制了这些基因。

RecA 基因的产物有三种主要的生物活性:重组活性、单链 DNA 结合活性、蛋白酶活性。在细胞内 DNA 合成正常时,RecA 蛋白没有蛋白酶活性;当 DNA 合成受到障碍时,一部分已存在于细胞中的 RecA 蛋白,就转变成有活性的蛋白酶(这种活化作用需要单链 DNA)。RecA 蛋白酶活性是一种特异的内肽酶,只作用于 LexA 蛋白等几种少数蛋白质的丙氨酸 – 甘氨酸之间的肽键,使底物一分为二而失活。因此原来受 LexA 蛋白控制的基因活化转录,开启了 SOS 修复系统。当修复完成时,DNA 合成转入正常,RecA 蛋白又失去蛋白酶的活性,LexA 蛋白又重新控制 SOS 系统的基因转录,关闭 SOS 系统。

靠着 *LexA* 和 *RecA* 两组基因及其产物的相互制约作用,大量平时不参与转录的基因应急时可迅速动员,但其产物的校对功能大大降低。因此,这一修复过程是有错误倾向的修复过程,细胞不到万不得已是不会启动这一系统的。

13.5.4　DNA 重组

13.5.4.1　DNA 重组概述

DNA 重组技术是以 DNA 为组件,运用多种限制性内切酶和 DNA 连接酶等,在细胞外将一种外源基因 DNA(来自原核或真核生物)和载体 DNA 连接组合(重组),形成杂交 DNA。最后将杂交 DNA 转入宿主生物(如大肠杆菌),使外源基因 DNA 在宿主生物细胞中随着细胞的繁殖而增殖,或最后得到表达,最终获得基因表达产物或改变生物原有的遗传性状。

由于这项技术是按生物科学规律人为设计、实现体外基因改造,最后使生物的遗传性状获得改变,故称为"遗传工程"(genetic engineering)。其本质是基因的体外重组,所以又称"基因工程"(gene engineering)或"DNA 重组技术"(recombinant DNA techniques)、"分子克隆"(molecular cloning)等。

DNA 重组技术的成功说明:

a. 不同来源的、无关的基因在实验室中可以按人的愿望进行重组构建。

b. 重组的外源基因引入另一种生物细胞后,可以被增殖并保持原有的遗传性状,在新的环境中转录和翻译,使宿主的遗传性状按照设计的线路发生永久性的改变。

多少年来,人类在认识和改变生物的遗传特性方面做了大量的研究工作,期待有一天能按人的意愿主动改变生物的遗传性能,获得预想的结果。用 DNA 重组技术终于实现了这一愿望。这是生物科学上的重大进展,开辟了人类主动改造生物的途径。

13.5.4.2 DNA 重组的基本过程

(1) 目的基因的获取

一个完整的 DNA 克隆过程应包括:目的基因的获取、基因载体的选择与构建、目的基因与载体的拼接、重组 DNA 分子导入受体细胞、筛选并无性繁殖含重组分子的受体细胞(转化子)。图 13-21 是以质粒为载体进行 DNA 克隆的模式图。

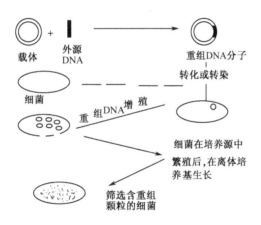

图 13-21　DNA 克隆基本过程

目的基因是我们所需要的具有某种遗传特性的外源 DNA 片段。它可以通过如下的途径和来源中获得。

a. 化学合成法。

b. 从基因组 DNA 中切割、分离目的基因片段。

c. cDNA 文库:以 mRNA 为模板,利用反转录酶合成与 mRNA 互补的 DNA(complementary DNA,cDNA),再复制成双链 cDNA 片段,与适当载体连接后转入受体菌,扩增为 cDNA 文库,由总 mRNA 制作的 cDNA 文库(cDNA library)含了细胞全部的 mRNA 信息,自然也含有目的基因,通过适当的方法可分离获取。

　　d. 聚合酶链反应:这是在有模板DNA、特别设计合成的引物及合成DNA所需要的三磷酸脱氧核苷存在时,向DNA合成体系引入热稳定的 *Taq* DNA聚合酶以代替普通的DNA聚合酶。多次热循环后,*Taq* DNA聚合酶仍然具有活性,因此,反应体系经反复变性、退火及扩增循环自动地、往复多次地进行DNA片段的酶促合成,使反应产物按指数增长,这就是聚合酶链反应(polymerase chain reaction, PCR)。

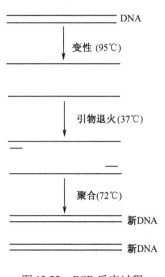

图13-22　PCR反应过程

图13-22和图13-23简单概括了PCR基本过程和基本工作原理。PCR操作体系中含有双链模板DNA(它是含有我们感兴趣的基因片段)、热稳定的DNA聚合酶(*Taq* DNA聚合酶)及一对引物。设计引物时,需要考虑使这两条引物分别与模板DNA两条链的特定序列互补、并恰好使所选择的互补序列分别位于待合成DNA片段的两侧。此外,反应体系还应该含有供合成DNA时所需要的三磷酸脱氧核苷。在适当的缓冲体系中加入上述物质后,置于特殊装置(自动温度循环器),加热至高温(一般为94℃,90s)使模板DNA变性,再退火(55℃,2min)使模板与引物互补成双链;再升高温度至72℃,此时 *Taq* DNA聚合酶催化DNA的聚合反应(通常为3 min或视情况而定)。以后再变性、退火、聚合,如此循环改变温度,聚合反应重复进行。由于每经一次所产生的DNA均可以作为下次循环合成DNA时的模板,所以目的DNA得以在两引物间按指数扩增,经历25～30次温度循环后,DNA可扩增1 000 000倍以上。

　　如果已知某个基因的DNA序列,或根据多肽链氨基酸顺序列演绎出基因编码序列,结合序列信息设计引物,可直接利用基因组DNA或cDNA为模板,采用PCR技术获取目的DNA。

　　(2) 选择目的基因载体

　　外源DNA片段是不能直接进入宿主细胞的,必须有特殊"载体"的帮助。通过它的运载,外源DNA可进入受体细胞扩增,这种起运载工具作用的DNA,称为载体DNA,简称基因载体(vector)。这种载体应是宿主细胞本来就具有的或是宿主细胞完全可接受的DNA分子。它的相对分子质量尽可能要小,它不仅能在宿主细胞内独立地进行复制,而且也能复制它所连接的DNA分子。载体DNA经限制性酶切割后,仍不失自我复制能力;载体DNA应具有能够观察的表型特征,在外源DNA插入后,这些特征可作为重组DNA的选择标记。在原核生物的DNA重组中常用的载体是质粒和噬菌体。酵母和动物病毒等常用作真核生物克隆的载体。目的不同,操作基因的性质不同,载体的选择方法也不同。

（3）外源基因与载体的连接

通过不同途径获取含目的基因的外源 DNA 与选择或改建适当的克隆载体 DNA 连接在一起，即 DNA 的体外重组。这种 DNA 的重组是靠 DNA 连接酶将外源 DNA 与载体共价连接的。进行外源基因与载体连接前，必须结合研究目的基因特性，认真设计最终构建的重组体分子。应该说，这是一件技术性很强的工作，除技巧问题，还涉及对重组 DNA 技术领域深刻的认识。

1）黏性末端连接　同一限制酶切割位点连接：由同一限制性核酸内切酶切割的不同 DNA 片段具有完全相同的末端。酶切割 DNA 后产生单链突出（5′突出及 3′突出）的黏性末端，如：

$$5'---GGTG \qquad AATTCAGG---3'$$
$$3'---CCACTTAA \qquad GTCG---5'$$
$$5'---TTGCTGCA \qquad GAAG---3'$$
$$3'---AACG \qquad ACGTCTTC---5'$$

那么，当这样的两个 DNA 片段一起退火（anneal）时，黏性末端单链间进行碱基配对，然后在 DNA 连接酶催化作用下形成共价结合的重组 DNA 分子。

不同限制酶切割位点连接：由两种不同的限制性核酸内切酶切割的 DNA 片段具有相同类型的黏性末端，即配伍末端，也可以进行黏性末端连接。例如 *Mbo* I（↓GATC）和 *Bam*H I（G↓GATCC）切割 DNA 后均可产生 5′突出的 GATC 黏性末端，彼此可以互相连接。

2）平端连接　DNA 连接酶可催化相同和不同限制性核酸内切酶切割的平端之间的连接。原则上讲，限制酶切割 DNA 后产生的平端也属配伍末端，可彼此相互连接；若产生的黏性末端经酶处理，使单链突出处被补齐或削平，变为平端，也可实行平端连接。

3）同聚物加尾连接　同聚物加尾连接是利用同聚物序列，如多聚 A 与多聚 T 之间的退火作用完成连接。在末端转移酶（terminal transferase）作用下，在 DNA 片段末端制造出黏性末端，而后进行黏性末端连接（图 13-24）。这是一种人工提高连接效率的方法，也属黏性末端连接的一种特殊形式。

4）人工接头连接　对平端 DNA 片段或载体 DNA，可在连接前将磷酸化的接头（linker）或适当的分子连接到末端，使产生新的限制性内切酶位点。再用识别新位点的限制性内切酶切除接头的远端，产生黏性末端。

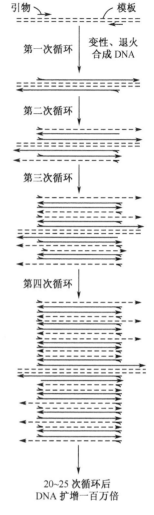

图 13-23　PCR 基本原理

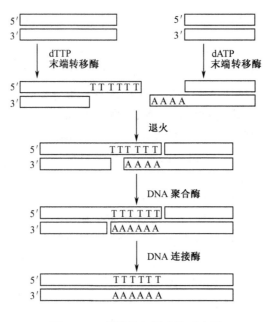

图 13-24　同聚物加尾连接示意图

（4）重组 DNA 导入受体细胞

外源 DNA（含目的 DNA）与载体在体外连接成重组 DNA 分子（嵌合 DNA）后,将其导入受体。随着受体生长、增殖,重组 DNA 分子也复制、扩增,这一过程即为无性繁殖;筛选出的含目的 DNA 的重组体分子即为一无性繁殖系或克隆。进行无性繁殖时所采用的受体多为大肠杆菌 K-13 改造的宿主菌,在人的肠道几无存活率或存活率极低。除安全标准外,所采用的宿主菌应为限制酶和重组酶缺陷型。选择适当的受体菌经特殊方法处理,使之成感受态细胞（competent cell）,即具备接受外源 DNA 的能力。根据重组 DNA 时所采用的载体性质不同,导入重组 DNA 分子有转化（transformation）、转染（transfection）和感染（infection）等不同的手段。转化是以质粒为载体构建的重组 DNA 分子导入受体细胞的过程。而转染（转导）则是以噬菌体或真核病毒作为载体构建的重组体导入受体细胞的过程。一般是用重组体直接感染受体细胞。

（5）重组体的筛选

通过转化、转染或感染,重组 DNA 分子被导入受体细胞,经适当培养板培养得到大量转化子菌落或转染噬菌斑。由于每一重组体只携带某一段外源基因,而转化或转染时每一受体菌又只能接受一个重组体分子,如何将众多的转化菌落或转染噬菌斑区分开来,并鉴定哪一菌落或噬菌斑所含重组 DNA 分子确实带有目的基因,这一过程即为筛选（screening）或选择（selection）。根据载体体系、宿主细胞特性及外源基因在受体细胞表达情况不同,可采取直接选择法和非直接选择法。

1）直接选择法（direct selection）　是针对载体携带某种或某些标志基因和目的基因而设计的筛选方法,其特点是直接测定基因或基因表型。

a. 抗药性标志选择　如果克隆载体携带有某种抗药性标志基因,如 *amp^r*、*tet^r* 或 *kan^r*,转化后只有含这种抗药基因的转化子细菌才能在该抗菌素的培养板上幸存并形成菌落,这样就可将转化菌与非转化菌区别开来。如果重组 DNA 时将外源基因插入标志基因内,标志基因失活,通过有、无抗菌素培养基对比培养,还可以区分单纯载体或重组载体(含外源基因)的转化菌落。当然,无论将外源基因插入何处,抗药标志选择仅是初步、粗略的选择,尚需进一步确定重组体是否含有目的基因。

b. 标志补救　若克隆的基因能够在宿主菌表达,且表达产物与宿主菌的营养缺陷互补,那么就可以利用营养突变菌株进行筛选,这就是标志补救(marker rescue)。这里以质粒 pGEM-3Z 作载体为例,图 13-25 概括说明了将外源基因插入载体 *Lac Z* 基因时的筛选。

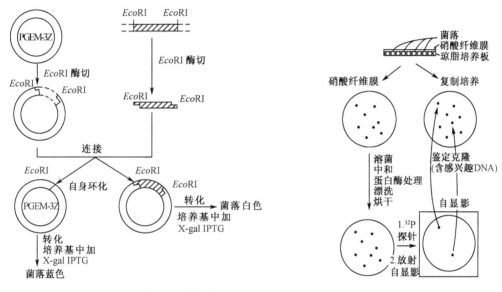

图 13-25　重组子的 α 互补筛选　　　　图 13-26　分子原位杂交图

PGEM-3Z 系列质粒的 *Amp^r* 基因和 *LacZ* 编码基因中含有多克隆位点,外源 DNA 片段插入 *LacZ* 基因后,重组子中 *LacZ* 基因失活,不能编码有功能的 β-半乳糖苷酶,在含 Amp^r 平板上生长的转化菌落,加入 X-gal 与 IPTG 后,重组子应为白色菌落,自身环化不含外源 DNA 插入片段的质粒菌落为蓝色

c. 分子杂交法　这是利用³²P 标记的探针与转移至硝酸纤维素膜上的转化子 DNA 或克隆的 DNA 片段进行杂交,直接选择并鉴定目的基因。图 13-26 所示方法称原位杂交(in situ hybridization)。另外还有印迹(Southern blotting)技术。

2)免疫学方法　这类方法不是直接鉴定基因,而是利用特异抗体与目的基因表达产物相互作用进行筛选,因此属非直接选择法。免疫学方法又可分为免疫化学法、酶免疫检测分析等。免疫化学法的基本工作原理是:将琼脂培养板上的转化子菌落经氯仿蒸气裂解、释放抗原。再将固定有抗血清(目的基因编码蛋白质特异的免疫血清)的聚乙烯膜覆盖在裂解菌落上,在薄膜上得到抗原抗体复合物。再使¹³⁵I-IgG 与薄膜反应,¹³⁵I-IgG 即可结合于抗原的不同位点。最后经放射自显影检出阳性反应菌落。

13.5.5 转　　座

13.5.5.1　基因转座

存在于染色体或复制单位上的一段 DNA 序列,有的可作为一个可以分离的、但不与其他 DNA 顺序进行交换的单元,能从一个位点转移到另一个位点,或从一个复制子转移到另一个复制子。人们将一段 DNA 序列在同一个复制子或不同复制子间,或染色体间移动的现象称为转座(transposition)或转位,而将可移动的 DNA 顺序称为可移动成分(transposible element)。从 20 世纪 70 年代早期发现细菌质粒上的某些抗药性基因可以转移位置,到 20 世纪 80 年代发现的转座基因已不下 20 种,并且在真核生物细胞基因组中也发现了同样的现象。可移动成分一般分为插入序列(insection seqeuence, IS)、转座子(transposon)和复合转座子(composite transposon)。在生物界,转座是一种非常普遍的现象。转座还可不按重组必须在同源基因之间进行的法则,把结构上完全独立、亲缘上毫不相关的 DNA 片段连接在一起,并携带 DNA 片段在基因组间移动。由于转座能迅速地、大规模地引起遗传信息的改变,这种"非法重组"(异源重组)在生物进化过程中具有重要的意义。已经知道突变是进化的基础,但自发突变的频率和同源重组的突变频率一般都很低,而基因转座机制的阐明为解释遗传的多样性和新种系的形成提供了新的思路。

（1）转座有以下几个特征

a. 转座则可在不同区域转移或跳跃,即异源重组;

b. 插入序列不带有编码蛋白质的基因;

c. 转座子含有终止密码子,因此可以钝化(即使基因的转录过早地终止)其插入部位附近基因的功能;

d. 能使"沉默"了的基因重新表达。

（2）细菌转座子的类型

1）插入序列　在基因中间插入一段 DNA,并将这种从一个(株)基因组(或在同一个基因组的一个位点)插入到另一个(株)基因组中另一个位点的 DNA 片段称为插入序列(IS)。细菌的 IS 有十几种,大部分长度在 2kb 以下。IS 能插入细菌基因组的许多位点,产生某些生物学效应,如极性效应,插入突变和插入缺失等,并影响插入位点附近或远离插入位点基因的性质与表达,其效应取决于插入的方向与位置。

2）转座子 A 和复合转座子　Hedges 和 Jacob(1974)在研究质粒的抗药基因时发现了一种不依赖于 *rec*A 的转座片段,这个携带抗氨苄青霉素基因(*amp*ʳ)的 DNA 片段命名为转座子 A(TnA),其后再附加序号,即不同种的 TnA。以后,在不同的质粒中检出许多含 IS 的转座子。与 TnA 不同,除含有与转座功能有关的基因外,还带有与转座功能无关的基因,如抗性基因和 F 因子有关功能的基因。TnA 类转座子,如 Tn*1*、Tn*7*、Tn*10*、rδ 等的两端都有 0.8 ~ 1.5kb 长的反向重复序列。只有 Tn*9*、Tn*204* 两端为正向重复序列。这些重复序列就是 IS。转座子依赖携带转座功能基因的 IS 从一个基因组转座到另一个基因组,或从基因组的一个位点转座到另一个位点,产生与 IS 相同的生物学效应,所以认为 IS 是转座子的组件。人们把两端带有 IS 的转座子称为复合转座子。复合转座子属于类型 I 转座子,它有一个携带抗药性基因的中心区和其旁侧由 IS 元件组成的左右两个臂。由于两个臂序列很长且序列相似,故又称长末端重复序列(LTR)。两个臂上 IS 元件完全相同且为同向重复的,如 Tn9[图 13-27(A)]。大多数转座子的两个臂上的组件完全相同,但它们都是反向重复,如 Tn903[图13-27(B)]。Tn10 和 Tn5 的左右 IS 元件均为反向重复,但其左右之间有 2.3% 碱基差异。在体内一个复合转座子两端的组件不同时,转座主要依赖于其中一个组件的功能,如 Tn10 中的 IS10R 和 Tn5 的 IS50R 执行转座功能,而其左侧的 IS10L 和 IS50L 无转座功能,但若两端的组件完全相同时。其中任何一个组件都能执行转座功能,许多 Tn 都属于这种情况。与类型 I 转座子不同,类型 II 转座子或称复杂转座子(complex transposon),在它的两侧 IR 之间的中心区含编码转座功能和抗药性的基因,如 Tn1、Tn3、Tn21、Tn501、Tn1000 等,人们把类型 II 转座子统称为 TnA。这类转座子总是以一个单元进行转座,而类型 I 转座子的 IS 组件可以单独转座。

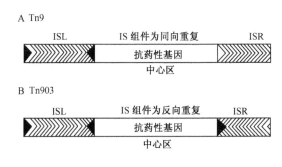

图 13-27　复合转座子示意图

3) 转座噬菌体　这是一类具有转座功能的溶源性噬菌体,以 Mu 噬菌体研究较深入。Mu 噬菌体必须与宿主染色体结合才能增殖并引起突变。Mu 噬菌体具有从宿主基因组的一个位点插入到另一个位点的转座功能。除 Mu 外,还有大肠杆菌 D108 噬菌体、霍乱弧菌与假单孢杆菌中具有类似 Mu 噬菌体的转座噬菌体。

13.5.5.2　转座的基本机制

就目前所知,所有细菌转座子的转座机制大致有两类:复制型和非复制型。

(1) 复制型

这种机制包括转座子本身的复制以及靶序列的断裂和倍增,这样有利于转座子的插入以及两侧同向重复序列的产生。断裂的方式是首先在靶 DNA 特异位点上进行交错切割造成缺刻,并产生突出的靶单链末端。转座子插入突出的靶单链末端并进行共价连接。其所形成的两端靶单链区由 DNA 聚合酶 I 填补,在 DNA 连接酶作用下通过磷酸二酯键共价连接,最后在靶位点产生同向重复。

当转座子与靶 DNA 反应时(图 13-28),转座子(供体)先复制得一个拷贝,此拷贝插在受体新插入靶位点上,原来正本保留在原始位点上,供体和受体各含一个转座子拷贝,此时转座元件序列与靶序列并未进行交换,转座起始后随靶 DNA 的复制进行。这种复制型的转座过程是由转座酶和解离酶催化完成的。转座酶在转座子插入靶位点时起作用。

(2) 非复制型转座机制

与复制型转座不同,它不经过转座子开始的复制,而是转座子元件作为一种实体直接从受体(靶 DNA)的一个位点移向另一个位点,并被保留下来,但同时供体(转座子)位点被丢失,而且可能被破坏(图 13-29)。插入序列和复合转座子 Tn10、Tn5 等的转座使用这种非复制型机制。此类转座机制只需转座酶的作用。

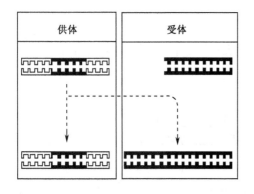

图 13-28　复制型转座产生一个转座子图

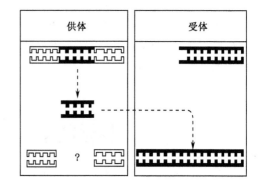

图 13-29　非复制型转座是以转座子元件作为一个实体从供体位点移向受体位点

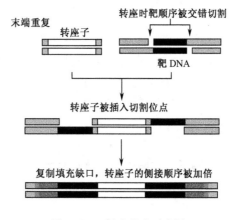

图 13-30　转座发生示意图

转座子不仅存在于微生物中,而且在酵母、果蝇等真核生物中也有。转座学说是对基因理论的重要补充。图 13-30 为转座发生的示意图。

13.6　特殊复制机制

13.6.1　线粒体 DNA(mtDNA)复制

真核生物细胞含有 α、β、γ、δ 和 ε 五种 DNA 聚合酶,只有 DNA 聚合酶 γ 在线粒体中负责线粒体 DNA 复制。

聚合酶 γ 是一种真核细胞的依赖 DNA 的 DNA 聚合酶,它在执行线粒体 DNA 复制时也需要引物作先导。它具有 $5'→3'$ DNA 复制酶活性,但它却没有 $3'→5'$ 外切酶活性。

13.6.2　单链 DNA(ssDNA)复制

1976 年 H. Temin 与 D. Baltimore 各自独立地从肉瘤病毒和大鼠白血病毒中分离出了一种酶,这种酶能用 dCTP、dGTP、dATP 和 dTTP 4 种三磷酸脱氧核苷为底物,合成与病毒 RNA 碱基序列互补的 DNA,其作用与正常转录相反,因此称之为反转录酶(reverse transcriptase)。过去只在病毒中发现此酶,现在发现它也存在于哺乳类动物胚胎和正在分裂的细胞中。

反转录酶首先以单链 RNA 为模板合成一条与模板 RNA 链碱基互补的互补 DNA 单链(cDNA),然后使单股链同单股 cDNA 配合形成 RNA-DNA 杂种分子,最后由核糖核酸酶将 RNA 水解除去,剩下的互补 DNA 单链(cDNA)作为模板合成双链 DNA 分子。

13.6.3　病毒 RNA 复制

有些病毒如噬菌体 f2、MS2、R17 和 Qβ 等均具有 RNA 基因组。这些 RNA 病毒的染色体为单链 RNA,在病毒蛋白质的合成中具有 mRNA 的功能。病毒 RNA 进入宿主细胞后,还可以进行复制,即在 RNA 指导的 RNA 聚合酶(RNA-directed RNA polymerase)或称 RNA 复制酶(RNA replicase)催化下进行 RNA 合成反应。

RNA 复制酶相对分子质量约为 210 000,由 4 个亚基组成。其中只有一个相对分子质量为 65 000 的亚基,是病毒 RNA 复制酶基因的产物,其结构中具有复制酶的活性部位。其他的三个亚基是宿主细胞中正常合成的蛋白质。RNA 复制酶需要有宿主细胞中的三种蛋白质因子协助其发挥作用。它们是延长因子 Tu(相对分子质量为 30 000)和 Ts(相对分子质量为 45 000),以及 S_1(相对分子质量为 70 000)。这些因子可以帮助 RNA 复制酶定位并结合于病毒 RNA 的 $3'$ 末端,引发 RNA 的复制。

RNA 复制酶催化的合成反应是以 RNA 为模板,按 $5'→3'$ 方向进行 RNA 链的合成。反应机理与其他核酸模板指导的核酸合成反应相似。RNA 复制酶缺乏校对功能的内切酶活性,因此 RNA 复制的错误率较高,这与 DNA 指导的核酸合成反应情况是相类似的。RNA 复制酶只是特异地对病毒的 RNA 起作用,而宿主细胞的 RNA 一般并不进行复制。这就可以解释在宿主细胞中虽含有数种类型的 RNA,但病毒 RNA 是优先进行复制的。

14 转录——RNA 的生物合成

本章提要 以 DNA 为模板合成 RNA 的过程称为转录。转录分为起始、延长、终止三个阶段，整个过程是由 RNA 聚合酶催化的。真核生物 RNA 聚合酶有Ⅰ、Ⅱ、Ⅲ、Mt 四种类型，每一种类型又有几种不同亚基的同工酶，真核 RNA 聚合酶Ⅰ、Ⅱ和Ⅲ分别启动 tRNA、mRNA 和 rRNA 转录。启动子是指在转录开始时 RNA 聚合酶结合的模板 DNA 分子的特定部位。从启动子至终止子的一段 DNA 片段为转录单位。转录合成的 RNA 常进行转录后加工与修饰，不同类型的 RNA 分子，转录后的加工修饰也不同。核酶一种是转录后加工方式。原核生物在转录水平的基因表达调控机制操纵子模型。真核生物与原核生物基因转录存在明显差别，有正、负性调节元件，基因转录时正性调节占主导地位。顺式作用元件是特异的 DNA 序列，可分为启动子、增强子和静息子等。反式作用元件是基因表达产物，如转录因子。反转录是 RNA 指导的 DNA 聚合反应，存在 RNA 病毒和动物胚胎和正在分裂的细胞中。从广义角度看，凡是能编码生长因子、生长因子受体、细胞内生长信息传递分子，以及与生长有关的转录调节因子的基因均可属于癌基因的范畴。

高等动物的 DNA 存在于细胞核内，而蛋白质的合成则在细胞质中，DNA 通过中间物质 RNA 将自己的遗传信息传递给蛋白质。首先在 DNA 的指导下合成 RNA，这样就把 DNA 的遗传信息转到了 RNA 分子上，以 DNA 为模板合成 RNA 的过程称为转录。转录分为起始、延长、终止三个阶段，不需要引物，一般只涉及一个短的 DNA 片段，双链 DNA 中只有一条作为模板，还需要四种核糖核苷 5′-三磷酸（ATP、GTP、UTP、CTP）和 Mg^{2+}，整个过程由 RNA 聚合酶一个酶催化。

14.1 转录的起始

14.1.1 RNA 聚合酶

研究证明，RNA 的合成是由 RNA 聚合酶（RNA polymerase），又称转录酶（transcriptase）催化的。

14.1.1.1 原核生物 RNA 聚合酶

多数细菌的 RNA 聚合酶具有很大的保守性，在组成、相对分子质量及功能上都很相似。大肠杆菌 RNA 聚合酶是研究的比较透彻的，它由五条肽链，即五个亚基组成，分子质量为 500kDa。五个亚基为两条 α 链，一条 β 链，一条 β'链和一条 σ 因子链。α_2 ββ'四个亚基组成核心酶（core enzyme），加上 σ 因子后成为全酶 α_2 ββ'σ（holoenzyme）。σ 因子与核心酶的结合不紧密，容易脱落。核心酶可与 DNA 随机结合，但亲和力弱，选择性差。例如核心酶与 T7 噬菌体 DNA 有 140 个结合位点，其结合常数为 $2 \times 10^{11} mol^{-1}$。当 σ 因子与核心酶结合时，核心酶发生变构。全酶与 T7 DNA 的结合位点只有 8 个，结合常数为 $10^{12-14} mol^{-1}$。

RNA 聚合酶 β 亚基促进聚合反应中磷酸二酯键生成的作用。β'亚基是酶与模板结合时的主要部分。σ 因子没有催化活性，它可以识别 DNA 模板上转录的起始部位。

RNA 聚合酶具有多种功能：

a. 它可从 DNA 分子中识别转录的起始部位。例如从大肠杆菌 DNA 分子的 4×10^6 碱基对中识别 200 个碱基对的转录起始部位。

b. 促使与酶结合的 DNA 双链分子打开 17 个碱基对。

c. 催化适当的 NTP 以 3′,5′-磷酸二酯键相连接，如此连续的进行聚合反应完成一条 RNA 链的合成。这个聚合反应是在同一分子的 RNA 聚合酶催化下完成的。

d. 识别 DNA 分子中转录终止信号，促使聚合反应停止。此外，RNA 聚合酶还参与了转录水平的调控。

转录的聚合反应速率为 30~85 核苷酸 s^{-1}，比 DNA 复制的聚合速率（约 500 脱氧核苷酸 s^{-1}）要慢。RNA 聚合酶缺乏 3′→5′外切酶活性，所以没有校对功能。RNA 合成的错误率约为 10^{-6}，较 DNA 合成的错误率（10^{-9}~10^{-10}）要高很多。

原核生物 RNA 聚合酶的活性可以被利福霉素（rifamycin）及利福平（rifampicin）所抑制，它们可以和 RNA 聚合酶的 β 亚基相结合而影响酶的作用。利福平可作为抗结核药物，就是因为它抑制了细菌的 RNA 聚合酶活性。

14.1.1.2 真核生物 RNA 聚合酶

真核生物 RNA 聚合酶比原核生物 RNA 聚合酶要复杂，有 1、2、3 几种类型，又称 A、B、C 型；以后又发现有 Mt 型，所以共有 4 种类型，每一种类型又有几种不同亚基的同工酶。现对各种类型的 RNA 聚合酶根据它们的相对分子质量、细胞内的定位、转录产物、酶活性及敏感型等方面作一比较，见表 14-1。

表 14-1　真核生物的 RNA 聚合酶

	Ⅰ（A）	Ⅱ（B）	Ⅲ（C）	Mt
相对分子质量	5.5×10^5	6×10^5	6×10^5	6.4×10^4 ~ 6.8×10^4
定位	核仁	核质	核质	线粒体
拷贝数/细胞	4×10^4	4×10^4	2×10^4	
转录产物	5.8S, 18S, 28S rRNA 前体	mRNA 前体，U_1、U_2、U_4、U_5 mRNA 前体	tRNA 前体，5S rRNA 前体，U_6 mRNA 前体	线粒体 RNAs
酶活性/细胞	50%~70%	20%~40%	10%	

	Ⅰ（A）	Ⅱ（B）	Ⅲ（C）	Mt
α-蝇蕈碱	不敏感	较敏感	中等敏感	不敏感
利福平	不敏感	不敏感	不敏感	敏感
利福霉素	敏感	敏感	敏感	

14.1.2 启 动 子

启动子或启动部位（promoter 或 promoter site）是指在转录开始进行时，RNA 聚合酶与模板 DNA 分子结合的特定部位。这一特定部位在转录作用的调节中是有作用的。每一个基因均有自己特有的启动子。

14.1.2.1 原核生物的启动子

原核生物的启动子大约长 55 个碱基对，其中包含有转录的起始点和两个区——接合部位及识别部位。

起始点（start site）是 DNA 模板链上开始进行转录的位点，通常在其互补的编码链对应位点（碱基），标以 +1。从起始位点转录出的第一个核苷酸常为嘌呤核苷酸，即 A 或 G。转录是从起始点开始向模板链的 5′末端方向即编码链 3′末端方向行进的。DNA 分子中，从起始点开始顺转录方向的区域称为下游（downstream）。从起始点逆转录方向的区域称为上游（upstream）。

结合部位是指在 DNA 分子上与 RNA 聚合酶核心酶紧密结合的序列。结合部位的长度大约是 7 个 bp，其中心位于起始点上游的 −10bp 处。因此将此部位称为 −10 区（−10 region）。多种启动子的 −10 区具有高度保守性和一致性，它们有一个共有序列或共同序列（consensus sequence），序列为 5′-TATAAT-3′。由于这一序列首先由 D. Pribnow 所认识，所以又称为 Pribnow 框（Pribnow box）。由于 Pribnow 框的碱基组成全是 A-T 配对，缺少 G-C 配对，前者的亲和力只相当于后者的十分之一，所以 T_m 值较低。因此，此区域的 DNA 双链容易解开，利于 RNA 聚合酶的进入而促使转录作用的起始。

在 DNA 分子上还有一段识别部位，是 RNA 聚合酶的 σ 因子识别 DNA 分子的部位。识别部位约 6 个碱基对，其中心位于上游 −35bp 处。所以这一部位称为 −35 区（−35 region）。多种启动子的 −35 区也具有高度的保守性和一致性，其共有序列为 5′-TTGA-CA-3′。在 −35 区与 −10 区之间大约间隔有 17 个碱基对（见图 14-1）。

14.1.2.2 真核生物的启动子

真核生物 RNA 聚合酶有几种类型，它们识别的启动子也各有特点。

一个真核基因按功能分为两部分，即调节区和它的功能区——结构基因。结构基因中的 DNA 序列指导 RNA 转录，如果该 DNA 序列转录产物为 mRNA，则最终翻译为蛋白质。调节区由两个元件组成，一类元件决定基因的基础表达，称为启动子，另一类元件决定组织特异性表达或对外环境及刺激应答，两者共同调节表达（图 14-2）。

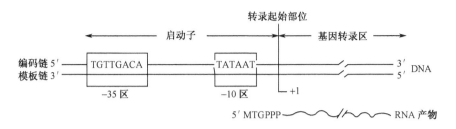

图 14-1　原核生物启动子

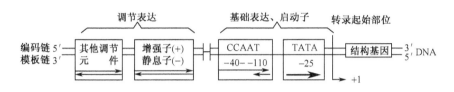

图 14-2　真核基因调节序列示意图

14.1.2.3　起始机制

RNA 聚合酶的 σ 因子在 RNA 合成时能专门辨认模板 DNA 链上的起始位点，使全酶结合在起始位点上，形成全酶-DNA 复合物，从而开始"起始反应"（产生第一个核苷酸间磷酸二酯键），转录开始后，σ 因子立即从复合物中脱落下来，由"核心酶"催化 RNA 的合成，而 σ 因子以后又重新与核心酶结合而循环利用。不同的起始位点（启动子）的碱基序列不一样，起始位点可能决定一个特定基因的转录效率。

RNA 聚合酶 Ⅱ 识别的大部分启动子都有在转录起始位点上游 25bp 的 TATA 框（TATA box）。RNA 聚合酶结合到启动子上需要与几种通用转录因子以严格的次序装配成转录起始复合物。一些蛋白质编码基因缺少 TATA 框，但依然利用许多相同的转录因子起始转录。

14.2　RNA 合成的延伸与终止

14.2.1　RNA 合成的延伸

一旦转录开始，σ 亚基即从全酶上脱落下来。核心酶构象发生改变，酶和 DNA 模板的结合亲和力下降，有利于 RNA 聚合酶沿模板移动。在形成第一个磷酸二酯键后，RNA 合成的延伸过程由核心酶完成。转录的 RNA 其第一个核苷酸总是 pppG 或 pppA。RNA 聚合酶按 5′→3′ 方向，以四种核苷 5′-三磷酸（ATP、CTP、GTP、UTP）为原料合成 RNA。正在形成过程中的 RNA 的 3′-羟基攻击将被整合的核苷 5′-三磷酸的 α 磷酸基，形成 3′,5′-磷酸二酯键。RNA 聚合酶、DNA 模板和新转录的 RNA 复合物被称为转录泡（transcription bubble）（图14-3），因为转录泡可保护模板 DNA 和合成的 RNA 免受核酸酶的降解。DNA 双链被解开以允许转录发生。转录泡长 18bp，泡前沿处有一解旋点，其尾端为重绕点。解旋点与重绕点随 RNA 聚合酶（RNA 的合成）移动而移动。转录的 RNA 与它的模板链形成暂时的 RNA-DNA 杂交双螺旋（hybrid helix），但当转录向前继续进行时，RNA 从 DNA 上脱落。DNA 在转录泡前解链，当转录复合物通过后，DNA 又重新缠绕成双链。由于 DNA-DNA 双链结构比 DNA-RNA 双链结构稳定，因此 DNA 双螺旋重新合成后，新合成的 RNA 链被排斥。

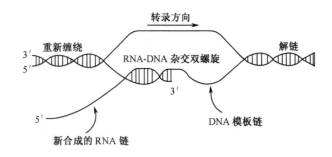

图 14-3　转录泡

一个转录泡 DNA 双链被解开，然后，RNA 聚合酶（未画）合成 DNA 模板的 RNA 拷贝。新生成的 RNA 暂时与 DNA 模板形成 RNA-DNA 杂交双螺旋，当 RNA 从中脱落后，DNA 重新缠绕形成双螺旋

14.2.2　RNA 合成的终止

终止分为三个步骤，即 RNA 聚合酶停止移动、RNA 从 RNA 聚合酶中释放和 RNA 聚合酶从模板 DNA 上释放等过程。

转录有终止点，出现在 DNA 分子内特定的碱基序列上。细菌及病毒 DNA 的终止序列分析证明，它们有两个明显的特点：其一是富含 GC，转录产物极易形成二重对称性（dyadsymmetry）结构；其二是紧接 GC 之后有一半 A（大约 6 个）。因此，按此模板转录出来的 RNA 极易自身互补，形成发夹结构，并以几个连续 U 残基结束。当 RNA 聚合

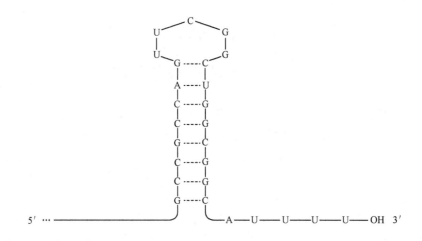

图 14-4　在转录终止过程中 RNA 分子 3′ 端的典型的发夹结构

酶遇到这种结构特点时就会停下来。

新生的 RNA 链在某些终止位点上，有的不需要其他蛋白因子的协助，转录进行至遇到终止信号。然而，不是所有的终止位点都有发夹结构（图 14-4）。缺少这种结构的终止子另外需要一种 ρ 蛋白去识别终止信号并终止转录。因为其茎较短，不太稳定，3′端不是一串 U，所以 ρ 蛋白的作用是通过水解 ATP 和 RNA 聚合酶而实现的。

真核生物的聚合酶 Ⅱ 不在特定位点终止，而在基因下游不同距离处终止。

14.3 转录后的加工成熟

14.3.1 加工的类型

转录合成的 RNA 不一定是成熟的有功能的 RNA 分子。因此转录后常进行加工与修饰，使之生成成熟的 RNA 分子。RNA 的分子类型不同，转录后的加工修饰作用也就不同。原核生物的各种 RNA 的加工过程有自己的特点，但加工的类型主要有以下几种。

a. 剪切（cleavage）及剪接（slipcing）：剪切就是剪去部分序列；剪接是指剪切后又将片段连结起来。

b. 末端添加（terminal addition）核苷酸：例如 tRNA 的 3′末端添加-CAA。

c. 修饰（modification）：在碱基及核糖分子上发生化学修饰反应，例如 tRNA 分子中尿苷经化学修饰变为假尿苷。

d. RNA 编辑（RNA editing）：某些 RNA，特别是 mRNA 自 DNA 模板上获得的遗传信息，在转录作用后又发生了变化。

14.3.2 rRNA 前体的加工

原核生物的核蛋白体中有 16S、23S 及 5S 三种 rRNA，这三种 rRNA 均存在于 30S 的 rRNA 前体中。在 16S 与 23S 的 rRNA 间隔区中还含有 1～2 个 tRNA。转录完成后，在核酸酶（RNase）催化下，将 rRNA 前体切开产生 17S、25S 及 23S rRNA 的中间前体。进一步在核酸酶的作用下，切去部分间隔序列，产生成熟的 16S、23S 及 5S rRNA，还有成熟的 tRNA。rRNA 的成熟过程中，在 16S rRNA 的特异碱基上进行甲基化修饰，生成稀有碱基，反应发生于早期。在前体加工过程中 5S rRNA 的变化不大（图 14-5）。

真核生物的核蛋白体中有 18S、5.8S、28S 及 5S rRNA，各自独立成体系，在成熟过程中加工甚少，不进行修饰和剪切。45S rRNA 前体中包含有 18S、5.8S 及 28S rRNA。随后 45S rRNA 前体经过剪切成为 41S rRNA 中间前体，继续剪切为 20S 及 32S rRNA 前体，在经过剪切成为 18S rRNA 及 28S-5.8S rRNA 复合体后，28S-5.8S rRNA 复合体剪切变为成熟的 28S rRNA 及 5.8S rRNA（见图 14-6）。以上的剪切作用都是在细胞核酸酶的催化下进行的。在加工过程中，主要是在 28S 及 18S 中，分子广泛地进行甲基化修饰，甲基化作用多发生于核糖上，较少在碱基上。

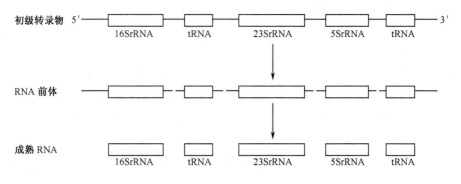

图 14-5　细菌 rRNA 前体的加工

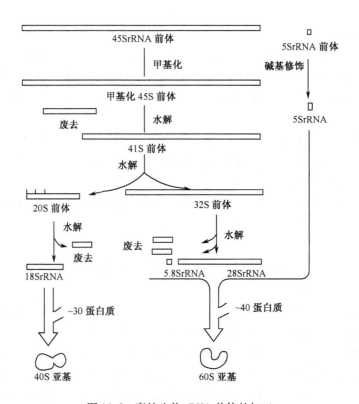

图 14-6　真核生物 rRNA 前体的加工

14.3.3　tRNA 前体的加工

　　tRNA 前体的加工包括：在酶的作用下从 5′末端及 3′末端处切除多余的核苷酸；去除内含子进行剪接作用；3′末端加-CCA 以及碱基的修饰。

　　在核酸内切酶 RNase P 的作用下，从 5′末端切除多余的核苷酸。3′末端多余的核苷酸则是在核酸外切酶 RNase D 的作用下，从末端逐个地将核苷酸切下，例如真核生物中 3′末端的 UU。RNase P 存在于细菌至人类的各种生物体中，其组成包含蛋白质及 RNA，是一种核酶，将在后面介绍。

tRNA 前体中含有内含子，可通过剪接作用而被去除，即由核酸内切酶催化进行剪切反应，并通过连接酶将外显子连接起来。

CCA-OH 加到 tRNA 前体的 3′末端是 tRNA 前体加工过程的特有反应。反应是在核苷酸转移酶的催化下进行的。

tRNA 前体的加工还有化学修饰作用，包含碱基的甲基化反应、脱氨基反应及还原反应等。反应发生在 tRNA 中特定的核苷酸上。

14.3.4　mRNA 前体的加工

14.3.4.1　原核生物

原核生物的 mRNA 通常不用修饰，因生成的 mRNA 高度不稳定，当它们的 3′末端合成尚未完成时，mRNA 的 5′末端已经开始降解。就是说 mRNA 的转录和翻译是同步发生的，mRNA 仅仅合成一部分时，翻译就开始了，当翻译结束时，mRNA 就开始降解。一些半衰期稍长的（数秒钟）细菌 mRNA，也未发现需要任何加工修饰。说明原核生物天然的 mRNA 在转录后已具有充分的功能，不用加工修饰。

个别原核生物如噬菌体有些例外，T7 噬菌体的 DNA 先转录出较大的前体 RNA，最后才被加工成为成熟的 mRNA 分子。

14.3.4.2　真核生物

转录生成的 hnRNA 要经过较复杂的加工过程。包括：5′末端加帽，3′末端加尾，剪接去除内含子并连接外显子，甲基化修饰，核苷酸编辑。

（1）5′末端帽子的形成

真核生物转录生成的 mRNA 的 5′末端为 pppNp-，在成熟过程中，经磷酸酶催化水解，释放出 Pi，成为 ppNp-。然后在鸟苷酸转移酶的催化下，与另一个分子三磷酸鸟苷（Gppp）反应，末端成为 GpppNp-。继而在甲基转移酶催化下，由腺苷蛋氨酸（SAM）供给甲基，首先在鸟嘌呤的 N-7 上甲基化，然后在连接鸟苷酸的第一个（或第二个）核苷酸 2′-羟基上又进行甲基化，最后成为 $m^7GpppNmp-$，这就是帽子生成（capping）。

5′末端帽子的生成是在细胞核内进行的，但胞质中也有反应的酶体系，动物病毒 mRNA 就是在宿主细胞的细胞质中进行的。

（2）3′末端多聚 A 尾的生成

真核生物 mRNA 前体（hnRNA）分子中 3′末端也有多聚 A 尾。说明多聚 A 尾的生成是在核中发生的，但是在胞质中也有反应的酶体系，所以在胞质中也可以进行。多聚 A 尾的生成是在多聚 A 聚合酶的催化下，由 ATP 聚合生成的。

（3）剪接

剪接是一个复杂的过程。整个剪接过程中切除并丢弃的 RNA 数量很大。内含子是一个一个地被切除的，而拼接则发生在下一个内含子被切除之前。所以在细胞中任何时候都存在着大量正在加工的 RNA 分子。这些分子总称为不均一核 RNA（heterogeneous nuclear RNA，hnRNA）。只有加工后，成熟的 mRNA 才被送到细胞质进行翻译，已知成熟的 mRNA 分子的长度仅为原始转录物的 1/10，可见加工的复杂性，而且成熟的真核生物 mRNA 分子都是单顺反子。

复杂转录物（complex transcript）通过不同的剪接产生两个或多个不同的 mRNA。

（4）RNA 的自我拼接

多年来，人们认为生物体内的各种代谢反应全是在酶的催化下进行的，而酶的化学本质是蛋白质。但是 1982 年 T. Cech 及其同事在用四膜虫（*Tetrahymena*，一种有纤毛的原生动物）rRNA 剪接研究过程中出人意料的发现：四膜虫核糖体 RNA 的前体长 4.6kb，必须除去一段 414bp 的内含子，才能产生成熟的 26S rRNA。当它们把一些细胞提取物加到前体 RNA 中，以确定剪接对蛋白因子的需要时，发现未加的对照中也发生了剪接，对照中仅有前体物和作为能量物质的 ATP 或 GTP。他们怀疑可能有一种必需的蛋白质没有被除去，于是采用 DNA 重组技术，合成新的前体 RNA。但用这种体外合成的 RNA 前体物所作的实验结果仍然与前面的相同：只需核苷酸存在下，RNA 就能自身剪接或自我剪接（self-splicing）。即 RNA 分子本身具有高度的专一性的催化活性。后来证明加入的 GTP 或 ATP 中，鸟核苷酸单位（GMP、GDP 或 GTP，以 G 为代表）是反应所需的辅助因子。

核酶的作用的方式有剪切型、剪接型和其他型。剪接型核酶主要催化自身 RNA 进行化学反应，即首先切去自身 RNA 内部的一个核苷酸片段，再将剩余的两个片段连接起来，它的作用是即剪又接，相当于内切核酸酶与连接酶的联合作用。核酶的催化作用不需要任何酶或其他蛋白质的参加。

有关核酶作用机理的研究，以图 14-7 表示。反应中进行了两次剪接作用。第一次剪接时，有鸟苷或其衍生物作为辅助因子，其中的 3′-羟基向外显子与内含子的 5′剪接点进行攻击，发生磷酸酯转移反应。于是由 414 核苷酸组成的内含子脱落下来，而 5′外显子与 3′外显子相连接，成为 26S rRNA。脱落下来的内含子（414nt）可以自身环化，由 3′末端-羟基攻击 5′末端附近的磷酸二酯键，结果从含有 G 的 5′末端脱下 15 个核苷酸片段，剩余部分两端以 3′、5′磷酸二酯键连接成含有 399nt 的环状中间产物。环状中间产物开环后，剪切下的 4 个核苷酸，剩余部分两端又以 3′、5′-磷酸二酯键相连，环化成为含有 395 个核苷酸的环状分子。此环状分子经过开环，最后得到一个丢失了 19 个核苷酸的线性内含子序列，即 "L-19" IVS（linear minus 19 intervening sequence）。此 L-19 IVS 具有催化活性。上述的两次自我剪接作用是由内含子本身的催化性质所决定的。

L-19 IVS 是一种核酶，它可以催化数种 RNA 为底物的反应：

a. 核苷酸转移反应，相当于核苷酸转移酶的作用；

b. 水解反应，相当于磷酸二酯酶的作用；

c. 磷酸转移反应，相当于磷酸转移酶的作用；

d. 脱磷酸反应，相当于酸性磷酸酶的作用；

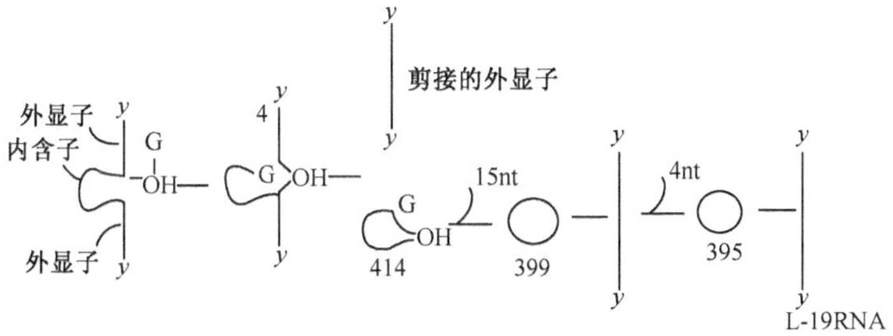

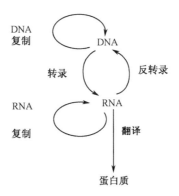

图 14-7　四膜虫 rRNA 前体的自我剪接

e. RNA 限制性内切反应，相当于 RNA 限制性内切酶的作用。

L-19 IVS 催化的水解反应是水解磷酸二酯键，它可以使核苷酸上五胞苷酸（C5）降解为 C4 和 C3，同时 L-19 IVS 也可以催化磷酸二酯键的生成，因此也可使核苷酸链上 C5 变为 C6 或更长。所以 L-19IVS 既有 RNase 的作用，又有 RNA 聚合酶的作用。但是 L-19 IVS 对于 U6 的作用则小于对 C6 的作用，而对于 A6 和 G6 则根本没有作用。

自我剪切过程中的中间产物并非全是环状结构，也有套索结构的，且反应初也不需要有 G 参与，例如酵母线粒体某些 RNA 前体的剪接作用。

14.4　反　转　录

正如第 12 章中所述，中心法则指出了遗传信息的传递方向是 DNA→RNA→蛋白质，DNA 还可以自身复制，这几乎是不容置疑的。然而，1970 年 Temin 与 Baltimore 分别独立发现了催化反转录作用的反转录酶，从而使原来的中心法则得以补充，补充后的中心法则见图 14-8。

图 14-8　遗传信息传递"中心法则"

信息传递途径包括以 RNA 为模板的反转录和 RNA 复制

14.4.1　反 转 录 酶

反转录酶具有四种酶活性，其催化的反应是：RNA 指导的 DNA 聚合反应；RNA 的水解反应；DNA 指导的 DNA 的合成反应；DNA 内切酶活性及 tRNA 结合活性。

反转录酶催化的 DNA 合成方向也是 5′→3′。反应体系中有 Zn^{2+} 存在。在 DNA 合成开始时需要引物，此引物是 tRNA，它存在于病毒颗粒中。

反转录酶没有 3′→5′ 外切酶活性，因此没有校对功能。反转录作用的错误率相对较高，大约每 20 000 核苷酸就出现一个错误。这可能也是致病病毒较快地生成新毒株的一个原因。反转录酶的发现对于遗传工程起了一定的作用，它已经成为一个重要的工具酶。反转录酶可以 mRNA 为模板，催化合成互补的 DNA、cDNA（complementary DNA）。此酶过去只是在病毒中发现，现在发现它也存在于哺乳动物胚胎和正在分裂的细胞中。

14.4.2　人类获得性免疫缺陷病毒

人类获得性免疫缺陷病毒（human immunodeficiency virus，HIV），也称艾滋病（AIDS）病毒。自从在美国发现首例 AIDS 以来，近 20 年全世界的医学生物工作者进行了大量的艰苦的努力，但未能找到很有效的防治方法。HIV 在全世界仍在加剧蔓延。据保守估计，全世界的 HIV 感染者超过 4000 万，这对全人类是个极其严重的威胁。HIV是迄今发现的一种最复杂的逆病毒。1983 年 HIV 被鉴定具有标准逆病毒的 RNA 基因组，及其他几个不寻常的基因（图 14-9）。不像许多其他的逆病毒，艾滋病毒杀死受它感染的细胞（主要是淋巴细胞）不是引起肿瘤，而是逐渐导致寄主免疫系统的抑制。这个病毒中的 env 基因和基因组的其他部分以极快速度突变，使有效的疫苗制造复杂化。HIV 中反转录酶在复制中比其他已知反转录酶的错误倾向大 10 倍以上。这是这个病毒突变增加的主要原因。大部分治疗 HIV 感染所用的药物的靶子是反转录酶。

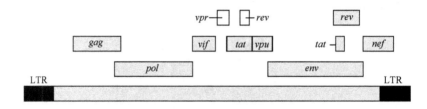

图 14-9　HIV 基因组

这个病毒引发艾滋病（AIDS）。除了一般的逆病毒基因，其基因组中还有几个不同功能的小基因，有些基因是交盖的，不同的剪接机制导致一个小基因组（9.7×10^6 核苷酸）产生许多不同蛋白

由模板指导的核酸合成的生物化学基础知识加上近代分子生物学技术，人们对人类获得性免疫缺陷病毒的生活周期和结构的了解取得了迅速进展。这些进展导致一些能够延长艾滋病人生命的药物的开发。第一个有临床应用价值的这类药物是 AZT（3′-叠氮-2′,3′-双脱氧胸腺核苷）。它是由 Terome P. Horwitz 在 1964 年合成的，最初这个药物是作为抗癌药物合成的，但它对抗癌无效。到了 1985 年人们发现它能有效地治疗 AIDS。AZT 由特别容易受 HIV 感染的 T 淋巴细胞吸收。它把 AZT 转变成 AZT 三磷酸酯（AZT三磷酸酯不能直接做药物，因为它不能通过细胞质膜）。HIV 反转录酶对 AZT 有很高的

亲和力，能把 AZT 加接在生长中的 RNA 链 3′末端。由于 AZT 没有 3′-羟基，RNA 合成被终止，病毒 RNA 的合成迅速被阻止。这个化合物对 T 淋巴细胞本身无毒。

14.4.3　癌基因与原癌基因

14.4.3.1　肿瘤发生的有关因素

恶性肿瘤是严重威胁人类健康的常见病和多发病，肿瘤细胞显著的特征是具有自主生长、持续分裂与增殖、失去细胞与细胞间及与周围组织浸润和扩散的能力，并可转移至其他组织。恶性肿瘤具有不良分化的趋势，核形发生变化，常伴有多种染色体异常，细胞表型也发生变化，最后可导致机体死亡。

有关恶性肿瘤的发生机制至今尚未明了。已知与肿瘤发生有关的因素有以下几个方面：

1）物理因素：如过量照射紫外线可诱发皮肤癌，X 射线可造成甲状腺癌。

2）化学因素：如苯并芘（benzyprene）、苯并蒽（benzanthrane）及黄曲霉毒素 B_1（aflatoxin B_1）等可引起动物实验性肿瘤，而吸烟与人类肺癌的发生密切有关等。

3）生物学因素：主要是指病毒，即 DNA 肿瘤病毒和 RNA 肿瘤病毒，两者与肿瘤的发生有着密切的关系。

4）机体内在的因素：除上述外界因素，机体的内在的因素与肿瘤的发生的关系不容忽视，特别是机体的免疫功能或遗传背景，不但影响机体对恶变细胞的识别和排斥，而且影响对 DNA 的损伤修复及致癌剂或致癌剂前体的生物转化（biotransformation）速率。

目前较为一致的看法认为肿瘤的发生是多因素、多步骤的，一般将之分为始发（initiation）、促进（promotion）和发展（progression）三个阶段，而每一个阶段可能由许多反应组成。可见肿瘤的发生机制是极其复杂的。

目前基本公认肿瘤的发生是由细胞生长调节机制紊乱造成的。正常细胞的增殖与分化受两大类基因的调控：一类是正调信号，促进细胞的生长和增殖，并抑制其发生终末分化，现已知多数癌基因起这一作用；另一类是负调信号，促进细胞成熟与终末分化，最后发生凋亡（apoptosis），现已知致癌基因可能发挥这方面的作用。这两种信号保持动态平衡，对正常细胞的生长、增殖和凋亡进行精确的调控。一旦这种平衡受到各种物理、化学或生物性因素的干扰而失衡，就会引起细胞异常分化与增殖，进而恶性生长。

14.4.3.2　癌基因

（1）癌基因的定义

癌基因（oncogene，或瘤基因），最初的定义是可以在体内引起癌瘤的一类基因，又称转化基因（transformating gene）。癌基因首先发现于以 Rous 肉瘤病毒（RSV）为代表的致癌逆转录病毒。RSV 含有四个基因：*gag*、*pol*、*env* 和 *src*，其中 *src* 基因的表达可以引起细胞转化，导致肉瘤，故称"瘤基因"。此后发现多种病毒中存在癌基因，统称为病毒癌基因（viral oncogene，v-onc）。20 世纪 70 年代进一步发现各种动物细胞基因组中普遍存在着与病毒癌基因相似的序列，统称为细胞癌基因（cellular oncogene, c-onc）。在正常的情况下，这些基因不表达或只是有限制的表达，对细胞无害。当受到致癌因素作用而使其活化并异常表达时，则可导致细胞癌变。

癌基因的名称一般用三个斜体小写字母表示，如 *src*、*myc*、*ras* 等。事实上，目前的有关癌基因的研究已经不仅局限于肿瘤学，而且对探讨正常细胞增殖、分化和细胞信息传递均有重要意义。

现已鉴定出数种病毒癌基因，并认为 v-onc 是长期进化过程中，病毒从动物宿主细胞中提取了 c-onc，进而将其重组到病毒中所形成的。

目前发现的细胞原癌基因约 100 种，其中部分存在于病毒和动物细胞中，而另一部分则只存在于动物细胞中。多数人癌基因在染色体上的位点已被确定。近年来不断有新的癌基因发现。

细胞原癌基因的重要特点之一是在生物进化过程大多数表现为高度保守性，即不同生物细胞中同一种原癌基因的结构十分相似。有的癌基因如 *ras*，不但存在于所有脊椎动物的基因组中，而且在果蝇、酵母中也存在。有人将原癌基因看成是一类"管家基因（house keeper gene）"，它们具有重要的生理功能。

c-onc 主要是应用细胞 DNA 转染（transfection）方法被发现的。例如从人膀胱癌细胞或化学致癌剂转化的小鼠成纤维细胞中提取 DNA，与磷酸钙一起沉淀，转染转化的小鼠成纤维细胞（NIH3T3），两周后发现培养基中出现转化的细胞集落。这些细胞接种小鼠，即可引起肿瘤。如果用正常细胞 DNA 进行同样的转染，则细胞不会转化。由此可见肿瘤细胞的 DNA 分子可以传递肿瘤信息。经过反复转录、重组 DNA、建立基因文库、克隆筛选和基因结构分析等步骤，即可分离出具有转化活性的癌基因。

（2）癌基因产物

癌基因必须通过其表达产物蛋白质来实现其生物学作用。现已发现，各种癌基因表达的蛋白质在细胞中分布十分广泛，包括细胞的分泌蛋白、细胞膜、细胞质及细胞核蛋白等。根据其生物学功能，可将它们分成几大类（表 14-2）：①肽生长因子；②生长因子受体（尤其是受体酪氨酸蛋白激酶）；③蛋白激酶（包括胞浆酪氨酸蛋白激酶，丝氨酸/苏氨酸蛋白激酶）；④受体后信息传递分子（如 G 蛋白）；⑤核内蛋白质——转录调节因子；⑥其他：例如 *erbA* 基因表达甲状腺素/类固醇激素受体，*crk* 基因编码磷脂酶 C 等。因此，可将癌基因分成相应的几大类，即癌基因家族（oncogene family），参看表 14-2。

表 14-2　癌基因分类

类别	成员	产物性质	产物在细胞内定位
表达生长因子类	*sis*	与 PDGF-B 链同源	胞质
	int-2	与 FGF 同源	胞质
表达生长因子受体类	*erb*-B	与 EGF 受体同源	质膜
	fms	与 CSF 受体同源	质膜/胞质
表达非受体酪氨酸蛋白激酶类	*src*	酪氨酸蛋白激酶活性	胞质/质膜

类别	成员	产物性质	产物在细胞内定位
表达丝/苏氨酸蛋白激酶类	*mos*	丝/苏蛋白激酶活性	胞质
表达 G 蛋白类	*raf* *ras*	具有 G 蛋白功能	质膜内
表达核蛋白类	*myc*，*fos*，*myb*，*jun*	DNA 结合蛋白（转录因子）	细胞核
其他类	*crk*	磷脂酶 C 活性	胞质

注：PDGF 血小板源生长因子；EGF 表皮生长因子；CSF 克隆刺激因子；FGF 成纤维细胞生长因子。

由上可见，某些癌基因的表达蛋白质不一定都具有转化活性，所以并非所有的癌基因都有致癌活性。"癌基因"的命名显然是不全面的。有人提出对"癌基因"的定义进行修正。他们认为：从广义角度看，凡是能编码生长因子、生长因子受体、细胞内生长信息传递分子，以及与生长有关的转录调节因子的基因均可属于癌基因的范畴。实际上所谓原癌基因是一类编码关键性调节蛋白质的正常细胞基因，其主要功能是调节细胞的增殖与分化。这一修正大大拓宽了原有癌基因的概念。由于历史原因，目前仍沿用"癌基因"的名称。

14.4.3.3 原癌基因

（1）原癌基因

由于 c-onc 在正常细胞中以非激活形式存在，故又称为原癌基因（pro-oncogene）。通常将 c-onc 作为原癌基因的同义词，但也有人将 c-onc 特指已经激活的癌基因。细胞原癌基因具有真核基因的一般结构特征，即由外显子和内含子组成。各种生物细胞的同一种原癌基因的外显子结构相对保守，而内含子可有较大差异。每种细胞中含有多种原癌基因。

如前所述，原癌基因是细胞基因组的正常成分。只有当某些因素作用后，原癌基因的结构或表达调控发生变化，使之激活才能具有致癌活性，原癌基因的激活实质上是其结构或表达的异常。通常，原癌基因的激活途径包括点突变、启动子插入、增强子插入、染色体移位和基因放大等多种方式。

（2）癌基因和原癌基因

通过癌基因和原癌基因的序列分析发现两者基因结构十分相似，其主要区别在于原癌基因中有内含子，而癌基因中则无此序列。虽然结构上十分相似，但两者在功能上却存在着显著的差异：

a. 病毒癌基因的表达水平显著高于细胞癌基因，其原因在于前病毒基因组的两端含有长末端重复序列（long terminal repeat，LTR），而 LTR 具有启动子（promoter）和增强子（enhancer）功能，使受其支配的病毒结构基因的表达增强；

b. 癌基因与病毒结构基因产物常以融合蛋白的形式存在，最常见的是 gag-onc 融合蛋白；

c. 最重要的是在序列上，癌基因与原癌基因之间存在着微小的（点突变）或较大的差异，因而所产生的蛋白质的功能不同，癌基因具有较强的转化活性，而原癌基因则能促进细胞的正常增殖与分化。

14.5 原核基因表达调节

生物在代谢及生长发育过程中，将储存在 DNA 中的遗传信息通过转录传递给 RNA，再通过翻译在细胞内合成有功能意义的各种蛋白质的过程，称为基因表达（gene expression）。现已知，并非生物体内的所有基因在任何时候均参与表达，因受遗传背景和内外环境的影响，在不同的个体以及相同个体的不同组织细胞或不同发育阶段，某些基因表达，而某些基因不表达。对真核细胞来说，通常只有 2% ~ 15% 的基因处于转录活性状态。细胞的增殖、分化、恶变、衰老以及应激等生命活动在很大程度上均是基因调控的结果。

14.5.1 操纵子假说

法国分子生物学家 Monod 和 Jacob 对大肠杆菌酶产生的诱导和阻遏现象进行深入研究后提出了操纵子结构模型（operon structural model）。所谓的操纵子是指原核生物在转录水平上控制基因表达的协调单位。它由启动基因、操纵基因以及在功能上彼此相关的几个结构基因组成，如图 14-10。

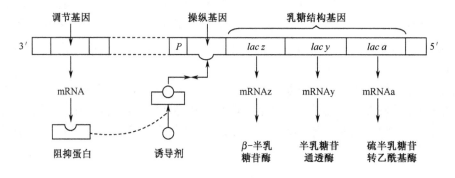

图 14-10 操纵子模型的一般结构

图中的结构基因是酶编码基因，是操纵子的信息区。在结构基因的前部是控制区，它包括一个启动基因和一个操纵基因，控制区不产生基因的产物。启动基因是 RNA 聚合酶结合部位。操纵基因是阻抑物（一种寡聚蛋白）的结合部位，并且是调控 RNA 聚合酶进行转录的部位。结构基因、操纵基因和启动基因三者可看作一个协调单位，称之为操纵子（operon）。

Monod 和 Jacob 提出的操纵子模型说明，酶的诱导和阻遏是在调节基因产物阻遏蛋白的作用下，通过操纵结构基因或基因组的转录而发生的。由于经济的原因，细菌通常并不合成那些在代谢上无用的酶，因此一些分解代谢的酶类只在有关的底物或底物类似物存在时才被诱导合成，而一些合成代谢的酶类在产物或产物类似物足够量存在时，其合成被阻遏（repression）。在诱导时，阻遏蛋白与诱导物相结合，因而失去封闭操纵基因的能力。在阻遏时，原来无活性的阻遏蛋白与辅阻遏物（corepressor），即各种生物合成途径的终产物（或产物类似物）相结合而被活化，从而封闭操纵基因。酶生成的诱导和阻遏的操纵子模型可用下列图解来说明（图14-11）。

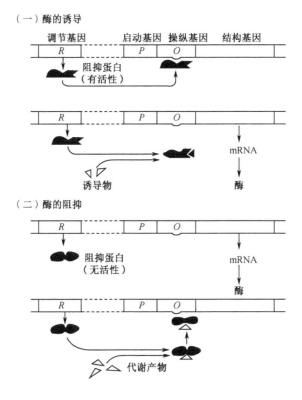

图 14-11　酶的诱导和阻抑操纵子模型

操纵子有多种调节模式，以下介绍两种典型的调节模式。

14.5.2　乳糖操纵子（*lac* operon）

大肠杆菌在葡萄糖培养基中生长时，菌体中只含有极少量的 β-半乳糖苷酶。如果培养基中仅有乳糖时，β-半乳糖苷酶却大量产生，增加近 1000 倍，可见乳糖诱导了酶的产生。如果此时向有乳糖的培养基中加入少量的葡萄糖，β-半乳糖苷酶的产生又停止，这种如何解释呢？Monod 和 Jacob 于 1961 年提出了乳糖操纵子模型解释了这种酶合成的诱导现象。

乳糖操纵子的结构基因包括三个，分别编码 β-半乳糖苷酶（分解乳糖位葡萄糖和半乳糖）、β-半乳糖苷透性酶（使乳糖进入细胞）、硫代半乳糖苷转乙酰酶（将乙酰CoA 上的乙酰基转移到 β-半乳糖苷上，形成乙酰半乳糖）。三个基因受同一个控制区控制，见图 14-12。

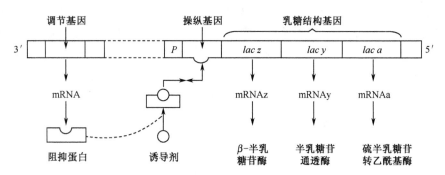

图 14-12　乳糖操纵子模型

在无乳糖存在时，调节基因转录和翻译，产生具有活性的阻遏蛋白，并与操纵基因结合，阻止启动基因上的 RNA 聚合酶进行转录，这是一种负调节作用。此阻遏蛋白是由四个相同的亚基组成的，每个亚基都有两个结合位点，一个辨识操纵基因并与之结合的位点，另一个是结合效应物的变构位点。

在有乳糖存在时，因乳糖是乳糖操纵子的效应物（即结构基因所产生的酶的底物，也称诱导物），它可与阻遏蛋白的变构位点结合，使之产生变构而失去活性，因而不能与操纵基因结合，于是 RNA 聚合酶能够进行转录，产生三种酶，使大肠杆菌能利用乳糖。

以上说明的是为什么在用葡萄糖培养时，不产生 β-半乳糖苷酶，而利用乳糖培养时，能产生 β-半乳糖苷酶的机理。在乳糖培养基中加入葡萄糖后，为什么 β-半乳糖苷酶又停止产生呢？其原因是在乳糖操纵子中，还有另一种蛋白在起作用，这个蛋白是降解物基因活性蛋白（CAP），又称为 cAMP 受体蛋白，是一个二聚体。当它特异地结合在启动基因上时，能促进 RNA 聚合酶与启动基因结合，同时促进 RNA 聚合酶进行转录（正调节作用）。然而，游离的 CAP 是不能与启动基因结合的，必须要细胞中有足够的 cAMP 存在时，CAP 先与 cAMP 结合，然后才能与启动基因结合。由于培养基中有葡萄糖存在，葡萄糖的降解产物能降低细胞中 cAMP 含量，影响 CAP 与启动基因结合，也影响 RNA 聚合酶与启动基因的结合，因而，β-半乳糖苷酶等三个酶也不能产生。

14.5.3　色氨酸操纵子（*trp* operon）的调控

trp 操纵子共有 E、D、C、B、A 五个结构基因，其编码产物为色氨酸合成酶系统。其中 E、D 基因共同编码邻氨基苯甲酸合成酶，C 基因编码吲哚甘油磷酸合成酶，B、A 基因共同编码色氨酸合成酶。大肠杆菌内色氨酸的合成如图 14-13 所示。

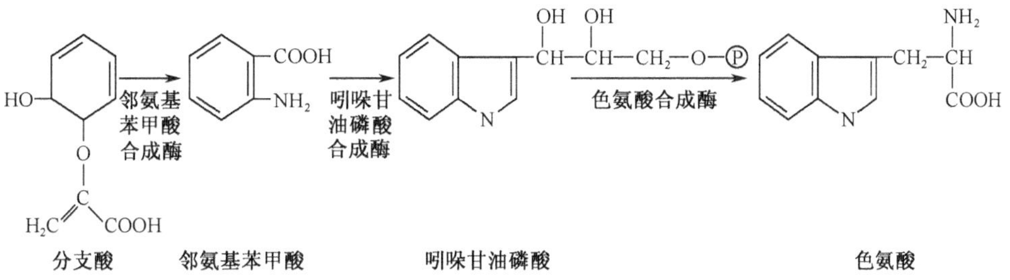

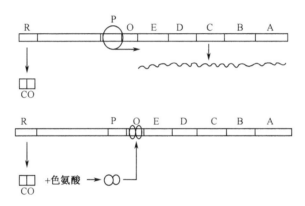

图 14-13　大肠杆菌内色氨酸的合成

与 *lac* 操纵子的可诱导调控方式不同，*trp* 操纵子属可阻遏调控类型。该操纵子调控基因 R 的编码产物为辅阻遏蛋白。它没有直接结合 DNA（操纵基因）的能力，因此，一般情况下（色氨酸浓度较低时），*trp* 操纵子是开放的，即表达上述三种酶，以合成色氨酸；当色氨酸浓度增加到一定程度时，作为辅阻遏物的色氨酸，与辅阻遏蛋白结合并使其构象发生变化，成为阻遏蛋白，而具有结合 DNA 的能力；这样，所形成的色氨酸-阻遏蛋白复合物与操纵基因结合，封闭 O 区，停止转录，避免合成过多的色氨酸，而造成不必要的浪费（见图 14-14）。

图 14-14　trp 操纵子的调控模式图

另外，*trp* 操纵子的表达还受衰减作用（attenuation）的调控，与衰减调控相关的 DNA 序列称为衰减子（attenuator），其作用是减弱操纵子的作用。除了 *trp* 操纵子外，*phe*、*his*、*thr* 和 *leu* 等操纵子都含有衰减子。

14.6　真核基因表达的调节

真核生物分类很复杂，基因组十分庞大。哺乳动物基因有大约 3×10^9 bp DNA 组成，比 *E. coli* 染色体大 10^3 倍。利用核酸杂交已测得哺乳类细胞含 5000～10 000 种 mR-NA，由此推测整个哺乳类基因组大约由 40 000 以上的基因。按照每个编码基因为 1500 个核苷酸计算，这些基因约占基因组的 6%。此外尚有 5%～10% 的 rRNA 等重复基因，其余 80%～90% 的哺乳类基因组没有直接的遗传学功能，这是真核生物基因组与原核生物截然不同的。

14.6.1　非转录基因

真核生物基因表达规则比原核生物更复杂和难于理解。一点不同在于两种生物转录翻译 DNA 的比率的差异。原核生物含有相对少的 DNA 量，大多数可参与翻译。真核生物含有大量 DNA，但只有约 2% 参与翻译。*E. coli* DNA 中 4 百万碱基对编码 3000 个蛋白，而人类 29 亿碱基对编码 3 ~ 4 万个蛋白。人体细胞 DNA 比大肠杆菌 DNA 大 700 倍，但所含蛋白只为其 10 倍。非转录 DNA 的作用是什么？这些特别的 DNA 是作为非连续基因间的内含子存在的。表达非连续基因需要内含子的切除和 RNA 前体的拼接。这样的拼接可能通过连接同一 RNA 前体的不同外显子从而产生不同 RNA。

切除的复杂性提高了抗体的多样性，使机体生成大量抗体。据估计，人体可产生一千多万种与之特异结合的抗体。这一数量大大超过人体免疫球蛋白基因数。所以每个抗体不可能来自于单独服务于它的基因，取而代之的是基因的组合。这种组合包括外显子不同部分而进行的特异性连接。

这些特别 DNA 的第二个作用是提供转录为核蛋白体、转座子和小 RNA 的模板。大量 DNA 不转录为 mRNA 似乎揭示了为什么每个真核生物中的 DNA 的量与其复杂性的不吻合。例如，尽管肺鱼比人低级的多，它却有着人类 35 倍 DNA 的量。

14.6.2　重　复　DNA

哺乳动物基因组的另一个特点是存在大量的重复序列，即在整个 DNA 重复出现的核苷酸片段。这种现象在原核也有存在，但在高等真核生物基因中表现得更多、更普遍。重复序列长度可长可短，短的在 10 个核苷酸以下，长的多达数百乃至上千个核苷酸；重复频率也不尽相同。根据重复频率可将重复序列人为地分为高度重复序列、中度重复序列和单拷贝序列。高度重复序列重复频率可达 10^6，中度可达 $10^3 \sim 10^4$，它们统称多拷贝序列；单拷贝序列是指在整个基因组中只出现一次或很少几次的核苷酸序列。还有一种重复序列是由两个相同序列的互补拷贝在同一 DNA 链上反向排列而成，称为反转重复序列（inverted repeat）。重复序列有种属特异性，基因组愈大，重复序列含量愈大愈丰富。高等真核生物基因组很大，相比之下，真核生物基因重复序列比原核生物更多就是这个道理。重复序列及基因重组均与生物进化有关。某些重复序列发生在控制区，如转录控制区、衰减控制区及其某些酶或蛋白因子结合位点，可能对 DNA 复制、转录调控具有重要意义，似乎在提供更多的特异的转录中起重要的作用。

14.6.3　真核转录的调控

真核生物基因表达调控主要发生在转录起始、转录后加工、翻译和翻译修饰等几个阶段，但最重要的是转录起始和转录后加工。下面着重讨论转录起始的基因表达调控。

14.6.3.1 真核基因调节机制的特点

（1）真核生物与原核生物基因转录存在明显差别

真核生物基因序列与原核很像，主要通过基因上游的启动子在转录水平进行调控。但真核生物与原核生物基因转录存在明显差别：①核基因转录激活与染色质转录区的多样性结构变化密切相关；②尽管有正、负性调节元件发现，但真核基因转录时正性调节占主导地位；③核细胞的转录发生在胞核，翻译在胞浆，两过程被严格分隔开，因此真核转录调节更复杂。真核生物似乎没有操纵子对启动子的调控，取而代之的是 DNA 上特异序列和与之结合的特异蛋白对转录速度的调控。

（2）活性染色体结构变化

1）对核酸酶敏感　活化基因的一个明显特性是对核酸酶极度敏感。高敏位（hypersensitive site）常出现于某些基因的 5′旁侧区（5′flanking region）、3′末端、甚至基因本身，具体发生在调节蛋白结合位点附近，该区域相对缺乏核小体结构，有利于调节蛋白的结合。

2）DNA 拓扑结构变化　几乎所有天然状态的双链 DNA 均以负超螺旋构象存在。当基因活化时，RNA 聚合酶前的转录区 DNA 拓扑结构为正超螺旋，而在其后的 DNA 则为负超螺旋。负超螺旋构象有利于核小体结构的再形成，而正超螺旋不仅阻碍核小体结构的形成，而且促进组蛋白 H2A·H2B 二聚体的释放，使 RNA 聚合酶有可能向前移动，进行转录。这就是"进行性置换模型（progressive displacement model）"的转录机制。

3）DNA 碱基修饰　在真核 DNA 中约有 5% 的胞嘧啶残基被甲基化为 5-甲基胞嘧啶。这种甲基化最常发生在某些基因 5′旁侧区的 CpG 序列上，甲基化范围与表达频率呈反比关系。同一基因在不同组织表达状态不同，处于转录活化状态的基因的 CpG（又称"CpG"岛）序列一般是低甲基化的。

4）组蛋白变化　目前，虽然很难做到分辨哪些基因有能力转录、哪些基因正在被转录或已经被转录，但是活化染色质某些性质变化是存在的。其中包括：富含 Lys 组蛋白水平降低；H2A·H2B 二聚体不稳定性增加，即易于从核心组蛋白中被置换出来；组蛋白修饰，最常见的修饰为乙酰化（acetylation）及泛素化（obiquitination）。高度乙酰化发生在 5′旁侧区的染色质结构，使核小体变得不稳定。泛素化常发生在 H2A 或 H2B C 末端的特异 Lys 残基侧链，这种化学修饰是转录活化区所特有的性质；H3 组蛋白巯基基团暴露，这是由于核小体结构发生变化而引起的。在某些情况下，转录活性高的区域常发现缺乏核小体结构，如真核 rRNA 基因。所有上述变化均与消除潜在的结构障碍使染色质成为活化染色质相关。

（3）正调节占主导地位

真核 RNA 聚合酶对启动子的亲和力极小或根本就没有实质的亲和力，转录起始需依赖一种或几种激活蛋白的作用。尽管已发现某些基因含有负作用元件，很多真核调节因子既可为激活蛋白，又可为阻遏蛋白，但负性调节元件并不普遍存在，较大真核基因组广泛存在正调节机制。

（4）转录与翻译分隔进行

真核细胞具有细胞核、核膜及胞浆等区隔分布，转录与翻译在细胞不同部位进行。有关内容已在 RNA 转录及蛋白质生物合成章节介绍，在这里不再赘述。

14.6.3.2 真核基因转录激活调节

真核细胞有三种 RNA 聚合酶（Ⅰ、Ⅱ和Ⅲ），分别启动 tRNA、mRNA 和 rRNA 转录。由于 tRNA 和 rRNA 转录调节蛋白生物合成直接涉及 mRNA 转录，因此讨论 mRNA 转录调节对认识真核基因转录调节具有普遍意义。

（1）顺式作用元件

顺式作用元件（cis-acting element）是特异转录因子的结合位点或 DNA 序列。根据顺式作用元件的位置、转录激活作用的性质及发挥作用的方式，可将这些元件分为启动子（promoter）、增强子（enhancer）和静息子（silencer）。增强子和静息子分别代表真核生物中特异性增强转录和抑制转录的序列，这些序列可以或远或近的位于它们所作用的基因或称为启动子的上游或下游。增强子和静息子需要结合蛋白才能作用，结合到前者的称为激活蛋白，后者的称为抑制蛋白。这些蛋白的结合加速或抑制转录，这些蛋白也被称为转录因子。我们至少知道另外两种转录因子。基础因子通过定位 RNA 聚合酶与起始位点启动转录，辅助作用因子会综合转录因子的信号从而调控转录。

1）启动子　在真核基因，启动子是指 RNA 聚合酶Ⅱ启动位点周围的一组转录控制组件（module）。每一组件含 7~20bpDNA 序列。每个启动子包括至少一个转录起始点（transcription start site, initiation site）以及一个以上的机能组件，转录调节因子即通过这些机能组件对转录起始发挥作用。在这些调节组件中最具典型意义的就是 TATA 盒（TATA box），它的共有序列是 TATAAAA。TATA 盒通常位于转录起始点上游 $-25bp$ 至 $-30bp$，控制转录的准确性和频率。TATA 盒是基本转录因子 TFⅡD 结合位点，TFⅡD 则是 RNA 聚合酶Ⅱ结合 DNA 必不可少的（有关转录因子详见下文）。除 TATA 盒外，GC 盒（GGGCGC）和 CAAT 盒（CCAATC）也是很多基因常见的，它们通常位于转录起始点上游 $-30bp$ 至 $-110bp$ 区。此外，还发现很多其他类型的机能组件。有些启动子的机能组件也可位于转录起始点下游。由 TATA 盒和转录起始点即可构成最简单的启动子。典型的启动子则由 TATA 盒及上游的 CAAT 盒或 GC 盒组成，这类启动子通常具有一个转录起始点及较高的转录活性。然而，还有很多启动子并不含 TATA 盒，这类启动子分为两类：一类是富含 GC 的启动子，最初发现于一些管家基因，这类启动子一般含数个分离的转录起始点；另一类启动子既不含 TATA 盒，也不含 GC 富含区，这类启动子可有一个或数个转录起始点，大多数转录活性很低或根本没有活性，而是在胚胎发育或组织分化、再生过程中受调节。

2）增强子　所谓增强子就是远离转录起始点（1~30kb）、决定组织特异性表达、增强启动子转录活性的特异 DNA 序列。增强子结构与启动子非常相似,增强子和启动子常交错覆盖或连续。从机能方面讲,没有增强子存在,启动子通常不能表现出活性;而没有启动子时,增强子也无法发挥作用。有时,对结构密切相连而无法严格区分的启动子、增强子样结构统称启动子。可以理解,只有这类定义的启动子才具有独立的转录活性。否则,没有增强子存在,启动子是无法表现活性的。在酵母基因,有一种类似高等真核增强子作用的序列,称为上游激活序列(upstream activator sequence,UAS),其在转录激活中的作用及方式与增强子类似。

现将一般真核启动子典型结构概括如图(14-15)。

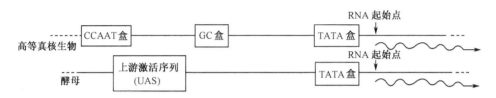

图 14-15　真核启动子的典型结构

某些基因发现有负性调节元件——静息子的存在。有些 DNA 序列既可作为正调节元件又可作为负性调节元件发挥顺式调节作用,这取决于不同类型细胞中 DNA 结合因子的性质。

(2)转录调节因子

转录调节因子简称转录因子(transcription factor,TF)。除少数顺式作用蛋白(cis-acting protein)外,大多数调节蛋白以反式作用调节基因转录。转录因子对转录激活的调节均涉及 DNA -蛋白质、蛋白质-蛋白质相互作用。

按功能特性可将转录因子分为如下三类。

1)基本转录因子(general transcription factor):是 RNA 聚合酶 II 结合启动子所必需的一组因子,为所有 mRNA 转录启动共有,故称基本转录因子,包括 TF II D、A、B、E、F、G、H 和 J 等。实际上,TF II D 是由 TATA 结合蛋白(TATA binding protein,TBP)和几种 TBP 相关因子(TBP associated factor,TAF)组成的复合物,其中 TBP 是特异识别 TATA 序列的 DNA 结合蛋白。

2)转录激活因子(transcription activator):凡是通过蛋白质- DNA、蛋白质-蛋白质相互作用起正转录调节作用的因子均属此范畴。增强子结合因子(enhancer binding factor)就是典型的转录激活因子,如 Spl 等(见表 14-3)。此外有些 TAF 为某些转录激活因子发挥功能所必需,通过蛋白质-蛋白质的相互作用起辅助作用,故称辅助激活因子(coactivator)也属此类。

3)转录抑制因子(transcription inhibitor):包括所有通过蛋白质- DNA、蛋白质-蛋白质相互作用产生负调节效应的因子。

所有依赖 DNA 序列的转录因子至少包括两个不同的结构区:DNA 结合区和转录激活区;此外,很多转录调节因子还包括一个介导蛋白质-蛋白质互相作用的二聚化反应的结构区。转录因子通常有两类结合 DNA 双链的结合基序（motif）。一个称为螺旋-转角-螺旋，与降解物活化蛋白结合。另一个是锌指（zinc finger）结构。锌指结构与 DNA 大沟的约 5 个连续的碱基对结合，这一结构的特异之处在二个半胱氨酸和二个组氨酸与一个二价锌离子配位结合。锌指结构最早发现于结合 GC 盒的 SPl 转录因子的 DNA 结合区，由 30 个氨基酸残基组成，其中有 2 个 Cys 和 2 个 His，4 个氨基酸残基分别位于正四面体顶角，与四面体中央的锌离子配位结合以稳定锌指结构，在 Cys 和 His 之间有 12 个氨基酸残基，其中数个为保守的碱性残基（图 14-16）。此外，还有一些锌指结构不含 His。

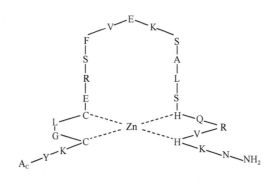

图 14-16 锌指结构

转录激活因子 CTFl 识别 CAAT 盒的 DNA 结合基序是碱性 α 螺旋。类似的碱性 α 螺旋 DNA 结合区的还见于碱性亮氨酸拉链（basic leucine zipper，bZIP）和碱性螺旋-环-螺旋（basic helix-loop- helix，bHLH）的结构。转录激活区一般由 30～100 个氨基酸组成。根据氨基酸组成特点，转录激活区又有酸性激活结构域（acidic activation domain）、谷氨酰胺富含结构域（glutamine-rich domain）及脯氨酸富含结构域（proline-rich domain）。二聚化作用与 bZIP 的亮氨酸拉链、bHLH 中螺旋-环-螺旋结构有关。

表 14-3 某些转录调节蛋白及识别元件

因子	识别元件（共有序列）
TBP	TATA 盒（TATAAA）
C/EBP*，NF-Y*	CAAT 盒（CCAATC）
Spl	GC 盒（GGGCGGG）
MyoD*	E 盒（CANNTG）
Oct1、2、4、6*	Ig 八联体（ATGCAAAT）
Jun，Fos，ATF*	AP1 位点（TGA/CTC/AA）
SRF	血清反应元件（GATGCCCATA）
HSF	热休克反应元件（（NGAAN）₃）

*示家族，有多个成员

上面介绍的几种 DNA 结合、转录激活及介导二聚化的结构形式是最典型的、最常见的。此外，尚有一些独特的结构形式，这里就不做过多介绍。

（3）mRNA 转录激活及其调节

真核 mRNA 转录激活及其调节与原核不同，真核 RNA 聚合酶 Ⅱ 不能单独识别启动子并与之结合，而是先由基本转录因子 TFⅡD 识别 TATA 元件或启动元件（initiator element，IE）并与之特异性结合，形成 TFⅡD-启动子复合物（图14-17），这一过程由 TFⅡA 促进；接着 TFⅡB 加入装配，结合到启动子 DNA 上。在 TFⅡF 等参与下，RNA 聚合酶 Ⅱ 与 TPⅡD、TPⅡB 聚合，形成一个功能性的前起始复合物（preinitiation complex，PIC）。在几种基本启动因子中，TFⅡD，是唯一具有与位点特异的 DNA 结合能力的因子，在上述有序的组装过程中起关键性指导作用。同时，很多重要的转录调节因子均以 TFⅡD 为靶分子，通过 DNA-蛋白质、蛋白质-蛋白质相互作用，直接或间接影响 PIC 的形成或其稳定性，影响 RNA 聚合酶 Ⅱ 的活性，实现对转录起始的调节（图14-18）。

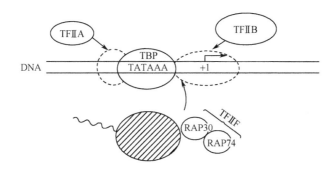

图 14-17　转录起始复合物的形成

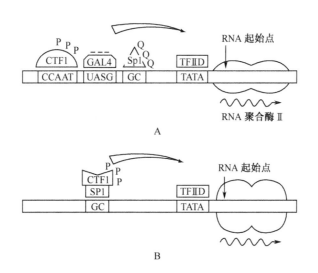

图 14-18　真核转录激活因子通过 TFⅡD 调节 RNA 聚合酶 Ⅱ 活性

真核基因转录起始调节是复杂的、多样的。不同的 DNA 元件相互组合可产生各种类型的转录调节方式,多种转录因子又可结合不同或相同的 DNA 序列,这些因子结合 DNA 前常需通过蛋白质-蛋白质相互作用形成二聚体复合物,组成二聚体的单体不同,所形成的二聚体结合 DNA 的能力不同,对转录激活过程所产生的效果各异,有正调节作用或负调节作用之分。存在于细胞内的众多调节因子通过 DNA -蛋白质、蛋白质-蛋白质相互作用的协同、竞争与拮抗,调节基因的转录起始。

一些激素也会对转录产生作用。它们经常是疏水化合物(如类固醇激素)。它们透过核膜与特异性受体结合加速某种基因的转录。激素对基因表达的调节是通过两种途径实现的。甾体激素和甲状腺素是直接和细胞内受体结合,这些受体是调节蛋白,激素和调节蛋白的结合对靶基因或者起正调节作用或者起负调节作用。非甾体激素和细胞表面受体结合,触发能导致调节蛋白的磷酸化的信号途径;磷酸化作用影响它们的调节活性。

基因表达调控是在多级水平上进行的复杂事件,转录起始调节是其中一个重要调节环节。至于转录过程中的调节及其他水平调节仍是当前值得探索的领域,即使对转录起始的调节也远未清楚,这些均属当代科学的前沿领域。

14.6.4　其他转录调控

大多数真核生物基因表达主要借助转录起始系统来控制,另外还有转录前的终止,RNA 前体的加工和剪接(前面已述),RNA 从核内转运至胞质,RNA 的编辑等多个环节。有些动物细胞基因的表达使用其他的控制机制,对此下面作一重点介绍。

14.6.4.1　起始位点

小鼠肝脏和唾液腺两个器官合成的相应淀粉酶 mRNA 只是从 5′端不同的起始位点转录,却产生出两种活性不同的淀粉酶分子,肝脏淀粉酶 mRNA 活性是唾液腺淀粉酶 mRNA 的 1%。比较两种 mRNA 和其相应基因序列,发现两种 mRNA 的 5′端前导序列不同,唾液腺中的前导序列(S)长 93 个核苷酸,肝脏中的前导序列(L)含 204 个核苷酸,但在基因上 S 和 I 相距 2.8kb,其余的包括编码区(1540bp)、3′不译区和 3′polyA 尾巴完全相同。显然这种差别是由于起始位点不同,二者使用的启动子和前导序列不同而引起的。实验表明,肝脏和唾液腺两种细胞基因不能互换它们的启动子和前导序列。如果唾液腺细胞基因的转录起始于肝启动子外显子 I。这样转录出的转录物将很快被降解,反过来转录出的转录物也会被降解。这说明各自的前导序列对自身的结构基因区段起保护作用。两种 mRNA 仅仅是前导序列不同,为什么活性相差 100 倍(唾液腺淀粉酶 mRNA 占总 mRNA2%,肝淀粉酶 mRNA 则占 0.02%)?可能的解释是两个不同的启动子控制起始转录速率不同而造成差别。

14.6.4.2　变换选择剪接位点

对于同一种基因,一种细胞 DNA 的外显子可以是另一种细胞的内含子。例如一个大鼠编码 7 种组织特异的肌肉蛋白。α-原肌球蛋白(α-tropomyosin)及其几个变体就是使用变换选择剪接位点获得的（图 14-19）。许多的细胞基因表达都是利用这种机制调控的。

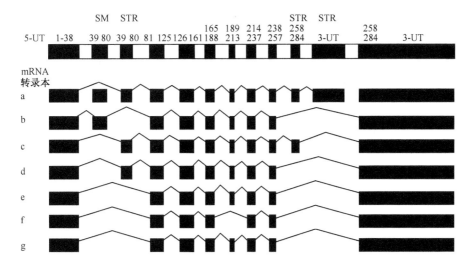

图 14-19　大鼠 α-原肌球蛋白基因及其通过变换 7 个剪接位点获得细胞特异的
α-原肌球蛋白基因变体的组织

连接的细线表示剪接前未成熟的 mRNA 的内含子；以编码氨基酸数目表示特异组织的外显子；在所有组织中均可表达的是组成型外显子。SM 是只在平滑肌表达的外显子；STR 是只在横纹肌中表达的外显子。平滑肌和横纹肌外显子（编码氨基酸 39～80）是它们各自专有的，还有变换的 不译外显子（UT）。a. 横纹肌（STR）；b. 平滑肌；c. 横纹肌肉；d. 成肌细胞；e. 非肌肉/纤维细胞；f. 肝细胞瘤；g. 脑。此外还有变换终止子位点的调控机制，由此可以控制表达产物的种类

14. 6. 4. 3　mRNA 降解的控制

支配基因表达的一个重要因素是细胞中 mRNA 的浓度，它依赖于 mRNA 的合成速度和降解速度，mRNA 的降解能保证细胞不会继续合成自己不需要的蛋白质。

各种真核细胞 mRNA 在细胞质中降解的速率变化很大，大多数的 mRNA 半衰期以小时或天计，某些 mRNA 在进到细胞质内 30min 即被降解，这种降解作用与某些激素存在与否有关。放射性标记实验表明，雌激素存在时，卵黄蛋白 mRNA 增加数百倍，且其半衰期增至 480h，一旦激素除去，卵黄蛋白 mRNA 的合成回复到原来的基础水平，半衰期降到 16h。

几乎所有真核细胞 mRNA 的 polyA 尾巴都有保护 mRNA 免受核酸酶降解的作用，此外 RNA 3′端不译区上富含的 AU 序列对核酸酶的降解具有保护作用。据分析，大多数具有二级结构的 mRNA 不易被降解，或者对核酸酶敏感的序列被二级结构所遮盖。

15 翻译——蛋白质的生物合成

本章提要 以 mRNA 为模板的蛋白质合成过程为翻译。蛋白质的合成是在核糖体上进行的，翻译过程有核糖体、mRNA、蛋白质因子、酶、tRNA 等参与。大肠杆菌中转录和翻译紧密相连。真核生物转录和翻译是分隔的。蛋白质的合成包括氨基酸的活化、起始、延长、终止四个阶段。新合成的蛋白质多数还需进行修饰、加工和折叠过程才能成为有活性的成熟蛋白分子。氨基酸活化是氨基酸与 tRNA 形成氨基酰-tRNA，校正 tRNA 保证 mRNA 密码子翻译的准确性。翻译是沿 mRNA 的 5′→3′方向进行的，几乎所有的真核 mRNA 起始密码子都是 AUG，终止密码子为 UAA、UAG、UGA。起始阶段是起始复合物形成过程，延长阶段是进位、转肽、脱落、移位的循环，肽链释放因子参与肽链合成的终止。翻译水平的调控对于真核生物尤为重要，表现 mRNA 的识别、起始、延长等方面。帽子结构识别、延长因子、非翻译区结构功能单位、蛋白质的成熟和加工、反义 RNA 等都是翻译水平的调控。体内参与蛋白质折叠的物质至少有助折叠蛋白和分子"伴娘"两类。蛋白质定位可由信号肽理论解释。蛋白质的特异降解系统是依赖于 ATP 的系统。

15.1 蛋白质合成的原理

15.1.1 概　　述

蛋白质是绝大多数信息途径的最终产物。一个普通的细胞在任何时候都需要成千上百种不同的蛋白。这些蛋白必须在需要的时候合成，并运输（定位）到适当的细胞位置。当细胞不需要它们时又要被降解。人们称以 mRNA 为模板的蛋白质合成过程为翻译（translation）。

蛋白质的合成机制是最复杂的生物合成机制。tRNA 所携带的氨基酸，是通过"核糖体循环"在核糖体上缩合成肽完成翻译过程的。在真核细胞中，蛋白质的合成需要 70 种以上核糖体的蛋白参与，需要 20 个或更多的酶来激活氨基酸前体，需要 12 个或更多的辅酶和其他专一性的蛋白质因子来进行肽链合成的起始、延伸和终止，大概还需要 100 多种酶参与各类蛋白质的最后修饰，需要 40 个以上 tRNA 和 rRNA。因此，几乎有 300 多种不同的生物大分子协同工作以合成多肽。许多大分子被组成复杂的具有三维空间结构的核糖体。核糖体在 mRNA 上一步步的移位进行多肽链的合成过程。蛋白质的合成约占了一个细胞全部生物合成所需化学能的 90%。在大肠杆菌中那些参与蛋白质合成的各种蛋白质和 RNA 分子与真核细胞中的相似。对真核和原核细胞来说，每个细胞中每个蛋白质和 RNA 分子都有成百上千个拷贝。总的来说，一个典型的细菌细胞中（约 100nm³ 的体积）含有 20 000 个核糖体，100 000 个相关蛋白质因子和酶，200 000 个 tRNA，约占细胞干重的 35% 以上。

尽管蛋白质的合成具有巨大的复杂性，但还是有相当高的速率。在一个大肠杆菌细胞中，合成一个完整的含 100 个氨基酸残基的多肽在 37℃ 时约只需 5s。每个细胞中成百上千种蛋白质合成的调节是相当严格的，所以在给定的代谢环境下，只有所需数量的分子被合成。为保持细胞中蛋白质合适的比例和浓度，定位和降解过程必须与蛋白质的合成同步。

15.1.2　核糖体——蛋白质合成的部位

核糖体由大小不同的两个亚基组成，这两个亚基则是由不同的 RNA 分子（称为 rRNA）与多种蛋白质分子共同构成的。胞质中的核蛋白体分为两类：一类附着于粗面内质网，主要参与清蛋白、胰岛素等分泌蛋白质的合成；另一类游离于胞质，主要参与细胞固有蛋白质的合成。小亚基（原核生物为 30S，真核生物为 40S）的外形像哺乳动物的胚胎，长轴上有一下凹的颈沟将其分为头、体两部（图 15-1）。大亚基（原核生物为 50S，真核生物为 60S）外形有三个角，中央部分凹陷，呈船形。大小亚基缔合时其间形成一个腔，像隧道一样贯穿整个核蛋白体（原核生物为 70S，真核生物为 80S），蛋白质的合成过程就在其中进行。

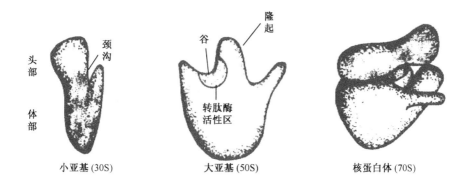

图 15-1　核蛋白体的立体模式图

核糖体相当于"装配机"，又称蛋白质合成的"工厂"，能够促进 tRNA 所携带的氨基酸缩合成多肽。核糖体大亚基具有转肽酶（transpeptidase）的活性（图 15-1），转肽酶的活性中心位于 23S rRNA（原核）或 28S rRNA（真核），可使核糖体原有 tRNA 上的肽链转移到新进入核蛋白体的 tRNA 所携带的氨基酸上，使其缩合成肽。所以，核蛋白体在 mRNA 上每向前移动一个密码子的位置，肽链上即增加一个新的氨基酸，移动过程就是翻译的过程。核糖体不断向前移动，肽链不断增长，接近终止信号时，翻译过程即告结束，核糖体脱落，多肽链（产品）也即释放出。

15.1.3　翻译的方向性

多肽链合成是从氨基末端开始还是从羧基末端开始的呢？1961 年 Howard Dintzis 利用放射性同位素示踪法得出了答案。Dintzis 等人用 ^{3}H-亮氨酸作标记分析了兔网织红细胞无细胞体系中血红蛋白生物合成的过程。血红蛋白中含有较多亮氨酸。其氨基酸序列已知。合成反应在较低温度（15℃）下进行，以降低合成速度。在反应开始后的 4 ~ 60min 内，每隔一定时间取样分析。将带有标记的蛋白质分离出来，拆开 α，β 两条链，用胰蛋白的酶水解肽链，用层析分离水解碎片并测定所含的放射性强度。实验结果如图 15-2 所示。从图中可以看出，反应 4min 后，只有羧基端含有 ^{3}H-亮氨酸。随着反应时间的延长，带有标记的肽段自羧基端向 N 端延伸，到 60min 时，几乎整个肽段都布满了标记物。这个实验说明多肽链的合成是起始于氨基末端，然后逐步连续加接其他氨基酸残基，延伸至羧基末端。这种方式已被无数的实验证明，而且适用于所有细胞的所有蛋白质。也就是说翻译的方向是沿 mRNA 的 5′→3′ 方向进行的。所以在大肠杆菌中，当 mRNA 的 5′ 端刚转录合成后不久就与核糖体结合开始翻译，也就是说当 mRNA 的转录还没有完成时，翻译工作就开始了，翻译和转录紧密的相连在一起。

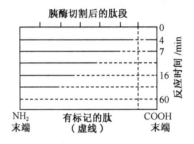

图 15-2　标记亮氨酸掺入血红蛋白 α-链羧末端的图解

（虚线表示带有标记的肽段）

15.2　蛋白质合成的过程

蛋白质合成过程分四个基本阶段。第一阶段为氨基酸的活化，第二阶段为蛋白质合成的起始，第三阶段为肽链的延伸，第四阶段为合成终止。

15.2.1　氨基酸的活化与转运

蛋白质合成过程中氨基酸在掺入肽链以前必须活化（activation）以获得额外的能量。氨基酸借其-NH$_2$基及-COOH 互相连接形成肽键。氨基酸的活化过程及其活化后与相应 tRNA 的结合过程都是在一组依赖于 Mg^{2+} 的被称为氨酰-tRNA 合成酶（aminoacyl-tRNA synthetase）（也称氨基酸 tRNA 连接酶）的催化下进行的。活化了的氨基酸与 tRNA 形成氨基酰-tRNA。这一反应在可溶性细胞质内完成。氨基酸与 tRNA 之间形成的共价键是富能键（high energy bond），它使氨基酸和正在延伸的多肽链末端反应形成新的肽链。因此氨基酰-tRNA 的合成被称为氨基酸活化。

如前所述，氨基酸连到 tRNA 上的反应也是由氨酰-tRNA 合成酶催化的。每个氨基酸都有各自特异的氨酰-tRNA 合成酶，共有 20 种氨酰-tRNA 合成酶。合成反应共两步：第一步是氨基酸与 ATP 反应形成氨酰腺苷酸（即氨酰 AMP）。

$$^+H_3N-\underset{\underset{H}{|}}{\overset{\overset{R}{|}}{C}}-\overset{\overset{O}{\|}}{C}\diagdown_{O^-} + ATP \rightleftharpoons {}^+H_3N-\underset{\underset{H}{|}}{\overset{\overset{R}{|}}{C}}-\overset{\overset{O}{\|}}{C}-O-\underset{\underset{O^-}{|}}{\overset{\overset{O}{\|}}{P}}-O-核糖—腺嘌呤 + PPi$$

氨基酰腺苷酸（氨基酰-AMP）

第二步，氨基酰-AMP 在不离开酶的条件下，其氨酰基被转移到 tRNA 的 3′端，形成氨基酰-tRNA：

氨基酰-AMP ＋ tRNA ⟶ 氨基酰-tRNA ＋ AMP

总的反应是：

氨基酸 + ATP $\xrightarrow{\text{氨基酰-tRNA 合成酶}}$ 氨基酰-tRNA + AMP + PPi

随后，焦磷酸水解成无机磷酸。

氨酰基团被连接在 tRNA3′端 CAA 腺苷的核糖 2′-OH 或 3′-OH 上。如果氨基酰-tRNA 被连接在 2′-OH 上，则必须在它与核糖体结合后立即转移到 3′-OH 上才能与氨基酸之间形成肽键，如 Phe-tRNA^Phe 的转移属于这种情况。

15.2.2　蛋白质合成起始

大肠杆菌内蛋白质合成的起始是从核糖体小亚基 30S 与 fMet-tRNA^fMet 及一个 mRNA 分子在起始因子参与下形成起始复合物开始的，最终形成 70S 起始复合物，完成翻译的起始。起始氨基酰-tRNA 的反密码子与 mRNA 上的密码子 AUG 的碱基配对标志着多肽链合成的开始，这个过程需要 GTP，是由专一的起始因子（IF）来启动的。

15.2.2.1　Met 作用

在遗传密码中，AUG 对应于 Met 和 fMet，现已知除少数使用 GUG（Val）作为起始密码子外，原核生物和真核生物都使用 AUG 编码 Met。蛋白质合成均起始于 AUG，即 Met 为蛋白质多肽链合成的第一个氨基酸。

15.2.2.2　起始 tRNA

起始 tRNA 是一类结构特异、能识别 mRNA 上起始密码子的 tRNA，它参与蛋白质生物合成的起始。

在细胞中专一结合 Met 的 tRNA 有两种，分别标记为 tRNA^Met 和 tRNA^fMet。在氨基末端的起始氨基酸残基是 N-甲酰甲硫氨酸，它是以 N-甲酰甲硫氨酸-tRNA^fMet 进入核糖体的。fMet-tRNA^fMet 是由两步连续的反应生成的。首先，甲硫氨酸在 Met-tRNA^fMet 合成酶的作用下连接到 tRNA^fMet 上。

Met ＋ tRNA^Met ＋ ATP ⟶ Met-tRNA^Met ＋ AMP ＋ PPi

在甲酰转移酶的作用下，甲酰基由 N^{10}-甲酰四氢叶酸转移到 Met 残基的氨基上：

$$N^{10}\text{-甲酰基四氢叶酸 + Met-tRNA}^{Met} \rightarrow \text{四氢叶酸 + fMet-tRNA}^{fMet}$$

```
            H   COO⁻
            |   |
   HC — N — C — H
   ‖           |
   O          CH₂
               |
              CH₂
               |
               S
               |
              CH₃
```

甲酰甲硫氨酸的结构

这种转甲酰基酶比 Met-tRNA 合成酶更具选择性，它不能甲酰化游离的蛋氨酸或附着于 tRNA^Met 上的 Met 残基，它只特异的结合在 tRNA^fMet 分子上的 Met 残基。它大概能识别这种 tRNA 的一些独特的结构。另一种 Met-tRNA，即 Met-tRNA^Met，是用于在多肽链内部插入 Met。N-甲酰基不但阻止 fMet 进入多肽链的内部。而且会使 fMet-tRNA^fMet 结合到不接受 Met-tRNA 或别的氨酰-tRNA 的核糖体的专一起始位点。

在真核细胞中，所有由胞质核糖体合成的多肽都是以甲硫氨酸开始（而不是甲酰甲硫氨酸）的，但是使用一个与内部 tRNA^Met 明显不同的专一起始 tRNA。与此相反，由真核的线粒体和叶绿体的核糖体合成的多肽是以 N-甲酰甲硫氨酸开始的。细菌与这些细胞器在蛋白合成机制上的相似性强有力地支持起源于细菌祖先的线粒体和叶绿体是在进化的早期以共生的方式掺入真核细胞的观点。

另外还有校正 tRNA 和延伸 tRNA。

校正 tRNA 由校正基因（即校正变异产生的基因）编码。它与野生型 tRNA 的一级结构相比只有一个碱基之差。它能识别变异产生的终止密码子。有关生化和遗传研究表明，一种蛋白质的结构基因发生变异所产生的有害结果可被第二次变异消除。第二次变异就是对第一次变异的校正。所以基因一旦变异可通过校正基因产生的校正 tRNA 进行校正。借此机制可保证 mRNA 密码子翻译的准确性。

延伸 tRNA 大多有几种同功 tRNA 携带同一种氨基酸。同功 tRNA 具有不同的反密码子，它能识别同义密码子（即密码表中代表相同氨基酸的密码子）。同功 tRNA 具有可被同一氨基酰-tRNA 合成酶识别的共同结构。

15. 2. 2. 3 起始机制

细菌中多肽的合成并不是从 mRNA 5′ 端的第一个核苷酸开始的。被翻译的头一个密码子往往位于 5′ 端的第 25 个核苷酸以后，尤其许多原核生物的 mRNA 分子往往是多顺反子 mRNA（polycistronic mRNA），在同一 mRNA 分子上可以编码几种多肽链。

对起始密码子附近的核苷酸序列分析发现，在距起始密码子上游 10 个核苷酸的地方往往有一段富含嘌呤的序列称为 SD 序列（Shine-Dalgarno 序列），它与 16S rRNA 3′ 端的核苷酸序列形成互补（图 15-3）。图 15-4 为某些原核生物 mRNA 分子 5′ 端蛋白质合成起始区域的序列。

原核细胞中肽链合成的起始需要 30S 亚基、mRNA、N-甲酰甲硫氨酸-tRNA、起始因

5′ OH
G
A
U
C
A
U
16S rRNA 的 3′ 末端
核糖体
UCCUCCA
3′
GAUUCCU AGGAGGUUDGACCU AUG GGA GCU UUU AGU—mRNA
IMct —Arg —Alu — Phe — Ser—

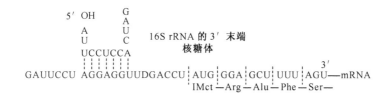

图 15-3 mRNA 上游起始区的富含嘌呤区与 16Sr RNA3′末端之间的互补区域

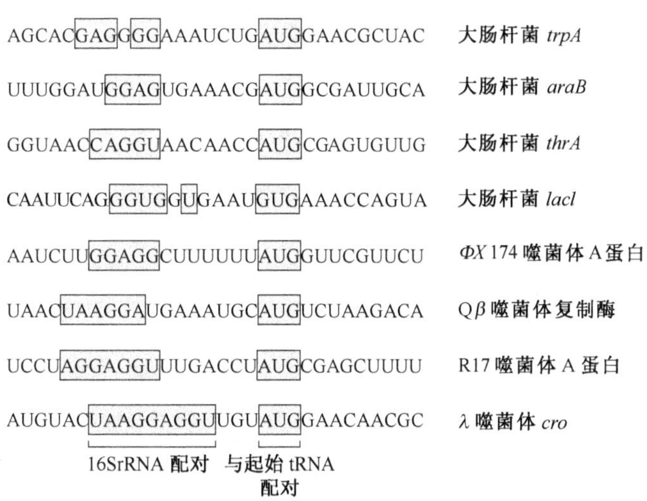

AGCACGAGGGGAAAUCUGAUGGAACGCUAC 大肠杆菌 trpA
UUUGGAUGGAGUGAAACGAUGGCGAUUGCA 大肠杆菌 araB
GGUAACCAGGUAACAACCAUGCGAGUGUUG 大肠杆菌 thrA
CAAUUCAGGGUGGUGAAUGUGAAACCAGUA 大肠杆菌 lacl
AAUCUUGGAGGCUUUUUUAUGGUUCGUUCU ΦX 174 噬菌体 A 蛋白
UAACUAAGGAUGAAAUGCAUGUCUAAGACA Qβ 噬菌体复制酶
UCCUAGGAGGUUUGACCUAUGCGAGCUUUU R17 噬菌体 A 蛋白
AUGUACUAAGGAGGUUGUAUGGAACAACGC λ 噬菌体 cro
16SrRNA 配对
与起始 tRNA
配对

图 15-4 某些原核生物 mRNA 中蛋白质合成起区始的序列

子（IF_1、IF_2及 IF_3）和 GTP 参加。

起始复合物的形成分三个步骤进行（图 15-5）。首先 30S 核糖体亚基与起始因子 3（IF_3）结合以阻止 30S 亚基与 50S 亚基的重新结合。然后，30S 亚基与 mRNA 结合形成 30S·mRNA·IF_3复合体（组分比例 1:1:1），第二步是 30S·mRNA·IF_3与已经含有结合态 GTP 及甲酰甲硫氨酰-tRNA 的起始因子 IF_1和 IF_2结合成更大的复合物。第三步是此复合物释放出 IF_3后就与 50S 核糖体大亚基结合，与此同时与 IF_2结合的 GTP 水解生成 GDP 及磷酸释放出来，IF_1和 IF_2也离开此复合物，形成具有起始功能的核糖体称为起始复合物。这时 fMet-tRNA 占据了核糖体上的肽基部位（P 部位），空着的氨酰 tRNA 部位（A 部位）准备接受下一个氨酰 tRNA。至此肽链延长的准备工作已经完成。起始复合物形成过程中，起始因子 IF_2具有 GTP 酶活性，而 IF_1起协调 IF_2和促进 IF_3离开小亚基的作用。

15.2.2.4 真核细胞的合成起始

起始 tRNA 在真核生物中，起始的氨基酸是甲硫氨酸而不是甲酰化的 *N*-甲酰甲硫氨酸。是由一种特殊的 tRNA 携带成为起始的氨基酰-tRNA，命名为 Met-tRNAf 或 Met-tRNAi（i 表示起始）。

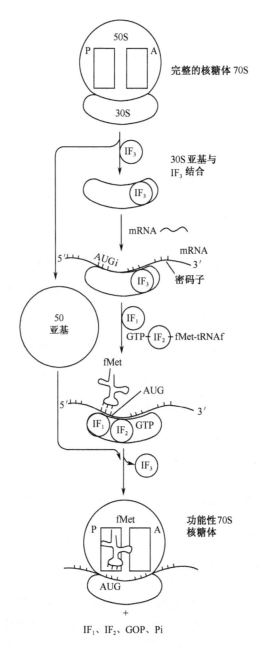

图 15-5　起始复合物的形成

P 表示肽基部位；A 表示氨酰基部位

（1）开始信号

真核生物中起始密码子只有 AUG，而且不像原核生物是利用 mRNA5′端的 SD 序列将起始 AUG 与内部 AUG 区别开。在起始时，由 40S 亚基、Met-tRNAi 和一些起始因子组成的起始复合物在 mRNA 的 5′帽子处或其附近与之结合，然后沿着 mRNA 滑动，直至遇上第一个 AUG 密码子。真核生物含有的起始因子比原核生物多得多，相互关系也很复杂。以 eIF 表示真核生物的起始因子。现已知有 eIF-1 至 eIF-9，其中一些还含有多个亚基。它们的功能大约是以 eIF-2 与 GTP 结合的形式把 Met-tRNAi^{Met}带到 40S 亚基上，eIF-4E 又称"帽子结合蛋白 1"（Cap binding protein 1，CBP1）。CBP1 使 40S 结合到 mRNA 的帽子上，又连接 eIF-3，去寻找离 mRNA5′端最近的 AUG，此过程 eIF-4 也参与。当 Met-tRNAi^{Met}与起始信号 AUG 配对后，eIF-5 诱导 eIF-2 上的 GTP 水解，使 eIF-2 和 eIF-3 释放。最后，60S 亚基与起始 Met-tRNAi^{Met}、mRNA 和 40S 亚基结合在一起，形成 80S 的起始复合物。

（2）不依赖于甲硫氨酸的翻译

值得说明的是，还有不依赖于甲硫氨酸的翻译。通常认为不能被甲硫氨酰-tRNA（Met-tRNA）识别的起始密码子是不能起始和支持蛋白质生物合成的。目前所知几乎所有的真核 mRNA 起始密码子都是 AUG，极少有非 AUG 起始密码子的，如 CUG、GUG 和 ACG。尽管它们之间只有一个核苷酸之差，但它们都可被 Met-tRNA 所识别。然而 Sasaki 等（2000 年）报道了一种不依赖于甲硫氨酸的翻译起始方式。他们在研究 PSIV（Plautia Stali Intestine Virus）蟋蟀属麻样病毒组（正链 RNA 病毒）时，发现这一翻译的起始方式。PSIV 病毒组有两个互不重叠的读码框，处于下游读码框的外壳蛋白基因组 RNA 按核糖体内部进入位点（IRES）介导的方式翻译出外壳蛋白。IRES 处于编码区上游，它具有特异的三级结构，可使核糖体进入 mRNA，而不依赖 mRNA 的 5′帽子结构，但 PSIV 的外壳蛋白基因缺少 AUG 起始密码子，在其编码区前有 6 个茎环结构，最靠近编码区的第 6 个茎环结构的环中有 5 个核苷酸，可与编码区的 5′端的 5 个核苷酸形成假结结构，这才是翻译此蛋白所必需的。缺失实验证明，翻译起始于该假结结构下游的一个密码子 CAA（编码谷氨酰胺），而不是常用的 AUG，因此，它是一个 IRES 介导的全新的翻译起始方式。

15.2.3　肽链的延伸

多肽链以氨基酸为单位共价连接延长。每个氨基酸由 tRNA 携带并正确定位于核糖体上，tRNA 的反密码子与 mRNA 上相应的密码子配对。延长的过程需要称作"延长因子"（elongation factor，EF）的细胞质蛋白质因子。每个后续的氨酰-tRNA 的结合和核糖体沿着 mRNA 的移动都需要 2mol 的 GTP 的水解，即每加接一个氨基酸残基消耗 2 分子的 GTP。

大肠杆菌中肽链的延伸（elongation）分四步进行，即进位、转肽、脱落和移位。

15.2.3.1　氨基酰 tRNA 结合（进位）

进位是指一个氨基酰-tRNA 进入 70S 复合体 A 位的过程（图 15-6）。进入的是哪一种氨基酸取决于 A 位对应的 mRNA 的密码子。进位需 EF-Tu 因子参加，形成 GTP-EF-Tu-氨基酰-tRNA 三元复合物，此复合物结合合于 A 位上。当复合物结合 A 位后，一种有 GTPase 活力的核糖体蛋白质就促使 GTP 水解成为 GDP 和 Pi。于是 GDP-EF-Tu 离开氨基酰-tRNA，留下氨基酰-tRNA 在 A 位，完成进位过程。离去的 GDP-EF-Tu 经以下循环可不断使用：

$$GDP-（EF-Tu）+EF-Ts \longrightarrow （EF-Tu）-（EF-Ts）+GDP$$

GDP 在机体内经转换再生成 GTP，然后：

$$（EF-Tu）-（EF-Ts）+GDP \longrightarrow GTP-EF-Tu + EF-Ts$$

形成的 GTP-EF-Tu 可以再一次完成下一个氨基酰-tRNA 的进位。

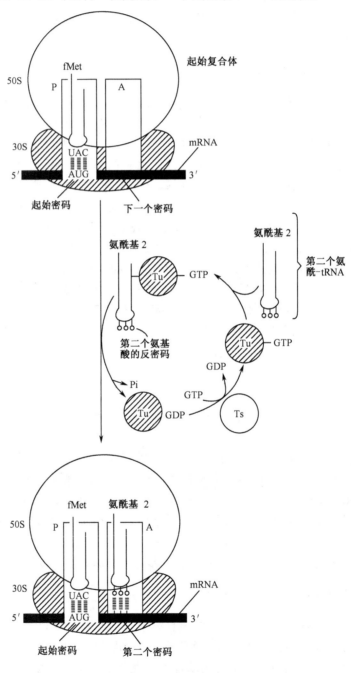

图 15-6　延长过程中的进位

GTP-EF-Tu 不能与起始的 fMet-tRNA^{fMet} 相结合并送入 A 位。只能与其他 Met-tRNA 结合。这也是链中的 AUG 密码不能被起始 tRNA^{fMet} 所识别的原因之一。

15.2.3.2 肽键的形成（转肽）

氨基酰-tRNA 进入 A 位后，核糖体的 P 位和 A 位都被占满。于是 P 位的 fMet-tR-NA^{fMet} 的甲酰甲硫氨酸活化的羧基被转到 A 位的氨基酰-tRNA 氨基酸的氨基上，生成一个二肽酰-tRNA（图 15-7），称为转肽作用。此过程由 50S 核糖体亚基上称为肽酰转移酶中心（peptidyl tranasferase center）的肽酰转移酶催化。此酶活性过去认为是由 50S 核糖体的一部分多肽链形成的活性部位所催化。1992 年 Noller 等发现催化肽链形成的不是核糖体的蛋白质部分，而是 50S 核糖体的 23S rRNA（ribozyme，核酶）。

从图 15-7 的反应中可以看到，蛋白质合成时肽链的延长方向是从氨基向羧基端延伸的。

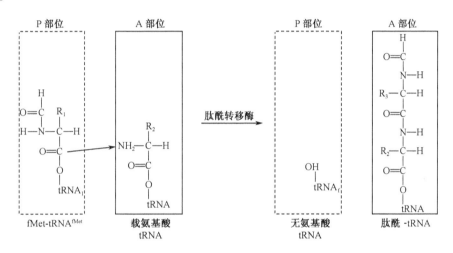

图 15-7　肽链形成

15.2.3.3 脱落

在 P 位上的 fMet-tRNA$_1$ 通过转肽脱去 fMet-基后，成了空载的 tRNA，这时便从 mR-NA 上脱落，移出核糖体，P 位点便空了出来。

15.2.3.4 移位

tRNA 脱落后，二肽酰-tRNA 从 A 位移到 P 位。移位（translocation）的过程是核糖体沿 mRNA 模板 3′端移动一个密码子，这时一个新的密码子正好落入 A 位（图 15-8）。移位后 A 位出现的新密码，又准备好再"进位"一个氨基酰-tRNA，开始另一周期肽链延伸的循环过程。每循环一次加长一个氨基酸残基，如此周而复始，一个由 300 ~ 400 个氨基酸组成的多肽只需 10 ~ 20s 便可合成完毕。移位需要结合在核糖体上的 EF-G 因子参加。GTP 水解后 EF-G 即从 GTP-EF-G-核糖体上释放出来，发挥催化作用。

真核生物肽链延长各步反应和循环路线都与原核的十分相似。有多种因子参与，

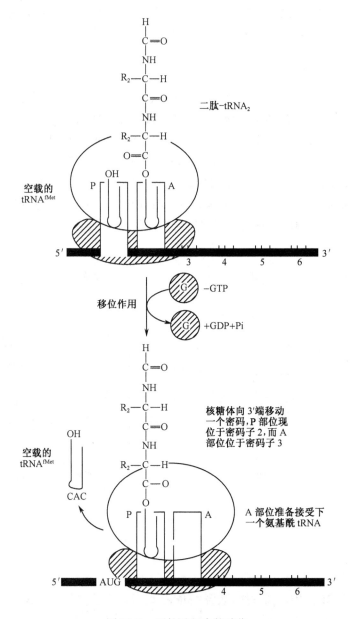

图 15-8　延长过程中的移位

eEF 表示真核的延长因子。共有 eEF1、eEF2 和 eEF3。eEF1 是一个多聚蛋白质，大多数由 α、β、γ、δ 4 个亚基组成，功能相当于原核中的 EF-Tu 和 EF-Ts。eEF2 是一个单体蛋白，相当于原核生物中的 EF-G。在延长阶段也发生移位作用。催化移位的酶活性就在 eEF2 因子内。eEF3 是在真菌中发现的，是一条 120～125 个氨基酸组成的肽链，它能结合 GTP，也能水解 GTP 与 ATP，对翻译的校正起重要作用。

15.2.4　肽链合成终止

多肽合成的第四个阶段——终止。多肽链合成的终止是以 mRNA 上出现三个终止密码子（UAA、UAG、UGA）为信号的，它们位于最后一个氨基酸密码子之后。由于无相应的氨基酰-tRNA 与之结合，因此不能将这些密码子译成氨基酸。

在细菌中，一旦终止密码子占据了核糖体的 A 位，三个终止因子或称肽链释放因子（release factor，RF）即 RF1、RF2 和 RF3 将会水解末端肽酰-tRNA 键，从 P 位点释放游离的多肽和最后一个负载的 tRNA，70S 核糖体解离为 30S 和 50S 亚基，准备开始一个新的多肽的合成。RF1 识别终止密码子 UAG 和 UAA，RF2 识别 UGA 和 UAA。RF1 或者 RF2 最后结合于各自识别的终止密码子，并诱导肽基转移酶转移新生成的多肽给 1 分子水（而不是一个氨基酸）。RF3 的专一性功能尚不知道。

对真核生物蛋白质合成的终止来说，仅有一个释放因子（eRF）辨认终止信号，它可以识别三种终止密码子 UAA、UAG、UGA。当它促使肽酰转移酶释放新生的肽链后，即从核糖体上解离，解离依靠 GTP 水解。

15.3　蛋白质合成中的能量与调控

15.3.1　蛋白质合成中的能量

在氨基酰-tRNA 合成时，每个氨酰-tRNA 的酶促合成用去两个高能磷酸键。在延伸的第一步耗去一分子 GTP 产生 GDP 和 Pi，在转移（转位）这一步中又水解一分子 GTP。因此，完整的多肽键的每一个肽键的形成至少需要 4 个高能键。至少需要 $4 \times 30.5 = 122 \mathrm{kJ \cdot mol^{-1}}$ 的高能磷酸酯键的键能用于合成只有 $-21 \mathrm{kJ \cdot mol^{-1}}$ 水解自由能的肽键。因此在肽键形成中净自由能改变为 $-101 \mathrm{kJ \cdot mol^{-1}}$。这样大的能量消耗好像有些浪费，但是蛋白质的合成不是简单的肽键形成，而是在特定的氨基酸之间形成肽键。在这个过程中消耗的每个高能键都是为了维持每个氨基酸按照 mRNA 上的编码进行正确的排列。这些能量消耗使 mRNA 的遗传信息在翻译为蛋白质的氨基酸顺序的过程中实现完美的准确度成为可能。

15.3.2　蛋白质合成的调节

15.3.2.1　原核生物的基因表达调控

对于原核生物来说，转录水平的调控特别有效，这是因为原核细胞中 mRNA 的半衰期非常短，大多数原核细胞中功能相关的基因成簇串联，密集于染色体，共同组成一个转录调节单位——操纵子。在同一个操纵基因控制下，操纵子基因转录出多顺反子 mRNA（为两条或更多条多肽链编码的 mRNA），实现协调表达。关于操纵子调控已在第 14 章中讨论了，在此不再赘述。

15.3.2.2 真核生物翻译及蛋白质水平上的调控

翻译水平的调控对于真核生物尤为重要，可以控制着分化过程所必需的某些特定蛋白质的产生。翻译水平的调控主要表现在蛋白质合成的起始、延长、mRNA 的识别等方面。蛋白质被翻译合成之后，也可以通过不同的加工方式形成不同的成熟蛋白分子。

（1）5′帽子结构识别的调控

5′帽子结构与 mRNA 的蛋白质合成效率之间关系密切。如大鼠有两个等量表达的胰岛素基因 1 和 2，但在 β 肿瘤细胞中，这一平衡关系被打破了，胰岛素 1 的产量是胰岛素 2 的 10 倍左右。研究表明，这是由于胰岛素 2 的 mRNA 失去了 5′端帽子，因此抑制了它作为模板合成蛋白质的过程。

研究表明确实存在与 mRNA 的 5′末端相互作用、能专一识别帽子结构的蛋白质帽子结合蛋白。其中 CBP I 可以促进有帽子的 mRNA 的翻译，但对没有帽子的 mRNA 无效。CBP II 是能在高盐浓度下稳定存在的复合物，它由 3 种多肽组成，其中第一种是 CBP I，第二种是相对分子质量为 2.2×10^5 的功能未知多肽，它可能就是起始因子 eIF-4A。CBP II 又称为 eIF-4F，它与 mRNA 结合，使珠蛋白 mRNA 的体外翻译水平达到高峰。

（2）翻译延长因子对基因表达的调控

翻译延长因子 EF-1α 是"翻译机器"中的一个关键组分，它可催化 tRNA 结合到核糖体上。EF-1α 因子由 AS4 基因编码，AS4 基因的突变导致 EF-1α 的突变，就会改变翻译的忠实性。EF-1α 在真核生物中较为保守，它可能在许多调控途径中起重要作用。它保证了翻译的准确性。

（3）非翻译区结构功能单位对基因表达的调控

在 mRNA 非翻译区存在一些结构功能单位，它们对基因表达起着重要的调控作用。如铁的吸收与解毒由铁蛋白受体（TfR）和铁蛋白（ferritin）负责。在它们的 mRNA5′端非翻译区存在着铁应答元件（iron responsive element，IRE）对 TfR 和铁蛋白的表达起调控作用。因为 IRE 和 IRE 结合蛋白（iron responsive element binding protein，IREBP）的相互作用控制了 TfR 和铁蛋白这两个 mRNA 的翻译效率。去掉 IRE 可造成铁蛋白的永久性高水平翻译。当细胞缺铁时，IRE 与 IREBP 结合，有效地阻止了铁蛋白 mRNA 的翻译，同时，促进了 TfR 蛋白的合成，可有效地转运铁，使铁的水平恢复。反之，当铁水平过高时，则翻译出铁蛋白且转铁蛋白受体的 mRNA 易于降解，有利于铁的水平降低。

（4）蛋白质的成熟和加工对基因表达的调控

基因经过转录和翻译最终合成了蛋白质。新合成的蛋白质还必须经过一系列的加工才能成熟为真正有活性的蛋白质。蛋白质的加工也是基因表达调控的方式之一。它包括蛋白质的切割加工（切除信号肽、有限水解）、蛋白质的化学修饰（磷酸化、糖基化）

和蛋白质的剪接（protein splicing）。

蛋白质的切割是将前体蛋白质剪除其某些氨基酸序列片段，使其成为成熟的活性蛋白质。这种加工主要有两类：与蛋白质分泌有关的切割和与蛋白质活化有关的切割。如含信号肽的蛋白质一旦进入高尔基体，信号肽就被信号肽酶水解掉，前体蛋白质成为有活性的蛋白质，如前胰岛素原含有信号肽，切去信号肽后就成为胰岛素原。胰岛素原再切除 C 肽后才成为有生物活性的胰岛素。

另外，还存在反义 RNA 调控体系。最初的反义调控体系是在原核生物中发现的，真核细胞中也存在反义 RNA 调控体系。如有些 mRNA 自身可以形成分子内的碱基配对，从而控制自身的翻译，这也属于广义的反义 RNA 调控。

反义 RNA 的主要生物学功能是抑制细菌和真核生物本身的基因表达，也抑制那些来自病毒和可移动遗传因子的基因表达。反义 RNA 可以与 DNA 结合形成三股螺旋，可以结合翻译起始位点，可以阻止核糖体结合或使核糖体迁移受阻等。目前发现的天然反义的 RNA 的调节功能主要在翻译水平上，基于反义 RNA 与被调节基因的 mRNA 之间形成杂合分子，由于杂交位点包括了 mRNA 与核糖体结合位点和翻译起始密码子，因而阻止了 mRNA 与核糖体的结合或使核糖体在 mRNA 上的迁移受阻。

15.3.3　抗　生　素

蛋白质的生物合成受抑制，往往引起生长、繁殖等过程的减慢，甚至生命活动的停止。一些抗生素抑制细菌中的蛋白质合成。细菌和真核生物在蛋白质合成机制的不同使大多数这类化合物对真核细胞无害。抗生素是主要的"生化武器"，它们由一些微生物合成且对其他微生物有毒害作用。抗生素在蛋白质合成的研究中是非常有价值的工具。几乎蛋白合成的每一步都可以被这一种或那一种抗生素专一性抑制。

了解最清楚的抑制性抗生素之一是嘌呤霉素（puromycin），它是由链霉菌（Streptomycete）产生的。嘌呤霉素分子结构与氨酰-tRNA 3′端上的 AMP 残基的结构十分相似。它能和核糖体的 A 位结合，并能在肽基转移酶的催化下，接受 P 位肽酰-tRNA 上的肽酰基，形成肽酰嘌呤霉素，但其连键不是酯键而是酰胺键。肽酰-嘌呤霉素复合物很容易从核糖体上脱落下来，从而使蛋白质合成过程中断（图 15-9）。

四环素（tetracyclin）通过阻断核糖体上的 A 位点，抑制氨酰-tRNA 的结合而抑制细菌中蛋白质的合成。

氯霉素（chloramphenicol）能与 70S 核糖体的大亚基（50S）结合，抑制肽基转移酶的活性，因而停止了蛋白质的生成。氯霉素不与 80S 的核糖体结合，它对人的毒性可能是抑制了线粒体中的蛋白质合成，因为线粒体的核糖体是 70S。

链霉素（streptomycin）是一个碱性三糖，能与核糖体 30S 亚基上的蛋白质结合，引起核糖体构象发生改变，使氨酰-tRNA 与 mRNA 上的密码子不能正确的结合，引起翻译错误。另外，链霉素还能抑制 70S 起始复合物的形成、抑制终止阶段 70S 核糖体解离为 50S 大亚基和 30S 小亚基。新霉素和卡那霉素的作用与链霉素相似。

几种别的蛋白合成抑制剂因为对人体和哺乳动物有害而闻名。白喉毒素（diph-theria toxin），相对分子质量为 65 000，它催化真核延长因子 eEF-2 的白喉酰胺残基

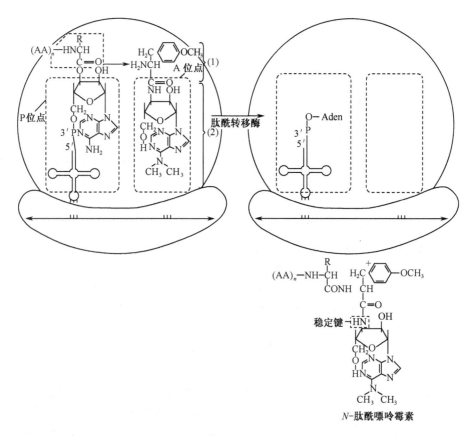

图 15-9　嘌呤霉素对蛋白质合成的抑制

（一个修饰了的组氨酸残基）的 ADP 核糖基化而灭活。蓖麻毒蛋白（ricin）是蓖麻产生的特毒的蛋白，它灭活真核核糖体的 60S 的亚基。

15.4　翻译后的加工修饰

新合成的蛋白质多数是没有生物活性的初级产物，只有进行折叠和修饰加工过程才能成为有活性的终产物。

15.4.1　蛋白质的加工修饰

一些蛋白质获得它最终的活性构象必须进行一个或多个翻译后的修饰反应。如何修饰完全取决于每种蛋白质的个别性质，所以修饰包括多种方式。

15.4.1.1　N端修饰

新生蛋白质的 N 末端都带有一个甲硫氨酸残基，原核中还是甲酰化的。原核生物修饰时是由肽甲酰基酶（peptide deformylase）除去甲酰基的，多数情况甲硫氨酸也被氨肽酶除去，但大肠杆菌中约有 30% 的蛋白质还保留着甲硫氨酸，而真核生物中的甲硫氨酸则全部被切除。

15.4.1.2 多肽链的水解切除

许多新合成的酶和蛋白质是以酶原或其他无活性的"前体"形式存在。修饰时是水解切除其中多余的肽段，使之折叠成为有活性的酶或蛋白质。

15.4.1.3 氨基酸侧链的修饰

氨基酸侧链的修饰包括羟化、羧化、甲基化及二硫键的形成等。如胶原蛋白合成后某些脯氨酸和赖氨酸需要羟化。凝血酶原（prothrombin）的谷氨酸羧化为 r-羧基谷氨酸。钙调蛋白中的赖氨酸被甲基化成为三甲基赖氨酸。肽链中的半胱氨酸在二硫键异构酶（disulfide isomerase）催化下形成二硫键等。

15.4.1.4 糖基化修饰

糖蛋白是细胞蛋白质组成的重要成分。它是在翻译的肽链上以共价键与单糖或寡聚糖连接而成。糖基化是多种多样的，可以在同一肽链上的同一位点连接上不同的寡糖，也可以在不同位点上连接寡糖。糖基化是在酶催化下进行的。修饰可发生在折叠之前、折叠期间或折叠之后。

除上述修饰外，真核生物还有如下一些修饰方式：

羧基末端的一些残基可被酶除去，因此不存在于最后的功能性蛋白中。羧基端残基有时也被修饰。

许多真核蛋白被异戊二烯化，在蛋白的 Cys 残基和异戊二烯基团之间形成硫醚键。异戊二烯来源于胆固醇生物合成的焦磷酸化中间产物。如法尼基焦磷酸（farnesyl pyrophosphate）（图 15-10）。以这种方式修饰的蛋白包括 *ras* 肿瘤基因和原癌基因的产物、G 蛋白和存在于核基质中的核纤层蛋白。在一些情况下，异戊二烯基团可将蛋白锚定于膜中。当异戊二烯化过程被阻断后，*ras* 肿瘤基因就失去转化（致癌）活性。这激发了人们将这种翻译后修饰途径的抑制剂用于癌症化学疗法的兴趣。

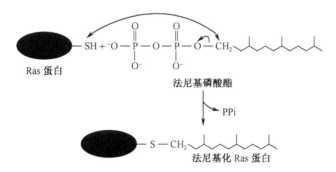

图 15-10　蛋白质中半胱氨酸残基的法尼基化
Ras 蛋白是 *ras* 癌基因的产物

许多原核和真核蛋白质的活性需要共价结合辅基。这些辅基是在多肽离开核糖体后才与多肽结合的。这方面的两个例子是乙酰 CoA 羧化酶中共价结合的生物素和细胞色素 c 中的血红素。

许多蛋白，例如胰岛素、病毒蛋白以及像胰蛋白酶和胰凝乳蛋白酶这样的蛋白酶最初是以较大的、无活性的前体蛋白形式合成的，然后，这些前体被蛋白酶修饰成最后的活性形式。

15.4.2　蛋白质的折叠

蛋白质的折叠是指按多肽链的氨基酸顺序形成具有正确三维空间结构蛋白质的过程，这一过程是从核糖体出现新生肽链时开始的。

体内蛋白质的折叠是复杂的过程，其中有很多其他因子与蛋白质参与。近年来的研究表明，参与体内蛋白质折叠的蛋白质至少有两类，称为助折叠蛋白（folding helper）。

一类是酶。如蛋白质二硫键异构酶（protein disulfide isomerase，PDI），它可帮助新生肽链形成二硫键并正确的折叠。虽然没有这种酶新生肽链也可以正确折叠，但它的存在大大加快了这一过程。再如肽酰脯氨酰顺反异构酶（peptidy proly cis/trans isomerase，PPI），催化肽-脯氨酰之间肽键的旋转反应。脯氨酸吡啶环上的亚氨基在形成肽键时，有两种形式，顺式和反式，其中反式较稳定，但也有部分顺式，在蛋白质发生变性后，肽键全部异构化为反式，在复性时，必须异构化为顺式，蛋白质才能恢复原来的空间结构，体内在 PPI 的催化下，使异构作用速度加快。

另一类是分子"伴侣"。分子"伴侣"（molecular chaperone）最早是由 Laskey 等人提出来的。他们发现组蛋白与 DNA 组成核小体时，组蛋白必须与核内的核质素结合，他们把核质素叫分子"伴侣"。后来，Ellis 等人将一类在细胞内帮助新生肽键正确组装成为有生理功能的蛋白质、而本身不作为最终功能蛋白质分子的组成成分的分子均称为分子"伴侣"。分子"伴侣"可促进靶蛋白正确折叠或阻止其错误折叠。

分子"伴侣"能促进一个反应的进行，而本身又不出现于最终产物中，因此，与酶的作用类似，但又不同于酶。如其作用专一性不高，同一分子"伴侣"可促进多种氨基酸序列完全不同的多肽链折叠成为空间结构、功能及性质都不同的蛋白质。另外，催化效率很低。现已鉴定了很多分子"伴侣"蛋白，其中研究最多的有两个家族——胁迫-70 家族（stress-70）与分子"伴侣"家族，它们广泛存在于原核与真核生物细胞中。如胁迫-70 家族，其家族成员的分子质量为 70kDa。胁迫-70 蛋白在细胞内含量丰富，研究较多的家族成员之一是热休克蛋白（heat shock protein，HSP）-70（HSP-70）。现已知 HSP-70 除参与蛋白质的折叠外，还参与蛋白质的组装、跨膜分泌及降解等过程。

15.4.3　蛋白质的定位

真核细胞是由许多结构、区室和细胞器组成的。它们都有特定的功能，都需要一系列的蛋白质和酶。几乎所有蛋白质的合成都是开始于细胞质中的核糖体。那么，这些蛋白质是怎样到达最终的细胞目的地的呢？

那些要分泌到胞外的蛋白质、整合进入质膜或进入溶酶体的蛋白质，其转运途径的前几步是一样的，都始于内质网。目的地为线粒体、叶绿体或细胞核的蛋白质有三种独特的转运过程。目的地为细胞质的蛋白质仍待在合成它的地方。蛋白质分类并转运到它们正确的细胞位置的过程称为蛋白质定位（protein targeting）。

新生的蛋白质含有决定自身最终去向的信号。即所谓的信号序列（signal sequence）或信号肽（signal peptide）。这些蛋白质在转运中都需要穿过脂质双层的质膜。蛋白质如何穿膜转运、膜上的膜蛋白如何组装，这些都是当前十分有吸引力的研究热点。

信号序列的功能是由 David Sabatin 和 Giinter Blobed 于 1970 年发现的。信号序列指导蛋白质到胞内适当的位置，在转运过程中或到达目的地后，这段信号序列被除去。为了肯定信号顺序的定位能力，可将蛋白 A 的信号序列融入蛋白 B，最后可发现蛋白 B 到达了原是蛋白 A 应到的位置。

15.4.4 蛋白质的降解

在所有的细胞中，为了防止异常的或不需要的蛋白质积累，加速氨基酸的循环，蛋白质总是不断地被降解。降解是一个选择性的过程。任何蛋白质的寿命都是由专门执行这项任务的蛋白水解酶系统调节的。在真核生物中，不同蛋白的半衰期从半分钟到多个小时甚至几天不等。尽管一些稳定的蛋白（如血红蛋白）可与细胞的寿命相等（约 110 天），但大多数蛋白在细胞中被代谢。被迅速降解的蛋白包括那些在合成中的缺陷蛋白或者发挥功能时受损伤的蛋白。代谢途径中在关键调节点起作用的许多酶也被迅速降解。

缺陷蛋白和那些寿命短的蛋白无论是在真核或细菌中都是由依赖于 ATP 的系统降解的。脊椎动物中第二个系统是在溶酶体中进行的，它用于处理重新循环利用的膜蛋白、细胞外蛋白和长寿命的蛋白质。

在 E. coli 中，许多蛋白质是由一种依赖于 ATP 的称为 La 的蛋白酶降解的。这种 ATPase 只有在有缺陷蛋白或那些特定短寿命的蛋白存在时才被激活。裂解一个肽键需要水解 2mol 的 ATP。在肽键切割过程中 ATP 水解的精确分子功能尚不清楚。一旦一个蛋白被降解成小的无活性的多肽时，别的不依赖于 ATP 的蛋白酶就可完成其余的降解过程。

真核细胞中，ATP 依赖性途径是非常特别的。在这个系统中一个关键的组分是由 76 个氨基酸构成的蛋白——泛素（ubiquitin），之所以这样命名是因为整个真核中都有它的存在。作为已知的最保守的蛋白质之一，即使在酵母和人类这样不同的有机体中，泛素也是基本相同的。泛素被共价连接于预定要被依赖 ATP 途径降解的蛋白质上，这个途径包括三个独立的酶。一个或多个泛素分子是如何附着于那些要水解的目标蛋白，这种机制仍然不清楚。真核生物中这种 ATP 依赖的蛋白水解系统是一个被称为"蛋白酶体"（proteasome）的大复合物（相对分子质量 $\geq 1 \times 10^6$）。这个系统中蛋白酶成分的作用方式和 ATP 的功能尚不清楚。

触发蛋白质泛素化作用的信号不完全清楚。但是一个简单例子已被找到。氨基末端的残基（如蛋氨酸去除后剩下的残基和氨基末端的任何修饰过程后剩下的残基）对许多蛋白质的半衰期有深刻的影响（表 15-1）。有证据证明这些氨基末端信号是在亿万年的进化中被保留下来的。这种信号在细菌的蛋白降解系统中的作用和在人类蛋白质泛素化途径中的作用是相同的。蛋白质的降解对细胞在变化的环境中的生存与蛋白质的合成一样重要。这些重要的途径有许多问题尚待研究。

表 15-1 蛋白质半寿期与 N 端氨基酸残基的关系

氨基酸残基	半寿期	氨基酸残基	半寿期
稳定型		Tyr, Glu	≈10min
Met, Gly, Ala, Thr, Val	>20h	Pro	≈7min
不稳定型		Leu, Phe, Asp, Lys	≈3min
Ile, Gln	~30min	Arg	≈2min

参 考 文 献

郭蔼光. 2001. 基础生物化学. 北京：高等教育出版社

罗纪盛等. 1999. 生物化学简明教程. 北京：高等教育出版社

欧伶，俞建瑛，金新银. 2001. 应用生物化学. 北京：化学工业出版社

宋慧. 2000. 基础生物化学. 北京：中国农业科学技术出版社

王镜岩，朱圣庚，徐长法. 2002. 生物化学（第三版）. 北京：高等教育出版社

王波. 2000. 分子生物学原理与基本技术. 哈尔滨：东北林业大学出版社

汪玉松，邹思湘，张玉静. 2002. 现代动物生物化学（第二版）. 北京：中国农业科学技术出版社

于自然，黄熙泰. 2001. 现代生物化学. 北京：化学工业出版社

张蘅. 2002. 生物化学（第二版）. 北京：北京大学医学出版社

张曼夫. 2002. 生物化学. 北京：中国农业大学出版社

张西平，王鄂生等. 2002. 核酸与基因表达调控. 武汉：武汉大学出版社

郑集. 1998. 普通生物化学（第三版）. 北京：高等教育出版社

周顺伍. 2001. 动物生物化学（第三版）. 北京：中国农业出版社

Lehninger A L, Nelson D L, Cox M M. 2000. Principles of Biochemistry. 3rd. New York：World Publisher

Berg J M, Jymoczko J L, Stryer L. 2002. Biochemistry. 5th edition. New York：W H Freeman & Company

Stenesh J. 1998. Biochemistry. New York：Plenum Press